01　红蜡蚧为害枸骨

02　咖啡黑盔蚧为害苏铁

03　考氏白盾蚧为害含笑

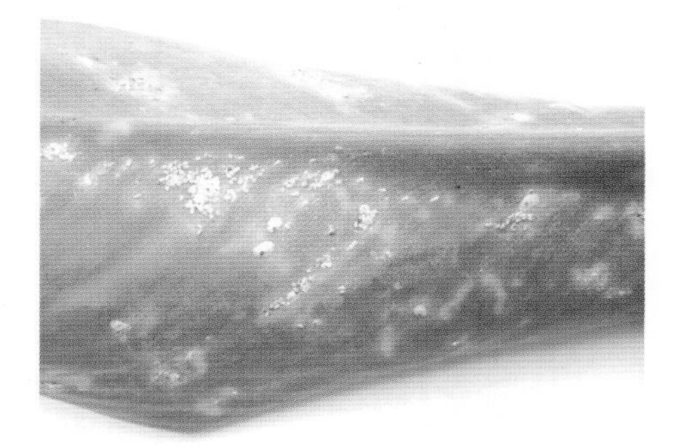

04　考氏白盾蚧为害美人蕉

05　堆蜡粉蚧为害榕树

06　银毛吹绵蚧为害荔枝

07　角蜡蚧

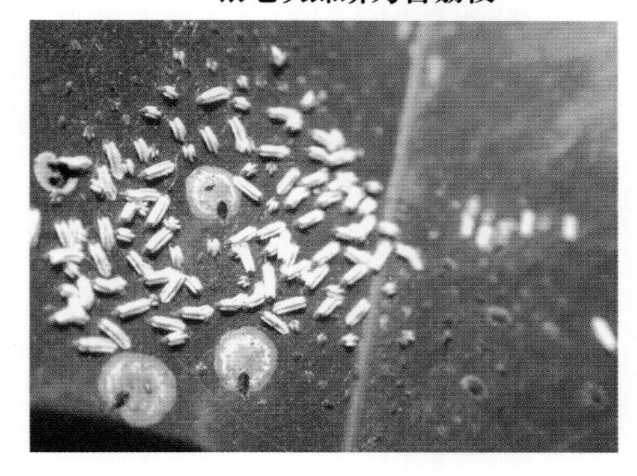

08　芒果轮盾蚧

09　白粉虱为害双线藤

10　榕卵翅木虱为害榕树

11　白蛾蜡蝉成虫

12　白蛾蜡蝉为害状

13　荔枝蝽成虫

14　荔枝蝽卵

15　荔枝蝽若虫

16　荔枝蝽若虫群集为害状

17　龙眼鸡

18　榕管蓟马为害榕树形成的“饺子叶”

19　榕管蓟马若虫和成虫

20　荔枝瘿螨为害状

21　荔枝瘿螨田间为害情况

22　荔枝瘿蚊为害状

23　灰白蚕蛾幼虫为害榕树

24　小菜蛾幼虫为害醉蝶花

25　斜纹夜蛾幼虫为害石竹

26　三角新小卷叶蛾幼虫为害荔枝

27　荔枝茸毒蛾幼虫

28　榕透翅毒蛾幼虫

29　榕透翅毒蛾雌成虫

30　榕透翅毒蛾卵

31　茶蓑蛾幼虫为害状

32　黛蓑蛾幼虫为害状

33　樟翠尺蛾成虫

34　六斑粉天牛为害榕树

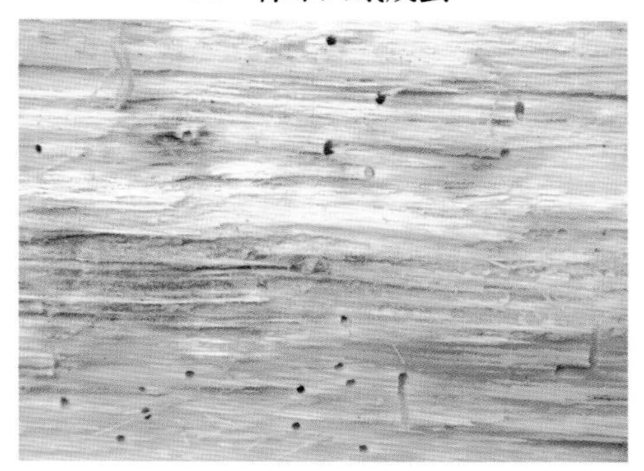

35　巴西铁小蠹为害状

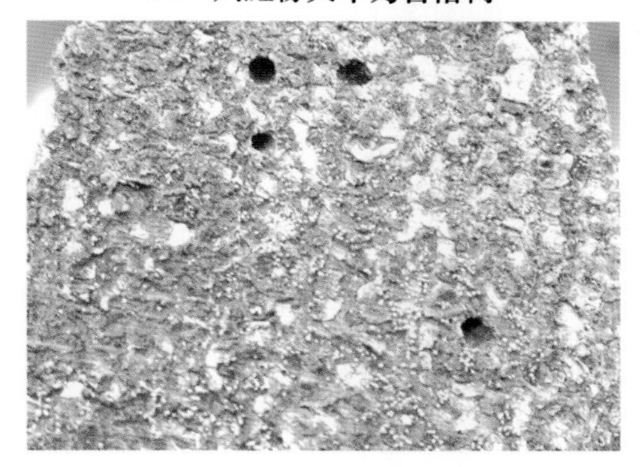

36　古榕象甲为害古榕(羽化孔)

37　古榕象甲幼虫

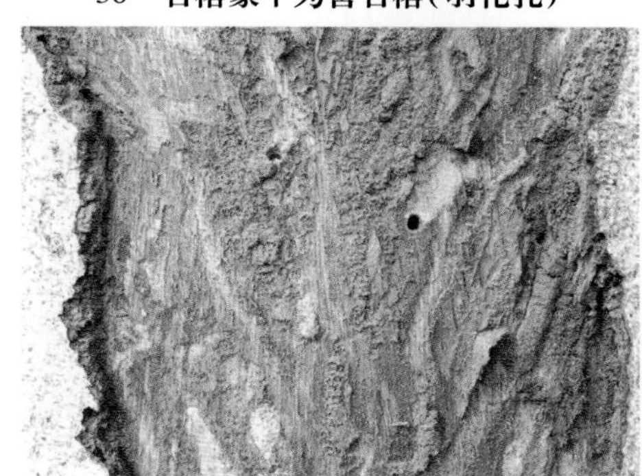

38　古榕象甲幼虫为害古榕韧皮部

39　古榕象甲成虫

40　咖啡豹蠹蛾幼虫为害形成的枯枝

41　竹直锥大象甲为害状

42　竹直锥大象甲幼虫

43　竹直锥大象甲成虫和幼虫

44　斑潜蝇为害孔雀草

45　发财树叶斑病

46　海芋细菌性叶斑病

47　含笑煤污病

48　红掌立枯病

49　金钱树尖枯病

50　龙骨炭疽病

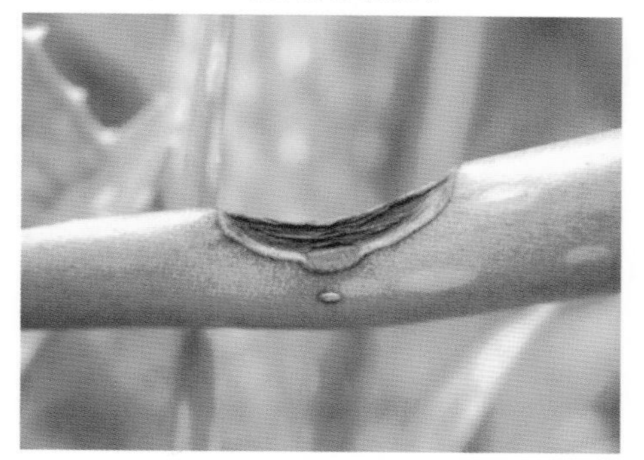

51　芦荟疮痂病

52　罗汉松煤污病

53　美人蕉叶枯病

54　米兰叶斑病

55　爬墙虎斑点病

56　双线藤煤污病

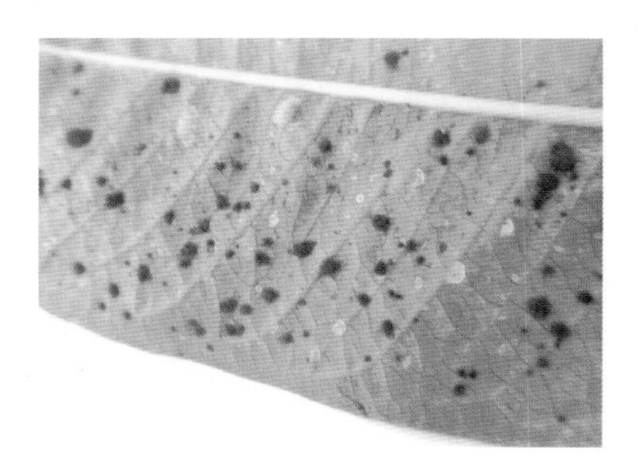

57　双线藤煤污病叶背症状

58　苏铁叶枯病

59　苏铁叶枯病田间危害情况

60　穗冠花立枯病

61　穗寇花立枯病茎基症状

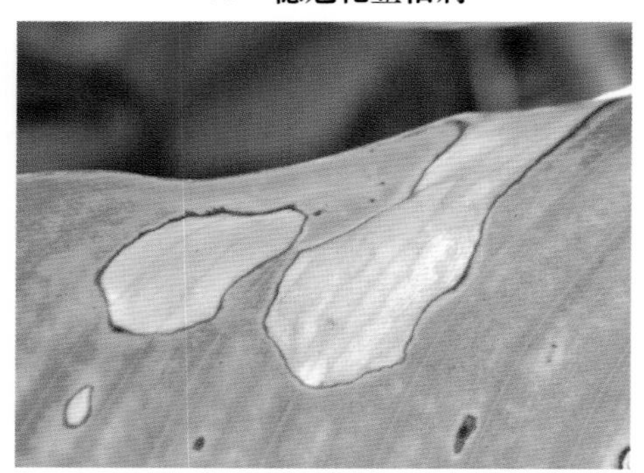

62　小鸟蕉叶斑病

63　一叶兰尖枯病

64　扶桑病毒病

"十三五"职业教育国家规划教材
"十二五"职业教育国家规划教材

园林植物病虫害防治 第5版

YUANLIN ZHIWU BINGCHONGHAI FANGZHI

主　编　江世宏　陈晓琴
副主编　周庆椿　张淑梅　张国财
主　审　彩万志　李华平　徐汉虹

重庆大学出版社

内容提要

本书是“十四五”职业教育国家规划教材，是根椐高等职业教育培养高技术、高技能的“双高”人才培养目标和要求，以综合防治技术能力培养为主线，从培养学生对园林植物病虫害会诊断识别、会分析原因、会制订方案、会组织实施的植保“四会”能力出发编写而成，在理论上重点突出了实践技能所需要的理论基础，在实践上突出了技能训练与生产实际的“零距离”结合。内容包括绪论、园林昆虫基础、园林植物病害基础、园林植物病虫害防治原理和方法、农药及其应用、园林植物害虫及其防治、园林植物病害及其防治、实训指导、练习题等章节，并配有《园林植物病虫害识别》数字资源和视频电子课件(扫描封底二维码查看，并在电脑上进入重庆大学出版社官网下载)，做到了图文并茂，内容翔实，南北兼顾。书中含60个二维码，可扫码学习。

本教材可供高等职业院校园林类专业使用，也可作为观赏园艺专业相关课程的教学参考书，以及植保、花卉、绿化等技术人员的参考书。

图书在版编目(CIP)数据

园林植物病虫害防治 / 江世宏，陈晓琴主编. -- 5版. -- 重庆：重庆大学出版社，2021.8(2024.7 重印)
高等职业教育园林类专业系列教材
ISBN 978-7-5624-9209-2

Ⅰ. ①园… Ⅱ. ①江… ②陈… Ⅲ. ①园林植物—病虫害防治—高等职业教育—教材 Ⅳ. ①S436.8

中国版本图书馆 CIP 数据核字(2021)第106488号

园林植物病虫害防治
(第5版)
主　编　江世宏　陈晓琴
副主编　周庆椿　张淑梅　张国财
主　审　彩万志　李华平　徐汉虹
策划编辑：何　明
责任编辑：何　明　　版式设计：莫　西　何　明
责任校对：邹　忌　　责任印制：赵　晟
*
重庆大学出版社出版发行
出版人：陈晓阳
社址：重庆市沙坪坝区大学城西路21号
邮编：401331
电话：(023) 88617190　88617185(中小学)
传真：(023) 88617186　88617166
网址：http://www.cqup.com.cn
邮箱：fxk@cqup.com.cn (营销中心)
全国新华书店经销
重庆升光电力印务有限公司印刷
*
开本：787mm×1092mm　1/16　印张：21.25　字数：544千　插页：16开4页
2007年1月第1版　2021年8月第5版　2024年7月第14次印刷
印数：32 601—36 600
ISBN 978-7-5624-9209-2　定价：49.00元

编委会名单

编写人员名单

主　编　江世宏　深圳职业技术学院

陈晓琴　深圳职业技术学院

副主编　周庆椿　重庆三峡职业学院

张淑梅　黑龙江农垦科技职业学院

张国财　东北林业大学

参　编　李本鑫　黑龙江生物科技职业学院

刘　栋　天津海关

杨长龙　河南农利通农业科技有限公司

谭祥国　重庆工贸职业技术学院

李广京　深圳职业技术学院

孔祥文　深圳市桃源生态农业有限公司

周云仙　深圳市方森园林花卉有限公司

主　审　彩万志　中国农业大学

李华平　华南农业大学

徐汉虹　华南农业大学

总 序

改革开放以来，随着我国经济、社会的迅猛发展，对技能型人才特别是对高技能人才的需求在不断增加，促使我国高等教育的结构发生重大变化。据2004年的统计数据显示，全国共有高校2 236所，在校生人数已经超过2 000万，其中高等职业院校1 047所，其数目已远远超过普通本科院校的684所；2004年全国高校招生人数为447.34万，其中高等职业院校招生237.43万，占全国高校招生人数的53%左右。可见，高等职业教育已占据了我国高等教育的"半壁江山"。近年来，高等职业教育特别是其人才培养目标逐渐成为社会关注的热点。高等职业教育培养生产、建设、管理、服务第一线的高素质应用型技能人才和管理人才，强调以核心职业技能培养为中心，与普通高校的培养目标明显不同，这就要求高等职业教育要在教学内容和教学方法上进行大胆的探索和改革，在此基础上编写出版适合我国高等职业教育培养目标的系列配套教材已成为当务之急。

随着城市建设的发展，人们越来越重视环境，特别是环境的美化，园林建设已成为城市美化的一个重要组成部分。园林不仅在城市的景观方面发挥着重要功能，而且在生态和休闲方面也发挥着重要功能。城市园林的建设越来越受到人们重视，许多城市提出了要建设国际花园城市和生态园林城市的目标，加强了新城区的园林规划和老城区的绿地改造，促进了园林行业的蓬勃发展。与此相应，社会对园林类专业人才的需求也日益增加，特别是那些既懂得园林规划设计，又懂得园林工程施工，还能进行绿地养护的高技能人才成为园林行业的紧俏人才。为了满足各地城市建设发展对园林高技能人才的需要，全国的1 000多所高等职业院校中有相当一部分院校增设了园林类专业。而且近几年的招生规模正在不断扩大，与园林行业的发展相呼应。但与此不相适应的是，适合高等职业教育特色的园林类教材建设速度相对缓慢，与高等职业园林教育的迅速发展形成明显反差。因此，编写出版高等职业教育园林类专业系列教材显得极为迫切和必要。

通过对部分高等职业院校教学和教材使用情况的了解，我们发现目前众多高等职业院校的园林类教材短缺，有些院校直接使用普通本科院校的教材，既不能满足高等职业教育培养目标的要求，也不能体现高等职业教育的特点。目前，高等职业教育园林类专业使用的教材较少，且就园林类专业而言，也只涉及部分课程，未能形成系列教材。重庆大学出版社在广泛调研的基础上，提出了出版一套高等职业教育园林类专业系列教材的计划，并得到了全国20多所高等职业院校的积极响应，60多位园林专业的教师和行业代表出席了由重庆大学出版社组织的高等职业教育园林类专业教材编写研讨会。会议上代表们充分认识到出版高等职业教育园林类专业系列教材的必要性和迫切性，并对该套教材的定位、特色、编写思路和编写大纲进行了认真、深入的研讨，最后决定首批启动《园林植物》《园林植物栽培养护》《园林植物病虫害防治》《园林规划设计》《园林工程》等20本教材的编写，分春、秋两季完成该套教材的出版工作。主编、副主编和参加编写的作者，由全国有关高等职业院校具有该门课程丰富教学经验的专家和一线教师，大多为"双师型"教师担任。

本套教材的编写是根据教育部对高等职业教育教材建设的要求，紧紧围绕以职业能力培养为核心设计的，包含了园林行业的基本技能、专业技能和综合技术应用能力三大能力模块所需要的各门课程。基本技能主要以专业基础课程作为支撑，包括8门课程，可作为园林类专业必修的专业基础公共平台课程；专业技能主要以专业课程作为支撑，包括12门课程，各学校可根据各自的培养方向和重点选用；综合技术应用能力主要以综合实训作为支撑，其中综合实训教材将作为本套教材的第二批启动编写。

本套教材的特点是教材内容紧密结合生产实际，理论基础重点突出实际技能所需要的内容，并与实训项目密切配合，同时也注重对当今发展迅速的先进技术的介绍和训练，具有较强的实用性、技术性和可操作性三大特点，具有明显的高职特色，可供培养从事园林规划设计、园林工程施工与管理、园林植物生产与养护、园林植物应用，以及园林企业经营管理等高级应用型人才的高等职业院校的园林技术、园林工程技术、观赏园艺等园林类相关专业和专业方向的学生使用。

本套教材课程设置齐全、实训配套，并配有电子教案，十分适合目前高等职业教育"弹性教学"的要求，方便各院校及时根据园林行业发展动向和企业的需求调整培养方向，并根据岗位核心能力的需要灵活构建课程体系和选用教材。

本套教材是根据园林行业不同岗位的核心能力设计的，其内容能够满足高职学生根据自己的专业方向参加相关岗位资格证书考试的要求，如花卉工、绿化工、园林工程施工员、园林工程预算员、插花员等，也可作为这些工种的培训教材。

高等职业教育方兴未艾。作为与普通高等教育不同类型的高等职业教育，培养目标已基本明确，我们在人才培养模式、教学内容和课程体系、教学方法与手段等诸多方面还要不断进行探索和改革，本套教材也将随着高等职业教育教学改革的深入不断进行修订和完善。

编委会

2006年1月

第5版前言

随着我国城市化进程的加快和城市建设的发展，园林绿化已成为现代城市建设中的一个重要组成部分。同时，随着人们经济文化生活水平的提高，家庭养花也成为一种时尚。作为满足上述需要的园林植物产业已成为一种新兴的"朝阳"产业得到蓬勃发展。但在园林植物的生产栽培和养护管理过程中往往遭受到多种病虫的危害，这已成为园林植物栽培和养护管理过程中不可忽视的问题。培养既懂得园林植物栽培技术，又懂得园林植物病虫害防治技术的实用型、应用型园林专业技术人才是当前社会经济发展所提出的迫切要求。

园林植物病虫害防治是高职园林专业的一门必修专业课程，也是一门理论性和实践性均较强的课程，根据高职的特点，要求学生掌握够用的理论基础和较强的实践技能。本教材的编写在理论上重点突出了实践技能所需要的理论基础，并以较多的案例突出理论知识的应用；在实践上突出了技能训练与生产实际的"零距离"结合，并注重了实训过程中的可操作性和质量的可把握性，特别是病虫害防治的各论实训打破了以往的验证性实验的格局，使学生能够根据当地生产实际中发生的病虫害情况进行实地诊断识别，分析原因，提出方案和组织实施，突出了学生分析问题、解决生产实际问题，以及自主创新学习能力的培养；数字资源中还附有实训报告单，学生可下载使用，体现了以人为本。为了巩固教学、检验学习成果，作为专门一个章节编写了练习题。为了扩大学生的知识面，对现场拍照的部分图片制成了彩色图版，可供学生进行田间病虫害识别时使用和参考。另外，书后还附有教学设计，供教师教学和学生学习时参考。为了帮助学生识别病虫害种类，增加对病虫害的感性认识，教材还配备了以现场拍照为主的《园林植物病虫害识别》数字资源。

全书内容包括绪论、园林昆虫基础、园林植物病害基础、园林植物病虫害防治原理和方法、农药及其应用、园林植物害虫及其防治、园林植物病害及其防治、实训指导、练习题等章节，每章前面附有导读，后面附有复习思考题，便于学生对章节内容更好地理解和掌握。教材在编写过程中，力求做到内容丰富，翔实，资料新，覆盖面广，并兼顾南北方。

本教材可供高等职业院校园林类专业学生“园林植物病虫害防治”或“园林植物保护”课程教学使用。建议学时安排 96 ~ 136 学时，其中理论讲授 56 ~ 82 学时，实训操作 40 ~ 54 学时，另外再辅以适当的课外实践活动。同时也可作为植保、花卉、绿化等技术人员的参考书，还可作为观赏园艺专业相关课程的教学参考书。

本教材由深圳职业技术学院江世宏教授、陈晓琴老师担任主编，并完成绪论、第 1 章、实训 1 ~ 5 和实训 15 的编写，以及彩色图版、配套数字资源的拍照和编制，改写实训 10 ~ 14；重庆三峡职业学院周庆椿老师、黑龙江农垦科技职业学院张淑梅老师、东北林业大学张国财老师担任副主编，周庆椿老师完成第 2 章，以及实训 6 ~ 9 的编写，改写实训 10；张淑梅老师完成第 5 章，以及实训 13 的编写；张国财老师完成第 6 章，以及实训 14 的编写；黑龙江生物科技职业学院李本鑫老师完成第 3 章、第 4 章，以及实训 10 ~ 12 的编写；重庆工贸职业技术学院谭祥国老师在各位编写人员撰稿的基础上完成第 8 章的编写；天津海关刘栋完成第 3 章的改写；华南农业大学研究生杨长龙完成第 4 章的改写；深圳职业技术学院李广京老师完成全书的校稿。另外，孔祥文和周云仙两位企业人员也参与了教材修订。全书由江世宏教授统稿，中国农业大学彩万志教授审稿绪论、第 1 章、第 3 章和第 5 章，华南农业大学李华平教授审稿第 2 章和第 6 章，华南农业大学徐汉虹教授审稿第 4 章。在编写过程中，得到许多高校同行的大力支持，并提出了许多宝贵意见；在拍照和校稿过程中得到深圳职业技术学院曾大兴教授，以及园林专业部分研究生和大学生的帮助和参与，在此一并致谢。这里需要特别说明的是书中的许多插图均来源于参考文献中的各位作者，但有些插图也不能确定就是作者原图，特别是有些插图，多本书中引用，但又未注明出处，我们又很难考证原图作者，本书中插图出处也只好空缺。

本教材第 5 版，主编江世宏教授、陈晓琴老师在前四版的基础上对全书进行了修订和校正，尤其是涉及昆虫分类系统、植物病原菌物分类系统的，均与时俱进，按照当下广泛采用的分类系统进行修订。增加了 60 个视频（含授课实录视频、园林植物病虫害识别彩色图片视频、园林植物病虫害实景录制视频），并做成二维码放在教材相应章节中，便于学生扫码观看视频，促进教师教学，提升学生学习效率。

由于该门课程的教学如何突出高职特点仍在探索和改革之中，书中定有不完善之处，敬请各位同行和学生在使用过程中，对书中的不足之处进行批评和指正，以便下次修订时改进。

编　者

2021 年 5 月

目 录

绪 论

绪论

0.1 园林植物病虫害防治的内容和任务

园林植物一般是指人工栽培的适用于园林绿化和具有观赏价值的木本和草本植物。病虫对园林植物的危害称为园林植物病虫害。园林植物病虫害防治是研究园林植物病虫害发生规律及其防治方法的一门学科。园林植物除受到病虫的危害之外,也常常受到杂草、鼠类等有害生物的危害,对这些有害生物的控制又常常称为园林植物保护。

园林植物病虫害防治包括园林昆虫学和园林植物病理学,前者是昆虫学的分支学科,后者是植物病理学的分支学科。园林植物病虫害防治是园林专业的主干必修课程,它的主要内容包括病虫的识别和诊断、病虫的发生规律、病虫的防治技术等。其主要任务是通过本门课程的学习,使学生能够掌握园林植物病虫害防治的基础知识和基本技能;掌握当地园林植物的食叶、吸汁、蛀干、地下害虫和叶、花、果、枝干、根部病害发生发展规律及其科学防治方法。在理论上要求学生掌握昆虫基础知识,并能灵活应用于害虫识别和防治之中;掌握植物病害基础知识,并能灵活应用于病害的诊断和防治之中;掌握植物病虫害防治的基本原理和方法,并能灵活应用于综合防治方案制订之中;掌握农药基础知识,并能正确应用于病虫害的化学防治之中,达到经济、安全、有效的目标。在技能上要求学生对当地园林植物主要病虫害能正确识别和诊断,能正确应用植物病虫害防治的基础知识,分析当地病虫害的发生发展规律,制订科学、合理的综合防治方案,并能有效地组织实施。总体上该门课程以综合防治技术能力培养为主线,使学生最终达到对园林植物病虫害会诊断识别、会分析原因、会制订方案、会组织实施的植保“四会”人才培养目标。

该门课程的学习主要是为园林植物栽培与养护等课程的学习奠定基础,要求学生具有基础化学、植物与植物生理、基础微生物、园林花卉、园林树木等基础知识。

0.2 园林植物病虫害防治的重要性

近年来,随着我国经济建设的迅猛发展,人们对环境的要求越来越高,不少城市已经提出了建设生态园林城市的目标,国家也提出了要建设社会主义新农村。在当今的社会发展中,园林绿化不管是在现代城市,还是在新农村的建设中都显得越来越重要。而且,随着人们物质生活水平的提高,家庭养花也成了一种时尚,与园林植物生产栽培养护相关的企业已成为当今的朝阳产业。

病虫害是园林植物生产栽培养护过程中的主要问题,几乎每一种园林植物都有病虫的危害。它的危害主要表现在导致园林植物生长不良、残缺不全,或者出现坏死斑点(块),发生畸形、凋萎、腐烂等,降低花木的质量,使之失去观赏价值和绿化效果,严重时引起整株或整片死亡,影响景观并造成重大的经济损失。

例如,20 世纪 20 年代,在英国由于茎线虫的危害几乎使水仙种植业濒临毁灭;70 年代中期,在美国流行的菊花矮化病,使 30%~60% 的植株完全失去经济价值;之后,榆树枯萎病在欧洲、北美等许多国家大规模流行,仅 1975 年夏季,英国死亡榆树就达 190 万株以上,美国许多城市的行道树和庭园中的榆树几乎全部死亡,每年的经济损失达 1 亿美元以上。

在我国,20 世纪 80 年代初,由于黄栌感染了白粉病,致使北京香山红叶逾期不能变红,大大影响了景观效果;90 年代又遇到木橑尺蛾暴发,景区内 1/3 的黄栌叶片被食光。近年,在我国水仙栽培地区,几乎 70%~80% 栽培面积中均有水仙病毒病发生,鳞茎带毒率高达 80% 以上,且其危害还有逐年加重的趋势;在发病严重的城市,仙客来病毒病的发病株率也在 65% 以上。体形微小的蚜虫、蚧虫、粉虱、蓟马和叶螨等"五小"害虫,长期以来一直都是困扰园林植物正常生长的严重害虫。

园林植物除了本土病虫的危害外,入侵病虫的危害也十分严重。例如,松突圆蚧自 1982 年在珠海等地首次发现后,每年以 6.7 万 hm^2 的面积向内地扩展,至 2000 年已有 120.7 万 hm^2 面积受害,其中不得不砍伐的受害松林面积已超过 13 万 hm^2,损失木材达 3 000 万 m^3。在日本造成松材损失惨重的松材线虫,1982 年在我国南京首次发现。之后的 6 年间,由该种线虫危害致死的松树由 200 余株猛增至 60 多万株,被害松林达 2 万 hm^2,直接经济损失达 700 多万元。1998 年受害面积已达 7.3 万 hm^2,已有 1 500 万株松树死亡。2002 年,椰心叶甲在海口首次发现后,就以惊人的速度在海南省蔓延。之后,又传入珠海、湛江、深圳、东莞等地,10 多万株棕榈科植物遭受严重危害,严重地段成片死亡,使当地以棕榈科植物为主的南国园林景观受到极大的破坏。由美洲传入我国的美国白蛾,2006 年在北京、天津、河北、辽宁、山东、陕西等北方省市又出现暴发态势,对公路干线绿化树木构成严重威胁。

从病虫对园林植物的危害可以看出,园林植物病虫害防治在园林植物生产栽培和园林绿地的养护管理中占有极其重要的地位。只有对园林植物病虫害进行科学有效的防治,园林植物对环境的美化功能、生态功能才能得以充分体现,园林植物的生产栽培才能得以正常开展,园林植物正常的生长发育才能具有可靠保证。对园林植物病虫害的有效防治是植物医生和植物保护工作者的神圣使命。

0.3 园林植物病虫害防治的特点

园林植物病虫害防治作为植物保护学科中的一个组成部分,与农作物病虫害防治、园艺作物病虫害防治等都具有许多共同的特点。如都需要有昆虫学基础、植物病理学基础、农药学基础(植物化学保护)等,都具有相同的植物病虫害防治的原理和基本方法,但由于园林生态系统的特殊性和复杂性,园林植物病虫害的发生和防治也有其自身的特点。

1)园林植物病虫害种类繁多

人类栽培应用的园林植物,就其种类而言,远远多于农作物和园艺作物。由于每一种植物病虫都有一定的寄主范围,种类繁多的园林植物为植物病虫提供了广泛的寄主,致使植物病虫种类尤其繁多。仅1984年对全国43个城市的调查,园林植物病害就有5 500多种,园林植物害虫有8 260多种,而且就其调查范围和园林植物种类来看,这也只是园林植物病虫种类中的一部分,还有许多种类的病虫尚未发现,或者是发现了还未能鉴定出种名。

2)园林植物病虫害的发生和危害情况较为复杂

园林植物多应用于城市绿化和植物造景,往往一个地段和地块需要多种植物如花、草、树木、地被植物等配植在一起,来达到理想的景观效果,因而形成了独特的园林生态环境。而且不同的景观所配植的植物种类和数量也不一样,不同地段和地块的生态环境又表现出了较大的差异。由于每一种植物上的病虫种类不同、危害程度不同、发生时期不同,有时不同植物上的病虫也会发生交互感染,使得病虫害的发生和危害显得较为复杂,这完全不同于农作物的大田栽培,面积大,品种单一,病虫种类相对简单。即使是在花卉和苗木的生产栽培中,为了满足多样的市场需求,生产栽培的园林植物尽管成片种植,但也是种类多,面积相对较小,病虫危害的复杂性也同样存在。

另外,城市的地形、基础设施和建筑结构较为复杂,局部小气候也不一样,病虫的发生情况也不相同,特别是“三废”的影响,可对花卉和树木产生直接危害。同时,由于受害后植物生长衰弱,也可引发其他病虫害的发生。

3)园林植物产品流动性大,入侵病虫危害猖獗

随着城市建设的发展和人们物质文化生活水平的提高,城市绿化越来越受到各地的重视,除园林植物造景之外,家庭养花也成了一种时尚,这使得园林植物产品如盆花、苗木、草皮等的交流日渐频繁,为一些危险性的病虫远距离传播和扩散提供了更多的机会。由于受侵之地缺乏自然控制因子,危害和损失都十分惨重。例如在前面所提到的松突圆蚧、松材线虫、椰心叶甲等都是从国外传入我国的,其危害所造成的损失已可见一斑。2004年又在我国广东吴川等地发现了原分布于南美的红火蚁,在园林绿地中的发生最为普遍,园林生态系统中的生态平衡遭到严重破坏,目前已扩散到湖南省、广西壮族自治区等。

4）园林植物病虫害的防治要求更加科学环保

园林植物病虫害的种类多，组成复杂，这已经显示出了对园林植物病虫害防治的艰巨性。外加城市人口稠密，城市绿地多是人们休闲的公共场所，园林植物病虫害的防治已不等同于大田作物的病虫害防治。例如，一些化学农药的应用可直接污染公共环境，对人类健康造成影响。同时，也污染水源，特别是对饮用水源的污染，将会造成严重的社会问题。而且，同一绿地园林植物种类多，各种植物的耐药性不同，一种农药的使用，可能会对部分植物产生药害，从而影响了植物的观赏价值。这些都充分说明园林植物病虫害的防治要求更加科学和环保。

另外，园林植物中还有一些古树名木，对其病虫害的防治有时是不计成本，必须进行特殊的外科手术逐棵进行防治。

0.4 园林植物病虫害防治的研究概况

园林植物病虫害防治的研究目前从总体上看滞后于农作物病虫害和森林病虫害防治的研究，它包括研究经费的投入、研究人员的配置和专门人才的培养等诸多方面。在人才培养方面，农业院校几乎都设有植物保护专业，从知识体系来看均是以农作物病虫害防治为目标；林业院校也几乎都设有森保专业，学习的内容也多是森林病虫害及其防治。专门的园林植物保护专业目前在我国还没有设置，园林植物病虫害防治最多只是作为上述专业的一门选修课程，有些院校尚未开设。在园林专业和观赏园艺专业中，几乎所有院校都开设了园林植物病虫害防治课程，并作为一门专业必修课，其主要目的是支撑园林植物栽培养护的需要。可见，我国目前还缺乏专门的园林植物保护人才培养机构。在我国从事园林植物病虫害防治的研究人员，主要是从植保专业和森保专业转向而来，研究队伍相对显得较为薄弱，主要分散在各地的园林局，以及相关的研究机构，部分高校的植保、森保部分研究人员也涉及该方面的研究工作。他们的研究吸取了农作物病虫害和森林病虫害防治中许多先进的观点、方法和成果，但就园林植物病虫害防治的特殊性方面则略显不足。由于粮食、水果、蔬菜等在国民经济中的极端重要性，森林作为可利用的再生资源，对其病虫害的防治受到国家的高度重视，国家先后投入了大量经费开展研究，而园林植物病虫害防治研究方面投入较少，只有相关部委和地方政府，由于城市化建设的需要，进行了一些投入。目前，随着人们对居住环境要求的不断提高，城市绿化美化的进程在不断加快，该方面的投入也在不断增加。

尽管园林植物病虫害防治与农作物病虫害和森林病虫害防治的研究相比略显滞后，但在广大园林植物保护工作者的共同努力下，其研究工作也取得了不少成果和进展。特别是1984年建设部下达了“全国园林植物病虫害、天敌资源普查及检疫对象研究”课题，全国先后有43个大中城市参加了此项研究工作，对我国主要的草本花卉、木本花卉、地被植物、攀援植物、水生观赏植物和园林树木的病虫害进行了系统的调查，初步摸清了我国园林植物病虫害的种类、分布和危害程度，以及园林植物害虫的天敌种类，提出了园林植物病虫检疫对象，为后来开展园林植物病虫害的防治奠定了较好的基础。随后，在各地科技局和园林局的资助下，一些主要城市开展了当地园林植物病虫害的系统调查，提出了当地危害严重的优势种类，并开展了发生规律及防治方法的研究，对有效地控制当地主要园林植物病虫害的危害发挥了重要作用。对一些危险性的入侵病虫，国家和地方也投入了大量经费，并在各地高校和研究院所的植保、森保科研人员的配合下，开展了大量研究，取得了不少成果，有效地控制了这些危险病虫害的传播和蔓延。近年来，随着园林植物病虫害研究工作的不断开展，发表的研究论文数量也在日益增多，并且也出版了大量的图谱和专著。我国园林植物病虫害防治的研究工作已进入一个新的阶段。

与国外先进国家相比，我国的园林植物保护事业还存在较大差距，病虫害的种类还需全面调查，主要病虫害的发生规律还需深入研究，对一些重大病虫害还缺乏经济、有效的控制方法，园林植物病虫害的防治理论还有待突破。总之，园林植物病虫害防治的研究任重而道远，还需广大园林植保工作者长期努力，才能达到对园林植物病虫害的可持续控制目标。

1 园林昆虫基础

［本章导读］ 主要介绍昆虫的外部形态、昆虫的内部结构、昆虫的生物学特性、昆虫与环境的关系、园林昆虫主要目科的识别。要求学生了解昆虫在动物界中的分类地位及其与人类的关系；掌握昆虫的主要形态特征及其附器的构造和变化；掌握昆虫主要内部器官的构造和生理及其与害虫防治的关系；掌握昆虫的重要生物学特性及其在害虫防治方面的应用；了解昆虫与环境的关系；掌握园林昆虫主要类群的特征和生物学特性，重点理解上述各方面与害虫防治的关系，为园林植物害虫防治奠定基础。

1.1 昆虫概述

1.1.1 什么是昆虫

在日常生活中，我们会遇到许许多多的小型动物，如蝴蝶、蚱蜢、蚂蚁、苍蝇、毛虫、蜘蛛、蝎子、马陆、蚰蜒、蜗牛，等等，人们都习惯地称之为虫子，但它们并非都是昆虫。那么，什么是昆虫呢？

1）昆虫的特征

昆虫属于动物界、节肢动物门、昆虫纲。可以说，昆虫是小型的节肢动物，它的身体分为头、胸、腹3个体段，并具有六足，大多还具有四翅。仔细观察，它具有如下特征（图1.1）：

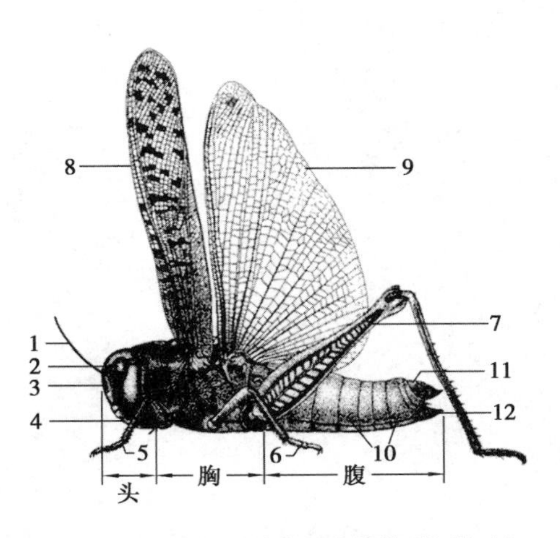

图1.1 东亚飞蝗，示昆虫基本构造（仿彩万志）
1.触角 2.复眼 3.单眼 4.口器 5.前足 6.中足 7.后足 8.前翅 9.后翅 10.气门 11.尾须 12.产卵器

①头部具有1对触角，1对复眼，0～3个单眼，1副口器。触角具有感觉的作用，特别是能感受一些

化学气味,复眼和单眼能够感光视物,口器摄取食物。可以说,头部是昆虫取食和感觉的中心。

②胸部着生有六足四翅,昆虫靠翅膀飞行,靠六足步行、跳跃。因此,可以说,胸部是昆虫的运动中心。

③腹部包藏有大量内脏,末端着生有外生殖器和1对尾须,内脏在新陈代谢中发挥着重要作用,外生殖器主要用于交配和产卵。可以说,腹部是昆虫代谢和生殖的中心。

④昆虫的身体包有一层坚韧外壳(体壁),故此昆虫称为"外骨骼"动物。

此外,昆虫的一生,外部形态和内部结构都要发生一系列的变化,称为"变态"。

具有上述特征的节肢动物都是昆虫。

2)昆虫的特点

昆虫的特点主要表现在以下4个方面:

(1)种类多　昆虫是动物界中种类最多的一个类群,估计地球上的昆虫可能有1 000万种,目前已知100万种左右,占动物界已知种类的2/3。

(2)繁殖快　昆虫中每雌产卵在100个以上的种类十分常见,多的可达1 000多个;如群栖性昆虫白蚁的部分种类,蚁后每天可产卵15 000多个,并能维持数量,很少间断。昆虫不仅产卵量大,而且发育快,大多数昆虫一年内就能完成一代、几代,甚至十几代,如蚜虫在我国南方一年可发生二三十代。

(3)数量大　一窝蚂蚁可多达50多万个个体,一株苹果树可聚积10万多只蚜虫。

(4)分布广　从赤道到两极,从海边到内陆,高至世界之巅珠穆朗玛峰,低至山谷沟壑,以及几米深的土壤,都有昆虫的存在。

1.1.2 昆虫的近亲有哪些?

与昆虫同属于节肢动物门的动物都是昆虫的近亲,与昆虫一样,它们都具有节肢动物的特征。主要表现在如下几个方面:

①体躯由许多环节组成,相邻的体节由节间膜连接,虫体可借此自由活动;

②各节着生成对的不同功能的附肢;

③整体被一层坚韧的体壁所包围,即"外骨骼",其内包藏有内脏器官,并着生肌肉。与昆虫同属于节肢动物门的主要动物有(图1.2):

甲壳纲 Crustacea:如虾、蟹、潮虫;

蛛形纲 Arachnida:如蜘蛛、螨类和蝎子;

唇足纲 Chilopoda:如蜈蚣、蚰蜒等;

重足纲 Diplopoda:如马陆等。

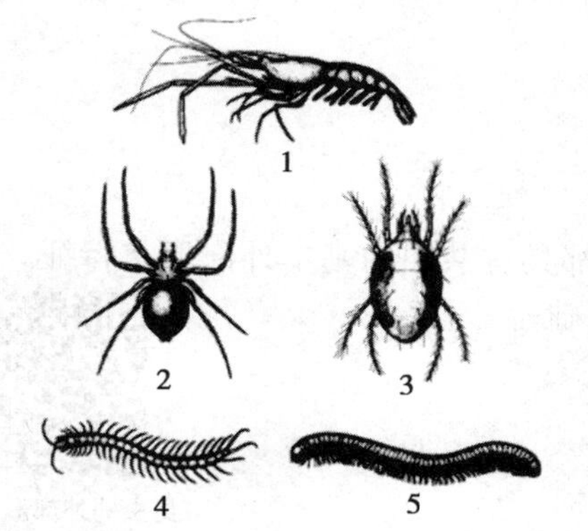

图1.2　昆虫的近亲(仿各作者)

1.甲壳纲(虾)　2.蛛形纲(蜘蛛)　3.蛛形纲(螨)
4.唇足纲(蜈蚣)　5.重足纲(马陆)

1.1.3 昆虫与人类的关系

(1)昆虫的有害方面　许多昆虫危害农作物、花卉树木,或寄生在人、畜体上,称为"害虫"。如苍蝇、蚊子,吸血传病,称为"卫生害虫";牛虻、厩蝇,叮咬牲畜,称为"畜牧害虫";蝗虫、叶甲、金龟、天牛为害农林植物,称为"农林害虫"。在农业、林业生产上,人们栽培的植物没有一种不受到害虫的为害;从植物的根、茎、叶、花、果实、种子,到已收获入库的粮食,都可以成为昆虫的食物。

(2)昆虫的有益方面　有些昆虫可以"吃"害虫,如步行甲、食虫瓢甲、食蚜蝇、螳螂、寄生蜂等,称为"天敌昆虫"。有些昆虫能帮助植物授粉,如蜜蜂、壁蜂,称为"传粉昆虫"。目前,世界上80%以上的显花植物都是依靠昆虫传花授粉的。有些昆虫的虫体及其代谢产物是重要的工业、医药和生活原料,如家蚕、白蜡虫、五倍子蚜虫、紫胶虫、胭脂虫等,称为"原料昆虫"。也有一些昆虫可以作为畜禽、鱼类和蛙类的饲料,如黄粉虫等,称为"饲料昆虫"。还有一些昆虫可以入药,如斑蝥、地鳖虫、冬虫夏草等,称为"药用昆虫"。这些昆虫对人类有益,称为"益虫"。

必须指出： 昆虫益害关系的界定,是随着人类物质生活和精神生活的发展需求而不断变化的。例如龙虱是为害鱼苗的渔业害虫,但在南方也是人们喜食的食用昆虫。蟋蟀是为害植物根部的地下害虫,但在有些地区也可作为供人们玩赏的娱乐昆虫。另外,自然界中的绝大多数昆虫作为生态系统中的一员,在保持生物多样性和维持生态平衡中起到重要作用,与人类没有直接的经济利益关系,但其中的一些艳丽奇特种类,也可供人们举办展览,进行生物知识普及,成为观赏昆虫。目前,人们正在对有些昆虫进行生物学等方面的科学研究,并正在进行饲养开发,其经济价值将会不断进入人类的生产生活中。

我们学习昆虫基础知识的目的,就是要学会如何认识园林昆虫,如何控制园林害虫,如何保护和利用有益昆虫,从而为园林生产服务。

1.2 昆虫的外部形态

昆虫虽千姿百态、种类繁多,但在它们的成虫阶段都具有共同的基本外部形态特征。了解昆虫的外部形态、结构特征是识别害虫和利用益虫的基础。

昆虫的外部形态(1)

1.2.1 昆虫的头部

头部是昆虫的第一体段,通常着生1对触角,1对复眼,0~3个单眼和1副口器,是昆虫感觉和取食的中心。头部的构造如下:

昆虫的头部一般呈圆形或椭圆形,由若干体节愈合而成,但已无分节痕迹,外表为坚硬的外壳,称头壳。在头壳形成过程中,由于体壁的内陷,表面形成许多沟和缝,将头壳分为头顶、额、唇基、颊和后头5个区:头壳上方称为头顶;头的前面是额;额的下方是唇基,与上唇相连;头壳的两侧称颊;后面称后头(图1.3)。

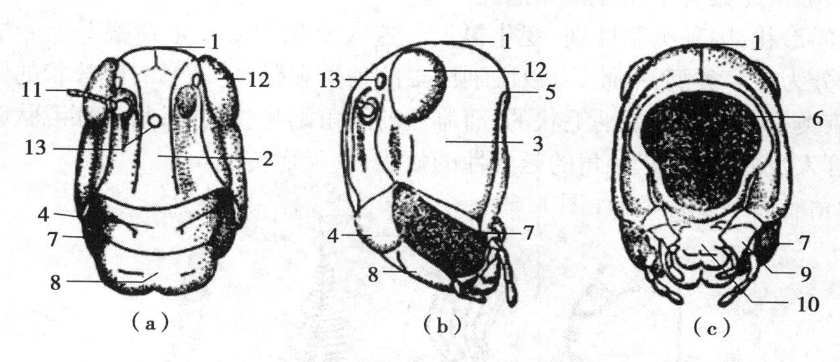

图1.3 蝗虫头部的构造(仿周尧)

(a)头部正面;(b)头部侧面;(c)头部后面

1.头顶 2.额 3.颊 4.唇基 5.后头 6.后头孔 7.上颚 8.上唇

9.下颚 10.下唇 11.触角 12.复眼 13.单眼

有些昆虫,特别是蛾蝶幼虫,额的上方有一条明显的倒"Y"字形的缝,称蜕裂线,主干称冠缝,侧臂称额缝,幼虫蜕皮时就是沿着这条缝裂开的。

昆虫的头部,常常发生一些变化,如象鼻虫头部延长成象鼻状,鹿花金龟的头部着生一对"鹿角",这些变化与它们的取食行为和求偶行为有很大关系。

(1)昆虫的头式　昆虫头部的形式称为头式。根据口器在头部的着生位置和方向,昆虫的头式可分为3种类型(图1.4)。

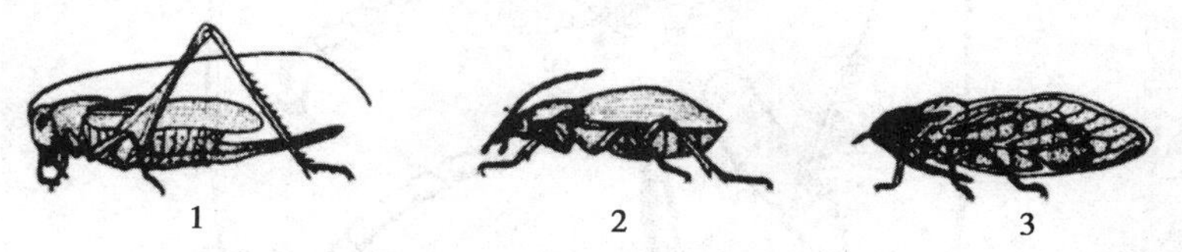

图1.4 昆虫的头式(仿 Eidmann)

1.下口式(螽斯) 2.前口式(步甲) 3.后口式(蝉)

①下口式　口器着生在头部下方,与身体的纵轴垂直,这种头式适于取食植物性的食物。如蝗虫、天牛和鳞翅目昆虫的幼虫等。

②前口式　口器着生在头部前方,与身体的纵轴呈钝角或几乎平行。这种头式,适于潜食和钻蛀、捕食其他昆虫等。如步行甲、草蛉幼虫和有钻蛀习性的蛾类幼虫。

③后口式　口器向后斜伸,贴在身体的腹面,与身体的纵轴几成锐角。这种头式适于刺吸植物或动物的汁液。如蝉类、蝽类及蚜、蚧类等。根据昆虫的头式可以初步判断它的取食行为和益害关系,为科学合理防治害虫提供依据。

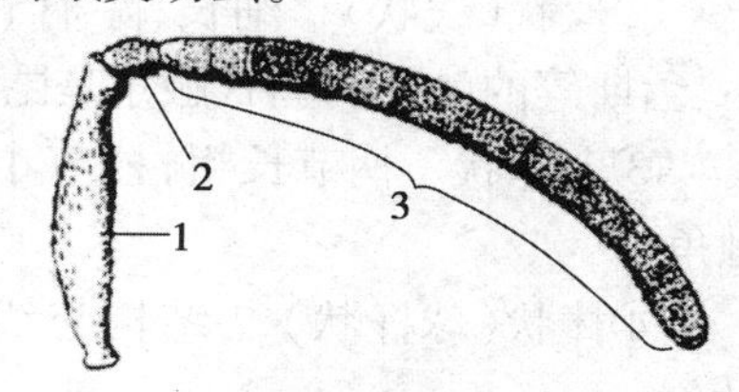

图1.5 触角的基本构造(仿周尧)

1.柄节 2.梗节 3.鞭节

(2)触角　所有的昆虫都具有1对触角,它是昆虫头部的1对附器,着生于两复眼之间的触角窝内。触角通常由许多可以活动的环节组成,一般可分为3个部分,基部第一节称为柄节,通常短粗;第二节称为梗节,较细小,其余各节统称鞭节(图1.5)。

触角是昆虫接收信息的重要感觉器官,表面分布有许多感觉器,具有嗅觉和触觉的功能,基部与神经系统相连，可以对外界刺激迅速做出反应，在昆虫觅食、求偶和产卵活动中起着重要作用，少数昆虫的触角还具有帮助呼吸和抱握作用。

昆虫触角的形状，因种类和性别，变化很大。这些变化主要发生在鞭节上。根据触角形状的变化常常划分为许多类型，借此，可以区别昆虫的种类和雌雄。例如：鳃片状的触角是金龟甲的特征；许多蛾类雄性的触角是羽毛状的，而雌性的触角则是丝状的；具有环毛状触角的是雄性的蚊子，它不叮人吸血，而丝状触角的是雌性的蚊子，它吸血传病。

常见的触角有以下多种类型（图1.6）。

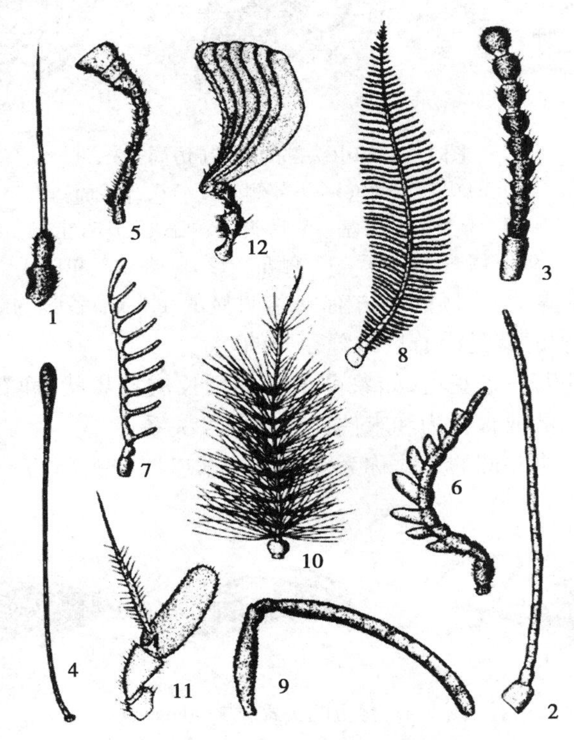

图1.6　昆虫触角的基本类型（仿周尧、管致和等）

1.刚毛状　2.线状　3.念珠状　4.棒状　5.锤状　6.锯齿状　7.栉齿状　8.羽毛状　9.膝状　10.环毛状　11.具芒状　12.鳃片状

①刚毛状　触角短，柄节与梗节较粗大，其余各节细似刚毛，如蜻蜓、蝉、叶蝉的触角。

②丝状（线状）　细长，除柄节、梗节略粗外，其余各节大小、形状相似，向端部渐细，如天牛、螽斯等的触角。丝状触角是昆虫中最常见的类型。

③念珠状　柄节长粗，梗节小，其余各节近似圆球形，相互连接形似一串念珠，如白蚁的触角。

④棒状（球杆状）　结构与线状触角相似，但近端部数节膨大如棒，如蝶类和蝶角蛉的触角。

⑤锤状　似棒状，但触角较短，鞭节端部突然膨大，形状如锤，如瓢虫等甲虫的触角。

⑥锯齿状　鞭节各亚节端部呈锯齿状向一侧突出，如大多数叩甲的触角。

⑦栉齿状（梳状）　鞭节各亚节端部向一侧显著突出，状如梳栉，如部分叩甲的触角。

⑧羽毛状（双栉状）　鞭节各亚节向两侧突出，形如羽毛，或似篦子，如许多雄蛾的触角。

⑨膝状(肘状) 柄节极长,梗节小,鞭节各亚节形状及大小相似,在梗节处呈肘状弯曲,如蜜蜂、蚂蚁及部分象甲的触角。

⑩环毛状 除柄节和梗节外,鞭节各亚节具一圈细毛,如雄蚊和摇蚊的触角。

⑪具芒状 鞭节不分亚节,较柄节和梗节粗大,侧生有刚毛状或芒状的触角芒,如蝇类的触角。

⑫鳃片状 鞭节端部几节扩展成片,形如鱼鳃,如金龟甲的触角。

(3)眼 眼是昆虫的视觉器官,在取食、群集和定向活动等方面起着重要作用。昆虫的眼有单眼和复眼之分。

①复眼 昆虫一般具有1对复眼,多为圆形或卵圆形,着生在头部的两侧,是昆虫的主要视觉器官,但低等昆虫、穴居昆虫及寄生性昆虫的复眼常常退化或消失。复眼通常由许多表面呈六角形的小眼组成(图1.7)。通过复眼,昆虫可以感觉物体的形状。一个小眼可以感觉物体的一个局部,许多小眼集合起来,就可以嵌合形成完整的图像。小眼数量越多,复眼造像越清晰。例如蜻蜓,组成一只复眼的小眼可达28 000多个。另外,复眼对光线的强弱、波长、颜色也具有明显的分辨力。

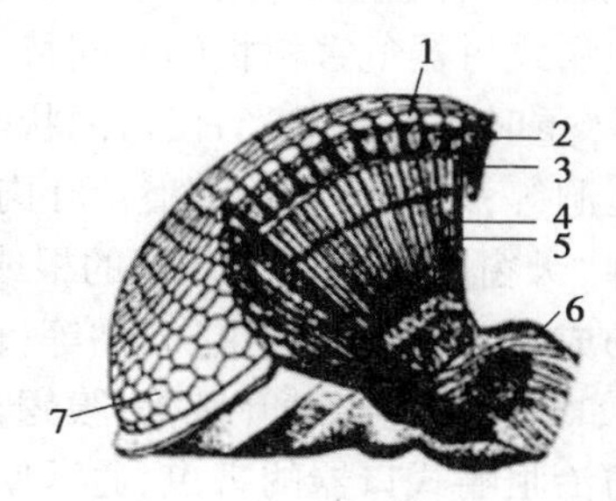

图1.7 复眼的构造

1.角膜 2.晶体 3.色素细胞 4.视觉细胞 5.视杆 6.视叶 7.小眼面

②单眼 昆虫的单眼有背单眼和侧单眼之分,它们只能感受光线的强弱和方向,而不能看清物体的形状。背单眼,为成虫和不全变态的若虫所具有,多数为3个,呈倒三角形排列在额区两复眼间,但也只有1~2个或无单眼的。侧单眼,仅为全变态类的幼虫所具有,位于头部两侧,常1~7对不等。单眼的有无、数目、排列和着生的位置是鉴别昆虫的重要特征。

(4)口器 口器是昆虫的取食器官。各种昆虫因食性和取食方式的不同,口器常常在构造上发生一些变化,而形成了不同的口器类型。例如,取食固体食物的为咀嚼式,取食液体食物的为吸收式,兼食固体和液体食物的为嚼吸式。吸收式口器按其取食方式又可分为把口器刺入植物或动物组织内取食的刺吸式、锉吸式、刮吸式和吸食暴露在物体表面的液体物质的虹吸式、舐吸式。

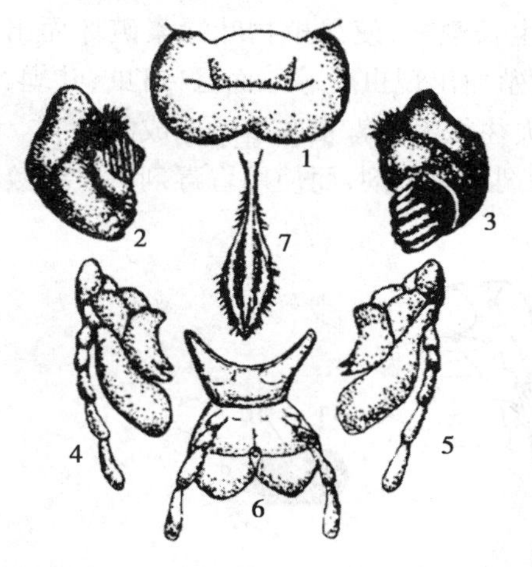

图1.8 蝗虫的咀嚼式口器(仿周尧)

1.上唇 2,3.上颚 4,5.下颚 6.下唇 7.舌

①咀嚼式口器 它是昆虫最基本、最原始的口器类型。所有其他口器类型都是由咀嚼式口器演化而来。昆虫的咀嚼式口器由上唇、上颚、下颚、下唇、舌5个部分组成(图1.8)。

上唇:是悬接于唇基下缘的一个双层薄片,能前后活动,有固定、推进食物的作用。外壁骨化,内壁膜质,多毛,有感觉功能。

上颚:位于上唇之后,是一对坚硬的锥状构造,基部有臼齿,端部有切齿,可以切断、撕裂和磨碎食物。

下颚:位于上颚之后,左右成对,由轴节、茎节、内颚叶、外颚叶和5节的下颚须组成,内、外颚叶用于割切和抱握食物,下颚须用来感触食物。

下唇:位于下颚之后,与下颚构造相似,但左右合并为一,由后颏、前颏、侧唇叶和中唇叶及3节的下唇须组成,用以盛托食物和感觉食物。

舌:位于口腔中央,是一块柔软的袋状构造,用来搅拌和运送食物。舌基部有唾腺开口,唾腺由此流出与食物混合。舌上具有许多毛和感觉器,具有味觉作用。

许多毛虫、叶蜂等的幼虫的口器也是咀嚼式的,但发生了特化,下颚、下唇、舌共同组成为复合器,端部具有吐丝器,用于吐丝做茧,上唇和上颚形态和功能不变。

咀嚼式口器危害植物的共同特点是造成各种形式的机械损伤。例如,取食叶片造成缺刻、孔洞,严重时将叶肉吃光,仅留网状叶脉,甚至全部被吃光;钻蛀性害虫常将茎秆、果实等造成隧道和孔洞等;有的钻入叶中潜食叶肉,形成迂回曲折的隧道;有的啃食叶肉和下表皮,留下上表皮似开"天窗";有的咬断幼苗的根或根茎,造成幼苗萎蔫枯死;还有吐丝卷叶、缀叶等。直翅目昆虫的成虫、若虫,如蝗虫、蝼蛄等;鞘翅目昆虫的成虫、幼虫,如天牛、叶甲、金龟甲等;鳞翅目的幼虫,如刺蛾、蓑蛾、潜叶蛾等;膜翅目的幼虫,如叶蜂等,都具有咀嚼式口器。

防治咀嚼式口器的害虫,通常使用胃毒剂和触杀剂。胃毒剂可喷洒在植物体表,或制成毒饵撒在这类害虫活动的地方,使其和食物一起被害虫食入消化道,引起害虫中毒死亡。

②刺吸式口器　刺吸式昆虫的口器是由咀嚼式口器演化而成,其上下颚特化成两对口针,相互嵌合成两个管道,即食物道和唾液道;下唇延长成包藏和保护口针的喙;上唇则退化为三角形小片,盖在口针基部(图1.9)。同翅目昆虫的成虫、若虫,如蚜虫、叶蝉、蚧壳虫等;半翅目昆虫的成虫、若虫,如蝽象等,都具有刺吸式口器。它们危害植物时,借助肌肉的作用将口针刺入植物组织,并从唾液道分泌唾液对食物进行初步消化后,再将初步消化后的植物汁液吸入体内。刺吸式口器的害虫对植物的危害,不仅仅是吸取植物的汁液,造成植物营养的丧失而生长衰弱,更为严重的是它所分泌的唾液中含有毒素、抑制素或生长激素,使得植物叶绿素破坏而出现黄斑、变色,细胞分裂受到抑制而形成皱缩、卷曲,细胞增殖而出现虫瘿等。而且,蚜虫、叶蝉、木虱等还传播植物病毒病,其传播的植物病害所造成的损失往往大于害虫本生所造成的危害。对于刺吸式口器的害虫防治,通常使用内吸性杀虫剂、触杀剂或熏蒸剂,而使用胃毒剂将没有效果。

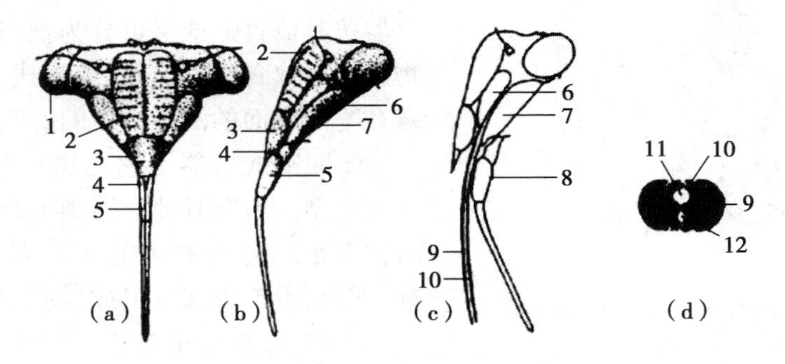

图1.9　蝉的刺吸式口器(仿周尧)

(a)头部正面观;(b)头部侧面观;(c)口器各部分分解;(d)口针横切面

1.复眼　2.后唇基　3.前唇基　4.上唇　5.喙管　6.上颚骨片　7.下颚骨片

8.下唇　9.上颚口针　10.下颚口针　11.食物道　12.唾道

③虹吸式口器　蛾、蝶类成虫所特有的口器类型。上唇和上颚退化，下唇呈片状，下唇须发达，由左右下颚的外颚叶嵌合延伸成喙管，内颚叶和下颚须不发达，喙管通常呈钟表发条状卷曲在头下面，当取食时可伸展吮吸花蜜（图1.10）。蛾蝶类成虫一般不会造成为害，但吸果夜蛾类喙管末端锋利，能刺破成熟果实的果皮，吮吸汁液，造成为害。

④锉吸式口器　这种口器为蓟马类昆虫所特有。蓟马的头部向下突出，具有一个短小的喙，由上唇、下唇等组成。喙内藏有舌、上颚和下颚口针，但右上颚退化或消失，仅左上颚发达，下颚须和下唇须存在，但很小。上颚口针较粗壮，是主要的穿刺工具，两下颚口针组成食物道，舌与下唇间组成唾液道（图1.11）。取食时，先以上颚口针锉破寄主表皮，然后以喙端密接伤口，靠唧筒式的抽吸作用吸取植物汁液。

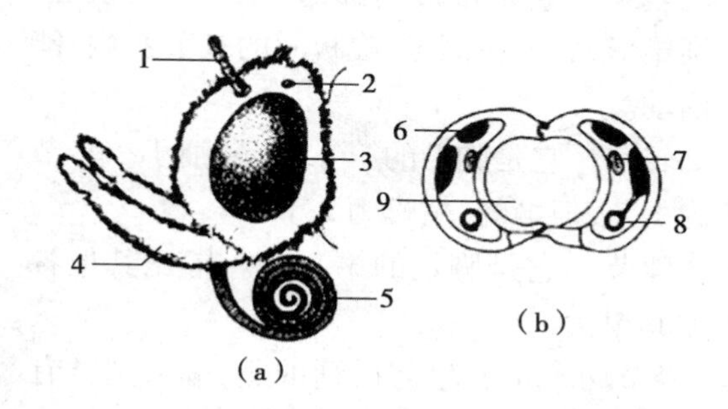

图1.10　蛾蝶的虹吸式口器（仿彩万志，Eidmann）

（a）头部侧面观；（b）喙的横切面

1. 触角　2. 单眼　3. 复眼　4. 下唇须

5. 喙　6. 肌肉　7. 神经　8. 气管　9. 食物道

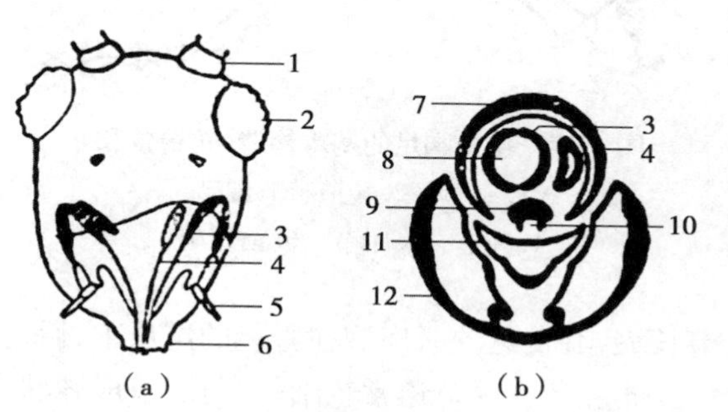

图1.11　蓟马的锉吸式口器（仿 Weber，Eidmann）

（a）头部正面观；（b）喙的横切面

1. 触角　2. 复眼　3. 下颚口针　4. 上颚口针

5. 下颚须　6. 喙　7. 上唇　8. 食物道　9. 舌

10. 唾道　11. 中唇舌　12. 侧唇舌

此外，还有刮吸式口器，如蝇类幼虫的口器；舐吸式口器，如蝇类成虫的口器；嚼吸式口器，如蜜蜂成虫的口器等。

1.2.2　昆虫的胸部

昆虫的外部形态 2

胸部是昆虫的第二体段，其前以膜质颈与头部相连。胸部着生有3对足，一般还有2对翅。胸部由3个体节组成，依次称为前胸、中胸和后胸。每一胸节下方各着生1对胸足，依次为前足、中足和后足。多数昆虫在中、后胸上方各着生1对翅，依次称为前翅和后翅，因而中、后胸又称为具翅胸节。足和翅都是昆虫的行动器官，所以胸部是昆虫的运动中心。

1）基本构造

胸部由于要承受足和翅的强大肌肉的牵引力，所以胸节高度骨化而且节与节之间紧密相连，形成骨板，特别是具翅胸节。每一胸节由4块骨板组成，背面的称背板，左右两侧的称侧板，下面的称腹板。骨板按其所在胸节而命名，如前胸背板、中胸背板、后胸背板等名称。各个胸板（背板、侧板、腹板）又由若干骨片组成，这些骨片也各有名称，如盾片、小盾片等。

胸节的发达程度与其上着生的翅和足的发达程度有关。如蚊、蝇类前翅发达，后翅退化，中胸远较后胸发达；甲虫类的前翅不用于飞行，这些昆虫的后胸就比中胸发达；白蚁和蜻蜓等昆虫的前后翅大小相似，中后胸的发达程度也相似；螳螂前足特化成捕捉足，蝼蛄前足特化成开掘足，这些昆虫的前胸都特别发达。

2）昆虫的足

（1）胸足的构造　胸足是昆虫胸部的附肢，着生于侧板和腹板之间，基部有膜与体壁相连，形成一个膜质的窝，称基节窝，借此，足的基部可以自由活动。

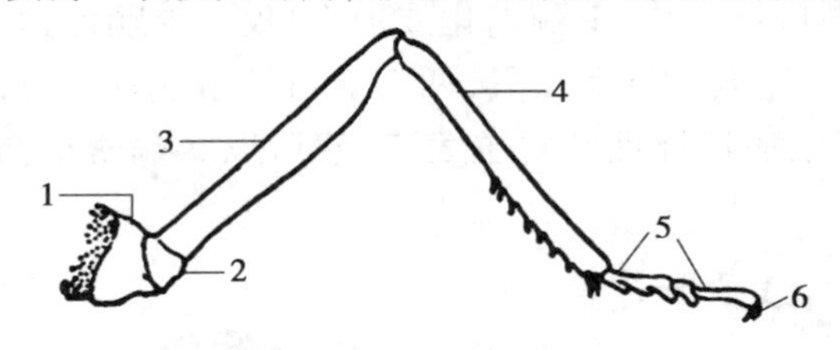

图1.12　昆虫胸足的基本构造（仿管致和）
1.基节　2.转节　3.腿节
4.胫节　5.跗节　6.前跗节

成虫的胸足一般分为6节，由基部向端部依次称为基节、转节、腿节、胫节、跗节和前跗节（图1.12），节间由膜相连，是各节活动的部位。

①基节　它是足最基部的一节，常较粗短，多呈圆锥形，着生在侧板、腹板间的基节窝内，能前后活动。

②转节　它是胸足的第2节，较细小。转节一般为1节，但姬蜂、蜻蜓为2节。

③腿节　它是胸足的第3节。常比其他各节长大，有发达的肌肉。在善跳的昆虫中，后足腿节尤其粗大。

④胫节　胫节通常较细长，与腿节成膝状弯曲。胫节两侧常着生有成列的刺，端部则常有能活动的距。

⑤跗节　跗节通常由2～5个小节组成，小节数因种类而异。跗节下方常有垫状构造，称跗垫。

⑥前跗节　前跗节是胸足最末端的一节，一般退化被两个侧爪所取代。在两爪之间常有膜质的圆瓣状突起称中垫，用以握持和附着物体。有的昆虫两爪下面还有爪垫。

多数昆虫的跗垫、中垫和爪垫表面都生有感觉器官，用以感受物体的温湿度和其他理化特性，因为感觉器官神经分布较多，容易受外界刺激，而触杀剂常常就从这里侵入体内，所以，只要害虫在喷有药剂的表面走过，药剂就会从这里进入体内而使害虫中毒死亡。

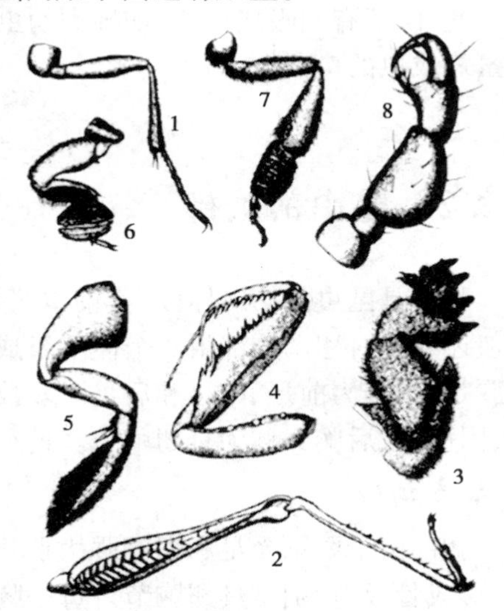

图1.13　昆虫胸足的类型（仿周尧、彩万志）
1.步行足　2.跳跃足　3.开掘足　4.捕捉足
5.游泳足　6.抱握足　7.携粉足　8.攀援足

（2）胸足的类型　昆虫胸足的原始功能为适应于陆地生活的行动器官。由于生活环境和活动方式的不同，昆虫足的形态和功能发生了相应的变化，演变成不同的类型（图1.13）。

①步行足　步行足是昆虫中最常见的一种类型。各节较细长，适于在物体表面行走，如步行甲、蚂蚁、蟑象等的足。

②跳跃足　跳跃足一般由后足特化而成，腿节特别膨大，胫节细长，适于跳跃，如蝗虫、蟋蟀等的后足。

③开掘足　开掘足一般由前足特化而成，胫节宽扁有齿，适于掘土，如蝼蛄的前足。

④捕捉足　为前足特化而成。基节延长,胫节腹面有槽,槽边有两排硬刺,腔节腹面也有两排刺。胫节可以折嵌在腿节的槽内,形似铡刀,如螳螂、部分猎蝽的前足。

⑤游泳足　足扁平,胫节和跗节边缘生有长毛,用以划水,如龙虱、仰蝽等水生昆虫的后足。

⑥抱握足　足粗短,跗节特别膨大,具吸盘状构造,在交尾时用以抱握雌体,如雄性龙虱的前足。

⑦携粉足　如蜜蜂的后足,胫节宽扁,两边有长毛,用以携带花粉,通称“花粉篮”。第一节跗节很大,内面有 10 ~ 12 排横列的硬毛,用以梳刮附着在身体上的花粉。

⑧攀援足　各节较粗短,胫节端部具一指状突,跗节和前跗节弯钩状,构成一个钳状构造,能牢牢夹住人、畜的毛发等,如虱类的足。

了解昆虫足的构造和类型,对于识别害虫、推断栖息场所、了解生活方式,以及在害虫防治和益虫利用上都有重要的实践意义。

3)昆虫的翅

翅是昆虫的飞行器官,昆虫是无脊椎动物中唯一能飞的动物,它的翅不同于鸟类的翅,不是由前肢特化而来,而是由胸部的背板向两侧延伸演化而来。翅的发生,使昆虫在觅食、求偶、避敌和扩大地理分布方面获得了强大的生存竞争力,而使得昆虫成为了动物界中最繁盛的一个类群。

昆虫一般具有 2 对翅,分别着生在中胸和后胸上,着生在中胸的叫前翅,着生在后胸的叫后翅。但有些昆虫,例如苍蝇、蚊子等,只有 1 对前翅,后翅则变成了用于保持身体平衡的平衡棒;还有些昆虫,例如虱子、跳蚤等,翅完全消失或退化;更有些昆虫,例如蚧壳虫、蓑蛾等,雄虫有翅,而雌虫的翅完全退化。

(1)翅的构造　昆虫的翅常呈三角形,具有三边和三角。翅展开时,靠近前面的一边称前缘,靠近后面的一边称内缘或后缘,两者之间的一边称外缘。前缘基部的角称肩角,前缘与外缘间的角称顶角,外缘与内缘间的角称臀角。翅面还有一些褶线将翅面划分成腋区、臀前区、臀区和轭区(图 1.14)。大多数昆虫平时都是沿着这些褶线将各区收叠起来,飞翔时再展开。

(2)翅脉和脉序　在昆虫的翅上,有许多由气管演化而来的翅脉,像扇子的扇骨一样加固翅面,对整个翅面起着支架的作用。翅脉在翅面上的分布形式称为脉序。翅脉有纵脉与横脉之分。纵脉是由翅基部伸到外缘的翅脉,横脉是横列在纵脉之间的短脉。由于纵横脉的存在,把翅面划分成许多小区,每个小区称为翅室。纵脉、横脉以及翅室都有一定的名称和缩写代号。翅脉在翅面上的分布形式称为脉序。不同类群的昆虫,脉序往往存在一定的差异,因此,可以根据脉序的差异来识别昆虫。人们通过对现代昆虫和化石昆虫翅脉的分析比较,提出了假想模式脉序,作为判别现代昆虫脉序的标准(图 1.15)。

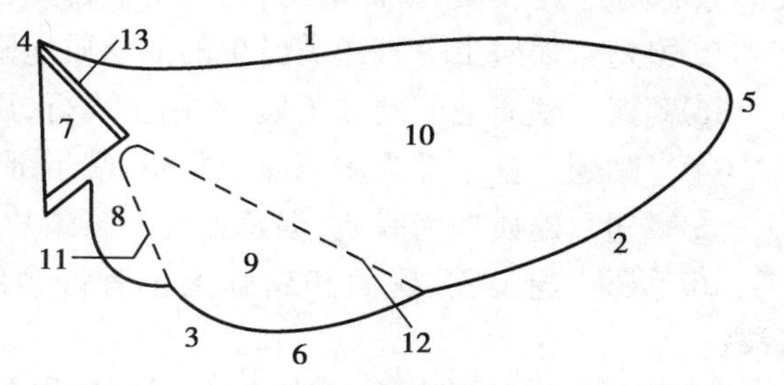

图 1.14　昆虫翅的基本构造(仿 Snodgrass)

1. 前缘　2. 外缘　3. 内缘　4. 肩角　5. 顶角　6. 臀角　7. 腋区　8. 轭区　9. 臀区　10. 臀前区　11. 轭褶　12. 臀褶　13. 基褶

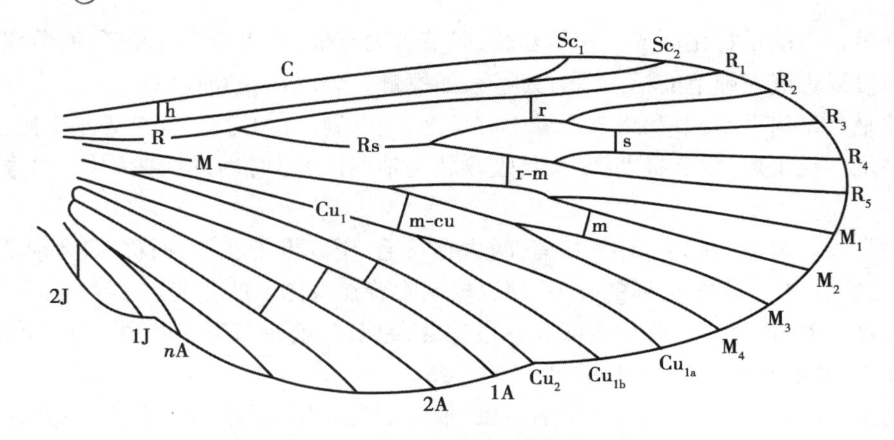

图 1.15 昆虫翅的假想模式脉序图(仿 Ross)

C. 前缘脉 Sc. 亚前缘脉 R. 径脉 Rs. 径分脉 M. 中脉 Cu. 肘脉 A. 臀脉
J. 轭脉 h. 肩横脉 r. 径横脉 s. 分横脉 r-m. 径中横脉 m. 中横脉 m-cu. 径中横脉

(3)翅的类型 昆虫翅的主要作用是飞行,一般为膜翅,但很多昆虫由于长期适应不同的生活环境和条件,翅在形状、质地和功能上发生了许多变化。根据翅的形状、质地和功能,可将翅分为不同的类型,常见的类型有 8 种(图 1.16)。

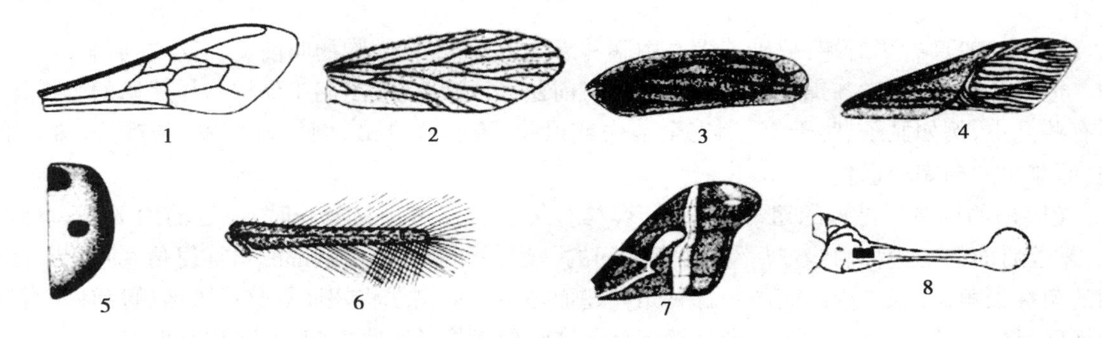

图 1.16 昆虫翅的类型(仿彩万志)

1. 膜翅 2. 毛翅 3. 覆翅 4. 半鞘翅 5. 鞘翅 6. 缨翅 7. 鳞翅 8. 棒翅

①膜翅 翅膜质,薄而透明,翅脉明显可见,如蜂类、蜻蜓的前后翅,甲虫、蝽象等的后翅。

②覆翅 如蝗虫等直翅类昆虫的前翅质地坚韧如皮革,半透明,有翅脉。

③鞘翅 翅质地坚硬如角质,不用于飞行,用来保护背部和后翅,如甲虫类的前翅。

④半鞘翅 基半部为皮革质或角质,端半部为膜质有翅脉,如蝽象的前翅。

⑤鳞翅 翅质地为膜质,但翅上有许多鳞片,如蛾蝶类的前后翅。

⑥毛翅 翅膜质,翅面和翅脉上生有许多细毛,翅不透明或半透明,如毛翅目昆虫的前后翅。

⑦缨翅 前后翅狭长,翅脉退化,翅的质地膜质,边缘上着生很多细长缨毛,如蓟马的前后翅。

⑧棒翅(平衡棒) 双翅目昆虫和蚧壳虫雄虫的后翅退化成很小的棒状构造,飞翔时用以平衡身体,又称平衡棒。

翅的类型是昆虫分目的主要依据,根据昆虫翅的类型,很容易对常见昆虫进行大类的划分,这在识别昆虫时是十分有用的特征。

(4)翅的连锁　有些昆虫飞翔时,为了协调两对翅的动作,前翅和后翅之间有一些连锁构造,称连锁器。昆虫的连锁器主要有下列几种(图1.17)。

①翅抱　后翅肩部加宽,并生有发达的横脉,飞行可靠空气压力紧贴于前翅之下,如蝶类和枯叶蛾的翅。

②翅轭　前翅轭区的基部,有一个指状突起,称为翅轭,飞行时可伸到后翅前翅下面夹住后翅,如蝙蝠蛾。

③翅缰　后翅前缘有一根或几根硬鬃,称翅缰;而在前翅腹面翅脉上的一簇毛或鳞片所形成的钩,称翅缰钩,翅缰插在翅缰钩内使前后翅连在一起飞行,如大部分蛾类。

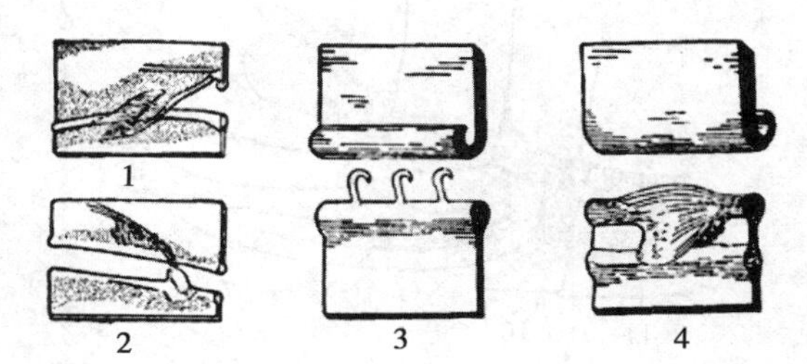

图1.17　昆虫前后翅的连锁器官(仿 Eidmann)

1.翅轭　2.后翅的翅缰和前翅的翅缰钩

3.后翅的翅钩和前翅的卷褶

4.前翅的卷褶和后翅的短褶

④翅钩　后翅前缘有一列向上弯的小钩,称翅钩列,飞行时钩连在前翅后缘的卷折内而使前后翅联结起来,如蜜蜂等。

⑤翅褶　前翅后缘向腹面卷折,后翅前缘向背面卷折,飞行时前后翅靠此挂连在一起,如蝉等。

昆虫的外部形态3

1.2.3　昆虫的腹部

腹部是昆虫的第三体段,紧连于胸部之后,一般没有分节的附肢,里面包藏有各种内脏器官,端部着生有雌雄外生殖器和尾须。内脏器官在昆虫的新陈代谢中发挥着重要的作用,雌雄外生殖器主要承担了与生殖有关的交尾产卵等活动,尾须在交尾产卵过程中对外界环境进行感觉,所以说腹部是昆虫新陈代谢和生殖的中心。

(1)腹部的构造　成虫的腹部一般呈长筒形或椭圆形,但在各类昆虫中常有较大的变化,一般由9~11节组成,第1~8节两侧常具有1对气门。腹部的构造比胸部简单,各节之间以节间膜相连,并相互套叠。腹部只有背板和腹板,而没有侧板,侧板被侧膜所取代。腹部的主要特点是节间膜和侧膜发达,发达的膜系统有利于腹部的伸缩和扭曲、膨大和缩小,这在昆虫呼吸、蜕皮、羽化、交尾产卵等活动中起到了重要的作用(图1.18)。

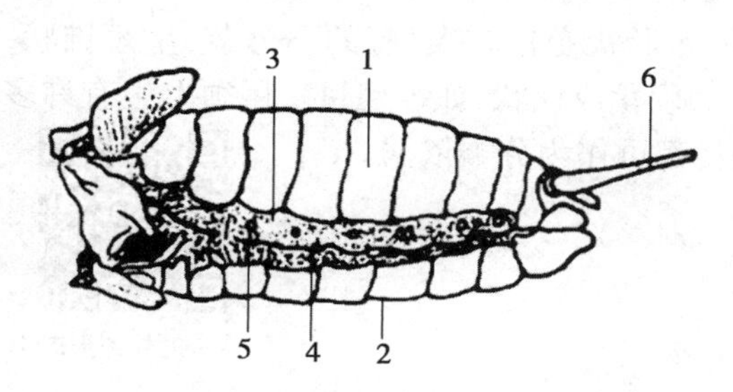

图1.18　昆虫腹部的构造(仿 Snodgrass)

1.背板　2.腹板　3.侧膜

4.背侧线　5.气门　6.尾须

(2)雌性外生殖器　昆虫的雌性外生殖器称为产卵器,着生于第8,9腹节上,是昆虫产卵的工具,生殖孔开口于第8,9节的腹面。典型的产卵器由3对产卵瓣组成,由背向下依次为背产卵瓣、内产卵瓣和腹产卵瓣(图1.19)。但不同昆虫的产卵器会发生一些变化,如蝗虫的产卵器,由背、腹产卵瓣组成凿状的产卵器,而内产卵瓣退化,这种结构适合于开掘泥土,将卵产在地下。蝉类的产卵器由腹、

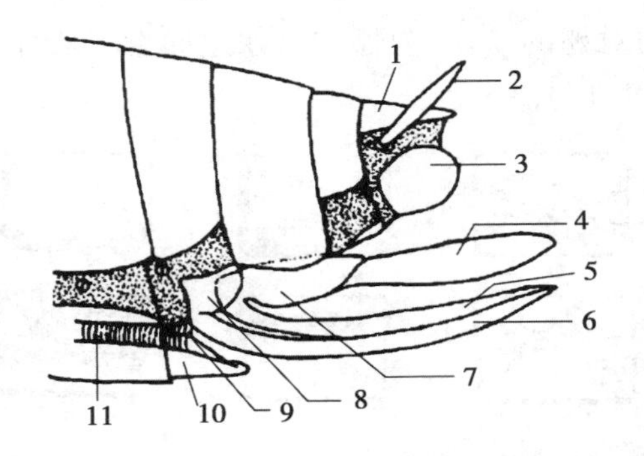

图 1.19 昆虫雌性外生殖器的基本构造(仿 Snodgrass)

1. 肛上板 2. 尾须 3. 肛侧板 4. 背产卵瓣
5. 内产卵瓣 6. 腹产卵瓣 7. 第二截瓣片
8. 第一截瓣片 9. 生殖孔 10. 导卵器 11. 中输卵管

内产卵瓣形成针状的产卵器,可刺破树皮将卵产于植物组织内,造成皮层破裂。蜂类的螯针是由腹、内产卵瓣演变成的,基部与毒腺相连,用于捕捉猎物或者御敌,而卵则是由螯刺基部的产卵孔排出的。蛾、蝶、甲虫等多种昆虫没有产卵瓣,而腹部各节逐渐变细,相互套叠,可以自由伸缩,形成伪产卵器,卵就产在物体的表面。根据昆虫产卵器的形状和构造,可以了解昆虫的产卵方式和产卵行为,从而可以采取针对性的防治措施。

(3)雄性外生殖器 昆虫的雄性外生殖器称为交尾器,构造较产卵器复杂,着生在第9腹节上,常隐藏于体内,交尾时伸出体外。主要由内部的阳具和1对抱握器两大部分组成(图1.20)。阳具包括管状的阳茎和基部比较膨大的阳茎基。阳茎顶端可内陷,交尾时内陷部分可以向外翻出。射精孔开口于其顶端。抱握器着生于第9节腹板侧缘,有各种形状,交尾时用于抱握雌体。了解昆虫雌雄外生殖器的形态和构造,不仅可以区别雌雄,而且还可以区别种类,是昆虫分类的重要依据之一。

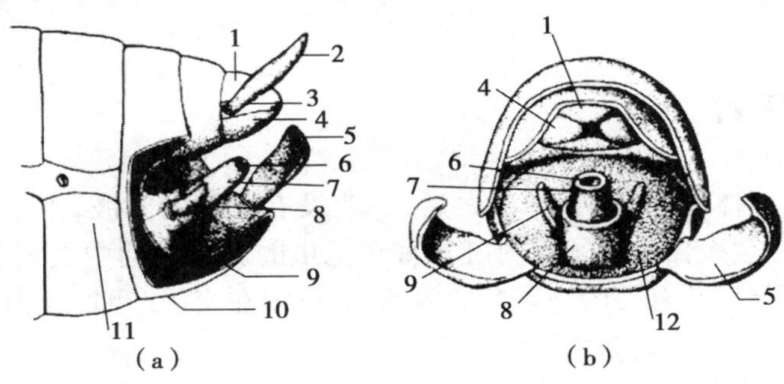

图 1.20 昆虫雄性外生殖器的基本构造(仿 Weber, Snodgrass)

(a)侧面观;(b)正面观

1. 肛上板 2. 尾须 3. 肛门 4. 肛侧板 5. 抱握器 6. 射精孔
7. 阳茎 8. 阳茎基 9. 阳基侧片 10. 下生殖板 11. 射精管 12. 生殖腔

(4)尾须 尾须是腹部末节的须状外展物,长短和形状变化较大,有的不分节,呈短锥状,如蝗虫;有的细长多节呈丝状,如缨尾目、蜉蝣目;有的硬化成铗状,如革翅目。尾须上生有许多感觉毛,具有感觉作用。尾须的长短、形状和分节数目都可作为分类依据。

昆虫的外部形态4

1.2.4 昆虫的体壁

体壁是包在整个昆虫体躯(包括附肢)最外层的组织,它具有皮肤和骨骼2种功能,又称外骨骼。它的骨骼作用主要表现在着生肌肉;固定体躯,保持昆虫固有的体形和特征;保护内部器官免受外部机械袭击。它的皮肤作用表现在防止体内水分过度蒸发;防止外部有毒物质和有害微生物的入侵;感受外界环境。

1)体壁的构造

昆虫的体壁由底膜、皮细胞层、表皮层三大部分组成(图 1.21)。

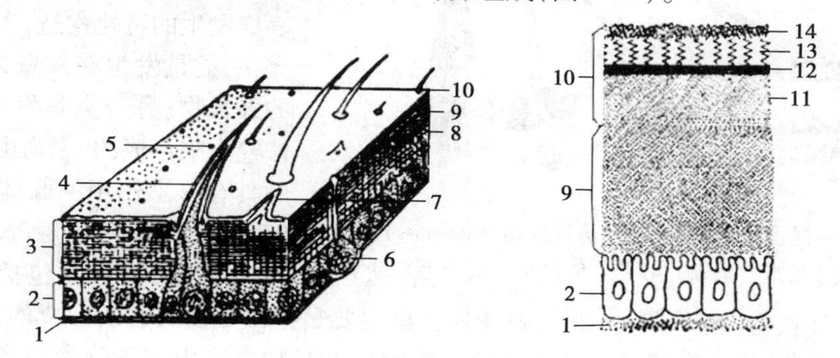

图 1.21 昆虫体壁的构造(仿 Richards,Weis-Fogh)

1. 底膜 2. 皮细胞层 3. 表皮层 4. 刚毛 5. 皮细胞腺 6. 腺细胞 7. 非细胞突起 8. 内表皮 9. 外表皮 10. 上表皮 11. 多元酚层 12. 角质精层 13. 蜡层 14. 护蜡层

(1)底膜 底膜是紧贴在皮细胞层下的一层薄膜,由皮细胞分泌而成。

(2)皮细胞层 皮细胞层是一排列整齐的单层活细胞,具有再生能力,向上分泌形成新的表皮,向下分泌形成底膜。皮细胞特化可以形成刚毛、鳞片和各种腺体。

(3)表皮层 表皮层在皮细胞层上方,是由皮细胞向外分泌而成。昆虫的表皮由内表皮、外表皮和上表皮 3 层组成。

①内表皮 内表皮是由皮细胞向外分泌形成的最厚的一层,呈片层结构,无色柔软,具有延展性,可以延缓外界的压力。主要含有蛋白质和几丁质,在新表皮形成的过程中,可以被分解吸收,重新利用。

②外表皮 外表皮是由内表皮的外层硬化而来,质地致密,具有坚硬性,以抵抗外界的机械压力。主要成分是几丁质、骨蛋白和脂类。刚蜕皮的昆虫身体柔软,色白,待充分伸展以后,在数分钟内体色变深,形成硬化的骨板,这一变化是内表皮外层的蛋白质在酶的作用下转化为鞣化蛋白(骨蛋白)的过程。身体柔软的昆虫和昆虫的幼虫特别是低龄幼虫外表皮较薄,身体坚硬的昆虫,例如甲虫,外表皮较厚。

③上表皮 上表皮是表皮层中最薄的一层,厚度一般不超过 1 μm,位于表皮的最外层。其结构也是表皮层中最为复杂的一层,由内向外依次又分为多元酚层、角质精层、蜡层和护蜡层。上表皮具有不透性,是阻止体内水分过度蒸发和保护昆虫免受外界有毒物质侵害的一层重要屏障。

昆虫的体壁,特别是表皮层的结构和性能与害虫防治有着密切的关系。在防治害虫时,我们使用的接触性杀虫剂,必须能够穿透它,才能发挥作用。低龄幼虫,体壁较薄,农药容易穿透,易于触杀;高龄幼虫,体壁硬化,抗药性增强,防治困难,所以使用接触性杀虫剂防治害虫时要“治早治小”。表皮层的蜡层和护蜡层是疏水性的,使用乳油型的杀虫剂容易渗透进入虫体,杀虫效果往往要比可湿性粉剂好,如在杀虫剂中加入脂溶性的化学物质,杀虫效果也会大大提高。对蜡层较厚的害虫,特别是被有蜡质介壳的昆虫,如蚧壳虫,可以使用机油乳剂溶解蜡质,杀灭害虫。在防治仓库害虫时,常在农药中加入惰性粉,在害虫活动时,惰性粉可以擦破昆虫的护蜡层和蜡层,使害虫大量失水,药剂顺利进入虫体而中毒死亡。一些新型的杀虫剂,如灭幼脲,能够抑制昆虫表皮几丁质的合成,使幼虫蜕皮时不能形成新表皮,变态受阻或形成畸形而死亡。

2)体壁的衍生物

体壁的衍生物是指由皮细胞和表皮发生的特化构造,大致可分为两类:一类是发生在体壁外的,称体壁的外长物;另一类是发生在体内,由体壁内陷形成的,多为由皮细胞特化的具有分泌作用的腺体,如唾腺、丝腺、蜡腺、毒腺和臭腺等。

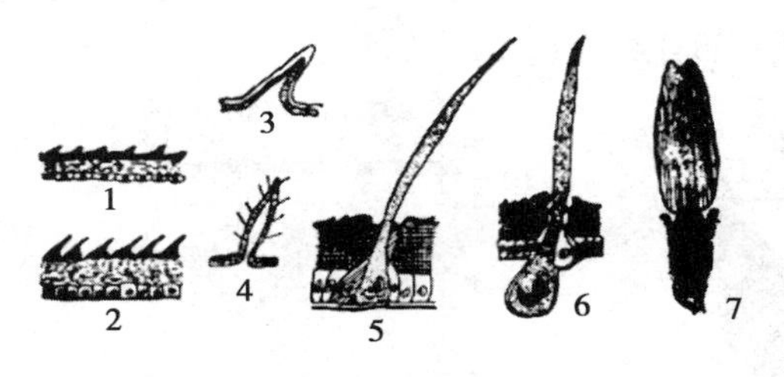

图 1.22 昆虫体壁的外长物(仿管致和、Snodgrass)

1,2.非细胞表皮突起 3.刺 4.距 5.刚毛 6.毒毛 7.鳞片

体壁的外长物包括非细胞性外长物和细胞性外长物(图 1.22)。非细胞性外长物主要是指由表皮突起所形成的,而没有皮细胞参与的一些小刺、脊纹和翅面上的微毛等。细胞性外长物是指由皮细胞参与形成的一些突起,包括单细胞外长物和多细胞外长物两类。

单细胞外长物是指由单个皮细胞参与形成的外长物,如刚毛和鳞片等。如毛的基部与感觉细胞相连,便成为感觉毛,用于感觉震动等。如与毒腺相连,便成为毒毛,用于防御敌害等。

多细胞外长物是由体壁向外凸出形成的中空的刺状物,其内壁包含着一层皮细胞,只是刺的基部固着在体壁上,不能活动,而距的基部则与体壁以膜相连,可以活动。刺和距的有无,以及形状和数量,是识别昆虫非常有用的特征。

昆虫千奇百怪的形态和绚丽多彩的颜色都是由体壁所构成的,根据昆虫的形态和颜色也可以识别各种各样的昆虫。

1.3 昆虫的内部构造

昆虫的内部构造

昆虫的内部器官都位于体壁所包围的体腔中,主要包括消化、呼吸、生殖、神经、排泄、循环、肌肉、分泌八大系统。昆虫没有像高等动物一样的血管,血液充满体腔,所以昆虫的体腔又叫血腔。昆虫的各个器官系统都浸浴在血液中。整个体腔从横断面看由两层隔膜分隔成 3 个血窦,即背血窦、围脏窦、腹血窦(图 1.23)。

昆虫体腔的中央有消化道通过,与消化道相连的还有专司排泄的马氏管;消化道的上方是主要的循环器官,即背血管;消化道下方是腹神经索。呼吸系统是由相互连接的纵向和横向的气管组成,以气门开口于体外,并有许多分支伸达各种组织细胞中。生殖系统位于腹部消化道两侧上方,以生殖孔开口于体外。此外,昆虫的体壁内部和内脏器官上着生许多肌肉,构成肌肉系统,专司昆虫的运动和内脏的活动。昆虫内部器官的相互位置见图 1.24。

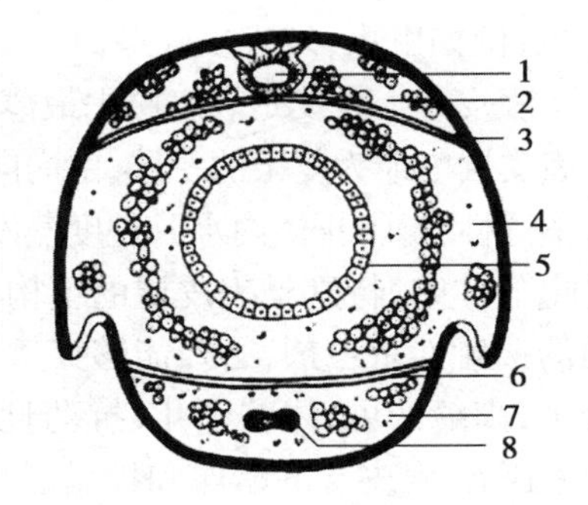

图 1.23 昆虫腹部横切面(仿 Snodgrass)

1.背血管 2.背血窦 3.背膈 4.围脏窦 5.消化道 6.腹膈 7.腹血窦 8.腹神经索

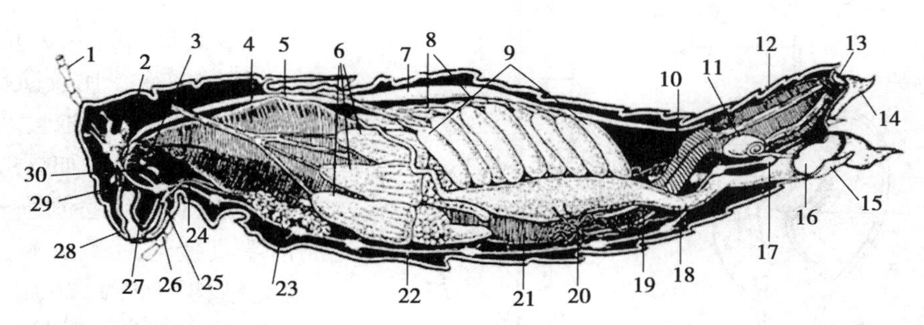

图 1.24　蝗虫体躯的纵剖面,示内部器官的相互位置(仿 Matheson)

1. 触角　2. 脑　3. 咽侧体　4. 嗉囊　5. 动脉　6. 胃盲囊　7. 心脏　8. 卵巢管　9. 卵巢　10. 结肠　11. 受精囊　12. 直肠　13. 肛门　14. 产卵瓣　15. 导卵器　16. 生殖腔　17. 中输卵管　18. 侧输卵管　19. 回肠　20. 马氏管　21. 中肠　22. 腹神经索　23. 唾腺　24. 唾管　25. 咽下神经节　26. 下唇　27. 舌　28. 上唇　29. 咽喉　30. 食道

昆虫的生命活动和行为与内部器官的生理功能关系十分密切。昆虫的消化、呼吸、生殖、神经等内部器官的特性和生理功能与害虫防治有着较为密切的关系。了解昆虫的内部器官的生理,是科学制订害虫防治方案的基础。

1.3.1　消化系统

1)消化系统的构造和功能

昆虫的消化系统包括消化道和唾腺 2 个部分。

(1)消化道　消化道是一条从口腔到肛门的纵贯体腔中央的管道,分为前肠、中肠、后肠 3 部分(图 1.25)。咀嚼式口器昆虫的前肠,由口开始,经过咽喉、食道、嗉囊终止于前胃,内部以伸入中肠前端的贲门瓣与中肠分界。咽喉具有吞咽食物、食道具有通过食物、嗉囊具有贮存食物、前胃具有磨碎食物、贲门瓣可防止食物从中肠倒流入前肠等功能。中肠又称胃,位于前肠之后,是昆虫消化食物和吸收营养的主要部分。为了增加消化吸收的面积,中肠前端往往向外突出形成管状等各种形状的胃盲囊。后肠是消化道的最后部分,前端以马氏管着生处与中肠分界,后端开口于肛门,由结肠、回肠和直肠组成,主要功能是回收水分和无机盐,排出未经利用的食物残渣和代谢废物。

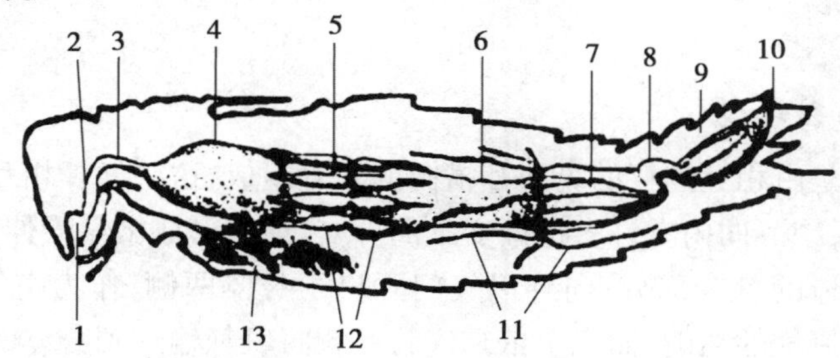

图 1.25　昆虫消化系统模式图(仿 Weber)

1. 口腔　2. 咽喉　3. 食道　4. 嗉囊　5. 前胃　6. 中肠　7. 回肠　8. 结肠　9. 直肠　10. 肛门　11. 马氏管　12. 胃盲囊　13. 唾腺

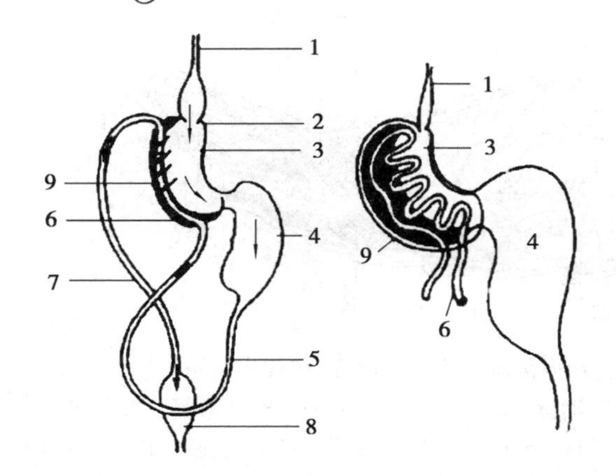

图1.26 刺吸式口器昆虫的消化道及滤室结构

1. 食道 2. 贲门瓣 3～5. 中肠 6,7. 后肠 8. 直肠 9. 滤室

咀嚼式口器的昆虫,取食固体食物,中肠结构往往比较简单,常呈均匀、粗壮的管状。而取食动植物汁液的吸收式口器昆虫,如蚜虫、蚧壳虫、粉虱等,中肠变得特别细长,而且中肠前端直接与后肠接触,并特化成"滤室结构"(图1.26)。食物中多余的水分和糖类及其他物质可不经过中肠,直接透过肠壁进入后肠排出体外,而蛋白质等主要营养物质浓缩于中肠便于消化吸收。这些昆虫,例如蚜虫等的排泄物常常黏滞,并含有大量的糖分,称为"蜜露",是蚂蚁喜食的食物,蚂蚁与蚜虫因此常常形成一种紧密的共生关系。另外,蜜露也是寄生真菌的营养基质,常引发植物的煤污病。

(2)唾腺　唾腺是由皮细胞内陷形成的,它可将唾液分泌至口腔中,或直接注入寄主组织中(刺吸式口器),对食物进行初步消化。

2)消化系统与害虫防治

昆虫将糖、蛋白、脂肪等大分子的物质,在相应酶的作用下,分解成小分子的可溶性物质而吸收利用的过程,称为消化吸收。这个过程必须在稳定的酸碱度下进行,不同种类昆虫的中肠液都有稳定的pH值。如蝗虫、金龟子等,中肠液偏酸性,用呈碱性的砷酸钙农药,远比具酸性的砷酸铝的毒性作用大;而多数蛾、蝶类幼虫中肠液偏碱性,敌百虫农药在碱液中可生成毒性更强的敌敌畏;苏云金杆菌等微生物农药在虫体内产生的伴孢晶体,在碱性消化液中能形成毒蛋白,通过肠壁细胞进入体腔,引致昆虫发生败血病而死亡,因此这些农药对蛾、蝶类幼虫具有较好的防治效果。同一种昆虫的不同虫态、不同龄期,其中肠液的酸碱度也常有变化。了解昆虫消化器官的构造、功能,特别是中肠液的酸碱度对害虫综合防治和选择用药具有重要的意义。

1.3.2 呼吸系统

1)呼吸系统的构造和功能

昆虫的呼吸系统是由相互连接的纵向和横向的气管组成,这些气管相互沟通构成发达的网状结构,故又称气管系统。向内有许多逐渐变细的分支,最终形成微气管伸入各种组织细胞中,将氧气直接输送到身体的各个部分;向外以气门开口于身体两侧,作为空气进出气管的门户。昆虫的血液没有输送氧气的功能,而完全依靠气管系统将氧气输送到身体的各个部分。

气管是富有弹性的管状物,内壁由几丁质螺旋丝作螺旋状加厚,以保持气管扩张并增加弹性,有利于体内气体的流通。在水生昆虫和飞行的昆虫中,部分气管常膨大变粗,特化为气囊,以增加身体的浮力,或在远距离飞行时,通过气囊的收缩,加速空气的流通来加强气体交换。气门是气管在体壁上的开口，一般呈圆形或椭圆形，有的具有开闭机构或气门栅，以调节气体的出入，防止水分的散失和空气中尘土的侵入。一般成虫具有气门10对，位于中、后胸和腹部第1～8节上；幼虫有气门9对，位于前胸和腹部第1～8节上，但不同的昆虫气门的数目和位置常有一些变化。

2）呼吸系统与害虫防治

昆虫保证氧气的进入和二氧化碳的排除称为呼吸作用或气体交换，以促进新陈代谢的正常进行。昆虫的呼吸作用通常是依靠体内外氧气和二氧化碳分压（浓度）的不同而形成的扩散作用和虫体腹部的收缩压缩气囊所形成的通风作用进行的。

昆虫的呼吸作用强度与环境温度和空气中二氧化碳的浓度有着密切的关系，用熏蒸剂防治害虫时可利用这一特点来提高防治效果。在一定温度范围内，温度与昆虫的活动、呼吸的快慢、气门开放的频率成正相关，此时，适当提高环境温度，可促进熏蒸药剂进入虫体的量相应地增多。所以，高温情况下熏蒸效果较好。大部分昆虫呼吸作用的强度与体内二氧化碳积累的多少有关，如果二氧化碳在体内积累量增多，可刺激呼吸作用增强，促使气门开闭频次增加。因此，在仓库熏蒸害虫时，空气中加入少量二氧化碳，可减缓昆虫体内二氧化碳向体外的扩散速度，体内二氧化碳积累增多，促使呼吸作用增强，便于有毒气体大量进入虫体而提高熏蒸效果。另外，由于昆虫气门的疏水性和亲油性，油剂以及一些辅助剂如肥皂水、面糊水等，可以堵塞气门，使昆虫窒息而死。

1.3.3 神经系统

1）神经系统的构造和功能

（1）神经系统的组成　昆虫的一切生命活动都受神经系统的支配。昆虫的神经系统由位于消化道背面的脑和位于消化道腹面的腹神经索组成［图1.27(a)］。昆虫的脑由前脑、中脑和后脑组成，有神经通到复眼、单眼、触角、额和上唇，是昆虫感觉和协调各项活动的主要机构。腹神经索由1个咽喉下神经节、3个胸神经节、8个腹神经节组成，每个神经节之间由神经索相互连接。咽喉下神经节有神经通到口器的上颚、下颚和下唇，控制口器的活动。胸神经节有神经通到翅和足，控制翅和足的活动。腹神经节，特别是最后的一个腹神经节有神经通到尾须和外生殖器等，控制尾须和外生殖器的活动。在部分昆虫中，常出现几个神经节相互愈合的现象。昆虫行为的复杂程度与神经系统，尤其是脑的发达程度有关。昆虫感受外部刺激的器官主要有视觉器（复眼、单眼），嗅觉器（触角、下唇须、下颚须），听觉器，味觉器（口器、部分昆虫的跗节）及触觉器（触角、下颚须、下唇须、尾须）等。

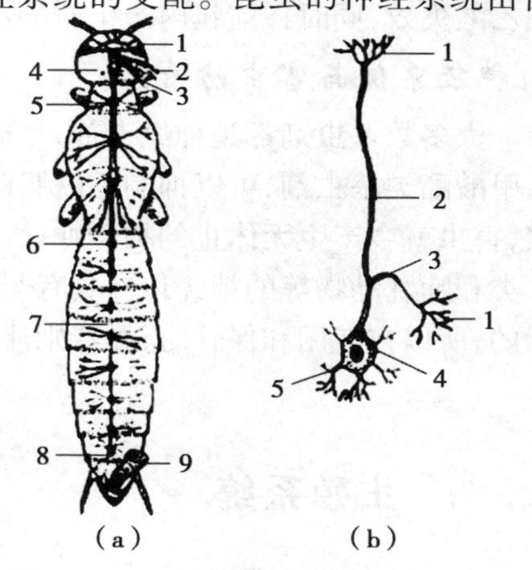

图1.27　昆虫的神经系统和神经元

(a)神经系统：1. 脑　2. 背血管　3. 食道　4. 咽喉下神经节　5. 胸神经节　6. 腹神经节　7. 腹神经索　8. 尾神经节　9. 直肠

(b)神经元：1. 端丛　2. 轴突　3. 侧枝　4. 神经细胞体　5. 树突

（2）神经元　组成脑和腹神经索的基本单位是神

经元。神经元包括神经细胞体和神经纤维两大部分。由神经细胞伸出的主枝称“轴突”，轴突上的分枝称“侧枝”，轴突和侧枝端部的分枝称“端丛”，由神经细胞体直接伸出的神经纤维称“树突”[图1.27(b)]。无数神经元的集合则构成了“神经节”。神经元分为感觉神经元、联络神经元和运动神经元3种类型。感觉神经元与感觉器官相连，联络神经元位于感觉神经元和运动神经元之间，运动神经元与肌肉、腺体等反应器相连。

(3)突触　神经元的端丛和树突的末梢称为神经末梢，相邻神经末梢并未直接接触，而是形成了“突触”结构。突触由突触前膜、突触后膜和突触间隙组成。突触前膜为前一神经元的神经末梢，突触后膜为后一神经元的神经末梢。突触前膜内分布着含有神经介质的小泡，膜上分布有神经介质释放点；突触后膜分布有神经介质受体，以及分解介质的酶。突触内的神经介质多为乙酰胆碱。

(4)神经传导　当感觉器官感受外界刺激后，首先是通过感觉神经元将冲动传递给联络神经元，后经运动神经元到达肌肉、腺体等反应器，迅速做出反应。冲动在神经元内和神经元间的传导称为神经传导，它包括在神经纤维上的传导和在突触间的传导。

冲动在神经纤维上的传导主要是依靠动作电位形成的局部电流进行传导的，简称为电传导。在昆虫处于静息状态的时候，神经纤维膜外阳离子多，带正电，神经纤维膜内阴离子多，带负电。当受到刺激时，受刺激部位膜的通透性发生变化，膜外阳离子涌入膜内，在神经纤维相邻两部位形成电位差，产生动作电位，并形成局部电流，神经冲动则通过这种局部电流从一端传向另一端。当冲动传过之后，在离子泵的作用下，阳离子又被输送到膜外，阴离子又被输送到膜内，恢复到静息状态。冲动在突触间的传导主要是通过化学物质进行的，简称为化学传导。当冲动传达到突触前膜时，含有神经介质乙酰胆碱的小泡与释放点结合，将神经介质乙酰胆碱释放到突触间隙中，并到达突触后膜上的受体，引起突触后膜的膜电位发生改变，又转化为局部电流在神经纤维上进行传导，神经介质乙酰胆碱在介质分解酶乙酰胆碱酯酶的作用下水解为胆碱和乙酸失效，同时在前膜内产生新的乙酰胆碱，使冲动传导连续进行。

2)神经系统与害虫防治

大多数杀虫剂都是神经毒剂，是通过阻断昆虫的神经传导来发挥作用的。如有机磷类和氨基甲酸酯类杀虫剂，可以抑制乙酰胆碱酯酶的活性，使乙酰胆碱不能水解消失，从而在突触间结聚，害虫就会产生无休止的神经冲动，并处于长期的兴奋状态，导致虫体过度疲劳而死亡。由于人类和哺乳动物等的神经传导具有与昆虫相同的机理，防治害虫的一些神经毒剂对人畜也是高毒的，所以在使用和保管时，要特别注意防止人畜中毒。

1.3.4 生殖系统

1)生殖器官的构造和功能

生殖系统是昆虫产生生殖细胞、繁殖后代的器官，一般称为内生殖器官，位于腹部消化道的两侧或侧背面。雌性昆虫的内生殖器官主要由1对卵巢、1对侧输卵管、1根中输卵管(或称阴道)以及受精囊和附腺组成；雄性昆虫的内生殖器官由1对精巢或称睾丸、1对输精管、贮精囊以及射精管组成(图1.28)。

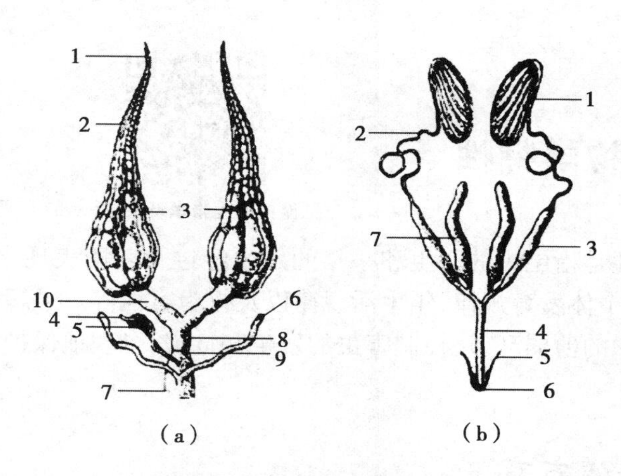

图1.28 昆虫雌、雄内生殖器官构造图(仿 Snodgrass)

(a)雌性内生殖器官:1.悬带 2.卵巢 3.卵巢管 4.受精囊腺 5.受精囊 6.附腺 7.生殖腔 8.中输卵管 9.生殖孔 10.侧输卵管

(b)雄性内生殖器官:1.睾丸 2.输精管 3.贮精囊 4.射精管 5.阳茎 6.生殖孔 7.附腺

2)昆虫的交配和受精

昆虫繁殖后代一般要经过雌雄交配,精卵结合形成受精卵,再通过产卵来实现,常常包括交配和受精两个过程。交配是指雌雄两性的交合过程,可通过散发性外激素、雄虫群舞和鸣叫、雌性特殊的色彩和气味等来寻找配偶。受精是指精卵有机结合成受精卵的过程。交配和受精过程并不是同时完成的。昆虫受精通常发生于交配以后,产卵以前。当雄性的精子注入雌虫阴道或交尾囊后,经机械作用或化学刺激而贮于受精囊内,到排卵时受精囊内精子溢出,与卵结合成受精卵产出体外。

3)生殖系统与害虫防治

了解昆虫生殖器官的构造及交配受精的特性,对于害虫防治和测报,具有重要的实用价值和科学意义。

(1)利用性诱法防治害虫 许多昆虫是通过散发性外激素,招引异性前来交配的。例如,许多鳞翅目昆虫的雌体腹末有香气腺,可以招引雄虫。某些雄蝶,翅面具有特殊的发香鳞,可以招引雌蝶。人们利用先进科学的手段,模拟天然性外激素的结构成分,进行人工合成,并已成功地应用于害虫的诱杀防治中。

(2)利用绝育法防治害虫 对于一生只交配一次的昆虫,利用物理辐射(X射线或γ射线)或化学不育剂处理雄虫,使其性腺受到破坏,不能产生正常活动的精子,但个体仍保持交配竞争的能力,雌虫与这种雄虫交配后产下的卵,不能孵出幼体,致使害虫种群密度受到控制。国外利用昆虫绝育法成功地控制了羊鼻蝇的为害。

(3)进行害虫预测预报 解剖观察雌性昆虫卵巢的发育程度及抱卵量,可以预测害虫的发生期和发生量,为制订科学的害虫防治策略和及时进行害虫防治提供依据。

1.4 昆虫的生物学特性

昆虫的生物学特性(1)

昆虫的生物学特性(2)

昆虫的生物学特性是指昆虫的一生和一年的发生经过及其所表现出来的行为习性。主要包括昆虫的生殖方式、个体发育规律、年生活规律以及行为习性等。了解昆虫的生物学特性,可以找出害虫发生过程中的薄弱环节,控制害虫的发生和危害,合理地保护和利用益虫等。

1.4.1 昆虫的生殖方式

昆虫在进化过程中,由于长期适应其生活环境,逐渐形成了多种多样的生殖方式,常见的有两性生殖、孤雌生殖、多胚生殖等。

1)两性生殖

昆虫的绝大多数种类属于雌雄异体动物,通常进行两性生殖。两性生殖又称两性卵生,它的特点是必须经过雌雄两性交配,精子与卵子结合形成受精卵,由雌虫将受精卵产出体外,卵经过一定的时间后发育成新的个体。

2)孤雌生殖

卵不经过受精就能发育成新个体的生殖方式称孤雌生殖,又叫单性生殖。孤雌生殖是昆虫对环境的一种适应,有利于昆虫迅速扩大种群。孤雌生殖大致可分为偶发性孤雌生殖、永久性孤雌生殖和周期性孤雌生殖3种类型。

(1)偶发性孤雌生殖　如家蚕、一些毒蛾和枯叶蛾等,在正常情况下进行两性生殖,但偶尔也会出现未受精卵发育为新个体的现象。

(2)永久性孤雌生殖　它又叫经常性孤雌生殖。这种生殖方式在某些昆虫中经常出现,如竹节虫、蚧壳虫、粉虱等,在自然条件下,雄虫很少,或者至今尚未发现雄虫,几乎或完全进行孤雌生殖。再如蚂蚁、蜜蜂等社会性昆虫和一些小蜂总科的昆虫,其雌成虫产下的卵中,一部分是受精卵,而另一部分是未受精卵。受精卵发育为雌虫,而未受精卵则发育为雄虫。

(3)周期性孤雌生殖　又叫季节性孤雌生殖。例如蚜虫,在整个生产季节完全进行孤雌生殖,只是在越冬之前才产生雄性蚜虫,进行雌雄交配,以两性生殖形成的受精卵越冬,来年开春后,再进行孤雌生殖。大多数进行孤雌生殖的蚜虫,卵在母体内已经孵化,由母体直接产下幼虫,部分蝇类如麻蝇也是如此,这种现象称为孤雌胎生,也叫卵胎生,它不同于哺乳动物的胎生,其胚胎发育所需要的营养完全是由卵提供的。

3)多胚生殖

一个卵在发育的过程中可以分裂成多个胚胎,从而形成多个个体的生殖方式称多胚生殖。这种生殖方式多见于一些内寄生蜂,如小蜂科、茧蜂科、姬蜂科中的部分种类。这种生殖方式是这些寄生蜂对难以寻找寄主的一种适应。

1.4.2 昆虫的个体发育和变态

1)昆虫的个体发育

昆虫的个体发育是指从卵发育为成虫的全过程,包括胚胎发育和胎后发育两个阶段。胚胎发育是指昆虫在卵内的发育过程,一般是从受精卵开始到幼虫破卵壳孵化为止。胎后发育是指幼虫自卵中孵化出到成虫性成熟为止的发育过程。昆虫的胚后发育阶段,概括地说是一个伴随着变态的生长发育阶段。

2)昆虫的变态

昆虫从卵孵化后到羽化为成虫的发育过程中,不仅体积有所增大,同时其外部形态和内部构造甚至生活习性都要发生一系列的变化,这种现象称为变态。昆虫在长期的演化过程中,由于对生活环境的特殊适应,出现了不同的变态类型。常见的有不完全变态和完全变态两种。

(1)不完全变态　不完全变态昆虫的一生要经过卵、若虫、成虫3个虫态。不完全变态的若虫与成虫仅在体型大小、翅的长短、性器官发育程度等方面存在差异,在外部形态和取食习性等方面基本相同。常见的蝗虫、蝼蛄等直翅目昆虫,蝽象、臭虫等半翅目昆虫,蝉、蚜虫、蚧壳虫等同翅目昆虫都属此类变态(图1.29)。

(2)完全变态　完全变态的昆虫一生要经过卵、幼虫、蛹、成虫4个虫态。完全变态昆虫的幼虫不仅外部形态和内部构造与成虫很不相同,而且栖息环境和取食行为也有很大差别。常见的金龟子、天牛等鞘翅目昆虫,蛾、蝶等鳞翅目昆虫,蜂、蚁等膜翅目昆虫,蚊、蝇等双翅目昆虫,以及脉翅目等均属于完全变态(图1.30)。完全变态的昆虫在完成幼虫向成虫转化的过程中,幼虫原有的器官必须分解,成虫新的器官要重新形成,蛹则成为完成这种体型和器官剧烈变化的过渡虫态。

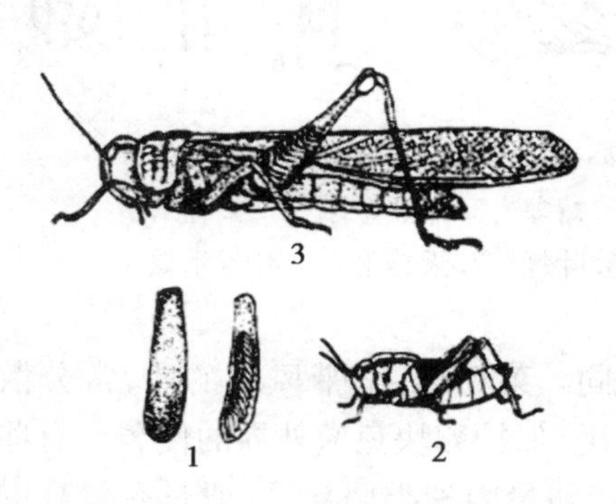

图1.29　昆虫(东亚飞蝗)的不完全变态
(仿李清西、钱学聪)

1.卵囊及其剖面　2.若虫　3.成虫

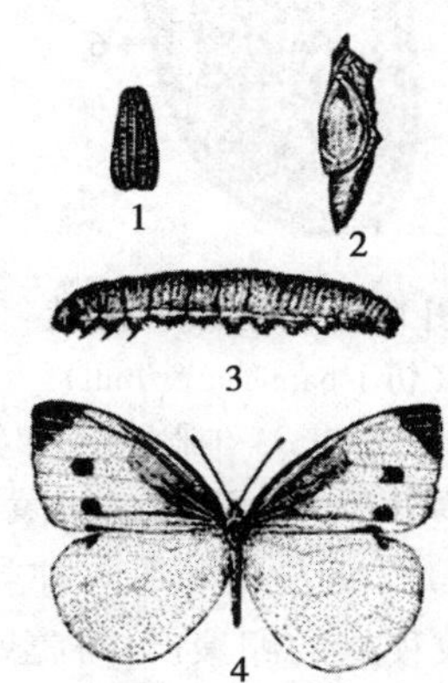

图1.30　昆虫(菜粉蝶)的完全变态
(仿管致和等)

1.卵　2.蛹　3.幼虫　4.成虫

1.4.3 昆虫各虫期的特点

1)卵期

卵期是昆虫个体发育的第一个阶段,是指卵从母体产下到孵化所经过的时期。卵是一个不活动的虫态,所以许多昆虫在产卵方式和卵的构造本身都有特殊的保护性适应,如有的昆虫将卵产在隐蔽的场所或表面覆盖有保护物等。

(1)卵的构造　卵是一个大型细胞。外层是一层构造复杂而坚硬的卵壳,它具有高度不透性,对卵起着很好的保护作用。卵的前端有一个或若干个小孔叫精孔或卵孔,是精子进入卵内的通道。卵壳下方为一层薄膜,称卵黄膜,其内充满着原生质和卵黄,卵黄是昆虫胚胎发育的营养物质。卵黄周围靠近卵膜是一层周质。卵的中央是细胞核,是遗传物质最为集中的地方(图1.31)。

(2)卵的大小、形状　昆虫的卵都比较小,一般1~2 mm,较大的如蝗虫的卵长达6~7 mm,螽斯卵长可达9~10 mm,小的寄生蜂的卵长仅0.02~0.03 mm。昆虫卵的形状是多种多样的(图1.32)。有的卵是肾形的,如蝗虫、蟋蟀的卵;有的是球形的,如甲虫的卵;有的是桶形的,如蝽象的卵;有的是半球形的,如夜蛾的卵;有的是带有丝柄的,如草蛉的卵;有的是瓶形的,如粉蝶的卵。卵的表面有的平滑,有的具有各种美丽的刻纹。

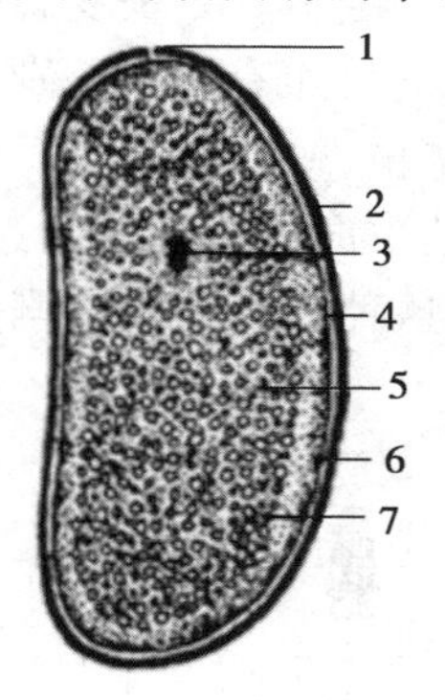

图1.31　昆虫卵的构造
(仿 Johannsen & Butt)
1.卵孔　2.卵壳　3.细胞核　4.卵黄膜
5.原生质　6.周质　7.卵黄

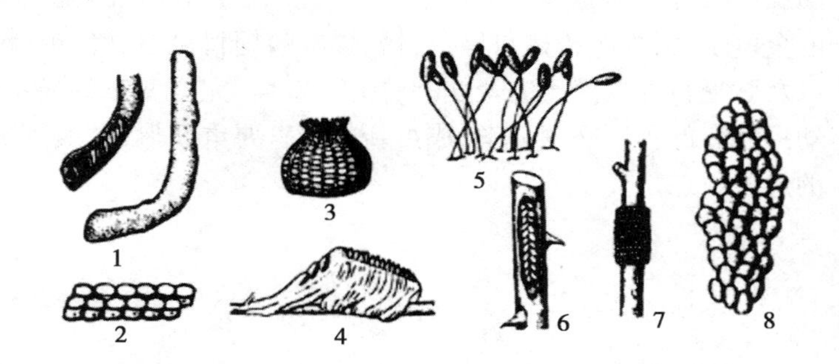

图1.32　昆虫卵的形状(仿各作者)
1.蝗虫　2.蝽象　3.鼎点金刚钻　4.螳螂
5.草蛉　6.叶蜂　7.天幕毛虫　8.玉米螟

(3)产卵方式　不同种类的昆虫,产卵方式各不相同。菜粉蝶、玉带凤蝶的卵,常分散单产;斜纹夜蛾的卵聚产;舞毒蛾的卵块上被覆雌蛾腹部茸毛,保护卵块免遭外界的侵袭。有些害虫把卵产在特殊的卵囊、卵鞘和植物的组织中。昆虫的产卵量因种类而异,一般具有较高的产卵量。如一头棉铃虫一生可产下1 000多粒卵;一只朝鲜球坚蚧可产200多粒卵;一只白蚁蚁后一天可产几千粒卵,一生的产卵量可高达5亿多粒。尽管昆虫在自然环境中具有较高的死亡率,但由于其具有高的产卵量,才保证了昆虫在不良环境中得以维持种群的一定数量。

了解昆虫卵的形状、产卵方式,确认各种卵的类型,对鉴别种类、调查虫情和防治害虫都有特殊的实际意义。如摘除卵块、剪除带卵枝条,都是有效控制害虫的措施。

2)幼虫期

幼虫是昆虫个体发育的第二个阶段。昆虫从卵孵化出来后到出现成虫特征(不完全变态变成虫或完全变态化蛹)之前的整个发育阶段,称为幼虫期(或若虫期)。幼虫期是昆虫一生中的主要取食危害时期,也是防治的关键阶段。

(1)幼虫的生长和蜕皮　若虫或幼虫破卵壳而出的过程叫"孵化"。初孵的幼虫,体形较小,它的主要任务就是不断取食,积累营养,迅速增大体积。由于昆虫的表皮是外骨骼,当幼虫生长到一定程度,表皮就限制了身体的发育,每隔一定的时间,它就要重新形成新表皮,而将旧表皮脱去。幼虫脱去旧皮的过程称为蜕皮,脱下的旧皮则称为"蜕"。一般每两次脱皮之间所经历的天数称为龄期。初孵的幼虫称1龄幼虫,脱1次皮后称2龄幼虫,每脱1次皮就增加1龄,计算虫龄的公式是脱皮次数加1。不同种类的昆虫,脱皮的次数和龄期的长短各不相同,而且各龄幼虫的形体、颜色等也常有区别,但同种昆虫幼虫的脱皮次数和龄期是相当固定的。如梧桐木虱一生只脱2次皮,白杨叶甲脱3次皮,黄刺蛾要脱6次皮。一般幼虫每脱1次皮,体积就会增大一次,表皮也会增厚一些,食量也会增大一些。一般3龄后,幼虫的取食量猛增,进入暴食期,并造成对植物的严重危害。刚刚孵化的幼虫和低龄幼虫,表皮较薄,抵抗力弱,有些还群集栖居,而且食量较小,对植物尚未造成严重危害,是药剂防治的最佳时期。因此,利用化学药剂和微生物农药防治害虫时,要治早、治小,这样可以收到较好的防治效果。同时掌握幼虫的龄期和龄数及其在种群中所占的百分比,就可比较准确地掌握害虫的发生期和发生量,从而制订行之有效的防治方案。

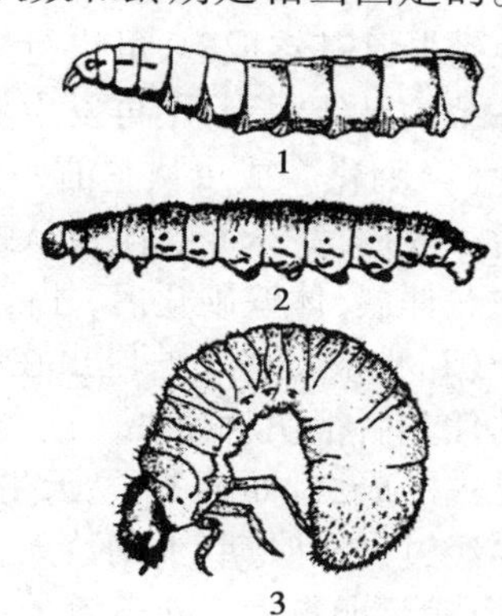

图1.33　幼虫的类型(仿各作者)
1.无足型(蝇类)　2.多足型(蝶类)
3.寡足型(蛴螬)

(2)幼虫的类型　完全变态昆虫的幼虫由于食性、习性和生活环境十分复杂,幼虫在形态上的变化极大。根据足的有无和数目,主要可分为以下3种类型(图1.33)。

①无足型　幼虫既无胸足,也无腹足,如蚊、蝇以及天牛、象甲等的幼虫。

②寡足型　幼虫只有3对胸足,没有腹足,如金龟子、瓢虫、叶甲以及草蛉的幼虫等。

③多足型　幼虫除具有3对胸足外,还具有2~8对腹足。具有2~5对腹足的是蛾、蝶类幼虫,具有6~8对腹足的是叶蜂类幼虫。

了解幼虫的形态类型,对田间调查识别和设计防治方案具有一定的实际意义。

3)蛹期

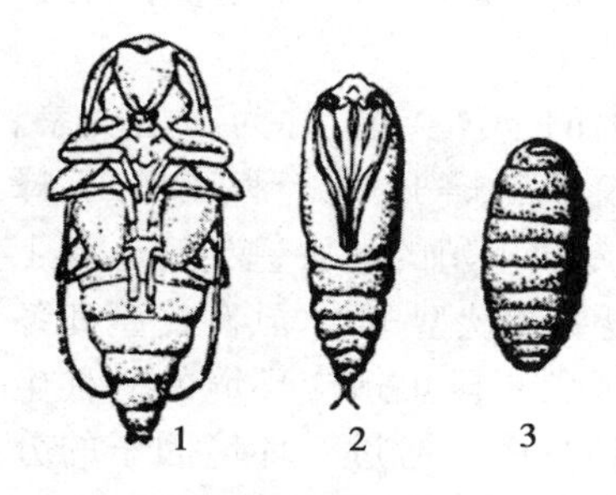

图1.34　蛹的类型(仿各作者)
1.裸蛹(天牛)　2.被蛹(蛾类)
3.围蛹(蝇)类

蛹是完全变态昆虫由幼虫变为成虫的过程中所必须经过的一个过渡虫态。末龄幼虫脱去最后的表皮称化蛹。蛹体一般不食不动,只有蛾蝶类蛹的腹部4~6节可以扭动。蛹外观静止,内部则在进行着旧器官的解体和新器官生成的剧烈变化,要求相对稳定的环境来完成所有的转变过程。蛹一般不能主动移动,缺乏防御和躲避敌害的能力,因此化蛹时,老熟幼虫都要寻找隐蔽的场所或构筑保护结构。如有的吐丝做茧,有的在地下做土室,有的在树皮缝中、蛀道中或卷叶内化蛹。

蛹按照形态一般可分为以下3种类型(图1.34)。

①离蛹(裸蛹) 触角、足等附肢和翅不贴附于蛹体上,可以活动,如甲虫、膜翅目蜂类的蛹。

②被蛹 触角、足、翅等附肢紧贴蛹体上,不能活动,如蛾、蝶类的蛹。

③围蛹 蛹体实际上是离蛹,但蛹体外面由末龄幼虫所脱的皮形成的蛹壳所包围,如蝇类的蛹。

了解蛹期的特点,可有效地开展对害虫的综合治理。如翻耕晒垡,捣毁蛹室,使蛹暴晒致死,或因暴露而增加天敌捕食、寄生的机会;掌握蛹期,实施灌水淹杀或人工挖蛹,修剪有蛹枝条等都可收到一定的降低害虫种群密度的效果。

4)成虫期

成虫期是昆虫个体发育的最后一个阶段,其主要任务就是交配产卵繁殖后代。感觉器官如复眼、触角等较幼虫期更为发达,便于感觉异性的形态和气味;翅已长成,便于飞行,寻找配偶;外生殖器已基本成熟,可进行交配和产卵。因此,成虫期本质上是昆虫的生殖期。到了成虫期,形态结构已经固定,不再发生变化,昆虫的分类和识别鉴定往往以成虫为主要依据。

(1)羽化 成虫从它前一个虫态脱皮而出的过程,称为羽化。不完全变态昆虫的若虫脱去最后一次皮,完全变态昆虫从蛹壳中钻出,则羽化为成虫。初羽化的成虫色浅而柔软,待翅和附肢充分伸展,体壁硬化后,才能飞行和行走。

(2)性成熟 一些昆虫在羽化后,性器官已经成熟,不需取食即可交配产卵,在完成繁殖后代的任务后很快就死去。这类昆虫口器一般退化,寿命很短,往往只有数天,甚至数小时。大多数昆虫的成虫,如金龟子、天牛,部分蛾、蝶,以及不完全变态昆虫等,羽化后生殖细胞尚未成熟,需要经过一段时期,少则数天,多则几个月,才能进行生殖。为了达到性成熟,成虫必须继续取食,以满足卵巢发育对营养的需要。这种成虫性成熟前的取食行为,称为"补充营养"。了解不同昆虫的补充营养习性,可以开展食物诱杀。成虫从羽化到第一次产卵时的间隔期,称为"产卵前期",这是昆虫不断进行补充营养,生殖细胞逐渐成熟的过程;成虫性成熟后即可进行交配产卵,成虫从第一次产卵到产卵终止称为"产卵期"。从成虫羽化到死亡所经过的时期为成虫的寿命。掌握昆虫的产卵前期和产卵期,对于用药杀卵,释放卵寄生蜂及推算幼虫盛孵期,决定喷药的最佳时段,关系最为密切。

(3)性二型 同一种昆虫,雌雄个体除外生殖器第一性征不同外,其个体的大小、体形的差异、颜色的变化甚至生活行为等方面也有差别,这种现象称为性二型或雌雄二型现象。例如,小地老虎雄蛾触角羽毛状,雌蛾为丝状;蓑蛾的雌虫无翅,终生生活在袋囊内,而雄虫具翅可飞出虫囊;雄蝉具有发音器而雌虫没有等都是显而易见的雌雄差别。性二型对快速调查雌雄性比,估测田间卵的数量,具有实际意义。

(4)多型现象 同种昆虫在同一性别上具有两种或两种以上的个体类型,称为多型现象。这在具有明显分工的高等社会性昆虫中十分常见。例如蜜蜂蜂群中有蜂王、雄蜂和工蜂,工蜂和蜂王一样,也是雌性个体,但已丧失了生殖功能;白蚁蚁群中有专司生殖的蚁后、蚁王,还有工蚁和兵蚁,工蚁和兵蚁也是雌蚁,但不能生殖;另外,部分蝴蝶有夏型和秋型;梨木虱有夏型和冬型;蚜虫有有翅型和无翅型;稻飞虱有长翅型和短翅型等。多型现象是昆虫适应环境的一种生存对策。昆虫种群中各种类型的数量往往与环境的变化有一定的关系。通过对环境因子的分析,可以推测种群的动态,制订防治指标,开展对害虫的科学防治。

1.4.4 昆虫的世代和年生活史

(1)昆虫的世代　昆虫自卵或幼体离开母体到成虫性成熟产生后代为止的个体发育周期，称为一个世代，简称一代。各种昆虫完成一个世代所需时间不同。世代短的只有几天，如蚜虫 8～10 d 就可完成一代；世代长的可达几年甚至十几年，如桑天牛、大黑鳃金龟 2 年完成一代，沟金针虫 3 年完成一代，美洲的一种蝉 17 年才完成一代。有的昆虫 1 年完成一代，如广东的红脚丽金龟等。

(2)年生活史　年生活史是指昆虫一年的发生经过，即从当年越冬虫态开始活动起，到第二年越冬结束为止的发育过程。昆虫年生活史包括昆虫的越夏、越冬和栖息场所；一年中发生的世代和各世代的历期和数量变化规律，以及生活习性等。一年发生的世代除上述所举例子外，舞毒蛾一年发生 1 代；在华北粘虫一年发生 3 代；棉铃虫一年发生 4 代；棉卷叶螟一年发生 5 代；棉蚜一年发生 10～30 代。有些昆虫在不同的地区一年内发生的世代数是不同的，这与昆虫所在的地理位置和环境因子有着密切的关系。

一年发生多代的昆虫，由于成虫发生期长，产卵期长，幼虫孵化先后不一，常常出现上一世代的虫态与下一世代的虫态同时发生的现象，称为世代重叠。

对一年发生二代或多代的昆虫，划分世代的顺序均以卵期开始，依先后出现的次序称第一代、第二代……但应注意跨年虫态的世代顺序。习惯上以卵越冬的，越冬卵就是次年的第一代卵。如是以其他虫态越冬的，都不是次年的第一代，而是前一年的最后一代即越冬代，只有越冬代成虫产的卵才称第一代卵。

了解昆虫年生活史，掌握昆虫的发生规律，是害虫预测预报和害虫防治的可靠依据。

昆虫的年生活史除用文字进行叙述外，也可用图表的方式来表示(表 1.1)。

表 1.1　黄杨绢野螟年生活史(引自汪廉敏等，1988)

月	4			5			6			7			8			9			10-3
代＼旬	上	中	下	上	中	下	上	中	下	上	中	下	上	中	下	上	中	下	
越冬代	(—)	(—)	(—) △	△ +	△ +	+	+												
第一代					·	· —	· —	— △	— △ +	△ +	+								
第二代									·	· —	· —	· — △	— △ +	— △ +	— △ +	+			
第三代														·	· —	· —	· —	—	(—)(—)

注：· 卵；—幼虫；(—)越冬幼虫；△蛹；+ 成虫

1.4.5 昆虫的行为和习性

昆虫种类繁多,分布极广,在长期演化过程中,为适应在各种复杂的环境条件下生存,各种昆虫形成各不相同的行为和习性,如休眠、滞育、食性、趋性、假死性等。这些行为习性是昆虫在长期进化过程中所获得的先天性行为。我们掌握了各种昆虫的行为习性,就可以正确地进行虫情调查,预测预报,寻找害虫的薄弱环节,采取各种有效措施控制害虫。

1)休眠和滞育

休眠和滞育是指昆虫年生活史的某个阶段,当遇到不良环境条件时,出现生长发育暂时停止的现象,以安全度过不良环境阶段,这一现象常与隆冬的低温和盛夏的高温相关,即通常所说的越冬(或冬眠)和越夏(或夏蛰),这是昆虫在长期进化过程中所形成的对不良环境的一种适应,它们的共同特点是外观静止,不食不动。根据引起和解除停滞的条件,可将昆虫生长发育暂时停止的现象分为休眠和滞育两种类型。

(1)休眠　休眠是由不良环境条件直接引起的,如温度、湿度过高或过低,食物不足等,表现出不食不动,生长发育暂时停止的现象,当不良环境消除后,昆虫便可立即恢复生长发育。休眠是昆虫对不良环境条件的暂时性适应。在温带或寒温带地区,每当冬季严寒来临之前,随着气温下降,食物减少,各种昆虫都寻找适宜场所进行休眠性越冬。在干旱高温季节或热带地区,有些昆虫也会暂时停止活动,进行休眠性越夏。处于这种越冬或越夏状态的昆虫,如给予适宜的生活条件,仍可恢复活动。如在冬季采集冬眠的昆虫,在适宜的温度下饲养,就可打破休眠,并顺利完成发育周期。具有休眠特性的昆虫,不同昆虫甚至同种昆虫在不同地区的休眠虫态都不相同。例如东亚飞蝗以卵越冬,家蝇以成虫越冬;再如小地老虎在北京以蛹越冬,在长江流域以蛹和老熟幼虫越冬,在广西南宁以成虫越冬,它们都属休眠性越冬。休眠性越冬的昆虫耐寒力一般较差。

(2)滞育　滞育是昆虫长期适应不良环境而形成的种的遗传特性,是昆虫定期出现的一种生长发育暂时停止的现象,不论外界环境条件是否适合。季节性的光周期的变化是引起昆虫滞育的主要因子。光周期季节性的变化使昆虫能够感受到严冬的低温和盛夏的高温等不良环境何时到来。在自然情况下,根据光周期信号,当不良环境尚未到来之前,这些昆虫在生理上已经有所准备,即已进入滞育状态,而且一旦进入滞育,即使给予最适宜的条件,也不能马上恢复生长发育等生命活动。滞育的解除要求一定的时间和一定的条件,并由激素控制。如樟叶蜂以老熟幼虫在7月上、中旬于土中滞育,至第二年2月上、中旬才恢复生长发育;滞育的家蚕卵要想按其孵化开展人工饲养,首先必须经过低温处理打破滞育。可见,滞育具有一定的遗传稳定性。凡是具有滞育特性的昆虫一般都有固定的滞育虫态。例如,玉米螟多是以老熟幼虫滞育越冬。

了解昆虫休眠和滞育的特性及害虫的越冬、越夏的虫态和场所,可以预测害虫的发生和危害时期,对开展害虫的越冬(夏)期防治有直接指导意义。

2)食性

在自然界中,每一种昆虫都有自己喜食的食物或食物范围,通常称为昆虫的食性。

(1)按取食的对象分　按照取食的对象,昆虫的食性一般可分为植食性、肉食性、腐食性、杂食性4种。

①植食性　以活的植物各个部位为食物的昆虫。大多数是农林业害虫,如马尾松毛虫、大蓑蛾、刺蛾、叶甲等;少数种类对人类有益,如柞蚕、家蚕等。

②肉食性　以其他动物为食物的昆虫。如对人类有益的捕食害虫的瓢虫、螳螂、食虫虻、胡蜂等,寄生在害虫体内的寄生蝇、寄生蜂等;对人类有害的如蚊、虱、蚤等。

③腐食性　以动物、植物残体或粪便为食物的昆虫,如粪金龟等。

④杂食性　既以植物或动物为食,又可腐食,如蜚蠊等。

(2)按取食范围分　取食范围是指昆虫取食食物种类的多少。根据昆虫取食范围,昆虫的食性又可分为单食性、寡食性、多食性3种。

①单食性　只以一种或近缘种植物为食物的昆虫,如三化螟、落叶松鞘蛾等。

②寡食性　以一科或几种近缘科的植物为食物的昆虫,如菜粉蝶、马尾松毛虫等。

③多食性　以多种非近缘科的植物为食物的昆虫,如刺蛾、棉蚜、蓑蛾等。

了解昆虫的食性可以通过改变耕作制度,合理进行植物配置,创造不利于害虫而有利于天敌生存的食物环境,从而有效地控制害虫。

3)趋性

趋性是指昆虫对外界因子(光、温度、湿度和某些化学物质等)刺激所产生的定向活动,其中趋向刺激源的称正趋性,背向刺激源的称负趋性。昆虫的趋性主要有趋光性、趋化性、趋温性、趋湿性、趋声性等。在害虫防治中,趋光性和趋化性应用较广。

(1)趋光性　趋光性是指昆虫对光的刺激所产生的定向活动,包括正趋光性和负趋光性。不同种类,甚至不同性别趋光性不同。多数夜间活动的昆虫,如蛾类、金龟子等,对灯光表现为正趋性,特别是在夜晚对波长为300~400 nm的紫外光的趋性更强。所以人们常常利用灯光诱集来采集标本,大田中也采用能散发较多紫外光的黑光灯诱杀害虫,或用于调查害虫的发生期和种群数量消长;蚜虫对550~600 nm的黄色光趋性极强,人们常常利用黄板诱杀蚜虫;另外,有些昆虫对光表现为负趋性,例如蟑螂等遇光则迅速躲藏至黑暗的场所,因此,可人为设置潜藏场所诱集害虫。

(2)趋化性　趋化性是指昆虫对一些化学物质所表现出的定向活动。其正、负趋化性通常与觅食、求偶、避敌、寻找产卵场所等有关。例如一些夜蛾对糖醋酒混合液发出的气味有正趋性;菜粉蝶喜趋向于含有芥子油的十字花科植物上产卵;菜蛾不趋向含香豆素的木樨科植物上产卵;香茅可驱避蚊类;樟脑可驱避一些家庭害虫等。另外,雌雄间或个体间也可通过散发一些微量化学物质即信息素或称外激素,并通过对这些微量化学物质的定向反应进行联络。信息素的种类很多,主要有性抑制外激素、性外激素、集结外激素、标记外激素和告警外激素。例如蛾类、蝶类、甲虫等可通过对性外激素的定向反应寻找配偶。白蚁、蚂蚁可通过标迹外激素(追踪外激素)找回巢穴或找到食物。蚂蚁受到外敌侵害时还能分泌告警外激素,“呼唤”其他蚂蚁前来助战。蜜蜂工蜂可根据蜂王分泌的集结外激素飞集到蜂王的周围集结,甲虫类如小蠹也可以通过集结外激素进行集结。

根据昆虫的趋化性,人们常常利用食饵诱杀、性诱杀、驱避等方法来防治害虫,通过化学诱集法采集标本,并通过对诱集种类和数量的分析进行预测预报。

(3)趋温性　趋温性是指昆虫对温度刺激所表现出的定向活动。昆虫总是表现向它最适的温度移动,而避开不适宜的温度。如体虱生活的最适温度为人的体温,多生活在人的毛发中,若人因病发烧超过了正常的体温,体虱就会爬离人体,表现为负的趋热性。

无论哪一种趋性,往往都是相对的,昆虫对刺激的强度(浓度)有一定程度的可塑性,当刺激超过某一限度,正趋性有时也会转化为负趋性。例如低浓度性引诱剂对昆虫可表现出较强的引诱作用,浓度过高不但起不到引诱作用,反而成为抑制剂。所以在利用趋性防治害虫时还要掌握一定的"度"。

4)假死性

有一些昆虫在取食爬动时,当受到外界突然震动惊扰后,往往立即卷缩肢体从树上掉落地面,或在爬行中缩做一团,装死不动,这种行为称为假死性。假死性是昆虫受到外界刺激后产生的一种抑制反应。过一段时间后,它们又苏醒过来。因为许多天敌通常不取食死亡的猎物,所以假死性是昆虫躲避敌害的一种有效方式。如象甲、叶甲、金龟甲等成虫遇惊和3~6龄的松毛虫幼虫受震都会假死滚落地面。因此,人们可利用害虫的假死性进行人工扑杀和虫情调查等。

5)群集性

同种昆虫大量个体高密度聚集在一起的现象称为群集性。昆虫的群集性有两种:一种是暂时性的,只是在某一虫态和一段时间内群集在一起,过后就分散。如榆蓝叶甲的越夏,瓢虫的越冬,天幕毛虫幼虫在树杈结网栖息等。另一种是永久性的,如杨毛蚜、竹蝗、部分飞蝗等,它们终生群集在一起,是受遗传基因控制的。再如马尾松毛虫1~2龄幼虫、刺蛾的幼龄幼虫、金龟甲一些种类的成虫都有群集危害的特性。了解昆虫的群集特性可以在害虫群集时进行挑治或人工捕杀。

6)迁飞与扩散

某些昆虫在成虫期,有成群地从一个发生地远距离地迁飞到另一个发生地的特性,称为迁飞性。例如粘虫等,每年秋季飞到南方越冬,每年春天又飞到北方为害,周而复始。扩散是指昆虫个体在一定时间内发生近距离空间变化。大多数昆虫在条件不适或营养恶化时,可在发生地向周围空间扩散。例如菜蚜,在环境不适时常以有翅蚜向邻近菜地扩散;棉蚜在秋末产生有翅蚜,扩散飞移到花椒、木槿等灌木上产卵越冬,次年又迁回田间。扩散有利于昆虫扩大分布区。了解昆虫的迁飞与扩散规律,对进一步分析虫源性质,设计综合防治方案具有指导意义。

7)拟态和保护色

拟态是指有些昆虫在形态上模仿植物或其他动物,从而使自身获得保护的现象。如竹节虫和尺蛾的部分幼虫等的形态与植物枝条极为相似,再如没有防御能力的食蚜蝇的外形与具有螫针的胡蜂极为相似。保护色是指某些昆虫具有同它生活环境中的背景相似的颜色,有利于躲避捕食性动物的视线而达到保护自己的现象,如蚱蜢、枯叶蝶、尺蠖等。拟态和保护色均有利于昆虫躲避捕食性天敌的捕食。这是在长期的进化过程中,在自然选择的作用下,使它们的外形特征向有利于生存方向发展的结果。

8)时辰节律

绝大多数昆虫的活动,如飞翔、取食、交配、产卵、孵化、羽化等,都表现出一定时间节律的现象,称为时辰节律。时辰节律是昆虫种属的特性,是长期适应于昼夜变化而形成的一种有利于自身生存、繁育的生活习性。我们可把白昼活动的昆虫称为日出性昆虫。许多捕食性昆虫是日出性昆虫,如蜻蜓、虎甲等,这与它们的捕食对象的日出性有关;蝶类也是日出性的,这与大多数显花植物白天开花有关。夜间活动的昆虫多为夜出性昆虫。绝大多数的蛾类是夜出性的,取食、交配、产卵都在夜间。在黎明、黄昏等弱光下活动的昆虫称弱光性昆虫。如蚊子喜欢在黄昏时婚飞、交配,舞毒蛾的雄成虫多在傍晚时围绕树冠翩翩起舞。

由于自然界中昼夜长短是随季节变化的,所以许多昆虫活动的时辰节律也有季节性。一年发生多代的昆虫,各世代对昼夜变化的反应也会不同,明显的反应表现在迁移、滞育、交配、产卵等方面。

昆虫活动的时辰节律除受光的影响外,还受温度的变化、食物成分的变化、异性释放外激素的生理条件的影响。

了解昆虫活动的时辰节律,对在哪一个时段采取防治措施如施药、灯诱、性诱等具有重要的指导意义。

昆虫的分类与识别 1

昆虫的分类与识别 2

学生研讨报告 1 – 直翅目 半翅目

1.5 园林昆虫的分类与识别

1.5.1 昆虫分类基础知识

1)昆虫分类的意义

昆虫分类是昆虫识别的基础。昆虫是自然界中种类数量最多的一类动物,它们并不是杂乱无章的。和其他生物一样,现今的昆虫也经历了由简单到复杂、由低级到高级的进化历程,昆虫之间存在着或亲或疏的亲缘关系。昆虫分类就是追寻这种亲缘关系,并按照这种亲缘关系分门别类,建立分类系统。正是由于这种亲缘关系的存在,尽管自然界中的昆虫种类繁多,但它们也是井然有序的,这为正确识别昆虫提供了可靠的保证。

学生研讨报告 2 – 鞘翅目 鳞翅目膜翅目等

目前,昆虫的分类主要依靠成虫的外部形态特征,并通过相似性的比较和归纳,把众多的昆虫分成若干类群。但随着科学的发展,幼虫及其他虫态的分类也在逐步开展,另外血清反应、电镜扫描、数值分类、支序分类等现代技术和方法也在不断应用于昆虫分类研究之中。

昆虫分类在科学研究和生产实践中有着极其重要的意义。例如,害虫防治,益虫利用,首先都必须正确识别种类,特别是近缘种的识别,否则错误的鉴定,往往会张冠李戴,甚至益害不分,给生产带来重大的损失。植物检疫中,正确识别检疫对象显得更为重要,否则危险性的害虫对我国的入侵和蔓延,将会带来灾难性的后果。另外,任何昆虫学方面的科学研究,首先都必须正确鉴定研究对象,否则研究结果将会成为谬误。正确识别昆虫种类,也可以根据它的分类地位,推测它的生物学特性,为制订害虫防治和益虫利用的方案提供参考依据。

2)昆虫分类的阶元

昆虫分类也采用了与其他生物相一致的分类阶元,主要包括界、门、纲、目、科、属、种7个基本单元。种是分类、进化、繁殖的基本单元,是由自然界中能够相互繁育的种群组成,同一物种的个体在外部形态、生物学特性等方面都表现出相同的特征和特性。昆虫分类学家通过相似性的比较,把相近缘的种类集合成属,把相近缘的属集合成科,把相近缘的科集合成目,将各目集合成纲,昆虫是属于动物界中的一个纲,即昆虫纲。在昆虫分类的等级中,在纲、目、科、属、种下常设有"亚"级;在目、科上常设有"总"级,有的亚科级下还设有"族"级。每一种昆虫都有它的分类地位。

现以东亚飞蝗为例,表示其分类阶元的顺序和它的分类地位如下:

界 动物界 Animalia
门 节肢动物门 Arthropoda
纲 昆虫纲 Insecta
亚纲 有翅亚纲 Pterygota
部 外翅部 Exopterygota
总目 直翅总目 Orthopteroides
目 直翅目 Orthoptera
亚目 蝗亚目 Locustodea
总科 蝗总科 Locustoidea
科 蝗科 Locustidae
亚科 飞蝗亚科 Locustinae
属 飞蝗属 *Locusta*
亚属 (未分)
种 飞蝗 *Locusta migratoria* L.
亚种 东亚飞蝗 *Locusta migratoria manilensis* Meyen

3)昆虫的命名法规及学名的组成

每一种昆虫,包括每一个阶元,都必须具有一个统一的名称,以保证昆虫名称的准确性、稳定性和普遍性,便于国际交流。因此,国际动物学会1905年颁布了《国际动物命名法规》,后来又经过多次修订,目前所使用的是1999年修订的第4版,所有动物的命名都必须以此法规为准则,昆虫也是如此。

(1)俗名和学名 不同的物种和不同类群的动物,在不同国家或不同地方,都有其不同名称的使用,多局限在一定范围,属于地方性的,一般称其为俗名,俗名无法在国际上通用。为了便于国际交流和免除混乱,法规规定了必须用拉丁文或拉丁化文字来组成动物名称,这种名称称为学名。属级及以上各级阶元以一个拉丁文或拉丁化的文字表示,总科级阶元学名的结尾必须是-oidea,科级阶元学名的结尾必须是-idae,亚科级阶元学名的结尾必须是-inae,族级阶元学名的结尾必须是-ini。根据词尾可以判断是属于哪一级阶元。

(2)"双名法"和"三名法" 每一种昆虫的学名均由属名和种名组成,属名在前,种名在后,这种由双名构成学名的方法称为"双名法"。一般在学名后面还附有命名人的姓。如棉蚜:*Aphis gossypi* Glover。学名中,属名第一个字母大写,种名第一个字母小写,命名人第一个字母大写,属名和种名必须排为斜体。对某些较为熟悉的命名人,如Linnaeus则可缩写,其后必须加注圆点,如菜粉蝶:*Pieris rapae* L.;属名在同一文著中,前已用及,再次使用时,可以缩写,并附圆点,如大菜粉蝶*P. brassicae* L.。如是亚种,则采用"三名法",将亚种名排在种名之后,第一个字母小写，同样，必须排为斜体。如东亚飞蝗：*Locusta migratoria manilensis* Meyen，是由属名、种名、亚种名组成，命名人的姓置于亚种名之后。

4）昆虫的分类系统

昆虫的分类系统是昆虫分类学家根据昆虫各个类群之间的亲缘关系所建立的。这里所说的分类系统，是指昆虫纲下设几个亚纲，各亚纲又分多少个目，以及各亚纲、各目之间的先后排列顺序等问题。

昆虫纲的分目主要依据如下特征：翅的有无及其类型；变态类型；口器类型；触角类型；足的类型等。由于各个昆虫分类学家研究对象不同，对昆虫纲、目的分类和数目有不同的观点。较新的昆虫分类系统将过去属于昆虫纲下的原尾目 Protura、弹尾目 Collembola、双尾目 Diplura 归属于内口纲，并将传统的同翅目 Homoptera 合并于半翅目 Hemiptera，食毛目 Mallophaga 合并于虱目 Phthiraptera 之后，目前昆虫纲下还包含有 30 个目。

昆虫纲 Insecta

1. 石蛃目 Archaeognatha
2. 衣鱼目 Zygentoma
3. 蜉蝣目 Ephemerida
4. 蜻蜓目 Odonata
5. 襀翅目 Plecoptera
6. 等翅目 * Isoptera
7. 蜚蠊目 Blattodea
8. 螳螂目 Mantodea
9. 蛩蠊目 Grylloblattodea
10. 螳䗛目 Mantophasmatodea
11. 䗛目 Phasmatodea
12. 纺足目 Embioptera
13. 直翅目 * Orthoptera
14. 革翅目 Dermaptera
15. 缺翅目 Zoraptera
16. 啮虫目 Psocoptera
17. 虱目 Phthiraptera
18. 缨翅目 * Thysanoptera
19. 半翅目 * Hemiptera
20. 脉翅目 * Neuroptera
21. 广翅目 Megaloptera
22. 蛇蛉目 Raphidiodea
23. 鞘翅目 * Coleoptera
24. 捻翅目 Strepsiptera
25. 双翅目 * Diptera
26. 长翅目 Mecoptera
27. 蚤目 Siphonaptera
28. 毛翅目 Trichoptera
29. 鳞翅目 * Lepidoptera
30. 膜翅目 * Hymenopterap

* 为园林昆虫主要目。

1.5.2 园林昆虫重要类群识别

昆虫中与园林植物关系密切的目主要有直翅目、等翅目、半翅目、缨翅目、鞘翅目、脉翅目、鳞翅目、膜翅目、双翅目等 9 个目，其分类检索表如下：

1. 翅 1 对 ………………………………………… 双翅目
   翅 2 对 ………………………………………… 2
2. 翅鳞翅，口器虹吸式 ………………………………………… 鳞翅目
   翅非鳞翅，口器非虹吸式 ………………………………………… 3

3. 翅缨翅,口器锉吸式 ………………………………………………………… 缨翅目
翅非缨翅,口器非锉吸式 ……………………………………………………… 4
4. 口器刺吸式 ……………………………………………………………… 半翅目
口器咀嚼式 ……………………………………………………………………… 5
5. 前翅覆翅 ………………………………………………………………… 直翅目
前翅非覆翅 ……………………………………………………………………… 6
6. 前翅鞘翅 ………………………………………………………………… 鞘翅目
前翅膜翅 ………………………………………………………………………… 7
7. 前后翅大小、形状、脉序相同 ……………………………………………… 等翅目
前后翅大小、形状、脉序不相同 ………………………………………………… 8
8. 翅多横脉,成网状 ………………………………………………………… 脉翅目
翅少横脉,不成网状 ……………………………………………………… 膜翅目

另外,蜘蛛和螨类属于蛛形纲,大多是园林植物生态系统中的捕食性天敌和害虫,在园林植物害虫综合防治中占有很重要的位置,也在本节内容中一并讨论。

1)直翅目 Orthoptera

常见的有蝗虫、蟋蟀、螽斯、蝼蛄等,体中至大型。口器咀嚼式,下口式;触角丝状,少数剑状;前胸发达;前翅覆翅革质,后翅膜质透明;后足为跳跃足,少数种类前足为开掘足;雌虫产卵器发达,形式多样,雄虫常有发音器。不全变态,多为植食性。重要的科(图 1.35)有:

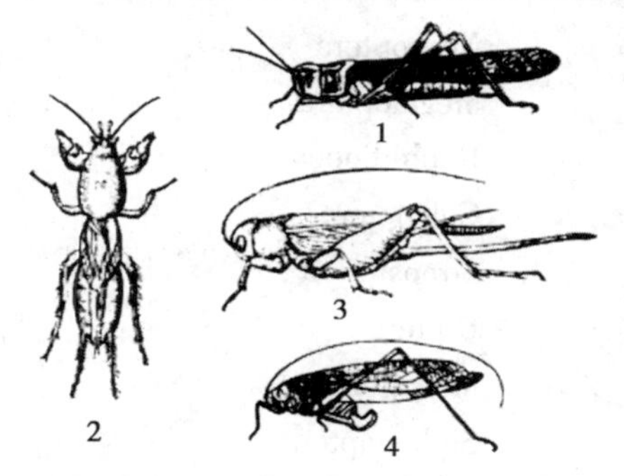

图 1.35 直翅目常见科代表(仿周尧)

1. 蝗科 2. 蝼蛄科 3. 蟋蟀科 4. 螽斯科

(1)蝗科 Locustidae 体型粗壮;触角短于体长之半,丝状,少数剑状;前胸背板马鞍形;听器位于腹部第一节两侧;产卵器短,凿状;跗节 3 节或 3 节以下。该科昆虫为植食性,卵产于土中。常见的种类有东亚飞蝗 *Locusta migratoria manilensis* (Meyen)、中华稻蝗 *Oxyza chinensis* (Thunberg)、棉蝗 *Chondracris rosea* (De Geer)、竹蝗 *Ceracris kiangsu* Tsai、短额负蝗 *Atractomorpha sinensis* Bolivar 等。

(2)蝼蛄科 Gryllotalpidae 触角短于体长,丝状;前足粗壮,开掘式,胫节阔扁具 4 齿,跗节基部有 2 齿,适于掘土,胫节上的听器退化成裂缝状;后足腿节较不发达,失去跳跃功能;前翅短,后翅长,后翅伸出腹末如尾状;尾须长;产卵器退化;跗节 3 节。该科昆虫是杂食性的地下害虫,危害植物种子、嫩茎和幼根,造成田间缺苗断垅。我国重要害虫种类北方为华北蝼蛄 *Gryllotalpa unispina* Saussure,南方为东方蝼蛄 *G. orientalis* Burmeister 等。

(3)蟋蟀科 Gryllidae 体粗壮;触角丝状,长于身体;前翅在身体侧面急剧下折;雄虫靠左右前翅磨擦发音;跗节 3 节;尾须长,不分节;产卵器针状、长矛状或长杆状。该科昆虫多生活在地下和地表,为害种苗,造成缺苗断垅,为重要的地下害虫。常见的有大蟋蟀 *Tarbinskiellus portentosus* (Lichtenstein)和南方油葫芦 *Gryllus testaceus* Walker。该科部分种类习性好斗且鸣声响亮,民间常用作娱乐。

(4)螽斯科 Tettigoniidae 体粗壮;触角丝状,细长,长过身体许多;翅有短翅型、长翅型和无翅型 3 种类型,有翅者雄性能靠左右前翅磨擦发音;产卵器刀片状或剑状,侧扁;跗节 4 节;尾须

短。该科昆虫多数植食性,卵产在植物组织中,少数肉食性。常见的种类有中华露螽 *Phaneroptera sinensis* Uvarov、变棘螽 *Deracantha onos* Pallas 等。

2)等翅目 Isoptera

等翅目(图1.36)通称白蚁。体小至中型,多型性,有工蚁、兵蚁、繁殖蚁之分。一般头壳坚硬;复眼有或无,单眼2个或无;触角念珠状;口器咀嚼式;足短,跗节4~5节;尾须短,2~8节。工蚁白色,无翅,头圆,触角长;兵蚁类似工蚁,但头较大,上颚发达;繁殖蚁有两种类型:一种为无翅型或仅有短翅芽的蚁后,体白色,体长可达60~70 mm;另一种为有翅型,翅2对,体淡黄或暗色,包括雄蚁和雌蚁。有翅型2对翅均为膜质,其大小、形状和脉序均相似,休息时两对翅平叠腹背,翅基有条肩缝,成虫婚飞后,翅可沿此脱落留下一个鳞状残翅称翅鳞。

白蚁为社会性昆虫,有较复杂的"社会"组织和分工。一个群体具有繁殖蚁和无翅无生殖能力的兵蚁和工蚁共同生活(图1.36)。"蚁王""蚁后"专负责生殖。工蚁在群体中数量最多,其职能是觅食、筑巢、开路,饲养蚁王、蚁后、幼蚁和兵蚁,照料幼蚁,搬运蚁卵,培养菌圃等。兵蚁一般头部发达,上颚强大,有的具分泌毒液的额管。兵蚁的职能是保卫王宫、守巢、警卫、战斗等。

白蚁属不完全变态昆虫,卵呈卵形或长卵形。繁殖蚁每年春夏之交即达性成熟。大多数在气候闷热、下雨前后,从巢中飞出,群集飞舞,求偶交配,落到地面交配。翅在爬动中脱落,钻入土中,建立新的白蚁群落。

白蚁按建巢的地点可分木栖性白蚁、土栖性白蚁、土木栖性白蚁3类。主要分布于热带、亚热带,少数分布于温带。我国以长江以南各省分布普遍,是危害房屋等建筑物和堤坝的大害虫,也有严重为害园林植物的种类。

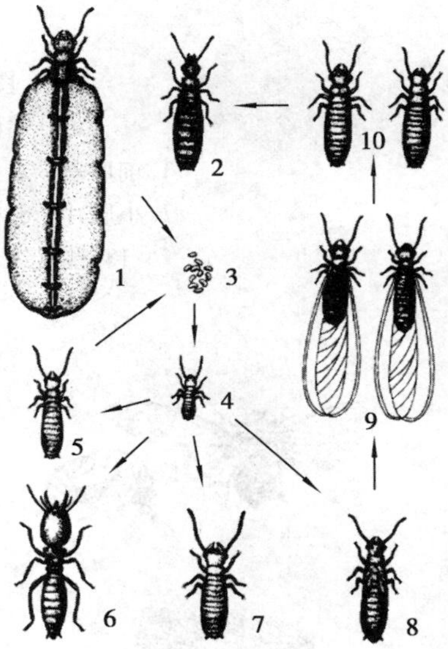

图1.36 等翅目的代表——家白蚁
Coptotermes formosanus Shiraki
(仿彩万志等)
1.蚁后 2.雄蚁 3.卵 4.若蚁
5.补充生殖蚁 6.兵蚁 7.工蚁
8.长翅生殖蚁若虫
9.长翅雌、雄生殖蚁
10.脱翅雌、雄生殖蚁

(1)鼻白蚁科 Rhinotermitidae 头部有囟(头前端有一小孔,为额腺开口称囟);前胸背板扁平,狭于头;有翅成虫一般有单眼;触角13~23节;前翅鳞明显大于后翅鳞,其顶端伸达后翅鳞;跗节4节;尾须2节。土木栖性。常见的有家白蚁 *Coptotermes formosanus* Shiraki。

(2)白蚁科 Termitidae 头部有囟;成虫一般有单眼;前翅鳞仅略大于后翅鳞,两者距离偏远;前胸背板前中部隆起;跗节4节;尾须1~2节。土栖为主。常见的有黑翅土白蚁 *Odontotermes formosanus* Shiraki 等。

3)半翅目 Hemiptera

半翅目包括传统的同翅目和半翅目,常见的有蝉、叶蝉、蜡蝉、木虱、粉虱、蚜虫、介壳虫、蝽象等(图1.37)。体多中小型,少数大型;口器为刺吸式、后口式,口器从头的前端伸出或前端下方伸出;触角刚毛状或丝状;翅有2对、1对或无翅;翅为2对者,前翅为半鞘翅、覆翅或膜翅,后翅为膜翅,停息时常平叠或呈屋脊状放于体背;半鞘翅常分为革片、膜片和爪片,有些还具有缘片和楔片,膜片上常有翅脉和翅室;胸足发达,有步行足、游泳足、开掘足、捕捉足等,但雌蚧壳虫胸足退化;部分种类身体腹面常有臭腺(图 1.37—图 1.39)。不完全变态,大多为植食性,以刺吸式口器吸取植物汁液,有些种类还传播植物病毒病,少数为捕食性。

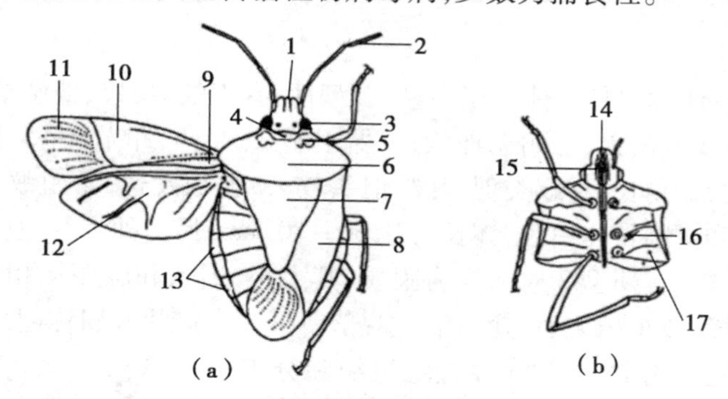

图 1.37 半翅目的特征(仿周尧)

(a)蝽的背面观;(b)蝽的头部与胸部腹面观

1. 前唇基 2. 触角 3. 复眼 4. 领片 5. 胝 6. 前胸背板 7. 小盾片 8. 前翅 9. 爪片 10. 革片 11. 膜片 12. 后翅 13. 侧接缘 14. 上唇 15. 小颊 16. 臭腺 17. 气门

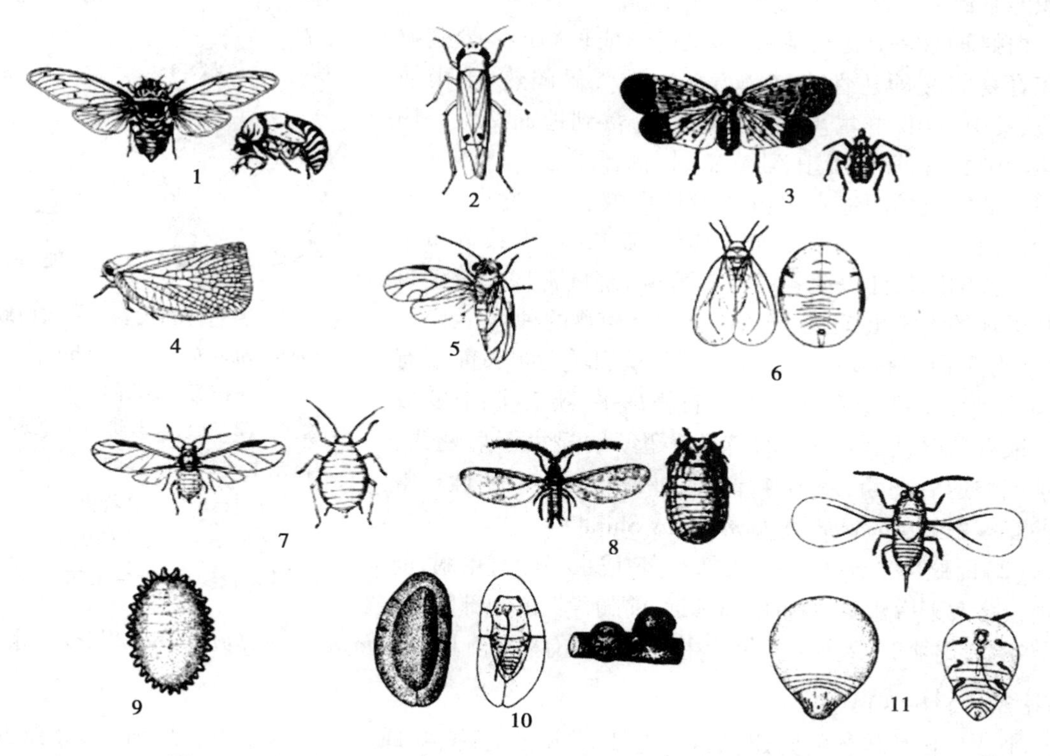

图 1.38 半翅目常见科代表(一)(1 ~9 **仿周尧等**;10,11 **仿各作者**)

1. 蝉科 2. 叶蝉科 3. 蜡蝉科 4. 蛾蜡蝉科 5. 木虱科 6. 粉虱科 7. 蚜科 8. 绵蚧科 9. 粉蚧科 10. 蚧科 11. 盾蚧科

(1)蝉科 Cicadidae 体大型;触角刚毛状;单眼 3 个;前后翅膜质透明;前足开掘式,腿节具齿或刺;雄蝉腹基部具有发达的发音器,雌蝉产卵器发达,产卵于植物嫩枝内,常导致枝条枯死。成虫生活在林木上,吸取枝干汁液;若虫生活在地下,吸取根部汁液。老熟若虫夜间钻出地面羽化,脱的皮称为"蝉蜕",可入药。常见的种类有蚱蝉 *Cryptotympana atrata* Fabricius、蟪蛄 *Platypleura kaempferi* Fabricius 等。

(2)叶蝉科 Cicadeliidae　体小型;头部宽圆;触角刚毛状,位于两复眼之间;前翅革翅,后翅膜翅;后足胫节有棱脊,其上生有 3～4 列刺毛。该科昆虫活泼善跳,多在植物上刺吸汁液,部分种类可传播植物病毒病。常见的有大青叶蝉 *Cicadella viridis* L.、黑尾叶蝉 *Nephotettix cincticeps* Uhler 和小绿叶蝉 *Lycorma delicatula* White 等。

(3)蜡蝉科 Fulgoridae　体中大型,艳丽;头圆形或延伸成象鼻状;触角刚毛状,基部两节膨大,着生于复眼下方;前后翅发达,脉序呈网状,臀区多横脉,前翅爪片明显;后足胫节有齿;腹部通常大而扁。常见的种类有在北方为害椿树的斑衣蜡蝉 *Lycorma delicatula* White 和在南方为害荔枝龙眼的龙眼鸡 *Fulgora candelaria* L. 等。

(4)蛾蜡蝉科 Flatidae　体中型;翅比体长,常竖立在身体两侧,翅脉网状,前翅前缘区多横脉,呈阶梯状。成、若虫常群栖吸汁,排泄物常导致煤污病。常见的有碧蛾蜡蝉 *Geisha distinctissima* Walker、白蛾蜡蝉 *Lawana imitata* Melichar 等。

(5)木虱科 Psyllidae　体小型,状如小蝉,善跳跃;触角丝状,10 节;端部生有 2 根不等长的刚毛;单眼 3 个;喙 3 节;前翅翅脉三分支,每支再分叉;跗节 2 节,爪 2 个。若虫体扁平,体被蜡质。该科昆虫多为木本植物的重要害虫,如梧桐木虱 *Thysanogyna limbata* Enderlein、梨木虱 *Psylla chinensis* Yang et Li、柑桔木虱 *Diaphorina citri* Kuwayama 和龙眼角颊木虱 *Cornegenapsylla sinica* Yang et Li 等。

(6)粉虱科 Aleyodidae　体小型,体表被白色蜡粉;触角丝状,7 节;翅短圆,前翅有翅脉 2 条,前 1 条弯曲,后翅仅有 1 条直脉。成、若虫吸吮植物汁液,是许多木本植物和温室花卉的重要害虫。常见的种类有黑刺粉虱 *Aleurocanthus spiniferus* Quaintance、温室粉虱 *Trialeurodes vaporariorum* Westwood 等。

(7)蚜科 Aphididae　体小柔弱;触角丝状,6 节,分布有圆形或椭圆形的感觉圈;末节自中部突然变细,分为基部和鞭部 2 个部分;翅膜质透明,前翅大,后翅小;前翅前缘外方具黑色翅痣;腹末有尾片,第 5 节背面两侧有 1 对腹管。本科昆虫生活复杂,为周期性孤雌生殖,分有翅型和无翅型 2 种类型,成、若蚜多群集在叶片、嫩枝、花序,少数在根部,刺吸植物汁液,受害叶片常常卷曲,皱缩,或形成虫瘿,引起植物发育不良,并排泄蜜露,引发煤污病,还传播植物病毒病。常见的种类有棉蚜 *Aphis gossypii* Glover、桃蚜 *Myzus persica* Sulzer 等。

在农林生产中蚜虫还有许多其他的种类,如根瘤蚜科 Phylloxeridae 的梨黄粉蚜 *Aphanostigma jakusuiensis* Kishida 和葡萄根瘤蚜 *Viteus vitifolii* Fitch;瘿棉蚜科 Pemphigidae 的苹果棉蚜 *Eriosoma lanigerum* Hausm、甘蔗粉蚜 *Qregma lamigera* Zehntner 和角倍蚜 *Melaphis chinensis* Walsh 等,它们的腹管均退化或消失,而且触角上的感觉孔多呈环状或条状。

(8)绵蚧科 Margarodidae　雌虫体大,肥胖,体节明显;触角 6～11 节;腹部气门 2～8 对。雄虫体也较大,红色;有单眼,复眼有或无;触角 7～13 节;前翅黑色,后翅退化为棒状。雌成虫产卵时分泌各种形状的蜡质丝块包住虫体腹部。常见的有为害柑橘、木麻黄的吹绵蚧 *Icerya purchasi* Maskell,为害马尾松、赤松、油松的日本松干蚧 *Matsucoccus matsumurae* Kawana, 以及为害玉兰、樱花、扶桑等的草履蚧 *Drosicha corpulenta* Kuwana 等。

(9)粉蚧科 Pseudococcidae　雌虫卵圆形,身体上被有粉丝状蜡质分泌物,并常延伸成侧丝或尾丝;触角 5~9 节;足发达,可缓慢爬行,跗节 1 节;腹部分节明显,无气门。雄虫单眼 4~6 个,无复眼;有翅或无翅,腹部末端有 1 对长蜡丝。常见的有危害柑橘等多种植物的橘小粉蚧 *Pseudococcus citriculus* Green 和橘粉蚧 *P. critri* Risso 等。

(10)蚧科 Coccidae　雌虫卵形、长卵圆形、半球形或圆球形,体壁坚硬,很多种类虫体边缘有褶,体外被有蜡粉或坚硬的蜡质蚧壳;体节分节不明显,腹部无气门;腹末有深的臀裂,肛门上有 2 个三角形肛板,盖于肛门之上。雄虫体长形纤弱;无复眼;触角 10 节;交配器短;腹部末端有 2 个长蜡丝。我国常见种类有红蜡蚧 Ceroplastes rubens Maskell、龟蜡蚧 C. floridensis Comstock、褐软蚧 Coccus hesperidum L. 等。

(11)盾蚧科 Diaspididae　盾蚧科是蚧总科中种类最多的一科,全世界已知 2 000 多种,很易识别。主要特征是雌虫身体被有 1,2 龄若虫的二次脱皮,以及盾状介壳。雌虫通常圆形或长形;身体分节不明显,最后几节愈合成臀板,腹部无气门。雄虫具翅,足发达,触角 10 节;腹末无蜡质丝;交配器狭长。本科昆虫主要危害乔木和灌木,许多种类是园林植物的重要害虫。常见的有松突圆蚧 *Hemiberlesia pitysophila* Takagi、矢尖蚧 *Unaspis yanonensis* Kuwana、椰圆盾蚧 *Aspidiotus destructor* Signoret、榆牡蛎蚧 *Lepidosaphes ulmi* L. 等。

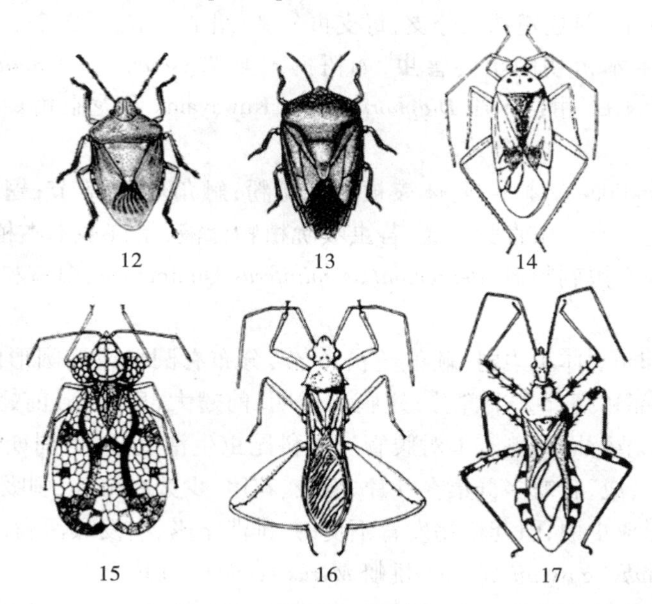

图 1.39　半翅目常见科代表(二)(仿周尧、郑乐怡、彩万志等)

12. 蝽科　13. 荔蝽科　14. 盲蝽科　15. 网蝽科　16. 缘蝽科
17. 猎蝽科

(12)蝽科 Pentatomidae　体小到中型;触角 5 节;小盾片发达,常超过爪片的长度;前翅膜片多纵脉,且发自于一根基横脉上;臭腺发达。常见的种类有为害园林树木和果树的麻皮蝽 *Erthesina fullo* Thunb、梨蝽 *Vrochela luteovaria* Distant 等。

(13)荔蝽科 Tessaratomidae　体大型;小盾片特征与膜片脉序似蝽科,其主要区别在于触角仅有4节。荔蝽科昆虫多生活在乔木上,成、若虫吸食果实和嫩梢汁液,造成落果和枯梢。其中荔枝蝽 *Tessaratoma papillosa* Drury,是我国南方荔枝、龙眼产区的重要害虫。

(14)盲蝽科 Miridae 体小型;触角4节,第2节长;无单眼;喙4节,第1节与头部等长或略长;前翅有楔片,膜片基部有2个封闭的翅室。本科种类行动活泼善飞,喜食植物繁殖器官,也可在枝叶上吸汁,并传播病毒病。如中黑苜蓿盲蝽 *Adelphocoris suturalis* (Jakovlev)、烟盲蝽 *Nesidiocoris tenuis* (Reuter);本科中的有益种类,如黑肩缘盲蝽 *Cyrtorrhinus lividipennis* (Reuter)、食虫齿爪蝽 *Deraeocoris* spp.,常捕食小型昆虫、螨类和虫卵。

(15)网蝽科 Tingidae 体小型,扁平;触角4节,第3节极长,第4节膨大,呈纺锤形;喙4节;前胸背板向后延伸,盖住小盾片,两侧有叶状"侧突";前胸背板及前翅遍布网状纹;前翅质地均匀,分不出革片和膜片。该科种类系果树、绿篱等植物的大害虫。成、若虫群集叶背,刺吸汁液,造成缺绿斑点或叶片枯萎,受害处有黏稠的排泄物及虫蜕。常见的种类有为害梨树、苹果、海棠等植物的梨网蝽 *Stephanitis nashi* Esaki et Takeya 和为害杜鹃的杜鹃冠网蝽 *S. pyrioides* Scott。

(16)缘蝽科 Coreidae 体中型,狭长,两侧缘平行;触角4节;喙4节;有单眼;前胸背板常具角状或叶状突起;前翅膜片有多条平行脉纹而少翅室,后翅腿节扁粗,具瘤或刺状突起。成、若虫吸食幼嫩组织或果汁,引起枯萎或干瘪。常见的有栗缘蝽 *Liorhyssus hyalinus* (Fabricius)、稻棘缘蝽 *Cletus punctiger* Dallas 等。

(17)猎蝽科 Reduviidae 体中型,多椭圆形;头部尖,在眼后收缩如颈;喙短,基部弯曲,不紧贴于腹面;前胸背板常有横沟;前翅膜区常有2个大的翅室,其端部伸出一长脉。本科种类多系肉食性的天敌,常见的有黄足直头猎蝽 *Sirthenea flavipes* Stal。

半翅目中还有很多重要种类,如捕食蚜虫、木虱、蓟马、螨类等害虫的东亚小花蝽 *Orius sauteri* (Poppius)和南方小花蝽 *Orius similis* Zheng,为害柑桔的黄黑盾蝽 *Chrysocoris grandis* Thunb 等。

4)缨翅目 Thysanoptera

缨翅目通称蓟马。体小型至微小型,细长,多黑色或黄褐色,口器锉吸式;翅狭长,翅缘密生缨状缘毛,称"缨翅",最多只有一两条翅脉,静止时,翅平放于腹部背面;触角短,6~10节;复眼发达,为一些小眼聚合而成,称"聚眼";足粗壮,末端生有一翻缩性"泡囊",称泡足。多数为植食性,卵产于植物组织内或植物表面、裂缝中,少数为肉食性(图1.40)。

(1)管蓟马科 Phloeothripidae 体黑色或暗褐色;触角4~8节;前翅没有翅脉或仅有一短的脉纹,翅表面光滑无毛;雌虫腹部末节管状,无产卵器,卵产于裂缝中。园林植物上常见的有中华蓟马 *Haplothrips chinensis* Priesner、榕管蓟马 *Cynaikothrips uzeli* Zimm。

(2)蓟马科 Thripidae 触角6~8节,末端1~2节形成端刺。前翅翅脉上生有刚毛,翅面上有微毛。雌虫腹部末端圆锥形,生有发达的锯齿状产卵器,从侧面观,其尖端向下弯曲,卵产于植物组织中。园林花卉上重要的有烟草蓟马 *Thrips tabaci* Lindeman、黄胸蓟马 *T. hawaiiensis* Organ 等。

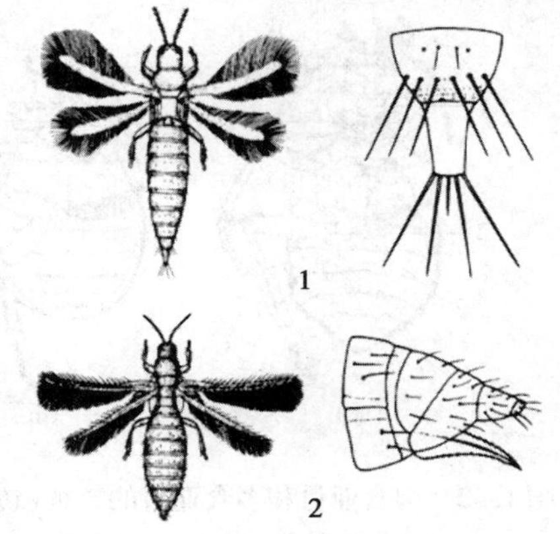

图1.40 缨翅目代表(仿彩万志)

1.管蓟马科 2.蓟马科

5）脉翅目 Neuroptera

中小型昆虫，口器咀嚼式；复眼发达；触角丝状、念珠状或棒状；前后翅膜质透明，脉纹复杂，网状，前缘多横脉，外缘多叉脉；无尾须。完全变态，幼虫和成虫捕食性，多数为可被利用的天敌昆虫（图1.41）。

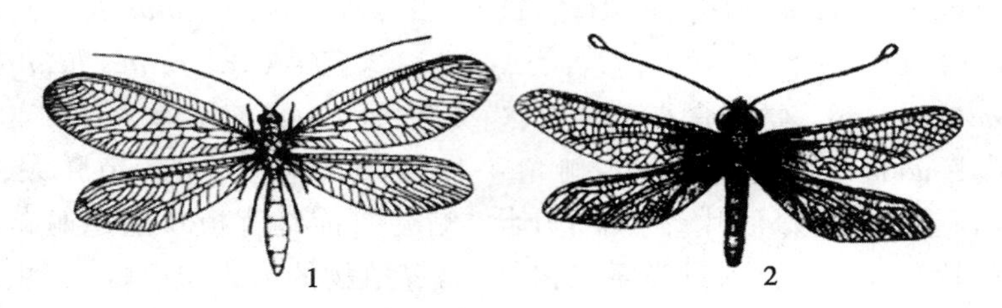

图1.41 脉翅目代表（仿周尧）

1.草蛉科 2.蝶角蛉科

（1）草蛉科 Chrysopidae 体中型，身体细长，柔弱，大多种类草绿色，复眼有金色闪光。触角细长，丝状；翅前缘区有30条以下的横脉。幼虫称蚜狮，胸部和腹部长有毛瘤，体背常袱有粪便及害虫的皮壳，主要捕食蚜虫、粉虱等。老熟幼虫多在叶背结白色丝茧化蛹，茧一般圆球形。卵通常一粒或几粒产于叶片上，有丝质长柄。我国常见的有大草蛉 *Chrysopa pallens*（Ramber）、中华草蛉 *C. sinica* Tjeder 等，可用于生物防治。

（2）蝶角蛉科 Ascalaphidae 体大，外形似蜻蜓，但触角似蝴蝶，球杆状，相当长，几乎等长于身体。复眼大，被一沟分为上、下两部分。幼虫头大，腹部背面和侧面生有瘤突，其上生有棘毛，常将蜕皮、粪便及树叶等脏物背袱在背上，埋伏于地面捕食经过的小型昆虫。常见的种类有黄花蝶角蛉 *Ascalaphus sibericus* Everman 等。

此外，脉翅目中常见的还有其他一些种类，如蚁蛉科 Mykrmeleontidae 中的蚁蛉 *Myrmeleon formicarius*（L.）、螳蛉科 Mantispidae 中的四瘤蜂螳蛉 *Climaciella quadriruberculata*（Westwood）等。

6）鞘翅目 Coleoptera

本目昆虫通称甲虫，是昆虫纲中最大的一个目。体小到大型；口器咀嚼式，上颚发达；前翅角质，坚硬，为鞘翅；后翅膜质，休息时折叠于鞘翅下；前胸背板发达，中胸仅露出三角形小盾片；成虫触角多样，11节。完全变态，幼虫一般寡足型。

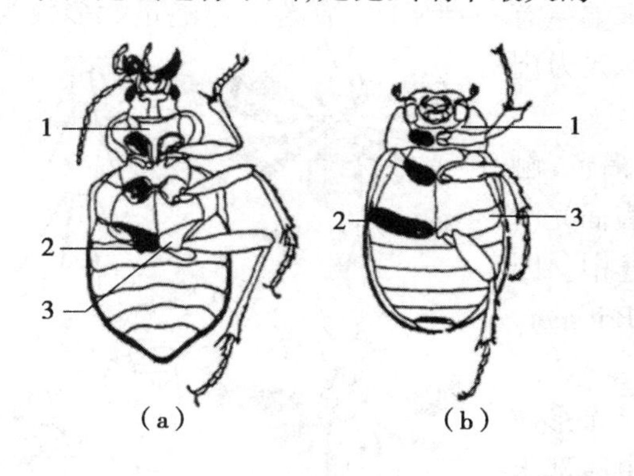

图1.42 肉食亚目和多食亚目的特征（仿 Matheson）

（a）肉食亚目；（b）多食亚目

1.前胸腹板 2.后足基节窝 3.后足基节

本目昆虫食性复杂，有植食、肉食、腐食和杂食等类群。根据其食性，鞘翅目可分为肉食亚目和多食亚目（图1.42）。

（1）肉食亚目 Adephaga 后足基节固着在后胸腹板上不能自由活动；基节窝将腹部第一腹板完全分割开；前胸背板与侧板间有明显的背侧缝。多为肉食性。常见的有步甲科和虎甲科（图1.43）。

①步甲科 Carabidae　体小至大型,黑色或褐色而有光泽;头前口式,窄于前胸;下颚无能活动的钩齿;触角丝状,位于上额基部与复眼之间,触角间距离大于上唇宽度;跗节5节。生活于地下、落叶下面,多夜间活动,成、幼虫均为捕食性。常见种类有金星步甲 *Calosoma chinense* Kirby 等。

②虎甲科 Cicindelidae　中型,具金属光泽和鲜艳斑纹;头下口式,宽于前胸;下颚有一能活动的钩齿;触角丝状,位于两复眼之间;跗节5节。幼虫生活于土中隧道内捕食小型昆虫,成虫多在白天活动。常见种类有中华虎甲 *Cicindela chinensis* De Geer 和杂色虎甲 *C. hybrida* L. 等。

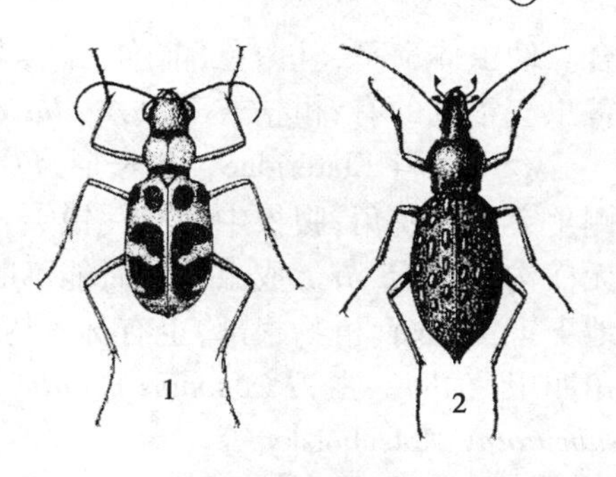

图1.43　肉食亚目常见科代表(仿周尧)
1.虎甲科　2.步甲科

(2)多食亚目 Polyphaga　后足基节不固定在后胸腹板上,可自由活动;基节窝不将腹板完全划分开;前胸背板和侧板间无明显的背侧缝。食性复杂,有水生和陆生两大类群(图1.44)。与农、林业生产关系密切的科有:

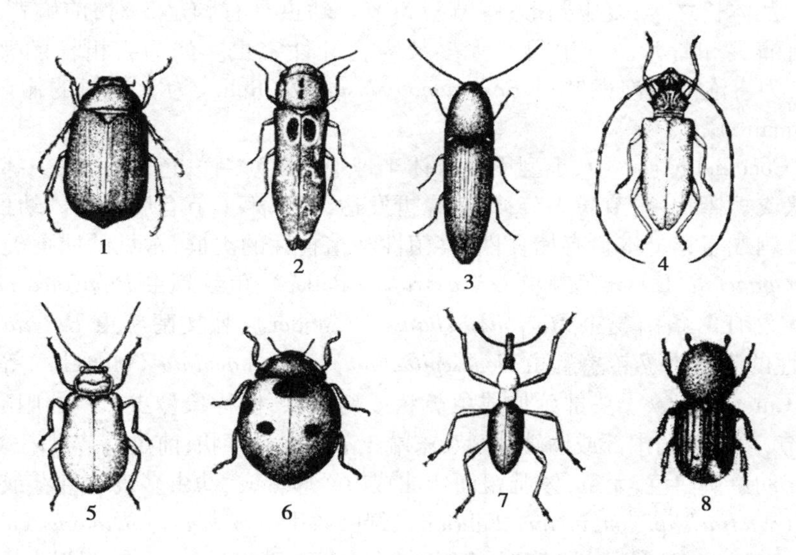

图1.44　多食亚目常见科代表(仿周尧、彩万志等)
1.金龟甲总科　2.吉丁甲科　3.叩甲科　4.天牛科
5.叶甲科　6.瓢甲科　7.象甲科　8.小蠹科

①金龟甲总科 Scarabaeoidae　体粗壮,卵圆形或长卵形,背凸;跗节5节;触角鳃片状,末端3或4节侧向膨大;前足胫节端部宽扁具齿,适于开掘。幼虫蛴螬型,土栖,以植物根、土中的有机质及未腐熟的肥料为食,有些种类为重要地下害虫;成虫食害叶、花、果及树皮等。如丽金龟亚科 Rutelinae 的铜绿丽金龟 *Anomala corpulenta* Motschulsky,红脚丽金龟 *Anomala cupripes* Hope;花金龟亚科 Cetoniinae 的白星花金龟 *Potosia brevitarsis* Lewis,小青花金龟 *Oxycetonia jucunda* (Faldermann);鳃金龟亚科 Melolonthinae 的华北大黑鳃金龟 *Holotrichia oblita* (Faldermann)等。上述亚科有的学者作为科来对待。

②吉丁甲科 Buprestidae　体长形,末端尖削;体壁上常有美丽的光泽;触角短,锯齿状;前胸与中胸嵌合紧密,不能活动;后胸腹板上有一条明显的横沟;跗节5节;可见腹板5节,前2节愈

合。幼虫体扁平,乳白色,前胸扁阔,多在木本植物木质部与韧皮部间危害,是木本、果树的重要害虫。常见的有:柑桔吉丁虫 *Agrilus auriventris* Saunders 和苹果小吉丁虫 *A. mali* Matsumura 等。

③叩甲科 Elateridae　狭长形,色多暗,末端尖削;触角多锯齿状,少数栉齿状;前胸背板后侧角突出成锐角;腹板中间有一锐突,镶嵌在中胸腹板的凹槽内,形成叩头的关节;后胸腹板上无横沟;跗节5节。成虫被捉时能不断叩头,企图逃脱,故名叩头虫。幼虫通称"金针虫",多为地下害虫,取食植物根部,也有林木树干中捕食其他害虫的天敌种类。常见的害虫种类有沟线角叩甲(沟叩头虫)*Pleonomus canaliculatus* (Faldermann)、细胸锥尾叩甲(细胸叩头虫)*Agriotes subvittatus* Motscholsky 等。

④天牛科 Cerambycidae　中型至大型,体狭长;触角丝状,等于或长于身体,生于触角基瘤上,常佩挂在身体背面;复眼多肾形,围绕在触角基部;跗节隐5节。幼虫圆筒形,前胸扁圆,头部缩于前胸内,腹部1至6或7节具"步泡突",适于幼虫在蛀道内移动,多为钻蛀性害虫,蛀食林木、果树的树干、枝条及根部。常见的有为害杨、柳、榆的光肩星天牛 *Anoplophora glabripennis* (Motschulsky),为害荔枝的龟背天牛 *Aristobia testudo* (Voet)、桑天牛 *Apriona germari* (Hope)等。

⑤叶甲科 Chrysomelidae　叶甲科也称金花虫科。体中小型,颜色变化较大,多具金属光泽;触角丝状,常不及体长之半;复眼圆形;跗节隐5节。幼虫具有胸足3对,前胸背板及头部强骨化,身体各节有瘤突和骨片。叶甲科绝大多数为食叶性害虫。如为害柑桔的恶性叶甲 *Clitea metallica* Chen、为害泡桐的泡桐叶甲 *Basiprionota bisignata* Boh.、为害榆树的榆蓝叶甲 *Pyrralta aenescens* (Fairmaire)等。

⑥瓢甲科 Coccinellidae　中、小型甲虫。体半球形,体色多样,色斑各异;头部多盖在前胸背板下;触角锤状或短棒状;跗节隐4节;鞘翅缘折发达;腹部第1节有后基线。幼虫胸足发达,行动活泼,体被枝刺或瘤突。本科有捕食性、食菌性和植食性的类群,常见的捕食类群有七星瓢虫 *Coccinella septempunctata* L.、异色瓢虫 *Leis axyridis* (Pallas)、龟纹瓢虫 *Propylaea japonica* (Thunberg)。食菌类群有白条菌瓢虫 *Macroilleis hauseri* (Mader)、梵文菌瓢虫 *Halyzia sanscrita* Mulsant 等。植食性的类群有马铃薯瓢虫 *Henosepilachna vigintiomaculata* (Motsch.)等。

⑦象甲科 Curculionidae　头部延伸成象鼻状或鸟喙状,俗称象鼻虫。口器咀嚼式,位于喙的前方;触角11节,生于喙的中部或前端,膝状,末端3节膨大呈棒状;前足基节窝闭式;跗节5节,第3节为双叶状。幼虫黄白色,无足,体肥粗而弯曲成"C"形。成、幼虫多食叶蛀茎或食根蛀果。常见的有竹象甲 *Cyrtotrachelus longimanus* Fabricius、绿鳞象甲 *Hypomeces squamosus* Fabricius 等。

⑧小蠹科 Scolytidae　体小,圆筒形,色暗;喙短而阔,不发达;触角略呈膝状,端部三四节呈锤状;上唇退化,上颚强大。前胸背板发达,常盖住头的后半部;鞘翅多短宽,两侧近平行,具刻点,周缘多具齿或突起;足短粗,胫节纵扁,前足胫节外缘具成列小齿。幼虫白色,粗短,头部发达,无足,相似于象甲科幼虫。成虫和幼虫蛀食树皮和木质部,构成各种图案的坑道系统,很多种类是林木的重要害虫,如落叶松小蠹 *Scolytus morawitzi* Semenov、云杉小蠹 *S. sinopiceus* Tsai、六齿小蠹 *Ips acuminatus* Gyllenhal 等。

7)鳞翅目 Lepidotera

本目包括蝶、蛾类。成虫体翅密被鳞片,组成不同形状的色斑。触角形式各异,口器虹吸式或退化,成虫一般不再危害,有的种类根本不取食,完成交配产卵后即死亡。属完全变态。幼虫蠋型,口器咀嚼式,多数为园林植物害虫。

鳞翅目昆虫种类繁多,按其触角的类型、活动习性和静息时的状态,可分为异角亚目和锤角亚目两大类。

(1)异角亚目 Heterocera　异角亚目的昆虫通称蛾类。触角形状多样,端部均不膨大;大多夜出,少数种类日出;静息时翅多平展或呈屋脊状覆于体背,飞翔时前后翅以翅轭或翅缰相连接(图1.45)。

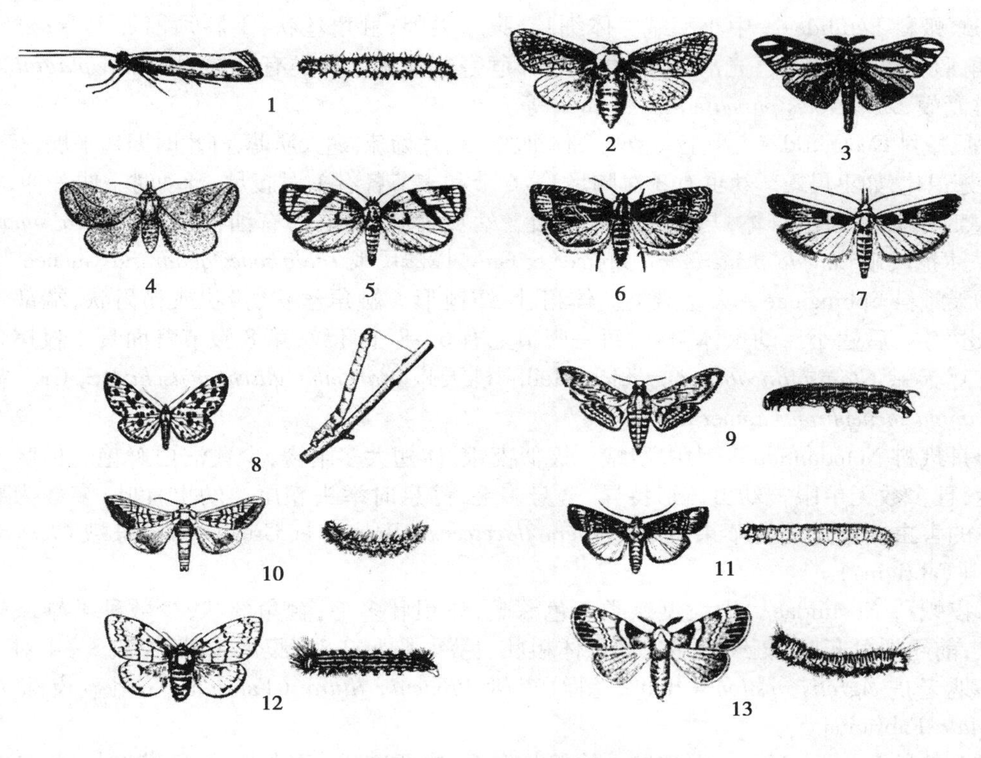

图1.45　蛾类常见科代表(仿周尧等)

1.菜蛾科　2.木蠹蛾科　3.蓑蛾科　4.刺蛾科　5.卷蛾科　6.小卷蛾科　7.螟蛾科　8.尺蛾科　9.天蛾科　10.舟蛾科　11.夜蛾科　12.毒蛾科　13.枯叶蛾科

①菜蛾科 Plutellidae　小型蛾类。触角线状,静息时前伸,前翅披针形,后翅菜刀形。前翅有3枚黑色三角形纵列斑,幼虫细长,体绿色,行动敏捷,取食植物的叶肉,害状呈"天窗"状。如小菜蛾 *Dlutella xylostella* L. 是十字花科蔬菜和花卉的大害虫。

②木蠹蛾科 Cossidae　中型至大型。体肥大;触角栉状或线状,口器短或退化。幼虫粗壮,虫体白色、黄褐或红色,口器发达,老熟幼虫蛀食枝杆木质部。我国常见的有芳香木蠹蛾 *Cossus cossus* L.,咖啡木蠹蛾 *Zeuzera coffeae* Nietner 等。是梨、苹果和荔枝等的蛀杆害虫。

③蓑蛾科 Psychidae　雌雄异型。雄具翅,触角双栉状,翅上鳞片稀薄近于透明;雌蛾无翅,幼虫型。幼虫胸足发达,吐丝缀叶,造袋囊隐居其中,取食时头部伸出袋外。常见的有茶蓑蛾 *Cryptothelea minuscule* Butler、白囊蓑蛾 *Chalioides kondonis* Matsumura。

④刺蛾科 Eucleidae　中型蛾类,体粗壮多毛,多呈黄、褐色或绿色;喙退化;触角线状,雄蛾栉齿状;翅宽而被厚鳞片。幼虫蛞蝓型,头内缩,胸足退化,腹足吸盘式;体常被有毒枝刺或毛簇,化蛹在光滑而坚硬的茧内。常见的有黄刺蛾 *Cnidocampa flavescens* Walker 等。

⑤卷蛾科 Tortricidae　中小型蛾。体翅色斑因种而异,前翅近长方形,有的种类前翅前缘有一部分向翅面翻折,停息时成钟罩状。幼虫圆柱形,体色因种而异,腹末有臀栉。如松褐卷蛾 *Pandemis cinnameana* Treischke、龙眼卷叶蛾 *Cerace stipatana* Walker 等。

⑥小卷蛾科 Olethreutidae　与卷蛾科极相似。但前翅前缘无翻折部分,前缘有1列白色的

钩状纹；后翅中室有一束栉状毛。幼虫蛀果实及种子，少数缀叶。是林、果的重要害虫。如苹果小食心虫 *Grapholitha molesta*（Busck）、荔枝小卷蛾 *Argyroploce illepida* Butler、三角新小卷叶蛾 *Olethreutes leucaspis* Meyrick 等。

⑦螟蛾科 Pyralidae　中小型蛾。体细长，腹末尖削；触角丝状；下唇须前伸上弯；翅鳞片细密，三角形。幼虫体细长、光滑，多钻蛀或卷叶危害。常见的种类有楸螟 *Omphisa plagialis* Wileman、桃蠹螟 *Dichocrocis punctiferalis* Guenee 等。

⑧尺蛾科 Geometridae　小至大型蛾。体细弱。鳞片稀疏，翅大质薄，静止时四翅平展，有少数种类雌虫翅退化，如枣尺蠖。幼虫有3对胸足，第6节和末节各有1对腹足，行动时一曲一伸，状似拱桥，静息时用腹足固定身体，与栖枝成一角度。幼虫食叶，常见的有油桐尺蛾 *Buzura suppressaria* Guenee、木撩尺蛾 *Culcula panterinaria* Bremer et Grey、樟翠尺蛾 *Thalassodes quadraria* Guenee 等。

⑨天蛾科 Sphingidae　大型蛾类。体粗壮，纺锤形。触角丝状、棒状或栉齿状，端部弯曲成钩；前翅发达，后翅小。幼虫体粗壮，每一腹节上有6~8个环纹，第8腹节背面具1枚尾角。常见的有豆天蛾 *Clanisbilineata tsingtauica* Mell.、桃天蛾 *Marumba gaschkewitschi* Br. -Gr.、霜天蛾 *Psilogramma menephron* Cramer 等。

⑩舟蛾科 Notodontidae　大中型蛾。极似夜蛾，体翅大多暗褐，少数洁白鲜艳。但喙不如夜蛾发达，且多数无单眼。幼虫体形特异，全身多毛，静息时举头翘尾。幼虫食叶，多数为果树和阔叶林的害虫。常见的有苹果舟蛾 *Phalera flavescens*（Bremer et Grey）、杨扇舟蛾 *Clostera anachoreta*（Fabricius）。

⑪夜蛾科 Noctuidae　中大型蛾类。色深暗，体粗壮多毛；触角丝状，少数种类雄蛾触角为栉齿状；前翅翅色灰暗，斑纹明显。幼虫体粗壮，色深，胸足3对，腹足5对，少数3~4对。常见的有小地老虎 *Agrotis ypsilon*（Rott）、斜纹夜蛾 *Prodenia litura*（Fabricius）、咀壶夜蛾 *Oraesia emarginata* Fabricius 等。

⑫毒蛾科 Lymantriidae　中型蛾。体粗壮多毛，口器退化，无单眼，触角栉齿状，静息时多毛的前足前伸，有些种类雌蛾翅退化或无翅。幼虫体生有长短不一的毒毛簇。常见的种类有舞毒蛾 *Lymatria dispar* L.、双线盗毒蛾 *Porthesia scintillans*（Walker）、草原毛虫 *Gynaephora ginghaiensis* Chou et Ying 等。

⑬枯叶蛾科 Lasiocampidae　体中至大型，粗壮多毛。触角双栉齿状，喙退化，无翅缰。幼虫多长毛，中后胸具毒毛带。常见的有马尾松毛虫 *Dindrolimus punctatus*（Walker）等。

(2)锤角亚目 Rhopalocera　锤角亚目的昆虫通称蝶类。触角端部膨大成棒槌状；大多白天活动；静息时双翅竖立在身体的背面；前后翅无特殊的连锁构造，飞翔时仅以后翅肩区托在前翅下方配合飞行(图1.46)。

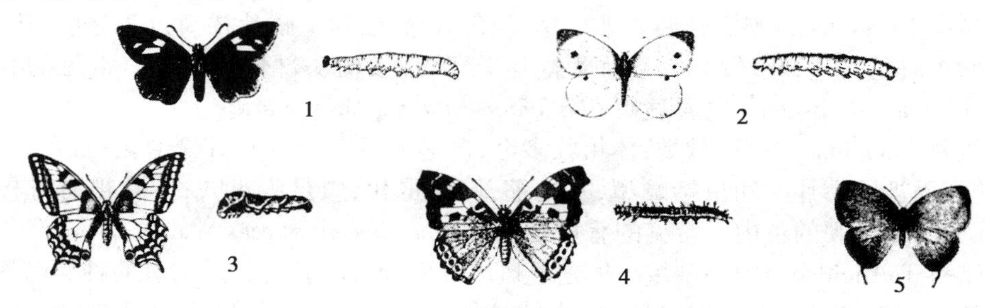

图1.46　蝶类常见科代表(仿周尧等)

1.弄蝶科　2.粉蝶科　3.凤蝶科　4.蛱蝶科　5.灰蝶科

①弄蝶科 Hesperidae　体中小型,粗壮,色深暗;触角端部具小钩。幼虫体呈纺锤形,前胸缢缩成颈状,体被白色蜡粉。如香蕉弄蝶 *Enionota torus* Evans 等。

②粉蝶科 Pieridae　体中型。常为白色、黄色、橙色,常有黑色斑纹;前足正常,爪二分叉。幼虫圆筒形,黄色或绿色,体表光滑或有细毛。如菜粉蝶 *Pieris rapae* L.、树粉蝶 *Aporia crataegi* L. 等。

③凤蝶科 Papilionidae　中至大型,颜色鲜艳,底色黄或绿色,带有黑色斑纹,或底色为黑色而带有蓝、绿、红等色斑;后翅外缘呈波状或有尾突。幼虫的后胸显著隆起,前胸背中央有一臭丫腺,受惊时翻出体外。如柑橘凤蝶 *Papilio xuthus* L.、玉带凤蝶 *P. polytes* L. 等。

④蛱蝶科 Nymphalidae　体中到大型;前足退化短缩,无爪,通常折叠在前胸下,中、后足正常,称"四足蝶";翅较宽,外缘常不整齐,色彩鲜艳,有的种类具金属闪光,飞翔迅速而活泼,静息时四翅常不停地扇动。幼虫头部常有头角,似猫头,腹末具臀刺,全身多枝刺。幼虫为果树、林木和麻类的害虫。如柳紫闪蛱蝶 *Apatura ilia* Schiff-Denis、苎麻赤蛱蝶 *Pyrameis indica* L. 等。

⑤灰蝶科 Lycaenidae　体小,翅正面蓝色、铜色、暗褐或橙色,反面较暗,有眼斑或细纹;触角上有白环,复眼四周绕一圈白色鳞片环;雌虫前足正常,但雄虫前足缩短,跗节愈合;后翅常有纤细尾状突起。幼虫一般取食叶片、花或果实。我国南方常见有曲纹紫灰蝶 *Chilades pandava* (Hordfield)为害苏铁。

8)双翅目 Diptera

本目包括蚊、蝇、虻、蠓等多种类群的昆虫,卫生害虫居多。体中小型;仅有一对膜质透明的前翅,后翅退化呈平衡棒。口器为刺吸式或舐吸式,触角有丝状、念珠状和具芒状。完全变态。幼虫蛆式。根据触角长短和构造,可分为长角亚目、短角亚目和芒角亚目(环裂亚目)3 大类(图 1.47)。

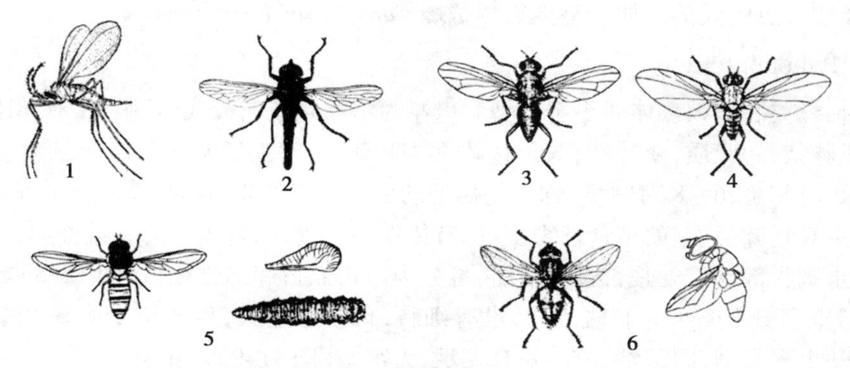

图 1.47　双翅目常见科代表(仿周尧等)

1. 瘿蚊科　2. 食虫虻科　3. 花蝇科　4. 潜蝇科　5. 食蚜蝇科　6. 寄蝇科

(1)长角亚目 Nematocera　该亚目昆虫常称为蚊类。成虫触角细长,长于头胸,节数至少 6 节,多者可达 40 节左右,无触角芒。幼虫为全头型,具有骨化的头壳。重要的科有:

• 瘿蚊科 Cecidomyiidae　体小纤弱。触角细长,念珠状,各节生有细长毛和环状毛;足细长;翅脉简单。幼虫纺锤形,前胸腹板上有剑骨片。本科中重要的害虫种类有桔蕾康瘿蚊 *Contarinia citri* Barnes 和荔枝叶瘿蚊 *Dasineura* sp. 等。

(2)短角亚目 Brachycera　该亚目昆虫通称虻类。触角较短,通常 3 节,第 3 节较长,具端刺。幼虫为半头式,部分缩于前胸内,水生或陆生。本亚目捕食性和腐食性种类较多,也有部分植食性和寄生性。

• 食虫虻科 Asilidae　食虫虻科又称盗虻科。体粗壮多毛或鬃,口器长而坚硬,适于吸食猎物,足多毛。幼虫长筒状,头端尖,分节明显,胸部每节有侧鬃 1 对,多生活于土中及腐质植物中,成虫性猛,飞翔快速,擒食小虫。常见的有中华盗虻 *Cophinopoda chinensis* Fabricius。

(3)芒角亚目 Aristocera　该亚目又称环裂亚目 Cyclorrhapha,通称蝇类。成虫体小到中型。触角 3 节,第 3 节背面具触角芒。幼虫无头型,头部不骨化,大部分缩入胸内。本亚目的成、幼虫多数为农林作物的害虫和人畜及野生动物的害虫,也有部分为可利用的天敌昆虫和资源昆虫。

①花蝇科 Anthomyiidae　体细长多毛。中胸背板有一横沟将其分割为前后两块,中胸侧板有成列毛鬃。幼虫称为根蛆,圆柱形,后端平截。农林上重要的种类有种蝇 *Hylemyia platura* Meigen 等,危害发芽的种子、幼茎,常造成烂种、死苗等。

②潜叶蝇科 Agromyzidae　体微小,黑色或黄色;前缘近基部 1/3 处有 1 折断。幼虫蛆形,常潜食植物叶肉组织,留下不规则形的白色潜道。如豌豆潜叶蝇 *Phytomyza atricornis* Meigen 等。

③食蚜蝇科 Syrphidae　体中型。色斑鲜艳,形似蜜蜂或胡蜂;翅中央有一条两端游离的伪脉,外缘有与边缘平行的横脉,使径脉和中脉的缘室成为闭室。成虫常停悬于空中,时有静止和突进的动作。幼虫水生种类体多白色,而陆生食蚜种类多为黄、红、棕、绿等色,多数捕食蚜、蚧、粉虱、叶蝉、蓟马等小型农林害虫。如黑带食蚜蝇 *Episyrpus blateatus* (De-Geer)、细腰食蚜蝇 *Bacha maculata* Walker 等。

④寄蝇科 Tachinidae　大多中型。体粗壮,多毛鬃,灰褐色;触角芒光滑或有短毛;中胸后小盾片发达,露出在小盾片下成一圆形突起;腹部尤其腹末多刚毛。成虫白天出没于花间,是许多农林、果蔬作物害虫的天敌。如松毛虫狭颊寄蝇 *Carcelia rasella* Baranov 等。

9)膜翅目 Hymenoptera

本目包括蜂类和蚂蚁。体微小至中型。口器为咀嚼式或嚼吸式,复眼大,有单眼 3 个,触角线状、锤状或膝状;翅膜质,翅脉特化,形成许多"闭室"。幼虫通常无足。个别食叶种类,如叶蜂幼虫具有 3 对胸足,6~8 对腹足,称为伪蠋型幼虫。完全变态,裸蛹,常有茧和巢保护。

本目昆虫有食叶、蛀茎的植食性害虫,也有传粉和捕食性、寄生性的有益种类。

根据成虫胸腹部连接处是否腰状缢缩,可分为广腰亚目和细腰亚目(图 1.48)。

(1)广腰亚目 Symphyta　胸腹广接,没有细腰,口器咀嚼式,后翅至少有 3 个基室,各足转节为 2 节。幼虫多足型,腹部常有 6~8 对腹足,无趾钩(图 1.49)。植食性。

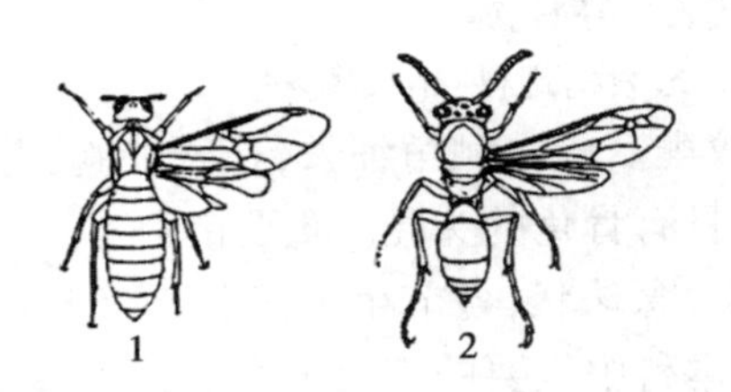

图 1.48　膜翅目成虫的形态特征(仿周尧等)

1. 广腰亚目(叶蜂)　2. 细腰亚目(胡蜂)

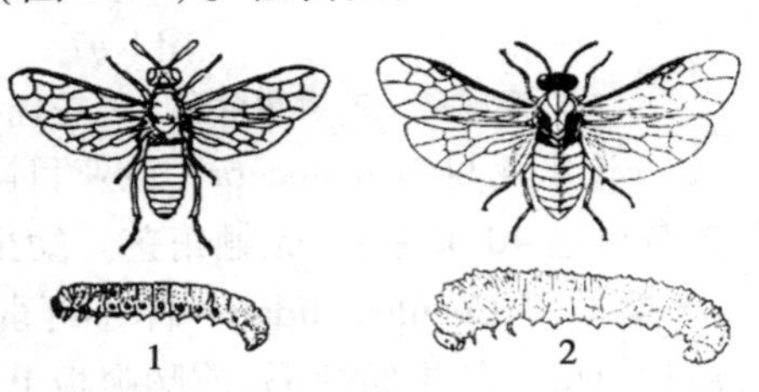

图 1.49　广腰亚目常见科代表(仿周尧等)

1. 三节叶蜂科　2. 叶蜂科

①三节叶蜂科 Argidae　体粗壮。触角3节,第3节最长;前足胫节有2个端距。幼虫食叶,具6~8对腹足,如蔷薇叶蜂 *Arge nigrinodosa* Motschulsky 等。

②叶蜂科 Tenthredinidae　成虫体粗短;触角线状或棒状,7~15节,多数为9节;前足胫节有2个端距;产卵器锯状不外露。幼虫有3对胸足,6~8对腹足。常见的种类有樟叶蜂 *Mesoneura rufonota* (Rohwer)等。

(2)细腰亚目 Apocrita　胸腹连接处明显缢缩;腹部末节腹板多数纵裂;产卵器外露于腹部末端,少数缩于体内。绝大多数为可被利用的捕食性和寄生性天敌,蜜蜂则为传粉昆虫(图1.50)。

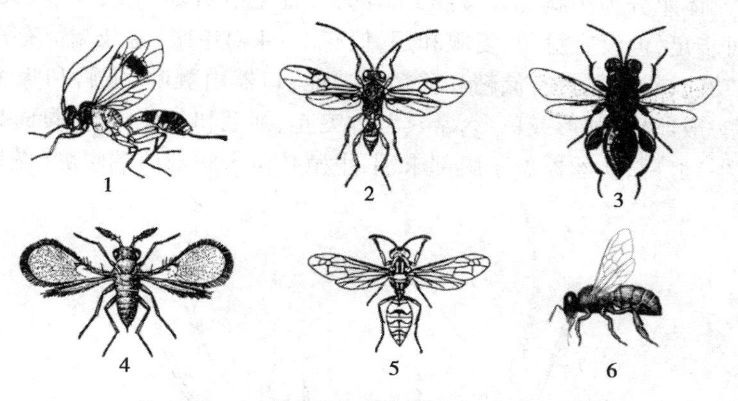

图1.50　细腰亚目常见科代表(仿周尧等)

1.姬蜂科　2.茧蜂科　3.小蜂科　4.赤眼蜂科　5.胡蜂科　6.蜜蜂科

①姬蜂科 Ichneumonidae　小至中型。触角线状,前翅常有1"小室",并具翅痣;腹部细长;雌虫产卵器常从腹末腹板裂缝中伸出,是多种害虫的蛹和幼虫的寄生天敌。常见的有蓑蛾瘤姬蜂 *Sericopimpla sagrae* Sauteri、松毛虫黑点瘤姬蜂 *Xanthopimpla pedator* Krieher 等。

②茧蜂科 Braconidae　小至中型,体长一般不超过12 mm。触角丝状;前翅只有1条回脉,2个盘室,无"小室"。是许多害虫幼虫的内寄生天敌,有多胚生殖现象,老熟幼虫常在寄主体外或附近结黄色或白色小茧化蛹。常见的有螟蛉绒茧蜂 *Apanteles ruficrus* Haliday、松毛虫绒茧蜂 *A. ordinarius* (Ratzeburg)等。

③小蜂科 Chalcididae　体型微小至小型。头短阔,触角膝状;翅膜质透明,翅脉退化,仅见1条翅脉,无翅痣;后足腿节常膨大。本科常见的种类如广大腿小蜂 *Brachymeria lasus* (Walker)。

④赤眼蜂科 Trichogrammalidae　赤眼蜂科又称纹翅卵蜂科。体极微小,黑褐色或黄色,触角膝状;前翅宽阔,翅面有纵裂成行的微毛。本科多为卵寄生蜂,常见的有松毛虫赤眼蜂 *Trichogramma dendrolimi* Matsumura 等。

⑤胡蜂科 Vespidae　中到大型,体光滑无毛,体色黄红,有黑褐色斑带;颚齿坚硬;翅狭长,静息时纵折于胸背。成虫常捕食多种鳞翅目幼虫或取食果汁和嫩叶。常见的有中华胡蜂 *Vespa mandarinia* Smith、长脚胡蜂 *Polistes olivaceus* De-Geer. 等。

⑥蜜蜂科 Apidae　小到大型,体被绒毛或有绒毛组成的毛带;翅发达,具多个翅室,前足基跗节具有净角器,后足胫节及基跗节扁平,并着生长毛,形成采粉器,如中华蜜蜂 *Apis cerana* Fabricius 及意大利蜜蜂 *A. mellifera* L. 等。

10）蜘蛛与螨类

蜘蛛与螨类同属于节肢动物门，蛛形纲，前者属于蜘蛛目 Araneida，后者属于蜱螨目 Acarina。它们与其他节肢动物明显不同的是没有明显的头部和触角，身体大多不具环节，是节肢动物中较为特殊的一类。

(1)蜘蛛　蜘蛛多为中小型节肢动物，个别体型较大，如捕鸟蜘蛛。目前，全世界已知3.5万余种。与农林关系密切的是，它们全部为捕食性，是农林害虫的重要捕食性天敌，在害虫的自然控制中占有重要的地位。

①形态特征　体躯分为头胸部和腹部 2 个部分，骨化不明显，不具环节；头胸部具有 1 对螯肢，1 对触肢，4 对步足，但没有触角、复眼和翅，仅有 1 ~4 对单眼，螯肢端部有毒腺开口，触肢具有触觉和嗅角的功能，雄蛛还具有储精和移精的功能；口器由颚叶、下唇和喙组成，位于头胸部的前下方。腹部一般卵形、圆形或球形，常具各种突起、细毛和各种斑纹，腹面具有书肺、气管气门、生殖孔、纺丝器、肛门，纺丝器位于腹部末端，生殖孔位于腹部前端腹侧（图1.51）。

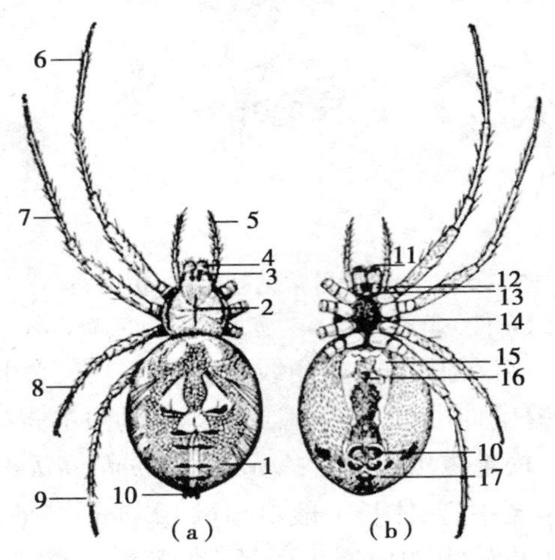

图 1.51　蜘蛛的体躯结构（仿胡金林）

(a)背面观；(b)腹面观

1. 腹部　2. 头胸部　3. 单眼　4. 螯肢　5. 触肢　6. 第一步足
7. 第二步足　8. 第三步足　9. 第四步足　10. 纺丝器　11. 螯爪
12. 颚叶　13. 下唇　14. 胸板　15. 书肺　16. 生殖厣　17. 肛突

②生物学特性　蜘蛛一般分为结网蜘蛛和游猎蜘蛛两大类，也有在地下筑巢生活的。蜘蛛一生要经过卵、幼蛛、成蛛 3 个阶段，幼蛛与成蛛形态相似，无明显变态。卵多产在丝质的卵囊中，幼蛛在卵囊内孵化，经第一次脱皮后才离开卵囊，游猎蜘蛛则成群爬附在雌虫背上，待体内卵黄耗尽后才脱皮离开母体。幼蛛通过吐纺丝器吐丝，借风扩散。小型蜘蛛一般要脱皮 4 次，中型蜘蛛脱皮 6 ~8 次，大型蜘蛛脱皮次数有的可达 20 次。最后一次脱皮后，性器官才完全成熟。大多蜘蛛每年发生二代，也有发生一代和几代的。多在树上、土中、落叶和杂草中越冬，也有在石缝和墙脚下越冬的。蜘蛛营两性生殖，一般雄蛛寿命较短，大多交配后不久便死亡，雌蛛寿命较长，一种捕鸟蜘蛛 *Eurypelma* sp. 可生活二三十年。蜘蛛大多生活在农田、森林、果园，以捕食各种小型动物为食，捕食对象大多是农林主要害虫，是害虫防治中需要保护利用的一类重要天敌。

(2)螨类　螨类是一些体型微小的节肢动物。目前,全世界估计约有50万种,与农林关系十分密切,有严重为害农林植物的植食性害螨,也有捕食和寄生害虫和害螨的益螨。

①形态特征　体小至微小,圆形或椭圆形。身体分节不明显。一般具有4对足,少数种类只有2对足。一般具1~2对单眼。螨体大致可分前体段和后体段,前体段又分为颚体段、前肢体段,后体段又分为后肢体段和末体段。除颚体段外,其余部分为躯体(图1.52)。

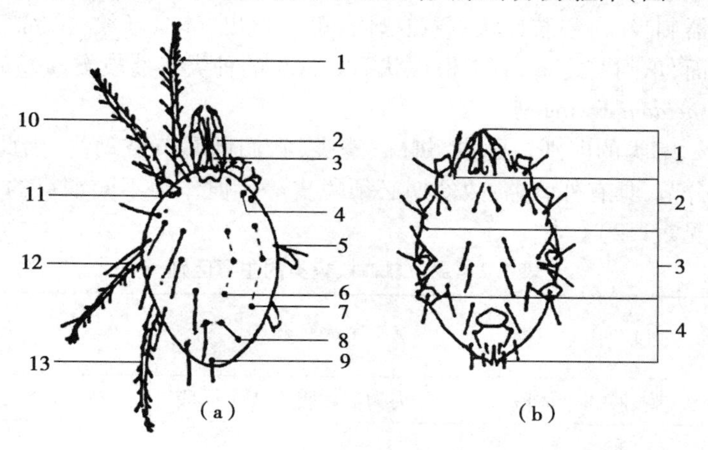

图1.52　螨类的体躯结构

(a)雌螨背面:1.第一对足　2.须肢　3.颚刺器　4.前足体段茸毛　5.肩毛　6.后足体段背中毛　7.后足体段背侧毛　8.骶毛　9.臀毛　10.第二对足　11.单眼　12.第三对足　13.第四对足

(b)雌螨腹面:1.颚体段　2.前足体段　3.后足体段　4.末体段

颚体段相当于昆虫的头部,与前肢体段相连,着生有口器,口器由于食性不同可分为咀嚼式和刺吸式2类,由1对螯肢和1对须肢(颚肢)组成。螯肢一般2节,须肢5节或少于5节,通常具爪。

前肢体段和后肢体段又统称为肢体段,相当于昆虫的胸部,一般着生有4对足,由前向后依次称为第一、第二、第三及第四对足(足Ⅰ、足Ⅱ、足Ⅲ及足Ⅳ)。着生前2对足的为前肢体段,着生后2对足的为后肢体段。足一般由6节构成,即基节、转节、腿节、膝节、胫节及跗节,各节上有一定数目和形状的刚毛。跗节末端有柄吸盘1对,其间有爪间突1个。柄吸盘有爪状的、条状的或退化,末端生有粘毛。爪间突也有各种形状,有的生有成束的毛等。眼及气门器(颈气管)位于前足体段背面两侧。

末体段类似昆虫的腹部,与后肢体紧密相连,但很少有明显的分界。肛门及生殖孔一般开口于末体段的腹面,生殖孔在前,肛门在后。

此外,身体上还有很多刚毛,均有一定的位置和名称,在分类上常用。

②生物学特性　螨类多系两性生殖,一般为卵生,个别种类行孤雌生殖。螨类的发育雌雄有别,雌螨一生要经过卵、幼螨、第一若螨、第二若螨、成螨5个阶段,雄螨没有第二若螨。幼螨具足3对,从第一若螨开始均具足4对。螨类繁殖很快,1年至少2~3代,多则20~30代,食性复杂,有植食性、捕食性、寄生性等。农林上有害螨类很多,常给农林造成严重灾害。有些种类可捕食或寄生农林害虫或害螨,可控制害虫和害螨的为害。

③常见螨类

• 叶螨科 Tetranychidae　体微小，圆形或长圆形。雄螨腹部尖削，多半为红色、暗红色、黄色或暗绿色；口器刺吸式；须肢末端有指状复合体，跗爪具有粘毛，爪间突有不同的形状。植食性。为害农作物的有朱砂叶螨 *Tetranychus cinnarinus*（Bois）、山楂叶螨 *T. viennesis* Zacher。

• 瘿螨科 Eriophyidae　体蠕虫形，狭长，仅有 2 对足，位于体躯前部，第 2 对足的正后方有横向的生殖孔；口器刺吸式，螯肢针状，藏在槽内，可以伸出，体具环纹，爪间突由 1 个放射形的刷状器代之；在背面，爪间突之上，有 1 根棍状毛。常见的种类有荔枝瘿螨 *Eriophyes litchi*（Keifer）、柑桔瘿螨 *E. sheldoni* Ewing 等。

(3)昆虫、蜘蛛、螨类的区别　昆虫、蜘蛛、螨类，它们都属节肢动物，因此在形态上有许多相似之处，如附肢分节，具有外骨骼，故幼期必须蜕皮等。但作为不同纲目的动物，它们之间又有着明显的区别（见表1.2）。

表 1.2　昆虫、蜘蛛、螨类的主要区别

构造＼类群	昆　虫	蜘　蛛	螨　类
体躯	分头、胸、腹 3 个体段	分头胸部和腹部 2 个体段	体躯愈合，体段不易区分
触角	有	无	无
眼	有复眼，少数有单眼	只有单眼	只有单眼
足	3 对	4 对	4 对（少数 2 对）
翅	多数有翅 1 ~2 对	无	无
纺丝器	无，少数幼虫有，位于头部	有，位于腹部末端	无

1.6 昆虫与环境的关系

昆虫与环境

自然界中昆虫与周围环境发生着密切关系。经过长期适应形成了相对稳定的年生活史，年复一年，周而复始。但由于环境条件的变化，害虫的分布、发生期、发生量都有显著变化，而不是年年相同的简单重复。研究昆虫与周围环境关系的科学称昆虫生态学。研究昆虫生态的目的，是为了能主动掌握害虫的发生发展规律，为害虫预测预报和综合治理提供理论依据。生态因子错综复杂，其中以气候因子、土壤因子、生物因子、人类活动影响最大。

1.6.1 气候因子对昆虫的影响

气候因子与昆虫生命活动的关系非常密切。气候因子包括温度、湿度、光照和气流等，其中以温度和湿度对昆虫的影响最大，各个条件的作用并不是孤立的，而是综合起作用的。

1)温度对昆虫生长发育的影响

温度是影响昆虫的重要环境因子,也是昆虫的生存因子。昆虫是变温动物,体温随环境温度的高低而变化。体温的变化可直接加速或抑制代谢过程。因此,昆虫的生命活动直接受外界温度的支配。

(1)昆虫对温度的反应　昆虫正常生长发育、繁殖的温度范围,称有效温度范围。在温带地区通常为8~40 ℃,最适温度为22~30 ℃。有效温度的下限称发育起点温度,一般为8~15 ℃。有效温度的上限称临界高温,一般为35~45 ℃。在发育起点以下若干度,昆虫便处于低温昏迷状态,称为亚致死低温区,一般为-10~8 ℃。亚致死低温以下昆虫会立即死亡,称致死低温区,一般为-40~-10 ℃。在临界高温以上,昆虫处于昏迷状态,叫亚致死高温区,通常为40~45 ℃。在亚致死高温以上昆虫会很快死亡,称致死高温区,通常为45~60 ℃(表1.3)。

表1.3　温度与昆虫发育的关系

<table>
<tr><th>温度/℃</th><th colspan="2">温　区</th><th>昆虫对温度的反应</th></tr>
<tr><td>60
50</td><td colspan="2">致死高温区</td><td>酶系破坏,蛋白质变性,短时间内死亡</td></tr>
<tr><td>45</td><td colspan="2">亚致死高温区</td><td>代谢失调而昏迷,死亡取决于高温强度和持续时间</td></tr>
<tr><td>40
30</td><td>高温临界
高适温区</td><td rowspan="3">适宜温区
(有效温区)</td><td>发育速度随温度升高而减慢,死亡率增大</td></tr>
<tr><td>20</td><td>最适温区</td><td>发育速度快,繁殖力最大,死亡率最小</td></tr>
<tr><td>10</td><td>低适温区
发育起点</td><td>发育速度缓慢,繁殖力降低,或不能繁殖</td></tr>
<tr><td>0
-10</td><td colspan="2">亚致死低温区</td><td>代谢速率降至极低,生理功能失调,死亡率取决于低温强度和持续时间</td></tr>
<tr><td>-20
-30
-40</td><td colspan="2">致死低温区</td><td>体液结冰,原生质受损伤,脱水而死亡</td></tr>
</table>

昆虫因高温致死的原因,是体内水分过度蒸发和蛋白质凝固所致;昆虫因低温致死的原因,是体内自由水分结冰,使细胞遭受破坏所致。不同种类的昆虫,对温度的反应不同,如粘虫产卵最适温区为20~22 ℃;棉铃虫是25~28 ℃。同种昆虫的不同虫态,对温度的反应也不同。粘虫卵的发育起点温度为13.1 ℃,幼虫为7.7 ℃,蛹则为12.6 ℃。同种同虫期的昆虫,在不同的生理状态时,对温度的反应也有差异。玉米螟的越冬老熟幼虫,在其越冬前、越冬后对低温的抵抗力比越冬期的抗寒力差得多。此外,温度变化的速度和持续的时间不同对昆虫的影响也不一样。一般地,温度的突然升高或下降,常使昆虫对高温、低温的适应范围变小。因此在分析温度与昆虫种群消长变化规律时,应进行综合分析。

(2)有效积温法则及应用　温度对昆虫的发育速度影响很大。一般来说,在有效温度范围内,发育速度与温度成正比关系,即温度愈高发育速度愈快,发育所需的天数就愈少。实验测得的结果表明,昆虫的发育期与同期的有效温度的变化具有规律性,即昆虫完成一定发育阶段(虫态或世代)所需天数与同期内的有效温度(发育起点以上的温度)的乘积是一常数。在昆虫

研究中,这一常数称为有效积温,其单位常以日度表示,而这一规律则称为有效积温法则,用公式表示为:

$$K = N(T - C) \quad 或 \quad N = K/(T - C)$$

式中 K 为积温常数;N 为发育日数;T 为实际温度;C 为发育起点温度。

有效积温法则在昆虫的研究和害虫的防治中经常应用,主要表现在以下几个方面:

①估测某昆虫在某一地区可能发生的世代数 通过实验可以测得一种昆虫完成1个世代的有效积温 K,以及发育起点温度 C,某一地区的实际温度 T(日平均温度或候平均温度或旬平均温度)可以从该地区历年的气象资料中查出。因此,某种害虫在该地区1年发生的世代数常可以通过以下公式推算出来:

世代数=某地1年的有效积温(日度)/该地区该虫完成1代所需的有效积温(日度)

例如:实验测得槐尺蠖完成1个世代的有效积温为458日度,发育起点温度为9.5 ℃(各虫态发育起点温度的平均值),某年在北京4—8月(槐尺蠖活动期)的有效积温为1 873日度,即可推算出该虫在北京每年能发生的世代数:

$$发生世代数=1\ 873\ 日度/(458\ 日度 \cdot 代^{-1})=4\ 代$$

即槐尺蠖一般在北京每年可发生4代。

②推算昆虫发育起点温度和有效积温数值 发育起点 C 可以由实验求得:将一种昆虫或某一虫期置于两种不同温度条件下饲养,观察其发育所需时间,设2个温度分别为 T_1 和 T_2,完成发育所需时间为 N_1 和 N_2,根据 $K=N(T-C)$,产生联立式:

第1种温度条件下: $K = N_1(T_1 - C)$ (1)

第2种温度条件下: $K = N_2(T_2 - C)$ (2)

因为(1)=(2)=K 得 $N_1(T_1 - C) = N_2(T_2 - C)$

$$C = (N_2T_2 - N_1T_1)/(N_2 - N_1)$$

将计算所得 C 值代入公式即可求得 K。

例如:槐尺蠖的卵在27.2 ℃条件下,经4.5 d;19 ℃条件下,经8 d。代入上面的积温公式中,则得槐尺蠖卵期有效积温:

$$C = (8 \times 19 - 4.5 \times 27.2)\,d \cdot ℃/(8 - 4.5)\,d = 8.5\ ℃$$

将计算出的发育起点温度代入19 ℃条件下积温公式中,则得槐尺蠖卵期有效积温:

$$K = 8\ d \times (19 - 8.5)℃ = 84\ 日度$$

③预测害虫发生期 知道了1种害虫或1个虫期的有效积温与发育起点温度后,便可根据公式进行发生期预测。

例如:已知槐尺蠖卵的发育起点温度为8.5 ℃,卵期有效积温为84日度,卵产下当时的日平均温度为20 ℃,若天气情况无异常变化,预测7 d后槐尺蠖的卵就会孵出幼虫。

$$N = 84\ 日度/(20 - 8.5)℃ = 7.3\ d$$

④控制昆虫发育进度 人工繁殖利用寄生蜂防治害虫,按释放日期的需要,可根据公式计算出室内饲养寄生蜂所需要的温度。通过调节温度来控制寄生蜂的发育速度,在合适的日期释放出去。

例如:利用松毛虫赤眼蜂防治落叶松毛虫,赤眼蜂的发育起点温度为10.34 ℃,有效积温为161.36日度,根据放蜂时间,要求12 d内释放,应在何种温度才能按时出蜂。代入公式,即:

$$T = 161.36\ 日度/12\ d + 10.34\ ℃ = 23.8\ ℃$$

即在 23.8 ℃的温度条件下经过 12 d 即可出蜂释放。

⑤预测害虫在地理上的分布　如果当地全年有效总积温不能满足某种昆虫完成 1 个世代所需总积温,此地一般就不能发生这种昆虫。一般全年有效积温之和大于昆虫完成 1 个世代所需总积温的地区,昆虫才能发生。

有效积温对于了解昆虫的发育规律、害虫的预测、预报和利用天敌开展防治工作具有重要意义。但应当指出,有效积温法则是有一定局限性的。因为:

a. 有效积温法则只考虑温度条件,其他因素如湿度、食料等也有很大影响,但没考虑进去。

b. 该法则是以温度与发育速率呈现直线关系作为前提的,而事实上,在整个适温区内,温度与发育速率的关系呈 S 形的曲线关系,无法显示高温延缓发育的影响。

c. 该法则的各项数据一般是在实验室恒温条件下测定的,与外界变温条件下生活的昆虫发育情况也有一定的差距。

d. 有些昆虫有滞育现象,所以对某些有滞育现象的昆虫,利用该法则计算其发生代数或发生期就难免有误差。

2)湿度对昆虫的影响

水是生物有机体的基本组成成分,是代谢作用不可缺少的介质。一般昆虫体内水分的含量占体重的 46% ~92% 。不同种类的昆虫、同种昆虫的不同虫态及不同的生理状态,虫体的含水量都不相同。通常幼虫体内的含水量最高,越冬期含水量较低。昆虫体内的水分主要来源于食物,其次为直接饮水、体壁吸水和体内代谢水。体内的水分又通过排泄、呼吸、体壁蒸发而散失。如果昆虫体内水分代谢失去平衡,就会影响正常的生理机能,严重时会导致死亡。

昆虫对湿度的要求依种类、发育阶段和生活方式不同而有差异。最适范围,一般在相对湿度的 70% ~90% ,湿度过高或过低都会延缓昆虫的发育,甚至造成死亡。如松干蚧的卵,在相对湿度 89% 时孵化率为 99.3% ;相对湿度 36% 以下,绝大多数卵不能孵化;而相对湿度 100% 时卵虽然孵化,但若虫不能钻出卵囊而死亡。昆虫卵的孵化、幼虫蜕皮、化蛹、成虫羽化,一般都要求较高的湿度,但一些刺吸式口器害虫如蚧虫、蚜虫、叶蝉及叶螨等对大气湿度变化并不敏感,即使大气非常干燥,也不会影响它们对水分的要求。如天气干旱时寄主汁液浓度增大,提高了营养成分,有利害虫繁殖,所以这类害虫往往在干旱时危害严重。一些食叶害虫,为了得到足够的水分,常于干旱季节危害猖獗。

降雨不仅影响环境湿度,也直接影响害虫发生的数量,其作用大小常因降雨时间、次数和强度而定。同一地区不同年份降雨量的变化比温度变化大得多,所以降雨和湿度常常成为影响许多农业害虫当年发生量和危害程度大小的主要因素。春季雨后有助于一些在土壤中以幼虫或蛹越冬的昆虫顺利出土;而暴雨则对一些害虫如蚜虫、初孵蚧虫以及叶螨等有很大的冲杀作用,从而大大降低虫口密度;阴雨连绵不断影响一些食叶害虫的取食活动,而且易造成致病微生物的流行。

3)温湿度对昆虫的综合作用

在自然界中温度和湿度总是同时存在、相互影响、综合作用的。而昆虫对温度、湿度的要求也是综合的,不同温湿度组合,对昆虫的孵化、幼虫的存活、成虫羽化、产卵及发育历期均有不同程度的影响。在适宜的温度范围内,昆虫对不适宜的湿度的适应力常较大。同样,在适宜的湿度范围内,昆虫对不同温度的适应力也会增加。例如大地老虎卵在不同温湿度下的生存情况见表 1.4。

从表 1.4 中可以看出大地虎卵在高温高湿和高温低湿下死亡率均大;温度 20 ~ 30 ℃、相对湿度 50% 的条件下,对其生存不利,而其适宜的温湿度条件为温度 25 ℃、相对湿度 70% 左右。

表 1.4　大地老虎卵在不同温湿度组合下的死亡率

温度/℃ ＼ 死亡率/% ＼ 相对湿度/%	50	70	90
20	36.67	0	13.5
25	43.36	0	2.5
30	80.00	7.5	97.5

所以,我们在分析害虫消长规律时,不能单根据温度或相对湿度的某一项指标,而要注意温湿度的综合影响作用。为了说明温度和湿度的综合作用与昆虫的关系,常常采用温湿系数这一概念。温湿系数是相对湿度(或降雨量)与温度的比值。用公式:

$$Q=\frac{P}{\sum(T-C)} \text{或} Q=\frac{RH}{\sum(T-C)}$$

来计算温湿系数。

式中　Q 为温湿系数;P 为降水量;RH 为相对湿度;$\sum(T-C)$ 为有效积温。

如 60% 的相对湿度,温度为 25 ℃,则温湿系数为:60/25 = 2.4。

温湿系数公式可应用于各日、旬、月、年不同的时间范围。但温湿系数的应用必须限制在一定温度和湿度范围内,因为不同温湿度的组合,可以得出相同的系数,而它们对昆虫的作用可能很不相同。

4)光对昆虫的影响

昆虫的生命活动和行为与光的性质、光强度和光周期有密切的关系。

(1)昆虫对光的性质和光强度的反应　光是一种电磁波,因波长不同,显示各种不同的颜色。昆虫辨别不同波长光的能力和人的视觉不同。人眼可见的波长范围为 800 ~ 400 nm,依不同波长而分出不同颜色:红(800 ~ 700 nm),橙(700 ~ 600 nm),黄(600 ~ 500 nm),绿(550 ~ 500 nm),蓝(500 ~ 460 nm),紫(460 ~ 400 nm)。大于 800 nm 的红外光和小于 400 nm 的紫外光,人眼均不可见。昆虫的视觉能感受 700 ~ 250 nm 的光。但多偏于短波光,许多昆虫对 400 ~ 330 nm的紫外光有强趋性,因此,在测报和灯光诱杀方面常用黑光灯(波长 365 nm)。还有一种蚜虫对 600 ~ 550 nm 黄色光有反应,所以白天蚜虫活动飞翔时利用"黄色诱盘"可以诱其降落。

光强度对昆虫活动和行为的影响,表现在昆虫的日出性、夜出性、趋光性和背光性等昼夜活动节律的不同。例如蝶类、蝇类、蚜类喜欢白昼活动;蛾类、金龟甲等喜欢夜间活动;蚊类喜欢傍晚活动;有些昆虫则昼夜均活动,如蚂蚁等。

(2)昆虫对光周期的反应　光周期是指昼夜交替时间在 1 年中的周期性变化,对昆虫的生活起着一种信息作用。许多昆虫对光周期的年变化反应非常明显,表现在昆虫的季节生活史、滞育特性、世代交替以及蚜虫的季节性多型现象等。

光照时间及其周期性变化是引起昆虫滞育的重要因素,季节周期性影响着昆虫的年生活史的循环。昆虫滞育,受到温度和食料条件的影响,主要是光照时间起信息的作用。已证明近百种昆虫的滞育与光周期变化有关。试验证明,许多昆虫的孵化、化蛹、羽化都有一定的昼夜节奏特性,这些特性与光周期变化密切相关。

5)气流对昆虫的影响

气流主要影响昆虫的飞行活动,特别是昆虫的扩散和迁移受气流的影响最大。气流的强度、速度和方向,直接影响昆虫扩散、迁移的频度、方向和范围。一些远距离迁飞的昆虫除自主迁飞的习性外,气流的因素也是不可忽视的。一些体小的昆虫,如蚜虫能借助气流传播到1 200 ~1 440 km远的距离;松干蚧卵囊可被气流带到高空远距离传播;在广东危害严重的松突圆蚧,在自然界主要是靠气流传播的。此外,气流还可以通过影响温度和湿度的变化,从而影响昆虫的生命活动。

1.6.2 土壤因子对昆虫的影响

土壤是昆虫的一个特殊生态环境,一些昆虫一生中有某个虫态在土壤中生活,一些昆虫则是终生在土壤中生活,如蝼蛄、蟋蟀、金龟甲、地老虎、叩头甲等都是重要的地下害虫。还有许多昆虫一年中的温暖季节在土壤外面活动,而到冬季则以土壤为越冬场所。因此,土壤温湿度、土壤结构、土壤酸碱度与昆虫的生命活动有密切的关系。

土壤温度、湿度对昆虫生长发育和繁殖的影响与气温、湿度的作用基本相同。由于太阳辐射、降水和灌溉、耕作等各种因素的影响,土壤表层温、湿度的变化很大,越向深层变化越小。随土壤日夜温差和一年内温度变化的规律,生活在土壤中的昆虫,常因追求适宜的温度条件而作规律性的垂直迁移。一般秋天土温下降时,土内昆虫向下移动;春天土温上升时,则向上移动到适温的表土层;夏季土温较高时,又潜入较深的土层中。在1昼夜之间也有其一定的活动规律,如蛴螬、小地老虎夏季多于夜间或清晨上升到土表危害,中午则下降到土壤下层。生活在土壤中的昆虫,大多对湿度要求较高,当湿度低时会因失水而影响其生命活动。雨水、灌水造成土壤耕层水分暂时过多的状态,也可迫使昆虫向下迁移或大量出土。土壤结构及土壤酸碱度也影响昆虫的活动。如蝼蛄喜欢生活在含沙质较多而湿润的土壤中,在黏性板结的土壤中很少发生。金针虫喜欢在酸性(pH 为 5 ~6)土壤中活动。了解这些特点,不仅有利于对害虫进行调查研究,同时还可以通过土壤垦复、施肥、灌溉等各种措施,改变土壤条件,达到减轻植物受害和控制害虫的目的。

1.6.3 生物因子对昆虫的影响

生物因子包括食物、捕食性和寄生性天敌、各种病原微生物等。

1)食物因子

昆虫和其他动物一样,必须通过摄取食物来获得维持生命活动所需要的能源。昆虫在长期进化过程中,形成了各自特有的食性。按取食的对象有植食性、肉食性和腐食性;按取食的范围有单食性、寡食性和多食性等。

(1)食物对昆虫的影响　食物直接影响昆虫的生长、发育、繁殖和寿命等。食物如果数量足,质量高,那么昆虫生长发育快,自然死亡率低,生殖力高;相反则生长慢,发育和生殖均受到抑制,甚至因饥饿引起昆虫个体大量死亡。昆虫发育阶段不同,对食物的要求也不一样。一般食叶性害虫的幼虫在其发育前期需较幼嫩的、水分多的、含碳水化合物少的食物,但到发育后期,则需含碳水化合物和蛋白质丰富的食物。因此,在幼虫发育后期,如遇多雨凉爽天气,由于树叶中水分及酸的含量较高,对幼虫发育不利,会引起幼虫消化不良,甚至死亡。相反,在幼虫发育后期如遇干旱温暖天气,植物体内碳水化合物和蛋白质含量提高,能促进昆虫生长发育,生殖力也提高。一些昆虫成虫期有取食补充营养的特点,如果得不到营养补充,则产卵甚少或不产卵,寿命亦缩短。了解昆虫对于寄主植物和对寄主在不同生育期的特殊要求,在生产实践中即可采取合理调节播期,利用抗虫品种等来恶化害虫的食物条件;或利用害虫食物来诱集害虫,创造益虫繁殖的有利条件等,达到防治害虫的目的。

(2)植物的抗虫性　抗虫性是指植物的抗虫特性。一般植物的抗虫性可表现为抗选择性、抗生性和耐害性 3 个方面,这 3 个方面也称“抗虫三机制”。

①抗选择性　植物不具备引诱产卵或刺激取食的特殊化学物质或物理性状,或者植物具有拒避产卵或抗拒取食的特殊化学物质或物理性状,因而昆虫不产卵,少取食或不取食;或者昆虫的发育期不适应(物候期上不相配合)而不被危害。

②抗生性　植物不能全面地满足昆虫营养上的需要;或含有对昆虫有毒的物质;或缺少一些对昆虫特殊需要的物质,因而昆虫取食后发育不良,寿命缩短,生殖力减弱,甚至死亡;或者由于昆虫的取食刺激而在伤害部位产生化学或组织上的变化而抗拒昆虫继续取食。

③耐害性　植物被昆虫危害后,具有很强的增长能力以补偿由于危害带来的损失。

各种植物间的抗虫性的差别是普遍存在的,目前对抗虫性机制的了解还不深刻。应加强试验研究,为抗虫育种提供科学依据。

2)昆虫的天敌

每一种昆虫在自然界中都会遭到其他动物取食或微生物寄生,这些动物或微生物称为天敌。而利用天敌进行害虫控制的方法,称为生物防治。天敌是影响害虫种群数量的一个重要因素。天敌种类很多,大致可分为下列各类。

(1)病原生物　病原生物包括病毒、立克次体、细菌、真菌、线虫等。这些病原生物常会引起昆虫感染病而大量死亡。如细菌中的苏云金杆菌和日本金龟芽孢杆菌随食物被蛴螬取食,进入消化及循环系统,迅速繁殖,破坏组织,引起蛴螬感染败血症而死;真菌中的白僵菌、绿僵菌可以防治松毛虫;质型多角体病毒对鳞翅目幼虫如马尾松毛虫防效较好等。

(2)捕食性天敌昆虫　捕食性天敌昆虫的种类很多,常见的有螳螂、猎蝽、草蛉、瓢虫、食虫虻、食蚜蝇等。在应用上有不少利用捕食性天敌昆虫取得成功的例子。例如,引进澳洲瓢虫防治吹绵蚧,七星瓢虫防治桃蚜等。

(3)寄生性天敌昆虫　主要有膜翅目的寄生蜂和双翅目的寄生蝇。例如,用松毛虫赤眼蜂防治马尾松毛虫等。

(4)捕食性鸟兽及其他有益动物　主要包括蜘蛛、捕食螨、鸟类、两栖类、爬行类等。鸟类的应用早为人们所见,蜘蛛的作用在生物防治中越来越受到人们的重视。

3)食物链和食物网

生物通过取食和被取食,形成一条链状的食物关系,环环相连,扣合紧密,这种现象称为食物链。自然界中的食物链并非单一的直链,如取食者,它可能取食多种对象;如被取食者,它可能被多种取食者取食。这种通过取食和被取食使多条食物链交织成网,形成一个网状的食物关系,称为食物网。在食物网中,各种生物都按一定的作用和比重,占据一定的位置,互相依存、互相制约,达到动态平衡。食物链中任何一个环节的变化都会造成整个食物链的连锁反应。如果人工制造有利于害虫天敌的环境或引进新的天敌种类,增加某种天敌的数量,就可有效地控制害虫这一环节,并会改变整个食物链的组成。这就是我们进行生物防治的理论基础。

1.6.4 人类活动对昆虫的影响

人类生产活动是一种强大的改造自然的因素。但是由于人类本身对自然规律认识的局限性,生产活动不可避免地破坏了自然生态环境,导致了生物群落组成结构的变化,使某些以野生植物为食的昆虫转变为园林害虫。但当人类掌握了害虫的发生规律,通过现代科技手段,就可以有效地控制害虫的发生。一般可以从以下几个方面认识人类活动对昆虫的影响。

(1)改变一个地区的生态系统　人类从事园林绿化活动中的植树、栽植草坪、兴建公园、引进推广新品种等,可引起当地生态系统的改变,同时也改变了昆虫的生态条件,引起昆虫种群的兴衰。

(2)改变一个地区昆虫种类的组成　人类频繁地调引种苗,扩大了害虫的地理分布范围,如湿地松粉蚧由美国随优良无性系穗条传入广东省台山市红岭种子园并迅速蔓延;相反,有目的地引进和利用益虫,又可抑制某种害虫的发生和危害,并改变了一个地区昆虫的组成和数量。如引进澳洲瓢虫,成功地控制了吹绵蚧的危害。

(3)改变害虫和天敌生长发育和繁殖的环境条件　人类通过中耕除草、灌溉施肥、整枝、修剪等园林措施,可增强植物生长势,使之不利于害虫而有利于天敌的发生。

(4)直接杀灭害虫　采用园林的、化学的、生物的及物理的等综合防治措施,可直接消灭大量害虫,以保障园林植物的正常生长发育及观赏价值。

复习思考题

1. 你见到过哪些动物?其中哪些是昆虫?为什么说它们是昆虫?请阐述你的理由。

2. 昆虫主要有哪两大类口器?它们是如何加害植物的?受害后植物表现有何不同?并举例说明防治这两类口器害虫的策略有何不同。

3. 根据体壁的结构和特点,谈谈如何加强对害虫的防治。

4. 说明了解昆虫内部器官的构造与生理功能在害虫防治上的实际意义。

5. 为什么说防治害虫,提倡“治早、治小”?

6. 昆虫有哪些行为习性?如何根据昆虫的行为习性来加强对害虫的防治?

7. 通过生产中的实例说明掌握昆虫的年生活史在害虫的控制和益虫的利用上的作用。

8. 请写出一种昆虫的学名,并阐述其特点和印刷书写时的注意事项。

9. 农林昆虫九大目通常称为什么昆虫?最常见的科有哪些?如何区别?

10. 环境条件对昆虫的生长发育有何影响?如何利用环境条件对害虫种群的负面影响,控制害虫的种群数量?请举实例说明。

2 园林植物病害基础

［本章导读］ 主要介绍园林植物病害的概念及其症状类型；植物病原真菌、细菌、病毒、线虫和寄生性种子植物等主要病原物的基本形态、特点及症状表现；园林植物侵染性病害的发生、侵染过程和侵染循环，分析园林植物病害流行的条件以及如何诊断园林植物病害。目的是为有效防治园林植物病害奠定基础。

2.1 园林植物病害的概念与类型

2.1.1 园林植物病害的概念

园林植物在生长发育和贮藏运输过程中，由于生物的侵染或不适宜的环境因素的影响，其正常的生长和发育受到抑制，生理机制受到干扰，细胞、组织和器官遭到破坏，导致植物在生理或组织结构上出现各种病理变化，表现出各种病态，甚至死亡，从而降低产量及质量，造成经济损失，影响观赏价值和园林景色，这种现象称为园林植物病害。

引起园林植物发生病害的原因称为病原。病害的发生是一个持续的过程，当园林植物遭受到病原物侵袭和不适宜的环境因素影响后，首先表现为正常的生理功能失调，继而出现组织结构和外部形态的各种不正常变化，使生长发育受到阻碍，这种逐渐加深和持续发展的过程，称为病理程序。如月季遭受黑斑病菌侵染后，首先是叶片的呼吸作用降低，色素及氨基酸含量下降，病部组织遭到破坏，发生变色、坏死，最后叶片上出现黑色坏死斑，病叶早落。因此，植物病害的发生必须经过一定的病理程序。根据这一特点，园林植物因风折、雪压、动物咬伤及其他人为的器械损伤等，因无病理程序，所以不称为病害，而称为伤害。

有些园林植物虽然受到某些病原物的侵染或不良环境因素的影响，表现出某种"病态"，但从经济学的观点认为，植物是否生病要看其经济价值是否损失，如茭白由于感染黑粉菌而茎部膨大才成为人们餐桌上的佳肴；避光生长的豆芽菜和韭黄也因为组织幼嫩提高了经济价值；受病毒侵染的普通郁金香变成了“杂色郁金香”而提高了观赏价值，因而不属于病害的范畴。

2.1.2 园林植物病害的类型

园林植物病害由于引起的病因不同可以分为两大类，即非侵染性病害和侵染性病害。

（1）非侵染性病害　由不适宜的环境条件，如气候、土壤或营养等非生物因素引起的园林植物病害称为园林植物非侵染性病害。由于这类病害不能传染，因此也称此类病害为非传染性病害或生理性病害。

园林植物的生长需要良好的环境条件，如果不适宜的环境条件超过了植物的忍受范围，就会影响园林植物的正常生长，诱发病害的发生。如营养失调、水分不匀、温度不适或有毒物质影响等，都是诱发园林植物病害的环境因素。

值得注意的是，侵染性病害和非侵染性病害虽然有着本质的区别，但二者常常相互联系，相互作用。园林植物在不良环境条件下往往生长势减弱，抗性降低，生物性病原物就容易侵入导致植物发病，而病株吸收水分养分的能力往往会减弱，进而加重植物侵染性病害。

（2）侵染性病害　由真菌、藻物、细菌、病毒、线虫和寄生性种子植物等生物因素引起的园林植物病害称为侵染性病害。这类病害可以传染，故也称传染性病害。

侵染性病害对园林植物破坏性极大，并可由病株传播到健株，引起健株再度发病，严重时可导致园林植物成片死亡，对园林植物的观赏价值和园林景色影响极大。由于该类病害病原复杂，因此是园林植物病害研究的重点。

2.1.3 园林植物病害的症状

园林植物生病以后，会使正常的生理程序发生改变，最终导致植物组织结构和外部形态病变。植物生病后外部形态表现出来的不正常特征称为病害的症状。症状按性质分为病状和病征。

生病植物本身的不正常表现称为病状，病原物在发病部位的特征性表现称为病征。通常病害都有病状和病征，但也有例外。非侵染性病害不是由病原物引发的，因而没有病征。侵染性病害中也只有真菌、藻物、细菌、寄生性种子植物有病征，病毒、类病毒、植原体所致的病害无病征。也有些真菌病害没有明显的病征，在识别病害时应加以注意。

无论是非侵染性病害还是侵染性病害，都是由生理病变开始，随后发展到组织病变和形态病变。因此，症状是植物内部一系列复杂病理变化在植物外部的表现。各种植物病害的症状都有一定的特征和稳定性，对于植物的常见病和多发病，可以依据症状进行诊断。

1）病状类型

植物病害的病状主要分为变色、坏死、腐烂、萎蔫、畸形5大类型。

（1）变色　植物受害后局部或全株失去正常的颜色称为变色。变色是由于色素比例失调造成的，其细胞并没有死亡。变色以叶片变色最为多见，主要表现有花叶、斑驳、褪绿、黄化、明脉等。花叶是由形状不规则的深浅绿色相间而成，各种颜色轮廓清晰。斑驳与花叶的不同是它的轮廓不清晰。褪绿是叶片均匀地变为浅绿色，黄化、红化、紫化是叶片均匀地变为黄色、红色和紫色，明脉是叶脉变为半透明状(图 2.1)。

(2)坏死　坏死指植物细胞和组织的死亡。多为局部小面积发生这类病状。坏死在叶片上常表现为各种病斑和叶枯。病斑的形状、大小和颜色因病害种类不同而差别较大，轮廓大多比较清晰。病斑的形状多样，有圆形、多角形、条形、梭形、不规则形，色泽以褐色居多，但也有灰色、黑色、白色的。有的病斑周围还有变色环，称为晕圈。病斑的坏死组织有时脱落形成穿孔，有些病斑上有轮纹，称轮斑或环斑。环斑多为同心圆组成。叶枯是指叶片上较大面积的枯死，枯死的轮廓有的不很明显。叶尖和叶缘枯死称作叶烧或枯焦。疮痂可以发生在叶片、果实和枝条上，病部较浅、面积小且多不扩散，表面粗糙，有时木栓化而稍有突起(图 2.2)。

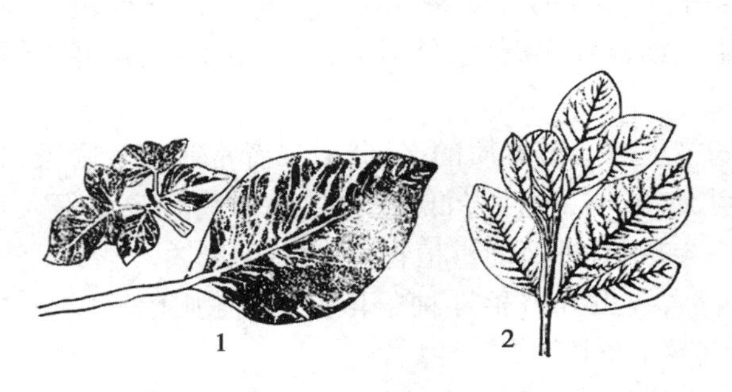

图 2.1　变色(1 仿 Pirone，2 仿胡冬梅)
1. 花叶　2. 黄化(栀子黄化病)

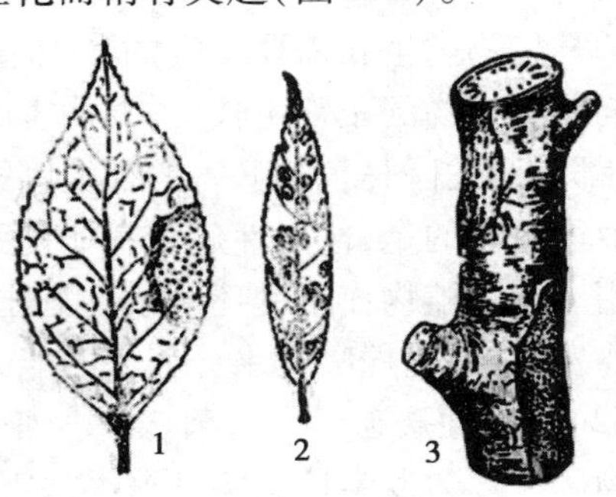

图 2.2　坏死和腐烂(仿龚浩)
1. 叶斑(山茶灰斑病)　2. 穿孔(碧桃穿孔病)
3. 腐烂(苹果腐烂病)

幼苗茎基部组织的坏死，称猝倒(幼苗倒伏)和立枯(幼苗不倒伏)。木本植物的枝干上还有溃疡，主要是木质部坏死，病部湿润稍有凹陷。

(3)腐烂　腐烂是植物大块组织的分解和破坏。植物幼嫩多汁的根、茎、花和果实上容易发生腐烂。腐烂可以分为干腐、湿腐和软腐。如果组织崩溃时伴随汁液流出便形成湿腐，腐烂组织崩溃过程中的水分迅速丧失或组织坚硬则形成干腐。软腐则是中胶层受到破坏而使得细胞离析、消解形成的。根据腐烂的部位不同又可分为根腐、茎基腐、果腐、花腐等。流胶多在木本植物上发生，是细胞和组织分解的产物从受害部位流出形成。

图 2.3　萎蔫(仿李莉)
一二年生紫苑萎蔫病

(4)萎蔫　萎蔫是指植物的整株或局部因脱水而枝叶下垂的现象。主要由于植物维管束受到毒害或破坏，水分吸收和运输困难造成的。病原物侵染引起的萎蔫一般不能恢复。萎蔫有局部性的和全株性的，后者更为常见。植株失水迅速仍能保持绿色的称青枯，不能保持绿色的称枯萎或黄萎(图 2.3)。

(5)畸形　植物受害部位的细胞生长发生促进性或抑制性的病变，使被害植物全株或局部形态异常。畸形常见的有矮化、矮缩、丛枝、皱缩、卷叶、缩叶、蕨叶等。矮化为全株生长成比例地受到抑制；矮缩主要是节间缩短造成植株矮小；丛枝是枝条不正常地增多呈簇状；叶面高低不平的为皱缩；叶片沿主脉上卷或下卷的称卷叶；卷向与主脉大致垂直的称缩叶；叶片叶肉发育不良或完全不发育称蕨叶或线叶。

瘤肿也较为常见,可发生在植物的根、茎、叶上,如细菌侵染引起的根癌、冠瘿、线虫侵染形成的根结等。畸形多是由病毒、类病毒、植原体等病原物侵染引发的(图 2.4)。

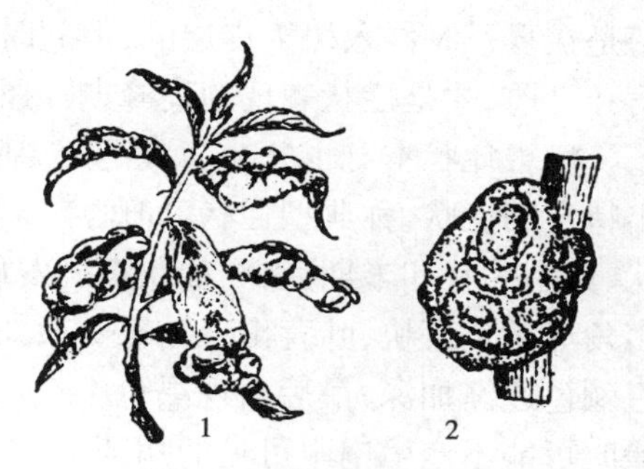

图 2.4　畸形(仿董元)
1. 缩叶(桃缩叶病)　2. 肿瘤(桃根癌病)

2)病征类型

植物病害的病征可分为 5 大类,为菌物和细菌形成的特征性物质。

(1)霉状物　霉状物是菌物的菌丝、孢子梗和孢子在植物表面构成的特征,其着生部位、颜色、质地、疏密变化较大,可分为霜霉、绵霉、灰霉、青霉、黑霉等。霜霉多生于叶背,由气孔伸出的较为密集的白色至紫灰色霉状物。绵霉是病部产生的大量的白色、疏松、棉絮状霉状物。灰霉、青霉、黑霉等霉状物最大的差别是颜色不同。

(2)粉状物　根据粉状物的颜色不同可分为锈粉、白粉、黑粉和白锈。锈粉也称锈状物,颜色有黄色、褐色和棕色,在表皮下形成,后表皮破裂散出。具有此类病征的病害统称锈病;白粉是叶片表生的大量白色粉末状物,后期变为淡褐色,与黄色、黑色小点混生,统称白粉病;黑粉是植物病部组织内产生的大量黑色粉末状物,统称黑粉病;白锈是在叶背表皮下形成的白色瓷片状物,表皮破裂后散出白色粉状物,统称白锈病。

(3)粒状物　粒状物是在病部产生的形状、大小、色泽和排列方式各不相同的小颗粒状物。一种为针尖大小的小黑点,是真菌的子囊壳、分生孢子器、分生孢子盘等形成的特征;另一种为菌核,是真菌菌丝体形成的一种特殊结构,菜籽形或不规则形,大小差别很大,多褐色。

(4)伞状物和索状物　伞状物是真菌形成的较大型的子实体,蘑菇状,颜色有多种变化。如各种花卉菌核病的子囊盘、多种果树木腐病的子实体等。索状物是真菌菌丝体形成较细的索状结构,白色或紫褐色,如苹果的白纹羽病、甘薯紫纹羽病等。

(5)脓状物　脓状物是潮湿条件下细菌性病害在植物病部溢出的脓状黏液,又称菌脓。气候干燥时形成菌胶粒。

3)植物病害症状的变化及在病害诊断中的应用

植物病害的症状是病害种类识别、诊断的重要依据。但植物病害症状会随环境条件、寄主种类的不同而变化,在病害诊断时必须了解这些变化才能及时、准确地做出判断。这种变化主要表现在异病同症、同病异症、症状潜隐等几个方面。

(1)异病同症　如桃细菌性穿孔病、褐斑穿孔病及霉斑穿孔病,在叶片上都表现穿孔症状;又如黄瓜霜霉病和细菌性角斑病初期在叶片上都表现为水浸状斑,而后叶面出现多角形褪色黄斑;但病原物种类分别为细菌和真菌,防治方法有所不同。

(2)同病异症　植物病害症状会因发病的寄主种类、部位、生育期和环境条件有所改变。如苹果褐斑病在苹果不同品种的叶片上可产生同心轮纹型、针芒型和混合型 3 种不同的症状,是由同一病原引起的;西葫芦花叶病在叶片上表现花叶,在果实上则表现畸形;白菜的软腐病在空气湿度较大时,呈现软腐,但在较干燥的条件下,叶片则表现为薄纸状。

(3)症状潜隐　有些病原物在其寄主植物上表现为潜伏侵染。虽然此时病原物在植物体内还在繁殖和蔓延,但是外面不表现明显的症状,待环境条件适宜时才显症。如苹果腐烂病,病菌是在夏季时侵入树干皮层的,但此时正是果树的生长旺季,所以不表现症状,次年春季,果树萌芽之前,才是症状表现的高峰期。还有些病毒病的症状会因高温而消失。

病害症状本身也并非一成不变,某种植物在一定条件下发生某种病害,并在某段时间表现出特定的症状,称典型症状,如斑点、腐烂、萎蔫或癌肿等。但病害的症状实际上可分为初期症状、典型症状和末期症状,如霜霉病发病初期表现为叶背的水浸状病斑,典型症状是叶正面出现多角形黄色斑块,叶背出现霜霉。又如白粉病在发病初期表现为叶片上产生的白色粉状物,之后颜色逐渐加深,最后出现黑色小粒点。很多病害在空气潮湿时形成大量霉状物,但在空气干燥时可能不产生肉眼可见的病征。

在病害的实际诊断时会发现有两种以上的病害同时在一株植物上发生的情况,有时两种病害互相促进症状加剧,出现协生现象。如根结线虫病发生后,其口针在植物根部穿刺造成的伤口,会引起其他病原真菌或细菌的二次侵染,使病害的症状加剧;在田间进行症状观察时,应注意症状的这种复杂性。

2.2 非侵染性病害的病原

引起园林植物的非侵染性病害的病原因子有很多,主要可归为营养失调、土壤水分不匀、温度不适、有害物质对大气、土壤和水的污染等,它们都可以导致植物生病并表现出各种不同的病状。

2.2.1 营养失调

植物在正常生长发育过程中需要氮、磷、钾、钙、硫、镁等大量元素,铁、硼、锰、锌等微量元素。当营养元素缺乏或过剩,或者各种营养元素的比例失调,或者由于土壤的理化性质不适宜而影响了这些元素的吸收,任何一种缺素症都会影响花木的正常生长发育和观赏效果。

(1)缺氮　氮是形成蛋白质的基本成分。花木一旦缺氮,植株生长缓慢,叶子变成淡绿或黄白,基部叶片发黄或呈浅褐色,枝细弱,顶梢新叶变小,严重时叶片脱落。如栀子缺氮,叶片普遍黄化,植株生长发育受阻;菊花缺氮,叶片变小,呈灰绿色,叶尖及叶缘呈淡绿色,下部老叶脱落,茎木质化,节间短,生长受到抑制;月季缺氮时叶片黄化,但不脱落,植株矮小,叶芽发育不良,花小、色淡;天竺葵缺氮时,幼叶呈淡绿色,叶片中部具有红铜色的圆圈,老叶则呈亮红色,叶柄附近呈黄色,干枯叶片仍然残留在茎上,植株矮小,发育不良,不能开花。

(2)缺磷　磷是核蛋白及磷脂的组成成分,是植物高能磷酸键(ATP)的构成成分,对植物生长发育具有重要意义。植物缺磷时植物生长受抑,植株矮小,叶片蓝绿且略带紫色,开花小而少,且色淡,并易导致果实变小。如香石竹缺磷,基部叶片变成棕色而死亡,茎纤细柔弱,节间短,花较小;月季缺磷表现为老叶凋落,但不发黄,茎瘦弱,芽发育缓慢,根系较少,影响花的质量。

(3)缺钾　钾是植物营养三要素之一,在植物灰分中是含量较多的元素,是有机体进行代谢的基础。花木缺钾时首先表现在老叶上。双子叶植物缺钾时,叶片出现斑驳的缺绿区,然后沿着叶缘和叶尖产生坏死区,叶片卷曲,老叶叶缘卷曲呈黄色或枯黄色并易脱落,茎干纤细。单子叶植物缺钾时,叶片顶端和边缘细胞先坏死,以后再向下发展。

(4)缺钙　钙是细胞壁和细胞间层的组成成分,并能调节植物体内细胞液的酸碱反应,把草酸结合成草酸钙,减少环境中过酸的毒害作用,加强植物对氮、磷的吸收,并能降低一价离子过多的毒性,同时在土壤中有一定的杀虫杀菌的作用。植物缺钙症状首先表现在新叶上。典型症状是幼嫩叶片的叶尖和叶缘坏死,然后是叶芽坏死,嫩叶失绿、叶缘向上卷曲枯焦,叶尖常呈钩状。根尖也会停止生长、变色和死亡,植株矮小。如栀子缺钙表现为植株瘦弱,顶芽及幼叶的尖端死亡,植株上部叶边缘及尖端产生明显的坏死斑,发黄皱缩,根部受损严重,植株生长明显受抑;月季缺钙,根系和植株顶部死亡,提早落叶;菊花缺钙顶芽及顶部的一部分叶片死亡,有的叶片失绿,根粗短,呈棕褐色,常腐烂。植物严重缺钙则不能开花。苹果缺钙引起苦痘病,在果实贮藏前期果面产生圆形或不规则形凹斑,病部果肉呈海绵状坏死,味苦。一般酸性土壤中易发生钙的缺乏。

(5)缺镁　镁是叶绿素的主要组成成分,镁能调节原生质的理化性状,镁与钙有颉颃作用,过剩的钙有害时,只要加入镁即可消除钙。植物缺镁时先在老叶的叶脉间发生黄化,逐渐蔓延至上部新叶,叶肉呈黄色而叶脉仍为绿色,并在叶脉间出现各种色斑,后期叶常枯萎,叶小导致花朵偏小色淡、植株生长受抑,枝条细长且脆弱,根系长,但须根稀少。缺镁多出现在酸性土壤。如金鱼草缺镁时,基部叶片黄化,随后叶上出现白色斑点,叶缘向上卷曲,叶尖向下钩弯,叶柄及叶片皱缩,干焦,但垂挂在茎上不脱落,花色变白;栀子缺镁时出现叶片黄化,从叶缘开始向内坏死,从植株基部开始落叶,逐渐向上扩展;八仙花对镁元素的缺乏特别敏感,缺镁时,基部叶片的叶脉间黄化,不久即死亡。月季缺镁时,基部叶片变小,根变粗,侧根少,植株生长发育受阻,花较小。

(6)缺铁　植物对铁的需求量虽不多,但它却是植物生长发育中不可缺少的元素,叶绿素的形成必须有铁的参与,而且铁还是构成许多氧化酶的必要元素,具有调节呼吸的作用。植物缺铁时会引起黄化病。由于铁在植物体内不易转移,因此,缺铁时首先是嫩叶变色,老叶仍保持绿色。被害叶只有叶脉本身保持绿色,叶脉间和叶脉附近全部失绿,因而叶脉形成细的网状。严重缺铁时,较细的侧脉也会失绿。缺铁的症状与缺镁相似,所不同的是缺铁先从新叶的叶脉间出现黄化,叶脉仍为绿色,继而发展成整个叶片转黄或发白。如栀子花缺铁时幼叶开始黄化,然后向下扩展到植株基部叶片,严重时全叶变白,由叶尖发展到叶缘,逐渐枯死,植株生长受抑。菊花、山茶花、海棠花等多种花木均发生相似症状。

(7)缺锰　锰是植物体内氧化酶的辅酶基,它与植物光合作用及氧化作用有着密切关系。锰可抑制过多的铁毒害,又能增加土壤中硝酸态氮的含量,在形成叶绿素及植物体内糖分积累和转运中也起着重要作用。植物缺锰的症状和缺铁基本相似,叶脉之间出现失绿斑点,并在叶片上形成小的坏死斑,幼叶和老叶都可发生,以后叶片迅速凋萎,植株生长变弱,花不能形成。缺锰一般发生在石灰性土壤上。

(8)缺锌　锌是植物细胞中碳酸酐酶的组成成分,它直接影响植物的呼吸作用,也是还原氧化过程中酶的催化剂,并影响植物生长刺激剂的合成。在一定程度上它又是维生素的活化剂,对光合作用有促进作用,植物缺锌时,体内生长素会受到破坏,植物生长受抑,并产生病害。叶片变黄或变小,叶脉间出现黄斑,蔓延至新叶,幼叶硬而小,且黄白化。在枝条的顶端向上直立呈簇生状,植株节间明显萎缩僵化。“小叶病”是缺锌使生长素形成不足所致的典型症状。

(9)缺硫　硫是蛋白质的重要组成成分。植物缺硫时,也引起失绿,但它与缺镁和缺铁的症状有别。缺硫时叶脉发黄,叶肉组织却仍然保持绿色,从叶片基部开始出现红色枯斑。通常植株顶端幼叶受害较早,叶坚厚,枝细长,呈木质化,植株矮小,开花推迟,根部明显伸长。如一品红缺硫时,叶呈淡暗绿色,后黄化,在叶片的基部产生枯死组织,并沿主脉向外扩展。八仙花缺硫时,幼叶呈淡绿色,植株生长缓慢,容易感染霉菌,生长受到严重抑制。

此外,缺硼可引起嫩叶失绿,叶片肥厚皱缩,叶缘向上卷曲,根系不发达,顶芽和幼根生长点死亡,落花落果;缺铜可导致植物叶尖发白、幼叶萎缩,出现白色叶斑;缺钼的最初症状是老叶脉间缺绿和坏死,有时呈斑点状坏死,等等。

但土壤中某些营养元素含量过高也会影响植物生长发育,有时还会造成严重的伤害。如土壤中氮肥含量过多时,常造成植物营养生长过旺,生育期延迟,植株抗病力下降;土壤中硼过剩时,引起花木幼苗下位叶缘黄化或脱落,植株矮化;锰过剩时,则使叶脉变褐,叶片早枯。

除土壤自身的营养元素的缺乏或过剩会引发营养失调外,土壤的理化性质不适宜,如温度过低、水分含量低、pH 值偏高或偏低等都会直接或间接影响植物对营养元素的正常吸收和利用。如低温会降低植株根的呼吸作用,直接影响根系对氮、磷、钾的吸收。土壤干燥、土壤溶液的浓度过高,温度高、空气湿度小、土壤水分蒸发快、酸性土壤中易发生钙的缺乏。

2.2.2　水分失调

植物的新陈代谢过程和各种生理活动,都必须有水分的参与才能进行,它直接参与植物体内各种物质的转化和合成,溶解并吸收土壤中各种营养元素并可调节植物体温。水分在植物体内的含量可达 80% ~90% ,水分的缺乏或过多及供给失调都会对植物产生不良影响。

天气干旱,土壤水分供给不足,会使植物的营养生长受到抑制,营养物质的积累减少而降低品质。缺水严重时,植株萎蔫,叶片变色,叶缘枯焦,造成落叶、落花和落果,甚至整株枯死。

土壤水分过多,俗称涝害,会阻碍土温的升高和降低土壤的透气性。土壤中氧气含量降低,植物根系长时间进行无氧呼吸,引起根系腐烂,也会引起叶片变色、落花和落果,甚至全株死亡。一般草本花卉容易受到涝害,植株在幼苗期对缺水也很敏感;木本植物中,悬铃木、合欢、女贞、青桐、板栗、核桃等树木易受涝害。女贞受水淹后,蒸腾作用立刻下降,12 d 后植株便死亡。而枫杨、杨树、柳树、乌桕等树木及火炬松、短叶松的幼苗对水涝有很强的耐力和抗性。

多种花木在土壤水分过多的情况下,通常容易发生叶色变黄、花色变浅、花的香味减退,引起落叶、落花,严重时根系腐烂,甚至全株死亡。

2.2.3　温度不适

植物的生长发育都有它适宜的温度范围,温度过高或过低,超过了它的适应能力,植物代谢过程将受到阻碍,就可能发生病理变化而发病。

低温对植物危害很大。轻者产生冷害,表现为植株生长减慢,组织变色、坏死,造成落花、落果和畸形果;0 ℃以下的低温可使植物细胞内含物结冰,细胞间隙脱水,原生质破坏,导致细胞及组织死亡。如秋季的早霜、春季的晚霜,常使植株的幼芽、新梢、花器、幼果等器官或组织受冻,造成幼芽枯死、花器脱落、不能结实或果实早落。而冬季的反常低温对一些长绿观赏植物即落叶花灌木等未充分木质化的嫩梢、叶片同样引起冻害。

低温还能引起苗木冻拔害,尤以新栽植的苗木易受其害,其原因是土壤中的水分结冰,冰柱体积不断增大,将表层土壤抬起,苗木则不能随之复位,如经数次冻拔,苗木则可被拔出而与土壤分离遭受损害。这在我国南北地势较高的山区都有发生。

高温对植物的危害也很大,可使光合作用下降,呼吸作用上升,碳水化合物消耗加大,生长减慢,使植物矮化和提早成熟。干旱会加剧高温对植物的危害程度。

在自然条件下,高温常与强日照及干旱同时存在,可使花灌木及树木的茎、叶、果等组织产生灼伤,称日灼病,表现为组织褪色变白呈革质状、硬化易被腐生菌侵染而引起腐烂,灼伤主要发生在植株的向阳面。如夏季高温时银杏苗木茎腐病严重。针叶树幼苗受土壤高温的灼伤,茎基部出现白斑,幼苗即行倒伏,很容易与侵染性的猝倒病混淆。在荫处,当气温超过 32 ℃时,新移栽的铁杉、紫藤和绣球花等花木,也容易受到高温的伤害。

2.2.4 有毒物质的污染

自然界中存在的有毒气体、土壤和植物表面的尘埃、农药等有害物质,都可使植物中毒而发病。工厂排出的有害气体为硫化物、氟化物、氯化物、氮氧化物、臭氧、粉尘及带有各种金属元素的气体等,都可能对植物产生不良影响。大气污染物质对植物的危害,是由多种因素决定的。首先取决于有害气体的浓度及持续的时间,同时也取决于污染物的种类、受害植物种类及不同发育时期、外界环境条件等。大气污染物除直接对植物生长产生不良影响外,同时还降低了植物的抗病力。

植物受大气污染危害约有 3 种情况:急性危害、慢性危害和不可见危害。急性危害时的受害叶片最初叶面呈水渍状,叶缘或叶脉间皱缩,随后叶片干枯。多数植物叶片褪绿为象牙色,但也有些植物叶片变为褐色或褐红色,受害严重时叶片逐渐枯萎脱落,造成植株死亡;慢性危害主要表现为叶片褪绿近乎白色,这主要是叶片细胞中的叶绿素受破坏而引起的;不可见的危害是在浓度较低的大气污染物影响下,植物受到轻度的危害,生理代谢受到干扰及抑制,如光合作用受到影响,合成作用下降,酶系统的活性下降,细胞液酸化,使植物体内组织变性,细胞产生质壁分离,色素下沉。

总之,大气污染物往往延迟植物发芽长叶,结实少而小,叶片失绿变白或有坏死斑,严重时大量落叶、落果,甚至导致植物死亡。

氟化物危害的典型症状,是受害植物叶片顶端和叶缘处出现灼烧现象,这种伤害的颜色因植物种类而异,在叶的受害组织与健康组织之间有一条明显的红棕色带。由于尚未成熟的叶片容易受氧化物危害,而常常使植物枝梢顶端枯死。唐菖蒲对氟化物最敏感,受污染后首先是叶尖产生灼烧现象,然后逐渐向下延伸,黄花品种更为敏感,很小剂量即对花产生危害。因此,有些国家利用它作为环境监测的植物材料。玉簪受氟化物的危害,在叶尖和叶缘处产生半圆形浅棕褐色或乳黄色的坏死斑,受病组织与正常组织之间有一条棕褐色带,受害组织失水后即成一薄膜,并逐渐破裂脱落,使叶缘呈缺刻状。

杜鹃花对氮化物很敏感，在空气中二氧化氮浓度较高时，往往在 1 h 内，叶缘和叶脉间便出现坏死，叶片皱缩，随后叶面布满了斑纹。欧洲夹竹桃、叶子花、木槿、球根秋海棠、金鱼草、蔷薇、翠菊等观赏花木对氮化物都是很敏感的。

硫化物是我国大气污染中较为主要的污染物。植物对二氧化硫很敏感，当受到二氧化硫危害时，叶脉间出现不规则形失绿的坏死斑，但有时也呈红棕色或深褐色。二氧化硫的伤害一般是局部性的，多发生在叶缘、叶尖等部位的叶脉间，伤区周围的绿色组织仍可保持正常功能，若受害严重时，全叶亦枯死。如百日草在二氧化硫浓度为 1×10^{-6}时，经 6 h 熏气，1 周后，叶片大部分坏死。花瓣前端边缘也产生坏死斑。针叶树受害，常从针叶尖端开始，逐渐向下发展，呈红棕色或褐色坏死。美人蕉、香石竹、仙人掌类、丁香、山茶以及桂花、广玉兰、松柏等对二氧化硫有较强抗性。

臭氧对植物的危害普遍表现为植株褪绿。美洲五针松对臭氧很敏感，在浓度为 7×10^{-6}时，延续 4 h 就受害。对臭氧有抗性的有百日草、一品红、草莓和黑胡桃等植物。植物栅栏组织层是发生可见臭氧危害最多的部位。臭氧的危害使叶片出现坏死和褪绿斑。

氯化物如氯化氢对植物细胞杀伤力很强，能很快破坏叶绿素，使叶片产生褪色斑，严重时全叶漂白，枯卷，甚至脱落。伤斑多分布于叶脉间，但受害组织与正常组织间无明显界限。有些植物受氯化物危害后会出现其他颜色的伤斑，如枫杨和绣球呈棕褐色，广玉兰呈红棕色，女贞、杜仲呈深灰褐色。一般未充分伸展的幼叶不易受氯化物危害，而刚成熟已充分伸展的叶片最易受害，老叶次之。因此，植物受到氯化物危害后，枝条先端的幼叶仍然继续生长，这和氟化物的危害正相反。

各种植物对氯化物的敏感性是有差异的，在园林植物中，水杉、枫杨、木棉、樟子松、紫椴等对氯化物敏感；银杏、紫藤、刺槐、丁香、瓜子黄杨、无花果、蒲葵、山桃等抗性强。

除了大气污染，土壤中的水污染及土壤残留物的污染也引起植物的非侵染性病害，如土壤中残留的一些农药、石油、有机酸、酚、氰化物及重金属（汞、铬、镉、铝、铜）等，这些污染物往往使植物根系生长受到抑制，影响水分吸收，同时，叶片往往褪绿，影响生理代谢，植物即死亡。由于大气中二氧化硫等因素，造成降雨的 pH 值偏低，即酸雨，对植物也会产生严重的危害。

施用和喷洒杀菌剂、杀虫剂或除草剂，浓度过高时会直接对植物叶、花、果产生药害，形成各种枯斑或全叶受害。波尔多液可用于多种园林树木真菌性病害的防治，但如果使用时期不适宜或硫酸铜和生石灰的比例不恰当，植物也会产生药害。喷施矮壮素、多效唑等植物生长调节剂浓度过高会严重抑制植物生长等。农药在土壤中积累到一定浓度，也可使植物根系受到毒害，影响生长，甚至死亡。

当然，种类繁多的园林植物对不同的污染源忍受的程度是不同的，有的具有较强的抗烟毒特性，有的则容易受毒害，因此，可选择抗性较强的花卉和树木作为防止污染的植物材料，用于改善环境。

非侵染性病害不但直接给园林植物造成严重的损失，削弱了植物对某些侵染性病害的抵抗力，同时也为许多病原生物开辟了侵入途径，容易诱发侵染性病害。如在氮肥过多、光照不足的条件下，月季常因组织嫩弱易发生白粉病。相反，侵染性病害也会削弱植物对外界环境的适应能力。如月季感染黑斑病后，由于叶片大量早落，影响了新抽嫩梢的木质化，致使冬季易受冻害，引起枯梢。

园林植物的侵染性病害与非侵染病害之间互为因果的复杂关系，有时给病害的诊断带来一些困难,使得不能及时确定病害的主要原因。因而必须对发病现场做深入细致的调查研究和分析,甚至通过实验手段来确诊。同时在对病害的防治中,往往也能通过对非侵染性病害的防治而收到控制某些侵染性病害的良好效果。如降低苗床土壤温度,即可防止银杏茎腐病的发生;控制水肥用量,可以减轻月季白粉病的危害。

2.2.5 非侵染性病害的诊断与防治

非侵染性病害具有如下几个特点:一是无发病中心,二是无传染性,三是成片发生,诊断时要特别注意。对非侵染性病害的诊断,首先要研究排除侵染性病害,然后再分别检查发病的症状(部位、特征、危害程度),分析发病因素(发病时间、气候条件、地形、土壤、肥料、水分等)。例如晚霜之害多在春季冷空气过后晴朗无风的夜晚发生;永久性枯萎一般发生在长期干旱或水涝情况下;空气污染往往发生在强大污染源周围的植物种植区;日灼病常发生在温差变化很大的季节。对缺乏某种元素所产生的缺素症,通常要观察其外部特征、叶片的颜色变化等,同时可进行缺素症的试验,从而确定其为某种缺素病。非侵染性病害有时也可能是由几种因素综合影响的结果,这种情况更为复杂,必须做每个影响因素及综合因素的试验研究,方能得出结论。在检查是否为非侵染性病害时,必须用显微镜检查有无病原生物,或用电子显微镜结合生物测定,确定是否有病毒感染。也可以用组织化学方法进行分析,如果是侵染性病害,组织中菌丝则染成深褐色,其他组织呈淡褐色;如果是非侵染性病害,则无深褐色的菌丝存在。有时也用组织分离法来诊断,如果是非侵染性病害,在发病部位不能分离出病原物,但是对于病毒性病害则难分辨。有时在非侵染性病害的发病部位,可能有寄生或腐生性菌类的存在,在这种情况下,一般利用显微镜是难以确定的,因此,必须进行接种实验来检查,才能确定是否为非侵染性病害。

非侵染性病害的防治,首先要确定病害的种类及发病因素,然后针对病因进行防治。造成缺素症的因素是多种多样的,如营养不足或失调;土壤过酸过碱,使土中某些营养元素失效;土壤理化性质不良等,因而形成各种各样的缺素症。防治方法是对症下药,分别采取如下措施:

①根外追肥,根据症状表现,推断缺乏何种元素,即选用该元素配制成一定浓度的溶液,进行叶面喷洒。

②增施腐熟有机肥料,改良土壤理化性质。

③使用全元素复合肥。

④实行冬耕、晒土,促进土壤风化,发挥土壤潜在肥力。如果是大气污染引起的植物病害,首先要了解引起病害的污染物,采取消除污染源的措施,对局部枝条的危害可采取修枝或移植到其他地区,同时选育抗污染品种;对除草剂引起的药害,要及时施用解毒药剂如"天达 2116"等喷雾,降解除草剂药害;土壤水分过多则要进行排涝,防止曝晒;在干旱地区及干旱气候条件下,应加强土壤保水措施及加强灌溉。

总之,非侵染性病害的鉴别及防治是复杂的,必须进行科学的管理,选择科学的实验分析方法,才能达到预期的目的。

2.3 侵染性病害的病原

侵染性病害的病原(1)

侵染性病害的病原(2)

侵染性病害的病原(3)

引起植物生病的原因称为病原,它是病害发生过程中起直接作用的主导因素。生物性病原被称为病原生物或病原物。植物病原物大多具有寄生性,因此病原物也被称为寄生物,它们所依附的植物被称为寄主植物,简称寄主。病原物主要有真菌、藻物、细菌、病毒和类病毒、线虫、寄生性种子植物等。它们大都个体微小,形态特征各异(图2.5)。

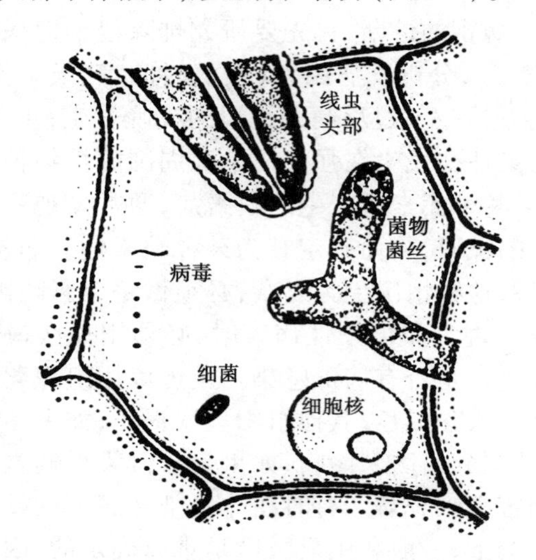

图2.5 几类植物病原物与植物细胞的比较(仿 Agrios)

2.3.1 植物病原菌物

菌物(Fungi)是一类具有真正细胞核的异养生物,营养体通常为丝状分枝的菌丝体,以吸收为营养方式,通过产生孢子进行繁殖。菌物是微生物中一个很大的类群,目前已记载的菌物估计有12万种以上,其种类多,分布广,广泛存在于水中和陆地上。菌物大部分是腐生的,少数可以寄生在植物、人类和动物上引起病害。由菌物所致的病害称菌物病害。据1986年全国大中城市园林植物病虫害普查资料表明,在1 254种园林植物中,有病害5 508种,其中菌物病害占90.6%。如为害严重的月季黑斑病、白粉病、水仙大褐斑病、菊花黑斑病、梨、苹锈病、杨树腐烂病、松苗立枯病等。因此,菌物是最重要的植物病原类群。

1)菌物的营养体

大多数菌物的营养体是可分枝的丝状体,单根丝状体称为菌丝,多根菌丝交织集合成团称为菌丝体。菌丝通常呈圆管状,直径一般为5~10 μm,无色或有色。大多数菌物的菌丝有隔膜,将菌丝分隔成多个细胞,称为有隔菌丝;有些菌物的菌丝无隔膜,通常认为是一个多核的大细胞,称为无隔菌丝(图2.6)。菌丝一般由孢子萌发产生的芽管生长而成,从顶部生长和延伸。

菌丝每一部分都潜存着生长的能力,每一断裂的小段菌丝在适宜的条件下均可继续生长。少数菌物的营养体不是丝状体,而是一团多核、无细胞壁且形状可变的原生质团如黏菌;或具细胞壁、卵圆形的单细胞,如酵母菌。

菌丝体是菌物获得养分的结构,寄生菌物以菌丝侵入寄主的细胞间或细胞内吸收营养物质。当菌丝体与寄主细胞壁或原生质接触后,营养物质和水分通过渗透作用和离子交换作用进入菌丝体内。生长在细胞间的菌物,特别是专性寄生菌,还可在菌丝体上形成特殊机构,即吸器(图2.7),伸入寄主细胞内吸收养分和水分。吸器的形状多样,因菌物的种类不同而异,有掌状、丝状或分枝状、指状、小球状等。有些菌物还有假根,其形态状如高等植物的根,但结构简单与菌丝对生,可从基物中吸收营养。

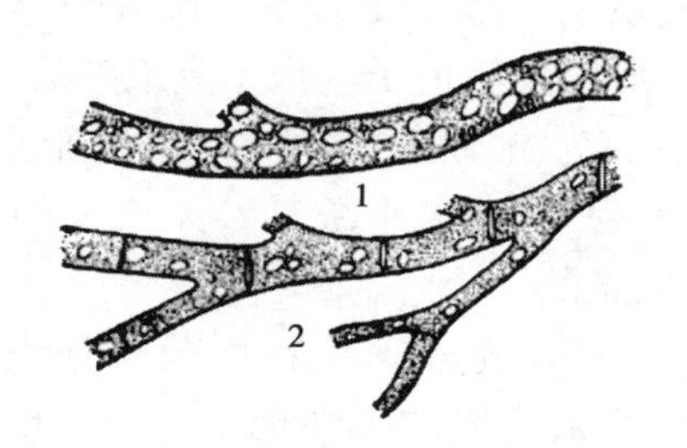

图2.6 菌物的菌丝形态(仿卢希平)

1.无隔菌丝 2.有隔菌丝

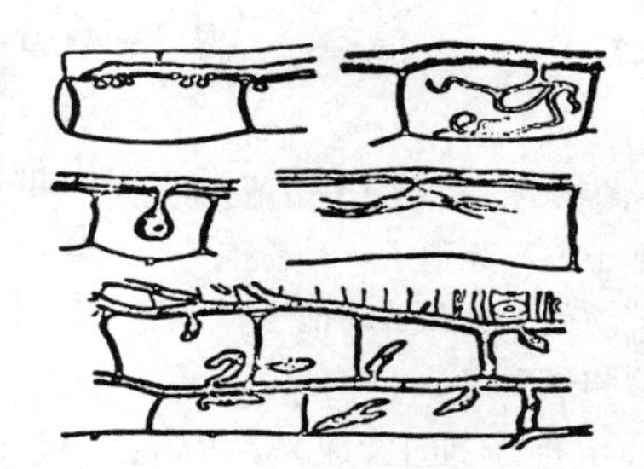

图2.7 菌物吸器的类型(仿许志刚)

菌物的菌丝体一般是分散的,但有时可以密集形成菌组织。菌组织有两种:一种是菌丝体组成比较疏松的疏丝组织;另一种是菌丝体组成比较紧密的拟薄壁组织。有些菌物的菌组织还可以形成菌核、子座和菌索等变态类型。

菌核是由菌丝紧密交织而成的较坚硬的休眠体,内层是疏丝组织,外层是拟薄壁组织。菌核的形状和大小差异较大,通常似菜籽状、鼠粪或不规则状。颜色初期常为白色或浅色,成熟后为褐色或黑色,其表层细胞壁厚、颜色深,所以菌核多较坚硬。菌核的功能主要是抵抗不良环境,当条件适宜时,菌核能萌发产生新的菌丝体或在上面形成产孢机构。

子座是产生繁殖器官的菌丝组织。子座形状多样,一般为垫状,也有柱状、棒状、头状等,通常紧密地附着在基物上。子座的主要功能是形成产孢机构,也有渡过不良环境的作用。

菌索是由菌丝体平行交织构成的绳索状结构,外形与植物的根相似,所以也称根状菌索。菌索的粗细不一,长短不同,有的可长达几十厘米。菌索可抵抗不良环境,也有助于菌体在基质上蔓延和侵入。

2)菌物的繁殖体

菌物经过营养生长后,即进入繁殖阶段,形成各种繁殖体进行繁殖。大多数菌物只以一部分营养体分化为繁殖体,其余营养体仍然进行营养生长,少数菌物则以整个营养体转变为繁殖体。菌物的繁殖方式分为无性和有性两种,无性繁殖产生无性孢子,有性繁殖产生有性孢子。孢子的功能相当于高等植物的种子。

(1)无性繁殖及无性孢子的类型 无性繁殖是指菌物不经过性细胞或性器官的结合,直接从营养体上产生孢子的繁殖方式。所产生的孢子称为无性孢子。无性孢子在一个生长季节中,环境适宜的条件下可以重复产生多次,是病害迅速蔓延扩散的重要孢子类型。但其抗逆性差,环境不适宜时很快失去生活力(图2.8)。

图2.8 菌物的无性孢子(仿董元)

1.厚膜孢子 2.芽孢子 3.粉孢子

4.游动孢子囊和游动孢子

5.孢子囊和孢囊孢子 6.分生孢子

①芽孢子 芽孢子由单细胞真菌发芽生殖而成。

②粉孢子(又称节孢子) 它是由菌丝顶端细胞分隔、断裂成大致相等的菌丝段,有时形成链状孢子。它们无休眠功能,在适当的环境下可以发育成新个体。

③厚膜孢子 厚膜孢子由菌丝顶端或中间细胞的原生质浓缩、细胞壁增厚,形成圆形或椭圆形孢子,具休眠功能,能渡过不良环境。

④游动孢子和孢囊孢子 它们为较高级的无性孢子,孢子在孢子囊内产生,孢子囊产生在菌丝顶端或产生在已有分化的孢囊梗顶端。孢子囊的原生质分裂形成许多小块,产生孢子膜,形成大量孢子。孢子囊成熟后,破裂而散出孢子。有鞭毛的为游动孢子,通常肾形、梨形,无细胞壁,具1~2根鞭毛,可在水中游动。无鞭毛的为孢囊孢子,释放后可随风飞散。

⑤分生孢子 分生孢子产生在由菌丝分化而形成的呈枝状的分生孢子梗上,成熟后从孢子梗上脱落,为菌物最高级的无性孢子。分生孢子的种类很多,它们的形状、大小、色泽、形成和着生的方式都有很大的差异。不同菌物的分生孢子梗或散生或丛生,也有些菌物的分生孢子梗着生在特定形状的结构中,如近球形、具孔口的分生孢子器和杯状或盘状的分生孢子盘。

(2)有性繁殖及有性孢子的类型 有性繁殖是指菌物通过性细胞或性器官的结合而产生孢子的繁殖方式。有性繁殖产生的孢子称为有性孢子。菌物的性细胞称为配子,性器官称为配子囊。菌物有性繁殖的过程可分为质配、核配和减数分裂3个阶段。菌物的有性孢子多数一个生长季节产生一次,且多产生在寄主植物生长后期,它有较强的生活力和对不良环境的忍耐力,常是越冬的孢子类型和次年病害的初侵染来源(图2.9)。

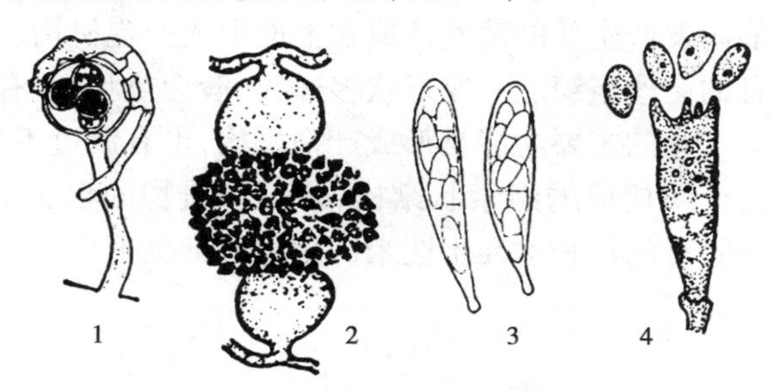

图2.9 菌物的有性孢子(仿张学哲)

1.卵孢子 2.接合孢子 3.子囊孢子 4.担孢子

①接合子 它由两个同型异性的配子结合形成。

②卵孢子 它由两个异型配子囊,即雄器和藏卵器结合形成。一般球形、厚壁、色深,埋藏在病组织内,可以抵抗不良的环境条件,如卵菌的有性孢子。

③接合孢子 它由两个同型配子囊融合成厚壁、色深的休眠孢子,如接合菌门真菌的有性孢子。

④子囊孢子 它通常由两个异型配子囊即雄器和产囊体相结合,其内形成子囊。子囊是无色

透明、棒状或卵圆形的囊状结构。每个子囊中一般形成8个子囊孢子,子囊孢子形态差异很大。子囊通常产生在有包被的子囊果内。子囊果一般有几种类型,即球状无孔口的闭囊壳;瓶状或球状、有真正壳壁和固定孔口的子囊壳;盘状或杯状的子囊盘等,如子囊菌门真菌的有性孢子。

⑤担孢子　通常直接由性别不同的菌丝结合成双核菌丝后,双核菌丝顶端细胞膨大成棒状的担子,在担子上产生4个外生担孢子,如担子菌门真菌的有性孢子。

(3)真菌的子实体　子实体是产生孢子的特殊器官,由菌丝发育而成,具有一定的形态。常见的有分生孢子器、分生孢子盘、闭囊壳、子囊壳、子囊盘、担子果等(图2.10)。

3)菌物的生活史

菌物从一种孢子萌发开始,经过一定的营养生长和繁殖阶段,最后又产生同一种孢子的过程,称为菌物生活史。菌物的典型生活史包括无性和有性两个阶段。菌物的菌丝体在适宜条件下生长一定时间后,进行无性繁殖产生无性孢子,无性孢子萌发形成新的菌丝体。菌丝体在植物生长后期或病菌侵染的后期进入有性阶段,产生有性孢子,有性孢子萌发产生芽管进而发育成为菌丝体,之后又进入无性繁殖阶段。

菌物在无性阶段产生无性孢子的过程中在一个生长季节可以连续循环多次,是病原菌物侵染寄主的主要阶段,它对病害的传播和流行起着重要作用。而有性阶段一般只产生一次有性孢子,其作用除了繁衍后代外,主要是度过不良环境,并成为翌年病害初侵染的来源(图2.11)。

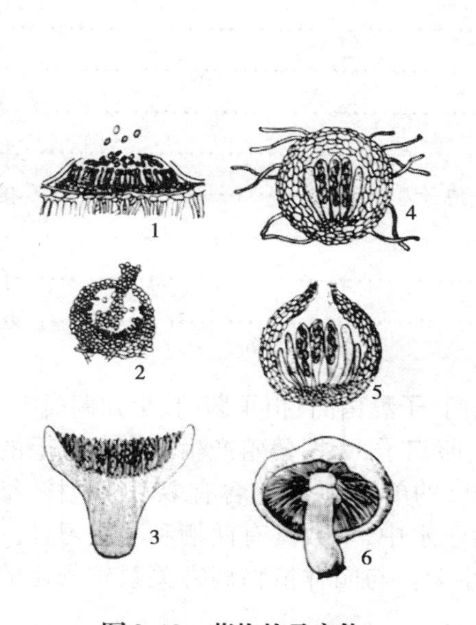

图2.10　菌物的子实体
1.分生孢子盘　2.分生孢子器　3.子囊盘
4.闭囊壳　5.子囊壳　6.担子果

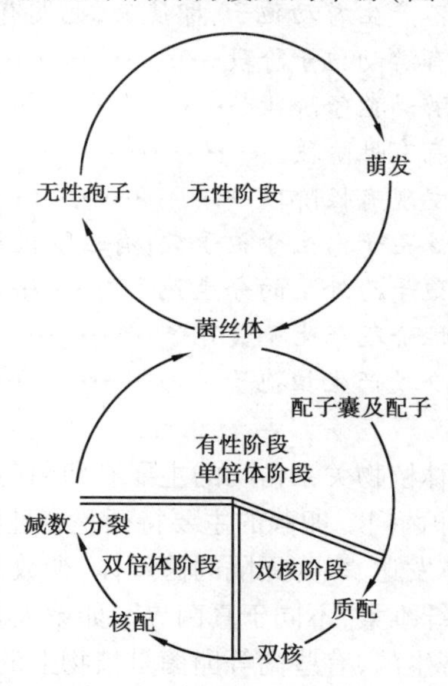

图2.11　菌物的生活史图解

在菌物生活史中,有的菌物不止产生一种类型的孢子,这种形成几种不同类型孢子的现象,称为菌物的多型性。一般认为多型性是菌物对环境适应性的表现。也有些菌物根本不产生任何类型的孢子,其生活史中仅有菌丝体和菌核。菌物的种类很多,不可能用一个统一的模式来说明全部菌物的生活史,有些菌物的有性阶段到目前还没有发现,其生活史仅指其无性阶段。了解菌物的生活史,可根据病害在整个生长季节的变化特点,有针对性地制订相应的防治措施,这对园林植物病害的预防和控制有着重要的意义。

4）植物病原菌物的主要类群

菌物和其他生物一样，也按界、门、纲、目、科、属、种的阶梯进行分类。种是菌物最基本的分类单元。

关于真菌的分类，学术界历来观点不一，在我国，使用最广泛的是 Ainsworth（1971，1973）提出的真菌分类系统，将真菌分为5个亚门，即鞭毛菌亚门（Mastigomycotina）、接合菌亚门（Zygomycotina）、子囊菌亚门（Ascomycotina）、担子菌亚门（Basidiomycotina）和半知菌亚门（Deuteromycotina）。考虑到国际菌物分类系统的发展趋势，本书参考了《菌物词典》第10版（2008），把菌物划分为原生动物界、藻物界和真菌界，将根肿菌和黏菌归入原生动物界（Protozoa）；卵菌、丝壶菌和网黏菌归入藻物界（Chromista）；其他菌物则归入真菌界（Fungi）。在真菌界的分类体系中，考虑到教师教学方便，本书基本仍按 Ainsworth（1971，1973）的分类系统介绍，其分类检索表如下：

1. 具有以吞噬方式进行营养的阶段…………………………………… 原生动物界 根肿菌门
不以吞噬方式进行营养 ………………………………………………………… 2
2. 无性阶段产生具有茸鞭式鞭毛的游动孢子，一般为纤维质的细胞壁 …………… 藻物界 卵菌门
一般不产生游动孢子，即使有，也没有茸鞭式鞭毛，几丁质细胞壁 …………… 3（真菌界）
3. 具有游动孢子阶段……………………………………………………… 壶菌门
没有游动孢子阶段 ……………………………………………………………… 4
4. 具有有性阶段 …………………………………………………………… 5
暂未发现有性阶段……………………………………………………… 半知菌类
5. 无性孢子内生于孢子囊，有性阶段产生接合孢子 ……………………… 接合菌门
无性孢子为外生的分生孢子 …………………………………………………… 6
6. 有性阶段产生子囊孢子………………………………………………… 子囊菌门
有性阶段产生担孢子…………………………………………………… 担子菌门

与园林植物关系密切的主要有卵菌门、接合菌门、子囊菌门、担子菌门、半知菌类。

（1）卵菌门　卵菌的主要特征是有性繁殖产生卵孢子；无性繁殖产生具有双鞭毛的游动孢子；营养体发达、多为无隔的菌丝体，少数为具细胞壁的单细胞；细胞含有多个细胞核，细胞壁主要成分为纤维素，不同于真菌界。卵菌大多数生活于水中，少数具有两栖和陆生习性。有腐生的，也有寄生的，有些高等卵菌是植物上的活体寄生菌。与园林植物病害关系较密切的卵菌主要有：

①腐霉属（*Pythium*）　菌丝呈棉絮状，孢子囊在菌丝顶端形成，孢子囊球形、柠檬形或姜瓣形，孢子囊萌发形成游动孢子。有性生殖产生卵孢子。病菌多存在于水中或潮湿的土壤中，为害园林植物的幼根、幼茎基部或果实，引起多种阔叶树及花卉幼苗的猝倒病、根腐病和果腐病（图2.12）。

②疫霉属（*Phytophthora*）　孢子囊梗与菌丝有明显的区别，孢子囊柠檬形或卵圆形，顶端有乳状突起，成熟后脱落，如引起杜鹃疫霉根腐病、牡丹疫病、山茶根腐病等的病菌（图2.13）。

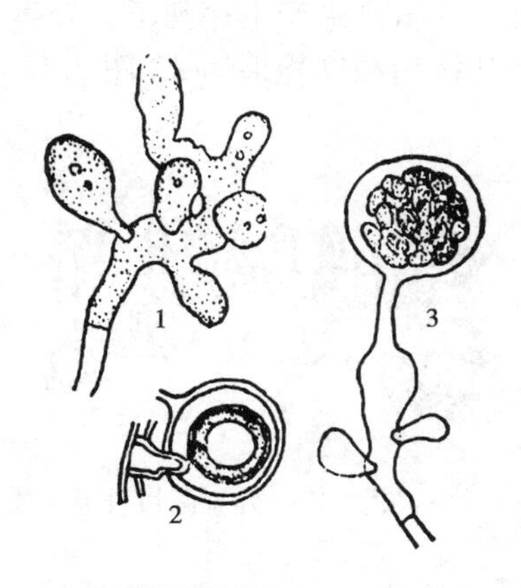

图2.12 腐霉属(瓜果猝倒病菌)(仿俞大绂)

1.孢子囊 2.卵孢子 3.泡囊

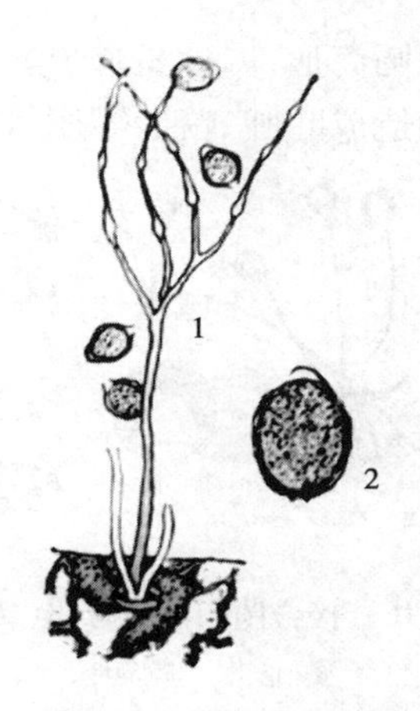

图2.13 疫霉属(马铃薯晚疫病菌)

1.孢囊梗从气孔伸出 2.放大的孢子囊

③单轴霉属(*Plasmopara*) 它是卵菌门中的高等菌类,都是专性寄生菌。无性繁殖产生孢子囊,孢囊梗有分枝,自气孔伸出。孢子囊成熟后脱落,随风传播,习性很像分生孢子。有性繁殖产生卵孢子。由霜霉菌引起的病害一般称霜霉病,通常在叶背病斑处形成一层白色霜状霉,如葡萄霜霉病、菊花和月季霜霉病等(图2.14)。

④白锈菌属(*Albugo*) 它也是高等类型的卵菌,都为陆生。孢子囊梗聚生在寄主表皮下排成栅栏状,在表皮形成白色凸起的脓疱状病征。孢子囊内可产生游动孢子或直接萌发产生芽管。孢子囊借风雨传播,可引起牵牛花、二月菊等花卉的白锈病(图2.15)。

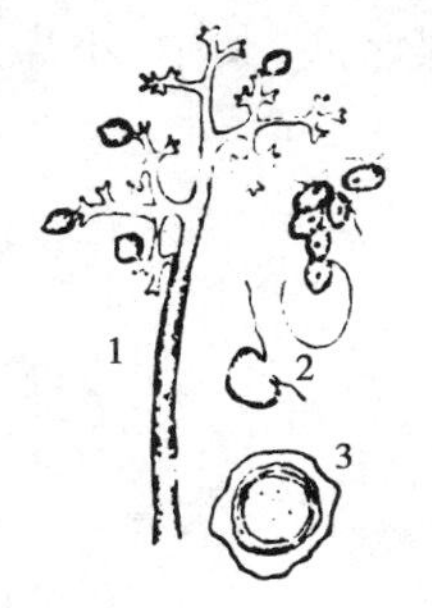

图2.14 单轴霜霉属(仿许志刚)

1.孢囊梗 2.游动孢子 3.卵孢子

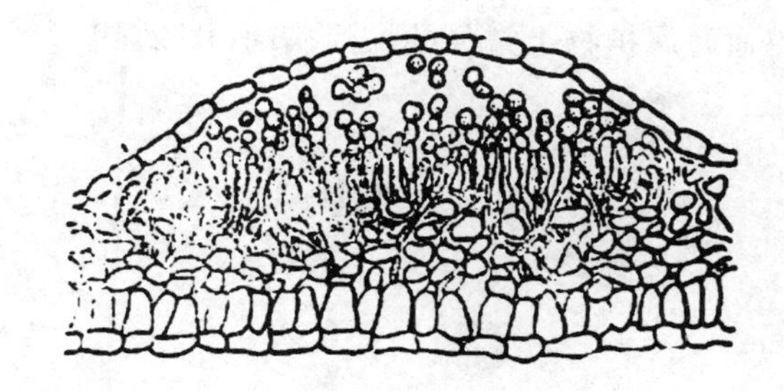

图2.15 白锈菌属(仿方中达)

示植物表皮下的孢囊梗和孢子囊

(2)接合菌门 接合菌的营养体为无隔菌丝体;无性生殖在孢子囊内产生不能游动的孢囊孢子;有性生殖产生接合孢子。接合菌绝大多数为腐生菌,少数为弱寄生菌,广泛分布于土壤、粪肥及其他有机物上。本门真菌与园林植物病害有关的主要是根霉属和毛霉属,可侵染储藏期种子、果实、球根、鳞茎等器官,引起发霉腐烂(图2.16)。

(3)子囊菌门 本门真菌除酵母菌为单细胞外,其他子囊菌的营养体都是分枝繁茂的有隔菌丝体,还可产生菌核、子座等组织。无性繁殖发达,可在孢子梗上产生分生孢子,产生分生孢子的子实体有分生孢子器、分生孢子盘等;有性繁殖产生子囊和子囊孢子,每个子囊内通常有8个子囊孢子。大多数子囊菌的子囊产生在子囊果内,少数是裸生的。子囊果常见有4种类型:子囊壳、闭囊壳、子囊腔和子囊盘。

①外囊菌目(Taphrinales) 本目的特点是子囊散生,平行排列在寄主表面,不形成子囊果。

子囊一般为圆筒形,内含8个子囊孢子。子囊孢子可以芽殖方式产生芽孢子。外囊菌目为害多种园林植物造成叶肿、畸形等症状,如桃缩叶病、樱桃丛枝病和李袋果病等(图2.17)。

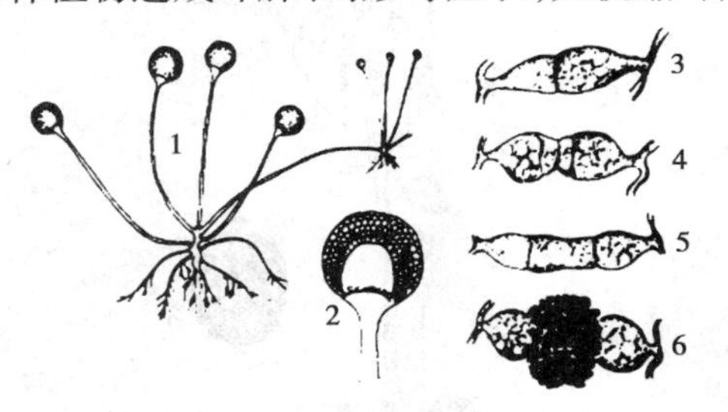

图2.16 接合菌门黑根霉属(仿卢希平)

1.胞囊梗、孢子囊、假根和匍匐枝 2.放大的孢子囊
3.原配子囊 4.原配子囊分化为配子囊和配囊柄
5.配子囊交配 6.交配后形成的接合孢子

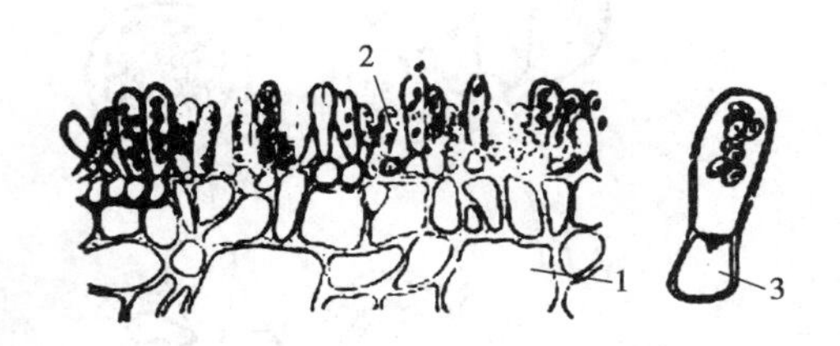

图2.17 外囊菌目外囊菌属

1.寄主组织 2.子实层
3.放大的子囊和子囊孢子

②白粉菌目(Erysiphales) 白粉菌是一类专性寄生菌,菌丝体大都着生在植物表面,以吸器伸入寄主表皮细胞内吸取营养。白粉菌的子囊果为闭囊壳,闭囊壳里有一个或多个子囊,在闭囊壳外表有各种形状的附属丝。在病株表面散生的白粉状物是白粉菌无性阶段的菌丝体和分生孢子,小黑点则是闭囊壳。引起园林植物白粉病的病原菌主要有:为害草本花卉的白粉菌属、单囊壳属;为害木本花卉及树木的叉丝单囊壳属、球针壳属、钩丝壳属和叉丝壳属。如芍药、凤仙花、月季、黄栌、丁香及杨树等的白粉病(图2.18)。

③小煤炱目(Melioales) 本目性状与白粉菌相似,不同之点是菌丝体及闭囊壳均为暗色似煤烟,故称煤污病或煤烟病。本目真菌能引起多种园林植物的煤污病,其中,小煤炱属是山茶、柑桔、鸡血藤属植物上常见的煤污病菌(图2.19)。

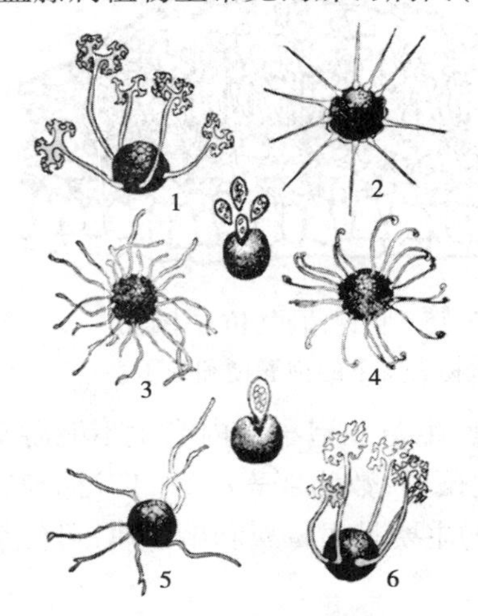

图2.18 白粉菌目各主要属

1.叉丝壳属 2.球针壳属 3.白粉菌属
4.钩丝壳属 5.单丝单囊壳属 6.叉丝单囊壳属

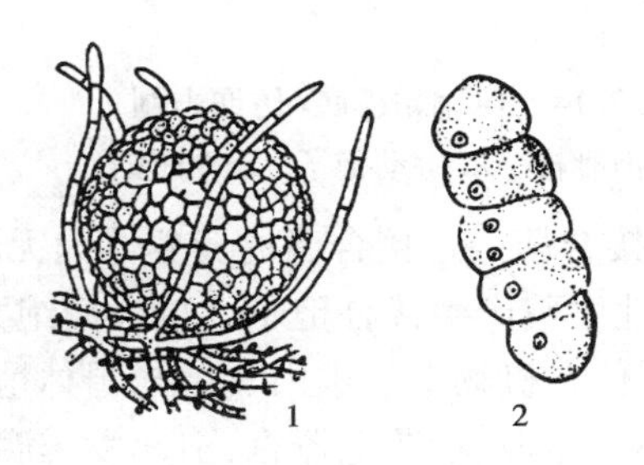

图2.19 小煤炱属(仿许志刚)

1.子囊果 2.子囊孢子

④球壳菌目(Sphaeriales) 本目的子囊果为子囊壳,子囊单层壁,顶壁较厚,有侧丝。本目真菌的无性繁殖很发达,其中许多种类的分生孢子还着生在各种子实体上,如分生孢子盘、分生孢子器。本目真菌中的小丛壳属、黑腐皮壳属、长喙壳属、赤霉属等的病原菌可引起园林植物的

叶斑、花腐、果腐、枝干(茎)烂皮和根腐等症状,常见有山茶、杨树烂皮病、苹果树腐烂病、花木芽腐病等(图2.20)。

⑤柔膜菌目 本目的子囊果为子囊盘,表生或埋生于寄主组织内。子囊和侧丝在子囊盘上平行排列成子实层。其中双包被盘菌属和黑盘菌属是重要的园林植物病原菌,分别引起菊花菌核性茎腐病以及多种花卉和树木的菌核病等(图2.21)。

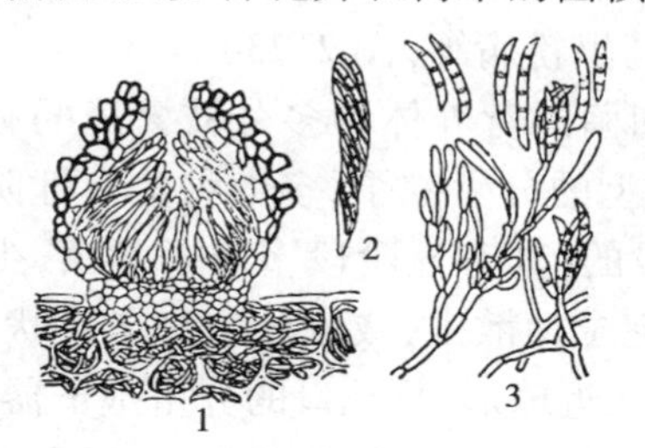

图2.20 赤霉属(仿许志刚)

1.子囊壳 2.子囊及子囊孢子 3.分生孢子

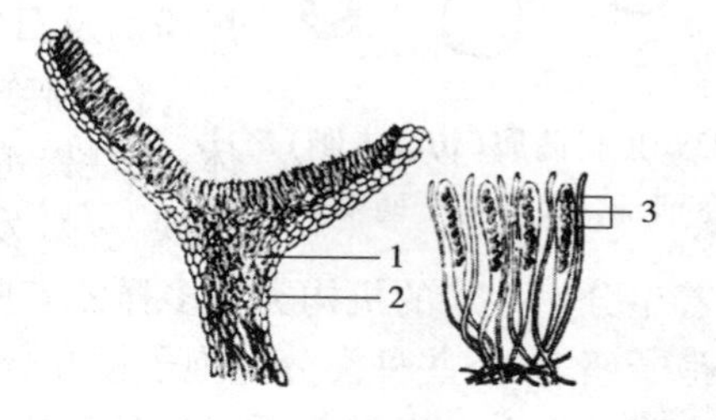

图2.21 黑盘菌属子囊盘(仿方中达)

1.囊层基 2.囊盘被

3.子囊、侧丝及子囊孢子放大

(4)担子菌门 担子菌中包括可供人类食用和药用的真菌,如平菇、香菇、猴头菇、木耳、竹荪、灵芝等。寄生或腐生,营养体为发达的有隔菌丝体。担子菌菌丝体发育有两个阶段,由担孢子萌发的菌丝单细胞核,称初生菌丝,性别不同的初生菌丝结合形成双核的次生菌丝。双核菌丝体可以形成菌核、菌索和担子果等机构;担子菌无性繁殖一般不发达,有性繁殖除锈菌外,多由双核菌丝体的细胞直接产生担子和担孢子。高等担子菌的担子散生或聚生在担子果上,如蘑菇、木耳等。担子上着生4个担孢子。与园林植物病害关系较密切的担子菌主要有以下几种。

①锈菌目(Uredinales) 它为活体寄生菌,菌丝在寄主细胞间以吸器伸入细胞内吸取养料。在锈菌的生活史中可产生多种类型的孢子,典型锈菌具有5种类型的孢子,即性孢子、锈孢子、夏孢子、冬孢子和担孢子。冬孢子主要起越冬休眠的作用,冬孢子萌发产生担孢子,常成为病害的初次侵染源;锈孢子、夏孢子是再次侵染源,起扩大蔓延的作用。锈菌种类很多,并非所有锈菌都产生5种类型的孢子,因此不同的锈菌生活史不同。有的锈菌全部生活史可以在同一寄主上完成,还有些锈菌必须在两种亲缘关系很远的寄主上寄生才能完成其生活史,前者称为同主寄生或单主寄生,后者称为转主寄生。锈菌引起的植物病害在病部可以看到铁锈状物(孢子堆)故称锈病(图2.22)。

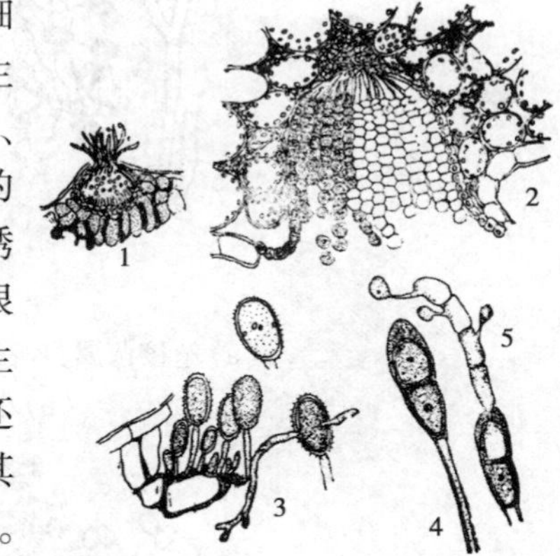

图2.22 锈菌目各种孢子类型

(2,3 仿 ward;4 仿 Duggar)

1.性孢子器及性孢子

2.锈孢子腔及锈孢子

3.夏孢子 4.冬孢子

5.冬孢子萌发产生担子和担孢子

引起园林植物病害的重要属有胶锈菌属。引起梨和苹果等蔷薇科果树的锈病,转主寄主为桧柏;柄锈菌属引起草坪草锈病、菊花锈病;多胞锈菌属引起蔷薇属多种植物锈病等。

②黑粉菌目(Ustilaginales) 黑粉菌因其在植物病部产生大量的黑色粉末状孢子而得名。由黑粉菌引起的病害称为黑粉病。病菌以双核菌丝在寄主的细胞间寄生,一般有吸器伸入寄主细胞内。典型特征是在寄主植物受害部位出现黑色粉堆或团状的冬孢子。最常见的是寄生在花器上,使其不能授粉或不

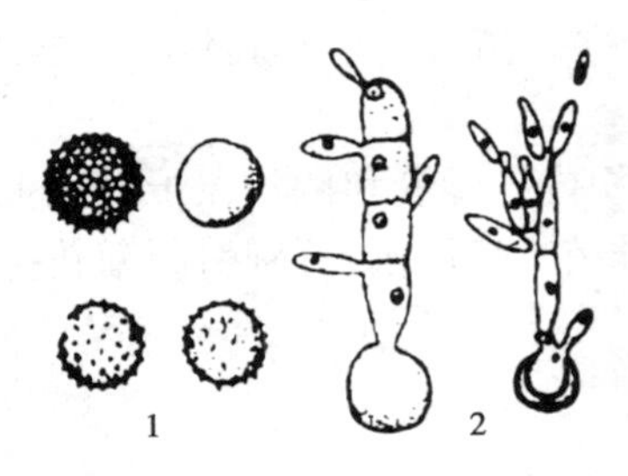

图2.23 黑粉菌属(仿许志刚)
1.冬孢子 2.冬孢子萌发

能结实;叶片和茎受害在其上产生条斑和黑粉堆。黑粉菌的无性繁殖是由菌丝体上生出小孢子梗,其上着生分生孢子,或以芽生方式产生大量子细胞。有性繁殖产生圆形的冬孢子,也称为厚垣孢子,萌发形成先菌丝和担孢子。黑粉菌主要根据冬孢子的性状进行分类。常见的园林植物黑粉病有银莲花、草坪草条黑粉病及石竹科植物花药黑粉病等(图2.23)。

(5)半知菌类 半知菌的营养体为多分枝繁茂的有隔菌丝体;无性繁殖产生各种类型的分生孢子;多数种类有性阶段尚未发现,少数发现有性阶段的,其有性阶段多属子囊菌,少数为担子菌。着生分生孢子的机构类型多样。有些种类分生孢子梗散生,或成分生孢子束状,或着生在分生孢子座上;有些种类分生孢子梗和分生孢子着生在近球形、具孔口的分生孢子器中,或盘状的分生孢子盘上。半知菌所引起的病害种类在真菌病害中所占比例较大,主要为害植物的叶、花、果、茎和根,引起局部坏死和腐烂。园林植物病害中重要的半知菌主要有:

①无孢目(Agonomycetales) 无孢目真菌的重要特征是不产生分生孢子。菌丝体很发达,可以形成菌核。主要为丝核菌属和小核菌属的病原菌,为害植物的根、茎基和果实,引起多种花卉幼苗的立枯、猝倒病和多种花木的白绢病(图2.24)。

②丝孢目(Moniliales) 分生孢子梗散生或丛生、形成束丝或分生孢子座。重要的园林植物病害的病原有尾孢属、葡萄孢属、粉孢属、枝孢属、轮枝孢属及链格孢属等,常见的病害有樱花穿孔病、月季灰霉病、芍药和牡丹红斑病、大丽花黄萎病、丁香轮斑病和香石竹黑斑病等(图2.25)。

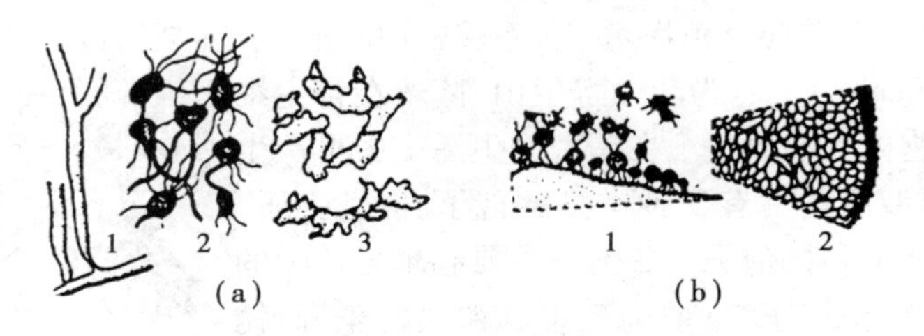

图2.24 丝核菌属和小菌核属
(a)丝核菌属:1.菌丝分枝基部缢缩 2.菌核 3.菌核组织的细胞
(b)小核菌属:1.菌核 2.菌核部分切片

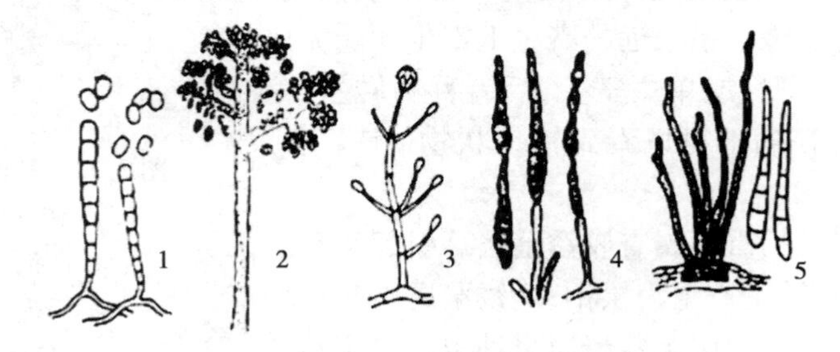

图2.25 丝孢目重要属
1.粉孢属 2.葡萄孢属 3.轮枝孢属 4.交链孢属 5.尾孢属

③瘤座菌目(Tuberculariales) 分生孢子梗着生在由菌丝体纠结而成的分生孢子座上。重要的有镰刀菌属:分生孢子梗无色,内壁芽生瓶梗式产孢。分生孢子有两种类型:大型分生孢子

多细胞,无色,镰刀形;小型分生孢子单细胞,无色,卵圆形或椭圆形。有的种的菌丝或分生孢子的细胞可形成近球形的厚垣孢子(图2.26)。此属真菌一般称为镰刀菌,可寄生或腐生,寄生性的镰刀菌可引起多种植物的根腐、茎腐、果腐及块根、块茎的腐烂,有的可侵染植物维管束,引起萎蔫,如香石竹等多种花木枯萎病。

④黑盘孢目(Melanconiales) 分生孢子梗产生在分生孢子盘上。有的分生孢子盘四周或分生孢子梗之间具有黑色的刚毛。其中,炭疽菌属、射线孢属、盘多毛孢属、盘单毛孢属及痂圆孢属等为园林植物的重要病原菌。主要引起多种植物的炭疽病、叶斑病和叶枯病等,常见的有山茶炭疽病、月季黑斑病、杜鹃叶枯病、山茶和杨树灰斑病等(图2.27)。

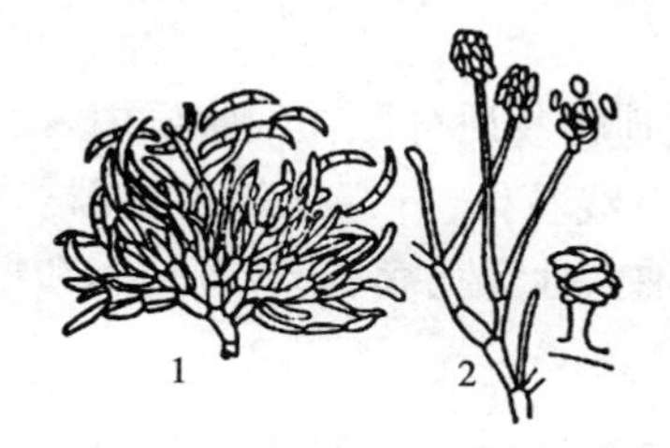

图2.26 镰刀菌属(仿 wollenweber)
1.分生孢子座、分生孢子梗及镰刀形分生孢子
2.分生孢子梗及小型孢子

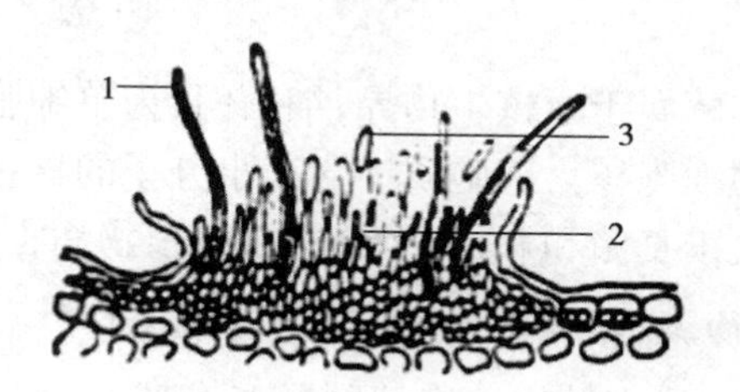

图2.27 炭疽菌属
1.刚毛 2.分生孢子梗 3.分生孢子

⑤球壳孢目(Sphaeropsidales) 分生孢子梗和分生孢子着生在分生孢子器内。常见的重要病原菌有叶点霉属、壳针孢属、壳多孢属和壳小圆孢属等,引起多种花卉和树木叶片斑点病、叶枯病及枝枯病等。如:栀子和白兰斑点病、菊花斑枯病、水仙叶大褐斑病及月季枝枯病等(图2.28)。

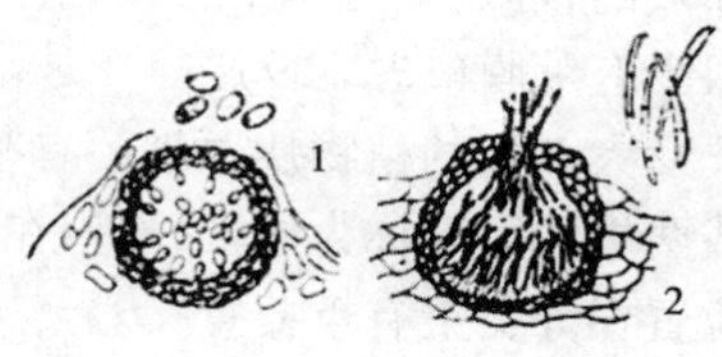

图2.28 球壳孢目
1.叶点属 2.壳针孢属

5)菌物病害的症状

菌物病害的主要症状是坏死、腐烂和萎蔫,少数为畸形。特别是在发病部位常有肉眼可见的霉状物、粉状物、粒状物等病征,这是菌物病害区别于其他病害的重要标志,也是进行病害田间诊断的主要依据。

卵菌,如腐霉菌,多生活在潮湿的土壤中,是土壤习居菌,常引起植物根部和茎基部的腐烂或苗期猝倒病,湿度大时往往在病部生出大量的白色棉絮状物;疫霉菌所引起的病害如辣椒、马铃薯、黄瓜等蔬菜的疫病或晚疫病,发病常常十分迅速,发病部位多在茎和茎基部,病部湿腐,病健交界处不清晰,常有稀疏的霜状霉层;霜霉菌所引致的病害通称霜霉病,是十字花科、葫芦科植物和葡萄等果树的重要病害,引起叶斑,且在叶背形成白色、紫褐色的霜状霉层;白锈菌危害的园林植物有凤仙花白锈病等,也引起叶斑,有时也引致病部畸形,但在叶背形成白色的疱状突起,将表皮挑破,有白色粉状物散出,因此这类病害又称白锈病。

接合菌门真菌引起的病害很少,而且多是弱寄生菌,通常引起含水量较高的大块组织的软腐。

子囊菌及半知菌引起的病害在症状上有很多相似的地方,一般在叶、茎、果上形成明显的病斑,其上产生各种颜色的霉状物或小黑点。但白粉菌常在植物表面形成粉状的白色或灰白色霉层,后期霉层中夹有小黑点即闭囊壳,植物本身并没有明显的病状变化。子囊菌和半知菌中有很多病原物会使寄主植物在发病部位产生菌核,如核盘菌属引起的菌核病、丝核菌和小核菌属引起的立枯病和白绢病等,都很易识别;炭疽病是一类发病寄主范围广,危害较大的病害,其主要的特点是引起病部坏死,且有橘红色的粘状物出现,是其他菌物病害所不具有的特征。

担子菌中的黑粉病和锈病,也很容易识别,分别在病部形成黑色或褐色的粉状物。

掌握了菌物病害的症状特点后,在田间病害诊断时可以利用某类病害的症状变化规律快速、准确地做出判断。

2.3.2 植物病原细菌

细菌属于原核生物界,细菌门,为单细胞生物。其遗传物质分散在细胞质内,没有核膜包围而成的细胞核。细胞质中含有小分子的核蛋白体,没有线粒体、叶绿体等细胞器。它们的重要性仅次于真菌和病毒,引起的园林植物病害主要有桃细菌性穿孔病、花木青枯病和根癌病等。

1)植物病原细菌的形态和特性

(1)形态结构　细菌的形态有球状、杆状和螺旋状。植物病原细菌大多为杆状,因而称为杆菌,两端略圆或尖细。菌体大小为(0.5~0.8)μm×(1~3)μm。

细菌的构造简单,由外向内依次为黏质层或荚膜、细胞壁、细胞质膜、细胞质、由核物质聚集而成的核区,细胞质中有颗粒体、核糖体、液泡等内含物。植物病原细菌细胞壁外有黏质层,但很少有荚膜(图2.29)。

大多数的植物病原细菌有鞭毛,鞭毛数目各种细菌都不相同,通常有3~7根,着生在一端或两端的鞭毛称为极鞭,着生在菌体四周的鞭毛称为周鞭(图2.30)。细菌鞭毛的数目和着生位置在分类上有重要意义。

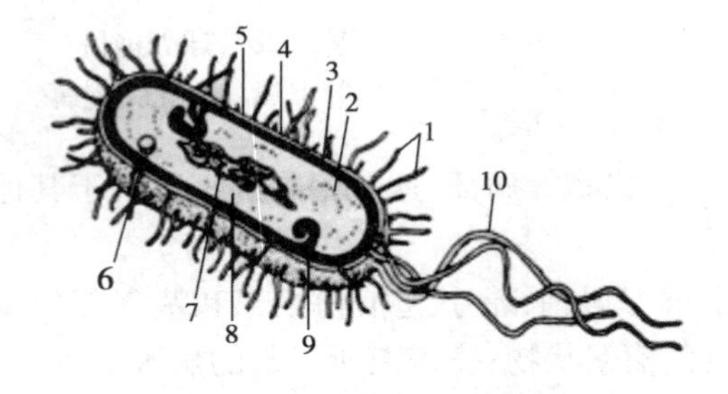

图2.29　细菌的结构示意图

1.菌毛　2.核糖体　3.细胞膜　4.细胞壁
5.荚膜　6.内含物　7.原核　8.细胞质
9.间体　10.鞭毛

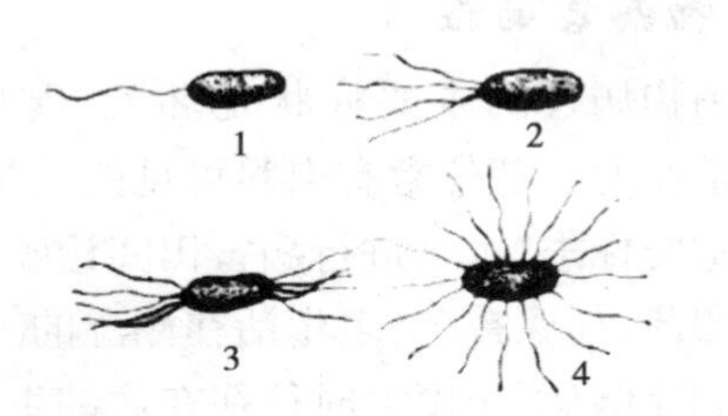

图2.30　植物病原细菌鞭毛的着生方式

1,2.单极生　3.双极生　4.周生

有些细菌生活史的某一阶段,会形成芽孢。芽孢是菌体内容物浓缩产生的,一个营养细胞内只形成一个芽孢,它是细菌的休眠体,有很厚的壁,对光、热、干燥及其他因素有很强的抵抗力。植物病原细菌通常不产生芽孢。

(2)繁殖和变异　细菌都是以裂殖的方式进行繁殖的。裂殖时菌体先稍微伸长,自菌体中部向内形成新的细胞壁,最后母细胞从中间分裂为2个子细胞。细菌的繁殖速度很快,在适宜的条件下,每20 min就可以分裂1次。

(3)生理特性　大多数植物病原细菌对营养的要求不严格,可在一般人工培养基上生长。

在固体培养基上形成不同形状和色泽的菌落。这是细菌分类的重要依据。菌落边缘整齐或粗糙,胶黏或坚韧,平贴或隆起;颜色有白色、灰白色或黄色等。

植物病原细菌最适宜的生长温度一般为 26 ~ 30 ℃,多数细菌在 33 ~ 40 ℃时停止生长,50 ℃,10 min 时多数死亡,但对低温的耐受力较强,即使在冰冻条件下仍能保持生活力。绝大多数病原细菌都是好气性的,少数为兼性厌气性的。培养基的酸碱度以中性偏碱较为适合。

(4)染色反应　细菌的个体很小,一般在光学显微镜下观察必须进行染色才能看清。染色方法中最重要的是革兰氏染色,它还具有重要的细菌鉴别作用。即将细菌制成涂片后,用结晶紫染色,以碘处理,再用 95% 酒精脱色,如不能脱色则为革兰氏反应阳性,能脱色则为革兰氏反应阴性。植物病原细菌革兰氏染色反应大多是阴性,只有棒杆菌属细菌是阳性。

2)植物病原细菌的主要类群

植物病原细菌根据鞭毛的有无、数目、着生的位置、培养性状及革兰氏染色反应等性状分为 5 个属,它们分别是假单胞杆菌属、黄单胞杆菌属、欧氏杆菌属、野杆菌属和棒杆菌属。

(1)假单胞杆菌属(*Pseudomonas*)　革兰氏染色反应阴性,极生 3 ~4 根鞭毛。在人工培养基上,菌落灰白色,有的呈荧光。病菌主要引起斑点和条斑,如天竺葵、栀子花叶斑病、丁香疫病等。

(2)黄单胞杆菌属(*Xanthomonas*)　革兰氏染色反应阴性,极生一根鞭毛。在人工培养基上,菌落为黄色。由黄单胞杆菌引起的病害有桃细菌性穿孔病、柑桔溃疡病等。

(3)欧氏杆菌属(*Erwinia*)　革兰氏染色反应阴性,周生多根鞭毛。在人工培养基上,菌落为白色。该属细菌引起腐烂,如鸢尾细菌性软腐病等。

(4)土壤杆菌属(*Agrobacterium*)　革兰氏染色反应阴性,少数没有鞭毛,有鞭毛的为周生 1 ~4 根;在人工培养基上菌落为白色。该属的病菌主要引起花木毛根病和果树根癌病等。

(5)棒杆菌属(*Clavibacter*)　革兰氏染色反应阳性,多数没有鞭毛,少数有极鞭。在人工培养基上菌落呈奶黄色。病菌寄生于维管束组织内,引起萎蔫症状,如菊花、大丽花青枯病等。

3)植物细菌病害的症状

植物细菌病害的症状主要有坏死、腐烂、萎蔫和瘤肿等,并形成菌脓病征;引起坏死症状的,受害组织初期多为半透明的水渍状或油渍状,在坏死斑周围,常可见黄色的晕圈;在潮湿条件下,植株表面或在维管束中有乳白色或污黄色黏性的菌脓,这是诊断细菌性病害的重要依据。引起腐烂的细菌病害,症状多为软腐,且常伴有恶臭。

植物病原细菌主要通过伤口和自然孔口(如水孔、气孔、皮孔等)侵入寄主植物。通过流水(雨水、灌溉水)、介体昆虫进行传播;很多细菌还可通过农事操作,如嫁接和切花的刀具进行传播;有些则随着种子、球根、苗木等繁殖材料的调运作远距离传播。

高温、高湿、多雨(暴风雨)等环境条件均有利于细菌病害的发生和流行。

2.3.3　植物病原病毒

植物病原病毒是仅次于真菌的重要病原物。据 1999 年统计,有 900 余种病毒可引起植物病害。其中,花卉病毒已达 300 余种,树木病毒已达 100 余种,这些病毒可导致花木发病,轻者影响观花,重者不能开花,品种逐年退化。可见,植物病毒病已对我国的花卉栽培和生产造成了极大的威胁，如水仙、大丽花、一串红、香石竹、山茶、月季等多种花卉的病毒病等，都有日益严重的趋势，由于病毒病的防治困难，造成的危害性更大。

1）病毒的主要性状

病毒是由核酸和蛋白质组成的一类非细胞结构的分子生物。它是一类专性寄生物，只能在适合的寄主细胞内完成自身的复制，表现出生命特征。病毒比细菌更加微小，在普通光学显微镜下是看不见的，必须用电子显微镜放大数万倍至十几万倍才能观察到（图 2.31、图 2.32）。

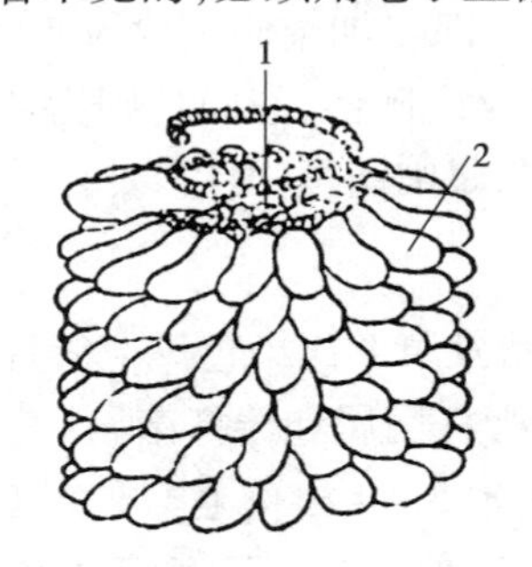

图 2.31　烟草花叶病毒结构示意图

1. 核酸链　2. 蛋白质

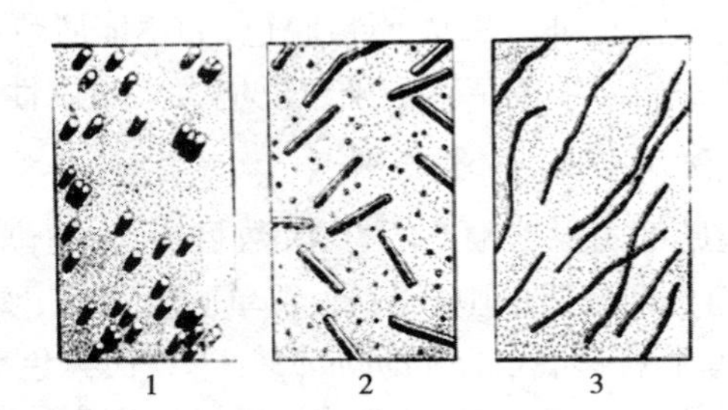

图 2.32　电镜下病毒粒体形态

1. 球形（芜青花叶病毒）　2. 杆状（烟草花叶病毒）　3. 线状（甜菜黄化病毒）

（1）植物病毒的形态　形态完整的病毒称作病毒粒体。在电子显微镜下，高等植物病毒粒体主要为杆状、线条状和球状等。病毒的大小、长度个体之间相差很大，直径一般在 10 ~ 300 nm。如烟草花叶病毒大小为 15 nm × 280 nm。

（2）植物病毒的结构和成分　植物的病毒粒体由核酸和蛋白质衣壳组成。蛋白质在外形成衣壳，具有保护核酸免受核酸酶或紫外线破坏的作用。核酸在内形成心轴。一般杆状或线条状的植物病毒中间是核酸链，蛋白质亚基呈螺旋对称排列。核酸链也排列成螺旋状，嵌于亚基的凹痕处；球状病毒大都是近似正 20 面体。

一种病毒粒体内只含有一种核酸（RNA 或 DNA）。高等植物病毒的核酸大多数是单链 RNA，少数是双链的 RNA（三叶草伤瘤病毒）。个别病毒是单链 DNA（联体病毒科）或双链 DNA（花椰菜花叶病毒）。

（3）植物病毒的理化特性　病毒作为活体寄生物，在其离开寄主细胞后，会逐渐丧失它的侵染力，通常用以下指标来鉴定其稳定性：

①失毒温度　把含有病毒的植物汁液在不同温度下处理 10 min 后，使病毒失去侵染力的最低温度。大多数植物病毒的失毒温度在 55 ~ 70 ℃，但烟草花叶病毒为 90 ~ 93 ℃。

②稀释终点 把含有病毒的植物汁液加水稀释，使病毒失去侵染力的最大稀释限度。如菊花 D 病毒的稀释终点为 10^{-4}，烟草花叶病毒的稀释限点为 10^{-6}。

③体外保毒期　在室温（20 ~ 22 ℃）下，含有病毒的植物汁液保持侵染力的最长时间。如香石竹坏死斑病毒为 2 ~ 4 d，烟草花叶病毒为 30 d 以上。

（4）植物病毒的复制增殖　植物病毒的"繁殖"方式称为复制增殖。植物病毒以被动方式通过伤口侵入寄主活细胞，脱壳后释放出病毒核酸，然后病毒核酸进行复制、转录和表达，新合成的核酸与蛋白质再进行装配，形成完整的子代病毒粒子。子代病毒粒子可以不断增殖，并通过胞间连丝进行扩散转移。病毒在复制增殖的过程的同时，也破坏了寄主正常的生理代谢，使得寄主植物发病并表现出症状。

2) 植物病毒的侵染和传播

植物病毒是严格的细胞内专性寄生物，无主动侵染能力，只能从机械的或传毒介体所造成的微伤口侵入。其传播途径有：

(1) 机械传播　机械传播指病株汁液通过与健株表面的各种机械伤口摩擦而产生的传播。在田间和温室进行移苗、整枝、打杈等农事操作，或因大风使健株与邻近病株接触而相互摩擦造成微小的伤口，病毒就可随着汁液进入健株，因此又称为汁液传播。通常引起花叶型症状的病毒较容易机械传播，如蟹爪兰、八仙花环斑病毒病。而引起黄化型症状的病毒和存在于韧皮部的病毒难以或不能机械传播。

(2) 无性繁殖材料和嫁接传播　许多病毒都有全株性侵染的特点，在植物体内除生长点外各部位均可带毒，因此，各种无性繁殖材料如球茎、鳞茎、根系、果树的插条、砧木和接穗等都会引起病毒的传播。如郁金香碎锦病、美人蕉花叶病等主要以球根传播；嫁接是园林、园艺上的常见农事活动，是果树和花卉病毒病得以传播的最重要方式，如蔷薇条纹病毒及牡丹曲叶病毒，就是通过接穗和砧木带毒经嫁接传播的。

(3) 种子和花粉传播　由种子传播的病毒种类大约占 1/5，种子带毒为害主要表现在早期侵染和远距离传播。早期侵染可形成田间发病中心；而带毒种子随着种子的调运则会造成病毒的远距离传播。以种子传播的病毒大多可以机械传播，症状常为花叶。如仙客来病毒病就是通过种子传带病毒的；还有极少量的病毒可以由花粉传毒，如桃环斑病毒、悬钩子丛矮病毒等。

(4) 介体传播　植物病毒的传毒介体主要有昆虫、螨、线虫、真菌、菟丝子等。大部分植物病毒是通过昆虫传播的。传毒的昆虫主要是刺吸式口器的昆虫，如蚜虫、叶蝉、飞虱、粉虱、蓟马等；也有少数咀嚼式口器的昆虫（如甲虫、蝗虫等）也可传播病毒。

昆虫传播病毒有一定的专化性，有些病毒只由蚜虫传播，有的只由叶蝉传播，其中以叶蝉的专化性较强，而蚜虫传毒的专化性较弱。有些昆虫只能传播一种病毒，而桃蚜可以传播 100 多种病毒。蚜虫大多传播花叶型病毒。

植物病毒的侵染有全株性的和局部性的。全株性侵染的病毒也并不是植株的每个部分都有病毒，植物的茎和根尖的分生组织中就没有病毒。利用病毒在植物体内的分布特点可将茎尖进行组织培养，从而得到无病毒的植株。

3) 植物病毒病的症状

植物感染病毒后会产生各种症状，但植物病毒病只有明显的病状而无病征。常见的有：

(1) 变色　变色中以花叶、明脉和黄化最为常见。植物感染病毒后，叶绿素合成受阻，因而表现为褪绿、白化、黄化、紫化或变褐等，形成全株叶片呈深浅绿色不匀，浓淡相嵌的症状。如大丽花花叶病、水仙黄色条纹花叶病、月季花叶病及牡丹环斑病；有的病叶叶脉明显，对光观察叶脉透明，称为明脉，是花叶病的前期症状；如果叶片均匀褪绿和变色，则称黄化、白化、紫化，如虞美人病毒病。

(2) 坏死　植物病毒病的坏死症状常表现为枯斑、环纹或环斑，是寄主对病毒侵染后的过敏性坏死反应引起的，如剑兰花叶病毒病、苹果锈果病等。

(3) 畸形　畸形症状也是病毒病的常见症状类型，多表现为癌肿、矮化、皱缩、小叶、丛枝等，如仙客来和紫罗兰病毒病。

细胞感染病毒后,植物内部最为明显的变化是在表现症状的表皮细胞内形成内含体。内含体的形状很多,有风轮状、变形虫形、近圆形的,也有透明的六角形、长条状、皿状、针状、柱状等形状。有些在光学显微镜下就可观察到。

植物受到病毒感染后,病毒虽然在植物体内增殖,但由于环境条件不适宜而不表现显著的症状,称为隐症现象,或称症状潜隐。如高温可以抑制许多花叶病型病毒病的症状表现。

2.3.4 植物病原线虫

线虫是一类低等动物,属线形动物门线虫纲。在自然界种类多,分布广。多数腐生,少数可寄生在园林植物上引起植物线虫病害。我国园林植物线虫病有百余种,虽然只占病害的2.11%,但在局部地区为害性较大。如仙客来、牡丹、月季等花卉根结线虫病;菊花、珠兰的叶枯线虫病;水仙茎线虫病、松树线虫病等,使寄主生长衰弱、根部畸形;同时,线虫还能传播其他病原物,如真菌、病毒、细菌等,加剧病害的严重程度。

近年来很多具有生防潜力的昆虫病原线虫的繁殖和应用研究取得了很大的进展。如斯氏线虫科、异小杆线虫科、索科线虫等,在生产上对桃小食心虫、小地老虎、大黑鳃金龟等害虫取得了显著的防治效果;捕食真菌、细菌的线虫也有很多报道。

1)线虫的一般性状

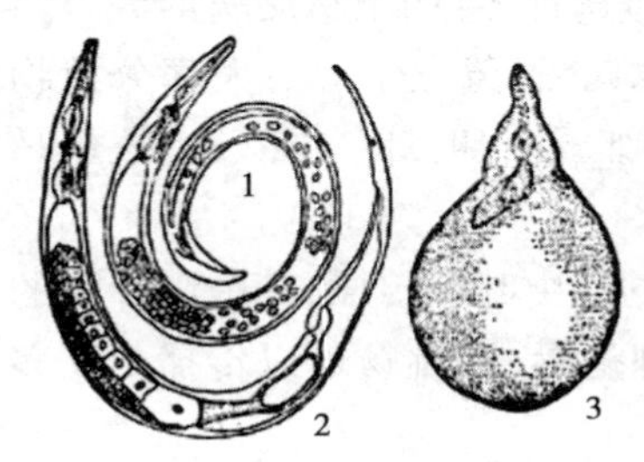

图2.33 植物病原线虫的形态

1.雄虫 2.雌虫

3.根结线虫雌虫

大多数植物寄生线虫体形细长,两端稍尖,形如线状,故名线虫。植物寄生性线虫大多虫体细小,需要用显微镜观察。线虫体长0.3~2 mm,个别种类可达4 mm,宽0.03~0.05 mm。多数线虫雌雄同型,皆为线形;少数雌雄异型,雌成虫为柠檬形或梨形。但它们在幼虫阶段都是线状的(图2.33)。线虫虫体多为乳白色或无色透明,有些种类的成虫体壁可呈褐色或棕色。

线虫虫体分头部、胴部和尾部。虫体最前端为头部,着生有唇、口腔、吻针和侧器;胴部是从吻针基部到肛门的一段体躯,线虫的消化、神经、生殖、排泄系统都在这个体段。尾部是从肛门以下到尾尖的一部分,其中有侧尾腺和尾腺,还有少数雄虫具有交合刺。侧尾腺的有无是线虫分类的重要依据。

线虫外层为体壁,不透水、角质,有弹性,有保持体形、膨压和防御外来毒物渗透的作用。体壁下为体腔,其内充满体腔液,有消化、生殖、神经、排泄等系统。线虫无循环和呼吸系统。其中消化系统和生殖系统最为发达,神经系统和排泄系统相对较为简单。

线虫生活史比较简单。有卵、幼虫和成虫3个虫态。卵通常为椭圆形,半透明,产在植物体内、土壤中或留在卵囊内;幼虫有4个龄期,1龄幼虫在卵内发育并完成第一次蜕皮,2龄幼虫从卵内孵出,再经过3次蜕皮发育为成虫。植物线虫一般为两性生殖,也可以孤雌生殖。多数线虫完成一代只要3~4周的时间,在一个生长季中可完成若干代。

植物病原线虫多以幼虫或卵在植物组织内或土壤中越冬,在土壤中的分布多在15 cm以内的耕作层内,特别是植物根的周围。其传播方式包括水、昆虫和人为传播。在田间主要以灌溉水的形式传播;人为传播形式较多,如耕作机具携带病土;种子、球根及花木的远距离调运等。

植物病原线虫都是活体寄生物,不能人工培养。线虫的寄生方式有外寄生和内寄生。外寄生的线虫虫体大部分留在植物体外,仅以头部穿刺入植物组织内吸取食物;内寄生的线虫虫体则全部进入植物组织内。也有些线虫生活史的某一段为外寄生,而另一段为内寄生。植物病原线虫对植物的致病性包括:机械创伤、营养掠夺、化学毒害引起寄主畸形以及造成伤口使真菌、细菌等病原微生物侵染等。但由于多数线虫存活在土壤中,因此,以植物的根和地下茎、鳞茎和块茎等最容易受害。

植物受线虫为害后,可以表现局部性症状和全株性症状。局部性症状多出现在地上部分,如顶芽坏死、茎叶卷曲、叶瘿、种瘿等;全株性病害则表现为地上部营养不良、植株矮小、生长衰弱、发育迟缓、叶色变淡等;地下部形成根结、根部坏死或根腐等症状。

2)植物病原线虫的主要类群及所致病害

线虫为动物界、线虫门的低等动物。门下设侧尾腺纲和无侧尾腺纲。植物寄生线虫多属于侧尾腺纲中的垫刃目。为害园林植物的重要病原线虫类群有:

(1)根结线虫属(*Meloidogyne*) 雌雄异型,雌成虫梨形。内寄生,为害园林植物的根系,植物根部的虫瘿是根结线虫为害的典型症状。如仙客来、四季海棠、鸡冠花、牡丹、栀子、月季、桂花、法桐、泡桐及柳树等多种花木的根结线虫病。

(2)茎线虫属(*Ditylenchus*) 雌雄同型,均为线状。多数内寄生,可为害茎、叶、花等器官,引起组织坏死腐烂或植株矮化,如水仙、郁金香、福禄考茎线虫病。

(3)滑刃线虫属(*Aphelenchoides*) 雌雄同型,均为线状,多为内寄生,少数外寄生。侵害园林植物的芽和叶,引起枯斑和凋萎,也能侵害花,引起花朵干枯或畸形,如菊花、翠菊、大丽花叶线虫病,唐菖蒲、水仙、扶桑、杜鹃等花木线虫病。

(4)短体线虫属(*Pratylenchus*) 雌雄同型,均为圆筒形,蠕虫状,体长不超过 1 mm,迁移型内寄生线虫,为害植物的根,引起细胞死亡。根的外部变褐色,有不规则长形病斑,如百合、水仙、金鱼草、蔷薇、樱花、仁果、核果类花卉和树木的根腐线虫病。

2.3.5 寄生性种子植物

大多数植物为自养生物,能自行吸收水分和矿物质,并利用叶绿素进行光合作用合成自身生长发育所需的各种营养物质。但也有少数植物由于叶绿素缺乏或根系、叶片退化,必须寄生在其他植物上以获取营养物质,称为寄生性植物。大多数寄生性植物为高等的双子叶植物,可以开花结籽,又称为寄生性种子植物。

1)寄生性植物的寄生性

根据寄生性植物对寄主植物的依赖程度,可将寄生性植物分为全寄生和半寄生两类。全寄生性植物无叶片或叶片已经退化,无足够的叶绿素,根系蜕变为吸根,必须从寄主植物上获取包括水分、无机盐和有机物在内的所有营养物质,如菟丝子、列当等;半寄生性植物本身具有叶绿素,能够进行光合作用,但需要从寄主植物中吸取水分和无机盐,如槲寄生、桑寄生等(图2.34)。

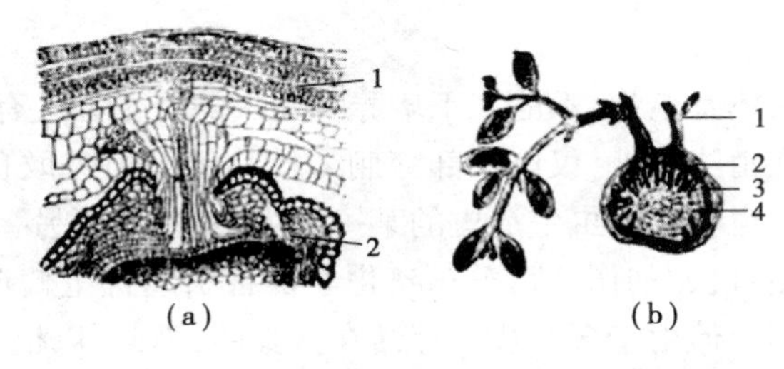

图 2.34 菟丝子的吸盘和槲寄生的吸根

(a)菟丝子的吸盘:1.菟丝子茎组织 2.寄生组织

(b)槲寄生侵入寄主后的横切面:1.分枝 2.吸盘 3.吸根 4.寄主皮层

寄生性植物在寄主植物上的寄生部位也是不相同的,有些为根寄生,如列当;有些则为茎寄生,如菟丝子和槲寄生。

2)寄生性植物的主要类群

(1)菟丝子 菟丝子属植物是世界范围分布的寄生性种子植物,在我国各地均有发生,寄主范围广,主要寄生于豆科、菊科、茄科、百合科、伞形科、蔷薇科等草本和木本植物上。菟丝子属植物为全寄生、一年生攀藤寄生的草本种子植物,无根;叶片退化为鳞片状,无叶绿素;茎藤多为黄色丝状。菟丝子花较小,白色、黄色或淡红色,头状花序。蒴果扁球形,内有 2~4 粒种子;种子卵圆形,稍扁,黄褐色至深褐色。菟丝子为全寄生种子植物,寄生于植物的茎部,以吸器伸入茎或枝干内与寄主的导管和筛管相连接,吸取全部养分,致使被害植物发育不良,表现为生长矮小和黄化,甚至枯萎死亡。

在我国主要有中国菟丝子和日本菟丝子等。中国菟丝子主要危害草本植物,如一串红、翠菊、长春花和扶桑等;日本菟丝子则主要危害木本植物,如杜鹃、六月雪、山茶花、木槿、紫丁香、珊瑚树、银杏、垂柳、白杨等。

田间发生菟丝子为害后,一般是在开花前彻底割除菟丝,或采取深耕的方法将种子深埋使其不能萌发。采用生物制剂"鲁保一号"防效也很好。

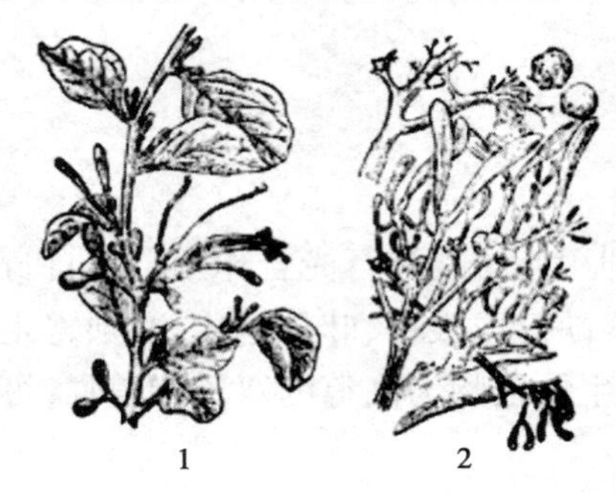

图 2.35 桑寄生和槲寄生

1.桑寄生 2.槲寄生

(2)桑寄生 桑寄生多为绿色灌木,有叶绿素,叶肉质肥厚无柄对生,花极小,单性,雌雄同株或异株;果实为浆果,黄色,营半寄生生活。主要寄生于桑、杨、板栗、梨、桃、李、山茶、石榴、木兰、蔷薇、梧桐等多种果树和林木植物的茎枝上(图 2.35)。

桑寄生的种子由鸟类携带传播到寄主植物的茎枝上,萌发后胚轴再与寄主接触处形成吸盘,由吸盘中长出初生吸根,穿透寄主皮层,形成侧根并环绕木质部,再形成次生吸根侵入木质部内吸取水分和矿物质。

发现桑寄生后应及时锯除病枝及寄生物一并烧毁;喷洒硫酸铜 800 倍有一定防效。

2.3.6 其他侵染性病原

1)植物菌原体

(1)植物菌原体的一般性状　植物菌原体没有细胞壁,没有革兰氏染色反应,也无鞭毛等其他附属结构。菌体外缘为三层结构的单位膜。细胞内有颗粒状的核糖体和丝状的核酸物质(图2.36)。

植物菌原体包括植原体(Phytoplasma)即原来的类菌原体(Mycoplasma like organism,简称MLO)和螺原体(Spiroplasma)两种类型。植原体的形态通常呈圆形或椭圆形,圆形的直径在100~1 000 nm,椭圆形的大小为200 nm×300 nm,但其形态可发生变化,有时呈哑铃形、纺锤形、马鞍形、梨形、蘑菇形等形状(图2.36)。螺原体菌体呈螺旋丝状,一般长度为3~25 nm,直径为100~200 nm。

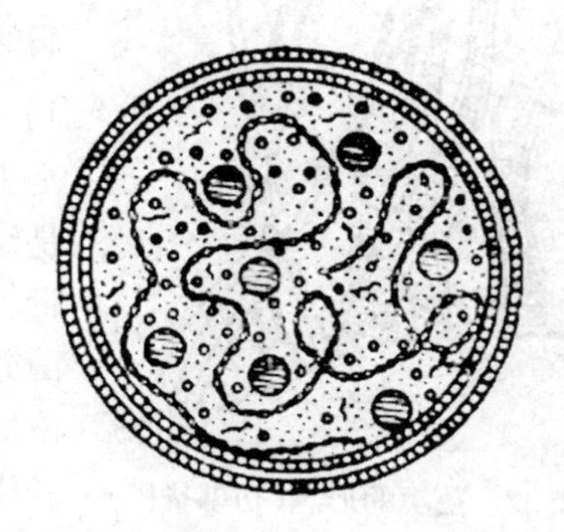

图2.36　植原体的模式结构(仿方中达)

植原体较难在人工培养基上培养,它要求较复杂的营养条件,同时要求适当的温度、pH值等。极少数种类可在液体培养基中形成丝状体,在固体培养基上形成"荷包蛋"状菌落;螺原体较易在人工培养基上培养,也形成"荷包蛋"状的菌落。

植原体一般认为以下列几种方式繁殖:裂殖、出芽繁殖或缢缩断裂法繁殖;螺原体繁殖时是球状细胞上芽生出短的螺旋丝状体,后胞质缢缩、断裂而成子细胞。

植原体主要引起丛枝、黄化、花变叶、小叶等症状。嫁接可传染,传播媒介为叶蝉,其次为飞虱、木虱等。植原体对四环素族抗生素如四环素、多霉素和土霉素敏感,可以用这些抗生素治疗其所引起的病害,疗效可达一年,但对青霉素抗性很强,如枣疯病等。

(2)植物菌原体病害的特点　植物菌原体病害的症状与病毒病相似,为变色和畸形,如黄化、矮化或矮缩、丛生,小叶、花变绿等,通过叶蝉、飞虱、木虱等介体昆虫、嫁接、菟丝子进行传播。

2)类病毒

类病毒是在研究马铃薯纺锤块茎病时发现的一种类似病毒的病原物。它只有核酸(小分子RNA)而无蛋白衣壳,其RNA一般呈单链环状结构,分子量为1~10道尔顿,远比最小的病毒还要小许多倍,是已知的最小的、结构最简单的病原物。它们与病毒一样具有侵染和增殖能力,具有较强的致病性,能引起植物表现特殊的症状,对热、紫外光和离子辐射具有高度的抗性。

类病毒对植物的侵染主要是通过嫁接传染、接触传染,有的可通过无性繁殖材料传染,某些菟丝子也可传染。昆虫介体传染目前尚无定论。植物细胞的损伤对类病毒的侵染也是必需的途径。当类病毒侵入植物细胞后便进入细胞核中,并在那里自主复制。其致病过程可能是通过扰乱寄主细胞的基因调控来实现的。类病毒引起的植物特殊症状,主要表现为:植株矮化;簇顶;叶、花变小;叶片黄化或斑驳或皱缩、卷曲;果实白化及树皮鳞皮症等。目前已知由类病毒引起的植物病害有8种,其中花卉植物占2种,即菊花矮化病(CSV)与菊花褪绿斑驳病

(CHCMV)。类病毒寄主范围较广,可侵染菊科 43 种植物。

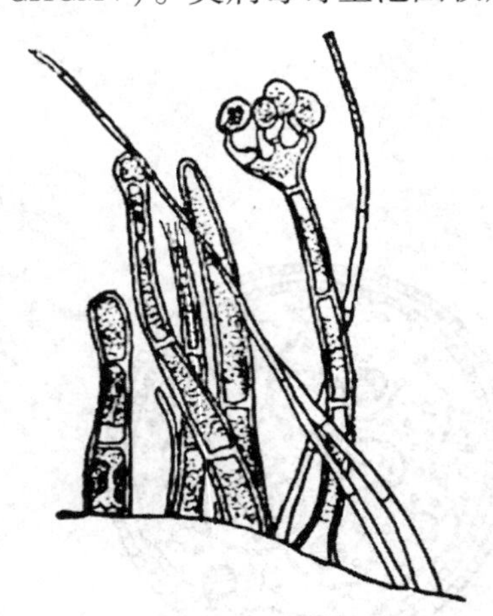

图 2.37 藻类的形态(仿邬华根)
示头孢藻的胞囊梗、
孢子囊与直立的毛

研究表明,类病毒病害有一共同特点,就是许多带有类病毒的植物体并不表现症状,此现象称为不显性感染;它的另一特点是从侵染到发病的潜育期很长,有的侵染植物后几个月,甚至到第二代才表现症状,如马铃薯纺锤块茎病;而柑橘裂皮病的潜育期可长达数年之久。

3)寄生藻类

在藻类植物中,有少数是引起植物病害的病原,最重要的是绿藻纲枯色藻科的头孢藻属,本属主要分布在热带和亚热带,为叶生藻类。藻体在植物叶表面附生或内生,其中以头孢菌分布广、为害大,能引起多种经济植物的病害。藻体绿色到橙红色,内生,由双叉的藻丝组成 1 至多层的盘状细胞板,有多细胞的毛伸出叶面角质层外,另一种直立枝顶端形成孢子囊,产生能动孢子(游动孢子)以不规则分枝的单细胞的假根伸入寄主植物叶表皮细胞间(图 2.37)。在亚麻荠属、杜鹃属、胡椒属、柑桔属及茶属等植物叶片上寄生,在茶树上引起严重的叶斑、早期落叶和顶枯,通常称为藻斑病。我国藻斑病主要分布在长江以南地区,为害山茶、茶梅、玉兰、含笑、冬青、阴香、海南红豆、白兰花及梧桐等多种花木。

2.4 植物侵染性病害的发生与流行

植物病害的发生与流行

侵染性病害的发生和流行,是寄主植物和病原物在一定的环境条件影响下,相互作用的结果。如果要更好地认识病害的发生、发展规律,就必须了解病害发生发展的各个环节,深入分析病原物、寄主植物、环境条件在各个环节中的作用。

2.4.1 病原物的寄生性、致病性及寄主植物的抗病性

1)病原物的寄生性

一种生物能生活在另一种生物的外表或内部,并从其体内获得营养,前者称寄生物,后者称寄主。寄生性是指寄生物从寄主处获得活体营养的能力。植物寄生物是一种与植物有密切关系,并能在被吸取养分的植物上繁殖和生长的生物。寄生物从寄主植物上吸取了养料和水分,一般都导致植物正常生长功能的减弱,损害其发育和繁殖。所有的病原物都是寄生物,不同的病原物其寄生性有强弱区分。

(1)专性寄生物　这类病原物的寄生能力最强,自然条件下只能从活的寄主细胞和组织中获得营养,也称为活体寄生物。寄主植物的细胞和组织死亡后,寄生物也停止生长和发育,寄生物的生活严格依赖寄主,寄主的死亡对其不利。因此这类寄生物侵入寄主后,并不立即杀害寄

主细胞，而是力求与寄主和平共处以保持寄主的正常代谢，从而便于吸取更多的营养供其生长发育。植物病原物中，所有植物病毒、植原体、寄生性种子植物，大部分植物病原线虫和霜霉菌、白粉菌和锈菌等真菌是专性寄生物。

(2)非专性寄生物　绝大多数的植物病原真菌和植物病原细菌都是非专性寄生的，但它们的寄生能力也有强弱区分。强寄生物的寄生性仅次于专性寄生物，以寄生生活为主，但也有一定的腐生能力，在某种条件下，可以营腐生生活。大多数真菌和叶斑性病原细菌属于这一类。如很多子囊菌的无性阶段寄生能力较强，可在旺盛生长的活寄主上营寄生生活；而有性阶段寄生能力弱，可在衰老死亡的寄主组织(如落叶)上营腐生生活。

弱寄生物一般也称作死体寄生物。它们的寄生性较弱，只能在衰弱的活体寄主植物或处于休眠状态的植物组织或器官(如块根、块茎、果实等)上营寄生生活。这类寄生物包括引起猝倒病的腐霉菌和瓜果腐烂的根霉菌、引起腐烂的细菌等，它们生活史中的大部分时间是营腐生生活的。

病原物对寄主具有选择性，任何病原物都只能寄生在一定的寄主植物上，也就是每种病原物都有一定的寄主范围。不同病原物的寄主范围差别很大，这与其寄生性强弱有一定的关系。一般来说，寄生物的寄生性强，寄主专化性就强，寄主范围相对较窄；寄生性弱，寄主专化性也较弱，寄主范围较宽。

2)病原物的致病性

致病性是病原物所具有的破坏寄主和引起病害的能力。病原物的破坏作用是由于寄生物从寄主吸取水分和营养物质，同时，病原物新陈代谢的产物也直接或间接地破坏寄主植物的组织和细胞。致病性和寄生性既有区别又有联系，但致病性才是导致植物发病的主要因素。

专性寄生物或强寄生物对寄主细胞和组织的直接破坏性小，所引起的病害发展较为缓慢，如果寄主细胞或组织死亡，对病原物生长反而不利；而多数非专性寄生物对寄主的直接破坏作用很强，可以很快分泌酶或毒素杀死寄主的细胞或组织，而后从死亡的组织和细胞中获得营养。因此，一般寄生性强的病原物，致病性较弱；而寄生性较弱的病原物一般致病性较强。

病原物对寄主植物致病性的体现是多方面的。首先是夺取寄主的营养物质，致使寄主生长衰弱；其次是分泌各种酶和毒素，使植物组织中毒进而消解、破坏组织和细胞，引起病害；有些病原物还能分泌植物生长调节物质，干扰植物的正常激素代谢，引起生长畸形。

病原真菌、细菌、病毒、线虫等病原物，在其种内存在致病性的差异，依据其对寄主属的专化性可区分为不同的专化型；同一专化型内又根据对寄主种或品种的专化性分为生理小种。病毒称为株系，细菌称为菌系。了解当地病原物的生理小种，对选育和推广抗病品种、分析病害流行规律和预测预报具有重要的实践意义。

3)寄主植物的抗病性

(1)寄主植物的抗病性表现　寄主植物抵抗或抑制病原危害的能力称为抗病性。不同植物对病原物的抗病能力有程度区分。

一种植物对某一种病原物而言，完全不发病或无症状称免疫；表现为轻微发病的称抗病，发病极轻则称高抗；植物可忍耐病原物侵染，虽然表现为发病较重，但对植物的生长、发育、产量、品质没有明显影响称耐病；寄主植物发病严重，对产量和品质影响显著称感病；寄主植物本身是感病的，但由于形态、物候或其他方面的特性而避免发病称避病。

植物之所以有抗病性的表现，与植物微观的形态结构和生理生化特性有关。形态结构的特性如植物表面毛状物的疏密、蜡层的厚薄、气孔的结构、侵填体形成的快慢等,生理生化方面如酚类化合物、有机酸含量和植物保卫素的积累速度等都会影响到植物抗病性的强弱。

(2)水平抗性和垂直抗性　根据寄主植物抗病性与病原物小种的致病性之间有无特异性及相互关系,把植物抗病性分为垂直抗性和水平抗性两类。

①垂直抗性　寄主和病原物之间有特异的相互作用,植物某品种对病原物的某些生理小种有抗性,而对另一些则没有抗性。生产上,这种抗病性一般表现为免疫或高抗,但抗病性不持久,容易因田间小种变异而导致抗病性丧失。垂直抗性由主效基因控制,抗性遗传表现为质量遗传。

②水平抗性　即寄主和病原物之间没有特异的相互作用,植物某品种对病原物所有小种的反应基本一致。水平抗性不易因病原小种变化而在短期内导致抗病性丧失,抗病性较为稳定持久。水平抗性由许多微效基因综合起作用,抗性遗传表现为数量遗传。但在生产上易受栽培管理水平、营养条件的影响。

利用抗病品种来防治病害,必须注重科学合理,最大限度发挥水平抗性和垂直抗性品种的长处,才能收到较好的防治效果。

2.4.2 植物病害的侵染过程和侵染循环

1)病害的侵染过程

病原物的侵染过程是指病原物侵入寄主到寄主发病的全过程,简称病程。它是一个连续的过程,包括病原物的致病过程和寄主植物的抵抗过程。病程的有无是区别侵染性病害和非侵染性病害的一个依据。可将侵染过程分为4个阶段,即接触期、侵入期、潜育期和发病期。

(1)接触期　接触期是指病原物与寄主植物的感病部位接触,到病原物开始萌动为止的阶段。这段时间病原物处在寄主体外,受到环境中复杂的物理化学因素和各种微生物的影响,病原物必须克服各种不利因素才能进一步侵染,若能阻止病原物与寄主植物接触或创造不利于病原物生长的微生态条件可有效地防治病害。

(2)侵入期　侵入期是指病原物从侵入到与寄主建立寄生关系的阶段。侵入期是病原物侵入寄主植物体内最关键的第一步,病原物已经从休眠状态转入生长状态,且又暴露于寄主体外,是其生活史中最薄弱的环节,有利于采取措施将其杀灭。病原物必须通过一定的途径进入植物体内,才能进一步发展而引起病害。病原物的侵入途径主要有以下几种:

①自然孔口侵入　包括植物表皮上的气孔、水孔、皮孔、腺体、花柱等。

②伤口侵入　包括机械伤、虫伤、冻伤、自然裂缝、人为创伤等。

③直接侵入　病原物靠生长的机械压力或外生酶的分解能力直接穿过植物的表皮或皮层组织。

各种病原物都有一定的侵入途径。病毒只从伤口侵入;细菌可以从伤口和自然孔口侵入;大部分真菌可从伤口和自然孔口侵入,少数真菌、线虫、寄生性种子植物可从表皮直接侵入。真菌大多数是以孢子萌发后形成的芽管或菌丝侵入寄主细胞或组织的。

影响侵入的环境条件主要是温、湿度。它既影响病原物,也影响寄主植物。湿度对真菌和细菌等病原物的影响最大。湿度影响孢子能否萌发和侵入,绝大多数气流传播的真菌病害,其孢子萌发率随湿度增加而增大,在水滴(膜)中萌发率最高。如真菌的游动孢子和细菌只有在水中才能游动和侵入；只有白粉菌是个例外，它的孢子在湿度较低的条件下萌发率高，在水滴中萌发率反而很低。另外，在高湿度下，寄主愈伤组织形成缓慢，气孔开张度大，水孔泌水多而持久，保护组织柔软，寄主植物的抗侵入能力大为降低。温度则影响孢子萌发和侵入的速度。真菌孢子在适温条件下萌发只需几小时的时间。如马铃薯晚疫病菌孢子囊在 12 ~ 13 ℃的适宜温度下，萌发仅需 1 h，而在 20 ℃以上时需 5 ~ 8 h；又如葡萄霜霉病菌孢子囊在 20 ~ 24 ℃萌发需 1 h，在 28 ℃和 4 ℃下分别为 6 h 和 12 h。

应当指出，在植物的生长季节里，温度一般都能满足病原物侵入的需要，而湿度的变化则较大，常常成为病害发生的限制因素。因而也就不难理解为什么在潮湿多雨的气候条件下病害严重，而雨水少或干旱季节病害轻或不发生了；同样，适当的农业措施，如灌水适时适度、合理密植、合理修剪、适度打除底叶、改善通风透光条件、田间作业尽量避免植物机械损伤和注意伤口愈合等，对于减轻病害都十分有效。只有病毒病是个例外，它在干旱条件下发病严重，这是因为干旱有利于介体昆虫如蚜虫的发育和活动。此外，目前所使用的杀菌剂仍以保护性为主，必须在病原物侵入寄主之前，也就是少数植物的发病初期使用，才能收到比较理想的防效。

(3)潜育期　潜育期指病原物侵入寄主后建立寄生关系到症状显露为止的阶段。潜育期是病原物在植物体内进一步繁殖和扩展的时期，也是寄主植物调动各种抗病因素积极抵抗病原危害的时期。当寄生关系建立后，病原物就会在寄主体内扩展蔓延，很多病原物扩展范围只限于某些器官和组织，症状的表现也限于这些部位，这种侵染叫局部侵染，所致病害称为点发性病害；有的病原物侵入以后在寄主体内全株扩展，称为系统侵染，所致病害叫散发性病害。

各种病害的潜育期长短不一，常见的叶斑病类潜育期一般为 7 ~ 15 d，枝杆病害约十多天至数十天。系统侵染的病害，特别是丛枝类病害，潜育期更长。木腐病有时长达 10 年或数十年，直到树干中心腐烂成空洞，外表尚难察觉出来。在潜育期，温度的影响比较大。病原物在其生长发育的最适温度范围内，潜育期最短，反之延长。

此外，潜育期的长短也与寄主植物的健康状况有着密切的关系。凡生长健壮，营养充足的树木，抗病力强，潜育期相应延长；而营养不良，树势衰弱的树木，潜育期短，发病快。所以，在潜育期采取有利于园林植物的措施如保证充足的营养、物理法铲除潜伏病菌或使用合适的化学治疗剂等都可以终止或延缓潜育期的进程，减轻病害的发生。

潜育期的长短还与病害流行关系密切。潜育期短，一个生长季节中重复侵染的次数就多，病害大发生的可能性增大。

(4)发病期　发病期是指出现明显症状后病害进一步发展的阶段。此时病原物开始产生大量繁殖体，加重危害或开始流行，所以病害的防治工作仍然不能放弃。病原真菌会在受害部位产生孢子，细菌会产生菌脓；孢子形成的迟早是不同的，如霜霉病、白粉病、锈病、黑粉病的孢子和症状几乎是同时出现的，但一些寄生性较弱的病原物繁殖体，往往在植物产生明显的症状后才出现。

另外，病原物繁殖体的产生也需要适宜的温湿度，温度一般能够满足，在较高的湿度条件下，病部才会产生大量的孢子或菌脓。有时可利用这个特点对病症不明显的病害进行保湿培养以快速的诊断病害。

研究病害的侵染过程及其规律性，对于植物病害的预测预报和防治工作都有极大的帮助。

2)植物病害的侵染循环

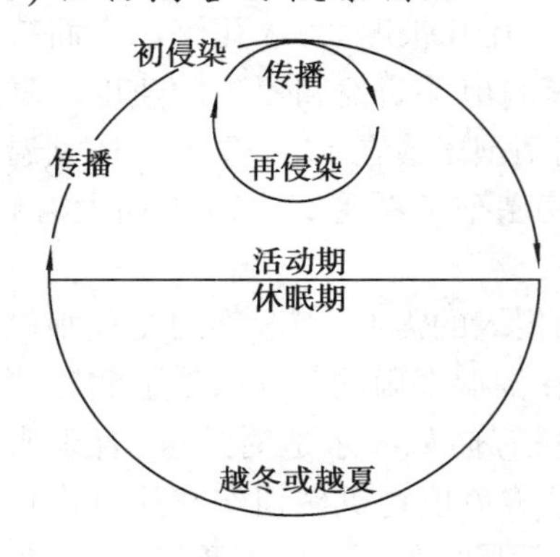

图2.38 植物病害侵染循环示意图

植物病害的侵染循环是指侵染性病害从一个生长季节开始发生,到下一个生长季节再度发生的过程。它包括病原物在何处越冬(或越夏)、病原物如何传播以及病原物的初侵染和再侵染等环节,切断其中任何一个环节,都能达到防治病害的目的(图2.38)。

(1)病原物的越冬、越夏 植物病原物绝大多数是在寄主植物体上寄生的,生长期结束或植物收获后,病原物能否顺利渡过寄主休眠期影响到下一个生长季病害的发生情况。病原物可以寄生、休眠、腐生等方式在以下场所越冬和越夏,而越冬和越夏后的病原物也是植物在生长季内最早发病的初侵染来源。

越冬和越夏时期的病原物相对集中,方便我们采取最经济简便的方法最大限度地压低病原物的数量,用最少的投入收到最好防治的效果。

①田间病株 病原物可在树木、温室花卉等多年生或一年生寄主植物上越冬、越夏,成为第二年病害的初侵染来源。对田间病株上的病害防治不可忽视。

②种苗和其他繁殖材料 其他繁殖材料是指种子、苗木以外的各种繁殖材料,如鳞茎、球茎、插穗、接穗和砧木等。使用这些繁殖材料时,不仅植物本身发病,它们还会成为田间的发病中心,造成病害的蔓延,繁殖材料的远距离调运还会使病害传入新区。因此,在播种前应该处理种子、苗木和其他繁殖材料,如水选、筛选、热处理或化学处理法等。世界各国在口岸对种苗等繁殖材料实行检疫,也是防止危险性病害在更广大地区传播的重要措施。

③病株残体 病株残体包括寄主植物的秸秆、根、茎、枝、叶、花、果实等残余组织。绝大部分的非专性寄生的真菌和细菌可以腐生的方式在病株残体上存活一段时期。但残体腐烂分解后,病原物往往也随之死亡。因此,清洁田园,处理病残体是杜绝病菌来源的重要措施。

④土壤、粪肥 各种病原物可以休眠或腐生的形式在土壤中存活。如鞭毛菌的休眠孢子囊和卵孢子、黑粉菌的冬孢子、线虫的胞囊等,可在干燥土壤中长期休眠。

在土壤中腐生的真菌和细菌,可分土壤寄居菌和土壤习居菌两类。土壤寄居菌的存活依赖于病株残体,当病残体腐败分解后它们不能单独存活在土壤中。绝大多数寄生性强的真菌、细菌属于此类;土壤习居菌对土壤适应性强,可独立地在土壤中长期存活和繁殖,其寄生性都较弱,如腐霉属、丝核属和镰孢霉属真菌等,均在土壤中广泛分布,常引起多种植物的幼苗死亡。在同一块土地上多年连种同一种植物,就可能使土壤中某些病原物数量逐年增加,使病害不断加重。合理的轮作可阻止病原物的积累,因而有效地减轻土传病害的发生。此外,土壤也是各种腐生性颉颃微生物的良好繁殖场所,近年来这方面的研究和利用取得了很大进展,为土传病害的防治提供了更多方法的选择。

病原物也可随各种残体混入肥料,或者虽然经过牲畜消化,但仍能保持生活力而使粪肥带菌。而粪肥未经充分腐熟,就可能成为初侵染来源增加病害发生的可能性。使用腐熟粪肥是防止粪肥传病的有效措施。

此外,有些病毒也可以在传毒昆虫的体内越冬。

(2)病原物的传播 病原物传播的方式,有主动传播和被动传播之分。如很多真菌有强烈的放射孢子的能力，又如具有鞭毛的游动孢子、细菌可在水中游动，线虫和菟丝子可主动寻找寄主，但其活动的距离十分有限。自然条件下以被动传播为主。

①气流传播　真菌产孢数量大、孢子小而轻，气流传播最为常见。气流传播的距离远，范围大，容易引起病害流行。园林植物病害中，近距离的气流传播是比较普遍的。

气流传播病害的防治方法比较复杂，要注意大面积的联防。另外，确定病害的传播距离也是很必要的。如桧柏是苹果和梨锈病的转主寄主，其苗圃与果园的间隔距离设为2.5~3 km就是依据冬孢子的传播距离确定的。

②水流传播　水流传播病原物的形式在自然界也是十分普遍的，其传播距离不及气流远。雨水、灌溉水都属于水流传播。如多种真菌的游动孢子、炭疽菌的分生孢子、病原细菌等都有黏性，在干燥条件下无法传播，必须随水流或雨滴传播。在土壤中存活的病原物，靠雨水的飞溅和随灌溉水传播，如花木的根癌病、苗期猝倒病和立枯病等，因此，在防治时要注意灌水的方式。

③人为传播　人类在从事各种园林操作和商业活动中，常常无意识地传播了病原物。如使用带病的种苗会将病原体带入田间；而施肥、嫁接、修剪、育苗移栽、整枝、扦插等农事操作中，手和工具会将病菌由病株传播至健株上；种苗、接穗及其他繁殖材料、植物性的包装材料上所携带的病原物都可能随着地区之间的贸易运输由人类自己进行远距离的传播。

④昆虫和其他介体传播　昆虫等介体的取食和活动也可以传播病原物。如蚜虫、叶蝉、木虱刺吸式口器的昆虫可传播大多数病毒病害和植原体病害；咀嚼式口器的昆虫可以传播真菌病害；线虫可传播细菌、真菌和病毒病害、鸟类可传播寄生性植物的种子；菟丝子可传播病毒病等。

大多数病原物都有较为固定的传播方式，如真菌和细菌病害多以风、雨传播；病毒病常由昆虫和嫁接传播，从病害预防的角度来说，了解病害的传播规律有着重要的意义。

(3)初侵染和再侵染　越冬或越夏后，病原物在新的生长季节引起植物的初次侵染，称初侵染。在同一生长季节内，由初侵染所产生的病原体通过传播引起的所有侵染皆称再侵染。有些病害只有初侵染，没有再侵染，如苹果和梨的锈病、桃缩叶病等；有些病害不仅有初侵染，还有多次再侵染，如各种霜霉病、白粉病、月季黑斑病、菊花斑枯病、梨黑星病等。

有无再侵染是制定防治策略和方法的重要依据。对于只有初侵染的病害，设法减少或消灭初侵染来源，即可获得较好的防治效果。对再侵染频繁的病害不仅要控制初侵染，还必须采取措施防止再侵染，才能遏制病害的发展和流行。

2.4.3　植物病害的流行

每种植物都会发生很多种病害，但需要加以防治的是大面积发生、为害严重的病害。一种病原物在大面积植物群体中短时间内传播并侵染大量寄主个体的现象称为植物病害流行。由于自然因素、化学防治和其他控制措施的应用，大多数流行病或多或少有着地区局限性。在发病频率上，有些地区的条件经常有利于某种或几种病害发生，虽然不是每年流行，但经常流行，这种地区称为常发区；偶然流行的地区称为偶发区。在地理范围上，多数病害是局部地区流行，称为地方流行病。如一些由细菌、线虫引起的土壤病害，在田间传播距离有限。而一些由气流传播的病原物，就可以被传播较远，如锈病发生面积可达几个省，称为广泛流行病。对流行性病害，更应该加强防治，以避免给园林植物生产造成巨大损失。

1) ***病害流行的因素***

病害发生并不等于病害的流行,植物病害的流行是由于引起植物病害的三个主要因素(简称病害“三要素”),即感病的寄主植物、致病性强的病原物和一定时间内适宜的环境条件之间相互配合而发展起来的。此外,人类活动也可能无意识地助长了某一种病害的流行,或者有效地控制了病害的流行。当环境条件趋向于病原物的生长、繁殖和传播的最适水平,各种适宜条件配合的持续时间延长,并且没有人类活动的干预,那么随着寄主植物感病性和病原物致病性的增加,病害流行的可能性也随之增大。

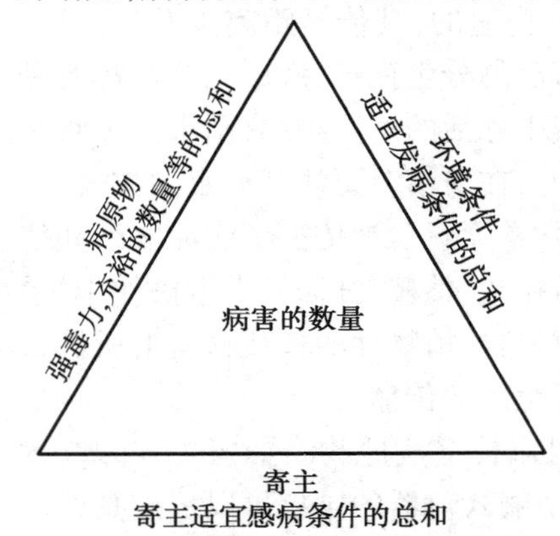

图2.39　病害三角

病害“三要素”即病原物、寄主植物和环境条件之间的相互关系,常用“病害三角”来表示(图2.39)。三角形的每一边表示一种成分。每一边的大小与适合病害发生的每种成分特性的总和成比例。例如,寄主一边的植物是抗病的,或处在抗病阶段,植株间稀疏,以致发病很低或不发病;如果植物是感病的,生长在感病阶段,或种植密集,寄主的一边变长,因而发病可能严重。病原物毒力愈强,数量愈大,病原物的一边就愈长,发病的可能就愈大。同样地,有利于病原物或降低寄主抗性的环境条件愈适宜,则环境条件的一边愈长,发病可能性就愈大。如果病害三角的3个成分可以定量,那么三角形的面积就可代表一株植物或一群植物的发病数量。

(1)病原物　病原物的致病性强、数量多并能有效传播是病害流行的原因之一。强毒力病原物比弱毒力病原物更能迅速侵染寄主,致病性更强。病害的迅速增长有赖于病原物群体的迅速增长。各种病原物的繁殖能力不同,有的繁殖力强,在短期内可以形成大量的后代,为病害流行提供大量的病原物。而大量的病原物需要借助于有效的介体传播,才能在短期内引起病害流行。气流、风雨(尤其是暴风雨)、流水和昆虫传播的病原物引起的病害往往较易流行。

(2)寄主植物　高抗水平(垂直抗性)的寄主植物能够阻止病原物的侵染,因而不发生病害流行。否则,需要出现一个能够侵染这种抗性寄主的病原菌新小种,而使该寄主感病。带有较低抗性(水平抗性)的寄主植物可能受到侵染,但病害的发病率和流行程度取决于抗性水平和环境条件。感病的寄主缺乏抵抗这种病原菌的抗性基因,为病原物的侵染和病害的发展提供了基础,当存在具有毒性的病原菌和适宜的环境条件时,即有利于流行病害的发生;此外,当遗传上一致的寄主植物大面积种植时,在很大程度上可能出现一种新的病原菌生理小种,它具有能侵染该寄主的基因并导致病害的流行。感病寄主植物群体越大,分布越广,病害流行的范围也越大,为害也越重。

(3)环境条件　环境条件包括气象条件和耕作栽培条件。只有在适宜的环境条件下病害才能流行。

气象因素中温度、相对湿度、雨量、雨日、结露和光照时间的影响最为重要。高湿度有利于真菌孢子的形成、萌发和细菌的繁殖,所以雨水多的年份常引起多种真菌和细菌病害的流行,田间湿度高、昼夜温差大,容易结露,雨多、露多或雾多也有利于病害流行。在温度方面,高于或低于植物最适范围的温度有时有利于病害的流行,因为不适的温度降低了植物的水平抗性。生长在这种温度下的植物变得容易感染病害,而病原物却仍保持侵染活力。寒冷的冬季低温能减少真菌、细菌和线虫的存活，炎热夏季的高温也能减少病毒和植原体的存活数量。而温度对流行病最常见的作用是在致病的各个阶段对病原物的影响，即孢子萌发、侵入寄主、病原物的生长和繁殖及产孢的影响。当温度在以上每一阶段保持在适宜范围内，一种多循环病原物就能在最短的时间内完成病害循环，从而迅速增加病原物的数量，引起病害的流行。

另外，栽培管理对植物病害的流行有着促进或抑制的作用。如耕作栽培条件中土壤性质、酸碱性、营养元素等也会影响到病害的流行。

病害的流行都是3方面综合作用的结果。但由于各种病害发病规律不同，每种病害都有各自的流行主导因素。如苗期猝倒病，植物品种对其抗性并无明显差异，土壤中病原物始终存在，只要苗床持续低温潮湿就会导致病害流行，低温潮湿就是病害流行的主导因素。

病害流行的主导因素有时是可变化的。如相同栽培条件和相同气象条件下，品种的抗性是主导因素；已采用抗性品种且栽培条件相同的情况下，气象条件就是主导因素；相同品种、相同气象条件下，肥水管理就是主导因素。防止病害流行，必须找出流行的主导因素而后采取相应的措施，这是非常必要的。

2）病害流行的类型和变化

(1)病害流行的类型　依据病害流行过程中再侵染的有无，可将病害分为两类：

①单年流行病害　单年流行病害又称多循环病害，这类病害有多次再侵染，故又称多循环病害。寄主感病期长，潜育期短，病害在一个生长季内就可由轻到重达到流行的程度，多为气传或风雨传播的病害，也有昆虫传播的，传播效能高，病原物对环境条件敏感，在不利条件下迅速死亡，一般引起地上部的局部性病害。当年病害能否流行取决于气象条件。这类病害多为局部病害如月季黑斑病、玫瑰锈病、白粉病等。

②积年流行病害　这类病害只有初侵染，无再侵染或再侵染的作用不大，故又称单循环病害。寄主感病期短，潜育期长，病原物要经过多年数量积累才能引起病害的流行。当年病害能否流行取决于初侵染的菌量。多为土传或种传病害，病原物抵抗不良环境条件的能力强，寿命较长，常常引起全株性或系统性病害。如多种园林植物根病等。

(2)病害流行的变化　病害流行受许多因素的影响，在一定的时间和空间内是否流行及其流行的程度，常常会有变化。可分为季节变化和年份变化。

①季节变化　指病害在一个生长季节中的消长变化。单循环病害季节变化不大，而多循环病害季节变化大。一般有始发、盛发和衰退3个阶段，即发病初期病情发展慢，以后快速发展，几乎呈直线上升，当植物近成熟或死亡时，病情发展又变慢，呈S形曲线变化。有的病害发展呈波浪式，不止一个发病高峰。在两个高峰之间，病情可以相对下降。有些病害呈单峰曲线，有些呈双峰甚至三峰曲线(图2.40)。

②年份变化　年份变化是指一种病害在不同年份发生程度的变化。单循环和少循环病害需要逐年积累病原物才能达到流行的程度。当病原物群体和病害发展到盛期后，由于某些条件的改变，又可以下降。多循环病害在不同年份是否流行和流行的程度，主要取决于气候条件的变化。因为在不同年份间，除了耕作制度、种植的作物和品种、病原物的毒性变化外，更大的变化在于气候条件，尤以湿度差异为甚。降雨的时间、雨日和雨量与病害流行密切相关。

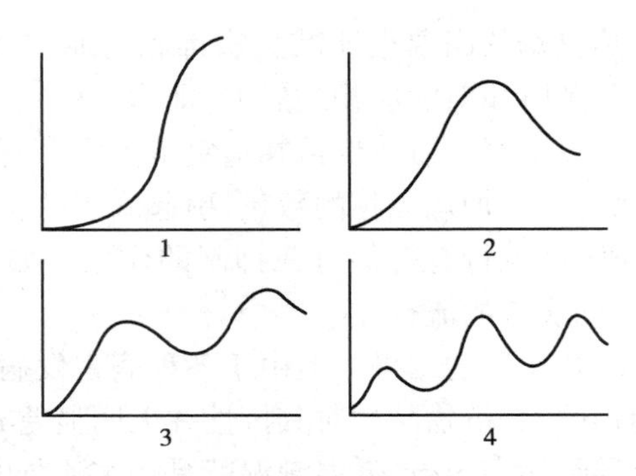

图2.40 季节流行曲线的几种常见形式(引自曾士迈、杨演)
1. S形 2. 单峰形 3,4. 多峰形

2.5 植物病害的诊断

正确诊断和鉴定园林植物病害,是防治病害的基础。植物病害诊断是指根据生病植物的特征、所处场所和环境条件,经过调查与分析,对植物病害的发生原因、流行条件和为害性等做出准确的判断。植物病害种类繁多,防治方法各异,只有对病害做出肯定、正确的诊断,找出病害发生的原因,才有可能制订出切实可行的防治措施。因此,正确的诊断是合理有效防治的前提。植物病害的诊断可在病害发生的任何阶段进行。

2.5.1 植物病害的诊断步骤

植物病害的诊断,应根据发病植物的症状和病害的田间分布等进行全面的检查和仔细分析,对病害进行确诊。一般可按下列步骤进行:

(1)田间观察 田间观察即进行现场观察。观察病害在田间的分布规律,如病害是零星的随机分布,还是普遍发病,有无发病中心等,这些信息常为我们分析病原提供必要的线索。进行田间观察,还需注意调查询问病史,了解病害的发生特点、种植的品种和生态环境。

(2)症状的识别与描述 即对植物病害的症状做全面的观察和检察,尤其对发病部位、病变部分内外的症状作详细的观察和记载。应注意对典型病征及不同发病时期的病害症状的观察和描述。从田间采回的病害标本要及时观察和进行症状描述,以免因标本腐烂影响描述结果。有的无病征的真菌病害标本,可进行适当的保湿后,再进行病菌的观察。

(3)病原物的室内鉴定 肉眼观察看到的仅是病害的外部症状,对病害内部症状的观察需对病害标本进行解剖和镜检。同时,绝大多数病原生物都是微生物,必须借助于显微镜的检查才能鉴别。因此,诊断不熟悉的植物病害时,室内检查鉴定是不可缺少的必要步骤。室内鉴定的主要目的在于:识别有病植物的内部症状;确定病原类别;并对真菌性病害、细菌性病害以及线虫所致病害的病原种类做出初步鉴定,为病害确诊提供依据。

(4)病原物的分离培养和接种 对某些新的或少见的真菌和细菌性病害,还需进行病原菌的分离、培养和人工接种试验,才能确定真正的致病菌,这是植物病害诊断中最科学而可靠的方法,其诊断步骤应按柯赫氏原则进行。即首先把病原菌从受害植物组织中分离出来,在无菌操作的情况下进行人工培养,获得大量致病病原菌,再将这种病原菌接种到相同的健康植物体上,如果通过接种试验,在被接种的植物上又产生了与原来病株相同的症状,同时又从接种的发病植物上重新分离获得该病原菌,即可确定接种的病原菌就是该种病害致病菌。这又称为循柯赫氏法则,也称为证病试验。

(5)提出适当的诊断结论　最后应根据上述各步骤得出的结果进行综合分析,提出适当的诊断结论,并根据诊断结果制订相应的防治对策。值得注意的是,植物病害的诊断步骤不是呆板的,更不是一成不变的。对于具有一定实践经验的专业技术人员,往往可以根据病害的某些典型特征,即可鉴别病害,而不需要完全按上述复杂的诊断步骤进行诊断。当然,对于某种新发生的或不熟悉的病害,严格按上述步骤进行诊断是必要的。

随着科学技术的不断发展,血清学诊断、分子杂交和 PCR 技术等许多崭新的分子诊断技术已广泛应用于植物病害的诊断。

2.5.2　植物病害的诊断要点

植物病害的诊断,首先要区分是虫害、机械损伤还是病害,然后进一步诊断是非侵染性病害还是侵染性病害。虫害及机械损伤没有病理变化过程,而植物病害却有病理变化过程。其次,许多植物病害的症状都有很明显的特点,这些典型症状可以成为植物病害的诊断依据,在植物病害的快速诊断中具有重要意义。一个有经验的植保工作者往往可以根据这些特殊的症状特点,对病害进行快速的诊断。

1)非侵染性病害

非侵染性病害主要由不良的环境因素所引起。受害植株通常表现为全株性症状;没有逐步传染扩散的现象,同一病害症状往往大面积同时发生,在生病植物上找不到任何病原物。不良的环境因素种类繁多,但大体上可从发病范围、病害特点和病史几方面来分析。如植株生长不良,叶片部分失绿,多见于老叶或顶部新叶,多为缺素引起的症状;如果植株有明显的枯斑、灼伤,且多集中在某一部位的叶或芽上,前期并无发病现象,大多是由于使用农药或化肥不当引起的药害或肥害。

2)侵染性病害

侵染性病害有一个发生发展或传染的过程;病害在田间的分布往往是不均匀的;在病株的表面或内部可以发现其病原生物的存在;大多数的菌物病害、细菌病害和线虫病害可以在病部表面产生明显的病征,有些菌物和细菌病害及所有的病毒病害,在植物表面没有病征,但有一些明显的病状特点,可作为诊断的依据。

(1)菌物病害　许多菌物病害,如锈病、黑穗(粉)病、白粉病、霜霉病、灰霉病以及白锈病等,常在病部产生典型的病征,根据这些特征或病征的子实体形态,即可进行病害诊断。对于病部不易产生病征的菌物病害,可以应用保湿培养镜检法缩短诊断过程。即摘取植物的病器官,用清水洗净,置于保湿器皿内,适温(22 ~ 28 ℃)培养 1 ~ 2 昼夜,往往可以促使菌物产生子实体,然后进行镜检,对病原做出鉴定。有些病原菌物在植物病部的组织内产生子实体,从表面不易观察,需用徒手切片法,切下病部组织作镜检。还有的菌物病害,病部没有明显的病征,保湿培养及徒手切片均未见到病菌子实体,则应进行病原的分离、培养及接种试验,才能做出准确的诊断。

(2)细菌病害　植物受细菌侵染后可产生各种类型的症状,如腐烂、斑点、萎蔫、溃疡和畸形等;在潮湿情况下有的在病斑上有菌脓外溢;一些产生局部坏死病斑的植物细菌性病害,初期多呈水渍状、半透明病斑。所有这些特征,都有助于细菌性病害的诊断。但切片镜检有无"喷菌现象"是最简便易行又最可靠的诊断技术。其具体方法是:选择典型、新鲜的病组织,先将病组织冲洗干净,然后用剪刀从病健交界处剪下 4 mm 见方大小的病组织,置于载玻片中央,加入一滴无菌水,盖上盖玻片,随后镜检。如发现病组织周围有大量云雾状物溢出,即可确定为细菌病害。注意镜检时光线不宜太强。若要进一步鉴定细菌的种类,则需对革兰氏染色反应、鞭毛染色等进行性状观察。此外,在细菌病害的诊断和鉴定中,血清学检验、噬菌体反应和 PCR 技术等也是常用的快速方法。

菌原体病害的特点是植株矮缩、丛枝或扁枝,小叶与黄化,少数出现花变叶或花变绿。只有在电镜下才能看到菌原体。注射四环素以后,初期病害的症状可以隐退消失或减轻,对青霉素不敏感。

(3)病毒病害　病毒病通常出现花叶、黄化、矮缩、坏死、畸形等特殊症状,无病征。撕取表皮镜检,有时可见有病毒的内含体。在电镜下可见到病毒粒子和内含体。采取汁液用摩擦或用嫁接、介体昆虫传毒接种可引起发病。用病汁液摩擦接种在指示植物或鉴别寄主上可证明其传染性或见到特殊症状出现。此外,血清学检验、酶联免疫吸附试验、电镜检测和 PCR 技术等现代先进的生物检测技术已广泛应用于病毒病害的诊断,如福建农林大学植物病毒研究所研制的利用 PCR 技术快速检测植物病毒病的检测试剂盒,中国柑桔研究所应用指示植物、凝胶电泳、PAGE 等技术诊断柑桔病毒和类病毒等。这些分子生物学方法具有简便、迅速、灵敏和准确性高等特点。

(4)线虫病害　在植物根表、根内、根际土壤、茎、叶或虫瘿中可见到有线虫寄生,线虫病的病状有:虫瘿、根结、胞囊或茎(芽、叶)坏死及植株矮化黄化等。对症状不能确诊的,可进行虫体观察,对表现虫瘿、叶斑或坏死等症状的,可直接用挑针从病变组织中挑取虫体进行观察;在植物组织内和土壤中的线虫,要用漏斗分离法从受病组织或根际土壤中分离出线虫制片,在显微镜下观察以进行确诊。

复习思考题

1. 植物病害的病状及病征有哪些类型?

2. 了解症状表现的复杂性对植物病害的识别有何意义?

3. 菌物的无性繁殖和有性繁殖各产生哪些类型的无性和有性孢子? 植物病原菌物的无性繁殖和有性繁殖在植物病害的发生中各有何作用?

4. 植物病原菌物有哪些类群? 各类群有何主要特征? 其致病特点如何?

5. 植物病原细菌包括哪些类群? 其引起的病害症状上与真菌病害有什么不同?

6. 了解病害的侵染循环对植物病害的防治有什么意义?

7. 比较菌物病害、细菌病害和病毒病害在侵入途径、传播方式和越冬场所上的异同。
8. 如何区分侵染性病害和非侵染性病害？如何区分菌物、细菌和病毒病害？
9. 植物病害诊断的要点是什么？其基本程序有哪些？
10. 解释：

植物病害　病理程序　转主寄生　侵染循环　水平抗性　潜育期　生理小种
菌物的生活史　侵染程序

3 园林植物病虫害防治原理和方法

［本章导读］ 主要从综合防治和可持续治理的概念、策略、方案制订和优化等方面介绍了园林植物病虫害防治的原理；从植物检疫、园林技术防治、物理机械防治、生物防治、化学防治等方面介绍了园林植物病虫害的防治方法和技术，旨在使学生能从当今的防治策略出发，因地制宜地协调和应用各种防治措施，制订和优化综合防治方案。

3.1 园林植物病虫害防治原理

3.1.1 综合防治与可持续治理

1）综合防治等相关概念

病虫害的防治方法很多，各种方法各有其优点和局限性，单一依靠其中一种措施往往不能达到防治的目的，有时还会引起植物的不良反应。

我国植物病虫害防治有着悠久的历史，早在建国初期所制订的农业发展纲要中就提出了“预防为主、防治并举、全面防治、重点肃清”的病虫害防治方针，对当时发生普遍，危害严重的十大病虫害进行了有效的控制；1975 年我国农业部根据农业生产发展情况和病虫害防治中存在的滥用农药所产生的环境污染、害虫抗性和再生猖獗等问题，提出了“预防为主，综合防治”的植保工作方针。与此同时，美国环境质量委员会（简称 CEQ）1972 年提出了有害生物综合治理的概念，经过 30 多年的实践，综合防治和 IPM（Integrated Pest Management）的含义也在不断深化和发展。

当今综合防治的主要含义就是从生态系统的整体观念出发，以预防为主，本着安全、经济、有效、简便的原则，因地制宜地采用农业、化学、生物和物理机械等防治方法和其他有效的生态学手段，充分发挥各种方法的优点，使其相互补充，彼此协调，构成一个有机的防治体系，把病虫的危害控制在经济损失允许水平以下,达到高产、优质、低成本和少公害或无公害的目的。这一概念更多地强调了各种防治方法的有机协调与综合,通过促控结合,保持生态系统的动态平衡,从根本上避免了单纯依靠农药进行病虫害防治的诸多弊端,促进了我国农业生态系向良性循环方向发展。

联合国粮农组织(FAO)有害生物综合治理专家小组对IPM下了如下定义:有害生物综合治理是一套治理系统,这个系统考虑到有害生物总的种群动态及其有关环境,利用所有适当的方法与技术以尽可能地相互配合的方式,把有害生物的种群控制在低于经济危害的水平。这一概念有如下特点:

①防治的目的是使其不造成对植物的经济损失,允许保留一定量的有害生物,而不是将其彻底消灭。

②应用各种防治方法的协调配合,互为补充。

③有害生物的防治策略要根据种群动态及相关环境条件来制订。

综合防治和IPM概念的提出,大大促进了病虫害的防治在理论和应用等方面研究。

随着二者含义的深化和发展,也促进了它们之间相互吸纳、融合,并逐步趋于统一。随着社会的可持续发展和可持续农业的提出,对病虫害的防治不仅要求所采取的措施能保证当时的植物生产高产稳产,取得良好的经济、生态和社会效益,而且要求前一时期采用的措施能为后来年份或年代的病虫害防治打下良好基础,使病虫害的防治真正能够兼顾当前和长远,防患于未然,使病虫害的防治和植物生产得以持续稳定地发展和提高,这就是植物病虫害的可持续治理,也称可持续植保。可持续植保的提出,对病虫害的防治提出了更高的要求。

2)综合防治遵循的原则

园林植物病虫害综合防治的目的是保证园林植物不因病虫害为害造成经济上的损失。在进行病虫害防治过程中,既要考虑通过防治所挽回的经济损失,同时还需考虑因防治对生态环境造成的影响,如次要害虫的猖獗、环境的污染、土壤活力的降低等。因此在病虫害综合防治系统中,既要遵循经济学的治理原则,还要遵循生态学的控制原则。将病虫害纳入生态系统中,作为生态结构的一部分来制订防治策略,进行综合控制。

(1)病虫害防治的经济学原则　病虫害防治的经济学原则,就是在经济学的边际分析原理的指导下进行,防治必须遵循挽回收益大于或等于治理费用的原则。

(2)病虫害防治的生态学原则　病虫害防治的生态学原则包含有物质循环再生原则;协调共生、和谐高效原则;相争相克、协同进化原则;物种的抗逆性原则;系统的自调控原则等5个方面。要求在制订病虫害防治策略时综合考虑系统的循环与发展、系统内部和外部的能量和条件、系统的自然机理、系统内物种的抗性和系统自我调节等方面因素,将病虫害作为生态系统的一部分结构考虑,进行整体措施的综合作用协调,从而获得最优控制效果。

3.1.2 综合防治的策略

对病虫害的综合防治在策略上主要从以下4个方面考虑:

(1)生态系统的整体观念　生态系统的整体观念是综合防治思想的核心。众多的生物因子和非生物因子等因素构成一个生态系统,在该生态系统中,各个组成部分是相互依存、相互制约的。任何一个组成部分的变动,都会直接或间接影响整个生态系统,从而改变病虫害种群的消长,甚至病虫害种类的组成。制订综合防治措施时,首先要在了解病虫害的动态规律,明确主要防治对象的发生规律和防治关键,将病虫害发生数量控制在较低水平。同时还要把视野扩大到区域层次或更高的层次,进行全局考虑,从而优化防治策略。就园林植物病虫害治理而言,涉及的是一个区域内的土地利用类型,植被类型的合理镶嵌和多样化问题,这将为遏制病虫害的猖獗及有益生物增殖提供良好的环境条件。

(2)充分发挥自然控制因素的作用　自然控制因素包括生物因子和非生物自然因子。多年来单纯依靠大量施用化学农药防治病虫害,带来的害虫和病原菌抗药性增加、生态平衡破坏和环境污染等问题日益严峻。这使人们认识到植物保护不仅要考虑到防治对象和被保护对象,还需要考虑对环境的保护和资源的再利用。因此在制订病虫害防治策略时需要考虑整个生态体系中各物种间的相互关系,利用自然控制作用,减少药剂的使用量,降低防治成本。如在田间,当寄主或猎物多时,寄生昆虫和捕食动物的营养就比较充足,此时,寄生昆虫或捕食动物就会大量繁殖,急剧增加种群数量。在寄生或捕食性动物数量增长后又会捕食大量的寄主或猎物,寄主或猎物的种群又因为天敌的控制而逐渐减少,随后,寄生与捕食种类也会因为食物减少,营养不良而减少种群数量。这种相互制约,使生态系统可以自我调节,才能使整个生态系统维持相对稳定。

(3)协调应用各种防治方法　对病虫害的防治方法多种多样,协调的观点就是要使其相辅相成。任何一种防治方法都存在一定的优缺点,因此需要通过各种防治方法的综合应用,更好地实现病虫害防治目标。但不同的防治方法如果机械叠加使用会产生矛盾,往往不能实现防治目的。多种防治方法的应用不是几种防治方法的简单相加,也不是越多越好,而是在制订防治策略时必须依据具体的目标生态系统,有针对性地选择必要的防治措施,从而达到辩证的结合应用,使所采用的防治方法之间取长补短,相辅相成。通过把病虫害的综合治理纳入园林植物可持续发展的总方针之下,将有关单位如生产、管理、环境保护等部门协调调动,在保护环境、实现可持续发展的共识之下,制订病虫害的综合治理策略,合理应用园林管理、化学、生物和物理等防治方法,协调各种防治方法的运用,实现协调防治的整体效果和经济收益最大化。

(4)经济阈值及防治指标　有害生物综合治理的最终目的不是彻底消灭有害生物,而是将其种群密度维持在一定水平之下,即经济受害水平之下。所谓经济受害水平是指某种有害生物引起经济损失的最低种群密度。经济阈值是为防止有害生物造成损失达到经济受害水平,须进行防治的有害生物密度。当有害生物的种群达到经济阈值就必须进行防治,否则便不必采取防治措施。防治指标是指需要采取防治措施以阻止有害生物达到造成经济损失的程度。一般来说,生产上防治任何一种有害生物都应讲究经济效益和经济阈值,即防治费用必须小于或等于因防治而获得的利益。需要进一步认识的是,人类所定义的有害生物与有益生物以及其他生物之间的协调进化是自然界中普遍存在的现象,因此应在满足人们长远物质需求的基础上,实现自然界中大部分生物的和谐共存。有了这种观点,经济阈值的制订会更科学,更富于变化。

21 世纪的病虫害综合治理必须融入可持续发展和环境保护之中,要扩大病虫害综合治理的生态学尺度,与其他学科交叉起来,减少化学农药的施用,利用各种生态手段,最大限度地发挥自然控制因素的作用,使经济、社会和生态效益同步增长。

3.1.3 综合防治方案的制订及优化

病虫害综合防治是城市园林可持续发展的重要组成部分,园林工作者要实事求是地分析现状,因地制宜地制订园林植物病虫害综合防治方案。现在,人们特别注意了从环境整体观点出发,进行病虫害防治方案的设计,充分调动生态系统中的积极因素来进行病虫害防治。同时,对各类重要病虫害经济阈值的研究也相继开展,并应用于综合治理方案中。总之,园林病虫害综合治理实施方案是以建立最优的生态系统为出发点,一方面利用自然控制因素,另一方面根据需要采取和协调各项防治措施,把病虫密度控制到受害允许水平之下的管理技术方案。

(1)病虫综合防治方案的基本要求　在设计方案时,选择措施要符合“安全、有效、经济、简便”的原则。“安全”指的是对人、畜、作物、天敌安全,其生活环境不受损害和污染。“有效”是指能大量杀伤病虫或明显地压低病虫的密度,起到保护农作物不受侵害或少受侵害的作用。“经济”是一个相对指标,为了增加农产品的收益,要求少花钱,尽量减少消耗性的生产投资。“简便”指要求因地制宜和方法简便易行,便于群众掌握。这四项指标中,安全是前提,有效是关键,经济与简便是在实践中不断改进提高要达到的目标。

(2)综合防治方案的主要类型

①以一种主要病虫为对象进行综合防治。如温室白粉虱的综合防治。

②以一种作物所发生的主要病虫害为对象进行综合防治。如榕树病虫害综合防治。

③以整个地块为对象,综合考虑各种生物因素,制订综合防治措施。如大城市中的某个公园、社区、工厂、某块绿地的病虫害综合防治。

园林植物病虫害防治(1)

园林植物病虫害防治(2)

3.2 园林植物病虫害防治方法

园林植物病虫害防治的基本方法归纳起来有:植物检疫、园林技术防治、物理机械防治、生物防治、化学防治。

园林植物病虫害防治(3)

3.2.1 植物检疫

植物检疫是根据国家颁布的法令,设立专门机构,对国外输入和国内输出,以及在国内地区之间调运的种子、苗木及农产品等进行检疫,禁止或限制危险性病、虫、杂草的输入或输出,或者在传入以后限制其传播,严密封锁和就地消灭新发现的检疫性病虫害。随着我国对外开放以及城市园林绿化建设事业的发展,引种和种苗调运日益频繁,人为传播园林植物病虫的机会也就随之增加,给我国城市园林绿化事业的发展带来了极大隐患。因此,搞好植物检疫工作对园林病虫害的防治极为重要。

园林植物病虫害防治(4)

1) 生物入侵的危害

在自然情况下,病、虫、杂草等的分布虽然可以通过气流等自然动力和自身活动扩散,不断扩大其分布范围,但这种能力是有限的。再加上有高山、海洋、沙漠等天然障碍的阻隔,病、虫、杂草的分布有一定的地域局限性。但是,一旦借助人为因素的传播,就可以附着在种子、果实、苗木、接穗、插条及其他植物产品上跨越这些天然屏障,由一个国家或地区传到另一个国家或地区。当这些病菌、害虫及杂草离开了原产地到达一个新地区以后,原来制约病虫害发生发展的一些环境因素被打破,条件适宜时,就会迅速扩展蔓延,猖獗成灾。历史上这样的经验教训很多:葡萄根瘤蚜在1860年由美国传入法国后,经过25年,就有10万公顷以上的葡萄园毁灭;美国白蛾1922年在加拿大首次发现,随着运载工具由欧洲传播到亚洲,1982年发现于山东荣成县(现荣成市),1984年又在陕西武功发现,1997年又发现于辽宁省东部地区,造成大片园林及农作物被毁;我国的菊花白锈病、樱花细菌性根癌病、松材线虫萎蔫病均由日本传入,使许多园林风景区蒙难。最近几年传入我国的美洲斑潜蝇、蔗扁蛾、薇甘菊也带来了严重经济损失和生态灾难。

2) 植物检疫的作用

植物检疫能阻止危险性有害生物随人类的活动在地区间或国际间传播蔓延。随着社会经济的发展,植物引种和农产品贸易活动的增加,危险性的有害生物也会随之扩散蔓延,造成巨大的经济损失,甚至酿成灾难。植物检疫不仅能阻止农产品携带危险性有害生物出、入境,还可指导农产品的安全生产以及与国际植检组织的合作与谈判,保证本国产品出口畅通,维护国家利益。另外,随着我国加入WTO,国际经济贸易活动的不断深入,植物检疫工作更显其重要作用。

3) 植物检疫工作的范围及内容

植物检疫工作的范围就是根据国家所颁布的有关植物检疫的法令、法规、双边协定和农产品贸易合同上的检疫条文等要求开展工作。对植物及其产品在引种运输、贸易过程中进行管理和控制,目的是达到防止危险性有害生物在地区间或国家间传播蔓延。植物检疫对象的确定原则:

①国内或当地尚未发现或局部已发生而正在消灭的。

②一旦传入对作物危害性大,经济损失严重,目前尚无高效、简易防治方法的。

③繁殖力强、适应性广、难以根除的。

④可人为随种子、苗木、农产品及包装物等运输,作远距离传播的。

植物检疫分对内检疫和对外检疫。对内检疫的主要任务是防止和消灭通过地区间的物资交换、调运种子、苗木及其他农产品贸易等而使危险性有害生物扩散蔓延,故又称国内检疫。对外检疫又称国家检疫,是国家在港口、机场、车站和邮局等国际交通要道,设立植物检疫机构,对进出口和过境的植物及其产品实施检疫和处理,防止危险性有害生物的传入和输出。

4) 植物检疫技术

(1)检疫检验　检疫检验是由有关植物检疫机构根据报验的受验材料抽样检验。除产地植物检疫采用产地检验(田间调查)外,其余各项植物检疫主要进行关卡抽样室内检验。

①抽查与取样的原则和数量抽查取样以“批”为单位,在检疫检验时,把同一时间来自同一国家或地区、经同一运输工具、具有同一品名(或品种)的货物统称为一批;有时也以一张检疫证书或报验单上所列的货物作为一批。

②常用的检验方法有直接检验、诱器检疫、过筛检验、比重检测、染色检验、X 光透视检验、洗涤检验、保湿萌芽检验、分离培养及接种检验、噬菌体检验等 10 种方法。

(2)检疫处理　它必须符合检疫法规的规定及检疫处理的各项管理办法、规定和标准。其次是所采取的处理措施是必不可少的,还应将处理所造成的损失降到最低水平。在产地或隔离场圃发现有检疫对象,应由官方划定疫区,实施隔离和根除扑灭等控制措施。关卡检验发现检疫对象时,常采用退回或销毁货物、除害处理和异地转运等检疫处理措施。对关卡抽样检验,发现有禁止或限制入境的检疫对象,而货物事先又未办理入境审批手续;或虽已办理入境审批手续,但现场查出有禁止入境的检疫对象,且没有有效、彻底的处理方法;或农产品已被危害而失去使用价值的,均应作退回或销毁处理。对正常调运的货物而被检验出有禁止或限制入境的检疫对象,经隔离除害处理后,达到入境标准的,可签证放行,或根据具体情况指定使用范围,控制使用地点、限制使用时间或改变用途。

除害处理的方法主要有机械处理、热处理、微波或射线处理等物理方法和药物熏蒸、浸泡或喷洒处理等化学方法。

3.2.2　园林技术防治

园林技术防治措施就是通过改进栽培技术措施和科学管理,改善环境条件使之有利于寄主植物生长,增强植物对病虫害的抵抗能力,而不利于病虫害的发生,从而达到病虫害防治的目的。这种方法不需要额外的投资,而且还有预防作用,可长期控制病虫害,因而是最基本的防治方法。但这种方法也有一定的局限性,病虫害大发生时必须依靠其他防治措施。

1)选用抗性品种

植物对病虫害有一定的抵抗能力,利用作物的抗病、虫特性是防治病虫害最经济、最有效的方法。园林植物种质资源丰富,为抗性品种的培育提供了大量被选材料。当前世界上已经培育出菊花、香石竹、金鱼草等花卉的抗锈病的新品种,抗紫菀萎蔫病的翠菊品种等。

2)培育健苗

园林上许多病虫害是依靠种子、苗木及其他无性繁殖材料来传播,因而通过一定的措施,培育无病虫的健壮种苗,可有效地控制该类病虫害的发生。

(1)无病虫圃地育苗　选取土壤疏松、排水良好、通风透光、无病虫危害的场所为育苗圃地。盆播育苗时应注意盆钵、基质的消毒,同时通过适时播种,合理轮作,整地施肥以及中耕除草等加强养护管理,使苗齐、苗全、苗壮、无病虫为害。如菊花、香石竹等进行扦插育苗时,对基质及时消毒或更换新鲜基质。对基质的消毒可采用 40% 的甲醛溶液稀释 50 倍,均匀喷湿基质覆膜 24 ~26 h 后揭膜透气 2 周,可大大提高育苗的成活率。

(2)无病株采种　园林植物的许多病害是通过种苗传播的,如仙客来病毒病、百日草白斑病是由种子传播,菊花白锈病是由脚芽传播,等等。只有从健康母株上采种,才能得到无病种苗,避免或减轻该类病害的发生。

(3)组织脱毒育苗　园林植物中病毒病发生普遍而且严重,许多种苗都带有病毒,利用组织培养技术进行脱毒处理,对于防治病毒病十分有效。如脱毒香石竹苗、脱毒兰花苗等已非常成功。

3）栽培措施

（1）合理轮作　连作往往会加重园林植物病害的发生，如温室中香石竹多年连作时，会加重镰刀菌枯萎病的发生，实行轮作可以减轻病害。轮作时间视具体病害而定。鸡冠花褐斑病实行3年以上轮作即有效。而胞囊线虫病则需时间较长，一般情况下实行3~4年以上轮作。轮作是古老而有效的防病措施，轮作植物须为非寄主植物。通过轮作，使土壤中的病原物因缺乏“食物”而死，从而降低病原物的数量。

（2）合理配植　建园时，为了保证景观的美化效果，往往是许多种植物搭配种植。这样便忽视了病虫害之间的相互传染，人为地造成某些病虫害的发生与流行。如海棠与柏属树种、芍与松属树种近距离栽植易造成海棠锈病及芍药锈病的大发生。因而在园林布景时，植物的配置不仅要考虑美化的效果，还应考虑病虫的为害问题。

（3）科学间作　每种病虫对树木、花草都有一定的选择性和寄主范围，因而在进行花卉育苗生产及花圃育苗时，要考虑到寄生植物与害虫的食性及病菌的寄主范围，尽量避免相同科属及相同寄主范围的园林植物混栽或间作。如黑松、油松等混栽将导致日本松干蚧严重发生；槐树与苜蓿为邻，将为槐蚜提供转主寄主，导致槐树严重受害；多种花卉的混栽，会加重病毒病的发生。

4）管理措施

（1）加强肥水管理　合理的肥水管理不仅能使植物健壮地生长，而且能增强植物的抗病虫能力。观赏植物应使用充分腐熟且无异味的有机肥，以免污染环境，影响观赏。使用无机肥要注意氮、磷、钾等营养成分的配合，防止施肥过量或出现缺素症。浇水方式、浇水量、浇水时间等都影响着病虫害的发生。喷灌和浇水等方式往往容易引起叶部病害的发生，最好采用沟灌、滴灌或沿盆钵边缘注浇。浇水量要适宜，浇水过多易烂根，浇水过少则易使花木因缺水而生长不良，出现各种生理性病害或加重侵染性病害的发生。浇水时间最好选择晴天的上午，以便及时地降低叶表湿度。多雨季节要及时排水。

（2）改善环境条件　改善环境条件主要是指调节栽培地的温度和湿度，尤其是温室栽培植物，要经常通风换气、降低湿度，以减轻灰霉病、霜霉病等病害的发生。定植密度、盆花摆放密度要适宜，以利通风透光。冬季温室温度要适宜，不能忽冷忽热。生长环境欠佳会导致各种花木各种生理性病害及侵染性病害的发生。

（3）合理修剪　合理修剪、整枝不仅可以增强树势、花叶并茂，还可以减少病虫为害。例如，对天牛、透翅蛾等钻蛀性害虫以及袋蛾、刺蛾等食叶害虫，均可采用修剪虫枝等进行防治。对于介壳虫、粉虱等害虫，则通过修剪、整枝达到通风透光的目的，从而抑制此类害虫的为害。秋、冬季节结合修枝，剪去有病枝条，从而减少来年病害的初侵染源。如月季枝枯病、白粉病以及阔叶树腐烂病等。对于园圃修剪下来的枝条，应及时清除。草坪的修剪高度、次数、时间也要合理。

（4）中耕除草　中耕除草不仅可以保持地力，减少土壤水分的蒸发，促进花木健壮生长，提高抗逆能力，还可以清除许多病虫的发源地和潜伏场所。如褐刺蛾、绿刺蛾、扁刺蛾、黄杨尺蛾、草履蚧等害虫的幼虫、蛹或卵生活在浅土层中，通过中耕，可使其暴露于土表，便于杀死。

（5）翻土培土　结合深耕施肥，可将表土或落叶层中的越冬病菌、害虫深翻入土。公园、绿地、苗圃等场所在冬季暂无花卉生长，可深翻一次，这样便将其深埋地下，翌年不再发生为害。

此法对于防治花卉菌核病等效果较好。对于公园树坛翻耕时要特别注意树冠下面和根颈部附近的土层，让覆土达到一定的厚度，使得病菌孢子难以萌发，害虫卵难以孵化或成虫难以羽化。

5）*球茎等器官的收获及收后管理*

许多花卉以球茎、鳞茎等器官越冬，为了保障这些器官的健康贮存，在收获前避免大量浇水，以防含水过多造成贮藏腐烂；要在晴天收获，挖掘过程中要尽量避免伤口；挖出后要仔细检查，剔除有伤口、病虫及腐烂的器官，并在阳光下暴晒数日后方可收藏。贮窖要事先清扫消毒，通气晾晒。贮藏期间要控制好温湿度，温度一般在5 ℃左右，相对湿度宜70%以下。有条件时，最好单个装入尼龙网袋，悬挂于窖顶贮藏。

3.2.3 物理机械防治

利用各种简单的机械和各种物理因素来防治病虫害的方法称为物理机械防治法。这种方法既包括古老、简单的人工捕杀，也包括近代物理新技术的应用。

1）*捕杀法*

利用人工或各种简单的机械捕捉或直接消灭害虫的方法称捕杀法。人工捕杀适合于具有假死性、群集性或其他目标明显、易于捕捉的害虫。如多数金龟子、象甲的成虫具有假死性，可在清晨或傍晚将其振落杀死；榆蓝叶甲的幼虫老熟时群集于树皮缝、树疤或树杈下方等处化蛹，此时可人工捕杀；冬季修剪时，可剪去黄刺蛾茧、蓑蛾袋囊、刮除毒蛾卵块等。此法的优点是不污染环境，不伤害天敌，不需要额外投资，便于开展群众性的防治。特别是在劳动力充足的条件下，更易实施。

2）*阻隔法*

人为设置各种障碍，以切断病虫害的侵害途径，这种方法称为阻隔法，也叫障碍物法。

（1）涂毒环、涂胶环　对有上、下树习性的幼虫可在树干上涂毒环或涂胶环，阻隔和触杀幼虫。

（2）挖障碍沟　对不能飞翔只能靠爬行扩散的害虫，可在未受害区周围挖沟，待害虫坠入沟中后予以消灭。对紫色根腐病等借助菌索蔓延传播的根部病害，在受害植株周围挖沟能阻隔病菌菌索的蔓延。

（3）设障碍物　有的害虫雌成虫无翅，只能爬到树上产卵。对这类害虫，可在上树前在树干基部设置障碍物阻止其上树产卵。如在树干上绑塑料布或在干基周围培土堆，制成光滑的陡面。山东枣产区总结出人工防治枣尺蠖的经验，“五步防线治步曲”即“一涂、二挖、三绑、四撒、五堆”可有效防治枣尺蠖上树。

（4）土壤覆盖薄膜或盖草　许多叶部病害的病原物是在病残体上越冬的，花木栽培地早春覆膜或盖草可大幅度地减少叶部病害的发生。膜或干草不仅对病原物的传播起到了机械阻隔作用，而且覆膜后土壤温度、湿度提高，加速了病残体的腐烂，减少了侵染来源。另外，干草腐烂后还可当肥料。

（5）纱网阻隔　对于温室保护地内栽培的花卉植物，可采用40～60目的纱网覆罩，不仅可以隔绝蚜虫、叶蝉、粉虱、蓟马等害虫的危害，还能有效地减轻病毒病的侵染。此外，在目的植物周围种植高秆且害虫喜食的植物,可以阻隔外来迁飞性害虫的为害;土表覆盖银灰色薄膜,可使有翅蚜远远躲避,从而保护园林植物免受蚜虫的为害,并减少蚜虫传毒的机会。

3)诱杀法

利用害虫的趋性,人为设置器械或诱物来诱杀害虫的方法称为诱杀法。利用此法还可以预测害虫的发生动态。

(1)灯光诱杀　利用害虫的趋光性,人为设置灯光来诱杀害虫的方法称为灯光诱杀法。目前生产上所用的主要是黑光灯,此外还有高压电网灭虫等。

(2)食物诱杀　利用害虫的趋化性及害虫嗜食的食物对害虫进行诱杀。

(3)潜所诱杀　利用害虫在某一时期喜欢某一特殊环境的习性,人为设置类似的环境来诱杀害虫的方法称为潜所诱杀。如在树干基部绑扎草把或麻布片,可引诱某些蛾类幼虫前来越冬;在苗圃内堆集新鲜杂草,能诱集地老虎幼虫潜伏草下,然后集中消灭。

(4)色板诱杀　将黄色黏胶板设置于花卉栽培区域,可诱黏到大量有翅蚜、白粉虱、斑潜蝇等害虫,其中以在温室保护地内使用时效果较好。

4)温湿度应用

任何生物(包括植物病原物、害虫)对温度有一定的忍耐性,超过限度生物就会死亡。害虫和病菌对高温的忍受力都较差,因此,通过提高温度来杀死病原菌或害虫的方法称温度处理法,简称热处理。

(1)种苗的热处理　有病虫的苗木可用热风处理,温度为35~40 ℃,处理时间为1~4周;也可用40~50 ℃的温水处理,浸泡时间为10 min~3 h。如唐菖蒲球茎在55 ℃水中浸泡30 min,可以防治镰刀菌干腐病;有根结线虫病的植物在45~65 ℃的温水中处理(先在30~35 ℃的水中预热30 min)可防病,处理时间为0.5~2 h,处理后的植株用凉水淋洗;用80 ℃热水浸泡刺槐种子30 min后捞出,可杀死种子内小蜂的幼虫,不影响种子发芽率。种苗热处理的关键是温度和时间的控制,一般对休眠器官处理比较安全。对有病虫的植物作热处理时,要事先进行实验。热处理时升温要缓慢,使种苗有个适应温热的锻炼过程。一般从25 ℃开始,每天升高2 ℃,6~7 d后达到37 ℃左右的处理温度。

(2)土壤的热处理　现代温室土壤热处理是使用热蒸汽(90~100 ℃),处理时间为30 min。蒸汽处理可大幅度降低香石竹镰刀菌枯萎病、菊花枯萎病及地下害虫的发生程度。在发达国家,蒸汽热处理已成为常规管理。利用太阳能热处理土壤也是有效的措施。在7—8月份将土壤摊平做垄,垄为南北方向。浇水并覆盖塑料薄膜。在覆盖期间要保证有10~15 d的晴天,耕层温度可高达60~70 ℃,能基本上杀死土壤中的病原物。温室大棚中的土壤也可照此法处理。当夏季花木搬出温室后,将门窗全部关闭并在土壤表面覆膜,能较彻底地消灭温室中的病虫害。

5)放射处理

近几年来,随着物理学的发展,生物物理也有了相应的发展。因此,应用新的物理学成就来防治病虫,也就具有了愈加广阔的前景。原子能、超声波、紫外线、激光、高频电流等正在病虫害防治中得到应用。

3.2.4 生物防治

生物防治就是利用有益生物或生物的代谢产物来防治病虫害的方法。

在自然界中,生物与生物之间存在着相互制约的关系。为害园林植物的病虫种类尽管很多,但真正造成严重为害的种类并不多,大多都受到自然因子的控制,其中最重要的自然控制因子就是天敌。天敌依靠病虫提供营养,从而抑制了病虫数量的增长。同时病虫数量的减少又制约了天敌数量的进一步增长,天敌数量的减少又使得病虫数量逐渐恢复,天敌数量也不断增加,这样使得病虫和天敌的种群数量一直处于一种动态平衡之中。天敌和病虫之间的这种相互促进、相互制约的食物链关系,使得病虫种群在自然状态下一直处于一种较低的水平。在生物防治中,人们充分利用天敌来加强对病虫害的防治,其优点是不污染环境,病虫害不易产生抗性,而且还有持久控制病虫的作用,是实施可持续植保的一项重要内容;其不足是控制效果往往有些滞后,在病虫大量发生或暴发时,还必须辅助于其他防治方法。生物防治一般包括天敌昆虫的利用、微生物的利用等方法来防治病虫害。

1)天敌昆虫的利用

天敌昆虫按取食方式可分为捕食性天敌昆虫和寄生性天敌昆虫两大类。捕食性昆虫可直接杀死害虫,种类很多,分属18个目、近200个科,常见的有蜻蜓、螳螂、猎蝽、花蝽、草蛉、步甲、瓢虫、食虫虻、食蚜蝇、胡蜂、泥蜂、蚂蚁等,其中又以瓢虫、草蛉、食蚜蝇等最为重要。一般捕食性昆虫食量都较大,如大草蛉一生捕食蚜虫可达1 000多头,而七星瓢虫成虫1 d就可捕食100多头蚜虫。另外,在自然界中还有少数的天敌取食病菌的孢子。

寄生性天敌昆虫不直接杀死害虫,而是寄生在害虫体内,以害虫的体液和组织为食,害虫不会马上死亡,当天敌长大后,害虫才逐渐死亡。寄生性昆虫分属5个目、近90个科,常见的有姬蜂、茧蜂、小蜂等膜翅目寄生蜂和双翅目的寄生蝇。寄生蜂的种类很多,有的专门寄生在害虫的卵内,以害虫卵内的物质作为营养,并在卵内发育为成虫,称卵寄生蜂,如各种赤眼蜂、黑卵蜂和部分跳小蜂等。有的寄生在害虫的幼虫和蛹内,如姬蜂、茧蜂和部分小蜂等,称内寄生蜂;有的寄生在害虫的体外,如土蜂成虫找到蛴螬后,立即将其蜇昏,将卵产在蛴螬体表,幼虫孵化后在其体外取食,称外寄生蜂。

在园林生产中,利用天敌昆虫防治病虫害主要有4种途径:

(1)保护和利用本地天敌　一是创造有利于天敌生存繁衍的条件。例如,在发生华北大黑和二黑鳃金龟的绿地周围种植红麻等植物能招引大量臀钩土蜂等成虫,可有效地控制金龟子的危害。再例如,广东在甘蔗田中间作豆科绿肥,促进田间降温增湿,避免了赤眼蜂在高温干燥条件下死亡,同时绿肥也为赤眼蜂提供了大量的蜜源,延长了成虫的寿命,提高了产卵量,大大提高了赤眼蜂对甘蔗螟虫卵的寄生率。二是合理选用农药,避免和减轻对天敌的伤害。在病虫大量发生必须使用化学防治时,要尽量选用对天敌杀伤小、低毒的农药。

(2)人工大量繁殖和释放天敌　通过人工大量繁殖,可在较短时间内获得大量的天敌昆虫,在适宜的时间释放到田间,补充天敌的数量,可达到控制害虫的目的,而且收效快。人工繁殖和释放天敌控制害虫成功的例子在国内外均有报道。在我国饲养和释放天敌方面研究和利用最多的是赤眼蜂属的多种卵寄生蜂。通过人工繁育,1只柞蚕雌成虫所产的卵可育出赤眼蜂

1 万多头。将榨蚕卵制成卵卡,接种赤眼蜂后保存在 3 ~ 10 ℃的温度下,每卵可育出赤眼蜂成虫 50 ~ 60 头以上。当目标害虫产卵时,适时取出放蜂,赤眼蜂羽化后可立即寻找害虫卵块产卵寄生。而且,赤眼蜂的寄主范围较广,多以鳞翅目昆虫的卵为主。当防治对象处于低种群密度时,可以找到别的虫卵作为替代寄主以保持赤眼蜂的数量水平。同时赤眼蜂的人工繁殖技术研究得比较成功,不仅可以用多种昆虫的卵繁殖赤眼蜂,而且以人工配料制成的人工卵繁殖赤眼蜂也已获得成功。捕食性天敌中研究最多的是草蛉。我国常见的草蛉有 10 多种,幼虫捕食蚜虫、介壳虫、粉虱及螨类,也可捕食一些鳞翅目幼虫及卵。部分草蛉的成虫也可捕食害虫。繁殖草蛉可用米蛾,也可用人工饲料及假卵。如河北、北京等地释放草蛉防治棉铃虫、果树叶螨和温室白粉虱都取得了较好的效果。

(3)天敌的助迁　就是从附近农田或绿地,人工采集目标害虫天敌的各种虫态,移放到需要防治的农田和绿地中,以补充天敌数量的不足,达到控制害虫的目的。例如,在华北棉区,当棉区中棉蚜发生时,从小麦田中采集七星瓢虫的幼虫、蛹和成虫移放到棉田中,可及早控制棉蚜的为害。

(4)天敌的引进和驯化　从外国或外地引进天敌来防治本国或本地的害虫,是生物防治中常用的方法。引进天敌的目的在于改善和加强本地的天敌组成,提高对害虫的自然控制效果。特别是对一些新输入的害虫,由于该害虫离开了原发生地,失去了原发生地的天敌控制而暴发成灾,这时就需要从害虫的原产地去寻找有效天敌,引进和驯化后,再繁殖和释放,以达到控制害虫的目的。

19 世纪中叶,美国从澳大利亚引进澳洲瓢虫防治柑桔吹绵蚧,取得了极大的成功。随后,该天敌昆虫又被引入到亚、非、欧、拉美等的许多国家,都取得了长期控制吹绵蚧的效果。我国 1955 年引入澳洲瓢虫,在广东、四川、陕西等区防治柑桔吹绵蚧均取得了显著成效。据统计,加拿大在 1910—1955 年,由国外引入 200 种近 10 亿头食虫昆虫,以防治 68 种害虫。美国到目前为止已经从国外引进天敌 520 余种,其中 115 种被驯化,20 种在防治某些害虫上产生了重要作用。

2)病原微生物的利用

利用病原微生物防治病虫害的方法称为微生物防治法。微生物防治法具有对人畜安全,并具有选择性,不杀伤害虫的天敌等优点。在自然界中,可用于微生物防治的病原微生物已知有 1 000 多种,其种类有细菌、真菌、放线菌、病毒以及线虫等。

(1)以细菌治虫　害虫感染病原细菌后,往往表现为虫体发软,血液有臭味,常称为“败血病”。在已知的昆虫病原细菌中,作为微生物杀虫剂在农业生产中大量使用的主要是芽孢杆菌属的苏云金杆菌。

苏云金杆菌(*Bacillus thuringiensis*)是从德国苏云金的地中海粉螟幼虫体中分离得到的,现在已知的苏云金杆菌有 32 个变种。1957 年在美国开始了苏云金杆菌的工厂化生产,受到各国的重视。由于苏云金杆菌易工厂化培养,对人畜安全,对植物无药害,现在广泛用于无公害食品或“绿色食品”生产中。但苏云金杆菌容易被紫外线灭活,而且对饲养的家蚕也有很强的毒害作用,因此在蚕区应慎用。

乳状芽孢杆菌是另一种形成商品的昆虫病原细菌,主要用于防治金龟子幼虫。由于芽孢有折光性,罹病的昆虫成乳白色,因而得乳状杆菌之名。这种细菌已知可防治 50 多种金龟子,得病的昆虫死前活动量加大,从而扩大了传染面。乳状芽孢杆菌耐干旱,在土壤中可保持活力数年之久。但该菌必须以活体培养法生产菌粉,从而限制了它的发展。

(2)以真菌治虫　昆虫的致病微生物中,由真菌致病的最多,约占60%以上。昆虫真菌病的共同特征是,当昆虫被真菌感染后,常出现食欲锐减、体态萎靡、皮肤颜色异常等现象。被真菌致死的昆虫,其尸体都硬化,外形干枯,所以一般又把昆虫真菌病称为硬化病或僵病。全世界目前已知的致病真菌有530多种,而已经用于防治害虫的有白僵菌、绿僵菌、拟青霉菌、多毛菌、赤座霉菌和虫霉菌。白僵菌和绿僵菌已形成规模生产。

白僵菌属(*Beauveria*)属于半知菌,已知30多种,其中用于防治农林害虫的有球孢白僵菌(*B. bassiana*)和卵孢白僵菌(*B. terella*),这两种真菌的寄主昆虫约200种。白僵菌靠分生孢子接触虫体表皮,在适宜条件下萌发,生出芽管,穿透表皮进入虫体,大量繁殖并分泌代谢产物白僵菌素,2~3 *d* 后昆虫死亡。因为菌丝充塞虫体并吸干了虫体的水分,所以虫尸僵直。菌丝从虫尸节间膜和气门伸出体外似白色绒毛状,白僵之名由此而得。

绿僵菌(*Metarrhizium anisopliae*)也是一种寄生范围很广的昆虫病原真菌。已知可寄生200多种昆虫和螨类。

虫霉属(*Entomophthora*)可感染蚜虫、蝗虫及一些双翅目的昆虫。本属中的蚜霉是蚜虫重要的致病真菌,用于防治棉蚜、桃蚜及菜缢管蚜等,虫霉可使稻蝗发生“抱草瘟”。

使用病原真菌的成败常决定于空气的湿度,因为真菌分生孢子只能在高湿度条件下发芽,而干燥的条件下,真菌孢子很快失去活力。紫外线下,昆虫致病真菌容易失活。因此在田间使用昆虫病原真菌时,应在傍晚至凌晨和有雨露时效果会好一些。

(3)以病毒治虫　昆虫病原病毒虽研究较晚,但由于它的特殊性和重要性,所以发展很快。昆虫病毒的专化性极强,一般一种病毒只感染一种昆虫,只有极个别种类可感染几种近缘昆虫。感染昆虫的病毒不感染人类、高等动植物及其他有益生物,因此使用时比较安全。由于昆虫病毒感染的昆虫专一,可以制成良好的选择性病毒杀虫剂,而这种杀虫剂对环境的干扰最小,这也是利用病毒治虫的最大优点之所在。但昆虫病毒的杀虫范围太窄是其最大的缺点。山西省太行山区利用核多角体病毒,防治枣大尺蠖一举成功,成为我国防治史上的重要篇章。昆虫病毒通过口器进入昆虫体内,在昆虫的体壁、脂肪体、血液中细胞里增殖后,离开感染细胞,再侵入健康细胞,使昆虫死亡。死亡的昆虫无臭味,与细菌致死的症状不同。昆虫病毒是专性寄生物,主要是通过活体培养,这给大规模生产带来一定的困难。有人曾致力于用组织培养法来生产病毒,也取得了一定的进展,但目前尚未到实用阶段,现在生产病毒的方法主要还是利用害虫活体进行繁殖。

(4)以线虫治虫　昆虫线虫是一类寄生于昆虫体内的微小动物,属线形动物门。能随水膜运动寻找寄主昆虫,从昆虫的自然孔口或节间膜侵入昆虫体内。昆虫线虫不仅直接寄生害虫,而且可携带和传播对昆虫有致病作用的嗜虫杆菌。此杆菌可在虫体内产生毒素,杀死害虫。由于昆虫线虫能在人工培养基上大量繁殖,且侵染期线虫可贮存较长时间,能用各种施药机械施用,故在国际上昆虫线虫已作为一种生物杀虫剂进行商品化生产。我国目前能够利用液体培养基培养进行工厂化生产的有斯氏线虫和格氏线虫,用于大面积防治的目标害虫有桃小食心虫、小木蠹蛾和桑天牛等。

(5)以菌治病　不同微生物之间相互斗争或排斥的现象,称为抗生现象。相互斗争的相斥作用称为拮抗作用。微生物种类众多,其中放线菌、真菌和细菌都可应用于植物病害的生物防治。

①抗生菌　凡是对病原有拮抗作用的菌类,称为抗生菌。利用抗生菌防治植物病害始于

20世纪30年代，高潮期在50年代。以分离筛选拮抗菌为主，所防治的对象是土传病害，特别是种苗病害。主要的施用方法是在一定的基物上培养活菌用于处理植物种子或土壤，效果相当明显。60年代后，随着生态学理论的渗透，特别是微观生态学的兴起，病害生物防治进一步受到重视。一方面抗生菌的范围已经由原先的放线菌扩大到土壤中生长繁殖较快的真菌、细菌等微生物，植物体表面、根际、叶面甚至植物体内的各种微生物都被视为丰富的抗生菌资源。另一方面植物病害抗生菌的作用方式，已不只是限于产生抗生素，而可能是营养物质的争夺、侵染点的占领、诱导植物产生免疫力，乃至直接对病原物的袭击等。因此，抗生菌的含义也有了延伸，而被称为拮抗微生物。

②重寄生物　重寄生是一种寄生物被另一种寄生物所寄生的现象。利用重寄生物进行植物病害的控制是近年来病害生物防治的重要领域。病原物的重寄生有多种类型，其中较常见并在生物防治实践中应用的有重寄生菌物和菌物病毒两类。

a. 重寄生真菌　植物病原菌物被另一种真菌寄生的现象，称为真菌的重寄生。如多种罗兹壶菌寄生并破坏其他卵菌和壶菌；丛梗孢目真菌寄生腐霉菌，导致其菌丝、孢子囊和卵孢子等器官被破坏。在重寄生真菌中，木霉菌对病原菌的控制机制主要是重寄生（直接破坏病原物的菌丝、菌核和子实体）、抗生（其代谢产生抗生素或内酶可控制病原物）和竞争（其广泛存在于耕地和非耕地的土壤中，生长迅速且产孢量大，是生存空间和营养物的有力竞争者）。木霉菌已经不同程度地应用于经济植物的防病和治病。

b. 真菌病毒　20世纪60年代初，研究人员从患病的蘑菇上提纯了真菌病毒，迄今为止已从百多种真菌上发现病毒，这些病毒大多含有双链RNA基因组。研究发现，一些真菌病毒可以改变或削弱病原菌的致病力。如在欧洲发现的栗疫病菌的低致病系，就是因为病毒作用的结果，低致病系可经过昆虫介体传染，使强致病系失去活力。法国曾用人工接种低致病系的办法，在大面积栗树林中控制了疫病的危害。

③抑制性土壤　抑制性土壤，又称抑病土，其主要特点是：病原物引入后不能存活或繁殖；病原物可以存活并侵染，但感病后寄主受害很轻；或病原物在这种土壤中可以引起严重病害，但经过几年或几十年发病高峰之后病害减轻至微不足道的程度。一般认为抑病土中微生物的抑制作用有两种：一种是一般性抑制，表现为微生物活性总量在病原物的关键时期起作用，如争夺营养、空气和空间等，使病原孢子的萌发、前期芽管生长受阻，从而影响病原的入侵。一般性抑制通常在肥沃土壤，且土质结构较好的条件下形成抑制。另一种是专化性抑制，它是指特定的微生物对一定病原物的抑制，从小麦全蚀病衰退田的抑病土分析证明，荧光假单孢细菌起主要作用。

3）其他有益动物的利用

除天敌昆虫以外，还有许多捕食害虫或寄生于害虫体内外的其他动物，对害虫的控制起到一定的作用。

（1）以蜘蛛和螨类治虫　蜘蛛只捕食昆虫，不危害作物，且仅仅捕食活体昆虫。蜘蛛具有种类多、数量大、繁殖快、食性广、适应性强、迁移性小等优点，是众多害虫的一类重要的天敌。各种飞虱、叶蝉、叶螨、蚜虫、蝗蝻、鳞翅目昆虫的卵、幼虫及其他昆虫都是蜘蛛的捕食对象。

许多捕食性螨类是植食性螨类的重要天敌。其中植绥螨种类众多，且分布广，可捕食果树、豆类、棉花、蔬菜等多种植物上的害螨。另外，部分绒螨的若虫常附在蚜虫体表营外寄生生活，影响蚜虫的生长和发育。

（2）以蛙类治虫　蛙类属于脊椎动物中的两栖动物，包括蟾蜍、青蛙等。蛙类主要以昆虫

及其他小动物为食。其食物多为生产上的害虫,如螟虫、飞虱、叶蝉、蚜虫、蝽类、蚊、蝇及多种鳞翅目的幼虫和成虫。

(3)以鸟治虫　鸟类属脊椎动物,主要以昆虫为食。常见的益鸟有啄木鸟、大山雀、家燕等23种。鸟类中的啄木鸟有“森林医生”的称号,通过其利嘴长舌,可在树干上凿洞,然后取食树干中的蛀干昆虫。

3.2.5 化学防治

1)化学防治的重要性

化学防治是指利用化学农药防治病虫害的方法,这种方法又称为植物化学保护。化学防治的重要性主要体现在以下几个方面:

①运用合理的化学防治法,对农业增产效果显著。一般每使用1元钱的农药,能使农业产值增加5~8元。

②在当今世界各国都在提倡的IPM系统中,还缺乏很多有效、可靠的非化学控制法。如生产技术的作用常是有限的;抗性品种还不很普遍,对多数有害生物来讲抗性品种还不是很有效;有效的生物控制技术多数还处在试验阶段,有的虽然表现出很有希望,但实际效果有时还不稳定。

③化学防治有其他防治措施所无法代替的优点。

2)化学防治的优点

概括起来,化学防治的优点有以下几个方面。

(1)防治对象广　几乎所有植物病虫害均可采用化学农药防治。

(2)见效快,效果好　既可在病虫发生前作为预防性措施,以避免或减少危害,又可在病虫发生之后作为急救措施,迅速消除危害,尤其对暴发性害虫,若施用得当,可收到立竿见影的效果。

(3)使用方法简便灵活　许多化学农药都可兑水直接喷雾,并可根据不同防治对象改变使用浓度,使用简便灵活。

(4)化学农药可以工厂化生产,大量供应,适于机械化作业,成本低廉。

但上述优点是相对于其他防治措施而言的,在某种条件下有些优点甚至正是其缺点。为此,在使用化学方法防治有害生物时,应趋利避害,扬长避短,使化学防治与其他防治方法相互协调,以达到控制有害生物的目的。

3)化学防治的局限性及其克服途径

尽管化学防治在病虫害综合防治中占有极其重要的地位,但化学防治也存在许多不足。

(1)引起病虫产生抗药性　抗药性是指害虫或病菌具有忍受农药常规用量的一种能力。很多病虫一旦对农药产生抗性,这种抗性就很难消失。许多害虫和害螨对农药还会发生交互抗性。害虫抗药性的机制主要表现在物理保护作用和生理解毒作用两个方面。针对害虫抗药性的特点,其克服措施主要有:

①综合防治。这是防止和克服害虫抗药性的重要方法。

②交替使用农药。选用作用机制不同的无交互抗性的杀虫剂进行交替使用,可延缓害虫抗

药性的产生。

③合理混用农药。作用机制或代谢途径不同的农药混用,可避免和延缓抗药性的产生。

④使用增效剂。增效剂其本身不具有毒效功能,但与杀虫剂以适当比例混合,能使某些农药的防治效果提高几倍至几十倍。

植物病原菌抗性菌系的抗性原理主要表现在两个方面:一是病菌使药剂渗入细胞膜的能力降低,致使药剂到达蛋白质合成部位的剂量大大减少,因而表现出抗药性。二是病菌增强了对药剂的解毒能力。而对抗药性病菌的克服途径,可采用与防治抗药性害虫相似的对策,即采用综合防治法、改用其他药剂、交替用药及合理混用药剂等。

(2)杀害有益生物,破坏生态平衡　化学防治虽然能有效地控制病虫的为害,但也杀伤了大量的有益生物,改变了生物群落结构,破坏了生态平衡,常会使一些原来不重要的病虫上升为主要病虫,还会使一些原来已被控制的重要害虫因抗药性的产生而形成害虫再猖獗的现象。

克服农药对有益生物不良影响的途径主要有:

①使用选择性或内吸性农药。

②提倡使用有效低浓度即使用农药的浓度只要求控制80%左右的有害生物的浓度。它的优点是既减少了用量,又降低了成本。特别是降低了农药的副作用,如减少对有益生物的杀伤,减缓有害生物抗药性的产生以及降低了农药对环境的污染。

③选用合理的施药方法。因不同的施药方法对天敌的影响不同。如用毒士法则比喷雾法对蜘蛛的伤害小;用内吸剂涂茎比喷雾法对瓢虫等天敌安全得多。

④选择适当的施药时期。施药时间不同对天敌的影响也不同。如在天敌的蛹期施药较为安全;对寄生蜂类应避开羽化期施药等。

(3)农药对生态环境的污染及人体健康的影响　农药不仅污染了大气、水体、土壤等生态环境,而且还通过生物富集,造成食品及人体的农药残留,严重地威胁着人体健康。为了使化学防治能在综合治理系统中充分发挥有效作用而又不造成环境污染,人们正在致力于研究与推广防止农药污染的措施。目前主要的预防技术有:

①贯彻“预防为主,综合防治”植保方针,最大限度地利用抗病虫品种和天敌的控制作用,把农药用量控制到最低限度。

②开发研究高效、低毒、低残留及新型无公害的农药新品种。

③改进农药剂型,提高制剂质量,减少农药使用量。

④严格遵照农药残留标准和制订农药的安全间隔期。

⑤认真宣传贯彻农药安全使用规定,普及农药与环境保护知识,最大限度地减少农药对环境的污染。

(4)化学防治成本上升　由于病虫抗药性的增强,使农药的使用量、使用浓度和使用次数增加,而防治效果往往很低,从而使化学防治的成本大幅度上升。

复习思考题

1. 园林植物病虫害的综合治理有哪些重要环节?

2. 满足哪些条件才能被确定为植物检疫对象?

3. 植物检疫的任务有哪些？
4. 物理机械防治病虫害的方法有哪些？
5. 利用天敌昆虫的主要途径有哪些？
6. 化学农药防治园林植物病虫害的优缺点是什么？
7. 如何才能延缓或克服病菌或害虫抗药性的形成？

4 农药及其应用

［本章导读］ 主要介绍了农药的类型、农药的剂型与助剂、农药的使用方法、农药的浓度与稀释计算，以及常用农药的特性与应用等，旨在为学生能够科学使用农药奠定基础，达到安全、经济、高效的目的。

4.1 农药的类型

农药是农用药剂的总称。它是指用于防治危害农林植物及其产品的害虫、害螨、病菌、杂草、线虫、鼠类等的药剂，也包括提高药剂效力的辅助剂、增效剂等。随着农业生产的发展，农药的含义和包括的内容也在不断充实和发展。

农药的品种很多，国内生产的品种达几百种。为了使用和管理上的方便，常根据它们的防治对象、作用方式及化学组成等进行分类。

根据防治对象的不同，农药大致可分为杀虫剂、杀螨剂、杀菌剂、杀线虫剂、除草剂、杀鼠剂等。每一类又可根据其作用方式、化学组成再分为许多类型，下面分别介绍。

4.1.1 杀虫剂

杀虫剂是用来防治农、林、卫生及贮粮害虫的农药。根据它们的作用方式可分为以下几类：

(1)胃毒剂　胃毒剂是通过害虫取食，经口腔和消化道进入体内引起害虫中毒死亡的药剂。如敌百虫等。该类药剂必须施用在害虫的取食部位，或者配成毒饵才能发挥作用，对咀嚼式口器、虹吸式口器以及吮吸式口器的害虫效果较好，对刺吸式口器的害虫无效。

(2)触杀剂　触杀剂是通过接触害虫虫体进入害虫体内，或封闭害虫的气门，使害虫中毒或窒息死亡的药剂。如叶蝉散等。多数杀虫剂都属触杀剂，必须施用在害虫体上或其活动的场所,通过害虫接触药剂后才能发挥作用,而且害虫的体壁越薄,效果越好。所以,在使用这类药剂时常常提倡在害虫的低龄阶段,“治早治小”。但对具有蜡质保护的害虫和具有很厚疏水性体壁的害虫,防治效果较差。对在植物组织中和卷叶内营潜藏、钻蛀生活的害虫无效。

(3)内吸剂　内吸剂又称内吸性杀虫剂。是指能被植物的根、茎、叶和种子吸收,并在植物体内传导、存留,或经过代谢作用产生更毒的代谢物,在害虫取食植物汁液或组织后能引起中毒死亡的药剂,如氧乐果等。该类药剂多施用在植物的根部,被植物根部吸收后再传导到植物其他部位发挥作用,有的也可涂抹在植物茎部或喷施在叶片上,对防治刺吸式口器的害虫效果较好。

(4)熏蒸剂　熏蒸剂是在常温常压下,可由液体、固体转化为气体,通过呼吸系统进入害虫体内使之中毒死亡的药剂。如敌敌畏、溴甲烷、磷化铝等。这类药剂常常在密闭的环境中使用,而且可以通过提高环境温度和增加 CO_2 的浓度以促进害虫的呼吸作用来提高防治效果。

(5)其他杀虫剂　除了上述主要4类杀虫剂外,还有驱避剂、拒食剂、引诱剂、不育剂、昆虫生长调节剂等。

①驱避剂　驱避剂是施用后可依靠其散发的气味,驱使害虫发生转移、潜逃的药剂,如驱蚊油、樟脑等。

②拒食剂　拒食剂是施用后可影响害虫的味觉器官,使其厌食、拒食,从而引起饥饿死亡的药剂,如拒食胺等。

③引诱剂　引诱剂是施用后可依靠其散发的气味将害虫诱聚而利于歼灭的药剂,如糖醋液、性诱剂等。

④不育剂　不育剂是施用后可破坏害虫的生殖系统,使其卵不能受精和孵化,或后代不育等的药剂,如绝育磷等。

⑤昆虫生长调节剂　昆虫生长调节剂又称特异性杀虫剂。可使昆虫的生长发育、行动、繁殖受到阻碍或抑制,从而达到控制害虫种群数量的目的。如灭幼脲可以阻止昆虫几丁质的合成,使幼虫不能正常脱皮而死亡。

这里需要说明的是杀虫剂的杀虫作用并不完全是单一的,多数杀虫剂往往兼有几种杀虫作用。如毒死蜱具有触杀、胃毒两种作用,但以触杀作用为主。凡具有两种以上杀虫作用的杀虫剂,为了使用上的方便,常根据其主要的作用方式归于某类。故毒死蜱一般归为触杀剂,这便于在选择使用时,注意其主要的杀虫作用。

另外,杀虫剂有时也常常按化学成分分为有机磷类杀虫剂、氨基甲酸酯类杀虫剂、拟除虫菊酯类杀虫剂、沙蚕毒素类杀虫剂等。同一类杀虫剂都具有比较相似的杀虫机理,使用起来也有其方便之处。

4.1.2 杀螨剂

杀螨剂是用来防治植食性螨类的药剂。其按作用方式归类与杀虫剂相同,这里不再赘述。目前大量生产的杀螨剂以触杀剂为主,也有部分内吸剂,而且大多数杀螨剂也兼有杀虫的作用。目前常用的杀螨剂有克螨特等。

4.1.3 杀菌剂

杀菌剂是指对植物病原真菌、细菌等病原菌具有杀灭、抑制或中和其有毒代谢物的作用,因而可使植物免受或减轻病菌为害的药剂。按其作用方式分为可用来预防植物病害的保护剂和可治疗植物病害的治疗剂。

(1)保护剂　保护剂是指在病原菌接触寄主或侵入寄主之前,即植物感病之前所施用的药剂,以保护植物免受病菌的危害,如波尔多液、石硫合剂、代森锰锌、福美砷等。

保护性杀菌剂施用时要注意喷药均匀,不遗漏任何一个部位,尤其要注意叶片背面着药,因为大多数病菌是从叶片背面的气孔处侵入的。

(2)治疗剂　治疗剂是指在植物发病和感病后施用的药剂,它能阻止病害的进一步发展,使植物不再继续受害,如甲基托布津、多菌灵、瑞毒霉等。

此外,按原料来源和化学成分,杀菌剂还可分为无机铜制剂、无机硫制剂、有机硫制剂、有机磷杀菌剂、农用抗生素等。另外,杀菌剂还可根据是否能被植物吸收并在体内传导的特性,分为内吸性杀菌剂和非内吸性杀菌剂两大类。治疗剂中多是一些可被植物吸收的内吸性杀菌剂,植物吸收后可以阻止病菌在植物体内进一步扩展和蔓延,从而达到治疗的目的。而大多数保护剂都是非内吸性杀菌剂。

4.1.4 杀线虫剂

杀线虫剂是用来防治植物线虫病害的药剂,大多数都是具有熏蒸作用的土壤消毒剂,有些不仅可杀死线虫,而且对土传的真菌病害也有防治效果,有些还可兼治地下害虫。常用的杀线虫剂有灭线磷、威百亩、克线磷等。

4.1.5 除草剂

除草剂是指用来防除杂草的农药。按其用途一般可分为灭生性除草剂和选择性除草剂。

(1)灭生性除草剂　灭生性除草剂又称非选择性除草剂,施用后能杀死所有的植物,多用于休闲地、田边、果园等处的除草,如草甘膦、克无踪等。在使用这类除草剂时一定要注意避免喷洒到所栽培的植物上,否则会造成药害。

(2)选择性除草剂　选择性除草剂是指施用后有选择地毒杀某些种类的植物,而对另一些植物无毒或毒性很低的药剂。如阿特拉津可消灭玉米田中的所有杂草,而对玉米安全;2,4-D丁酯可防除阔叶杂草,而对禾本科杂草无效。

此外,根据除草剂是否能被植物吸收和传导的特性,可分为内吸性除草剂和接触性除草剂。根据使用方法还可分为土壤处理剂和茎叶处理剂。

这里需要说明的是除草剂类型的划分并没有一个绝对的界线,有些选择性除草剂在较高浓度下，也可成为灭生性的。如杂草净等。

4.1.6 杀鼠剂

杀鼠剂是用来防治鼠类的药剂，如溴鼠隆等。大多数杀鼠剂主要依靠胃毒作用。一般按化学组成，可分为无机杀鼠剂和有机杀鼠剂两大类。总之，农药的分类方法是相对的，而且随着农药的发展而变化。由于大多数高效有机合成杀虫剂和杀菌剂，常具有综合作用，有时很难按作用方式明确划分类型，所以，近年来多趋向于以化学成分为主，结合防治对象进行农药的类型划分。

4.2 农药的剂型与助剂

4.2.1 农药的助剂

工厂生产合成而未经加工的农药称为原药，呈固体状态的原药称为原粉，呈液体状态的原药称为原油。除少数品种外，大多数原药都难溶于水，不能直接兑水使用，而必须混合其他物质，经过加工制成一定的药剂形态，使之达到一定的分散度，才能兑水喷雾、喷粉和撒施，使之具有高度的分散性，有利于发挥药剂的效力。这种在农药加工过程中，与原药混合，可以改善农药的理化性状、提高药效或扩大使用范围的物质称为助剂，也称辅助剂。主要的助剂有下列几种：

(1)填充剂　填充剂又简称填料，是用于稀释原药的固体惰性物质，如黏土、硅藻土、高岭土、滑石粉等。农药中加入这些物质，经过机械粉碎混合后，可增加农药的分散性，使药剂的浓度不致过高，以保证作物安全。

(2)湿润剂　湿润剂又称湿展剂，是可以降低水的表面张力，使水易于在固体表面润湿与展布的助剂，如茶枯、纸浆废液及洗衣粉等。农药中加入这些物质，不仅可使疏水性的粉剂兑水稀释使用时可制成悬浮液，而且还可以通过水的表面张力的降低，使药液充分地展布在植物和虫体的表面，有利于药效的发挥。

(3)溶剂　溶剂是用来溶解原药的液体，如水、苯、甲苯、二甲苯等，多用于加工水剂和乳油。有时单靠溶剂还不能充分溶解原药，往往还需加入助溶剂，如正丁醇等。

(4)乳化剂　乳化剂能使原来互不相溶的两相液体如油与水，其中的一相液体以极小的液珠均匀地分散在另一相液体中，形成稳定的乳状液体的助剂，如双甘油月桂酸钠、蓖麻油聚氧乙基醚、烷基苯基聚氧乙基醚(农乳 100 号)、烷基苯磺酸钙(农乳 500 号)等。

(5)粘着剂　它能增加农药对固体表面黏着性能的助剂。能减少雨水冲刷流失，提高药剂的持效性，如明胶、淀粉、聚乙烯醇(合成浆糊)等。此外，还有可抑制或减缓农药有效成分分解的稳定剂；全身无毒，但能大幅度提高药效的增效剂等。在常用的助剂中，以乳化剂、湿展剂的种类为多，用途最广，对药剂性能影响最大，这类助剂又统称为表面活性剂。

4.2.2 农药的剂型

农药剂型就是农药制剂的类型。一般农药原药合成后,必须进一步加工生产,根据用途加入各种助剂,制成不同的剂型,才能成为商品农药。因此,商品农药绝大多数都是一种复杂的混合物,其中包括原药、助剂等。规范的商品农药的名称一般包括3个部分,依次为有效成分的百分含量、原药的名称、剂型类型,如80%敌敌畏乳油等。目前,有机合成农药的主要剂型有粉剂、可湿性粉剂、乳油和颗粒剂等。

(1)粉剂　粉剂是原药加入填充剂如高岭土、滑石粉等按一定比例混合粉碎过筛制成的一类粉状剂型。我国粉剂的粒径指标为95%的粉粒能通过200目标准筛,平均粒径为30 μm。粉剂中有效成分含量一般在10%以下。一般低浓度粉剂可直接喷粉,高浓度粉剂可供拌种、制作毒饵或土壤处理用。粉剂的优点是加工成本低,使用方便,不需用水。缺点是易被风吹雨淋脱落,药效一般不如液体制剂,易污染环境和对周围敏感作物产生药害。粉剂宜在早晚有露水、无风或风力极其微弱时使用。

(2)可湿性粉剂　它是用农药原药、填充剂和湿润剂经过机械粉碎混合制成的一种粉状剂型。兑水使用时易被水润湿,可分散和悬浮在水中。可湿性粉剂粒径细度等指标较粉剂为高,其标准为99.5%粉粒通过200目标准筛,平均粒径为15 μm。除粒径细度外,可湿性粉剂被水湿润时间、悬浮率等都是其主要的性能指标,其悬浮率一般要求在70%左右。可湿性粉剂的有效成分含量一般为25%～50%,主要供喷雾使用,也可作灌根、泼浇使用。优点是包装、运输费用低,而有效成分含量较一般粉剂高,耐储存。目前可湿性粉剂正向高浓度、高悬浮率方向发展。

(3)乳油　乳油是在农药原油中加入乳化剂,混合均匀制成的透明油状液体。乳油加水稀释可自行乳化形成极小的油滴均匀分散在水中,形成不透明的乳状液。质量要求:长期贮存不沉淀,不分层,有效成分不分解失效,加水稀释乳化后2 h内稳定,适用于不同容量的喷雾,也可用于涂茎、拌种、浸种和泼浇等。优点是:加工设备简单,配制技术容易掌握,储存稳定性好,使用方便,而因其含有表面活性很强的乳化剂,其湿润性、展着性、黏着性、渗透性和持效期都优于同等浓度的可湿性粉剂。缺点是:耗用大量有机溶剂、污染环境、易燃且不安全。

(4)颗粒剂　颗粒剂是农药原药加入某些载体(如一定细度的岩石、土粒等)混合加工制成的粒状制剂。颗粒的大小一般要求在30～60号筛目之间,直径在250～600 μm。更细的称为微粒剂,更大的称为大粒剂。也有将药剂的溶液、乳液、悬乳液吸附在载体表面干燥而成的。颗粒剂可直接撒施,如根施、穴施与种子混播、土壤处理或撒入心叶等,其沉降性好,飘移性小,因而对环境污染小;制成后的颗粒剂一般浓度较低,可使高毒农药低毒化,对施用人员和植物安全,减少对天敌的杀伤;施用方便,省工省时,有时采用包衣法制备,还可控制农药释放的速度,持效期延长。

此外,有些农药原药可直接溶于水而加水溶解制成水剂;原药中加水、乳化剂、助溶剂、稳定剂而制成微乳剂和浓乳剂;将微小的原药液滴和粉粒包裹在保护膜中而制成微胶囊剂;原药中加入燃料、氧化剂混合制成烟剂等。另外,近年来还发展了将不同性质和不同效果的两种或两种以上农药混合配制而成的复配制剂,做到一药多用,省工省力,提高防治效益。

4.3 农药的科学使用方法

4.3.1 农药的使用方法

农药的使用方法是在掌握了病虫害的发生发展规律,并根据外界环境条件、药剂的种类以及剂型的基础上确定的。一般农药施用有下列方法:

(1)喷雾法　喷雾法是一种最常用的施药方法,可作为喷雾使用的农药剂型有乳油、水剂、可湿性粉剂等。喷雾法尤其适合于喷撒保护性杀菌剂、具有触杀作用的杀虫剂和除草剂。

根据喷液量的多少及喷雾器械的特点,喷雾法可分为3种类型:第一种是常规喷雾法,采用背负式手摇喷雾器,手动加压,喷出药液的雾滴在100~200 μm。技术要求是喷洒要均匀,使叶面充分湿润而不流失为宜。其优点是具有附着力强、持效期长、效果高等特点,但工效较低,用水量多。第二种是低容量喷雾法(又称弥雾法),是通过器械产生的高速气流,将药液吹散成50~100 μm的细小雾滴弥散到被保护的植物上。其优点是喷洒速度快、省工、效果好,适用于少水或丘陵地区。第三种是超低容量喷雾法,是通过高能的雾化装置,使药液雾化成直径为5~75 μm 的细小雾滴,经飘移而沉降在植物上。因它比低容量喷雾法用液量更少,约5 L/hm^2,故必须用专为超低容量喷雾配制的油剂直接喷洒。其优点是喷药速度快、劳动强度低,且不受水源的影响,省工省药,但需专用药械,且操作技术要求严格。

(2)喷粉法　喷粉法是将药粉用喷粉器械或其他工具均匀地喷布于防治对象及其寄主上的施药方法。适宜作喷粉的剂型为低浓度的粉剂。喷粉法具有工效高、不需用水、对工具要求简单等优点。但药剂易随风飘移而且污染环境,易被雨水冲刷,持效期短。目前,这种施药方法用得较少。

(3)撒施法　将颗粒剂撒于害虫栖息为害的场所来消灭害虫的施药方法称撒施法。某些粉剂和可湿性粉剂可直接撒施,也可将乳油和微胶囊剂与细土混合拌匀制成毒土进行撒施。具体的方法有根施、穴施、与种子混播或撒入心叶等。常用于防治地下害虫,或者使用内吸性杀虫剂防治苗期刺吸式口器害虫。撒施法具有不需药械、工效高、用药少、效果好、持效长、利于保护天敌及环境等优点。

(4)拌种法　用一定量的药粉或药液与种子充分拌匀的方法称拌种法。前者为干拌,后者为湿拌。因湿拌后需堆闷一段时间,故又称闷种。这种方法主要用来防治地下害虫及苗期害虫,以及由种子传播的病害。

(5)浸种法　浸种法是将种子、种球等浸于一定浓度的药液中一定时间,然后取出晾干。一般适用于浸种的农药剂型有水剂和乳油等。

(6)毒饵法　利用害虫、害鼠喜食的饵料与胃毒剂按一定比例配成毒饵,散布在害虫发生栖居地或害鼠通道,诱集害虫或害鼠取食而中毒死亡的方法。主要用于防治地下和地面活动的害虫及老鼠。常用的饵料有麦麸、米糠、炒香的肥饼、谷子、高粱、玉米及薯类、新鲜蔬菜等。播种时可与种子一同施在种沟内,幼苗期可撒在幼苗基部,一般在傍晚撒施,防治效果较好。

(7)熏蒸与熏烟法　用熏蒸剂或易挥发的药剂来熏杀仓库或温室内的害虫、病菌、螨类等即为熏蒸法。此法对隐蔽的病虫具有高效、快速杀灭的特点。但应在密闭条件下进行,完毕后要充分通风换气。利用烟剂点燃后发出浓烟或用农药直接加热发烟,用来防治温室、果园和森林的病、虫以及卫生害虫的方法称熏烟法。

(8)涂抹法　利用具有内吸作用的农药配成高浓度药液,涂抹在植物树干和茎枝上,用来防治植物上的害虫和茎秆上的病害的方法称为涂抹法。对害虫来说主要是用来防治一些刺吸式口器的害虫,如蚜虫、蚧壳虫等。此外,还有注射法、打孔法等。注射法是将内吸性药剂稀释2~3倍,用注射机或兽用注射器注入树干内部,使其在树体内传导运输而杀死树干内的害虫,也可将具有熏蒸作用的药剂如敌敌畏稀释后直接注入虫道内,并用黄泥封口,可防治天牛、木蠹蛾等钻蛀性害虫。也可用木钻、铁钎等利器在树干基部向下打一个45°角的孔,深约5 cm,然后将稀释2~5倍的药液5~10 mL注入孔内,再用泥土封口,对防治树干内的害虫也可起到同样的效果。

4.3.2 农药的合理使用

农药的合理使用就是要求贯彻"经济、安全、有效"的原则,从"预防为主,综合防治"的角度出发,运用生态学的观点来使用农药。在应用中应注意以下几个问题:

(1)正确选药　各种药剂都有一定的防治范围,即使是广谱性药剂也不可能对所有的病虫都有效。因此,在施药前应根据田间病虫害的发生种类正确选用药剂品种,切实做到对症下药,避免盲目用药。例如,氰戊菊酯对害虫高效,但对害螨几乎无效,因此要做到虫螨兼治,应选用灭扫利等其他农药。防治白粉病、锈病应选用三唑类杀菌剂。

(2)适时用药　适时用药是提高药效的一个关键问题。适时用药应在田间调查和预测预报的基础上,掌握病虫的发生发展规律,抓住有利时机用药,既可节约用药,又能提高防治效果。如一般药剂防治害虫时,应在初龄幼虫期,若防治过迟,不仅害虫已开始危害造成损失,而且虫龄越大,抗药性越强,防治效果也越差,况且此时天敌数量较多,药剂也易杀伤天敌。药剂防治病害时,一定要在寄主发病之前或发病早期,尤其需要指出的是施用波尔多液等保护性杀菌剂必须在病原物接触、侵入寄主之前使用。

(3)适量用药　施用农药时,应根据用药量标准来实施。如规定的浓度、单位面积用量等,不可因防治病、虫心切而任意提高浓度、加大用药量或增加使用次数。否则,不仅会浪费农药,增加成本,而且还易使植物产生药害,甚至造成人、畜中毒。另外在用药前,还应搞清农药的规格,即有效成分的含量,然后再确定用药量。如常用的杀菌剂福星,其规格有10%乳油与40%乳油,若是10%乳油应稀释成2 000~2 500倍液使用,而40%乳油则需稀释成8 000~10 000倍液使用。

(4)交互用药　长期使用一种农药防治某种害虫或病菌,易使害虫或病菌产生抗药性,降低防治效果,病、虫越治难度越大。为了提高防治效果,不得不增加施药浓度、用量和次数,这样反而更加重了抗药性的发展。因此应尽可能地交互用药,所用品种也应尽可能选用不同作用机制的类型。

(5)混合用药　可将2种或2种以上的对病、虫具有不同作用机制的农药混合使用,以达到同时兼治几种病虫,提高防治效果,扩大防治范围,节省劳力的目的。如灭多威与菊酯类混用、有机磷制剂与菊酯类混用、甲霜灵与代森锰锌混用等。杀虫剂的常用混剂有3种类型:

①生物农药与化学农药混用。

②杀卵剂与杀幼虫剂混用。

③不同防治对象杀幼虫剂相互混用。

目前多倾向于生物农药与化学农药混用。例如,阿维菌素与菊酯类混用、印楝素与菊酯类混用等。

农药之间能否混用,主要取决于农药本身的化学性质。总体原则是混合后它们之间应不产生化学和物理变化。农药之间的混用特别要注意以下几个问题:

a. 在碱性条件下分解失效的农药不能与碱性农药混用。例如,大多数中性、低酸性的杀虫杀螨剂不能与波尔多液、石硫合剂混用,否则会发生酸碱中和反应,药效全部丧失。

b. 混合后产生化学反应引起植物药害的农药不能混用。例如,波尔多液不能与石硫合剂混用。混合后,它们将发生化学反应产生硫化铜,不仅破坏了波尔多液和石硫合剂的性能,而且硫化铜还可产生可溶性铜,造成植物药害。即使是这两种农药单独使用,间隔期也要在 20 ~ 30 d 以上。

c. 混合后破坏农药剂型,造成结絮和沉淀的不能使用。例如,铜制剂不能和碱性农药混用,否则会产生沉淀,药效丧失。

d. 两种农药互相有拮抗作用的不能使用。例如,Bt 乳剂不能与杀菌剂,特别是不能与杀细菌剂混用。否则,不仅影响杀虫效果,还影响灭菌效果。

此外,合理使用农药还要注意天气的影响。例如,阴雨天施用退菌特和波尔多液极易对植物产生药害。

4.3.3 农药的安全使用

农药大多对人、畜和其他生物都具有不同程度的毒性,所以在使用农药防治园林植物病虫害的同时,要做到对人、畜安全,对植物安全,对环境安全。

1)对人、畜安全

(1)农药的毒性　农药毒性是指农药对人、畜等的毒害特性。人们在使用农药的过程中,如未做到安全用药,农药可通过口、皮肤、呼吸道而到达体内,常会引起农药中毒。农药中毒主要表现有急性中毒、亚急性中毒和慢性中毒 3 种,也称为农药的急性毒性、亚急性毒性和慢性毒性。

①急性毒性　它是指农药一次经口服、皮肤接触,或通过呼吸道吸入一定剂量的农药在短期内(数十分钟或数小时内)出现恶心、头痛、呕吐、出汗、腹泻和昏迷等中毒症状甚至死亡。衡量农药急性毒性的高低,通常多用大白鼠一次受药的致死中量(LD_{50})或致死中浓度(LC_{50})来表示。致死中量是指杀死供试生物种群 50% 时,所用的药物剂量(mg/kg 体重)或浓度(mg/L)。一般讲,LD_{50}或 LC_{50}的数值越小,药物毒性越高。

对于农药的急性毒性的分级,过去世界各国多采用大白鼠一次口服的数值作为依据,一般分为 3 ~6 个等级,如 6 级的划分为:

特剧毒　<1 mg/kg

剧　毒　1 ~50 mg/kg

高　毒　50 ~100 mg/kg

中　毒　100 ~500 mg/kg

低　毒　500 ~ 5 000 mg/kg　　　　　　　　　微　毒　5 000 ~ 15 000 mg/kg

近年来发现,只用农药的口服致死中量的数值作为农药急性毒性分级的依据是不全面的,因为中毒也有来自呼吸和皮肤吸收等方面。因此,我国卫计委制订的农药急性毒性暂行分级标准除了经口食摄入所测得的 LD_{50} 外,也包括了经皮肤和呼吸测定的 LD_{50}。具体分级标准见表 4.1。

表 4.1　中国农药急性毒性暂行分级标准(LD_{50})

给药途径 \ 给药量 \ 级别	Ⅰ(高毒)	Ⅱ(中毒)	Ⅲ(低毒)
大白鼠口服/(mg·kg^{-1})	<50	50 ~ 500	>500
大白鼠经皮/[mg·(kg·d)$^{-1}$]	<200	200 ~ 1 000	>1 000
大白鼠吸入/[g·(m^3·h)$^{-1}$]	<2	2 ~ 10	>10

②亚急性毒性　它指低于急性中毒剂量的农药,被长期连续地经口、皮肤或呼吸道进入动物体内,在 3 个月以上才引起与急性中毒类似症状的毒性。一般以微量农药长期喂养动物,至少经过 3 个月以上的时间,观察和鉴定农药对动物所引起的各种形态、行为、生理、生化的变异,如有无中毒症状、取食量的变化、体重的增减、血中胆碱酯酶活性有无下降等,来测定亚急性毒性。测定进入动物体内引起中毒的每日最低剂量,对安全使用农药和制订农产品上允许残留药量,有重要参考价值。

③慢性毒性　它指长期经口、皮肤或呼吸道吸入小剂量药剂后,逐渐表现出中毒症状的毒性。慢性中毒症状主要表现为致癌、致畸、致突变。这种毒害还可延续给后代。故农药对环境的污染所致的慢性毒害更应引起人们的高度重视。

(2)防止人、畜中毒的措施　农药的急性中毒,大多是由于误食、滥用、操作不当、对剧毒农药管理不严所引起。农药的慢性中毒,主要是使用不当所造成。应针对这些中毒原因,采取安全用药措施,谨防农药中毒。

①健全农药保管措施。农药要有专人、专仓或专柜保管,并须加锁,要有出入登记账簿,绝对不能和食物混放一室,更不能放在卧室。用过的空瓶、药袋要收回妥善处理,不得随意拿放,更不得盛装食物;用药的器具也要有明显的标记,不可随意乱用。如果发现药瓶上标签脱落,应随即补贴,以防误用。

②严格遵守操作规程。配药或施药时,要穿工作服,戴口罩和手套,严禁用手直接接触农药。施药时,要选派身体健康并具有一定植物知识和技术的成年人,小孩、老人、孕期及哺乳期妇女、体弱多病、皮肤病患者等不宜施药。施药时不得吃东西、饮酒、抽烟和开玩笑;一次施药连续时间不得过长,一般不要超过 6 h;不要逆风喷药;避免中午高温施药。施药后要用肥皂洗净手、脸,换洗衣裤等,不得不洗手就进食。凡接触过药剂的用具,应先用 5% ~ 10% 碱水或石灰水浸泡,再用清水洗净。在人口密集的地区、居民区等处喷药,要尽量安排在夜间进行,若必须在白天进行,应采取防护措施,如在喷过农药的地块竖立警示标志,防止人、畜误入造成意外事故。

③控制剧毒和高残留农药的滥用。农药的使用要严格按照国家的农药安全使用标准,严格控制剧毒和高残毒农药的滥用,不得随意提高浓度、扩大使用范围和增加使用次数。特别对于

一些既可观赏又可食果的园林植物，要注意最后一次施药与果实收获的安全间隔期，以及国家规定的农药在果实上的最大残留允许量，不得超标。

(3)农药中毒的解救办法　农药中毒多属急性发作且严重，必须及时采取有效措施。常用的方法有：

①急救处理。它是在医生未来诊治之前，为了不让毒物继续存留人体内而采取的一项紧急措施。凡是口服中毒者，应尽早进行催吐（用食盐水或肥皂水催吐，但处于昏迷状态者不能用）、洗胃（插入橡皮管灌入温水反复洗胃）及清肠（若毒物入肠则可用硫酸钠 30 g 加入 200 mL 水中一次喝下清肠）。如因吸入农药蒸气发生中毒，应立即把患者移置于空气新鲜暖和处，松开患者衣扣，并立即请医生诊治。

②对症治疗。在农药中毒以后，若不知由何农药引起，或知道却没有解毒药品，就应果断地边采用对症疗法，边组织送往有条件的医院抢救治疗。如对呼吸困难患者要立即输氧或人工呼吸（但氯化苦中毒忌人工呼吸）；对心搏骤停患者可用拳头连续叩击心前区 3 ~ 5 次来起搏心跳；对休克患者应让其脚高头低，并注意保暖，必要时需输血、氧或进行人工呼吸；对昏迷患者，应将其放平，头稍向下垂，使之吸氧，或针刺人中、内关、足三里、百会、涌泉等穴并静脉注射苏醒剂加葡萄糖；对痉挛患者用水合氯醛灌肠或肌注苯巴比妥钠；对激动和不安患者也可用水合氯醛灌肠或服用醚缬草根滴剂 15 ~ 20 滴；对肺水肿患者应立即输氧，并用较大剂量的肾上腺皮质激素、利尿剂、钙剂和抗生素及小剂量镇静剂等。总之，对农药中毒的患者，首先要立即将患者抬离中毒现场，再尽其所能进行对症治疗，因不同农药中毒的治疗差异，所以关键还是送往有条件的就近医院抢救。

2）对植物安全

对植物安全主要是指在农药的使用过程中，对所栽培的园林植物不产生药害。

(1)药害　药害是指农药使用不当，对植物的生长发育产生不利影响，导致产量和质量下降。农药对植物的药害主要可分为急性药害和慢性药害。

急性药害是在用药几小时或几天内叶片很快出现斑点、失绿、黄化等，甚至出现“烧焦”或“畸形”，果实变褐，表面出现药斑，根系发育不良或形成黑根、“鸡爪根”，种子不能发芽或幼苗畸形，严重时造成落叶、落花、落果，甚至全株枯死。

慢性药害是用药后，药害现象出现相对缓慢，如植株矮化，生长发育受阻，开花结果延迟，落花落果增多，产量低，品质差等。

此外，农药对植物的药害还有残留药害和二次药害等。

(2)药害的原因及预防措施　产生药害的原因很多，主要是药剂（如理化性质、剂型、用药量、农药品质、施药方法等）、植物（如植物种类、品种、发育阶段、生理状态等）和环境条件（如温度、湿度、光照、土壤等）三大方面。这些因素在自然环境中是紧密联系又相互影响的。具体表现在：

①农药种类选择不当容易产生药害。如波尔多液含铜离子浓度较高，如果用于木本植物、草本花卉的幼嫩组织，易产生药害。石硫合剂防治白粉病效果颇佳，但由于其具有腐蚀性及强碱性，用于瓜叶菊等草本花卉时易产生药害。

②部分花卉对某些农药品种过敏容易产生药害。不同植物对农药的耐受力是不同的，即使是同一植物，在不同的生育期对农药也有不同的反应。有些花卉性质特殊，即使在正常使用情况下，也易产生药害。如碧桃、寿桃、樱花等对敌敌畏敏感，桃、梅类对乐果敏感，桃、李类对波尔

多液敏感等。

③在花卉敏感期用药容易产生药害。各种花卉的开花期是对农药最敏感的时期之一,尽量不要用药,否则容易产生药害,造成落花落果。

④高温、雾重及相对湿度较高时容易产生药害。温度高时,植物吸收药剂及蒸腾较快,使药剂很快在叶尖、叶缘集中过多而产生药害;雾重、湿度大时,药滴分布不均匀也易出现药害。

⑤农药浓度过高、用量过大容易产生药害。如为了防治具有抗性的病虫,随意提高使用浓度和加大用量,容易产生药害。

因此,在使用农药前必须针对药害的原因,综合分析,全面权衡,控制不利因素,最后制订出安全、可靠、有效的措施,必要时,可先做小面积试验或试用,以避免植物药害。例如,园林植物的花期尽量避免用药;草甘膦和百草枯属于灭生性除草剂,在苗圃中使用时要注意不要施用到幼苗上;施药最好在天气比较凉爽,温度不高时进行等。如果不慎发生植物药害,还必须采取急救措施。如根据根施或叶喷的不同用药方式,可分别采用清水冲根或叶面淋洗的办法,去除残留毒物。此外,还要加强肥水管理,使之尽快恢复健康,消除或减轻药害造成的影响。

3)**对环境安全**

对环境的安全主要是使用农药时,要避免对大气、水域和土壤的污染,要避免对天敌及其他有益生物的杀伤。据观测,在田间喷洒农药时只有10% ~30%的药物附着在植物上,其余的则降落在地面上或飘浮于空气中。而附着在植物上的药物也只有很少部分渗入植物体内,大部分又挥发进入大气或经雨淋降落到土壤或水域。进入环境的农药,经过挥发、沉降和雨淋作用,在大气、水域和土壤等环境要素之间进行重复交叉污染,最终将有一部分通过食物链的关系进入到最高营养层次的人类体内,造成对人体的累积性慢性毒害。这一问题现已成为世界各国关注的环境问题。同时,广谱剧毒农药的使用,也杀伤了大量的天敌和其他有益生物,打破了生态平衡,引起了害虫再猖獗和次要害虫上升为主要害虫等问题。因此,农药使用中对环境的安全越来越受到重视。主要预防措施有:

①选用高效、低毒、低残留农药。要逐步停止使用剧毒和高残毒农药,选择对病虫、杂草等特有酶系起抑制作用或能激发植物抗病虫能力,以及对人、畜等高等动物低毒,施用于绿地易被日光和微生物分解,即使大量使用也不污染环境的农药。对有些高毒的农药,可改用低毒化的剂型,如使用3%呋喃丹颗粒剂对环境较安全等。

②选用植物源等天然来源的农药。尽量避免使用化学合成的其化学结构在自然界中并不存在的农药。如果农药中的有效成分结构是自然界中天然存在的,这种物质一般都有相应分解它的微生物群,在自然界中容易分解,不致造成对环境的污染。例如植物源农药印楝素、拟除虫菊脂类、抗生素、特异性农药、植物防御素等。再如,氨基甲酸酯类化合物结构接近天然物质,在生物体内和环境中也易分解,无累积毒性,也可考虑选用。另外还可选用生物农药,尽量减少化学农药的使用对环境的污染。

③选择合理的施药方法。除了选择对天敌及其他有益生物杀伤小的农药外,还可采用隐蔽施药的方法,尽量减少对天敌的杀伤。如选用种子处理、性引诱剂、毒饵诱杀等方法较喷雾对天敌杀伤小;喷雾要多选用低容量、超低容量;尽量避免喷粉、喷粗雾和泼浇法的使用。

总之,在园林植物病虫害的防治过程中,要遵循“预防为主,综合防治”的植保方针。最大限度地发挥抗病虫品种与生物防治等的综合作用,把农药用量控制到最低限度,最大限度地减少农药对环境的污染,为人类造福。

4.4 农药的浓度与稀释计算

商品农药，除了低浓度的粉剂、颗粒剂和超低容量喷雾油剂等可直接使用外，一般都要稀释到一定浓度才能使用。

4.4.1 农药的浓度表示法

农药浓度的表示方法主要有百分浓度和倍数法两种。

百分浓度(%)是指100份药液中含有有效成分的份数。百分浓度又分为质量百分浓度和容量百分浓度。固体与固体之间或固体与液体之间，常用质量百分浓度，液体与液体之间常用容量百分浓度。

倍数法是指药液或药粉中稀释剂的用量为原药剂用量的多少倍，或者是药剂稀释多少倍的表示法。生产上往往忽略农药和水的比重差异，即把农药的比重看作1，通常有内比法和外比法两种配法。用于稀释100倍(含100倍)以下时用内比法，即稀释时要扣除原药剂所占的1份。如稀释10倍液，即用原药剂1份加水9份。用于稀释100倍以上时用外比法，计算稀释量时不扣除原药所占的1份。如稀释1 000倍液，即可用原药剂1份加水1 000份。

另外，杀菌剂中的石硫合剂常常使用波美度(°Be)来表示浓度。波美度是用波美比重计直接测得的溶液度数。一些抗生素类农药常常用"单位"或"效价单位"来表示浓度或剂量。目前也多趋向于直接用质量(如mg或g)来表示。

4.4.2 农药的稀释计算

农药的实际应用中，常常遇到的计算就是稀释时需要用多少农药或需要加多少水等。其计算的基本原则是稀释前的有效成分的量和稀释后的有效成分的量相等。即原药剂浓度×原药剂质量=所配药液浓度×所配药液质量其他公式都是从这一基本公式推导而来。这里要特别提醒的是在农药的稀释计算过程中要注意单位的一致和换算。

(1)求原药剂用量　其公式为：

原药剂用量=(所配药液质量×所配药液浓度)÷原药剂浓度

【例4.1】　配制0.04%敌敌畏药液100 kg，需用80%的敌敌畏乳油多少毫升？

计算：　$(100\ \text{kg} \times 0.04\%) \div 80\% = 0.05\ \text{kg} = 50\ \text{g} = 50\ \text{mL}$

(2)求稀释剂用量　其公式为：

稀释剂用量=[原药剂质量×(原药剂浓度-所配药剂浓度)]÷所配药剂浓度

【例4.2】　用40%福美砷可湿性粉剂10 kg，配成2%稀释液，需加水多少？

计算：　$10\ \text{kg} \times (40\% - 2\%) \div 2\% = 190\ \text{kg}$

(3)求稀释倍数　稀释倍数的计算可以不考虑药剂有效成分的含量。其公式为：

稀释倍数 = 所配药剂重量 ÷ 原药剂质量 = 原药剂浓度 ÷ 所配药剂浓度

【例 4.3】 用 90% 晶体敌百虫防治园林害虫,每亩用药 75 g 加水 90 kg 喷雾,求稀释倍数?

计算: (90 kg × 1 000) ÷ 75 g = 1 200

【例 4.4】 用松脂合剂 5 kg,加水稀释 20 倍使用,问共需加水多少千克?

根据上式得:所配药剂质量 = 原药剂质量 × 稀释倍数 = 5 kg × 20 = 100 kg

按照内比法, 所需加水量 = (100 − 5) kg = 95 kg

【例 4.5】 用含 5 万单位的井冈霉素水剂,加水稀释成 50 单位的浓度使用,求稀释倍数?

计算: 50 000 ÷ 50 = 1 000

4.5 常用农药与应用

农药品种繁多,而且随着人们环保意识的增强,高效、低毒、低残留品种在不断研制并投入生产,剧毒、高残留的农药逐渐淘汰,新的品种在不断增加。在选用农药时,要特别注意最新颁布的农药使用规定,使农药的选用紧跟时代的步伐。这里介绍的是目前使用较多的品种,也不乏一些传统农药。

4.5.1 常用杀虫剂

1)有机磷类杀虫剂

有机磷类杀虫剂是发展速度最快、品种最多、使用最广泛的一类药剂。具有药效高、杀虫作用方式多样、在生物体内易降解及对人、畜无积累毒性等特点。当前大量使用的主要有下列品种:

(1)敌百虫 敌百虫属高效、低毒、广谱性杀虫剂,具有强烈的胃毒作用,并兼有触杀作用。敌百虫除有 80%、90% 原药可直接兑水使用外,还有 80% 和 85% 敌百虫可溶性粉剂、50% 可湿性粉剂、50% 乳油、25% 和 5% 粉剂及畜用敌百虫片剂等剂型,广泛用于防治农林害虫及家畜内外寄生虫。在选用敌百虫时应注意,该药剂以胃毒为主,对刺吸式口器害虫效果差,故不宜使用。根据其遇碱转变为毒性更强的敌敌畏的特点,在用晶体或可溶性粉剂时宜加入兑水量的 0.1% 以下的洗衣粉,可提高药效,但应现配现用,否则分解失效。

(2)敌敌畏 它属高效、中毒、广谱性杀虫、杀螨剂。对昆虫击倒性强,具有强烈的熏蒸作用,并兼有触杀和胃毒作用。易挥发,持效期短(1 ~ 2 d),加水后容易分解失效,遇碱分解更快。现有剂型有 40%、50% 和 80% 乳油,50% 油剂及 20% 塑料块缓释剂。适于防治花卉上的蚜虫、蛾蝶幼虫、介壳虫若虫及花木上的粉虱等多种害虫和卫生、仓库、温室害虫等。常采用喷雾、田间熏蒸、室内熏蒸等方法。敌敌畏杀虫作用的大小与气候条件有直接关系,气温高时,杀虫效力较大。使用时应注意,本药剂对月季花、樱花、桃类花木易发生药害,不宜使用。蜜蜂对本药剂敏感。

(3)乐果及氧乐果 乐果属高效、低毒、广谱性杀虫、杀螨剂。具有良好的触杀、胃毒和内吸作用。常用剂型有 40%、50% 乳油,60% 可溶性粉剂,1.5% 粉剂。适用于防治蔬菜、果树、棉花、茶叶、油料及大田作物上的多种害虫。蔬菜、果树喷药后10～14 d方可采收，茶叶7～10 d，桑叶用药4 d后才能采桑。喷过药的牧草在1个月内不可饲喂。对蜜蜂、寄生蜂、瓢虫等天敌有高毒。乐果经氧化后可成为比乐果毒性更强的氧化乐果。目前生产的氧乐果是乐果的代谢类似物，其理化性质与乐果相似，能防治多种害虫，特别是对乐果和其他有机磷制剂产生抗性的蚜虫、螨类和蚧壳虫有较好的防治效果。现有剂型为40%乳油及18%高渗乳油。因氧化乐果属高毒农药，禁止在蔬菜、瓜类、茶树等植物上使用。对人、畜毒性比乐果高约5倍，且对蜜蜂和天敌昆虫毒性大。

(4)毒死蜱　它是广谱杀虫、杀螨剂，具有胃毒和触杀作用，在土壤中挥发性较高。适于防治柑橘潜叶蛾、桃蚜、介壳虫、小绿叶蝉、茶尺蠖、茶叶瘿螨等。制剂有40%、48%毒死蜱乳油，14%毒死蜱颗粒剂。毒死蜱在碱性介质中易分解，可与非碱性农药混用。

(5)辛硫磷　它属高效、低毒、低残留、广谱性杀虫剂。具有胃毒及触杀作用，无内吸作用。对各种鳞翅目幼虫(甚至高龄幼虫)有特效。对多种园林害虫、卫生害虫、仓储害虫都有良好效果。还可用于防治蛴螬、蝼蛄等地下害虫。辛硫磷易被光解为无毒化合物，田间施药3～4 d即分解失效，故适合在果、蔬、茶上使用。大田施药时应尽量避免阳光直接照射，最好在阴天或晴天的下午4时后进行。现有剂型为50%、45%乳油，5%颗粒剂。

2)氨基甲酸酯类杀虫剂

氨基甲酸酯类杀虫剂是一类含氮元素并具杀虫作用的化合物。由于原料易得，合成简便，选择性强，毒性较低，无残留毒性，现已成为一个重要类型。

(1)甲萘威　甲萘威又称西维因，为广谱性杀虫剂，具有胃毒、触杀作用。特别对当前不易防治的咀嚼式口器害虫如棉铃虫等防效好，对内吸磷等杀虫剂产生抗性的害虫也有良好防效。若将其与乐果、敌敌畏等农药混用，有明显增效作用。但对蜜蜂敏感。常用剂型有25%、50%可湿性粉剂和40%浓悬浮剂。

(2)异丙威　异丙威又称叶蝉散，为速效触杀性杀虫剂，见效快，持效短，仅3～5 d。具有选择性，特别对叶蝉、飞虱类害虫有特效。对蓟马也有效，对天敌安全。现有剂型为2%、4%粉剂，10%可湿性粉剂，20%乳油，20%胶悬剂。与异丙威性质相近似的还有速灭威、巴沙、混灭威等。

(3)抗蚜威　抗蚜威又称辟蚜雾，属对蚜虫有特效的选择性杀虫剂，以触杀、内吸作用为主，20 ℃以上时有一定熏蒸作用。杀虫迅速，能防治对有机磷杀虫剂有抗性的蚜虫，持效期短，对天敌安全，有利于与生物防治协调。剂型有50%可湿性粉剂及50%水分散颗粒剂等。

(4)丁硫克百威　丁硫克百威又称好年冬，为克百威的低毒化衍生物。具有触杀、胃毒及内吸作用，持效期长。可防治多种害虫。对人、畜中等毒。常见剂型有5%颗粒剂、15%乳油。

3)拟除虫菊酯类杀虫剂

此类杀虫剂是模拟天然除虫菊素合成的产物。具有杀虫谱广，击倒力极强，杀虫速度极快，持效期较长，对人、畜低毒，几乎无残留等特点，以触杀为主并兼具胃毒作用，但对蜜蜂、蚕毒性大，产生抗药性快，应合理轮用和混用。

(1)联苯菊酯　它又名天王星，具有触杀、胃毒作用。对人、畜中等毒。可用于防治鳞翅目幼虫、蚜虫、叶蝉、粉虱、潜叶蛾、叶螨等。常见剂型有2.5%、10%乳油。

(2)甲氰菊酯　它又名灭扫利，具有触杀、胃毒及一定的忌避作用。对人、畜中等毒。可用于防治鳞翅目、鞘翅目、同翅目、双翅目、半翅目等害虫及多种害螨。常见剂型为20%乳油。

(3)溴氰菊酯　它又名敌杀死，具有强触杀作用，兼具胃毒和一定的杀卵作用。该药对植物吸附性好，耐雨水冲刷，残效期长达7~21 d，对鳞翅目幼虫和同翅目害虫有特效。对人、畜中等毒。常见剂型有2.5%乳油、25%可湿性粉剂。

(4)氰戊菊酯　它又名速灭杀丁，具有强触杀作用，有一定的胃毒和拒食作用。效果迅速，击倒力强。对人、畜中等毒。对鱼、蜜蜂高毒。可用于防治鳞翅目、半翅目、双翅目的幼虫。常见剂型为20%乳油。

(5)三氟氯氰菊酯　它又名功夫，具有强触杀作用，并具胃毒和驱避作用。速效、杀虫谱广。对鳞翅目、半翅目、鞘翅目的害虫均有良好的防治效果。对人、畜中等毒。常见剂型有2.5%乳油。

(6)氟胺氰菊酯　它又名马扑立克，具有触杀及胃毒作用。为广谱杀虫、杀螨剂。可防治蚜虫、叶蝉、温室白粉虱、蓟马及鳞翅目害虫。对人、畜中等毒。常见剂型有24%乳油，10%、20%、30%的可湿性粉剂。

4)沙蚕毒素类杀虫剂

它是一类含氮元素的有机合成杀虫剂，在虫体内可形成有毒物质沙蚕毒素，阻断乙酰胆碱的传导刺激作用达到杀虫效果。

(1)杀螟丹　它又称巴丹，属广谱性触杀、胃毒杀虫剂，兼有内吸和杀卵作用。对人、畜中等毒，对蚕毒性大，对十字花科蔬菜幼苗敏感。剂型为50%可溶性粉剂。

(2)杀虫双　杀虫双是高效、中等毒、广谱性杀虫剂。具有强触杀、胃毒、兼熏蒸、内吸和杀卵作用。对家蚕毒性很大，桑园内禁用。剂型有25%水剂、3%及5%颗粒剂、5%包衣大粒剂。

5)苯甲酰脲类杀虫剂

该类杀虫剂属抗蜕皮激素类杀虫剂，被处理的昆虫由于蜕皮或化蛹障碍而死亡，有些则干扰DNA合成而绝育。

(1)除虫脲　它又称灭幼脲一号，以胃毒作用为主，抑制昆虫表皮几丁质合成，阻碍新表皮形成，致幼虫死于蜕皮障碍，卵内幼虫死于卵壳内，但对不再蜕皮的成虫无效。对鳞翅目幼虫有特效(但对棉铃虫无效)，对双翅目、鞘翅目也有效。对人、畜毒性低，对天敌安全，无残毒污染，但对家蚕有剧毒，蚕区应慎用。剂型有25%可湿性粉剂和20%浓悬浮剂。

(2)定虫隆　它又称抑太保，与除虫脲相近似，但对棉铃虫、红铃虫也有防效，而施药适期应在低龄幼虫期，杀卵应在产卵高峰至卵盛孵期为宜。剂型有5%乳油。

6)生物源杀虫剂

生物源杀虫剂中有些也属于生物防治中利用微生物来防治害虫的研究范畴，是目前综合防治中提倡使用的一类杀虫剂。

(1)阿维菌素　它是新型抗生素类杀虫、杀螨剂。具有触杀和胃毒作用。对于鳞翅目、鞘翅目、同翅目、斑潜蝇及螨类有高效。对人、畜低毒。常见剂型有1.0%、0.6%、1.8%乳油。

(2)苏云金杆菌　该药剂是一种细菌性杀虫剂，杀虫的有效成分是细菌及其产生的毒素。原药为黄褐色固体，属低毒杀虫剂，可用于防治直翅目、双翅目、膜翅目，特别是鳞翅目的多种害虫。常见剂型有可湿性粉剂(100亿活芽孢/g)。Bt乳剂(100亿活芽孢/mL)可用于喷粉、喷雾、灌心等，也可用于飞机防治。可与敌百虫、菊酯类等农药混合使用，效果好，速度快。但不能与杀菌剂混用。

(3)白僵菌　该药剂是一种真菌性杀虫剂,不污染环境,害虫不易产生抗性。可用于防治鳞翅目、同翅目、膜翅目、直翅目等害虫。对人、畜及环境安全,对蚕感染力强。其常见的剂型为粉剂(每1 g菌粉含有孢子50~70亿个)。

(4)核多角体病毒　该药剂是一种病毒杀虫剂。具有胃毒作用。对人、畜、鸟、益虫、鱼及环境安全,对植物安全,害虫不易产生抗药性,但不耐高湿,易被紫外线照射失活,对害虫作用较慢。常见的剂型为粉剂、可湿性粉剂,适于防治鳞翅目害虫。

(5)鱼藤酮　该药为一种植物性杀虫剂,有效成分来自植物鱼藤,对人、畜中等毒,对害虫具有很强的触杀和胃毒作用,也有一定驱避作用,但对鱼类高毒,遇碱易分解,切忌在鱼塘附近使用,也不可与其他碱性农药混用。常见的剂型有2.5%、5%、7.5%乳油,4%粉剂,可用于防治蚜虫和鳞翅目幼虫。

7)混合杀虫剂

混合杀虫剂是两种或两种以上的杀虫剂混合配制而成的复配制剂,以做到一药多用,省工省力。

(1)增效氰马　它又名灭杀毙,由氰戊菊酯、马拉硫磷和增效磷混配而成。以触杀、胃毒作用为主,兼有拒食、杀卵、杀蛹作用。可防治蚜虫、叶螨、鳞翅目害虫。对人、畜中等毒。常见剂型有21%乳油。

(2)菊乐　它又名速杀灵,由氰戊菊酯和乐果按1∶2的比例混配而成。具有触杀、胃毒及一定的内吸、杀卵作用。可防治蚜虫、叶螨及鳞翅目害虫。对人、畜中等毒。常见剂型为30%乳油。

(3)氰久　它又名丰收菊酯,由3.3%氰戊菊酯和16.7%久效磷混配而成。具有触杀、胃毒及内吸作用。可防治蚜虫、叶螨及鳞翅目害虫,对人、畜高毒。常见剂型为20%乳油。

(4)机油·溴氰　它又名增效机油乳剂、敌蚜螨,由机油和溴氰菊酯混配而成。具有强烈触杀作用,为广谱性的杀虫、杀螨剂。可防治蚜虫、叶螨、介壳虫以及鳞翅目幼虫等。对人、畜低毒。常见剂型为85%乳油。

4.5.2　常用杀螨剂

从上述杀虫剂的防治对象可以看出,许多杀虫剂都兼有杀螨效果,有时很难将杀虫剂与杀螨剂分开,一般按其主要作用归类。这里列出的杀螨剂主要是以其杀螨作用为主。

(1)浏阳霉素　它为抗生素类杀螨剂。对多种叶螨有良好的触杀作用,对螨卵有一定的抑制作用。对人、畜低毒,对植物及多种天敌安全。对于鳞翅目、鞘翅目、同翅目、斑潜蝇也高效。常见剂型为10%乳油。

(2)噻螨酮　它又称尼索朗,对螨卵、幼螨、若螨具有强杀作用。药效迟缓,一般施药后7 d才显药效。残效达50 d左右。属低毒杀螨剂。常见剂型有5%乳油、5%可湿性粉剂。

(3)速螨酮　它又名扫螨净,具有触杀和胃毒作用,可杀各个发育阶段的螨,残效长达30 d以上。对人、畜中等毒。常见剂型有20%可湿性粉剂、15%乳油。除杀螨外,对飞虱、叶蝉、蚜虫、蓟马等害虫也具较好的防治效果。

(4)三唑锡　它是一种触杀性强的杀螨剂。可杀灭若螨、成螨及夏卵,对冬卵无效。对人、畜中等毒。常见剂型有25%可湿性粉剂。

(5)溴螨酯　它又名螨代治,具有较强触杀作用,无内吸作用,对成、若螨和卵均有一定的杀伤作用。杀螨谱广,持效期长,对天敌安全。对人、畜低毒。常见剂型为50%乳油。

(6)克螨特　它具有触杀、胃毒作用,无内吸作用。对成螨、若螨有效,杀卵效果差。对人、畜低毒,对鱼类高毒。常见剂型为73%乳油。

(7)苯丁锡　它又名托尔克。对害螨以触杀为主,作用缓慢。对幼螨、若螨、成螨有效,对卵效果不好。对人、畜低毒,但对人的眼睛、皮肤和呼吸道刺激性较大。该药为感温型杀螨剂,22 ℃以下时活性降低,15 ℃以下时药效差,因而冬季勿用。常见剂型有25%、50%可湿性粉剂,25%悬浮剂。

(8)唑螨酯　它又称杀螨王,对螨类以触杀作用为主,杀螨谱广,并具有杀虫治病作用。除对螨类有效外,对蚜虫、鳞翅目害虫以及白粉病、霜霉病等也有良好的防效。对人、畜中等毒。常见剂型为5%悬浮剂。

(9)四螨嗪　它又称阿波罗,螨死净,对螨卵活性强,以触杀作用为主,对若螨也有一定的活性,对成螨效果差,持效期长。对鸟类、鱼类、天敌昆虫安全。对人、畜低毒。常见剂型有10%、20%可湿性粉剂,20%、25%、50%悬浮剂。

4.5.3 常用杀菌剂

杀菌剂除按作用方式分为保护剂和治疗剂外,生产上也常常按是否能被植物吸收和传导分为非内吸性杀菌剂和内吸性杀菌剂。

1)非内吸性杀菌剂

(1)波尔多液　它是由硫酸铜和生石灰、水按一定比例配成的天蓝色胶悬液,呈碱性,有效成分为碱式硫酸铜。一般应现配现用,其配比因作物对象而异。生产上多用等量式,即硫酸铜、石灰、水按1∶1∶100的比例配制。还有石灰半量式、石灰倍量式等,应视作物而选择。此药是一种良好的保护剂,应在植物发病前施用,防治谱广,但对白粉病和锈病效果差。使用时可直接喷雾,一般药效可维持15 d左右。对易受铜素药害的植物,如桃、李、梅、鸭梨、苹果等,可用石灰倍量式波尔多液,以减轻铜离子产生的药害。对于易受石灰药害的植物,可用石灰半量式波尔多液。在植物上使用波尔多液后一般要间隔20 d才能使用石硫合剂,喷施石硫合剂后一般也要间隔10 d才能喷施波尔多液,以防发生药害。

(2)石硫合剂　它是由石灰、硫磺加水按1∶1.5∶13的比例熬煮而成的。过滤后母液呈透明琥珀色,具较浓臭蛋气味,呈碱性。具杀虫、杀螨、杀菌作用。使用浓度因植物种类、防治对象及气候条件而异。北方冬季果园用3~5 °Be,而南方用0.8~1 °Be为宜,可防除越冬病菌、果树介壳虫及一些虫卵。在生长期则多用0.2~0.5 °Be的稀释液,可防治病害与红蜘蛛等害虫。视植株大小和病情不同而用药量不同。还可防治白粉病、锈病及多种叶斑病。

(3)白涂剂　它可以用于减轻观赏树木因冻害和日灼而发生的损伤,并能遮盖伤口,避免病菌侵入,减少天牛产卵机会等。白涂剂的配方很多,可根据用途加以改变,最主要的是石灰质量要好,加水消化要彻底。如果把消化不完全的硬粒石灰刷到树干上,就会烧伤树皮,特别是光皮、薄皮树木更应注意。常用的配方是：

①生石灰 5 kg + 石硫合剂 0.5 kg + 盐 0.5 kg + 兽油 0.1 kg + 水 20 kg。先将生石灰和盐分别用水化开，然后将两液混合并充分搅拌，再加入兽油和石硫合剂原液搅拌即可。

②生石灰 5 kg + 食盐 2.5 kg + 硫磺粉 1.5 kg + 兽油 0.2 kg + 大豆粉 0.1 kg + 水 36 kg。制作方法同上。

(4)氢氧化铜　它又名丰护安，为广谱性保护剂，通过释放出铜离子均匀覆盖在植物体表面，防止真菌孢子侵入而起保护作用。可防治霜霉病、叶斑病等多种病害。对人、畜低毒。常见剂型有 77% 可湿性粉剂、61.4% 干悬浮剂。

(5)敌克松　保护性杀菌剂，也具一定的内吸渗透作用，是较好的种子和土壤处理杀菌剂，也可喷雾使用，残效期长，使用时应现配现用。常见剂型有 75%、95% 可湿性粉剂。

(6)代森锰锌　广谱性保护剂，对霜霉病、疫病、炭疽病及各种叶斑病有效。对人、畜低毒。常见剂型有 25% 悬浮剂、70% 可湿性粉剂、70% 胶干粉。

(7)福美双　保护性杀菌剂，主要用于防治土传病害。对霜霉病、疫病、炭疽病等有较好的防治效果。对人、畜低毒。常见剂型有 50%、75%、80% 可湿性粉剂。

(8)百菌清　百菌清又名达科宁，为广谱性保护剂，对霜霉病、疫病、炭疽病、灰霉病、锈病、白粉病及各种叶斑病有较好的防治效果。对人、畜低毒。常见剂型有 50%、75% 可湿性粉剂，10% 油剂，5%、25% 颗粒剂，2.5%、10%、30% 烟剂等。

(9)异菌脲　异菌脲又名扑海因，为广谱性杀菌剂，具有保护、治疗双重作用。可防治灰霉病、菌核病及多种叶斑病。对人、畜低毒。常见剂型有 50% 可湿性粉剂、25% 悬浮剂。

2)内吸性杀菌剂

(1)甲霜灵　甲霜灵具有内吸和触杀作用，在植物体内能双向传导，耐雨水冲刷，残效期 10～14 d，是一种高效、安全、低毒的杀菌剂。对霜霉病、疫霉病、腐霉病有特效，对其他真菌和细菌病害无效。常见剂型有 25% 可湿性粉剂、40% 乳剂、35% 粉剂、5% 颗粒剂。可与代森锌混合使用，提高防效。

(2)三唑酮　三唑酮又名粉锈宁，为高效内吸杀菌剂。对人、畜低毒。对白粉病、锈病有特效。具有广谱、用量低、残效期长的特点。并能被植物各部位吸收传导，具有预防和治疗作用。常见剂型有 15%、25% 可湿性粉剂，20% 乳油。

(3)丙环唑　丙环唑又名敌力脱，为新型广谱内吸性杀菌剂。对白粉病、锈病、叶斑病、白绢病等有良好的防治效果；对霜霉病、疫霉病、腐霉病无效。对人、畜低毒。常见剂型有 25% 乳油、25% 可湿性粉剂。

(4)腐霉利　腐霉利又名速克灵，为广谱内吸性杀菌剂，具有保护治疗双重作用。对灰霉病、菌核病等防治效果好。对人、畜低毒。常见剂型有 50% 可湿性粉剂、30% 颗粒熏蒸剂、25% 流动性粉剂、25% 胶悬剂。

(5)氟硅唑　氟硅唑又名福星，为广谱性内吸性杀菌剂，对子囊菌、担子菌、半知菌有效，主要用于白粉病、锈病、叶斑病的防治。对人、畜低毒。常见剂型有 10% 乳油、40% 乳油。

(6)霜霉威　霜霉威又名普力克，为内吸性杀菌剂。对于腐霉病、霜霉病、疫病有特效。对人、畜低毒。常见剂型有 72.2%、66.5% 水剂。

(7)三乙磷酸铝　三乙磷酸铝又名疫霉灵，具有很强的内吸传导作用，在植物体内可以上、下双向传导。对新生的叶片有预防病害的作用；对已生病的植株，通过灌根和喷雾有治疗作用。

常见剂型有30%胶悬剂,40%、80%可湿性粉剂。

(8)甲基托布津　甲基托布津为一种广谱性内吸杀菌剂,对多种植物病害有预防和治疗作用。残效期5~7 d。常见剂型有50%、70%可湿性粉剂,40%胶悬剂。

(9)噻菌灵　噻菌灵是高效、广谱、内吸杀菌剂,兼有保护、治疗作用,能向顶传导,但不能向基传导。持效期长。可防治白粉病、炭疽病、灰霉病、青霉病等。对人、畜低毒。常见剂型有60%、90%可湿性粉剂,42%胶悬剂、45%悬浮液。

(10)杀毒矾　杀毒矾由8%恶霜灵与56%代森锰锌混配而成,恶霜灵具有较强的向顶端传导的特性。具有优良的保护、治疗活性,残效期13~15 d。常见剂型有64%可湿性粉剂。

(11)霜·代　霜·代又名克露,为广谱性保护剂,由8%霜脲腈与64%代森锰锌混配而成。具有局部内吸作用。对于霜霉病、疫病等有较好的防治作用。对人、畜低毒。常见剂型有72%可湿性粉剂。

(12)烯唑醇　烯唑醇又名速保利,为广谱性杀菌剂,具有保护、治疗、铲除作用。对白粉病、锈病、黑星病、黑粉病等有特效。对人、畜中等毒、常见剂型有12.5%超微可湿性粉剂。

3)农用抗生素类

(1)农抗120　农抗120是一种嘧啶核苷类杀菌抗生素。属于低毒、广谱、内吸性杀菌剂,有预防和治疗作用。具有无残留、不污染环境、对植物和天敌安全等特点。本产品对多种植物病原菌有较好抑制作用,对植物有刺激生长作用。常见剂型有2%的农抗120水剂。

(2)武夷菌素　武夷菌素是一种链霉素类杀菌剂。属于低毒、高效、广谱和内吸性强的杀菌抗生素药剂,有预防和治疗作用。对革兰氏菌、酵母菌有抑制作用,但对病原真菌的抑制活性更强。具有无残留、无污染、不怕雨淋、易被植物吸收、能抑制病原菌的生长和繁殖的特点。

(3)多抗霉素　多抗霉素具有低毒、无残留、广谱、内吸传导、对植物安全、不污染环境和对蜜蜂低毒等特点。其作用机制是干扰真菌细胞壁几丁质的生物合成,使之局部膨大,溢出细胞内含物,从而不能正常发育而死亡。对细菌和酵母菌无效。

4.5.4　杀线虫剂

(1)线虫必克　线虫必克是由厚孢轮枝菌研制而成的微生物杀线虫剂。属于低毒性药剂,对皮肤和眼睛无刺激作用,对植物安全。厚孢轮枝菌在适宜的环境条件下产生分生孢子,分生孢子萌发产生的菌丝寄生于线虫的雌虫和卵,使其致病死亡。

(2)棉隆　棉隆又名必速灭,为广谱性的熏蒸性杀线虫、杀菌剂。对人、畜低毒,对眼睛有轻微刺激作用,对鱼、虾中等毒,对蜜蜂无毒。本产品易在土壤中扩散,能与肥料混用,不会在植物体内残留,不但能全面持久地防治多种地下线虫,而且能兼治土壤中的真菌、地下害虫。目前所使用的主要剂型为90%棉隆粉剂。

(3)威百亩　威百亩属于低毒杀线虫剂,对眼睛有刺激作用,对鱼高毒,对蜜蜂无毒。对线虫具有熏杀作用,多作土壤熏蒸剂,适用于播种前的土壤处理,对线虫的杀伤快速、高效,在土壤中残留时间短,对环境安全。同时,对植物病原菌和杂草也具有较强的杀灭作用。目前所使用的主要剂型为35%威百亩水剂。

(4)灭线磷　灭线磷是一种有机磷类高效触杀性杀线虫剂,在酸性溶液中稳定,在碱性介质中迅速分解，对光和温度稳定性好。具有强烈的触杀作用，并兼有胃毒作用，无熏蒸作用和内吸传导作用。根施后很少传到地上部分，残留量少，残留期短，降解产物对人畜无危害，环境较安全。对蔬菜和观赏植物等植物的根结线虫有特效，并对地下害虫中鳞翅目、鞘翅目的幼虫和直翅目、膜翅目的一些种类也具有良好的防治效果。主要剂型有10%灭线磷颗粒剂和40%灭线磷乳油。

复习思考题

1. 常用的农药加工剂型有哪些？各有何特点？
2. 农药为什么要混合使用？混合时应注意哪些问题？
3. 如何才能做到安全使用农药？

5 园林植物害虫及其防治

［本章导读］ 概述了园林植物的食叶害虫、枝干害虫、吸汁害虫和根部害虫的发生和危害,重点介绍了这些害虫的形态特征、发生规律和防治措施。要求学生了解园林植物害虫的分布和危害;掌握园林植物害虫的形态特征和发生规律;重点掌握园林植物害虫的防治措施。

5.1 食叶害虫

食叶害虫

荔枝瘿蚊为害荔枝树(为害状)

六带桑舞蛾为害黄金榕幼虫及成虫

朱红毛斑蛾幼虫为害垂榕

园林植物食叶害虫种类繁多,主要有鳞翅目的卷叶蛾类、舟蛾类、刺蛾类、蓑蛾类、毒蛾类、灯蛾类、尺蛾类、天蛾类、枯叶蛾类、潜叶蛾类及蝶类,鞘翅目的叶甲类和膜翅目的叶蜂类等。它们的危害特点是:

①危害健康的植株,猖獗时能将叶片吃光,削弱树势,为天牛、小蠹虫等蛀干害虫侵入提供适宜条件。

②大多数食叶害虫因裸露生活,受环境因素影响大,其虫口密度变动大。

③多数种类繁殖能力强,产卵集中,易爆发成灾,并能主动迁移扩散,扩大其危害范围。

5.1.1 卷叶蛾类

1)卷叶蛾类主要害虫

(1)苹褐卷叶蛾(*Pandemis heparana* Denis et Schiffermüller) 它又名褐带卷叶蛾。遍布我国南北各地,主要危害山茶、牡丹、绣线菊、榆、柳、海棠、蔷薇、大丽菊、月季、小叶女贞、七姊妹、万寿菊、杨等园林植物以及苹果、桃等多种果树,幼虫取食新芽、嫩叶和花蕾,常吐丝缀连2~3叶或纵卷1叶,潜藏卷叶内食害,并啃食果皮和果肉。

苹褐卷叶蛾的成虫体长 8 ~ 11 mm，翅展 16 ~ 25 mm，体及前翅褐色。前翅前缘稍呈弧形拱起（雄蛾更明显），外缘较直，顶角不突出，翅面具网状细纹，基斑、中带和外侧略弯曲，后翅灰褐色。下唇须前伸，腹面光滑第 2 节最长；幼虫头及前胸背板淡绿色，多数前胸背板后缘两侧各有 1 个黑斑（图 5.1）。

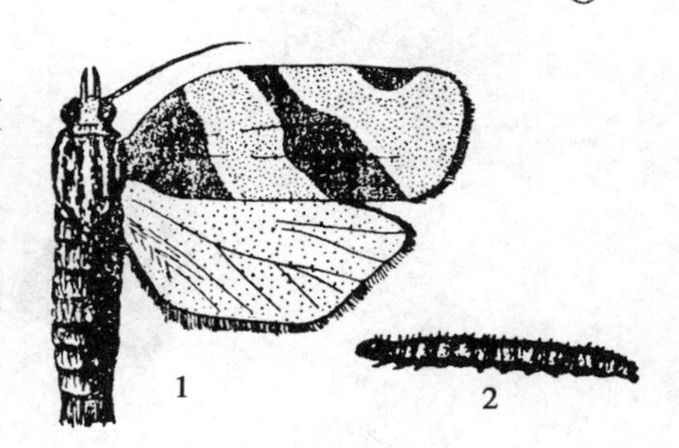

图 5.1　苹褐卷蛾

1. 成虫　2. 幼虫

苹褐卷叶蛾 1 年发生 2 ~ 3 代，以幼龄幼虫在皮缝、剪锯口、翘皮、疤痕等处结白色丝茧内越冬。次年 6 月中旬幼虫老熟，在被害卷叶内开始化蛹，在 6 月下旬—7 月中旬羽化成虫，成虫对糖、醋有趋化性。成虫有较弱趋光性，白天隐蔽在叶背或草丛中，夜间进行交尾产卵活动，卵多产在叶面上。7 月中下旬为第一代幼虫发生期，初孵幼虫有群集性，取食叶肉使叶片成筛孔状，幼虫成长后分散危害。9 月上旬—10 月上旬为第 2 代幼虫发生期，危害不久，在 10 月上中旬幼龄幼虫寻找适合场所结茧越冬。

（2）桉小卷蛾（*Pelohrista* sp.）　它分布于我国桉树产区，危害桉树、白千层、红胶木和桃金娘属等。

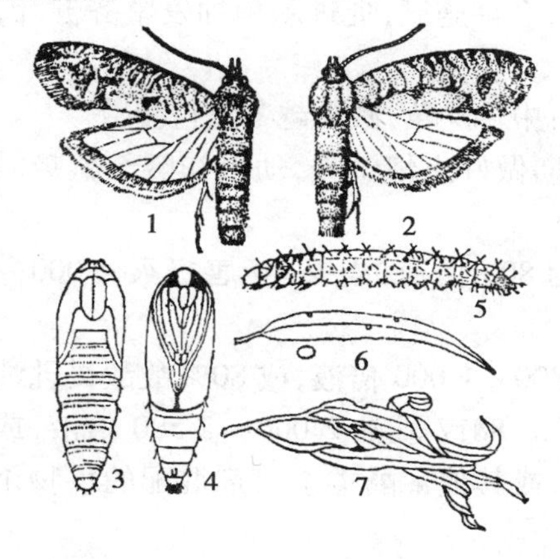

图 5.2　桉小卷蛾（仿卢川川）

1. 雄成虫　2. 雌成虫　3. 雌蛹背面
4. 雌蛹腹面　5. 幼虫　6. 卵及叶上卵
7. 幼虫取食的虫苞

桉小卷蛾的成虫雌雄异型，雄虫体长 5 ~ 7 mm，翅展 13 ~ 15 mm，前翅灰褐色或灰黄色，有前缘褶、基斑、中带或不明显的端纹，前翅前缘的中部到顶角处有 5 对银白色的钩状纹或黄褐色的云纹相间，中室下方的 1/2 处有一丛灰白色竖起的鳞片，在中室下缘的中部和后缘的臀角区各有一个三角形的黄褐色斑，停息时前翅的两三角斑形成一个明显图案；雌虫体长 6 ~ 7 mm，翅展 15 ~ 17 mm，前翅无前缘褶和竖起的鳞片丛，其他同雄蛾；老熟幼虫灰黑色或灰黄色，体中线或亚背线黑褐色（图 5.2）。

桉小卷蛾在广州 1 年发生 8 ~ 9 代，无明显的越冬现象，由于发生世代多，世代重叠严重。成虫多在上午 8:00—11:00羽化，羽化后需吸食露水才能交配，大部分在第二天晚上交配，第三天晚上产卵，卵单产于叶的背面，少数可产在光滑的枝条上，幼虫孵出后即爬到嫩芽吐丝缀叶危害，1 ~ 2 龄幼虫只食叶肉，3 ~ 5 龄可取食全叶，一条幼虫可转移危害 2 ~ 3 个嫩梢。

（3）三角新小卷蛾（*Olethreutes leucaspis* Meyrick）　它又名灰白卷叶蛾。分布于我国的龙眼、荔枝、柑桔产区。此类害虫除危害龙眼、荔枝树外，还能危害柑桔等多种果树，幼虫吐丝将嫩叶、花器连缀成团，匿居其中取食幼叶和花穗。

三角新小卷蛾的成虫体长 7 ~ 7.5 mm，翅展 17 ~ 18 mm，头部黑褐色，头顶毛丛疏松，复眼半球形黑色。前翅在前缘 2/3 处有一淡黄色三角形斑块，后翅前缘从基角至中部灰白色，其余为灰黑褐色；幼虫头黑色，胴部淡黄白色。头部单眼区黑褐色，两后颊下方各有一近长方形的黑色斑块。前胸背上有 12 根刚毛。腹足趾钩三序全环，臀足为三序横带（图 5.3）。

三角新小卷蛾在广西、南宁 1 年发生 9 代，世代重叠，冬春时期可见各种虫态。第一代发生

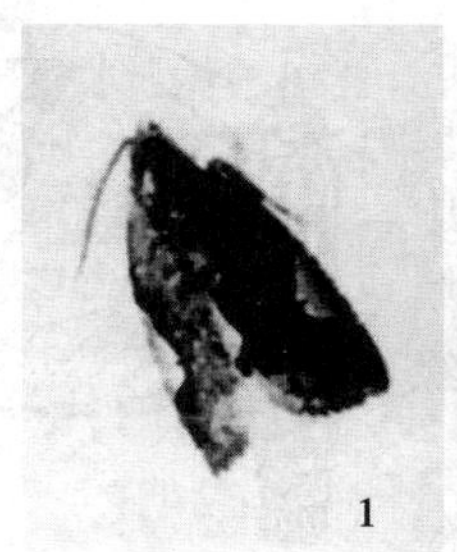
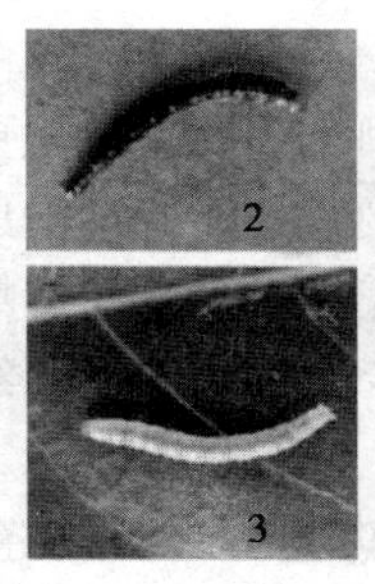

图5.3　三角新小卷蛾(网上下载)

1. 成虫　2,3. 幼虫　4. 蛹　5. 被害状

于1—4月,从4月下旬—11月上中旬发生各世代,成虫羽化以午后2:00—5:00最盛,成虫白天在地面的落叶或杂草丛中停息,晚间交尾产卵,产卵前期1~2 d,卵散产在已经萌动的芽梢复叶上的小叶缝隙间,也有产在腋芽上或小叶的叶脉间,幼虫常将叶片斜或纵卷为多层圆柱形,或吐丝将小花穗粘连成"苞"居中取食,老熟幼虫在落叶或杂草叶片上,吐丝结成薄茧化蛹。

2)卷蛾类的防治措施

(1)农业防治　加强栽培管理,在龙眼、荔枝各新梢期,合理施肥,促进新梢抽发整齐健壮,缩短适宜卷蛾成虫产卵、繁殖所需的梢龄期,以减轻危害。

(2)人工防治　冬季清园,修剪病虫害枝叶,消除虫源;中耕除草,减少越冬虫口基数。

(3)药剂防治　在新梢、花穗抽发期和在谢花至幼果期做好虫情调查,幼虫初孵至盛孵时期,及时喷药1~2次。

①花蕾期,选用较低毒的生物制剂,如Bt生物制剂的800倍液,或1.8%害极灭4 000~5 000倍液,或复方虫螨治可湿性粉剂600倍液。

②开花前、新梢期和幼果期,可选用90%晶体敌百虫800~1 000倍液,或80%敌敌畏乳油800~1 000倍液,或2.5%溴氰菊酯(敌杀死)乳油,或15% 8817乳油2 000~2 500倍液,或5%高效灭百可乳油,或30%双神乳油2 000~2 500倍液,或其他菊酯类杀虫剂混配的生物杀虫剂。

5.1.2　舟蛾类

1)舟蛾类主要害虫

(1)杨扇舟蛾(*Clostera anachoreta* Fabricius)　它又名白杨天社蛾(图5.4)。遍布于全国各地,以幼虫危害杨柳树叶片,在海南岛危害母生,发生严重时可食尽全叶。

杨扇舟蛾的成虫体长13~20 mm,翅展23~42 mm,体淡灰褐色,触角栉齿状(雄蛾发达)。前翅灰白色,顶角处有1块赤褐色扇形斑,斑下有一黑色圆点,翅面上有灰白色波纹横线4条,后翅灰白色,较浅,中央有一条色泽较深的斜线。雄虫腹末具分叉的毛丛;老熟幼虫体长32~38 mm。头部黑褐色,体背灰黄绿色,两侧有灰褐色纵带,腹部第1节和第8节背面中央各有1个红黑色大肉瘤。

杨扇舟蛾发生代数因地而异,一般1年2~8代,越往南发生代数越多。辽宁、甘肃等省1

年2~3代，宁夏3~4代，北京、河南、山东、陕西4~5代，浙江、湖南5代，江西5~6代，海南岛达8代，以蛹结薄茧在土中、树皮缝和枯叶卷苞内越冬。成虫具有趋光性。卵产于叶背，单层排列呈块状，初孵幼虫有群集性，剥食叶肉，被害叶成网状，3龄以后分散取食，常缀叶成苞，夜间出苞取食。老熟后再卷叶内吐丝结薄茧化蛹。此虫世代重叠。大约每月发生1代，在海南岛可终年繁殖。

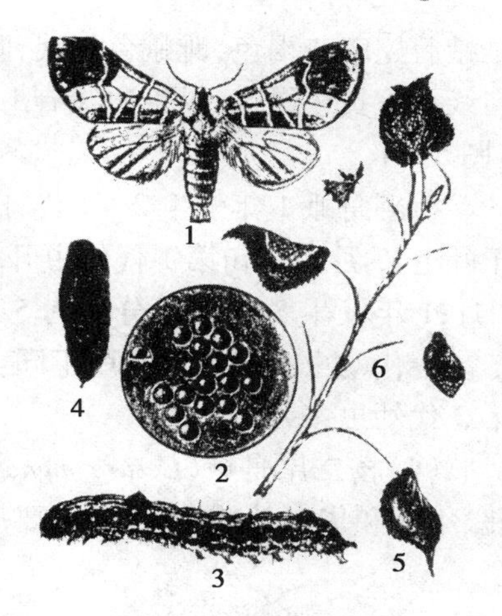

图5.4 杨扇舟蛾

1.成虫 2.卵 3.幼虫 4.蛹 5.叶上的茧 6.被害状

(2)龙眼蚁舟蛾(*Stauropus alternus* Walker) 它分布于广东、台湾等地，危害木麻黄、柑桔、芒果、龙眼、茶、咖啡、腊肠树等，以幼虫危害小枝。

龙眼蚁舟蛾的成虫雌雄异型，雌虫体长24~32 mm，翅展55~67 mm，触角丝状；雄虫体长20~22 mm，翅展38~46 mm，触角羽毛状。头和胸背褐灰色，腹背灰褐色，腹部前6节背部中央毛簇色较暗，前翅褐灰色，基部1/3处可见一灰色横带，前、后翅(除前翅 Cu_1，下脉间略呈齿形点外)外缘线由一列红褐色、内衬灰白边的新月形点组成。雄蛾后翅灰白色，前缘和内缘区褐色，前缘中央有一灰白色斑，雌蛾整个后翅褐色；幼虫体多呈黄、橙黄、黑绿或灰白色，头亮黑色，腹部第1~5节背面各具1对瘤突，前3对较明显，臀足特化呈枝状尾角，栖息时以腹足固着，首尾部翘起，形如舟状(图5.5)。

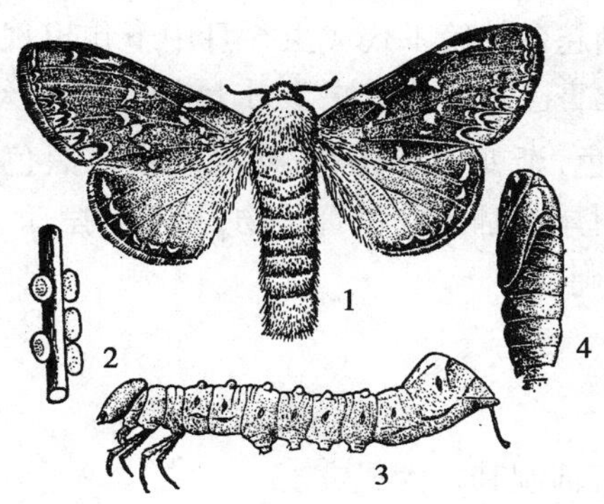

图5.5 龙眼蚁舟蛾(仿朱兴才)

1.成虫 2.卵 3.幼虫 4.蛹

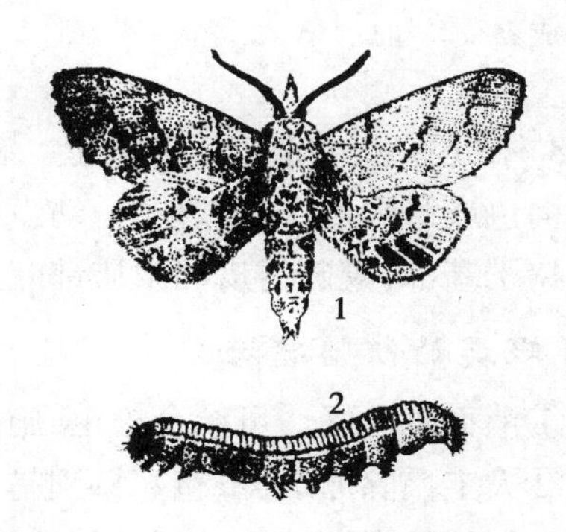

图5.6 槐羽舟蛾

1.成虫 2.幼虫

龙眼蚁舟蛾1年发生6~7代，无越冬现象。初孵幼虫喜群集，食量甚少，4龄后食量增加，6~7龄食量最大。以幼虫危害小枝中部或近基部1/3处，将小枝咬断，仅取食留下的部分，使林地散落大量咬断的枝条，老熟幼虫以丝固着一些小枝，在其中做黄褐色椭圆形茧。成虫一生仅交尾一次，交尾后于傍晚开始产卵，卵多产于小枝条上，成不规则念珠状排列。成虫白天静伏于2 m以下的主干上，夜间活动。

(3)槐羽舟蛾(*Pterostoma sinicum* Moore) 它又名槐天社蛾。分布于华东、东北、长江流域等地，危害植物有槐树类、紫薇、海棠等。

槐羽舟蛾的成虫体长30 mm，翅展：雄蛾56~64 mm，雌蛾66~80 mm，全体灰黄褐色。前翅后缘中间有1浅弧形缺刻，两侧各有1个大的毛丛，前翅近顶角处有微红褐色锯齿形的横纹。

雄蛾后翅暗灰褐色,雌蛾色较淡,隐约可见1条灰黄色外横带;幼虫粉绿色,体较光滑。体侧气门线呈橙黄色纵带,纵带边缘有1条蓝黑色细线。腹足上有3个黑色环纹,胸足上有5个黑点(图5.6)。

槐羽舟蛾1年发生2~3代,以老熟幼虫入土作茧化蛹越冬。翌年5月初羽化为成虫,卵产于叶上,5月中下旬第1代幼虫开始危害,1年发生2代地区,幼虫发生期分别在6—7月和8—9月;1年发生3代地区分别为5月中旬、6月下旬和8月中旬,9月下旬幼虫陆续入土化蛹越冬。各代幼虫化蛹场所有所不同:第1代幼虫多在墙根、砖石块下及树蔸旁结茧化蛹,第2代或第3代幼虫多入土化蛹。

(4)杨二尾舟蛾(*Cerura menciana* Moore) 它又名杨双尾天社蛾、杨双尾舟蛾。分布于东北、华北和华东及长江流域,主要危害杨树与柳树。

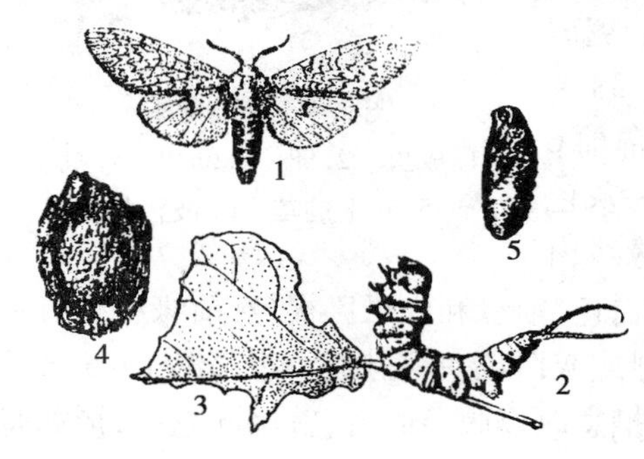

图5.7 杨二尾舟蛾

1.成虫 2.幼虫 3.被害状 4.茧 5.蛹

杨二尾舟蛾的成虫体长28~30 mm,翅展75~80 mm,全体灰白色。前、后翅脉纹黑色或褐色,上面有整齐的黑点和黑波纹。胸背有对称排列的8个或10个黑点,前翅基部有2个黑点,中室外有数排锯齿状黑色波纹,纹内有8个黑点,后翅白色,外缘有7个黑点;幼虫前胸背板大而坚硬,后胸背面有角形肉瘤。1对臀足退化成长尾状,其上密生小刺,末端赤褐色(图5.7)。

杨二尾舟蛾在上海地区1年2代,以幼虫吐丝结茧化蛹越冬。第1代成虫5月中下旬出现,幼虫6月上旬危害。第2代成虫7月上中旬出现,幼虫7月下旬—8月初发生,卵散产于叶面上。初产时暗绿色,渐变为赤褐色,初孵幼虫体黑色,老熟后变成紫褐色或绿褐色,体较透明。幼虫活泼,受惊时尾突翻出红色管状物,并左右摆动。老熟幼虫爬至树干基部,咬破树皮和木质部吐丝结成坚实硬茧。

2)舟蛾类的防治措施

①消灭越冬蛹。可结合松土、施肥等挖除蛹。

②人工摘除卵块、虫苞。特别是第1,2代,可抑制其扩大成灾。

③初龄幼虫期喷施杀螟松乳油1 000倍液、辛硫磷乳油2 000倍液。

④利用黑光灯诱杀成虫。

⑤保护和利用天敌。如黑卵蜂、舟蛾赤眼蜂、小茧蜂等。有条件的可使用青虫菌、苏云金杆菌等微生物制剂。

5.1.3 刺蛾类

1)刺蛾类主要害虫

(1)黄刺蛾(*Cnidocampa flavescens* Walker) 幼虫俗称洋辣子、八角等。该虫分布几乎遍及全国,是一种杂食性食叶害虫,初龄幼虫只食叶肉,4龄后蚕食叶片,常将叶片吃光。

黄刺蛾的成虫体橙黄色，触角丝状，棕褐色。前翅黄褐色，基半部黄色，端半部褐色，有两条暗褐色斜线，在翅尖上汇合于一点，呈倒"V"字形，内面一条伸到中室下角，为黄色与褐色分界线，后翅灰黄色，足褐色；老熟幼虫体黄绿色，体背有一个紫褐色"哑铃"形大斑(图5.8)。

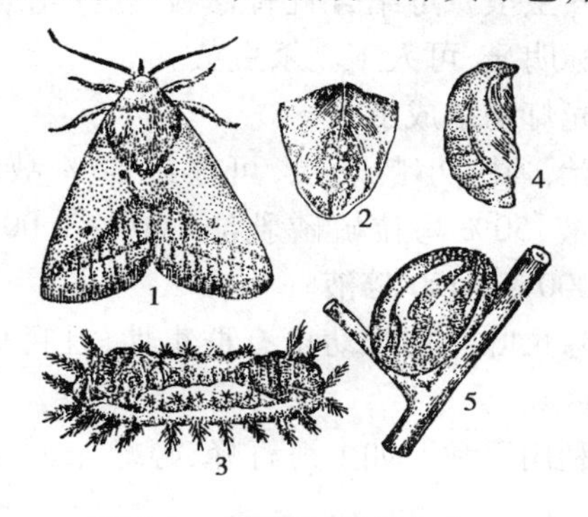

图5.8 黄刺蛾(仿朱白亭)

1.成虫 2.卵 3.幼虫 4.蛹 5.茧

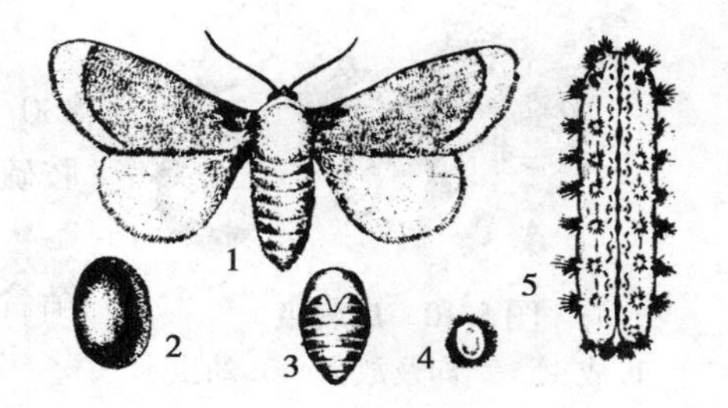

图5.9 青刺蛾

1.成虫 2.茧 3.蛹 4.卵 5.幼虫

黄刺蛾1年1~2代，以老熟幼虫在枝杈等处结茧越冬，翌年5—6月化蛹，6月出现成虫，成虫有趋光性，卵散产或数粒相连，多产于叶背，4龄后取食全叶，7月老熟幼虫吐丝和分泌黏液作茧化蛹。

(2)青刺蛾(*Latoia consocia* Walker) 它又名褐边绿刺蛾。遍布我国南北各地，危害多种阔叶树、果树及花卉等，幼虫危害寄主叶片。

青刺蛾的成虫雌雄异型，雌虫体长15.5~17 mm，翅展36~40 mm；雄虫体长12.5~15 mm，翅展28~36 mm，头部、胸背部及前翅绿色，复眼黑褐色，触角褐色。胸部背中央有1浅褐色纵线，前翅基部有明显褐色斑纹，斑纹有两处凸出伸向翅的绿色部分，前翅前缘边褐色，缘毛褐色，后翅及腹部黄色；老熟幼虫体翠绿或黄绿色，前胸背板上有1对黑斑，体生短硬的刺毛丛，背上有10对，体下方有9对，腹末后部另有4组黑色球形的刺毛丛(图5.9)。

青刺蛾北方1年发生1代，河南和长江下游1年发生2代，江西1年发生3代，以前蛹于茧内越冬，结茧场所在干基浅土层或枝干上。1年发生1代地区5月中下旬开始化蛹，6月上中旬—7月中旬为成虫发生期，幼虫发生期6月下旬—9月，8月危害最重，8月下旬—9月下旬幼虫陆续老熟且多入土结茧越冬。1年发生2代地区4月下旬开始化蛹，越冬代成虫5月中旬开始出现，第1代幼虫6—7月发生，第1代成虫8月中下旬出现，第2代幼虫8月下旬—10月中旬发生，10月上旬幼虫陆续老熟在枝干上或入土结茧越冬。

(3)扁刺蛾(*Thosea sinensis* Walker) 它又名黑点刺蛾，幼虫俗称洋辣子。遍布南北各地，危害悬铃木、榆、柳、杨、泡桐、大叶黄杨、樱花、牡丹、芍药等多种花卉，以幼虫取食叶片。

扁刺蛾的成虫体暗灰褐色，前翅灰褐稍带紫色，中室外侧有1明显的暗褐色斜纹，自前缘近顶角处向后缘中部倾斜，中室上角有1黑点，雄蛾较明显，后翅暗灰褐色。触角褐色，雌虫触角丝状，雄虫触角羽毛状，基部10多节呈栉齿状；老熟幼虫体扁椭圆形，背稍隆似龟背，绿色或黄绿色，背线白色、边缘蓝色，体边缘每侧有10个瘤状突起，上面生刺毛，各节背面有2小丛刺毛，第4节背面两侧各有1个红点(图5.10)。

扁刺蛾1年发生1~3代，以老熟幼虫在树下3~6 cm土层内结茧越冬。成虫多在黄昏羽化出土，昼伏夜出，有趋光性，羽化后即可交配，2 d后产卵，卵多散产于叶面上，幼虫昼夜取食，9

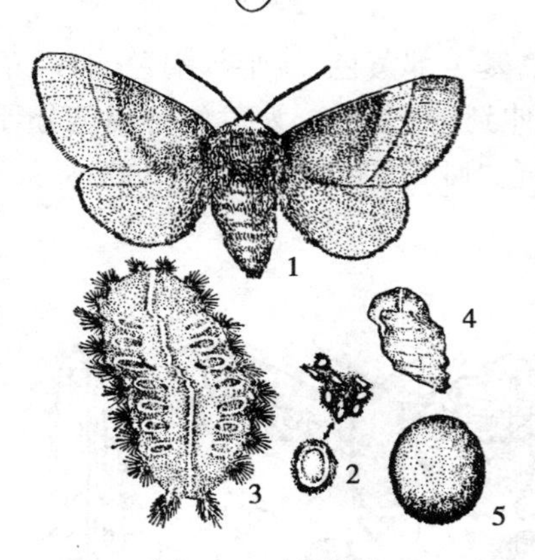

图5.10 扁刺蛾
1.成虫 2.卵及放大 3.幼虫 4.蛹 5.茧

月底之后开始下树结茧越冬。

2)刺蛾类的防治措施

①消灭越冬虫茧。可结合抚育修枝、松土等进行,特别是黄刺蛾茧目标明显,可人工剥杀虫茧。

②利用黑光灯诱杀成虫。

③药剂防治。中、小龄幼虫,可喷施80%敌敌畏乳油800~1 000倍液、50%马拉硫磷乳油1 000~2 000倍液、亚胺硫磷乳油1 000~1 500倍液。

④人工摘除虫叶。初孵幼虫有群集性,且目标明显,可结合管理人工摘除。

⑤保护和利用天敌。如上海青蜂、姬蜂等。

5.1.4 蓑蛾类

1)蓑蛾类主要害虫

(1)大蓑蛾(*Cryptothelea variegate* Snellen) 它又名大蓑蛾,避债蛾。分布于华东、中南、西南等地,山东、河南发生严重,以幼虫取食悬铃木、刺槐、泡桐、榆等多种植物的叶片,易爆发成灾,对城市绿化影响很大。

大蓑蛾的成虫雌雄异型,雌虫体长25~30 mm,粗壮、肥胖,无触角、足、翅;雄蛾黑褐色,体长20~23 mm,触角羽毛状,体翅有毛,胸部有5条黄色纵线。前翅近外缘有4~5个透明斑;老熟幼虫体长35 mm,自3龄起明显雌雄异型,雌幼虫黑色,头部暗褐色;雄幼虫较小,体较淡,呈黄褐色(图5.11)。

大蓑蛾多数1年1代,以老熟幼虫在袋囊内越冬。翌年3月下旬开始出蛰;4月下旬开始化蛹;5月下旬—6月羽化,卵产于护囊蛹壳内;6月中旬开始孵化,初龄幼虫从护囊内爬出,靠风力吐丝扩散,取食后吐丝并咬啃碎屑、叶片筑成护囊,袋囊随虫龄增长扩大或更换,幼虫取食时终生负囊而行,仅头胸外露,初龄幼虫剥食叶肉,将叶片吃成空孔洞呈网状,3龄以后蚕食叶片;7—9月幼虫老熟,多爬至枝梢上吐丝固定虫囊越冬。

(2)茶蓑蛾(*Gryptothelea minuscula* Butler) 它又名小蓑蛾、茶袋蛾。分布于华东、湖南、陕西、四川、台湾等地,以幼虫取食悬铃木、杨、柳、榆、紫荆等多种树木花卉的叶片。

茶蓑蛾的成虫雌雄异型,雌虫体长15 mm,蛆形,无翅,足退化,头部褐色,胸部各节背面有黄色硬皮板,腹部第4~7腹节周围有黄色绒毛。雄虫体长11~15 mm,翅展22~30 mm,体、翅深褐色。前翅翅脉颜色略深,在近翅尖处外缘有长方形透明斑,外缘近中央处也有长方形透明斑;老熟幼虫体长16~26 mm,头黄褐色。胸部背面有褐色纵纹2条,每节纵纹两侧各有褐斑1个,腹部各节背面有黑色突起4个,排列成“八”字(图5.12)。

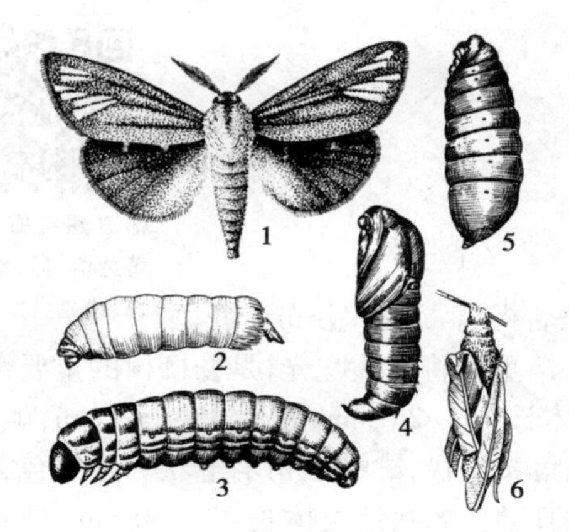

图 5.11 大蓑蛾

1. 雄成虫 2. 雌成虫 3. 幼虫
4. 雄蛹 5. 雌蛹 6. 袋囊

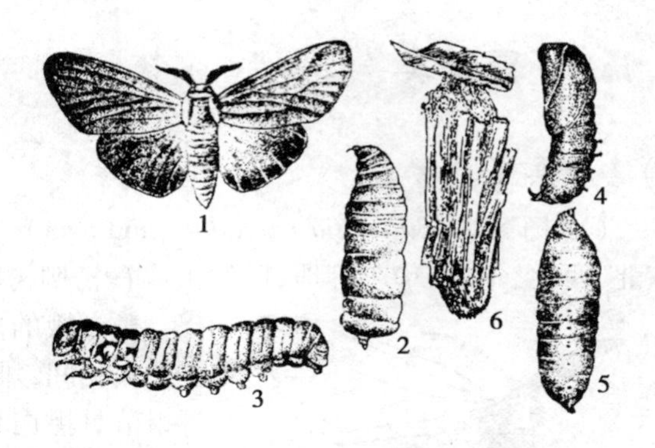

图 5.12 茶蓑蛾(仿陈列等)

1. 雄成虫 2. 雌成虫 3. 幼虫
4. 雄蛹 5. 雌蛹 6. 袋囊

茶蓑蛾 1 年 1 ~ 3 代,以幼虫在护囊内悬挂枝上越冬。翌年 6—7 月羽化交尾,雌虫产卵于囊内,幼虫孵化后,从护囊内爬出,借风力分散,幼虫吐丝缀叶作护囊,取食时头胸探出,初龄幼虫剥食叶肉,长大后食叶,还能剥食枝皮、果皮。护囊随虫体长大也随之增大,4 龄后能咬食长短不一的小枝并列于囊外。

(3)白囊蓑蛾(*Chalioides kondonis* Matsumura) 它又名白囊袋蛾。分布于华东、华南、西南、台湾等地,危害柑橘、梨、柿、枣、茶、法国梧桐、杨等多种植物。

白囊蓑蛾的成虫雌雄异型,雌虫体长 9 ~ 14 mm,黄白色。雄虫体长 8 ~ 11 mm,翅展 18 ~ 20 mm。体淡褐色密布长毛,翅透明,后翅基部被白毛;老熟幼虫体长 30 mm,头褐色,有黑色点纹,中、后胸背板各分成两块,各块上都有深色点纹,腹部黄白色,各节背面两侧都有深色点纹(图 5.13)。

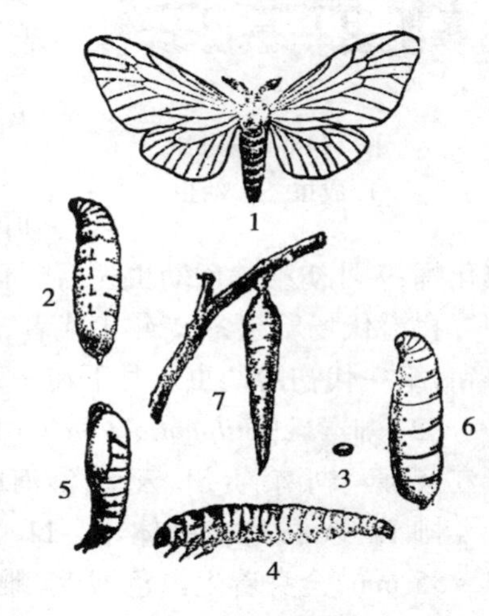

图 5.13 白囊蓑蛾

1. 雄成虫 2. 雌成虫 3. 卵
4. 幼虫 5. 雄蛹 6. 雌蛹 7. 护囊

白囊蓑蛾 1 年 1 代,以幼虫在袋囊内越冬。翌年早春开始活动,7 月羽化成虫,7 月下旬幼虫开始孵化,10—11 月越冬。

2)蓑蛾类的防治措施

①冬季和早春人工摘除越冬虫囊,消灭越冬幼虫,平时也可结合日常管理工作,顺手摘除护囊,特别是植株低矮的树木、花卉更易操作。

②药剂防治。在初龄幼虫期喷洒杀虫剂。如 80% 敌敌畏乳剂 800 倍液,50% 马拉松乳剂 1 000倍液,都有良好的防治效果。喷药时应注意寻找“危害中心”,以节省农药和人力,提高防效。

③保护和利用天敌。蓑蛾幼虫的寄生蜂、寄生蝇种类较多,尤其是伞裙追寄生蝇寄生率可高达 50% 以上。也可采用微生物制剂防治蓑蛾幼虫,如核型多角体病毒、青虫菌等。

④利用黑光灯或性信息素诱杀雄成虫。

⑤加强测报。搞好联防联治,注意目的植物与周围其他寄主植物的联防工作,以免传播。

榕透翅毒蛾为害黄金榕(卵、幼虫、蛹、雄成虫)

5.1.5 毒蛾类

1)毒蛾类主要害虫

(1)杨毒蛾(*Stilpnotia candida* Standinger) 它又名杨雪毒蛾。分布于我国东北、西北、华北、华东等地,以幼虫取食杨柳树叶片,严重时将叶片吃光,是杨柳树的重要害虫。

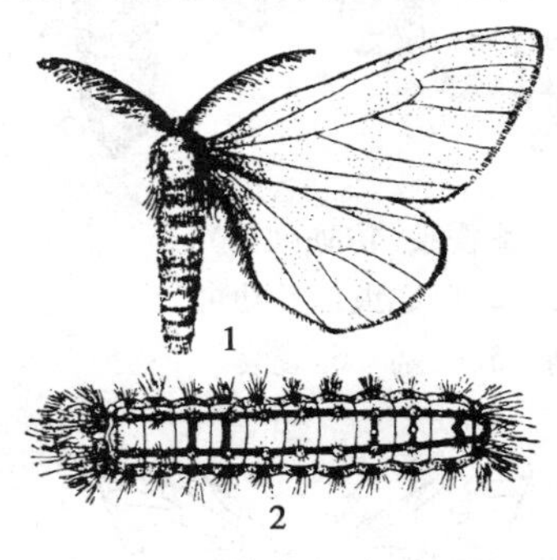

图 5.14 杨毒蛾
1. 成虫 2. 幼虫

杨毒蛾的成虫体长 14 ~ 23 mm,翅展 35 ~ 52 mm,触角主干黑白相间,雌蛾触角栉齿状,雄蛾触角羽毛状。足黑色,胫节与跗节具黑白相间的环纹;老熟幼虫体长 30 ~ 50 mm,黑褐色,头部淡黄褐色,背中线黑色,两侧黑色纵线上的毛瘤为黑色(图 5.14)。

杨毒蛾在华北、华东、西北 1 年 2 代,东北 1 年 1 代,以1 ~2 龄幼虫在树皮缝、枯枝落叶层下、树洞等处越冬。1 年 2 代者翌年 4—5 月柳树发芽时上树危害,幼虫白天下树潜伏树洞、树干伤疤、干基、杂草、石块下等处,夜晚上树取食,5 月下旬老熟幼虫仅吐丝缀附基物,不作茧,成虫 6 月上旬羽化,产卵于树干或叶片上, 7—8 月间为第一代幼虫危害严重期,8 月幼虫先后老熟化蛹,9 月初第二代幼虫先后孵化,这代幼虫只把叶片咬成白色透明斑点,危害期短,稍大后即寻找潜伏场所越冬,1 年 1 代者,越冬幼虫翌年 6 月上旬开始老熟,6 月中旬羽化,一直到 8 月上旬,第一代初龄幼虫 8 月下旬—9 月下旬开始下树越冬。

(2)柳毒蛾[*Stilpnotia salicis* (L.)] 它又名雪毒蛾。分布北起黑龙江、内蒙古、新疆,南至浙江、江西、湖南、贵州、云南,淮河以北密度较大,幼虫主要危害中东杨、小叶杨和柳树。

柳毒蛾的成虫体长 11 ~ 22 mm,翅展 33 ~55 mm,全身着生白色绒毛,雌蛾触角短,双栉齿状,触角主干白色;雄蛾触角羽毛状,触角干棕灰色。足胫节具黑白相间的环纹。翅白色,有金属光泽,前翅反面前缘近肩角处长 5 mm 左右,黑色;老熟幼虫体长 28 ~41 mm,背面为黄色宽纵条,其两侧各具 1 条黑褐色纵条,其上着生红色或橙色或棕黄色毛瘤(图 5.15)。

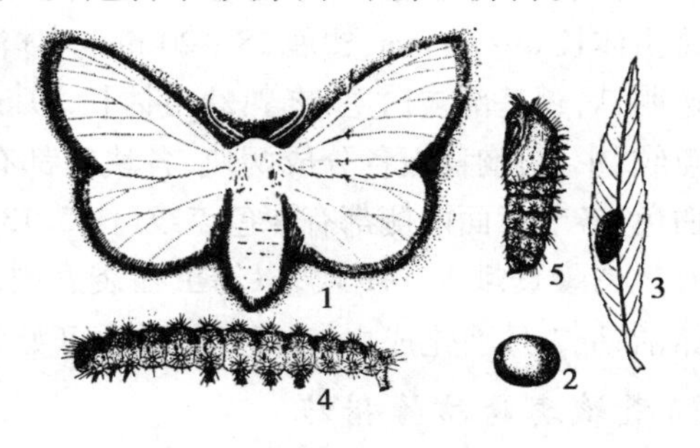

图 5.15 柳毒蛾(仿徐天森)
1. 成虫 2. 卵 3. 卵块 4. 幼虫 5. 蛹

柳毒蛾 1 年发生 2 ~3 代,以 2 ~3 龄幼虫越冬,危害 3 ~4 次。4 月下旬越冬幼虫开始活动,5 月上中旬为越冬代幼虫危害盛期,5 月中旬开始化蛹,幼虫在树上卷叶内化蛹,不结茧。5 月下旬出现成虫并交尾产卵,6 月中下旬和 8 月上中旬分别为第 1 ~2 代幼虫危害期。1 年发生 2 代者,于 8 月下旬幼虫在树皮缝内吐丝做一个小槽或结一个灰色薄茧,在其中越冬,1 年发生 3 代者,9 月中下旬幼虫轻度危害后,于 9 月底或 10 月初进入越冬。

(3)舞毒蛾(*Lymantria dispar* L.) 它又名舞舞蛾、柿毛虫、秋千毛虫。遍布我国南北各地,以幼虫取食叶片。

舞毒蛾的成虫雌雄异型，雌虫体长 25～30 mm，翅展 78～93 mm，体、翅污白色，前翅有许多褐色深浅不一的斑纹，前、后翅外缘翅脉间有黑褐色斑点。腹部粗大，末端有浓密的黄褐色毛。触角黑褐色，栉齿状。雄虫小，体长约 20 mm，翅展 41～54 mm，体、翅暗褐色。前翅前缘至后缘有较明显的 4 条浓褐色波浪纹，后翅颜色略淡，前、后翅外缘颜色较深并成带状，腹部细小，触角褐色，羽毛状；老龄幼虫体长 60 mm 左右，灰褐色，头部黄褐色，上有暗褐色斑纹，正面有一“八”字形黑纹，胴部有 6 列毛瘤，背面两列毛瘤较大，前 5 对毛瘤青蓝色，后 6 对橙红色，最后 1 对蓝色较淡（图 5.16）。

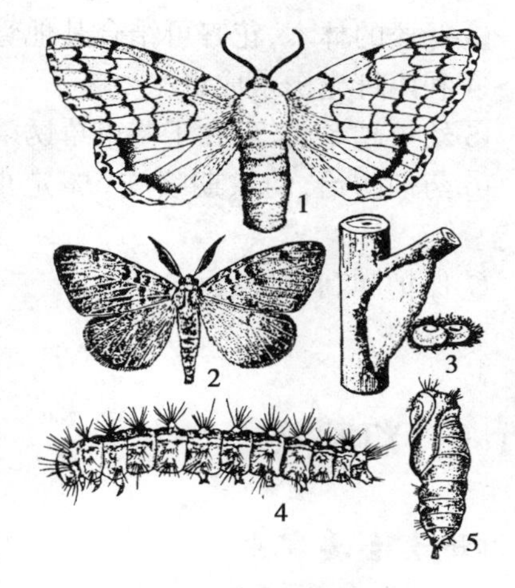

图 5.16　舞毒蛾（仿朱兴才）

1，2. 成虫　3. 卵及卵块　4. 幼虫　5. 蛹

舞毒蛾 1 年发生 1 代，以完成胚胎发育的幼虫在卵内越冬，卵块在树皮上、梯田堰缝、石缝等处。翌年 4—5 月树发芽时开始孵化，初孵幼虫在卵块上待一段时间后，便群集于叶片上，白天静止于叶背，夜间取食活动，幼虫受惊则吐丝下垂，可借风传播扩散。3 龄后白天藏在树皮缝或树干基部石块杂草下，夜间上树取食，6 月上中旬幼虫老熟，爬至白天隐蔽的场所化蛹，于 6 月中旬—7 月上旬羽化成虫，羽化盛期在 8 月下旬，雄虫有白天飞舞的习性，因此得名。

（4）双线盗毒蛾［*Porthesia scintillans*（Walker）］　它又名棕衣黄毒蛾。分布于广东、广西、福建、台湾、四川、湖南、贵州等地。危害鱼尾菊、红花羊蹄甲、南洋楹、扶桑、大叶紫薇、木棉、茉莉、四季海棠、荷花、白兰、黄兰、芒果、腊肠树、扁桃果、海南红豆、刺槐、悬铃木、紫藤、垂柳、山茶花等园林植物。

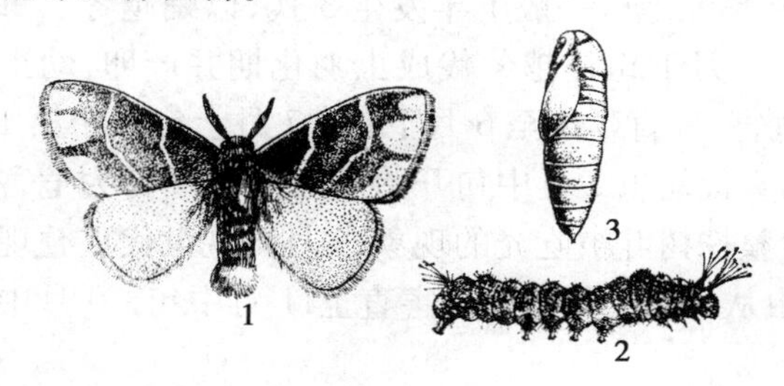

图 5.17　双线盗毒蛾

1. 成虫　2. 幼虫　3. 蛹

双线盗毒蛾的成虫雌雄异型，雌蛾体长 12 mm，翅展 26～38 mm。雄蛾体长 9.3 mm，翅展 20～26 mm。前翅赤褐色微带浅紫色闪光，内线和外线黄色，前缘、外缘和缘毛柠檬黄色，后翅黄色。头部和颈板橙黄色，胸部浅黄棕色，腹部褐黄色，肛毛簇橙黄色；幼虫暗棕色，有红色侧瘤，后胸背线黄色，腹部第 1～2 节和第 8 节有棕色短毛刷，第 2～7 节背线黄色，较宽，末节有黄斑（图 5.17）。

双线盗毒蛾在广州 1 年发生 10 多代，无越冬现象。成虫夜出，白天栖息在叶背。6—7 月发生数量多。雌蛾产卵在叶背，卵半球形，黄色块状，上盖黄色茸毛。初孵幼虫有群集性，食叶下表皮和叶肉，3 龄后分散危害豇豆荚或瓜果成孔洞，末龄幼虫吐丝结茧黏附在残株落叶上化蛹。

2）毒蛾类的防治措施

①消灭越冬虫体。如刮除舞毒蛾卵块，搜杀越冬幼虫等。

②对于有上、下树习性的幼虫，可用溴氰菊酯毒笔在树干上划 1～2 个闭合环毒杀幼虫，死亡率达 86%～99%，残效 8～10 d。也可绑毒绳等阻止幼虫上、下树。

③低矮的林木、花卉可结合其他管理措施。人工摘除卵块及群集的初孵幼虫。

④利用灯光诱杀成虫。

⑤幼虫越冬前,可在干基束草诱杀越冬幼虫。

⑥药剂防治,幼虫期喷施5%定虫隆乳油1 000~2 000倍液或80%敌敌畏乳油1 500倍液等。

⑦保护和利用天敌。

5.1.6 灯蛾类

1)灯蛾类主要害虫

灯蛾类主要害虫有美国白蛾[*Hyphantria cunea* (Drury)]。美国白蛾又名秋幕毛虫、美国白灯蛾、秋幕蛾。分布于辽宁、天津、河北、山东、上海、陕西等地,是一种世界性的检疫对象,以幼虫在寄主植物上吐丝作网幕,取食叶片,危害果树、行道树和观赏树木等。

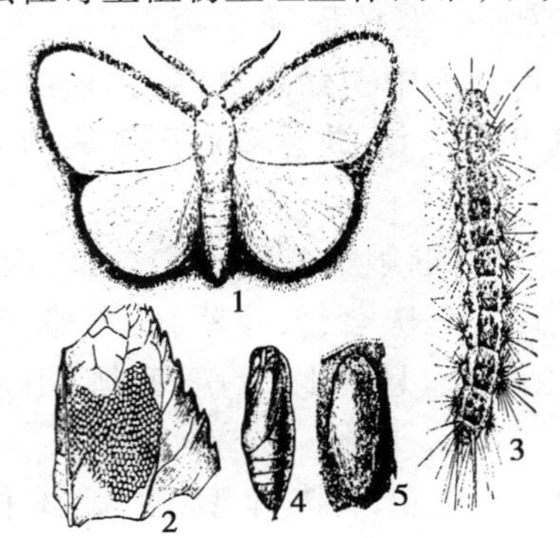

图5.18 美国白蛾

1.成虫 2.卵 3.幼虫 4.蛹 5.茧

美国白蛾的雌雄异型,雌蛾体长9~15 mm,翅展30~42 mm。雄蛾体长9~14 mm,翅展25~37 mm。雄蛾触角双栉状,雌蛾触角锯齿状。成虫前足基节及腿节端部为桔黄色,胫节和跗节大部分为黑色,前中跗节的前爪长而弯,后爪短而直;老熟幼虫头黑色具光泽,体色为黄绿至灰黑色。背部有1条灰黑色或深褐色宽纵带,黑色毛疣发达,毛丛呈白色,混杂有黑色或棕色长毛(图5.18)。

美国白蛾在华北地区一般1年发生3代,以蛹越冬。每年的4月下旬—5月下旬是越冬代成虫羽化期并产卵,幼虫5月上旬开始危害,一直延续至6月下旬。7月上旬当年第1代成虫出现,第2代幼虫7月中旬开始发生,8月中旬为危害盛期,经常发生整株树叶被吃光的现象,8月出现世代重叠现象,8月中旬当年第2代成虫开始羽化,第3代幼虫从9月上旬开始危害直至11月中旬,10月中旬第3代幼虫陆续化蛹越冬。

2)灯蛾类的防治措施

①加强检疫工作,严禁疫区苗木外运。

②发现疫情时,应根据实际情况,人工摘除卵块、孵化后尚未分散的网幕以及蛹、茧等。如幼虫已经分散,可喷施辛硫磷乳油或80%敌敌畏乳油1 000倍液,或20%氰戊菊酯乳油4 000倍液。

③对带虫原木进行熏蒸处理。用56%磷化铝片剂15 g/m^3 熏蒸72 h,或用溴甲烷20 g/m^3 熏蒸24 h。

5.1.7 尺蛾类

1)尺蛾类主要害虫

(1)槐尺蛾(*Semiothisa cinerearia* Bremer et Grey) 它又名吊死鬼、国槐尺蛾。分布于山东、河北、北京、浙江、陕西等地。以幼虫取食叶片,主要危害国槐、龙爪槐,有时也危害刺槐。

槐尺蛾的成虫体黄褐色,触角丝状,复眼圆形,黑褐色,前翅有3条明显的黑色横线,近顶角处有一近长方形褐色斑纹,后翅只有2条横线,中室外缘上有一黑色小点;初孵幼虫黄褐色,取食后绿色,老熟幼虫紫红色(图5.19)。

槐尺蛾1年3~4代,以蛹在土中越冬。越冬代成虫每年5月上旬出现,成虫多于傍晚羽化,雌虫当天可交尾1次、少数2次,卵散产于叶片正面、叶柄或嫩枝上,幼虫有吐丝下垂习性,故又称"吊死鬼"。

(2)黄连木尺蛾(*Culcula panterinaria* Bremer et Grey) 它又名木橑尺蛾。分布于河北、河南、山东、山西、四川、台湾等省。危害杨、柳、榆、槐、黄连木、核桃及菊科、蔷薇科、锦葵科、蝶形花科等多种植物,以幼虫食叶。

黄连木尺蛾的成虫雌雄异型,雌蛾触角为丝状,雄蛾为羽毛状。翅底白色,翅面上有许多灰色和橙色斑点,在前翅基部有一个近圆形的橙色大斑,前后翅的外横线上各有一串橙色和深褐色圆斑;老熟幼虫体色变化较大,黄绿、黄褐及黑褐色。头顶两侧具峰状突起,头与前胸在腹面连接处具一黑斑(图5.20)。

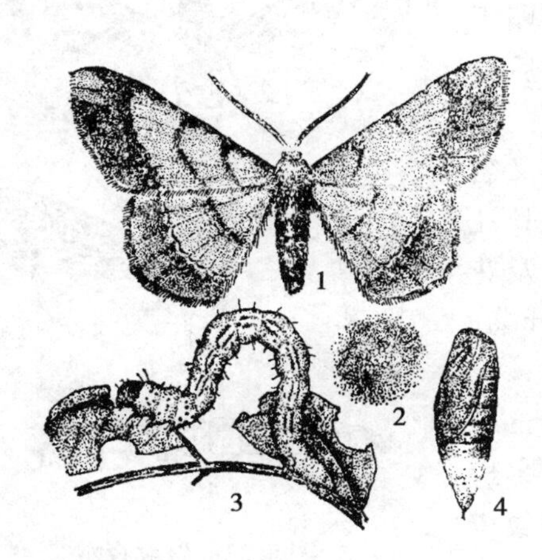

图5.19 槐尺蛾(仿张培义)

1.成虫 2.卵 3.幼虫 4.蛹

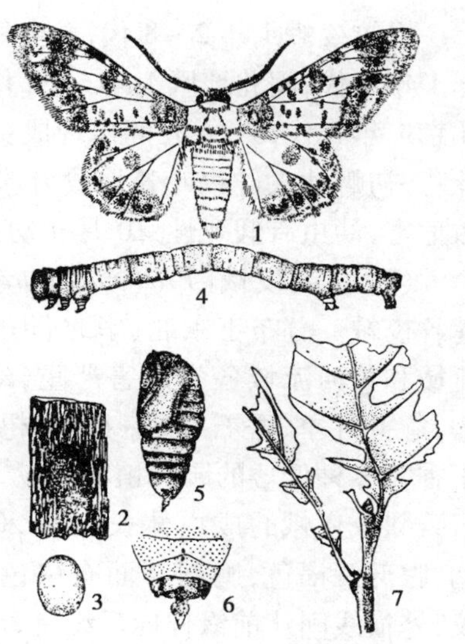

图5.20 黄连木尺蛾(仿徐天森)

1.成虫 2.卵块 3.卵 4.幼虫 5.蛹 6.蛹尾部 7.被害状

黄连木尺蛾在河北、河南、山西1年1代,以蛹在土中越冬。7月中下旬为羽化盛期,成虫白天静伏于树干、树叶等处,夜间产卵于寄主植物的皮缝或石块上,块产。幼虫盛发期在7月下旬—8月上旬,老熟幼虫于8月中旬开始化蛹。

2）尺蛾类的防治措施

①结合肥水管理，人工挖除虫蛹。

②在行道树上结合卫生清扫，人工捕杀落地准备化蛹的幼虫。

③初龄幼虫期喷施杀虫剂，如75%辛硫磷乳油、80%敌敌畏乳油1 000～1 500倍液、25%三氟氯氰菊酯乳油3 000～10 000倍液。

④利用黑光灯诱杀成虫。

葱兰夜蛾为害蜘蛛兰

5.1.8　夜蛾类

1）夜蛾类主要害虫

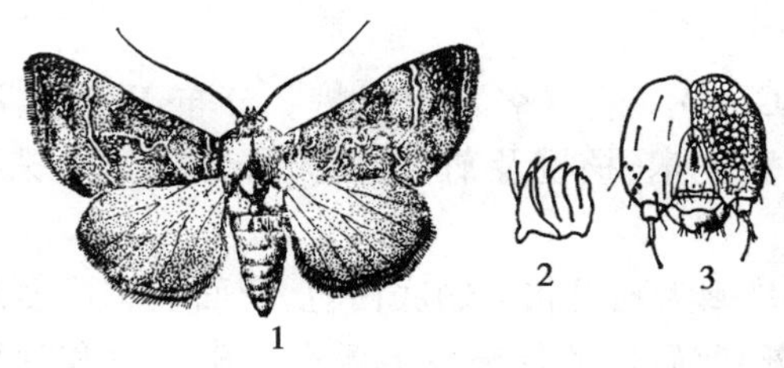

图5.21　银纹夜蛾
1.成虫　2.幼虫上颚　3.幼虫头部

（1）银纹夜蛾（*Argyrogramma agnate* Staudinger）　它又名黑点银纹夜蛾、豆银纹夜蛾。遍及全国各地，危害菊花、大丽花、一串红、豆类、紫苏、板蓝根、泽泻、地黄、薄荷、紫菀等多种花卉和蔬菜。

银纹夜蛾的成虫体灰褐色，胸部有两束毛耸立着，前翅深褐色，其上有2条银色波状横线，后翅暗褐色，有金属光泽；老熟幼虫体青绿色，头胸小，腹部5，6节及10节上各有1对腹足，爬行时体背拱曲（图5.21）。

银纹夜蛾1年2～8代，发生代数因地而异。东北、河北、山东1年2～5代，上海、杭州、合肥1年4代，闽北地区1年6～8代，以老熟幼虫或蛹越冬。北京1年3代，5—6月间出现成虫，成虫昼伏夜出，产卵于叶背，初孵幼虫群集叶背取食叶肉，能吐丝下垂，3龄后分散危害，幼虫有假死性，10月初幼虫入土化蛹越冬。

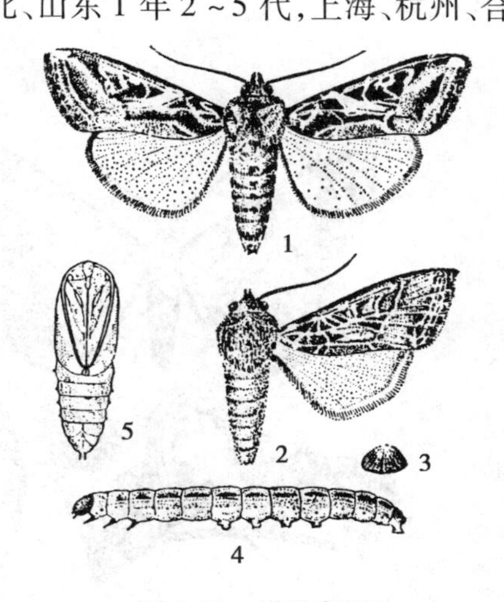

图5.22　斜纹夜蛾
1.雄成虫　2.雌成虫　3.卵
4.幼虫　5.蛹

（2）斜纹夜蛾［*Prodenia litura*（Fabriceus）］　它又名莲纹夜蛾。分布于东北、华北、华中、华西、西南等地，长江流域和黄河流域各省危害严重，幼虫取食叶片、花蕾及花瓣，危害月季、香石竹、菊花、枸杞、荷叶、仙客来、瓜叶菊、丁香等多种低矮的园林植物。

斜纹夜蛾的成虫体长14～20 mm，翅展33～42 mm，胸、腹部深褐色，胸部背面有白色毛丛，前翅黄褐色，多斑纹，外横线间从前缘伸向后缘有3条白色斜线，故名斜纹夜蛾，后翅白色；老熟幼虫头部淡褐色至黑褐色，胸腹部颜色多变，一般为黑褐色至暗绿色，背线及亚背线灰黄色，在亚背线上，每节有1对黑褐色半月形的斑纹（图5.22）。

斜纹夜蛾发生代数因地而异，在华中、华东1年发生5～7代，以蛹在土中越冬。翌年3月羽化，羽化后即可交尾、产卵，卵块产于叶背，初孵幼虫有群集习性，2龄后开始分散取食，4龄后进入暴食期，白天栖居阴暗处，傍晚出来取食，幼虫老熟后即入土化蛹。此虫世代重叠明显，每年7—10月为盛发期。

(3)粘虫(*Mythimna separta* Walker) 它又名行军虫、剃枝虫。黏虫是世界性分布的禾本科植物大害虫,在我国除西藏尚无报道外,其他各省区均有发生。该虫是一种暴食性害虫,幼虫咬食叶片成孔洞或缺刻,大发生时幼虫常把叶片吃光,甚至整片地吃成光秃。除危害禾本科粮食作物外,还危害黑麦草、早熟禾、剪股颖、结缕草、高羊茅等禾草,发生数量多,也可危害豆类、白菜、甜菜、棉麻类等。

粘虫的成虫体长17~20 mm,翅展35~45 mm,淡黄褐色,前翅中室外端有2个淡黄圆斑,外方1个圆斑的下方有1个小白点,白点两侧各有1个小黑点,自顶角至后缘的1/3处有斜伸黑纹1条,翅外缘有7个小黑点,后翅大部灰褐色;老熟幼虫头部黄褐色,下部有"八"字形黑纹,胴部圆筒形,体背有5条蓝黑色纵背线(图5.23)。

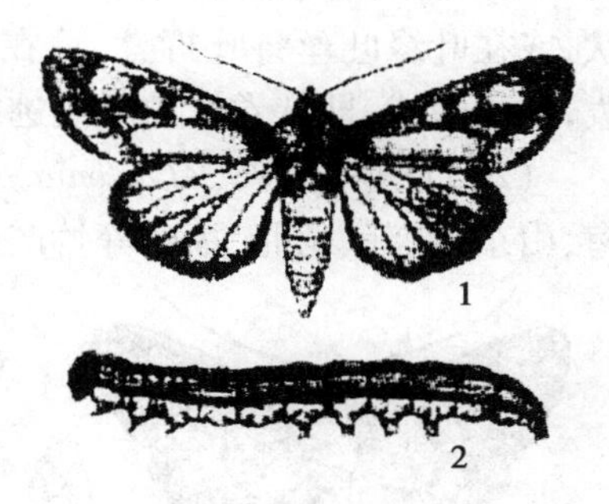

图5.23 粘虫
1.成虫 2.幼虫

粘虫由北至南1年发生2~8代,随地理纬度及海拔高度而异。成虫昼伏夜出,产卵于寄主叶片尖端或枯心苗、病株的枯叶隙间或叶鞘里。幼虫白天多隐蔽在植物心叶或叶鞘中,晚间活动,取食叶肉。3~4龄幼虫蚕食叶缘;5~6龄达暴食期,蚕食叶片甚至吃光,有假死性;1~2龄受惊时常吐丝下垂,悬在半空,随风飘散;幼虫老熟后,停止取食,钻到根际附近的松土中1~2cm处,结一土茧,变为前蛹后再蜕皮化蛹。

2)夜蛾类的防治措施

①清除园内杂草或于清晨在草丛中捕杀幼虫。

②灯光诱杀成虫或用糖醋诱杀。糖:酒:水:醋(2:1:2:2)加少量敌百虫。

③可使用细菌杀虫剂,如Bt乳剂或青虫菌六号液剂500~800倍液。

④初孵幼虫期及时喷药,如50%辛硫磷乳油1 000倍液、2.5%溴氰菊酯乳油3 000~5 000倍液、5%定虫隆乳油1 000~2 000倍液、20%灭幼脲Ⅲ号胶悬剂500~1 000倍液。

⑤人工摘除卵块、初孵幼虫或蛹。

5.1.9 螟蛾类

棉卷叶野螟幼虫为害扶桑

棉卷叶野螟幼虫为害黄瑾

樟巢螟幼虫为害阴香

1)螟蛾类主要害虫

(1)黄翅缀叶野螟(*Botyodes diniasalis* Walker) 它又名杨黄卷叶螟。遍布南北各地,主要危害杨柳等植物。

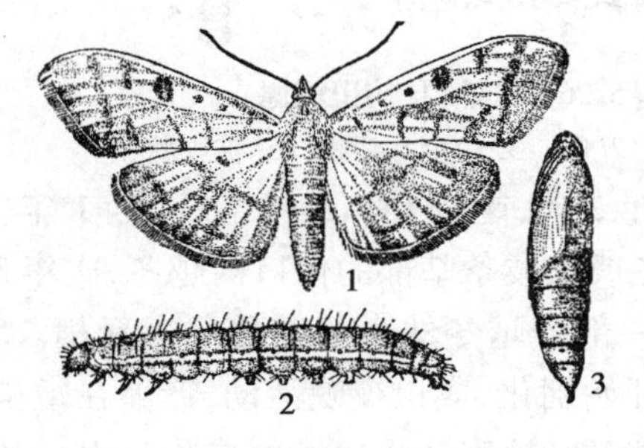

图5.24 黄翅缀叶野螟(仿张翔)
1.成虫 2.幼虫 3.蛹

黄翅缀叶野螟的成虫体长约13 mm,翅展约30 mm,头部褐色,两侧有白条,胸、腹部背面淡黄褐色,前、后翅金黄色,散布波状褐纹,外缘有褐色带,前翅中室端部有褐色环状纹,环心白色;幼虫体黄绿色,头两侧近后缘有1黑褐色斑点与胸部两侧的黑褐色斑相连,形成1条纵纹,体两

侧沿气门各有1条黄色纵带(图5.24)。

黄翅缀叶野螟在河南郑州1年发生4代,以初龄幼虫在落叶、地被物及树皮缝隙中结薄茧越冬。翌年4月初,杨树和柳树发芽展叶后,越冬幼虫开始出蛰危害。5月底6月初幼虫先后老熟化蛹,6月上旬开始羽化,6月中旬为成虫出现盛期。第二代成虫盛发期在7月中旬,第三代成虫盛发期在8月中旬,第四代成虫盛发期在9月中旬,直到10月中旬仍可见少数成虫出现。成虫夜间出来活动,卵产于叶背面。幼虫孵化后分散啃食叶表皮,随后吐丝缀嫩叶呈饺子状,或在叶缘吐丝将叶折叠,藏在其中取食。幼虫长大后,群集顶梢吐丝缀叶取食。幼虫极活泼,稍受惊扰,即从卷叶内弹跳逃跑或吐丝下垂。老熟幼虫在卷叶内吐丝结白色稀疏薄茧化蛹。

(2)竹织叶野螟(*Algedonia coclesalis* Walker) 它分布于浙江、广东、湖南、安徽、江西、河南、山东、江苏、湖北、福建等竹产区,危害毛竹、淡竹、刚竹、苦竹等竹种,以幼虫吐丝卷叶危害。

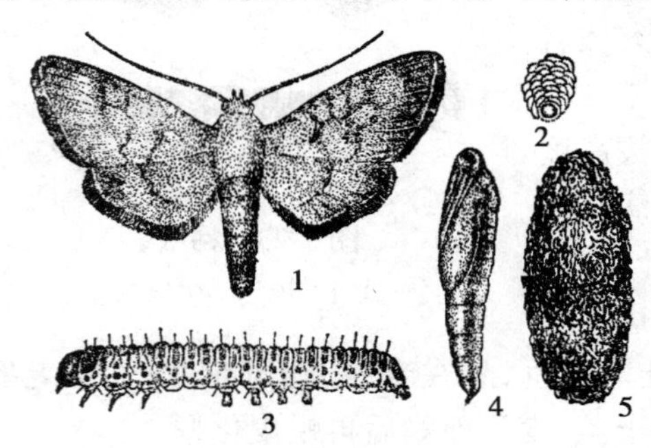

图5.25 竹织叶野螟(仿徐天森)

1.成虫 2.卵块 3.幼虫 4.蛹 5.茧

竹织叶野螟的成虫体长10~13 mm,翅展25~30 mm,黄褐色,触角丝状,前翅有3条褐色弯曲的横线,后翅只有1条横线,前后翅外缘均有1条褐色阔边;老熟幼虫体乳白色,头褐色,前胸背板有6块黑斑,中、后胸各有2块黑斑,腹部各节背面有2对褐色毛片(图5.25)。

竹织叶野螟1年1代,少数1年2代或1年3代,以老熟幼虫在土茧中越冬。翌年4月下旬—5月上旬化蛹,5月中下旬羽化成虫,成虫卵块产于叶背。幼虫在6月中下旬吐丝结苞危害,在苞内取食叶肉。7月中下旬幼虫老熟,在竹蒲头附近疏松表土做土茧越冬。

(3)松梢螟(*Dioryctria rubella* Hampson) 它又名微红梢斑螟。全国各地均有分布,危害马尾松、黑松、油松、赤松、黄山松、云南松、华山松及加勒比松、火炬松及湿地松等。幼虫钻蛀中央主梢及侧梢,使松梢枯死,中央主梢枯死后,侧梢丛生,树冠成扫帚状。

松梢螟的成虫体长10~16 mm,翅展22~23 mm,前翅灰褐色,中室端部有1肾形大白斑,白斑与外缘之间有1条明显的白色波状横纹,白斑与翅基之间有2条白色波状横线,翅外缘近缘毛处有1黑色横带,后翅灰白色,无斑纹;老熟幼虫头部及前胸硬皮板红褐色,体表有许多褐色毛片,腹部各节有毛片4对,背面的2对较小,呈梯形排列,侧面2对较大(图5.26)。

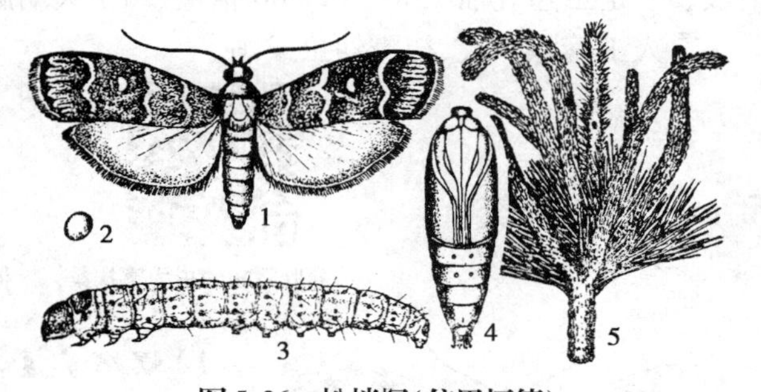

图5.26 松梢螟(仿田恒德)

1.成虫 2.卵 3.幼虫 4.蛹 5.被害状

松梢螟在吉林1年发生1代,辽宁、北京、河南1年发生2代,南京1年2~3代,广西1年3代,广东1年发生4~5代。以幼虫在被害梢的蛀道内越冬或在枝条基部的伤口内越冬,次年3月底—4月初越冬幼虫开始活动,在被害梢内向下蛀食,一部分越冬幼虫要转移危害新梢。5月上旬幼虫陆续老熟,在被害梢内做蛹室化蛹。5月下旬开始羽化,成虫夜晚活动,产卵在嫩梢针叶上或叶鞘基部,也可产在当年被害枝梢的枯黄针叶凹槽处、被害球果以及树皮伤口上。初龄幼虫爬行迅速,寻找新梢危害。先啃咬梢皮,形成1个指头大的疤痕,被咬处有松脂凝结,以后逐渐蛀入髓心，形成1条长15～30 cm的蛀道。蛀口圆形，有大量蛀屑及粪便堆集。大多数危害直径8～10 mm的中央主梢，6～10年生的幼树被害最重。

2）螟蛾类的防治措施

①消灭越冬虫源，如秋季清理枯枝落叶及杂草，并集中烧毁。

②在幼虫危害期，可用人工摘除虫苞。

③发生面积大时，可在初龄幼虫期喷90%敌百虫1 000倍液，或50%二溴磷乳油1 500倍液，80%敌敌畏乳油800～1 000倍液，或50%辛硫磷乳油1 200倍液，或敌敌畏1份加灭幼脲Ⅲ号1份稀释1 000倍液喷杀幼虫。

④生物防治卵期释放赤眼蜂，幼虫期施用白僵菌等。

⑤在成虫发生期，设置黑光灯诱杀。

5.1.10 天蛾类

1）天蛾类主要害虫

（1）霜天蛾（*Psilogramma menephron* Gramer）　它又名泡桐灰天蛾。分布于华北、西北、华东、华中、华南等地，危害茉莉、猫尾木、梧桐、丁香、女贞、泡桐、白蜡、樟、楸等园林花木，以幼虫食叶。

霜天蛾成虫体长45～50 mm，翅展90～130 mm，体翅灰白色，混杂霜状白粉，胸部背面有由灰黑色鳞片组成的圆圈，前翅上有黑灰色斑纹，顶角有一个半圆形黑色斑纹，中室下方有两条黑色纵纹，后翅灰白色，腹部背中央及两侧各有1条黑色纵纹。老熟幼虫有两种体色：一种是绿色，腹部1～8节两侧有1条白斜纹，斜纹上缘紫色，尾角绿色；另一种也是绿色，上有褐色斑块，尾角褐色，上生短刺（图5.27）。

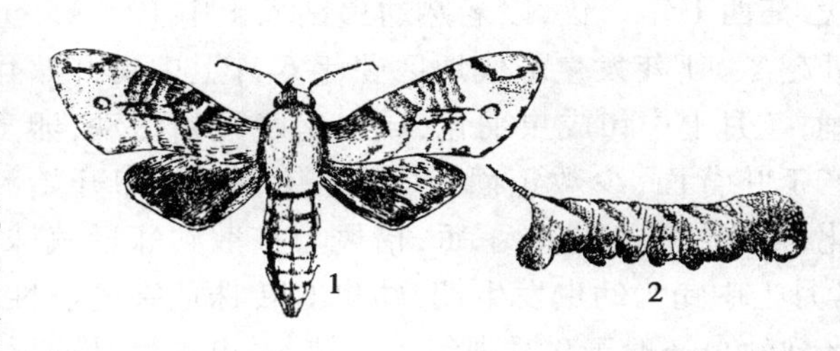

图5.27　霜天蛾
1.成虫　2.幼虫

霜天蛾1年1～3代，以蛹在土中越冬。翌年4月下旬—5月羽化，6—7月危害最烈，可食尽树叶，树下有深绿色大粒虫粪，8月下旬—9月中旬第二代幼虫危害，10月底幼虫老熟入土化蛹越冬。幼虫孵化后，先啃叶表皮，随后蚕食叶片，咬成大的缺刻或孔洞，幼虫老熟后在表土中化蛹。

（2）桃天蛾（*Marumba gasohkewitschi* Bremer et Grey）　它又名桃六点天蛾。我国大部分地区均有分布，主要危害桃、梅花、樱花、海棠、紫薇、杏、李、梨、樱桃、葡萄等植物，幼虫蚕食叶片。

桃天蛾的成虫体长35～45 mm，翅展80～110 mm，深褐色，触角黄褐色，胸背中央有深褐色纵纹，前翅灰褐色，有3条较宽的褐色纹带，近臀角处有紫黑色斑纹，后翅粉红色，臀角处有2个紫黑色斑纹；幼虫体黄绿色或绿色，体表有黄白色颗粒，腹部各节有黄白色斜线（图5.28）。

桃天蛾1年发生1～2代，以蛹在树冠下松软的土壤中越冬。第2年5月中旬—6月中旬

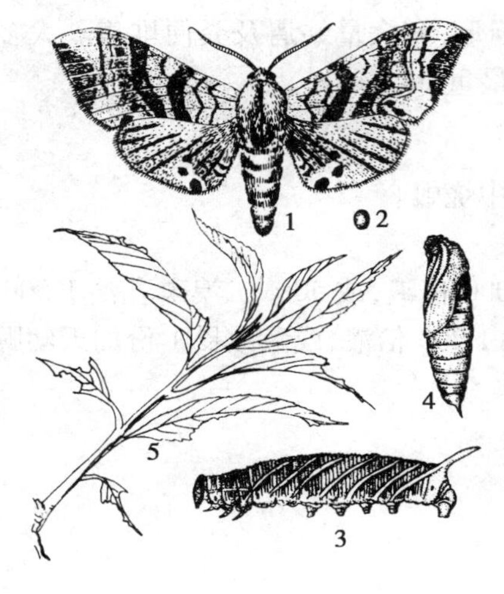

图5.28 桃天蛾

1.成虫 2.卵 3.幼虫 4.蛹 5.被害状

羽化成虫,成虫在傍晚和夜间活动,卵产于树干阴暗处或树干翘皮裂缝内。5月下旬—7月中旬第一代幼虫发生危害,6月下旬开始入土化蛹,7月下旬开始出现第一代成虫,7月下旬—8月上旬第二代幼虫开始危害叶片。9月上旬幼虫老熟入土化蛹,入土深度4~7 cm,作土室化蛹。

(3)豆天蛾(*Clanis bilineata tsingtauica* Meu) 它又名刺槐天蛾。我国除西藏尚未查明外,其余各省(自治区、直辖市)均有分布,以幼虫食害叶片,危害刺槐、大豆、藤萝等。

豆天蛾的成虫体长40~45 mm,翅展100~120 mm,头胸暗褐色,前翅前缘中央有淡白色半圆形大斑,中央及外缘有一部分颜色较深,有6条波状横纹,翅顶角有一暗褐色斜纹将翅顶角平分为两半,后翅暗褐色,中央深褐色,基部和后角附近黄褐色,并有2条明显的波状纹;老熟幼虫体绿色,有黄色短刺颗粒,中胸有2个皱褶,后胸有6个皱褶,腹部第1~8节两侧有黄色斜纹,腹末节背板上有一突起的尾角(图5.29)。

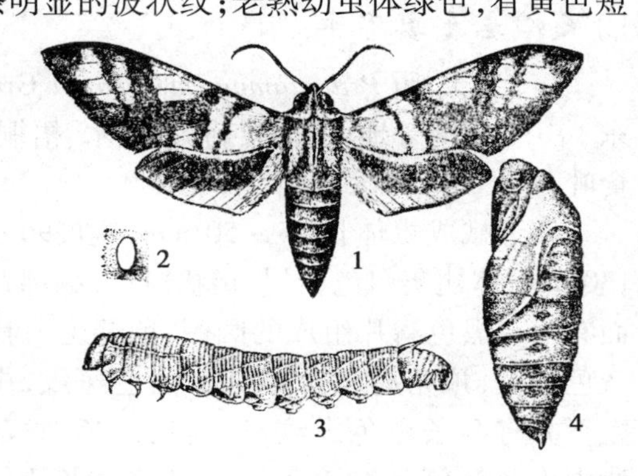

图5.29 豆天蛾(仿朱兴才)

1.成虫 2.卵 3.幼虫 4.蛹

豆天蛾在河北、山东、江苏、安徽等地1年发生1代,江西1年2代,以老熟幼虫钻入土中10~15 cm处越冬。1年发生1代地区翌年6月上中旬开始化蛹,7月上中旬成虫羽化,成虫傍晚开始活动,卵多产于叶背面,少数正面,7月中旬—下旬卵开始孵化,初孵幼虫能吐丝下垂,借风力扩散到邻近植株。8月上中旬为幼虫发生期,幼虫有转株危害的习性,老熟幼虫一般于9月中旬入土越冬,虫体呈马蹄形,曲居土中。

2)天蛾类的防治措施

①结合耕翻土壤,人工挖蛹。

②根据树下虫粪寻找幼虫进行捕杀。

③虫口密度大,危害严重时,在幼虫期喷洒80%敌敌畏1 000倍液、50%杀螟松乳油1 000倍液、50%辛硫磷乳油2 000倍液进行防治。

④灯光诱杀成虫。

5.1.11 枯叶蛾类

1)枯叶蛾类主要害虫

(1)马尾松毛虫(*Dendrolimus punctatus* Walker) 它分布在广东、广西、云南、贵州、福建、四

川、陕西、湖南、湖北、江西、浙江、安徽、河南、台湾等省。以幼虫危害马尾松针叶，也危害湿地松、火炬松等。

马尾松毛虫的成虫雌雄异型，雄蛾色深，体长 18 ~ 30 mm，翅展 36 ~ 49 mm，雌蛾翅展 42 ~ 56 mm，雌蛾触角栉齿状，雄蛾羽毛状。前翅较宽，外缘呈弧形弓出，翅面有 3 ~ 4 条不明显而向外弓起的横条纹，亚外缘线黑褐色 8 ~ 9 个斑列，内侧衬以黄棕色斑；老熟幼虫有棕红和黑色两种，中、后胸背面有明显的黄黑色毒毛带，腹部两侧各有 1 条纵带由中胸至腹部第 8 节气门上方，在纵带上各有一白色斑点(图 5.30)。

马尾松毛虫发生代数因地而异，河南省南部 1 年 2 代，长江流域 2 年 2 ~ 3 代，福建、台湾及珠江流域等地则 1 年 3 ~ 4 代，以 3 ~ 4 龄幼虫在针叶丛中，树皮缝或地被物下越冬。翌年 2—3 月平均气温 10 ℃以上时出蛰，羽化后当晚即可交尾产卵，初孵幼虫有群集和吐丝下垂借风传播习性，幼虫老熟后，在树上针叶丛间或树皮上结茧。

(2)油松毛虫(*Dendrolimus tabulaeformis* Tsai et Liu)　它主要分布在北京、河北、辽宁、山东、山西、四川、陕西等高海拔油松分布区。有些与赤松毛虫或落叶松毛虫混合发生。主要危害油松，也能危害樟子松、华山松及白皮松。

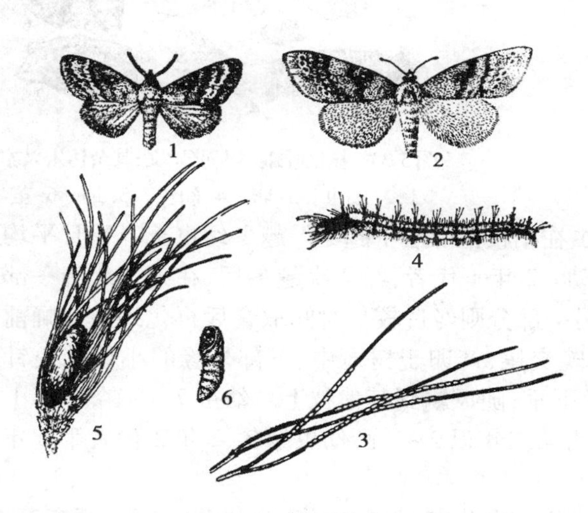

图 5.30　马尾松毛虫

1. 雄成虫　2. 雌成虫　3. 卵块　4. 老熟幼虫　5. 茧　6. 蛹

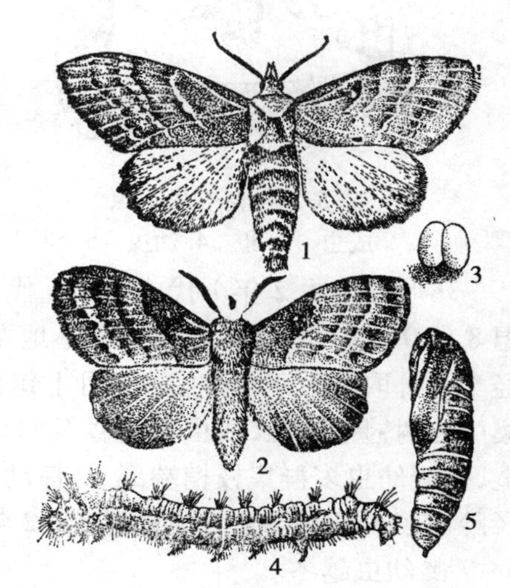

图 5.31　油松毛虫(仿朱兴才)

1,2. 成虫　3. 卵　4. 幼虫　5. 蛹

油松毛虫的成虫雌雄异型，雌蛾体长 23 ~ 30 mm，翅展 57 ~ 75 mm，触角栉齿状。雄蛾体长 20 ~ 25 mm，翅展 45 ~ 61 mm，触角羽毛状，前翅亚外缘线列黑褐色，内侧衬有淡棕色斑，前 6 斑列成弧状，第 7,8,9 斑斜列，最后一斑由 2 个小斑组成，后翅淡棕至深棕色。雄蛾色深，前翅中室白点较明显，亚外缘斑列内侧呈棕色；老熟幼虫体灰黑色，头黄褐色，额区中央有一块深褐色斑，胸部背面毒毛带明显，身体两侧各有一条纵带，中间有间断，各节纵带上的白斑不明显，每节前方由纵带向下有一条斜纹伸向腹面(图 5.31)。

油松毛虫 1 年 1 ~ 3 代，以 4 ~ 5 龄幼虫在根际周围枯枝落叶层、石块下或地被物下越冬。1 年 1 代者，翌春 3—4 月出蛰危害，6 月幼虫老熟化蛹，多在树冠下部枯枝落叶中或树干上结茧化蛹。6 月中旬初见成虫，6 月下旬—7 月上旬为羽化盛期，成虫多在傍晚羽化，并交尾产卵，卵成块产于 1 年生松针上，初孵幼虫有食卵壳习性和群集习性。

(3)落叶松毛虫(*Dendrolimus superans* Butler)　它分布在我国东北三省、内蒙古、北京、河北、新疆等地，主要危害落叶松、红松、云杉和冷杉。

落叶松毛虫成虫雌雄异型，雌蛾体长 28 ~ 45 mm，翅展 70 ~ 110 mm，触角栉齿状。雄蛾体长 24 ~ 37 mm，翅展 55 ~ 76 mm，触角羽毛状，体色和花斑变化较大，有灰白、灰褐、褐、赤褐、黑褐色等。前翅宽，外缘较直，内横线、中横线、外横线深褐色，外横线呈锯齿状，亚外缘线有 8 个黑斑，排列略似 3 字形，其最后 2 个斑若连成一线则与外缘近于平行，中室白斑大而明显；老龄幼虫体长 50 ~ 90 mm。灰褐色，有黄斑，被银白色或金黄色毛。中、后胸背面有 2 条蓝黑色闪光毒毛带，第 8 腹节背面有暗蓝色毒毛束（图 5.32）。

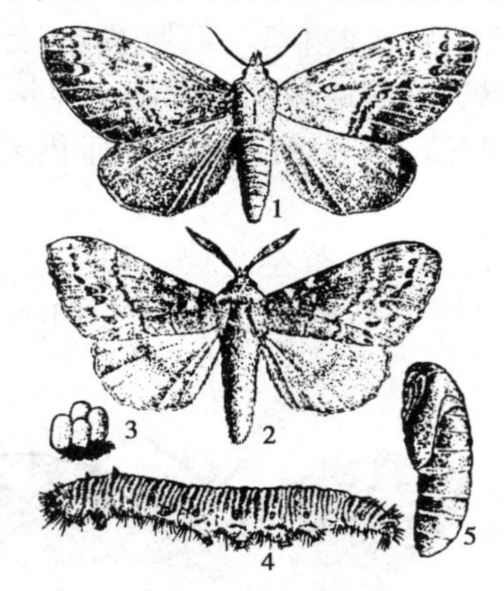

图 5.32　落叶松毛虫

1,2. 成虫　3. 卵　4. 幼虫　5. 蛹

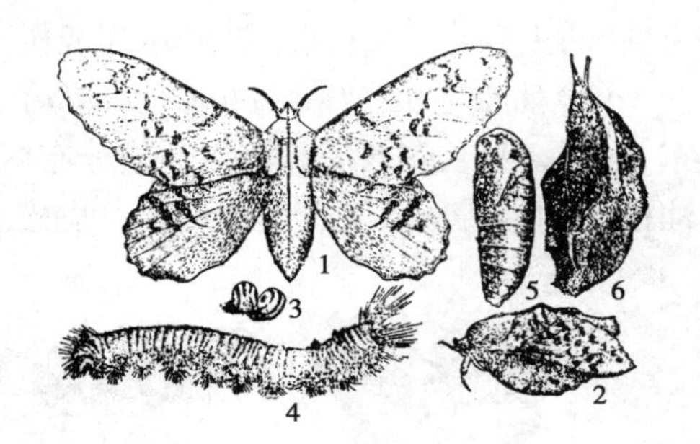

图 5.33　杨枯叶蛾（4 仿张培义；其余仿朱兴才）

1,2. 成虫　3. 卵　4. 幼虫　5. 蛹　6. 茧

落叶松毛虫 2 年 1 代或 1 年 1 代，以幼虫在枯枝落叶层下越冬。越冬幼虫于春季日平均气温 8 ~ 10 ℃时上树危害，遇惊扰坠地卷缩不动。2 年 1 代者，经 2 次越冬后，在第 3 年春一部分经半个月取食后于 5 月底—6 月上旬化蛹，另一部分则经过较长时间取食后再化蛹。化蛹前多集中在树冠上结茧，成虫在黄昏及晴朗的夜晚交尾，产卵于树冠中、下部外缘的小枝梢及针叶上，初孵幼虫多群集枝梢端部，受惊动即吐丝下垂，随风飘到其他枝上。幼虫 7 ~ 9 龄，1 年 1 代者龄期较少，以 3 ~ 4 龄幼虫越冬。2 年 1 代者第二年以 2 ~ 3 龄幼虫越冬，2 年 2 代者第 2 年以 6 ~ 7 龄幼虫越冬。

（4）杨枯叶蛾（*Gastropacha pupulifoia* Esper）　它分布于河北、华东、华北、东北、西南等地，主要危害栎、梨、杏、苹果、桃、樱花、李、梅、杨、柳等。

杨枯叶蛾的成虫雌雄异型，雌蛾翅展 56 ~ 76 mm，雄蛾翅展 40 ~ 60 mm，前翅有 5 条黑色断续波状纹，中室端有黑色斑纹，后翅有 3 条明显波状纹；幼虫头棕褐色，体灰褐色，中、后胸背面有蓝色斑各 1 块，斑后有灰黄色横带，腹部第 8 节有 1 瘤突，体侧各节有大小不同的褐色毛瘤 1 对（图 5.33）。

杨枯叶蛾 1 年发生 2 代，少数 3 代，以幼虫在树皮缝隙中越冬。翌年 3 月中下旬当日平均气温大于 5 ℃时开始取食，4 月中下旬化蛹，5 月上旬—6 月上旬羽化成虫，5 月下旬—6 月上中旬第一代幼虫危害，初孵幼虫群集取食，3 龄后分散，幼虫老熟后，吐丝缀叶或在树干上结茧化蛹。

（5）黄褐天幕毛虫（*Malacosoma testacea* Motschulsky）　它又名天幕毛虫。分布于东北、西北、华北、华东、中南等地，危害梅、桃、李、杏、梨、海棠、樱桃、核桃、黄菠萝、山楂、柳、杨、榆等。

黄褐天幕毛虫的成虫雌雄异型，雄蛾翅展 24 ~ 32 mm，雌蛾翅展 29 ~ 39 mm。雄蛾黄褐色，前翅中央有2条深褐色横线纹,2线间颜色较深,呈褐色宽带,宽带内外侧衬淡色斑纹,后翅中间呈不明显的褐色横线。雌蛾与雄蛾显著不同,体翅呈褐色,腹部色较深,前翅中间的褐色宽带内、外侧呈淡黄褐色横线纹,后翅淡褐色,斑纹不明显;老熟幼虫体侧有鲜艳的蓝灰色、黄色或黑色带,体背面有明显的白色带,两边有橙黄色横线(图5.34)。

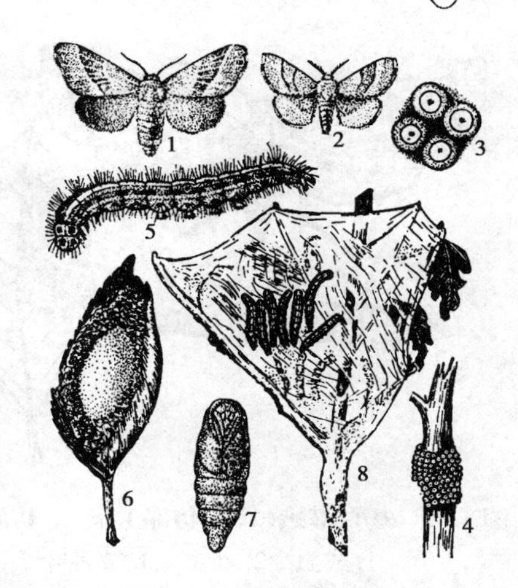

图5.34 黄褐天幕毛虫
1,2.成虫 3.卵 4.卵块 5.幼虫 6.茧 7.蛹 8.为害状

黄褐天幕毛虫1年发生1代,以卵越冬,第2年当树木发芽时孵化。北京地区一般4月上旬孵化,5月中旬为幼虫老熟期,下旬结茧化蛹,6月羽化产卵。江南地区5月已大量羽化,羽化成虫后即交尾产卵,卵多产于被害树当年生小枝梢端,卵发育成小幼虫后,即在卵壳中休眠越冬。翌年越冬后幼虫先群集在卵块附近小枝上食害嫩叶,以后向树杈移动,吐丝结网,夜晚取食,白天群集潜伏于网巢内,呈天幕状,故此得名。

2)枯叶蛾类的防治措施

(1)消灭越冬虫体　在园林上一般无大面积纯林,可结合修剪、肥水管理等消灭越冬虫源。

(2)物理机械防治

①人工摘除卵块或孵化后尚群集的初龄幼虫及蛹茧。

②灯光诱杀成虫。

③在幼虫越冬前,干基绑草绳诱杀。

(3)化学防治　发生严重时可喷洒2.5%溴氰菊酯乳油4 000~6 000倍液,或5%敌敌畏乳油2 000倍液,或50%磷胺乳剂2 000倍液,或25%灭幼脲Ⅲ号1 000倍液喷雾防治。

(4)生物防治

①利用松毛虫卵寄生蜂。

②用白僵菌、青虫菌、松毛虫杆菌等微生物制剂使幼虫致病。

③保护、招引益鸟。

5.1.12 潜蛾类

1)潜蛾类主要害虫

(1)杨白潜蛾(*Leucoptera susinella* Herrich-Schaffer)　它分布于内蒙古、黑龙江、吉林、辽宁、河北、山东、河南等地,此虫是杨树叶部重要害虫之一。主要危害毛白杨、加拿大杨、唐柳等杨树。

杨白潜蛾的成虫体长3~4 mm,翅展8~9 mm。头部白色,上面有1束白色毛簇,复眼黑色,常为触角节的鳞毛覆盖,前翅银白色,有光泽,前缘近1/2处有1条伸向后缘呈波纹状的斜带,带的中央黄色,两侧也具有褐线1条,后缘角有1个近三角形的斑纹,后翅银白色,披针形,

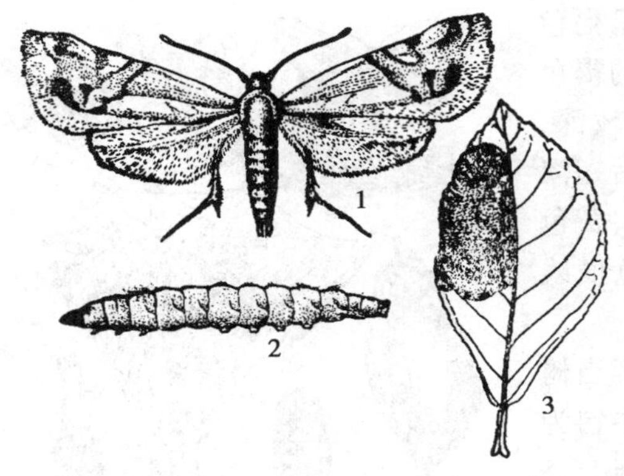

图5.35 杨白潜蛾(1,3. 仿邵玉华;2. 仿朱兴才)
1.成虫 2.幼虫 3.被害叶

缘毛极长;老熟幼虫体黄白色,头部及每节侧方生有长毛3根(图5.35)。

杨白潜蛾1年发生2~4代,以蛹在茧中越冬。除落叶上有茧外,在唐柳树干的鳞形气孔上,加拿大杨和柳树的树皮裂缝内,也都有大量越冬茧。翌年春季4月中旬—5月下旬,杨树放叶后羽化的成虫,当天交尾产卵,卵产在叶的正面,孵化出幼虫潜入叶内取食叶肉,幼虫老熟后从叶正面咬孔而出,生长季节多在叶背面吐丝作"I"字形茧化蛹。

(2)杨银叶潜蛾(*Phyllocnistis saligna* Zeller) 它分布于辽宁、吉林、黑龙江、河北、甘肃、河南、山西、山东、内蒙古等地。危害小青杨、小叶杨、加拿大杨、朝鲜杨、中东杨、北京杨等。

杨银叶潜蛾的成虫体长3.5 mm,翅展6~8 mm,全体银白色密被银白色鳞片。前翅中央有2条褐色纵纹,其间呈金黄色,上面纵纹的外方有1条源出于前缘的短纹,下方纵纹的末端有1条向前弯曲的褐色弧形纹,后翅缘毛细长,呈灰白色。雌蛾腹部肥大,雄蛾腹部尖细;幼虫浅黄色,体表光滑,足退化,腹部第8,9两节侧方各生1突起,腹部末端分成2叉(图5.36)。

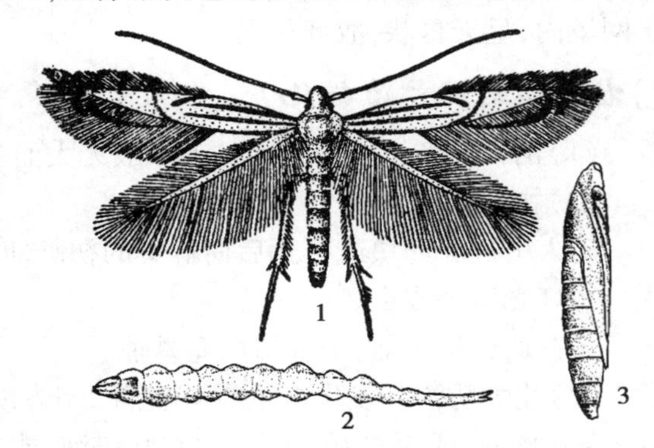

图5.36 杨银叶潜蛾(1. 仿邵玉华;2,3. 仿朱兴才)
1.成虫 2.幼虫 3.蛹

杨银叶潜蛾1年发生3~4代,以成虫在地表缝隙及枯枝落叶层中越冬,或以蛹在被害的叶上越冬。翌年春天气稍微转暖成虫开始活动,产卵于顶芽的尖端或嫩叶上,卵散产。幼虫孵化后突破卵壳,潜入表皮下取食,蛀食后留有弯曲的虫道,老熟幼虫在虫道末端吐丝将叶向内折1 mm,做成近椭圆形的蛹室化蛹。

2)潜蛾类防治方法

①在发生严重地方,4月以前,扫除落叶,集中烧毁。

②在幼虫孵化初期、盛期和成虫交尾产卵时,喷40%乐果乳油,或50%马拉硫磷乳油800 ~1 000倍液,或50%杀螟松乳油1 500 ~2 000倍液,以杀死幼虫和成虫。

③在杨苗出圃后收集落叶,消灭在叶片上越冬的蛹。

④苗圃地、片林、防护林可设置黑光灯诱杀成虫。

5.1.13 叶甲类

椰心叶甲成虫为害三药槟榔

1)叶甲类主要害虫

(1)白杨叶甲(*Chrysomela populi* L.) 它又名白杨金花虫。分布于东北、华北、陕西、内蒙古、河南、湖北、新疆等地。以幼虫及成虫危害多种杨柳的叶片。

白杨叶甲的成虫雌雄异型，雌虫体长 12 ~ 15 mm，雄虫体长 10 ~ 11 mm，体蓝黑色具金属光泽，触角第 1 ~ 6 节为蓝黑色具光泽，第 7 ~ 11 节为黑色无光泽，前胸背板蓝紫色，鞘翅红色，近翅基 1/4 处略收缩；老熟幼虫体橘黄色，头部黑色，前胸背板有黑色"W"形纹，其他各节背面有黑点两列，第 2,3 节两侧各有一个黑色刺状突起，具吸盘状尾足（图 5.37）。

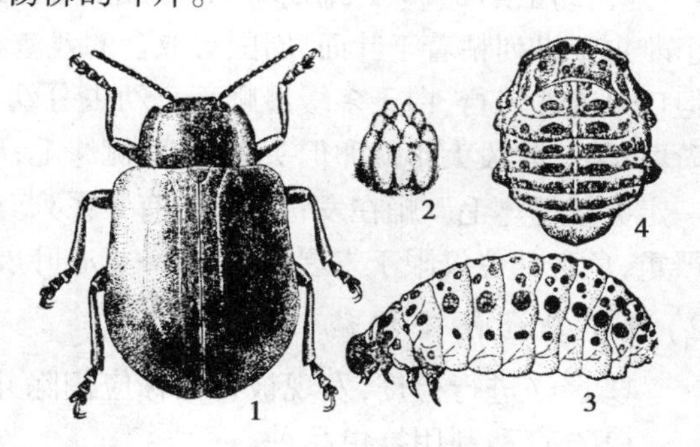

图 5.37 白杨叶甲（1,2. 仿张培义；3,4. 仿朱兴才）
1. 成虫 2. 卵 3. 幼虫 4. 蛹

白杨叶甲 1 年发生 1 ~ 2 代，以成虫在落叶层下、表土层或土层 6 ~ 8 cm 深处越冬。翌年 4 月寄主发芽后开始上树取食，并交尾产卵，卵产于叶背或嫩枝叶柄处，块状。初龄幼虫有群集习性，2 龄后开始分散取食。幼虫于 6 月上旬开始老熟附着于叶背悬垂化蛹，6 月中旬羽化成虫，6 月下旬—8 月上中旬成虫开始潜入落叶、草丛、松土中越夏，10 月后成虫越冬。

（2）柳蓝叶甲（*Plagiodera versicolora* Laicharting） 它分布于东北、华北、西北、华东、西南等地，以成虫和幼虫危害各种柳杨树。

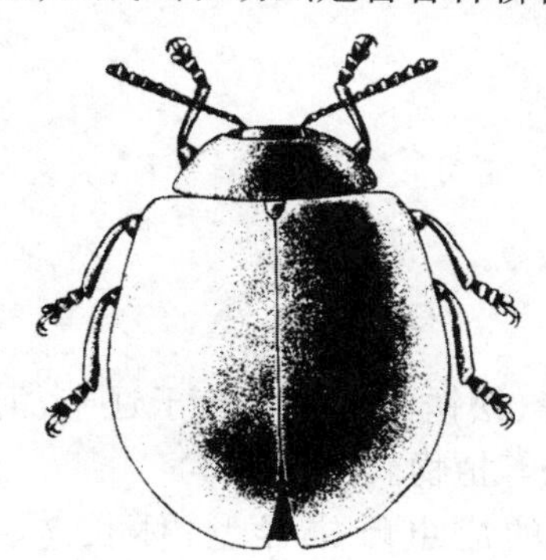
图 5.38 柳蓝叶甲

柳蓝叶甲的成虫体深蓝色，有强烈金属光泽，头部横阔褐色，前胸背板光滑横阔，前缘呈弧形凹入，鞘翅上有刻点略成行列，体腹面及足深蓝色具光泽；幼虫体灰黄色，头黑褐色，有明显触角 1 对，前胸背板上有左右 2 个大褐斑，亚背线上有前后排列 2 个黑斑，腹部 1 ~ 7 节的气门上线各有一黑褐色较小乳头状突起，在气门下线各有 1 个黑斑，上有毛 2 根。腹部腹面各有黑斑 6 个，均有毛 1 ~ 2 根（图 5.38）。

柳蓝叶甲 1 年发生 3 ~ 4 代，以成虫在地被物或土中越冬，翌春开始活动，交配产卵，卵成块产于叶背面或叶面上，幼虫 4 龄，以吸盘固着于叶片上化蛹，成、幼虫利用腹末端的吸盘配合胸足向前爬行或固定在叶片上。

（3）椰心叶甲［*Brontispa longissima*（Gestro）］ 它分布于台湾、香港等地。主要危害椰子、雪棕、槟榔、棕榈、鱼尾葵、假槟榔、山葵、刺葵、蒲葵、散尾葵等，成虫和幼虫危害心叶。

椰心叶甲的成虫雌雄异型，体细扁，鞘翅宽，角间突长超过柄节的 1/2，沿角间突向后有浅褐色纵沟，前胸背板红黄色，刻点粗而排列不规则，鞘翅有时全为红黄色，有时后面部分（比例变化较大）甚至整个全为蓝黑色；成熟幼虫体扁平，乳白色至白色，各腹节两侧有 1 对刺状侧突，腹部末端形成 1 对内弯的钳状尾突（图 5.39）。

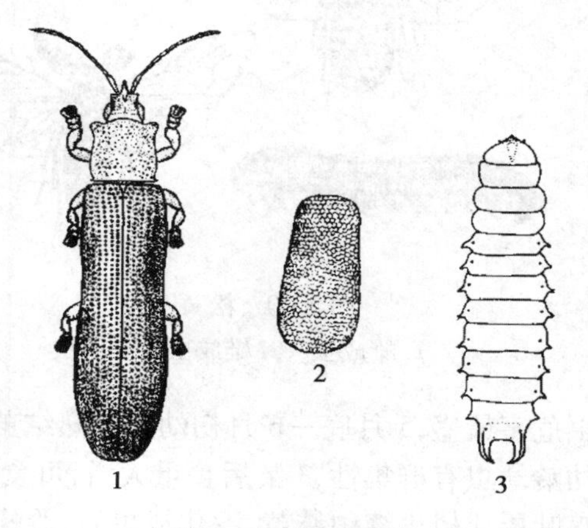

图 5.39 椰心叶甲
1. 成虫 2. 卵 3. 幼虫

椰心叶甲 1 年发生 3 ~ 6 代。卵期 4 ~ 6 d，幼虫

4～5龄,幼虫期3～5 d,蛹期4～7 d,成虫寿命最长达3个月。雌虫将卵产于心叶的虫道内,3～5个雌虫1纵列粘着于叶面,周围有取食的残渣和排泄物。成虫有一定的飞翔能力,可近距离扩散,但仅早晚才飞行,白天多缓慢爬行。幼虫分幼期幼虫和成熟幼虫,幼期幼虫又分第一阶段和第二阶段,第一阶段大小似卵但头大,胸腹侧缘毛,卡钳状突起内侧有刺;第二阶段似成熟幼虫,但保留一定数量的体毛。蛹在发育过程中有一系列颜色变化。该虫对不健康的树及4～5年的幼树危害严重,危害部位仅限于未展开叶内,一旦心叶展开,成虫随即飞离寻找适合的椰树。

2)叶甲类的防治措施

①严格进行检疫,发现被害植株应割除并烧毁。

②选育和利用抗虫品种。

③保护和利用天敌,如椰扁甲啮小蜂(*Tetrastichus brontispae* Ferr)可寄生幼虫和蛹,绿僵菌(*Metarhizium anisopliae* Metschu)对椰心叶甲幼虫、蛹和成虫的杀伤力都很强。

④消灭越冬虫源。清除墙缝、石砖、落叶、杂草等处越冬的成虫,减少越冬基数。

⑤老熟幼虫群集树杈、树皮缝等处化蛹时,集中搜集杀死。

⑥人工振落捕杀成虫或摘除卵块。

⑦化学防治。各代成虫、幼虫发生期喷洒90%敌敌畏1 000～1 500倍液或2.5%溴氰菊酯800～1 000倍液,也可根施呋喃丹颗粒剂等内吸性杀虫剂。

5.1.14 叶蜂类

1)叶蜂类主要害虫

(1)松黄叶蜂(*Neodiprion sertifer* Geoffroy) 它又称新松叶蜂、松锈叶蜂。分布于辽宁、河北、江西、陕西等地。主要危害油松、马尾松、红松、云南松、华山松等植物。

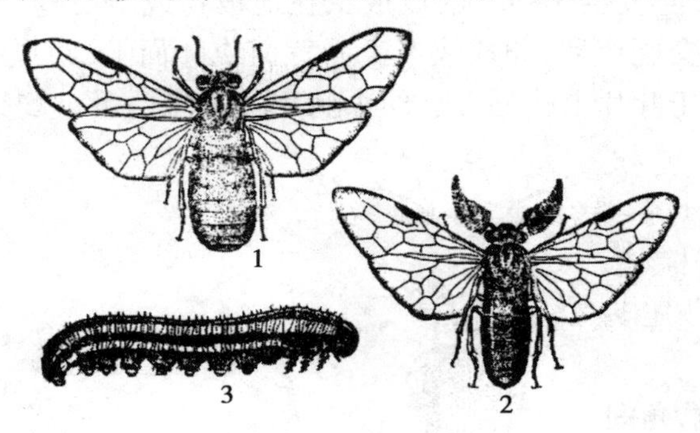

图5.40 松黄叶蜂

1.雌成虫 2.雄成虫 3.幼虫

松黄叶蜂的成虫雌雄异型,体长7～11 mm,翅展15～22 mm,雌虫体色黄褐,雄虫体黑色,中胸小盾片平滑,有光泽,后足胫节具2端距,雌虫触角23节,雄虫触角24～26节;老熟幼虫头部深黑色有光泽,胸部绿到墨绿色,两侧有暗色纵纹各3条,从中胸到腹部各节,每节分6小环节,其中有3小环节上生成列刺毛。胸足黑色,腹足绿色(图5.40)。

松黄叶蜂在陕西1年1代,以卵越冬。在江西1年2代,以老熟幼虫在茧内越冬。越冬卵翌年4月上中旬开始孵化,5月上旬幼虫危害最盛,5月底—6月初幼虫老熟结茧,9月上旬化蛹,9月下旬—10月上旬羽化产卵越冬。幼龄幼虫有群集性,3龄后食量大增,可食整枚针叶,并能转枝转株危害,幼虫老熟后,爬至地面落叶层或树皮缝中结茧,羽化成虫后,雌蜂多在树冠阳面近枝梢先端的针叶上产卵。

(2)蔷薇三节叶蜂(*Arge pagana* Panzer) 它又名月季叶蜂、黄腹虫。分布于华北、华东、广东等地,以幼虫危害蔷薇、月季、十姐妹、黄刺梅、玫瑰等花卉。

蔷薇三节叶蜂的成虫雌雄异型,体长 7.5 ~ 8.6 mm,翅展 17 ~ 19 mm,头、胸背面及足黑色,腹部橙黄色,雌虫腹部 1 ~ 2 节及第 4 节背中央有褐色横纹,雄虫腹部 1 ~ 3 节及第 7 节背面中央有褐色横纹;老龄幼虫头淡黄色,胴部黄绿色,各节有 3 条横向黑点线,腹足 6 对,着生在腹部 2 ~ 6 节及最后一节上(图 5.41)。

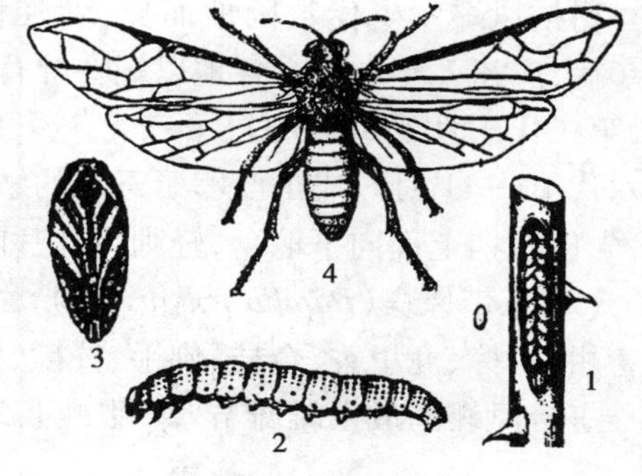

图 5.41　蔷薇三节叶蜂
1. 卵及卵排列形状　2. 老龄幼虫　3. 蛹　4. 成虫

蔷薇三节叶蜂 1 年 1 ~ 9 代,以老熟幼虫在土中作茧越冬,翌年 3 月上中旬开始化蛹、羽化、交尾和产卵,成虫用产卵管将月季、蔷薇等寄主植物的新梢纵向切一开口,产卵于其中,使茎部纵裂变黑倒折,幼虫孵化后爬出危害叶片,初龄幼虫有群集习性,先啃食叶肉,后吞食叶片。

2)叶蜂类的防治措施

①冬春季结合土壤翻耕消灭越冬茧。

②寻找产卵枝梢、叶片,人工摘除卵梢、卵叶或孵化后尚未群集的幼虫。

③幼虫危害期喷洒 50% 杀螟松 1 500 倍液,或 20% 杀灭菊酯 2 000 倍液,或 80% 敌敌畏乳油 1 500 ~ 2 000 倍液。在气温逐渐增高的 5 月下旬,亦可用 25 亿 ~ 30 亿/mL 活孢子的苏云金杆菌,或 1 亿/mL 活孢子苏云金杆菌与低浓度药剂混合,喷雾防治老熟幼虫。

5.1.15　蝶类

白伞弄蝶为害澳洲鸭脚木(为害状及蛹)

1)蝶类主要害虫

(1)柑桔凤蝶(*Papilio xuthus* L.)　它又名花椒凤蝶。分布于广东、广西、长江以南各省、台湾中北部较多,以幼虫咬食嫩叶,危害柑桔、山椒等植物。

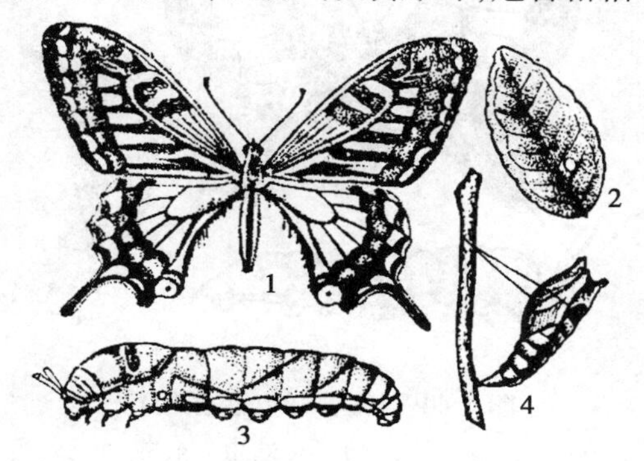

图 5.42　柑桔凤蝶(仿张培义)
1. 成虫　2. 卵　3. 幼虫　4. 蛹

柑桔凤蝶的成虫雌雄异型,雌虫体长26 mm,翅展 90 mm,雄虫体长 22 mm,翅展76 mm。前翅黑色,外缘有黄色波形线纹,亚外缘有 8 个黄色新月形斑,翅中央从前缘至后缘有 8 个由小渐大的 1 列黄色斑纹,翅基部近前缘处有 6 条放射状黄色点线纹,中室上方有 2 个黄色新月斑。后翅黑色,外缘有波形黄线纹,亚外缘有 6 个新月形斑,基部有 8 个黄斑,臀角处有 1 橙黄色圆斑,斑内有 2 个小黑点;幼虫体黄绿色,后胸两侧有蛇眼线纹,后胸和第 1 腹节间有蓝黑色带状斑,腹部第 4 节和第 5 节两侧各有 1 条蓝黑色斜纹分别延伸至第 5 节和第 6

节背面相交处，臭腺角橙黄色（图5.42）。

柑桔凤蝶发生代数因地而异，浙江黄岩、四川成都、湖南2年3代，福建漳州及台湾1年5～6代，广州1年6代。各地以蛹在叶背、枝干及其他隐蔽场所越冬，成虫发生期：第一代3—4月，第二代4月下旬—5月，第三代5月下旬—6月，第四代6月下旬—7月，第五5代8—9月，第六代10—11月。成虫产卵于寄主的嫩芽、叶以及枝梢上，初孵幼虫先食嫩叶，稍长大后食老叶，先由枝梢上部向下取食，轻则将叶片吃成缺刻，重则把叶片吃光。

（2）玉带凤蝶（*Papilio polytus* L.） 它分布于广东、广西、福建、四川及其他柑桔产区。主要危害柑桔、樟、九里香、金桔、佛手、柠檬、桤木、茜草、花椒、四季桔、黄柏、柚树等。

玉带凤蝶的成虫雌雄异型，雌蝶长28 mm，翅展88～95 mm，雄蝶长25 mm，翅展80～84 mm。雄蝶前翅外缘有8个黄白色斑，后翅中央有1横列黄白色不规则斑纹8个。雌蝶有两型：即黄斑型和赤斑型，黄斑型与雄蝶相似，但后翅斑有些为黄色。赤斑型前翅黑色，外缘有小黄白斑8个，后翅外缘也有小黄白斑8个。翅中央有2～5个黄白色椭圆形斑，其下面有4个赤褐色弯月形斑；老熟幼虫体深绿色，后胸前缘有1齿状黑线纹，中间有4个灰紫色斑点，腹部第4节和第5节两侧灰黑色斜纹在背面不相交，臭腺角赤紫色（图5.43）。

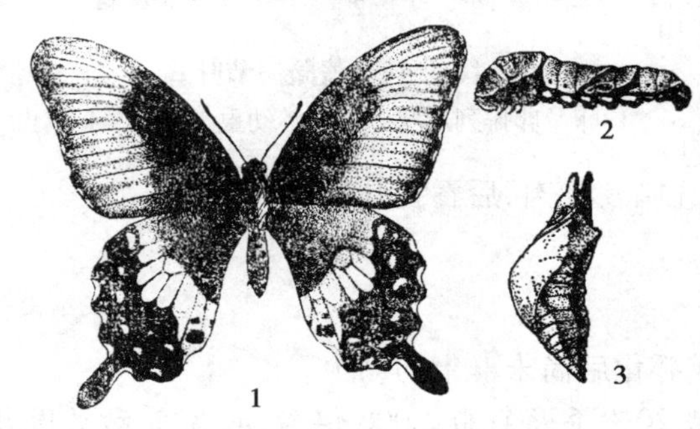

图5.43 玉带凤蝶

1.成虫 2.幼虫 3.蛹

玉带凤蝶发生代数因地而异，浙江黄岩、成都、南昌1年发生4～5代，福州和广州1年6代。以蛹附在寄主枝干或附近其他植物枝干上越冬，田间4—11月能见到幼虫，10月底—11月初能见到成虫。雌虫交配后当日或隔日产卵，幼虫孵化后先吃卵壳，再取食嫩叶边缘，长大后常将嫩叶吃光。

（3）樟青凤蝶（*Graphium sarpedon* L.） 它又名竹青蝶。分布于云南、四川、广东、广西、江西、福建、浙江、台湾、江苏、陕西等省（区），主要危害樟科植物。

樟青凤蝶的成虫春型体长16～18 mm，翅展58～64 mm。夏型体长22～24 mm，翅展78～83 mm。腹部两侧各有2条纵线，翅黑色，无尾状突起，前后翅中央有一纵列大小不等的近长方形透明的绿色斑纹（后翅前面一个为白色），后翅外缘有4个新月形斑，雄蛾后翅内缘密生白色绒毛，后翅反面各室有红色斑；老熟幼虫青绿色，后胸中部有一条黄色横隆线，两端终止于基部有黑环的小突起，腹部末尾有1对小型的尖突起（图5.44）。

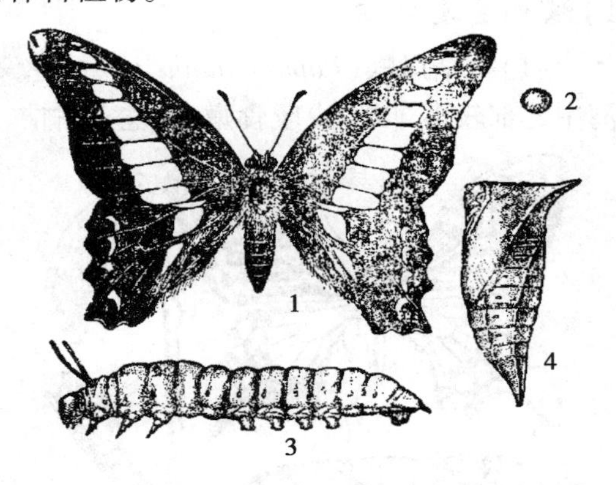

图5.44 樟青凤蝶（仿张翔）

1.成虫 2.卵 3.幼虫 4.蛹

樟青凤蝶在浙江南部1年发生4代，以蛹在寄主上越冬，4月上中旬开始羽化，4月中下旬为羽化盛期。交尾后1～2 d产卵，卵散产于叶的背面或嫩梢的叶尖处，孵出的幼虫立即取食嫩叶，老熟幼虫经2～3 d预蛹期后即化蛹，蛹多在寄主叶背或枝条上。

(4)曲纹紫灰蝶[*Chilad espandara*(Hordfield)] 它又名紫灰蝶。分布于台湾、香港、广东、广西、海南和福建等地,紫灰蝶是一种检疫性害虫,以幼虫危害苏铁嫩梢。

曲纹紫灰蝶的成虫雌雄异型,雌虫体长约10 mm,翅展约25 mm,雄虫略小。雌虫翅面黑褐色,具青蓝色金属光泽,后翅亚外缘带由一列围有细白边的黑斑构成,外横斑列由较模糊的白色三角形斑点构成。雄虫翅面蓝紫色具金属光泽,亚外缘带由一列黑褐色斑点构成,翅反面雌雄相同,均呈灰褐色,斑纹黑褐色并具白边,后翅亚外缘有一列斑点及一条波状线,外横斑列连成一条波状曲纹,故名曲纹紫灰蝶;老龄幼虫体具小瘤突,各体节具凹凸不平皱褶,第7腹节背面中央有一蜜腺孔,第8腹节背面气门外后方有一对白色圆形的翻缩腺(图5.45)。

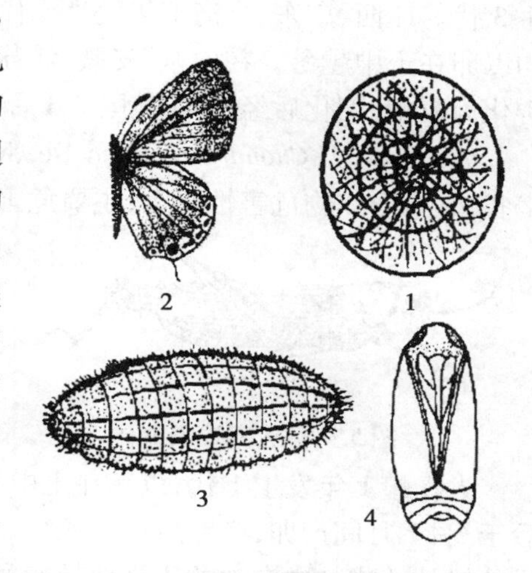

图5.45 曲纹紫灰蝶(仿刘东明等)

1.卵 2.成虫 3.幼虫 4.蛹

从4月苏铁抽春叶开始至11—12月,凡有嫩叶时均可见曲纹紫灰蝶幼虫危害。12月下旬以幼虫或蛹在鳞片叶的缝隙间越冬。成虫需补充营养,卵单粒散产在小叶背面。幼虫体小,藏匿于卷曲呈钟表发条状的小叶内,啃食表皮和叶肉,留下另一层表皮,危害症状不明显,不易觉察。3龄以上幼虫食量大增,可将整个嫩叶取食殆尽,老熟幼虫在鳞片叶间化蛹。

2)蝶类的防治措施

①冬季进行清园修剪,将老叶、病叶剪去烧毁以减少越冬虫源。

②产卵盛期,摘除虫卵。

③幼虫发生期喷90%敌百虫原药1 000倍液,每隔5 d 1次,连续2~3次;喷80%敌敌畏乳油1 500倍液或25%亚胺硫磷乳油1 000倍液;50%甲胺磷乳油1 500倍液,或40%氧乐果乳油1 500倍液,或10%氯氰菊酯4 000倍液喷1~2次,可以达到防治作用。

5.1.16 蝗虫类

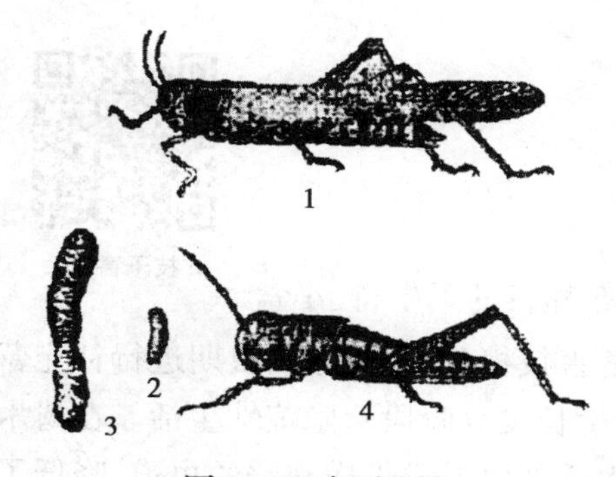

图5.46 东亚飞蝗

1.成虫 2.卵 3.卵囊 4.若虫

1)蝗虫类主要害虫

(1)东亚飞蝗(*Locusta migratoria manilensis* Meyen) 它分布于北京、渤海湾、黄河下游、长江流域、广西、广东、台湾、山东、安徽、江苏等地,主要危害禾本科和莎草科植物。

东亚飞蝗的雌雄异型,雌虫体长39.5~51.2 mm,雄虫体长33.5~41.5 mm。体黄褐色或绿色,触角丝状,前胸背板马鞍状,前翅常超过后足胫节中部,后翅无色透明,后足腿节内侧基半部黑色,近端部有黑色环,后足胫节红色;若虫体型与成虫相似,共5龄(图5.46)。

东亚飞蝗发生代数因地而异,北京、渤海湾、黄河下游、长江流域1年发生2代,少数1年发生3代。广西、广东、台湾1年发生3代。海南1年发生4代。东亚飞蝗无滞育现象,全国各地均以卵在土中越冬。在山东、安徽、江苏等1年发生2代的地区,越冬卵于4月底—5月上中旬孵化为夏蝻,羽化后经10 d交尾7 d后产卵,7月上中旬进入产卵盛期,9月以卵越冬。

(2)大青蝗(*Chondracris rosea* De Geer)　它又名大蝗虫、棉蝗。分布于北至内蒙古、南至海南省,它对农作物危害性很大,主要危害花生、棉花、水稻、甘蔗、竹类、美人蕉和杂草等。

图5.47　大青蝗成虫

大青蝗的成虫雌雄异型，雌虫体长50~80 mm,翅展50~60 mm。雄虫略小,体长50~60 mm,翅展40~50 mm,触角比身体短,后足肥大,善于跳跃。体色鲜绿略带黄色,后翅顶端透明无色;若虫体淡绿色,头部大,其他特征与成虫相似(图5.47)。

大青蝗1年发生1代,以卵在土中越冬 ,翌年4—5月孵化的幼虫成为跳蝻。跳蝻6~7龄后于6—7月间产卵,产卵后逐渐死亡。成虫有多次交尾的习性,常选择萌芽枝条较多、阳光充足的树林地或林中空地的边缘地带产卵。

2)蝗虫类防治措施

(1)加强营林措施,预防虫害发生　在林中应挖掉树蔸,把离地面1 m以内的小枝及萌芽条砍除,使蝗蝻出土后因缺乏食料而自然死亡。

(2)搞好虫情调查,主要是查卵和查蝻

①查卵　查明产卵地点、面积及其密度,以供制订防治措施时参考。应在7月下旬—8月中旬棉蝗产卵盛期,派人查明产卵地,及时做好标记,供以后查找。

②查蝻　目的在于掌握跳蝻孵化的始、盛、末期及虫龄大小,以便及时指导用药。每年4月中旬—5月上旬,每隔3~4 d到上年做好标志的产卵地观察,当跳蝻大量出土时,即可发出防治预报。

(3)药剂防治　发生量较多时可采用药剂防治,常用的药剂有2.5%敌百虫粉剂,或75%杀虫双乳剂,或40%氧乐果乳剂1 000~1 500倍液喷雾。用95%敌百虫原药,或50%马拉硫磷乳油500倍液,或40%乙酰甲胺磷乳油1 000倍液,防治效果均可达95%以上。

(4)捕杀成虫　数量不多时,用捕虫网捕捉,可减轻危害。每天早晨露水未干前,棉蝗多静伏在树上不动,极易捕捉。

5.2　枝干害虫

枝干害虫

枝干害虫是园林植物的一类毁灭性的害虫。常见有鞘翅目的天牛科、小蠹科、象甲科,鳞翅目的木蠹蛾科、透翅蛾科等。枝干害虫危害枝梢及树干,除成虫期进行补充营养、寻找配偶和繁殖场所时营短暂的裸露生活外,大部分生长发育阶段营隐蔽性生活。在树木主干内的蛀食、繁衍,不仅使输导组织受到破坏,而且在木质部内形成纵横交错的虫道,降低了木材的经济价值。此外,蛀干害虫的天敌种类相对较少且寄生率低,因此,大发生率较高。

5.2.1 天牛类

1)天牛类主要害虫

(1)黄斑星天牛(*Anoplophora nobilis* Ganglbauer) 它分布于甘肃、陕西、宁夏、河南、河北及北京市等地。在陕、甘、宁三省区30多个县危害严重,幼虫蛀害主干,造成箭杆杨、小叶杨、欧美杨等主要四旁林的毁灭,也危害毛白杨、河北杨、新疆杨、合作杨等多种杨树和复叶槭、旱柳等。

黄斑星天牛成虫雌雄异型,雄虫体长14~31 mm,雌虫体长24~40 mm,黑色。前胸背板两侧各有1个尖锐的侧刺突。每翅面上有15个以上大小不一的黄色或淡黄色绒毛斑,排成不规则的5行,第1,2,3,5行常为2斑,第4行1斑,第1,5两行斑较小,第3行两斑相接或愈合为最大斑。翅的两侧略平行,腹部黑色,密被黄棕色的细毛。足被蓝色细毛;老熟幼虫体长40~50 mm,圆筒形,淡黄色(图5.48)。

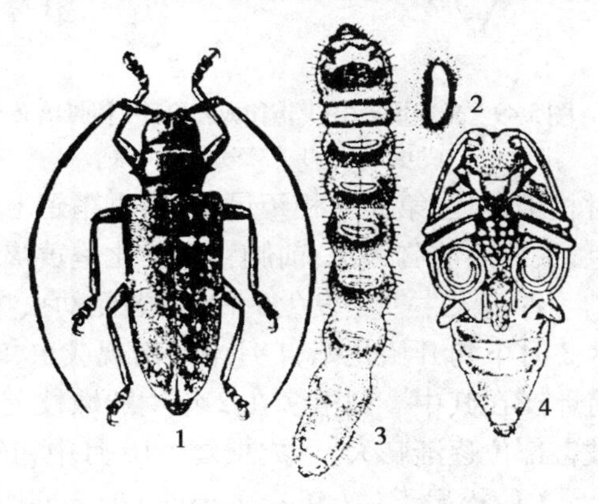

图5.48 黄斑星天牛
1.成虫 2.卵 3.幼虫 4.蛹

黄斑星天牛在陕西或宁夏为2年1代,以卵和卵内的小幼虫在树皮下和木质部越冬。次年3—4月才陆续孵化。初孵化的小幼虫在树皮下取食腐坏的韧皮部及形成层,以后幼虫向深处钻蛀,在木质部形成椭圆形孔。老熟幼虫从坑道四周咬下长木丝,并用木丝紧塞虫道下部,在虫道末端形成蛹室,蛹室四周用细木丝围成。成虫于7月上旬开始羽化,7月中下旬为羽化盛期。成虫产卵前,在树干上爬行寻找产卵部位,咬扁圆形的刻槽,将卵产在刻槽上方。成虫补充营养主要取食叶及嫩皮或表层。成虫行动迟钝,白天活动,晚上静息,飞翔力不强。产卵对树种有很强的选择性,特别嗜好在黑杨派(箭杆杨、加杨)及其衍生系树种(大官杨)上产卵。而且树木径级越大,受害越重。同时还和柳干木蠹蛾混合危害。

(2)光肩星天牛(*Anoplophora glabripennis* Motschulsky) 它分布于辽宁、河北、山东、河南、江苏、浙江、福建、安徽、陕西、山西、甘肃、四川、广西等地,主要危害杨、柳、元宝枫、榆、苦楝、桑等树种。

光肩星天牛成虫雌雄异型,雌虫体长22~35 mm,雄虫体长20~29 mm,亮黑色,头比前胸略小。雌虫触角约为体长的13倍,末节末端灰白色;雄虫触角约为体长的2.5倍,末节末端黑色。前胸两侧各有刺突1个,每个鞘翅具大小不同的白绒毛斑约20个;老熟幼虫体带黄色,长约50 mm。前胸背板后半部"凸"字形区色较深,其前沿无深色细边(图5.49)。

光肩星天牛在辽宁、山东、河南、江苏1年发生1代或2年发生1代。在辽宁以1~3龄幼虫越冬的为1年1代,以卵及卵壳内发育完全的幼虫越冬的多为2年1代。西北地区1年1代者少,2年1代者居多,以卵、卵壳内发育完全的幼虫、幼虫和蛹越冬。越冬的老熟幼虫翌年直接化蛹,越冬幼虫3月下旬开始活动取食,4月底—5月初开始在隧道上部做向树干外倾斜的椭圆形蛹室化蛹,6月中下旬为化蛹盛期,成虫羽化后在蛹室咬羽化孔飞出,6月中旬—7月上旬

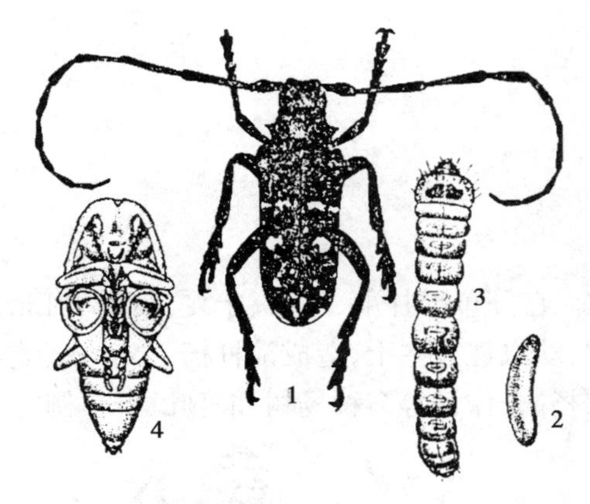

图5.49 光肩星天牛(1 仿徐天森;2—4 仿张培义)
1. 成虫 2. 卵 3. 幼虫 4. 蛹

为羽化盛期,10 月上旬还可见成虫活动。成虫将卵产在椭圆形刻槽内,产卵后分泌胶状物堵塞刻槽。

(3)青杨天牛(*Saperda populnea* L.) 它又名青杨楔天牛、青杨枝天牛或山杨天牛。分布于东北、西北、华北等地,危害杨柳科植物,以幼虫蛀食枝干,被害处形成纺锤状瘤。

青杨天牛的成虫体长 11 ~ 14 mm,体黑色,密被金黄色绒毛,间杂有黑色绒毛。触角鞭状,雄虫触角与体长相等,雌虫触角较体短。前胸无侧刺突,背面平坦,两侧各具 1 条较宽的金黄色纵带。鞘翅上各生金黄色绒毛组成的圆斑 4 ~ 5 个。第 2 对相距最远,第 3 对相距最近,雄虫鞘翅上金黄色圆斑不明显;老熟幼虫体长 10 ~ 15 mm,深黄色,头缩入前胸很深,前胸背板骨化呈黄褐色,体背面有 1 条明显的中线(图 5.50)。

青杨天牛 1 年发生 1 代,以老熟幼虫在树枝的虫瘿内越冬,第 2 年春天始活动。在北京地区 3 月下旬开始化蛹,4 月中旬出现成虫,5 月上旬产卵。成虫产卵前咬成马蹄形的刻槽,然后,将卵产在其中。刻槽多在 2 年生的嫩枝上,初孵化幼虫向刻槽两边的韧皮部侵害,蛀入木质部,被害部位逐渐膨大,形成虫瘿。10 月中旬幼虫老熟,在虫瘿内越冬。

(4)松墨天牛(*Monochamus alternatus* Hope) 它又名松天牛、松褐天牛。分布于台湾、四川、云南、西藏等地,主要危害马尾松,其次危害冷杉、云杉、雪松、落叶松等生长衰弱的树木或新伐倒木,其成虫是传播危险性森林病害松材线虫病(*Bursaphelenchus xylophilus*)的传媒昆虫。

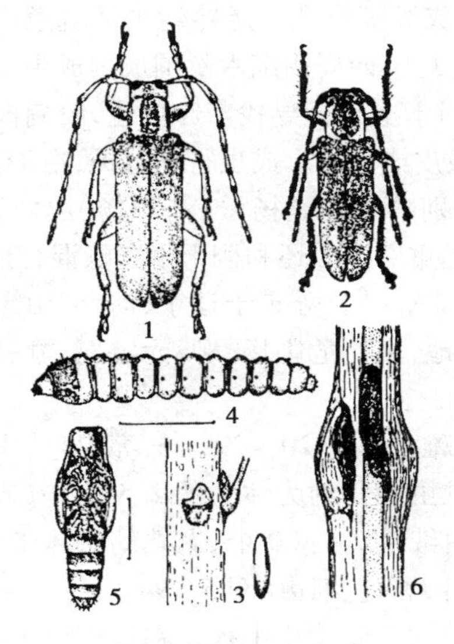

图 5.50 青杨天牛
1,2. 成虫 3. 卵及产卵痕
4. 幼虫 5. 蛹 6. 为害状

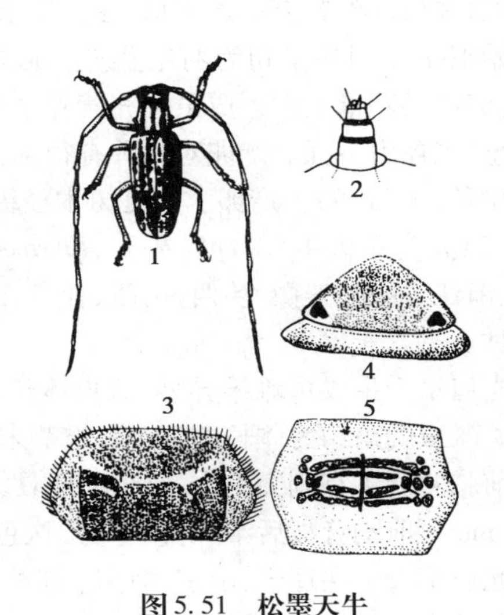

图 5.51 松墨天牛
1. 成虫 2. 幼虫触角 3. 幼虫前胸背板
4. 幼虫腹部背面步泡突 5. 幼虫前胸腹板

松墨天牛的成虫体长 15 ~28 mm,宽 4.5 ~9.5 mm,橙黄色到赤褐色。雄虫触角超过体长 1 倍多,雌虫触角超出体长 1/3。前胸宽大于长,侧刺突较大。前胸背板有 2 条相当阔的橙黄色纵纹,与 3 条黑色绒纹相间。每一鞘翅具 5 条纵纹,由方形或长方形的黑色及灰白色绒毛斑点相间组成;老熟时体长可达 43 mm,头部黑褐色,前胸背板褐色,中央有波状横纹(图5.51)。

松墨天牛 1 年发生 1 代,以老熟幼虫在木质部坑道中越冬。在湖南于次年 3 月下旬,在四川于次年 5 月越冬幼虫在虫道末端蛹室中化蛹,湖南于 4 月中旬有少数蛹羽化成虫。成虫在树皮上咬一眼状刻槽,将卵产在其中。初龄幼虫在树皮下蛀食,在树皮内和边材形成宽而不规则的坑道,坑道内充满褐色虫粪和白色纤维状蛀屑,整个坑道呈 U 状。蛀屑除坑道末端靠近蛹室附近留下少数外,大部均推出堆积树皮下,坑道内很干净。

(5)星天牛[*Anoplophora chinensis*(Forster)] 它又名柑橘星天牛、银星天牛、树牛。分布于吉林、辽宁、甘肃、陕西、四川、云南、广东、广西、海南、台湾等地。主要危害杨、柳、榆、刺槐、木麻黄、核桃、桑树、红椿、楸、乌桕、梧桐、合欢、大叶黄杨、相思树、苦楝、三球悬铃木、枇杷、枥、柑橘等。

星天牛的成虫体长 21 ~41 mm,体和翅漆黑色有金属光泽。触角大于体长。前胸背板中瘤明显,侧刺突尖锐粗大,鞘翅基部有黑色小颗粒,每个鞘翅上有大小白斑 20 个;老熟幼虫体长 45 ~67 mm,乳白至淡黄色,前胸背板前方左右各有 1 黄褐色飞鸟形斑纹,后方有一块黄褐色“凸”字形大斑纹,略呈隆起(图 5.52)。

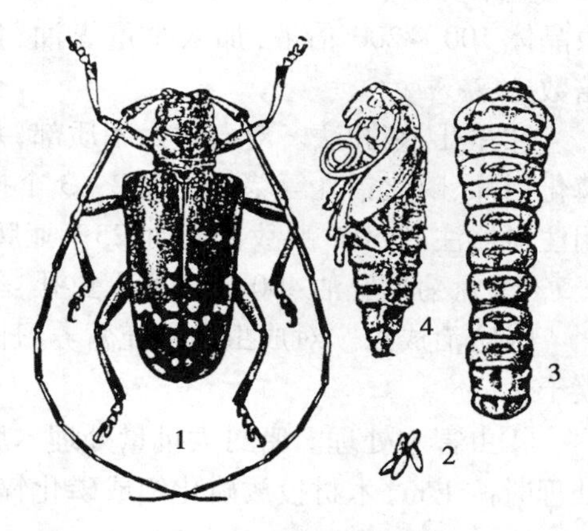

图 5.52 星天牛(仿张翔)
1.成虫 2.卵 3.幼虫 4.蛹

星天牛发生代数因地而异,浙江南部 5 年发生 1 代,北方 2 ~3 年 1 代,以幼虫在树干或主根内越冬。越冬幼虫于次年 3 月开始活动,4 月上旬开始化蛹,5 月上旬成虫羽化,5—6 月为成虫羽化高峰, 6 月上旬在树干下部或主侧枝下部产卵,7 月上旬为产卵高峰,卵刻槽为“T”或“人”形,产卵后用胶状物封闭刻槽, 7 月中下旬为孵化高峰,11 月初开始越冬。

2)天牛类的防治措施

(1)植物检疫 在发生严重的疫区和保护区之间严格执行检疫制度。

(2)预测预报 健全对危险性天牛的监控组织机构,落实责任制度和科学的监控手段,定期检查,发出预报,对指导天牛类害虫的防治相当重要。

(3)园林栽培技术防治

①选择适宜于当地气候、土壤等条件的抗虫树种,营造抗虫林,尽量避免栽植单一绿化树种。如营造杨树防护林或道路林带时,可每间隔一定距离栽植其他抗性树种,如苦楝、臭椿等。也可栽植一定数量的天牛嗜食树种作为诱虫饵木以减轻对主栽树种的危害,但必须及时清除饵木上的天牛,如栽植羽叶槭、糖槭可引诱光肩星天牛、黄斑星天牛。

②加强树木管理。定时清除树干上的萌生枝叶,保持树干光滑,改善园林通风透光状况,阻止成虫产卵,改变卵的孵化条件,提高初孵幼虫的自然死亡率。如在光肩星天牛产卵期及时施肥浇水,促使树木旺盛生长,可使刻槽内的卵和初孵幼虫大量死亡。对青杨楔天牛等带虫瘿的

苗木、枝条,应结合冬季管理剪除虫瘿,消灭其中幼虫以降低越冬虫口。

(4)生物技术防治

①保护和利用天敌。啄木鸟对控制天牛的危害有较好的效果,如招引大斑啄木鸟可控制光肩星天牛的危害。

②在天牛幼虫期释放管氏肿腿蜂。

③在黄斑星天牛幼虫生长期,取少许寄生菌粉与西维因的混合粉剂塞入虫孔,或用16亿孢子/mL寄生菌液喷侵入孔。

(5)人工物理防治　对有假死性的天牛可振落捕杀,也可锤击产卵刻槽或刮除虫瘿杀死虫卵和小幼虫。在树干2 m以下涂白或缠草绳。白涂剂配方:石灰5 kg、硫磺0.5 kg、食盐25 g、水10 kg。

(6)药剂防治

①药剂喷涂枝干。对在韧皮下危害尚未进入木质部的幼龄幼虫防效显著。常用药剂有20%益果乳油、20%蔬果磷乳油、50%辛硫磷乳油、40%氧乐果乳油、50%杀螟松乳油、90%敌百虫晶体100~200倍液,加入少量煤油、食盐或醋效果更好;涂抹嫩枝虫瘿时应适当增大稀释倍数。

②注孔、堵孔法。对已蛀入木质部,并有排粪孔的大幼虫,如星天牛类等使用磷化锌毒签、磷化铝片、磷化铝丸等堵最下面2~3个排粪孔,其余排粪孔用泥堵死,进行毒气熏杀效果显著。用注射器注入50%敌敌畏乳油、25%亚胺硫磷乳油、40%氧乐果乳油20~40倍液;或用药棉沾2.5%溴氰菊酯乳油400倍液塞入虫孔,药效达100%。

③防治成虫。对成虫有补充营养习性的,用40%氧乐果乳油、2.5%溴氰菊酯乳油500倍液喷干。

④虫害木处理。密封大批量处理木后,按1 m^3木材投放溴甲烷50~70 g,密封5 d;小批量处理时按1 m^3木材投放磷化铝或磷化锌10~20 g,密封2~3 d。

5.2.2　木蠹蛾类

1)木蠹蛾类主要害虫

(1)芳香木蠹蛾(*Cossus orientalis* Gaede)　它分布于黑龙江、吉林、辽宁、内蒙古、河北、北京、天津、山东、河南、山西、陕西、宁夏、甘肃等地,危害杨、柳、榆、丁香、桦树、白蜡、槐、刺槐等。

芳香木蠹蛾的成虫体长22.6~41.8 mm,翅展51~82.6 mm,触角单栉齿状,头顶毛从和鳞片鲜黄色,中胸前半部为深褐色,后半部白、黑、黄相间,后胸1黑横带。前翅前缘8条短黑纹,中室内3/4处及外侧2条短横线,后翅中室白色;老龄幼虫头黑色,体长58~90 mm,胴体背面紫红色,腹面桃红色,前胸背板"凸"形的黑色斑的中央1白色纵纹(图5.53)。

芳香木蠹蛾2年发生1代,第1年以幼虫在寄主内越冬,第2年幼虫老熟后至秋末,从排粪孔爬出,坠落地面,钻入土层30~60 mm处做薄茧越冬。幼虫4月下旬开始羽化,5月上中旬为羽化盛期。卵单产或聚产于树冠枝干基部的树皮裂缝、伤口、枝杈或旧虫孔处,无覆盖物。初孵幼虫常几头至几十头群集危害树干及枝条的韧皮部及形成层,随后进入木质部,形成不规则的共同坑道,至9月中下旬幼虫越冬,第2年继续危害至秋末入土结茧越冬。

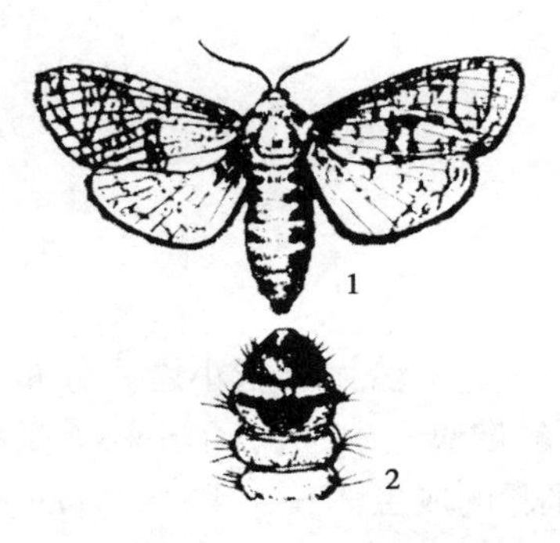

图5.53 芳香木蠹蛾

1.成虫 2.幼虫头及前胸

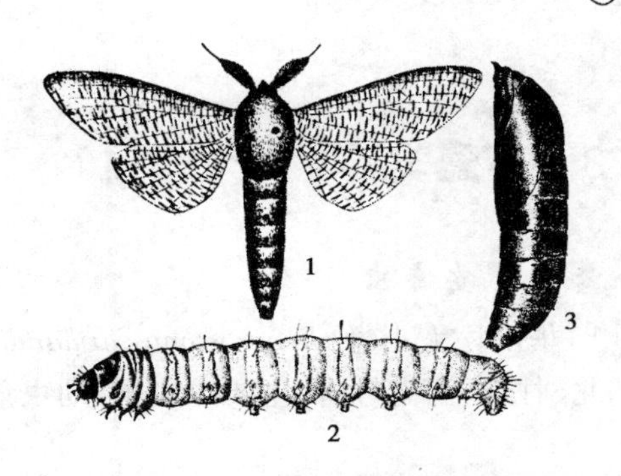

图5.54 咖啡豹蠹蛾(仿张培义)

1.成虫 2.幼虫 3.蛹

(2)咖啡豹蠹蛾(*Zeuzera coffeae* Nietner) 它分布于西南、东南沿海、华南、河南、湖南、四川等地,危害水杉、乌柏、刺槐、咖啡、核桃、枫杨、悬铃木、黄檀等。

咖啡豹蠹蛾的成虫雌雄异型,雌虫体长12~26 mm,雄虫体长11~20 mm,全体灰白色,触角黑色,雌虫丝状,雄虫基半部双栉齿状而端半部丝状。胸部绒毛长,中胸背板两侧3对圆斑。翅灰白色,翅脉间密布大小不等短斜斑点,外缘8个近圆形斑;老熟幼虫体长约30 mm,红褐色。头橘红色,头顶、上颚、单眼区域黑色,前胸背板黑色(图5.54)。

咖啡豹蠹蛾在江西1年2代,在河南和江苏1年1代,以幼虫在被害枝条的虫道内越冬。翌年3月中旬开始取食,4月中下旬—6月中下旬化蛹,5月中旬—7月上旬羽化成虫,5月下旬为羽化盛期,成虫产卵,5月底—6月上旬幼虫孵化,10月下旬—11月初在蛀坑道内吐丝缀合虫粪和木屑封闭虫道两端越冬。

2)蠹蛾类的防治措施

(1)园林栽培技术措施 加强抚育管理,在木蠹蛾产卵前修枝,防止机械损伤,或在伤口处涂防腐杀虫剂。改变园林树木组成,淘汰受害严重的树种,更换抗性品种。清除无保留价值立木,以减少虫源。

(2)化学防治

①对初孵幼虫可用50%久效磷乳油1 000~1 500倍液,或40%乐果乳油1 500倍液,或2.5%溴氰菊酯,或20%杀灭菊酯3 000~5 000倍液喷雾毒杀。

②树干内施药可用50%久效磷乳油100~500倍液,或50%马拉硫磷乳油,或20%杀灭菊酯乳油100~300倍液,或40%乐果乳油40~60倍液注入虫孔。

③开春树液流动时树干基部钻孔灌药,可用50%久效磷乳油或35%甲基硫环磷内吸剂原液。

④将每片3.3 g磷化铝片剂研碎,每虫孔填入片剂后外敷粘泥,杀虫率达90%以上。

(3)灯光诱杀成虫 在成虫羽化高峰期,可采用黑光灯诱杀。

(4)人工捕杀 在羽化高峰期可人工捕捉成虫,或木蠹蛾在土内化蛹期捕杀。

5.2.3 小蠹类

1)小蠹类主要害虫

(1)华山松大小蠹(*Dendroctonus armandi* Tsai et Li) 它又名大凝脂小蠹。分布于陕西、四川、湖北、甘肃、河南等省,主要以成虫、幼虫危害华山松的健康立木,造成华山松大量枯死。

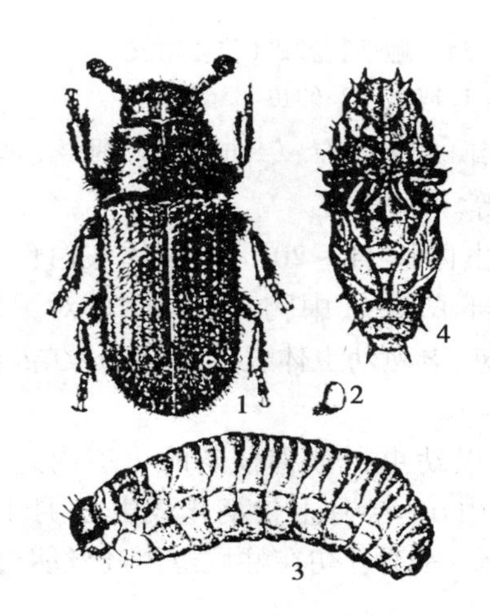

图5.55 华山松大小蠹(仿朱兴才)
1.成虫 2.卵 3.幼虫 4.蛹

华山松大小蠹的成虫体长4.4~6.5 mm,长椭圆形,黑色或黑褐色,有光泽,但触角及跗节红褐色。前胸背板黑色,宽大于长,前端较狭,前缘中央缺刻大而显著,后缘中央向后突出,两侧向前凹入,略呈"m"形。鞘翅斜面上的绒毛甚短。母坑道为单纵坑;幼虫体长约6 mm,乳白色,头部淡黄色,口器褐色(图5.55)。

华山松大小蠹每年发生的代数因海拔高低而不同。在秦岭林区海拔1 700 m以下,1年发生2代,在海拔2 150 m以上1年发生1代,在海拔1 700~2 150 m为2年3代,以幼虫越冬。越冬幼虫6月开始出现,7月开始羽化飞出危害,主要危害30年生以上的健壮华山松。

(2)松纵坑切梢小蠹(*Tomicus piniperda* L.) 它分布于辽宁、河南、陕西、江苏、浙江、湖南、四川、云南等地,主要危害松属树木。

松纵坑切梢小蠹的成虫体长3.5~4.5 mm,头及前胸背板黑色,鞘翅红褐至黑褐色、有光泽,鞘翅斜面上第二列间部凹下,小瘤和茸毛消失,母坑道为单纵坑;幼虫体长5~6 mm,头黄色,口器褐色;体乳白色,粗而多皱纹,微弯曲(图5.56)。

松纵坑切梢小蠹1年发生1代,北方成虫在落叶中或被害树干基部0~10 cm处皮内越冬,南方则在被害枝梢内越冬。东北翌年3月下旬—4月中旬气温达9 ℃时,越冬成虫飞上树冠侵入去年生嫩梢补充营养,然后侵入衰弱木、风折木,雌虫侵入后筑交配室与雄虫交配,卵密集产于母坑两侧,4月下旬—6月下旬为产卵期,5月中旬—7月上旬幼虫孵化,5月下旬—6月上旬为盛期,6月中旬老熟后在子坑道末端作一椭圆形蛹室化蛹,6月下旬为盛期,7月上旬羽化成虫,7月中旬为羽化盛期,10月上中旬当气温下降到-3~-5 ℃时,在2~3 d内成虫集中下树开始越冬。

(3)茶材小蠹(*Xyleborus rornicatus* Eichhoff) 它分布在广西、广东、海南、台湾、四川、云南等省区,危害植物除荔枝、龙眼外,还有茶、樟、柳、蓖麻、橡胶树、可可等。

茶材小蠹的雌成虫体长2.5 mm左右,圆柱形,全体黑褐色,头部延伸呈喙状,触角膝状,端部膨大如球。前胸背片前缘圆钝,并有不规则的小齿突,后缘近方形平滑。鞘翅舌状,长为前胸背片的1.5倍,翅面有刻点和茸毛,排成纵列。雄成虫体长1.3 mm,黄褐色,鞘翅表面粗糙,点刻与茸毛排列不清晰;老龄幼虫体长约2.4 mm,乳白色,足退化,腹足仅留痕迹(图5.57)。

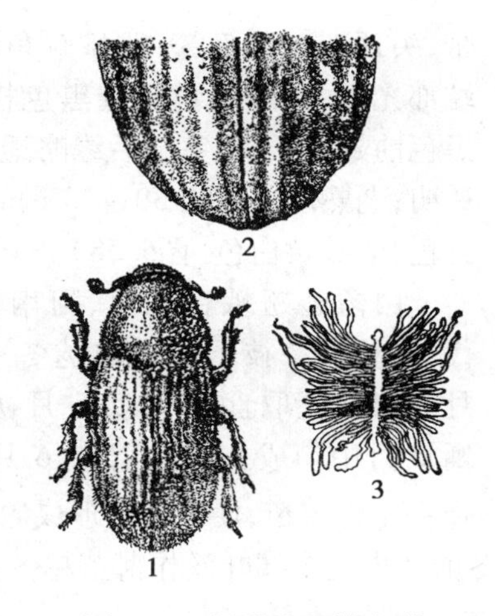

图 5.56 松纵坑切梢小蠹

1. 成虫 2. 鞘翅斜面 3. 坑道

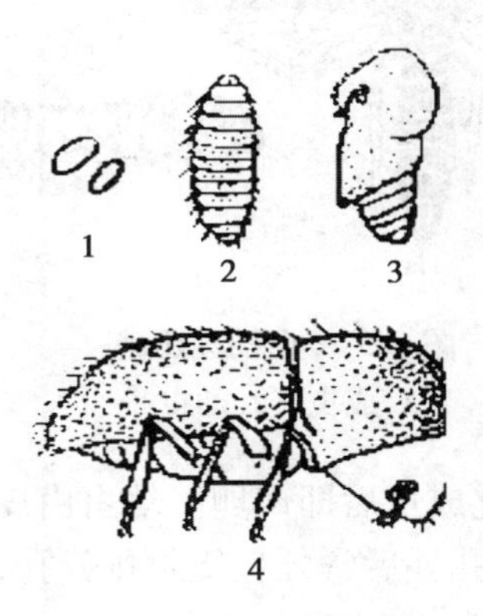

图 5.57 茶材小蠹

1. 卵 2. 幼虫 3. 蛹 4. 雌成虫

茶材小蠹在广东 1 年发生 6 代,在广西南部 1 年发生 6 代以上,世代重叠,主要以成虫在原蛀坑道内越冬,部分以幼虫和蛹越冬。翌年 2 月中下旬气温回升后,越冬成虫外出活动,并钻蛀危害,形成新的蛀道。成虫多在 1 ~2 年生枝条的叶痕和分杈处蛀入,形成蛀道,孔口常有木屑堆积,蛀道深达木质部,呈缺环状水平坑道。4 月上旬卵产在坑道内,幼虫生活在母坑道中,老熟幼虫在原坑道中化蛹, 11 月中下旬成虫开始越冬。

2)小蠹类的防治措施

(1)预防措施

①加强检疫。严禁调运虫害木,对虫害木要及时用药剂或剥皮处理,以防止扩散。

②抚育措施。加强管理,改善树木的生理状况,增强树势,提高其抗御虫害的能力。

(2)生物防治 小蠹虫的捕食性、寄生性和病原微生物天敌资源非常丰富,包括线虫、螨类、寄生蜂、寄生蝇、捕食性昆虫及鸟类等。

(3)药剂防治

①在越冬代成虫入侵盛期(5 月末—7 月初),使用 40% 氧乐果乳油 100 ~200 倍液、2% 的毒死蜱、2% 的西维因、2% 的杀螟松油剂或乳剂涂抹或喷洒活立木枝干可杀死成虫。

②在北方,早春 4 月可挖开根茎土层 10 cm,撒施 2% 杀螟松粉剂或 5% 西维因粉剂,每株用量 10 g,然后再覆土踏实,杀虫率高达 98%;在南方,可根施 3% 呋喃丹颗粒剂,每株 200 g 或于树干基部打孔注射 40% 氧乐果乳油,以防止成虫聚集钻蛀。

5.2.4 透翅蛾类

1)透翅蛾类主要害虫

白杨透翅蛾(*Parathrene tabaniformis* Rottenberg)又名杨透翅蛾,分布于西北、华北、东北、四川、江苏、浙江等地。危害杨、柳科树木,以毛白杨、银白杨、加拿大杨、中东杨、河北杨受害最重。

白杨透翅蛾成虫体长 11 ~21 mm、翅展 23 ~39 mm,外形似胡蜂,青黑色,腹部 5 条黄色横

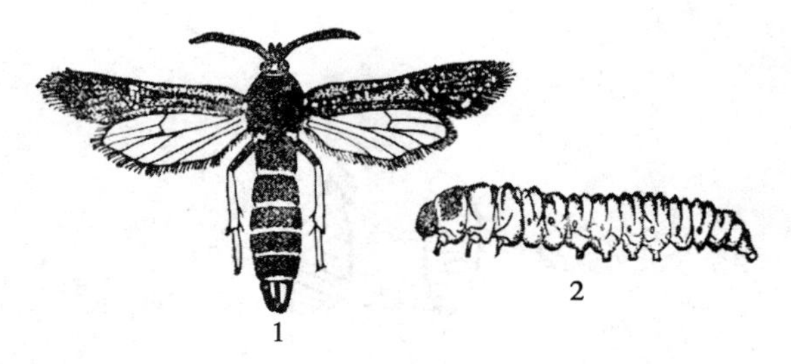

图5.58 白杨透翅蛾
1.成虫 2.幼虫

带,头顶1束黄毛簇,雌蛾触角栉齿不明显,端部光秃,雄蛾触角具青黑色栉齿2列。褐黑色前翅窄长,中室与后缘略透明,后翅全部透明;老熟幼虫体长30~33 mm,初龄幼虫淡红色,老熟黄白色(图5.58)。

白杨透翅蛾在北京、河南、陕西1年1代,以幼虫在枝干坑道内越冬。幼虫翌年3月下旬恢复取食,4月底5月初幼虫开始化蛹,5月中旬成虫开始羽化,6月底7月初为羽化盛期,羽化成虫后即产卵。幼虫由皮层蛀入木质部钻蛀虫道,使被害处形成瘤状虫瘿,虫粪和碎屑被推出孔外后常吐丝缀封排粪孔,10月越冬前在虫道末端吐丝作薄茧越冬。

2)透翅蛾类的防治措施

①加强检疫。防止害虫传播和扩散。

②园林栽培技术防治。选用抗虫品种和树种。如小青杨×加拿大杨,小叶杨×黑杨、小叶杨×欧美杨、沙兰杨等杂交杨对白杨透翅蛾均有较高的抗性。

③人工防治。早春在成虫羽化集中且在树干上静止或爬行时进行人工捕杀。结合修剪铲除虫疤,烧毁虫疤周围的翘皮、老皮以消灭幼虫。对行道树或四旁绿化树木,在幼虫化蛹前用细铁丝由侵入孔或羽化孔插入幼虫坑道内,直接杀死幼虫。

④化学防治。成虫羽化盛期,喷洒40%氧乐果1 000倍液,或2.5%溴氰菊酯4 000倍液,以毒杀成虫,兼杀初孵幼虫。幼虫越冬前及越冬后刚出蛰时,用40%氧乐果和煤油以1:30倍液,或与柴油以1:20倍液涂刷虫斑或全面涂刷树干。幼虫侵害期如发现枝干上有新虫粪立即用上述混合药液涂刷,或用50%杀螟松乳油与柴油以1:5倍液滴入虫孔,或用50%杀螟松乳油、50%磷胺乳油20~60倍液在被害处1~2 cm范围内涂刷药环。幼虫孵化盛期喷洒40%氧乐果乳油或50%甲胺磷乳油1 000~1 500倍液,可达到较好的防治效果。

5.2.5 象甲类

1)象甲类主要害虫

(1)杨干象(*Crytorrhynchus lapathi* L.) 它又名杨干隐喙象。分布于东北及内蒙古、河北、山西、陕西、甘肃、新疆、台湾等地,危害杨、柳、桦等园林树木,以加拿大杨、小青杨、香杨和旱柳等受害重,此虫列为检疫对象,是速生杨的毁灭性害虫。

杨干象的成虫体长8~10 mm,长椭圆形,黑褐色,体密被灰褐色鳞片,其间散生白色鳞片,喙弯曲,前胸背板宽大于长,中央具1细纵隆线,前方着生2个、后方着生3个横列的黑色毛簇。鞘翅后端的1/3处向后倾斜,并逐渐缢缩,形成1个三角形区。鞘翅上各着生6个黑色毛簇;幼虫乳白色,全体疏生黄色短毛。前胸具1对黄色硬皮板。中后胸各由2小节组成(图5.59)。

杨干象1年发生1代,以卵及初孵幼虫越冬。翌年4月中旬越冬幼虫开始活动,幼虫先在蛰伏处取食木栓层,然后逐渐深入韧皮部与木质部之间,围绕树干蛀成环形坑道。幼虫蛀食初期，由针眼状小孔排出红褐色丝状排泄物，被害处表皮形成1圈圈刀砍状裂口。5月下旬在蛀道末端向上蛀入木质部，在其末端蛀椭圆形蛹室化蛹。7月中旬为成虫出现盛期，在树干上咬1圆孔至形成层内取食，使被害枝干上留有无数针眼状小孔。7月下旬交尾、产卵，卵产于叶痕或裂皮缝的木栓层中，以黑色分泌物将孔口堵住。8月上中旬孵化出幼虫，于原处越冬，后期产下的卵，因天气变冷难孵化，则以卵越冬。

(2)一字竹象(*Otidognathus davidis* Fairmaire)　它又名杭州竹象。分布于陕西、江苏、安徽、江西、湖南等省，危害毛竹、桂竹、淡竹、刚竹、红壳竹、篌竹和毛金竹。

一字竹象的成虫体棱形，雌虫体长17 mm，乳白至淡黄色。头管长6.5 mm，细长，表面光滑。雄虫体长15 mm，赤褐色。头管长5 mm，粗短，有刺状突起。前胸背板中间有一梭形黑色长斑。鞘翅上各具有刻点组成的纵沟9条，翅中各有黑斑两个，腹部末节露于鞘翅外；老熟幼虫体长20 mm，米黄色，头赤褐色(图5.60)。

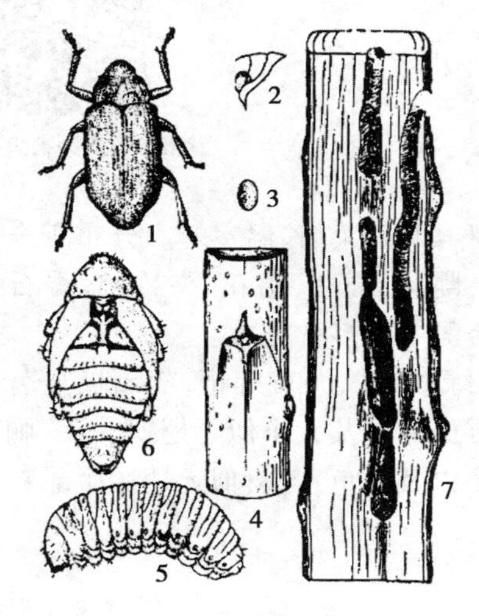

图5.59　杨干象(仿部玉华)

1.成虫　2.头部侧面　3.卵
4.产卵孔　5.幼虫　6.蛹　7.危害状

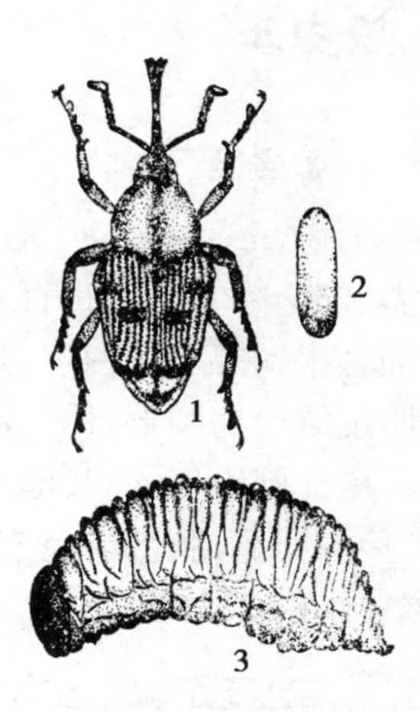

图5.60　一字竹象

1.成虫　2.卵　3.幼虫

一字竹象在小笋竹林1年1代，在大小年明显的毛竹林2年1代。成虫在地下8~15 cm深土茧中越冬。4月上旬出土，白天活动。4月中旬交尾，产卵时雌虫头向下在笋上咬产卵孔，再调转头产卵，卵多产于最下一盘枝节到笋梢之间。

2)象甲类的防治措施

(1)人工防治

①挖山松土。在秋冬两季结合挖冬笋和施冬肥对竹林进行全面的挖山松土，改变越冬环境，使越冬成虫大量死亡，增强抗虫性。

②人工捕捉。一字竹象有假死性及行动迟缓特点，在竹笋高2 m内，采取人工捕捉成虫或幼虫。

(2)化学防治

①竹腔注药。在竹笋长高到1.5 m左右时，在竹笋基部钻一孔，用针筒抽取40%乙酰甲胺磷乳油注入竹腔，使补充营养的成虫及取食竹笋的幼虫致死。

②笋体喷药。在成虫危害的4月,当竹笋长到1~2 m时,可选50%杀螟松乳油,或50%马拉硫磷,或80%敌敌畏乳油,或20%氰戊菊酯50~100 mg/kg喷洒竹笋,防治1~3次。

吸汁害虫

5.3 吸汁害虫及螨类

吸汁类害虫是园林植物害虫中较大的一个类群。常见的有同翅目的蚜虫类、介壳虫类、粉虱类、木虱类、叶蝉类、蜡蝉类,缨翅目的蓟马类,半翅目的蝽类及蜱螨目的螨类等。吸汁类害虫吸取植物汁液,掠夺其营养,造成生理伤害,使受害部分褪色、发黄、畸形、营养不良,甚至整林枯萎或死亡。

紫薇长斑蚜为害大花紫薇

5.3.1 蚜虫类

1)蚜虫类主要害虫

(1)桃蚜[*Myzus persicae* (Sulzer)] 它又名桃赤蚜、烟蚜、菜蚜、温室蚜。分布于全国各地,危害海棠类、郁金香、叶牡丹、百日草、金鱼草、金盏花、樱花、蜀葵、梅花、夹竹桃、香石竹、大雨花、菊花、仙客来、一品红、白兰、瓜叶菊、桃、月季、李、杏等300多种花木。

无翅胎生雌蚜卵圆形,体长约2.0 mm,体色绿、黄绿、粉红、淡黄等色,额瘤极显著,腹管圆柱形,稍长,尾片圆锥形,有长曲毛6~7根;有翅胎生雌虫体型及大小似无翅蚜。头、胸部黑色,复眼红色,额瘤明显,腹部颜色变化大,有绿、黄绿、赤褐以及褐色;若蚜似无翅胎生雌蚜,淡粉红色,仅身体较小(图5.61)。

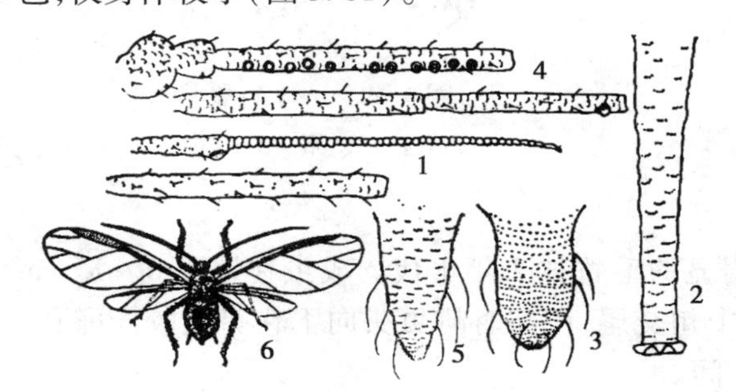

图5.61 桃蚜(仿张广学)

无翅孤雌蚜 1.触角 2.腹管 3.尾片

有翅孤雌蚜 4.触角 5.尾片 6.成虫

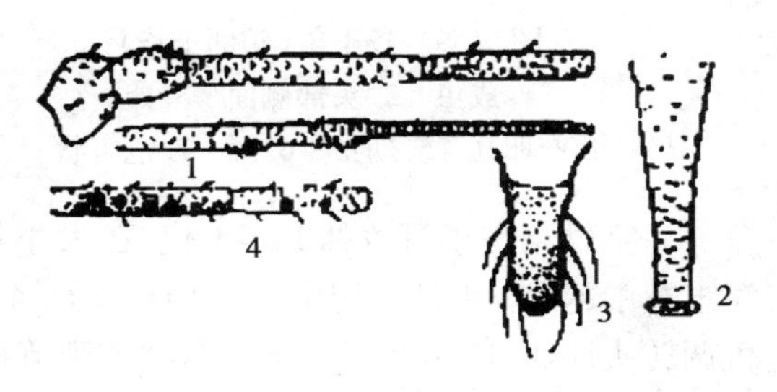

图5.62 绣线菊蚜(仿张广学)

无翅孤雌蚜 1.触角 2.腹管 3.尾片

有翅孤雌蚜 4.触角

桃蚜北方1年发生20~30代,南方30~40代,生活周期类型属乔迁式。在我国北方主要以卵在枝梢、芽腋等裂缝和小枝等处越冬,少数以无翅胎生雌蚜在十字花科植物上越冬。翌春3月开始孵化危害,先群集在芽上,后转移到花和叶。5—6月繁殖最甚,并不断产生有翅蚜迁入到蜀葵和十字花科植物上危害。10—11月又产生有翅蚜迁回桃、樱花等树木,如以卵越冬,则产生雌雄性蚜,交尾产卵越冬。

(2)绣线菊蚜(*Aphis citricola* Van der Goot) 它分布于河北、河南、内蒙古、山东、浙江、台湾等地区,危害多种绣线菊、樱花、麻叶绣球、榆叶梅、白玉兰、含笑、海桐、枇杷、海棠、木瓜、石楠等。

无翅孤雌蚜体长约1.7 mm,身体黄色或黄绿色,腹管与尾片黑色,足与触角淡黄至灰黑色,腹管圆筒形,有瓦纹,基部较宽,尾片长圆锥形;有翅孤雌蚜体长卵形,长约1.7 mm。头、胸黑色,腹部黄色,有黑色斑纹,腹管、尾片黑色,短小(图5.62)。

绣线菊蚜1年发生10代,以卵在寄主植物枝条隙缝、芽苞附近越冬。第2年3—4月越冬卵孵化,4—5月在绣线菊嫩梢上大量发生,以后逐渐转移到海棠等其他木本花卉上危害,10月上中旬发生无翅雌性蚜和有翅蚜,11月上中旬产卵越冬。

(3)月季长管蚜(*Macrosiphum rosivorum* Zhang) 它分布于东北、华北、华东、华中等地,危害月季、蔷薇、玫瑰、十姐妹、七里香、丰花月季、藤本月季等。

无翅孤雌蚜体长卵形,长约4 mm,淡绿色或黄绿色,少数橙红色,腹管长圆筒形,尾片长圆锥形;有翅孤雌蚜草绿色,腹部各节有中、侧缘斑,第8节有一大宽横带斑,腹管长为尾片2倍,尾片有长毛9~11根,腹管及尾片形状同无翅型(图5.63)。

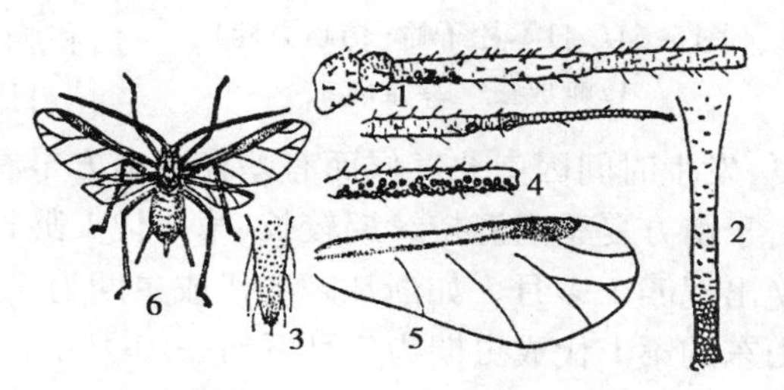

图5.63 月季长管蚜(仿张广学)

无翅孤雌蚜 1.触角 2.腹管 3.尾片

有翅孤雌蚜 4.触角 5.前翅 6.成虫

月季长管蚜1年发生10代,以成、若蚜在月季、蔷薇的叶芽和叶背越冬,翌春越冬蚜虫开始活动,并产生有翅蚜,全年发生盛期在4—5月和9—10月。

2)蚜虫类的防治措施

①园林栽培技术措施。结合林木抚育管理,冬季剪除有卵枝叶或刮除枝干上的越冬卵。

②化学防治。植物发芽前,喷施晶体石硫合剂50~100倍液消灭越冬卵。在成蚜、若蚜特别是第1代若蚜发生期,用50%灭蚜威2 000倍液,40%氧乐果乳油、25%对硫磷乳油、50%马拉硫磷乳油、25%亚胺硫磷1 000~2 000倍液,或20%氰戊菊酯乳油3 000倍液喷雾。亦可在树干基部打孔注射或对刮去老皮的树干用50%久效磷乳油、50%氧乐果乳油5~10倍液涂5~10 cm宽的药环。

③注意保护和利用天敌。避免在天敌羽化期、寄生率达到50%的情况下用药。

④蚜虫的预测预报。蚜虫的防治关键是第1代若虫危害期及危害前期。鉴于蚜虫繁殖快,世代多,易成灾,因此,蚜虫的预测预报显得十分重要。

⑤诱杀。温室和大棚内,采用黄绿色粘胶板诱杀有翅蚜虫。

吹绵蚧为害琴叶珊瑚

扶桑绵粉蚧为害扶桑

红蜡蚧为害龙眼

考氏白盾蚧为害黄金榕

5.3.2 介壳虫类

1)介壳虫类主要害虫

(1)日本松干蚧(*Matsucoccus matsumurae* Kuwana) 它又名松干蚧。分布于山东、辽宁、江苏、浙江、安徽和上海等地,危害油松、赤松、马尾松、黑松和黄松等树木,并引起次期性病虫害如松干枯病、切梢小蠹、象甲、天牛、吉丁虫等的入侵。

日本松干蚧的雌成虫卵圆形,体长 4 mm 左右,橙赤色或橙褐色,体壁柔韧,分节不明显,口器退化。雄成虫体长 2 mm 左右,胸部黑褐色,腹部淡褐色,无口器。前翅发达,半透明,羽状纹明显,后翅退化成平衡棍。腹部第 7 节背面隆起,上面生有分泌白色长蜡丝的管状腺 10 余个,腹部末节有一向腹面弯曲的钩状交尾器;1 龄初孵若虫长椭圆形,触角 6 节,腹末有长短尾毛各 1 对。1 龄寄生若虫梨形或心脏形,触角、胸足等附肢明显。2 龄无肢若虫触角、眼等全部消失,口器发达,虫体周围有长的白色蜡丝。3 龄雄若虫长椭圆形,口器退化,触角和胸足发达,外形与雌成虫相似(图 5.64)。

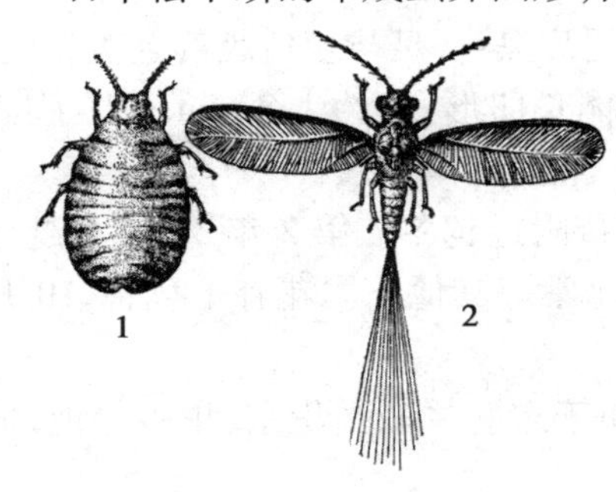

图 5.64 日本松干蚧(仿赵方桂)
1. 雌成虫 2. 雄成虫

日本松干蚧 1 年发生 2 代,以 1 龄寄生若虫越冬或越夏,发生时间因南北气候而有差异。南方早春气温回暖早,到达成虫期比北方提早 1 个多月,但由于南方夏季高温持续期较长、第 1 代 1 龄寄生若虫越夏期也较长,因而第五代成虫期比北方晚出现四个多月。如浙江越冬代成虫期为 3 月下旬—5 月下旬,而山东为 5 月上旬—6 月中旬,山东的第 1 代成虫期为 7 月下旬—10 月中旬,而浙江为 9 月下旬—11 月上旬。3 龄雄若虫经结茧、化蛹,羽化为成虫,雌若虫脱皮后即为成虫。成虫羽化后即交尾,第 2 天开始产卵于轮生枝节、树皮裂缝、球果鳞片、新梢基部等处。雌虫分泌丝质包裹卵形成卵囊,孵出若虫沿树干上爬活动 1 ~2 d 后,即潜于树皮裂缝和叶腋等处固定寄生,成为寄生若虫。寄生若虫脱皮后,触角和足等附肢全部消失,这是危害最严重的时期。2 龄无肢雄若虫脱壳后,为 3 龄雄若虫。雄若虫出壳后爬行于粗糙的树皮缝、球果鳞片、树根附近分泌白色蜡丝,结茧化蛹。

(2)吹绵蚧(*Icerya purchasi* Maskell) 我国除西北外各省(区)均有发生,主要危害木麻黄、相思树、重阳木、油桐、油茶、桂花、檫树、马尾松等。

吹绵蚧的雌成虫橘红色,背面褐色,椭圆形,长 4 ~7 mm,腹面扁平,背面隆起,呈龟甲状,体被白而微黄的蜡粉及絮状蜡丝。雄成虫体小细长,橘红色,长 3 mm,前翅灰黑色,长而狭,末节具肉质状突 2 个;初孵若虫卵圆形、橘红色,长 0.66 mm,附肢与体多毛,体被淡黄色蜡粉及蜡丝。2 龄后雌雄异形,雌若虫椭圆形、橙红色,长约 2 mm,背面隆起,散生黑色小毛,蜡粉及蜡丝减少,雄若虫体狭长,体被薄蜡粉。3 龄雌若虫长 3 ~3.5 mm,体色暗淡,仍被少量黄白色蜡粉及蜡丝(图 5.65)。

吹绵蚧每年发生代数因地区而异,在我国南部 1 年 3 ~4 代,长江流域 1 年 2 ~3 代,各虫态均可越冬。浙江 1 年 2 ~3 代,第 1 代卵 3 月上旬始见(少数可见于上年 12 月),5 月为产卵盛期,若虫 5 月上旬—6 月下旬发生,成虫发生于 6 月中旬—10 月上旬,7 月中旬成虫发生最盛;7 月上旬—8 月中旬为第 2 代卵期,8 月上旬卵发生最盛,若虫 7 月中旬—11 月下旬发生,8—9 月若虫发生最盛。初孵若虫很活跃,1 ~2 龄向树冠外层迁移,多寄居于新梢及叶背的叶脉两旁;2 龄后,渐向大枝及主干爬行,成虫喜集居于主梢阴面、枝杈、枝条及叶片上,吸取树液并营囊产卵,不再移动,2 龄雄若虫在枝条裂缝、杂草等处结茧化蛹。

(3)草履蚧[*Drosicha corpulenta* (Kawana)] 它又名草鞋蚧。分布于河南、河北、山东、山西、陕西、辽宁、江西、江苏、福建等地,危害泡桐、杨、悬铃木、柳、楝、刺槐、栎、桑、月季等。

草履蚧的雌成虫红褐色,长 7.8 ~10 mm。背部皱褶隆起、扁平椭圆形,似草鞋状。雄虫紫红色,长 5 ~6 mm。头、胸和前翅淡黑色,有许多伪横脉,后翅平衡棒状;若虫外形与雌成虫相似,但较小(图 5.66)。

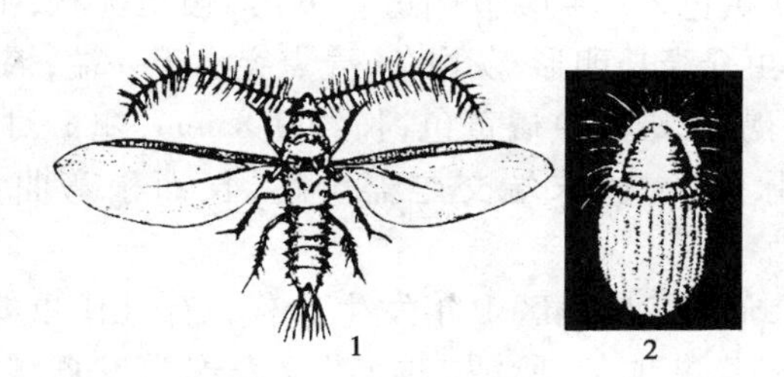

图 5.65　吹绵蚧

1. 雄成虫　2. 雌成虫

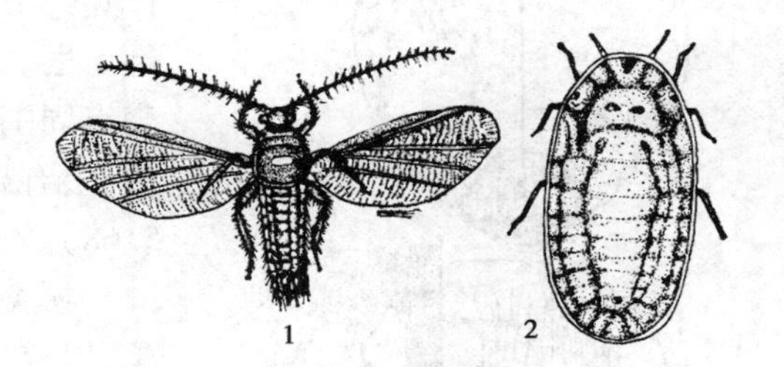

图 5.66　草履蚧

1. 雄成虫　2. 雌成虫

草履蚧 1 年发生 1 代,大多以土中的卵囊越冬。越冬卵于翌年 2 月上旬—3 月上旬孵化,孵化后的若虫仍停留在卵囊内,2 月中旬后随气温升高,若虫开始出土上树,爬至嫩枝、幼芽等处吸食汁液,2 月底若虫活动盛期,3 月中旬基本结束。特殊年份冬季气温偏高时,上年 12 月即有若虫孵化,1 月下旬开始出土、初龄若虫行动不活泼,喜在树洞、树杈、树皮缝内或背风处等隐蔽群居。雄若虫不再取食,潜伏于树缝、皮下或土缝、杂草等处,分泌大量蜡丝缠绕化蛹。4 月底—5 月上旬羽化为成虫,雄成虫不取食。4 月下旬—5 月上旬雌若虫与雄成虫交尾。5 月中旬为交尾盛期,雄虫交尾后即死去,雌虫交尾后仍需吸食危害。至 6 月中下旬开始下树,钻入树干周围石块下、土缝等处,分泌白色绵状卵囊产卵,以卵越夏越冬。

(4)桑盾蚧(*Pseudaulacaspis pentagona* Targioni)　它又名桑白蚧、黄点蚧、桑拟轮蚧。分布全国各地,是危害最普遍的一种介壳虫。危害梅花、碧桃、国槐、桑、丁香、棕榈、芙蓉、苏铁、桂花、榆叶梅、木槿、翠菊、玫瑰、芍药、夹竹桃、红叶李、山桃、蒲桃、山茶、白蜡、紫穗槐等花木。

桑盾蚧的成虫雌雄异型,雌介壳近圆形,灰白色,背面略隆起,壳点 2 个,黄褐色,在介壳边缘,雌成虫体椭圆形,橙黄色。雄介壳细长,白色,背面有 3 条纵脊,壳点橙黄色,位于介壳的前端,雄成虫橙色或橘红色,翅 1 对,透明,灰白色,上有两条翅脉,虫体腹部末端有 1 个针状交尾器;初龄若虫体长椭圆形,橙色,雌雄区别明显,雌虫体呈梨形,雄虫长椭圆形(图5.67)。

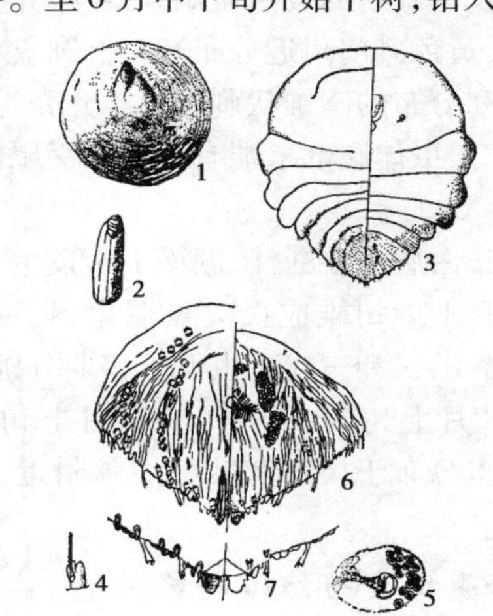

图 5.67　桑盾蚧(仿周尧)

1. 雌介壳　2. 雄介壳　3. 雌虫体　4. 触角
5. 前气门　6. 臀板　7. 臀板末端

桑盾蚧世代数因地而异,1 年发生 2 ~5 代,在华北地区 1 年发生 2 代,在江、浙一带 1 年发生 3 代,以受精雌成虫在枝干上越冬。翌年 4 月下旬开始产卵,卵产在介壳下,各代若虫孵化期分别在 5 月上中旬,7 月中下旬及 9 月上中旬,有的若虫孵化后即在母体介壳周围寄生,桑盾蚧有雌雄分群生活的习性,雄性多群集于主干根茎或枝条基部,以背阴面稍多,雌性一般较分散。

(5)松突圆蚧(*Hemiberlesia pitysophila* Takagi)　它又名松栉圆盾蚧、松类圆盾蚧。分布于广东,危害马尾松、湿地松、加勒比松和黑松等树木。

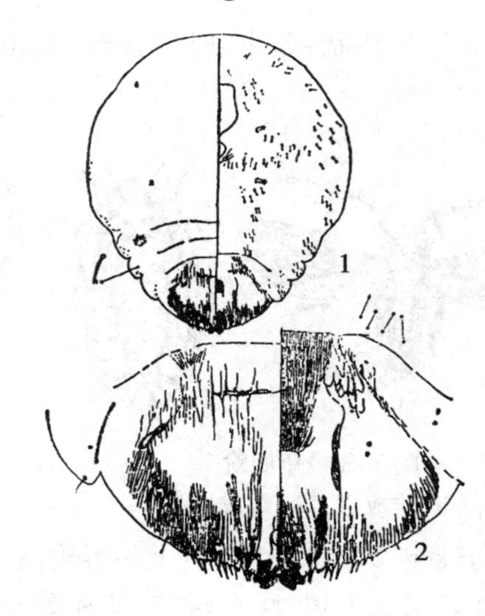

图 5.68　松突圆蚧(仿 Takagi)
1.雌虫　2.臀板

松突圆蚧的成虫雌雄异型,雌介亮白色,圆形或椭圆形,壳点位于中心或略偏,介壳上有 3 圈明显轮纹,雌成虫体宽梨形,淡黄色,2 ~ 4 腹节侧边稍突出,触角疣状,上有毛 1 根。雄虫介壳长卵形,灰白色,壳点突出于一端,褐色,壳点周围淡褐色,雄成虫橘黄色,长约 0.8 mm,翅 1 对,膜质,上有翅脉两条,体末端交尾器发达,长而稍弯曲(图 5.68)。

松突圆蚧在广东地区 1 年发生 5 代,有世代重叠现象,以成虫和若虫越冬,所谓"越冬"仅表现为发育缓慢。若虫孵化后寻找合适部位寄生,一经固定,不再改变位置,多在雌虫附近爬行。若虫盛发期为 3 月中旬—4 月中旬,6 月上旬—6 月中旬,7 月下旬—8 月上旬,9 月下旬—11 月中旬,但 3—5 月若虫发生最多。

(6)长白盾蚧[*Lopholeucaspis japonica* (Cackerell)]

它又名梨白片盾蚧。分布广泛,危害紫玉兰、丁香、蔷薇、芍药、绣球花、海棠、月季、白玫瑰、灯笼树、杜鹃等许多花卉,此外,也是北方的苹果、梨、柿及南方的柑桔类等果木的重要害虫。

长白盾蚧的成虫雌雄异型,雌介壳灰白色,长纺锤形,壳点位于介壳前端,褐色,雌成虫体呈梨形,黄色气门附近分布有一群圆盘状腺,臀叶 2 对,从腹部第二节开始到口器顶端的虫体边缘有成列分布的圆锥状刺腺。雄介壳与雌介壳相似,但较小,雄成虫体细长,淡紫色,白色半透明翅 1 对,虫体腹部末端有一针状交尾器;初孵若虫为椭圆形,后为梨形,颜色从淡紫色到淡黄色(图 5.69)。

长白盾蚧在浙江、湖南 1 年发生 3 代,大多数以老熟若虫和前蛹在枝干上越冬。在浙江,一般 4 月上中旬雄成虫大量羽化,4 月下旬雌成虫大量产卵,第一、二和三代若虫发生盛期分别为 5 月下旬,7 月下旬—8 月上旬,9 月中旬—10 月上旬,有世代重叠现象,雌虫多分布于枝干和叶背中脉附近,雄虫多分布于叶片边缘。

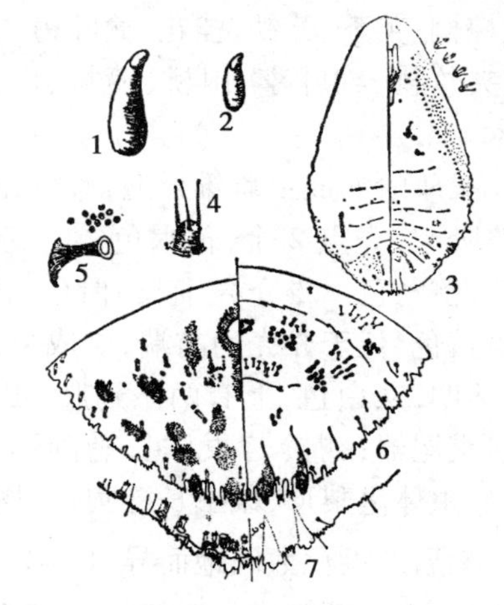

图 5.69　长白盾蚧
1.雌介壳　2.雄介壳　3.雌虫体
4.触角　5.前气门　6.臀板
7.2 龄若虫臀板末端

2)介壳虫类的防治措施

(1)植物检疫　加强检疫措施,严防疫区害虫传播和蔓延。

(2)园林栽培技术措施　合理密植,选育抗虫树种,改善土肥条件,增加植株抗虫力。剪去病虫枝干、清除受害植株,清除虫源,减少虫口密度。

(3)生物防治　保护和利用天敌,当天敌寄生率达 50% 或羽化率达到 60% 时严禁化学防治。

(4)化学防治

①喷药。春季喷施 0.5 ~ 1 °Be 石硫合剂,或 8 ~ 10

倍松脂合剂。生长季节用50%杀螟松乳油,或50%久效磷乳油600~800倍液,或40%氧乐果乳油,或75%辛硫磷乳油,或50%辛硫磷乳油,或50%马拉硫磷乳油800~1 000倍液喷雾。

②树干涂药环。树木萌芽时,在粗糙树干刮约15 cm环带,注意不要伤及韧皮部,用40%氧乐果乳油50倍液涂环,涂药后用塑料纸包扎。

③灌根。除去树干根际泥土,用40%氧乐果乳油100倍液浇灌并覆土,或用50%久效磷乳油500倍液灌根,涂环及灌根后要及时浇水1次,提高杀虫效果。

④树干涂胶。对在土壤越冬,有上树习性的害虫可用废机油、柴油或蓖麻油1份充分熬煮后加入压碎的松香1份配制粘虫胶,在树干涂30 cm宽的环带阻止若虫上树。

5.3.3 粉虱类

1)粉虱类主要害虫

(1)温室白粉虱[*Trialeurodes vaporariorum* (Westwood)] 它又名温室粉虱、白粉虱、小白蛾。分布于东北、华北、江浙一带。是一种分布很广的露地和温室害虫,危害瓜叶菊、天竺葵、茉莉、扶桑、倒挂金钟、金盏花、万寿菊、一串红、一品红、月季、牡丹、绣球、大雨花等16科70多种观赏植物。

温室白粉虱的成虫体淡黄色,体长12 mm,翅展24 mm,触角短丝状,翅两对膜质,覆盖白色蜡粉,前翅有一长一短两条脉,后翅有1条脉;幼虫体长约0.5 mm,长椭圆形,淡绿色,体缘及体背具数十根长短不一的蜡丝,两根尾须稍长(图5.70)。

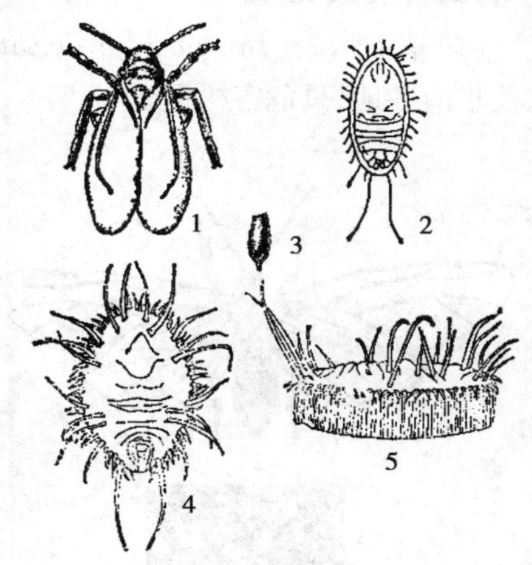

图5.70 温室白粉虱(仿唐尚杰)
1.成虫 2.幼虫 3.卵
4.蛹正面观 5.蛹侧面观

温室白粉虱1年发生9~10代,在南方和北方温室内可终年繁殖,世代重叠严重,以各种虫态在温室植物上越冬。成虫喜欢群集在上部嫩叶背面取食和产卵,卵期6~8 d,幼虫期8~9 d,蛹期6~7 d,成虫营有性生殖和孤雌生殖,具有趋光、趋黄色和嫩绿色的特性。

(2)黑刺粉虱[*Aleurocanthus spiniferus* (Quaintance)] 它又名橘刺粉虱。分布于浙江、江苏、广东、广西、福建、台湾等地。危害月季、蔷薇、白兰、米兰、玫瑰、榕树、樟树、山茶、柑橘等花木。

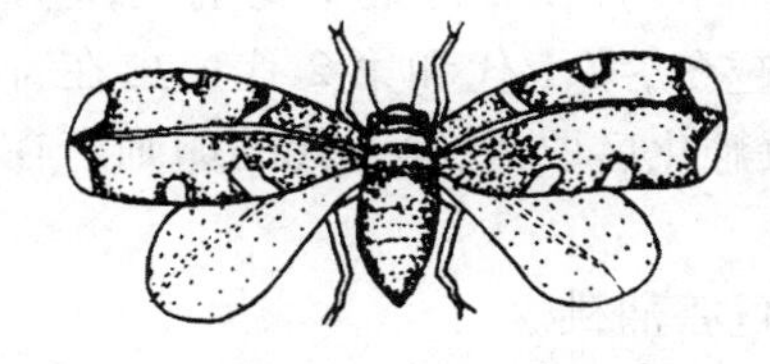
图5.71 黑刺粉虱成虫

黑刺粉虱的成虫体长1.0~1.3 mm,体橙黄色,覆有蜡质白色粉状物,前翅紫褐色,有7个不规则的白斑,后翅无斑纹,淡紫褐色;初孵幼虫椭圆形,体扁平,淡黄色,尾端有4根尾毛,老熟幼虫体深黑色,体背有14对刺毛,周围白色蜡圈明显(图5.71)。

黑刺粉虱在浙江、安徽1年发生4代,以老熟幼虫在叶背越冬,翌年3月化蛹,4月上中旬成虫开始羽化,各代幼虫发生盛期分别在5月下旬、7月中旬、8月下旬、9月下旬—10月上旬,有世代重叠现象,成虫白天活动,卵多产于叶背,老叶上的卵比嫩叶上的多,有孤雌生殖现象。

2)粉虱类的防治措施

①加强植物检疫工作。严格检查进入塑料大棚和温室的各类花卉,避免将虫带入。

②园艺防治。清除大棚和温室周围杂草,以减轻虫源。适当修枝,勤除杂草,以减轻危害。

③物理防治。白粉虱成虫对黄色有强烈趋性,在植株旁悬挂或栽插黄色木板或塑料板,并在板上涂黏油,振动花卉枝条,使飞舞的成虫趋向且粘到黄色板上,起到诱杀作用。

④药剂防治。用80%敌敌畏熏蒸成虫,1 mL/m^3 原液,兑水1~2倍,使药液迅速雾化(可将药液撒在室内步道上),每隔5~7 d 1次,连续进行5~7次,并注意密闭门窗。亦可喷施2.5%溴氰菊酯、20%速灭杀丁2 000倍液,或40%氧乐果乳油、80%敌敌畏乳油、50%二秦农乳油1 000倍液,毒杀成虫、幼虫。喷时注意药液均匀,叶背处更应均匀喷射。

榕木虱为害黄金榕

5.3.4 木虱类

1)木虱类主要害虫

(1)梧桐木虱(*Thysanogyna limbata* Enderlein) 它分布于陕西、山东、江苏、浙江、北京、河南及华南各地,只危害梧桐。

梧桐木虱的成虫雌雄异型,雌虫体黄绿色,体长4~5 mm,翅展约13 mm。复眼深赤褐色,触角黄色,最后2节黑色。前胸背板弓形,前后缘黑褐色,足淡黄色,跗节暗褐色,爪黑色。前翅无色透明,脉纹茶黄色,腹部背板浅黄色。雄虫体色和斑纹大致与雌虫相似,体长4~4.5 mm,翅展12 mm;1龄若虫体扁,呈长方形,淡黄色,半透明,薄被蜡质,触角6节。2龄若虫体色较初龄者深,触角8节。3龄若虫体略呈长圆筒形,被较厚的白色蜡质,全体灰白而微带绿色,触角10节(图5.72)。

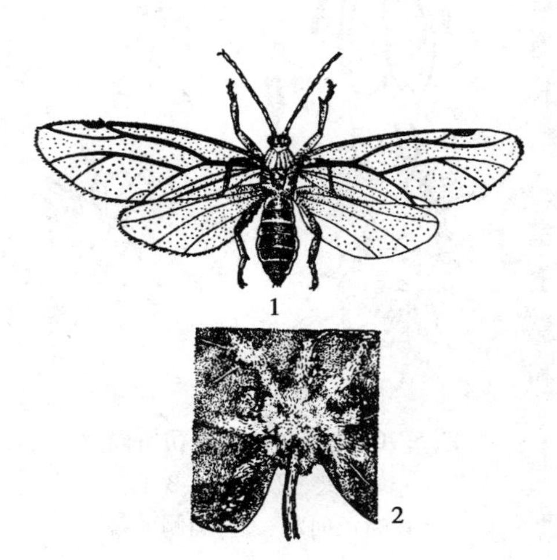

图5.72 梧桐木虱(仿杨逢春)
1.成虫 2.被害状

梧桐木虱在陕西1年发生2代,以卵在枝干上越冬,翌年4月底—5月初越冬卵开始孵化,第1代若虫在6月上中旬开始羽化为成虫,6月下旬为羽化盛期。第2代若虫发生期7月中旬,在8月上中旬羽化,8月下旬开始产卵于枝上越冬,第1代和第2代成虫在寄主上产卵的位置有所不同,第1代主要产卵在叶背上,以便若虫孵化后取食,第2代的卵则产在枝条上,以备越冬。

(2)蒲桃木虱(*Trioza syzygii* Li et young) 它分布于广州,危害蒲桃。

蒲桃木虱的成虫体长2 mm,初羽化时淡绿色,后转为麻褐色,复眼红褐色,触角末端褐色,其余色浅;若虫体长1~12 mm,初浅绿色,老熟时变为黄褐色,复眼红褐色,尾部有长度不等的白色蜡质毛(图5.73)。

蒲桃木虱发生世代数不详，广州地区3—8月危害严重，以蒲桃抽出第一批嫩叶时为甚，世代重叠，每年3月—11月中下旬，各种虫态都有出现。

2）木虱类的防治措施

（1）植物检疫　苗木调运时加强检查，禁止带虫材料外运和引进。

（2）园林技术措施　保护和利用天敌，选育抗虫品种，合理营造混交林。冬季剪除有卵枝，或清除林内枯叶杂草，降低越冬虫口。

（3）化学防治　用65%肥皂石油乳剂8倍液喷杀卵，用40%氧乐果乳油、50%马拉硫磷乳油、50%杀螟松乳油1 000～1 500倍液防治若虫或成虫。

图5.73　蒲桃木虱
1.成虫　2.被害状

5.3.5　叶蝉类

1）叶蝉类主要害虫

（1）大青叶蝉（*Cicadella viridis* L.）　它又名青叶蝉、大绿浮尘子、桑浮尘子、青叶跳蝉。分布于我国各地，危害杨、柳、刺槐、槐、榆、桑、海棠、樱花、梧桐、梅、杜鹃、木芙蓉、竹、核桃、桧柏、扁柏等林木。

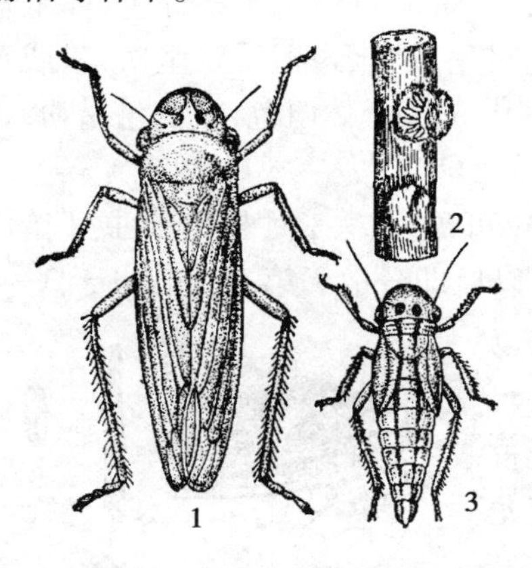

图5.74　大青叶蝉（仿邵玉华）
1.成虫　2.卵块　3.若虫

大青叶蝉的成虫雌雄异型，雌虫体长9.4～10.1 mm，雄虫体长7.2～8.3 mm。头、胸部黄绿色，头顶有1对黑斑，复眼绿色，前胸背板淡黄绿色，其后半部深青绿色，小盾片淡黄绿色，后翅烟黑色，半透明。腹部背面蓝黑色，两侧及末节灰黄色；若虫共5龄，初孵化时黄绿色，复眼红色，2～6 h后，体色变淡黄、浅灰或灰黑色。3龄后出现翅芽，老熟若虫体长6～7 mm（图5.74）。

大青叶蝉1年发生3～5代，以卵越冬。1年发生3代的发生期为4月中旬—7月上旬，6月中旬—8月中旬，7月下旬—11月中旬，均以卵在林木嫩枝和枝干部皮层内越冬。初孵若虫喜群聚取食，寄生在叶面或嫩茎上，成虫喜集中在潮湿背风处生长茂密、嫩绿多汁的寄主上昼夜刺吸危害，雌虫用锯状产卵器刺破寄主植物表皮，形成月牙形产卵痕，将成排的卵产于表皮下，夏季卵多产于禾本科植物的茎秆和叶鞘上，越冬卵则产于木本寄主苗木、幼树及树木3年生以下的第一轮侧枝上。

（2）小绿叶蝉（*Empoasca flavescens* Fabricius）　它又名小绿浮尘子、叶跳虫。分布于我国各地，危害桃、梅花、樱花、红叶李，苹果、柑橘等花木。

小绿叶蝉的成虫体长3～4 mm，绿色或黄绿色，复眼灰褐色，无单眼，前胸背板与小盾板淡鲜绿色，前翅绿色，半透明，后翅无色透明；若虫草绿色，具翅芽，体长2.2 mm（图5.75）。

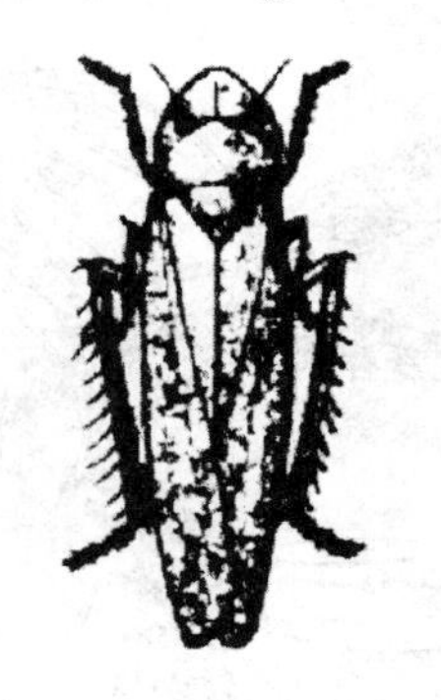

图5.75　小绿叶蝉成虫

小绿叶蝉世代数因地而异，在江苏、浙江1年发生9~11代，在广东1年发生12~13代，以成虫在杂草丛中或树皮缝内越冬，越冬期间无明显休眠现象，当气温高于10 ℃以上便能活动。在浙江杭州，越冬成虫于3月中旬开始活动，3月下旬—4月上旬为产卵盛期，卵产于叶背主脉内，初孵若虫在叶背危害，活动范围不大。3龄长出翅芽后，善爬善跳，喜横走。全年有2次危害高峰期，为5月下旬—6月中旬和10月中旬—11月中旬，有世代重叠现象。

2）叶蝉类的防治措施

①灯光诱杀。在成虫危害期，利用灯光诱杀，消灭成虫。

②园艺防治。加强管理，勤除草，清洁庭院，结合修剪，剪除被害枝，以减少虫源。

③药剂防治。在若虫、成虫危害期，可喷40%氧乐果、50%杀螟松、50%辛硫磷等药剂1 000~1 500倍液。

5.3.6　蜡蝉类

广翅蜡蝉成虫、若虫为害澳洲鸭脚木

1）蜡蝉类主要害虫

（1）白蛾腊蝉（*Lawana imitate* Melichar）　它主要分布于南方地区，危害米兰、梅花、桃花、石榴等。

白蛾腊蝉的成虫雌雄异型，雌虫体长20.4 mm，雄虫体长19 mm，黄白色至碧绿色，体上被有白色蜡粉，触角刚毛状，前胸背板较小，中胸背板发达，前翅略呈三角形，翅质较坚实，粉或黄白色，后翅白色或黄白色，半透明，较前翅大，翅质薄；若虫体长8 mm，全体白色，被白色蜡粉，翅芽末端平直（图5.76）。

白蛾腊蝉1年发生2代，以成虫在枝叶间越冬，成虫全年可见。2—3月越冬成虫开始活动，产卵于嫩枝或叶柄处，卵长方块状，初孵化若虫群聚一起，以后即分散。第一代若虫于3—4月发生，第二代若虫于7—8月发生。成虫于9—10月发生，以成虫在茂密枝叶上越冬。

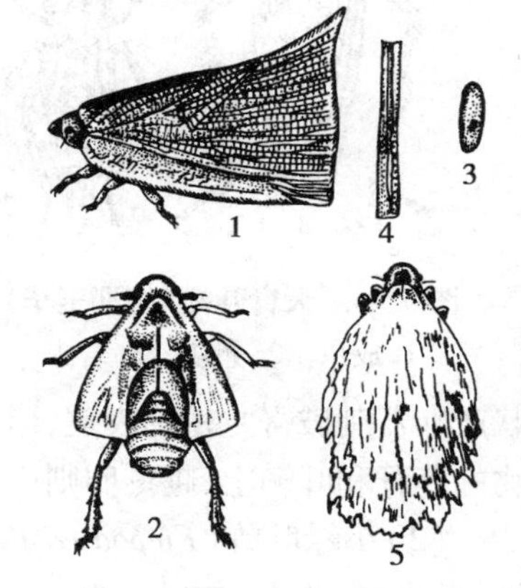

图5.76　白蛾腊蝉

1.成虫　2.若虫　3.卵　4.卵产枝梢内　5.被蜡粉的若虫

（2）龙眼鸡（*Fulgora candelaria* L.）　它又名龙眼蜡蝉，古称黄虫，长鼻子。分布于广东、福建、广西龙眼产区，主要危害龙眼，也危害荔枝、橄榄、柚子、柑桔、黄皮、乌桕、桑、臭椿、芒果、梨、李、可可等。

龙眼鸡的成虫体长37~42 mm，翅展68~79 mm，体色艳丽。头额延伸如长鼻，胸部红褐色，有零星小白点，前胸背板具中脊，中间有2个明显的凹斑，中胸背板色较深，有3条纵脊，前翅绿色有14个圆形黄斑，翅基部有1条黄红褐色横带，近1/3至中部处有两条交叉的黄红褐色横带，圆斑和横带的边缘围有白色蜡粉，后翅橙黄色，顶角黑褐色；初龄若虫体长约4.2 mm，酒瓶状，黑色。头部略呈长方形，前缘稍凹陷，背面中央具一纵脊,胸部背板有3条纵脊和许多白蜡点,腹部两侧浅黄色,中间黑色(图5.77)。

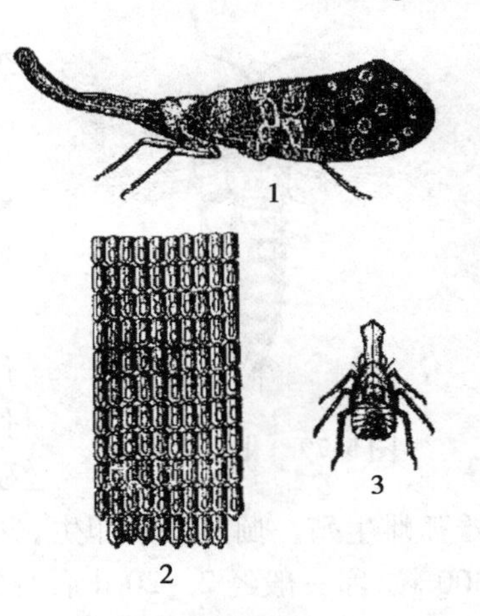

图5.77 龙眼鸡(仿王光远等)

1.成虫 2.卵块 3.若虫

龙眼鸡在福州1年发生1代,以成虫越冬。越冬的成虫在2月下旬—3月上旬开始取食活动,成虫活动时大多在树干的下部,以后随取食向上爬行,成虫吸食枝干的汁液。5月上中旬为活动盛期,4月中下旬—5月上中旬成虫交尾,4月下旬—5月上旬开始产卵,5月为产卵盛期,6月下旬—7月上旬产卵结束,6—8月为若虫期,孵化出若虫体初为白色,后变为黑色,虫体活跃左右摇晃,蹦跳频繁,9月上中旬陆续出现新成虫(个别新成虫8月出现),12月下旬成虫越冬。

(3)斑衣蜡蝉(*Lycorma delicatuza* White) 它分布于陕西、四川、浙江、江苏、河南、北京、河北、山东、广东、台湾等地,危害臭椿、香椿、刺槐、苦楝、楸、榆、青桐、白桐、悬铃木、三角枫、五角枫、女贞、合欢、杨、珍珠梅、杏、李、桃、海棠、葡萄、黄杨、麻等植物。

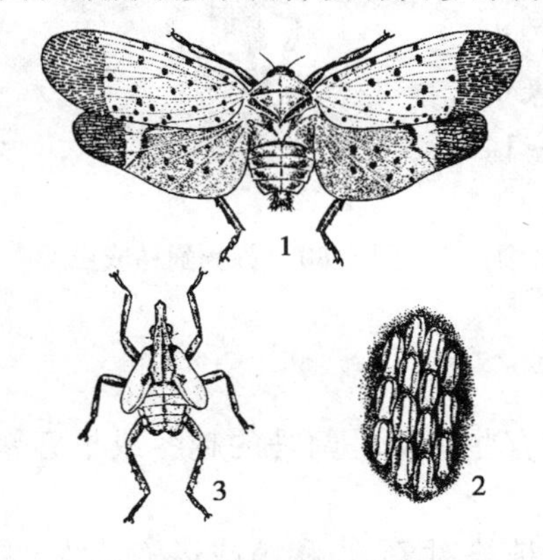

图5.78 斑叶蜡蝉(仿张培义)

1.成虫 2.卵 3.若虫

斑衣蜡蝉的成虫雌雄异型,雄虫体长14~17 mm,翅展40~45 mm,雌虫体长18~22 mm,翅展50~52 mm,体隆起,头部小,前翅长卵形,基部2/3淡褐色,上面布满黑色斑点10~20余个,脉纹白色。后翅膜质,扇状,基部一半红色,有黑色斑6~7个,翅中有倒三角形的白色区,脉纹为黑色;老龄若虫体长13 mm,宽6 mm,体背淡红色,头部最前的尖角、两侧及复眼基部黑色。足基部黑色,布有白色斑点(图5.78)。

斑衣蜡蝉1年发生1代,以卵越冬,在4月中旬孵化若虫开始危害,脱皮4次。6月中旬变为成虫,8月中旬—10月下旬交配产卵。卵产于树干的向阳面,初孵若虫体呈粉红色,渐变黑色,并显出红色及白色的斑纹。成虫、若虫均有群集性,栖息于树干或枝叶上,以叶柄基部为多。蜡蝉的跳跃力甚强,具有假死性,若秋季雨少,易酿成灾。

2)蜡蝉类的防治方法

①结合修剪,剪掉有虫卵的枝条,集中烧毁。

②人工捕杀成虫和若虫。

③在成虫和若虫大量发生时,喷80%敌敌畏乳油1 000倍液,或90%敌百虫1 000倍液,或50%磷胺乳油1 000倍液进行防治。

榕管蓟马为害垂榕形成饺子叶

5.3.7 蓟马类

1)蓟马类主要害虫

(1)花蓟马(*Frankliniella intonsa* Trybom) 它分布于浙江、江苏、湖北、湖南等地,主要危害

图 5.79 花蓟马成虫

菊花、剑兰、玫瑰等。

花蓟马的雌虫体长 13 ~ 15 mm,体赭黄色,头部短于前胸,头顶前缘仅中央略突出,前胸背板前角具 1 对长鬃,后角具 2 对长鬃,前翅上脉鬃 19 ~ 22 根,下脉鬃 15 ~ 17 根,第 8 腹节背板后缘栉毛完整(图 5.79)。

花蓟马每年发生代数因地区和种类而异,多为十几代,少数 1 代,但大多数为 1 年数代。一般在温度低的地区,1 年发生 1 ~ 2 代,温度高的地区,则 1 年多代。雄性罕见或至今未知雄虫,其生殖方式为部分或全部孤雌生殖,孤雌生殖又分产雌孤雌生殖和产雄孤雌生殖。蓟马多为卵生,少数温带及热带种类卵胎生。多数蓟马雌虫总的产卵量为 30 ~ 300 粒,卵一般经 2 ~ 20 d 后孵化,温度越高,孵化越快。

(2)黄胸蓟马[*Thrips hawaiiensis* (Morgan)] 它主要分布于黄河以南等地。以成虫和若虫锉吸植物的花汁液,花被害后常留下灰白色的点状食痕,危害严重的花瓣卷缩,影响观赏。

图 5.80 黄胸蓟马成虫

黄胸蓟马的成虫体长 1.5 ~ 1.4 mm,体褐色,胸部橙黄色,头部及前胸背板布满网状纹,前胸背板前缘角具 1 对粗鬃,后缘角具 2 对粗长鬃,前翅灰色,基部色浅,腹部 2 ~ 7 节腹板具12 ~ 14 根副鬃,第 8 腹节背板后缘栉毛完整(图 5.80)。

黄胸蓟马在温室常年发生,室外以成虫在枯枝叶下越冬。第二年春开始活动危害,以成虫、若虫取食,高温干旱易发生。

2)蓟马类的防治措施

①清除杂草,减少虫源。多数蓟马具有较宽的寄主范围,有些杂草是蓟马的越冬或早春繁殖的寄主。因此,清除杂草是减少虫源的一项重要措施。

②加强植物检疫措施。国际上不少种类的蓟马已被列为植检对象,当移植或运输苗木、果实、种子时,要严格控制有害蓟马传播和蔓延。

③药剂防治。在蓟马危害高峰期之前,可喷洒40%乐果乳油1 000 倍液,鱼藤酮乳剂 300 ~ 500 倍液,80%敌敌畏乳油 3 000 倍液,50%马拉磷乳油 4 000 倍液或 50%杀螟松乳油2 000倍液,有良好的防治效果。

荔枝蝽为害荔枝树

5.3.8 蝽类

1)蝽类主要害虫

(1)梨网蝽(*Stephanitis nashi* Esaki et Takeya) 它也叫梨冠网蝽、梨军配虫。分布广泛,危害梅花、樱花、杜鹃、海棠、桃、李等花木。

梨网蝽的成虫体长 3.5 mm,黑褐色,前胸两侧扇状扩张并具网状花纹,前翅平覆,布满网状花纹,静止时翅上的花纹构成一“X”状斑纹;若虫共 5 龄,与成虫相似,无翅,腹部两侧有刺状突起(图 5.81)。

梨网蝽发生代数因地而异，在华北1年3代，在陕西关中1年4代，在华中和华南1年5~6代。以成虫在果园杂草、落叶、土块下和树皮裂缝、翘皮下越冬。翌年4月上旬越冬成虫开始活动。4月下旬开始产卵，卵产在叶背主脉两侧的叶肉中。5月中旬为第一代卵孵化盛期。6月初孵化末期，初孵若虫群聚，不善活动，2龄后渐扩散，喜群集叶背主脉附近，被害处叶面具黄白色斑点，随着不断取食，斑点随之扩大，同时叶背和下面的叶片常落有黑褐色黏性分泌物和排泄物。1年中以7—8月危害最重，以后出现世代重叠现象，成虫在叶背活动取食，在9月上中旬以成虫越冬。

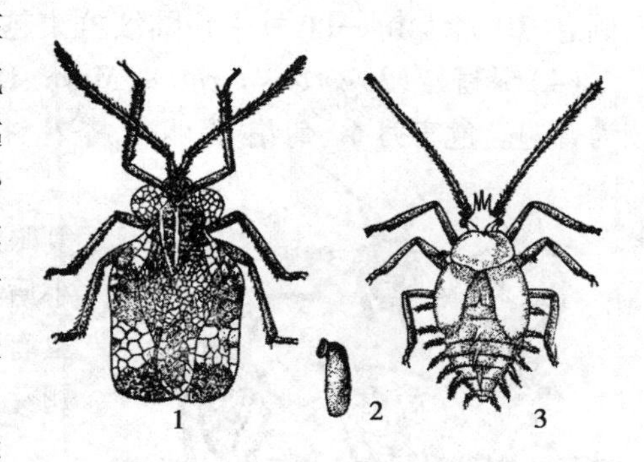

图5.81 梨冠网蝽(仿唐尚杰)

1.成虫 2.卵 3.若虫

(2)杜鹃冠网蝽(*Stephanisis pyriodes* Scott) 它分布于广东、广西、浙江、江西、福建、辽宁、台湾等省，是杜鹃花的主要害虫。

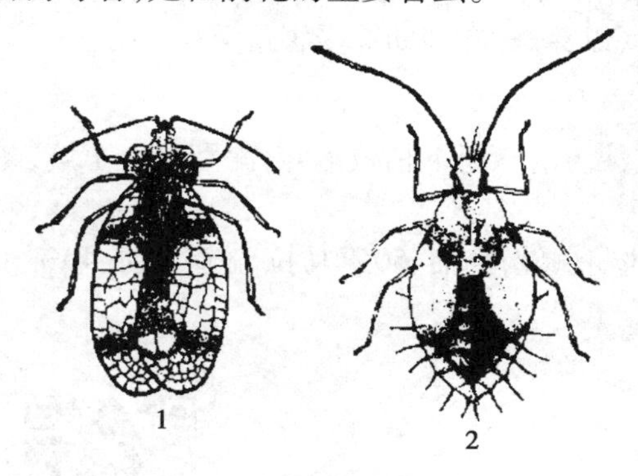

图5.82 杜鹃冠网蝽

1.成虫 2.若虫

杜鹃冠网蝽的成虫体小而扁平，长3.0~3.4 mm，初产时粉白色，渐变白，翅透明。前胸背板发达，具网状花纹，向前延伸盖住头部，向后延伸盖住小盾片。翅膜质透明，翅脉暗褐色，前翅布满网状花纹，两翅中间接合成明显“X”状花纹；若虫共5龄，体形随虫龄增长而变得扁平宽大(图5.82)。

杜鹃冠网蝽在广州1年发生10代，世代重叠，无明显越冬现象，几乎全年可见危害。成虫不善飞翔，多静伏于叶背吸食叶液，受惊则飞。羽化后2 d即可交配，卵多产于叶背主脉旁的叶组织中，少数产于边脉及主脉上，上覆盖有黑色胶状物，初孵化的若虫全身雪白，随后虫体颜色逐渐加深。若虫群聚性强，不大活动。

(3)黄斑蝽(*Erthesina fullo* Thunberg) 它主要分布于南方，危害山楂、枣、柿、紫荆、甘草、桑等药材。

黄斑蝽的成虫体长21.0~24.5 mm，宽大黑色，密布黑色刻点和细碎的不规则黄斑，头部前端至小盾片基部有1条明显的黄色细中纵线，身体腹面黄白色，密布黑色刻点；若虫体扁，洋梨形，前部窄小，后部宽圆，全体侧缘具浅黄色狭边，触角4节，褐色，节间红黄，第四节基部1/3处白色，不同龄期特征略有差异(图5.83)。

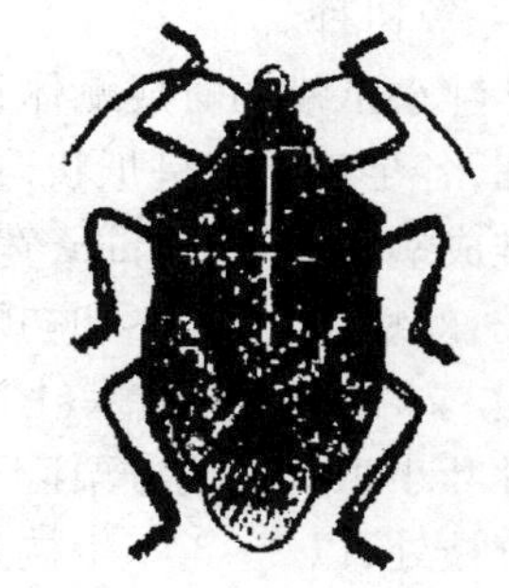

图5.83 黄斑蝽成虫(仿王瑞灿)

黄斑蝽1年发生1代，以成虫在屋檐下、墙缝、树皮裂缝、石块下越冬。翌年4月底—5月上旬越冬成虫出蛰，危害嫩芽、花及嫩果等。5月上旬产卵，5月中旬开始孵化。初孵若虫多集中于叶背，2~3龄后分散活动，成虫于8月底—10月中旬出现，多在较高的枝叶和嫩果

上栖息,10 月上旬—11 月中旬陆续群集越冬。

(4)绿盲蝽(*Lygocoris lucorum* Meyer-Dür)　它分布于东北、华北、华中等地,以长江流域发生较为普遍。危害月季、菊花、大丽菊、茶花、扶桑、一串红、紫薇、海棠、木槿、石榴等树木、花木。

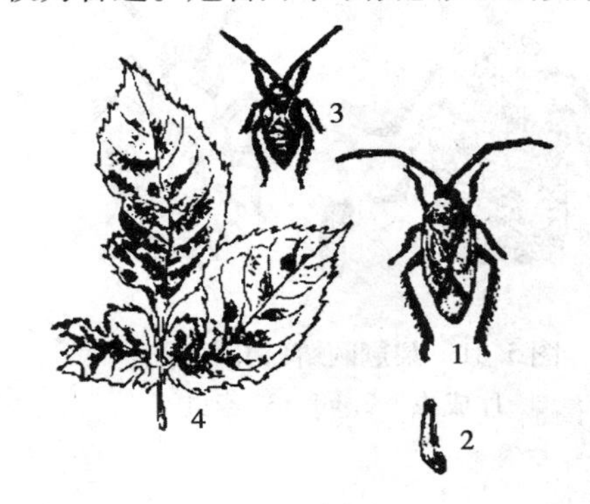

图5.84　绿盲蝽

1.成虫　2.卵　3.若虫　4.月季叶被害状

绿盲蝽的成虫体长约 5 mm,黄绿至浅绿色,较扁平,复眼红褐色,触角淡褐色,前胸背板绿色,有许多小黑点,小盾片黄绿色,翅的革质部分为绿色,膜质部分半透明;若虫有 5 龄,体鲜绿色,复眼灰色,体表密被黑色细毛,只有翅芽(图 5.84)。

绿盲蝽 1 年发生 4 ~5 代,以卵在木槿、石榴等植物的伤口组织内越冬。翌春 4 月上旬越冬卵孵化,4 月中旬为若虫孵化盛期,5 月上中旬羽化为成虫,第 2 ~4 代成虫发生期分别在 6 月上旬,7 月中旬,8 月中旬和 9 月中旬。有世代重叠现象。5 月在月季上出现明显被害状,6 月下旬在月季上危害减轻而转向菊花危害,成虫和若虫不耐高温干燥,白天均潜伏隐蔽处,夜里爬至芽、叶上刺吸取食,以芽、嫩叶和幼芽受害最重。

2)蝽类的防治措施

①园林技术措施。加强抚育管理,提高寄主的抗性。清除树下枯枝落叶,深翻园地土壤,冬季树干涂白,以减少越冬成虫。

②化学防治。大发生时用 50% 辛硫磷乳油、50% 杀螟松乳油、50% 马拉硫磷乳油、40% 乐果乳油 1 000 ~1 500 倍液喷雾毒杀若虫和成虫。

③保护和利用天敌。

荔枝瘿螨为害荔枝树

5.3.9　叶螨类

1)叶螨类主要害虫

(1)针叶小爪螨[*Oligonychus ununguis*(Jacobi)]　它又称栗红蜘蛛、板栗小爪螨。分布于我国北京、河北、山东、江苏、安徽、浙江、江西等地,主要危害栗树叶片,也危害板栗、麻栎、云杉、杉木、橡等树种。

针叶小爪螨的雌成螨体长 0.49 mm,宽 0.32 mm,椭圆形,背部隆起,背毛 26 根,具绒毛,末端尖细,各足爪间突呈爪状,夏型成螨前足体浅绿褐色,后半体深绿褐色,产冬卵的雌成螨红褐色。雄成螨体长 0.33 mm,宽 0.18 mm,体瘦小,绿褐色,后足及体末端逐渐尖瘦,第 1,4 对足超过体长;幼螨足 3 对,冬卵初孵幼螨红色,夏卵初孵幼螨乳白色,渐变为褐色至绿褐色。若螨足 4 对,体绿褐色,形似成螨(图5.85)。

针叶小爪螨在北方栗区 1 年 5 ~9 代,以卵在 1 ~4 年生枝条上越冬,多分布于叶痕、粗皮缝隙及分枝处,以 2 ~3 年生枝条上最多。越冬卵每年于 5 月上中旬开始孵化,至 5 月下旬—6 月初基本孵化完毕。第一代幼螨孵化后爬至新梢基部小叶正面聚集危害,第二代发生期在 5 月中下旬—7 月上旬,第三代发生期在 6 月上中旬—8 月上旬。从第三代开始出现世代重叠,每年 5

月下旬成螨种群数量暂时处于下降阶段，从6月上旬起种群数量上升，至7月中下旬形成全年的发生高峰，8月上旬种群数量迅速下降，8月中旬降至叶片1头以下，田间于6月下旬始见越冬卵，8月上旬为越冬卵盛发期，9月上旬结束。

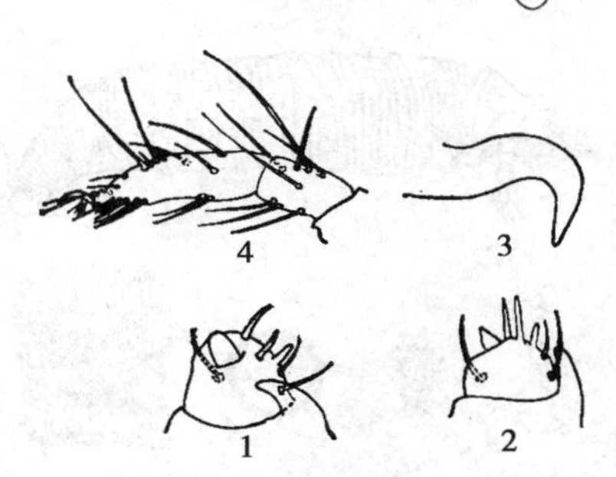

图5.85 针叶小爪螨(仿崔云琦)
1.雌螨须肢跗节 2.雄螨须肢跗节
3.阳具 4.雌螨足Ⅰ跗节和胫节

(2)榆全爪螨(*Panonychus ulmi* Koch) 它又称苹果红叶螨、苹果红蜘蛛、欧洲红蜘蛛和苹果短腿螨。分布于辽宁、河北、山东、山西、陕西、宁夏、青海、甘肃、河南、浙江、上海、湖北和江苏等地，主要危害月季、海棠、玫瑰、紫藤、樱花、紫叶李、榆、桃、椴、枫、赤杨、刺槐、核桃等。

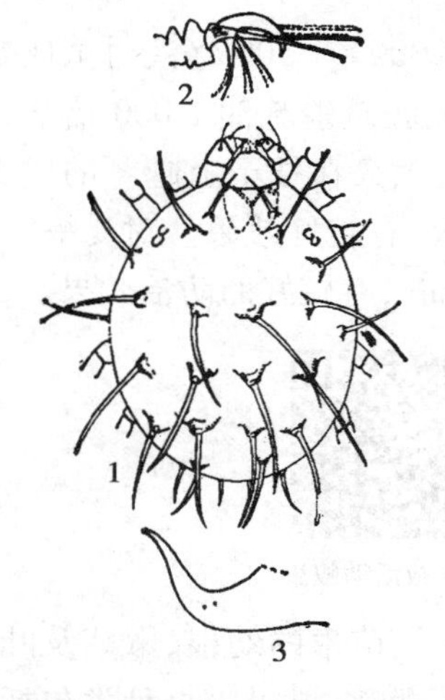

图5.86 榆全爪螨(仿崔云琦)
1.雌螨背面观
2.雌螨足Ⅰ跗节及爪和爪间突
3.阳具

榆全爪螨的雌成螨体长0.45 mm，深红色，从侧面看呈半球形，背毛刚毛状着生在白色光滑的疣突上共13对。雄成螨体较小，狭长，末端尖细，橘红色(图5.86)。

榆全爪螨在辽宁、内蒙古1年发生6~7代，在山东、河北、河南地区1年发生8代，在上海、江苏、浙江地区1年发生10代，以滞育卵(冬卵)在2~4年生枝条分杈、伤疤、芽腋等背阴面越冬。翌年4—5月孵化，6—7月是全年发生危害高峰，世代重叠严重，8月中下旬出现滞育卵，越冬卵主要产在2~4年生的枝杈和果枝上，产卵期延续到10月初霜期为止。

(3)水杉小爪螨(*Oligonychus metasequoiae* Kuang) 它分布于陕西，主要危害水杉。

水杉小爪螨雌雄异型，雌成螨体长0.45 mm，宽0.29 mm，椭圆形，深红色或褐红色，体背侧有黑斑。雄成螨体长0.3 mm，宽0.19 mm，略呈纺锤形，深红色或褐红色；幼螨体近圆形，比卵略大，初孵出时浅黄色，吸叶汁后渐变成浅绿色，3对足。若螨体浅绿色至深红色或褐红色，体形逐渐与成螨相似，4对足。

水杉小爪螨各活动虫态一般在叶背面栖息危害，有吐丝习性，越冬卵属于滞育卵，雌螨体内卵一旦成熟，不管是否受精，均在短时间内排出。8月越冬卵主要产于1~3年生水杉枝条分杈处、冬芽周围、皱褶处及皮下或1年生苗春梢上，夏卵产于叶背面，少量产于小嫩枝上。翌年4月中下旬幼螨孵化，第1代成螨5月中下旬出现，受害最严重期在6—8月，最后1代在9月下旬—10月初出现。

(4)荔枝瘿螨 (*Eriophyes litchii* Keifer) 它分布于我国各荔枝产区，主要危害荔枝。

荔枝瘿螨的成螨体极微小0.2 mm，蠕虫状，一般肉眼难见，体狭长，淡黄色至橙黄色，头部小，向前方伸出，头端有螯肢及须肢各1对，头胸部平面光滑，足两对，腹部末端有长尾毛1对，腹部密生环纹；若螨形似成螨，但体形更微小，体色由灰白半透明渐变淡黄色，足2对，腹部环纹不明显，尾端尖细(图5.87)。

荔枝瘿螨在福州1年发生15~16代，世代重叠。冬季以成螨在虫瘿中越冬，但没有明显的越冬现象。在较暖和的天气成螨仍可活动，每年在3月中旬开始活动。一生经过卵、若螨和成螨3个虫态，卵多产在其所致的虫瘿的毛毯的基部，成螨和若螨在毛毯中活动取食，在低温的情况下，

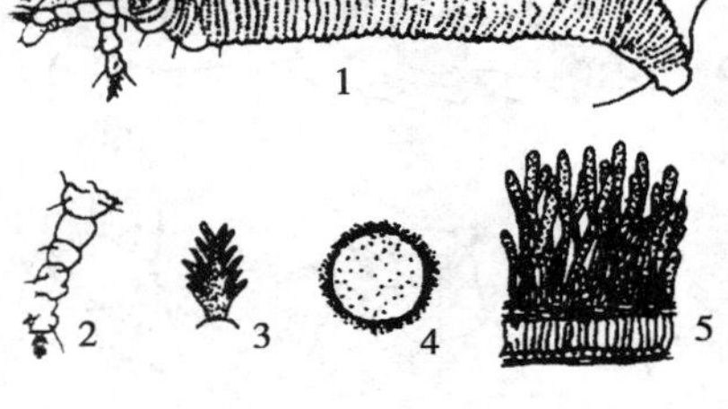

图 5.87 荔枝瘿螨

1. 成螨 2. 第 1 对左足 3. 成螨足的爪 4. 卵 5. 被害叶片横切面

成、若螨在虫瘿毛毯的底部，不甚活动或很少活动。在气温较高的夏、秋季节活动十分活跃，在毛毯表面或周围蠕动，有时也可弹跳转移到其他嫩叶继续危害。

2）叶螨类的防治措施

①加强检疫措施。对苗木、接穗、插条等严格检疫，防止调运带有害螨的栽植材料、以杜绝其蔓延和扩散。

②越冬期防治。对木本植物，刮除粗皮、翘皮；结合修剪，剪除病、虫枝条；树干束草，诱集越冬雌螨集中烧毁。对花圃地，结合翻耕整地，冬季灌水，清除残株落叶，消灭越冬害虫。

③药剂防治。在较多叶片危害时，可喷 40% 三氯杀螨醇乳油 1 000 ~ 1 500 倍液对杀成螨、若螨、幼螨、卵均有效。或用 40% 氧乐果乳油 1 500 倍液，或 25% 亚胺硫磷乳油 1 000 倍液，或 50% 三硫磷乳油 2 000 倍液防治。冬季可选喷 3 ~ 5 °Be 石硫合剂，杀灭在枝干上越冬的成螨、若螨和卵。如螨害发生严重，每隔 10 ~ 15 d 喷 1 次，连续喷 2 ~ 3 次，有较好效果。对受螨害的球根，在收获后贮藏前，用 40% 三氯杀螨醇乳油 1 000 倍液浸泡 2 min，有较好的防治效果。

5.4 根部害虫

根部害虫又称地下害虫，它们栖居于土壤中，取食刚发芽的种子、苗木的幼根、嫩茎及叶部幼芽给苗木带来很大危害，严重时造成缺苗、断垄等。该类害虫种类繁多，常见害虫种类包括直翅目的蝼蛄、蟋蟀，鞘翅目的金针虫、蛴螬，鳞翅目的地老虎，等翅目的白蚁类等，危害最大的是地老虎、蛴螬、蝼蛄和金针虫。

我国南北气候差异很大，苗木种类繁多，各地的地下害虫种类有很大差异。一般来说，秦岭、淮河以南以地老虎为主，秦岭、淮河以北以蝼蛄、蛴螬为主，江浙一带以蝼蛄、蛴螬、地老虎危害较重，华南以大蟋蟀危害严重。

5.4.1 蝼蛄类

1）蝼蛄类主要害虫

（1）华北蝼蛄（*Gryllotalpa unispina* Saussure） 它又称单刺蝼蛄、大蝼蛄、拉拉蛄、地拉蛄、土狗子、地狗子。

我国分布于江苏、河南、河北、山东、山西、陕西、内蒙古、新疆、辽宁、吉林西部等地，危害禾谷类、烟草、甘薯、瓜类、蔬菜等多种农作物播下的种子和幼苗。

华北蝼蛄的成虫体长 36 ~ 56 mm，黄褐色，近圆筒形，全身密布细毛，前翅覆盖腹部不到 1/3，前足特化为开掘足，腹部末端近圆筒形；初孵若虫乳白色，脱皮 1 次后浅黄褐色，5 ~ 6 龄后体色与成虫相似,老龄若虫体长 36 ~ 40 mm(图 5.88)。

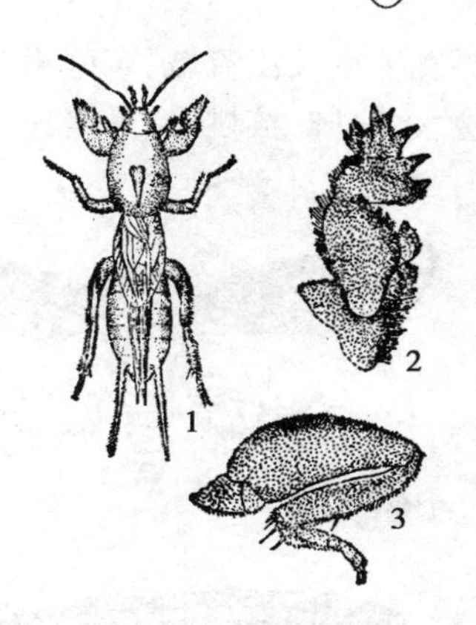

图 5.88 **华北蝼蛄**

1. 成虫 2. 前足 3. 后足

华北蝼蛄在华北 3 年 1 代,以成虫和若虫在土中越冬。翌年 3—4 月若虫开始上升危害,地面可见长约 10 cm 的虚土隧道,4—5 月地面隧道大增即危害盛期,6 月上旬出窝迁移和交尾产卵,6 月下旬—7 月中旬为产卵盛期,8 月为产卵末期。该虫在 1 年中的活动规律和东方蝼蛄相似,当春天气温达 8 ℃时开始活动,秋季低于 8 ℃时则停止活动,春季随气温上升危害逐渐加重,地温升至 10 ~ 13 ℃时在地下形成长条隧道危害幼苗。

(2)东方蝼蛄(*Gryllotalpa orientalis* Burmeister) 它分布全国,以辽宁及长江以南等地发生量大,食性杂,对针叶树播种苗和经济作物苗期危害严重。

东方蝼蛄的成虫体长 30 ~ 35 mm,近纺锤形,灰褐色,密生细毛,前胸背板中央 1 暗红色心脏形长斑,前翅超过腹部末端,前足腿节下缘平直,后足胫节外缘有刺 3 ~ 4 个,腹部末端近纺锤形;初孵若虫全身乳白色,头、胸及足渐变暗褐色,腹部淡黄色。老龄若虫体长 24 ~ 28 mm,若虫大多数 7 ~ 8 龄(图 5.89)。

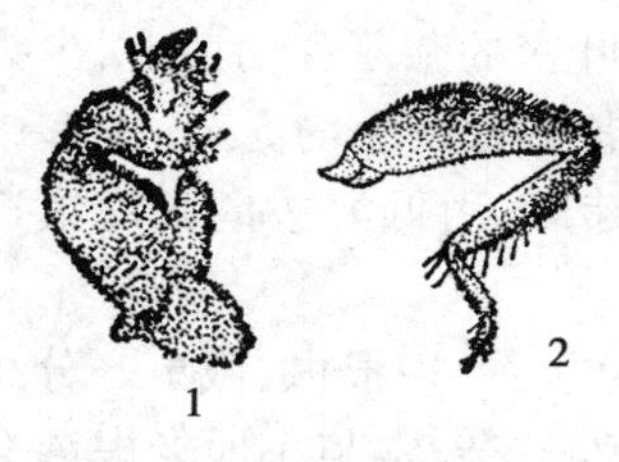

图 5.89 **东方蝼蛄**

1. 前足 2. 后足

东方蝼蛄在华北以南地区 1 年发生 1 代,东北则需 2 年完成 1 代。华北以成虫或 6 龄若虫越冬。翌年 3 月下旬越冬若虫开始上升至表土取食活动,5 月是危害盛期,5—6 月羽化成虫,5 月下旬—7 月上旬交尾产卵,5 月下旬—7 月上旬若虫孵化,6 月中旬孵化最盛。越冬成虫 4—5 月在土深 5 ~ 10 cm 处作扁椭圆形卵室产卵,7—8 月若虫大量孵化,9 月中下旬为第二次危害高峰。

2)蝼蛄类的防治措施

①农业措施。施用充分腐熟厩肥、堆肥等有机肥料,深耕、中耕可减轻蝼蛄危害。

②鸟类天敌。在苗圃周围栽植杨、刺槐等防风林,招引红脚隼、戴胜、喜鹊、黑枕黄鹂和红尾伯劳等食虫鸟控制害虫。

③人工捕杀。羽化期间,晚上 7—10 时灯光诱杀,苗圃的步道间每隔 20 m 左右挖一小土坑,将马粪、鲜草放入坑诱集,次日清晨可在坑内集中捕杀。

④药剂防治。用 40% 乐果乳油 0.5 kg,加水 5 kg,拌饵料 50 kg,傍晚将毒饵均匀撒在苗床上诱杀,饵料可用多汁的鲜菜、鲜草以及蝼蛄喜食的块根和块茎,或炒香的麦麸、豆饼和煮熟的谷子等,同时要注意防止家畜、家禽误食中毒。

⑤药剂拌种。用 50% 对硫磷 0.5 kg 加水 50 L 搅拌均匀后,再与 500 kg 种子混合搅拌,堆闷 4 h 后摊开晾干播种。

5.4.2 地老虎类

1)地老虎类主要害虫

(1)小地老虎(*Agrotis ypsilon* Rottemberg) 它又叫土蚕、截虫、切根虫。分布比较普遍。主要发生在长江流域、东南沿海地区,东北多发生在东部和南部湿润地区。主要危害落叶松、红松、水曲柳、核桃楸、马尾松、杉木、桑、茶、油松等苗木。

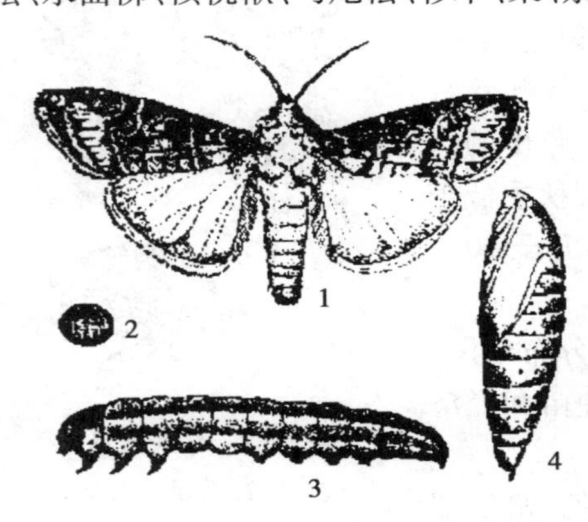

图5.90 小地老虎

1.成虫 2.卵 3.幼虫 4.蛹

小地老虎的成虫体长16~23 mm,头、胸暗褐色,前翅褐色,前缘区黑褐色,外缘多暗褐色,亚外缘线与外横线间在各脉上有小黑点,外缘线黑色,外横线与亚外缘线间淡褐色,亚外缘线以外黑褐色。后翅灰白色,腹部背面灰色;幼虫体长37~47 mm,黄褐至暗褐色,背面有明显的淡色纵带,上布满黑色圆形小颗粒,腹部各节背面前方有4个毛片,后方2个较大,臀板上具两条明显的深褐色纵带(图5.90)。

小地老虎每年发生代数随各地气候不同而异,越往南年发生代数越多,在黄河以北1年发生3代,在长江流域1年发生4代,在华南和西南1年发生5~6代,在北方以蛹越冬,在南方以老熟幼虫或蛹越冬。一年中以第一代幼虫在春季发生数量最多,对苗木危害最重。成虫多在下午3时至晚上10时羽化,白天潜伏杂草丛中、枯叶下、土隙间,黄昏后出来活动,卵散产于低矮叶密的杂草和幼苗上,少数产于枯叶土缝中,近地面处产卵最多,幼虫6龄、个别7~8龄,幼虫老熟后在深约5 cm土室中化蛹,成虫具有远距离南北迁飞习性,春季由南向北,由低纬度向高纬度,由低海拔向高海拔迁飞,秋季则沿着相反方向飞回南方。

(2)大地老虎(*Agrotis tokionis* Butler) 大地老虎别名黑虫、地蚕、土蚕、切根虫、截虫。分布比较普遍,北起黑龙江、内蒙古,南至福建、江西、湖南、广西、云南,食性较杂,常与小地老虎混合发生,长江沿岸部分地区发生较多,北方危害较轻。

大地老虎的成虫体长20~23 mm,触角雌蛾丝状,雄蛾双栉状,体暗褐色。前翅褐色,从前缘的基部至2/3处呈黑褐色,肾状纹、环状纹、楔状纹较明显,边缘为黑褐色,亚基线、内横线、外横线都是双条曲线,有时不明显,外缘有1列黑色小点。后翅外缘具有很宽的黑褐色边;老龄体长41~61 mm,体黄褐色,腹部末端臀板除末端两根刚毛附近为黄褐色外,几乎全部为一块深色斑,全面布满龟裂状的皱纹(图5.91)。

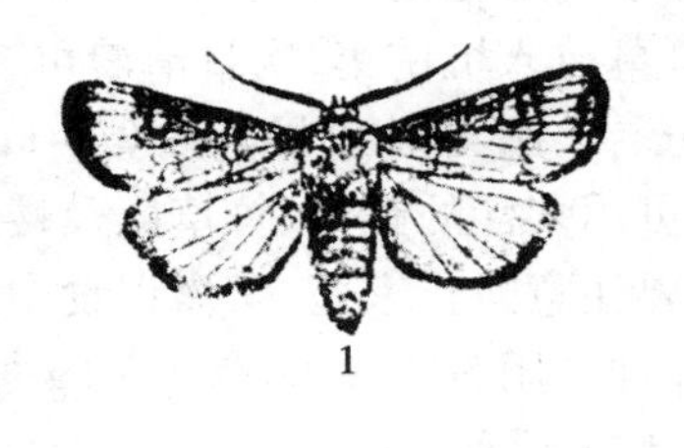

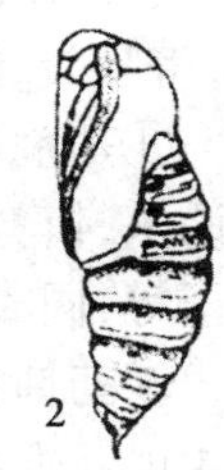

图5.91 大地老虎

1.成虫 2.蛹

大地老虎全国各地1年发生1代,以幼虫越冬。在4月越冬幼虫开始危害,6月老熟幼虫在土下3~5 cm处筑土室滞育越夏,越夏期长达3个多月。到秋季羽化成虫,成虫将卵散产土表或生长幼嫩的草茎叶上。4龄以前的幼虫不入土蛰伏,常在草丛间啮食叶片。4龄以后白天伏于表土下,夜出活动危害。以第3~6龄幼虫在表土或草丛潜伏越冬。如气温上升到6 ℃以上时,越冬幼虫能活动取食,越冬后的幼虫食欲旺盛,是全年危害的最盛时期。

2)地老虎类的防治措施

(1)诱杀成虫 在危害盛期用黑光灯或糖醋酒液诱杀;或从泡桐树摘下的老桐叶于傍晚放在苗圃地内,每亩放60~80张,清晨进行捕杀;或用药液浸泡桐叶后直接诱杀。

(2)苗地管理　用大水漫灌可杀死地面杂草上的卵和大量初龄幼虫。

(3)人工捕杀　清晨巡视圃地,发现断苗时刨土捕杀幼虫。

(4)药剂防治

①用90%晶体敌百虫1 000倍液,或50%敌敌畏乳油1 000液喷雾防治幼虫危害。

②幼虫危害盛期用毒饵诱杀。将饼肥碾细磨碎,炒香,用50%辛硫磷乳油,加水5~10 kg稀释,喷洒在25 kg的饼肥上,每公顷用量为75 kg,撒在圃地上。

③药剂处理土壤。将5%辛硫磷颗粒剂33 kg/ha加上筛过的细土200 kg,拌匀后施入幼苗周围,按穴施入。

5.4.3　蛴螬类

1)蛴螬类主要害虫

(1)小青花金龟(*Oxycetonia jucunda* Faldermann)　它又名小青花潜。分布于东北、华北、华东、中南、陕西、四川、云南、台湾等地,危害悬铃木、榆、槐、柳、马尾松、云南松、玫瑰、月季、菊花、美人蕉、杨、梅、木芙蓉、桃、丁香、萱草、石竹、栎、枫等。

小青花金龟的成虫体长13~17 mm,暗绿色,头部长,黑色,复眼漆黑色,触角赤黑色。前胸背板前狭后宽,前角钝,后角圆弧形,中央布小刻点。两侧密布条刻,且生黄褐色毛。鞘翅上的斑点分布基本对称,足及体下均为黑褐色;老熟幼虫头部较小,褐色,胴部乳白色,各体节多皱褶,密生绒毛(图5.92)。

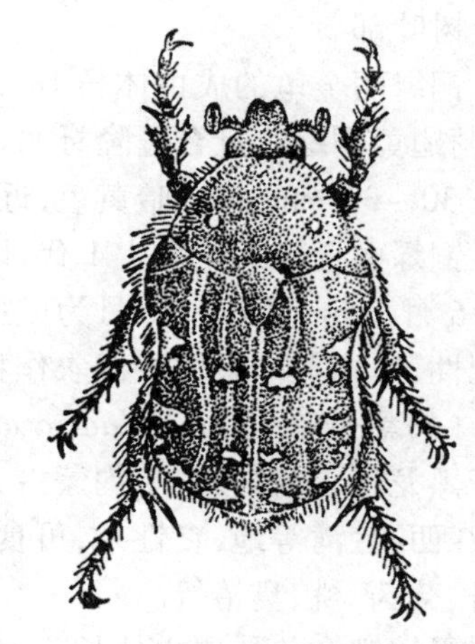

图5.92　小青花金龟成虫(仿朱兴才)

小青花金龟1年发生1代,以成虫在土中越冬。翌年4—5月成虫出土活动,成虫白天活动,主要取食花蕊和花瓣。尤其在晴天无风和气温较高的上午10点—下午4点,成虫取食、飞翔最烈,同时也是交配盛期。如遇风雨天气,则栖息在花中,不大活动,落花后飞回土中潜伏、产卵。6—7月始见幼虫,8月后成虫在土中越冬。

(2)白星花金龟(*Potosia brevitarsis* Lewis)　它又名白星花潜。分布于东北、华北、江苏、江西、安徽、山东、河南、湖南、湖北、陕西、宁夏、福建、贵州、海南、浙江、云南等地。危害雪松、蜀葵、女贞、月季、榆、海棠、木槿、杨、槐、美人蕉、梅花、桃、柳、榆、麻栎等。

白星花金龟的成虫体长18~24 mm,椭圆形,全体黑紫铜色,带有绿色或紫色闪光,前胸背板及鞘翅上有白色斑纹,头部较窄,两侧在复眼前有明显陷入,头部中央隆起,小盾片长三角形,鞘翅侧缘前方内弯,腹部腹板有白毛,腹部枣红色有光泽,分节明显;老熟幼虫体长24~39 mm,体柔软肥胖多皱纹,弯曲成C字形,头部褐色,胴部乳白色(图5.93)。

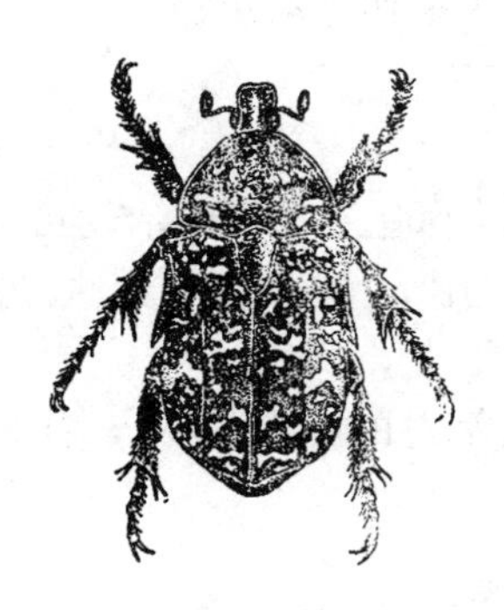

图5.93 白星花金龟成虫
（仿朱兴才）

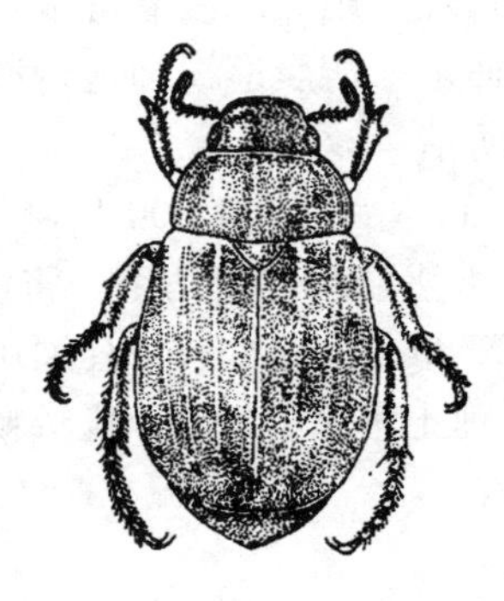

图5.94 铜绿丽金龟成虫
（仿张培义）

白星花金龟1年发生1代，以2~3龄幼虫潜伏在土中越冬，翌年5—6月化蛹，6—7月为成虫期，成虫白天活动取食，7月上旬开始产卵，幼虫一生以腐殖质为食料，一般不危害活植物根系，9月幼虫逐渐潜伏在土中越冬。

(3)铜绿丽金龟(*Anomala corpulenta* Motschulsky) 它又名铜绿金龟子。除西藏、新疆外遍及全国，幼虫危害杨、柳、榆、樟子松、落叶松、杉、栎、板栗、乌桕等多种针阔叶树树根，成虫取食阔叶树叶部。

铜绿丽金龟的成虫体长18~21 mm，背面铜绿色有光泽，前胸背板及鞘翅侧缘黄褐色或褐色，鞘翅黄铜绿色且合缝隆脊明显，足黄褐色，胫节、跗节深褐色，前足胫节外侧2齿；老熟幼虫体长30~33 mm，头部暗黄色，近圆形，腹部末端两节自背面观为泥褐色且带有微蓝色(图5.94)。

铜绿丽金龟1年发生1代，以幼虫在土中越冬。翌年4月越冬幼虫上升表土危害，5月下旬—6月上旬化蛹，6—7月为成虫活动期，成虫夜间活动，有多次交尾习性，具有很强趋光性和假死性，卵多散产果树下或农作物根系附近5~6 cm深土壤中，9月上旬幼虫在土中越冬。

(4)黑绒鳃金龟(*Maladera orientalis* Motschulsky) 它又名天鹅绒金龟子、东方金龟子。分布于黑龙江、吉林、辽宁、内蒙古、北京、河北、山西、山东、河南、陕西、宁夏、甘肃、青海、江苏、浙江、江西、台湾等地，食性杂，可食149种植物，主要危害的植物有杨、柳、榆、落叶松、月季、菊花、牡丹、芍药、桃、臭椿等。

黑绒鳃金龟的成虫体长7~9 mm，卵圆形，前狭后宽，雄虫略小于雌虫。初羽化为褐色，后渐转黑褐至黑色，体表具丝绒般光泽。前胸背板宽为长的2倍，前缘角呈锐角状向前突出，前胸背板上密布细小刻点。鞘翅上各有9条浅纵沟纹，刻点细小而密。前足胫节外侧生有2齿，内侧有一刺，后足胫节有2枚端距；幼虫头部黄褐色，胴部乳白色，多皱褶，被有黄褐色细毛，老熟幼虫体长约16 mm(图5.95)。

黑绒鳃金龟在河北、宁夏、甘肃等地1年1代，以成虫在土中越冬。翌年4月中旬出土活动，4月末—6月上旬为成虫盛发期，6月末虫量减少，7月很少见到成虫。成虫有夜出性，飞翔力强，傍晚多围绕树冠飞翔、栖落取食。雌虫产卵于10~20 cm深的土中，成虫有较强的趋光性和假死性。

(5)苹毛丽金龟(*Proagopertha lucidula* Faldermann) 它分布于华北、东北、陕西、甘肃、内蒙古等地，危害杨、柳、榆、樱花、枫树、月季、刺槐、牡丹、黄杨等。

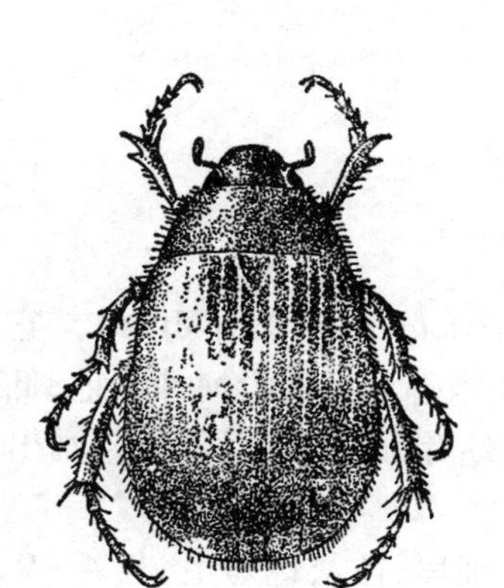

图 5.95 黑绒鳃金龟成虫
（仿郭士英）

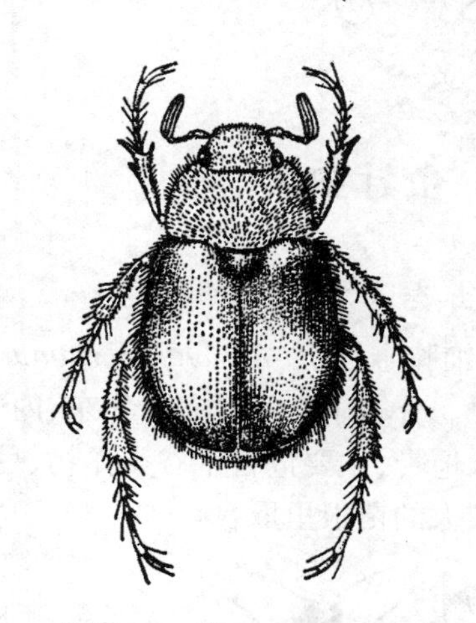

图 5.96 苹毛丽金龟成虫
（仿邵玉华）

苹毛丽金龟的成虫体长约 10 mm，头、前胸背板、小盾片褐绿色，带紫色闪光，全体除鞘翅和小盾片光滑无毛外，皆密被黄白色细茸毛。小盾片较大，呈圆顶三角形，翅上有纵行列点，肩瘤明显。胸部腹面密生灰黄色长毛，中胸具有伸向前方的尖形突起；幼虫体长 12 ~ 16 mm，体弯曲呈马蹄形，头黄褐色，足深黄色，臀节腹面复毛区的钩状毛群中间的刺毛列由短锥刺和长锥刺组成。短锥刺每列各为 5 ~ 12 根，多数是 7 ~ 8 根，长锥刺每列各为 5 ~ 13 根，多数 7 ~ 8 根（图 5.96）。

苹毛丽金龟在东北西部地区 1 年发生 1 代，多以成虫在30 ~ 50 cm土层内越冬。4 月中旬越冬成虫出土活动，成虫喜食花、嫩叶和未成熟的籽实；5 月上旬开始产卵，卵散产于植被稀疏、土质疏松的表土层中；5 月中旬为产卵盛期；5 月下旬产卵完毕；5 月下旬开始孵化。幼虫共 3 龄，脱皮 2 次后于 5 月间化蛹，化蛹前老熟幼虫下迁到 80 ~ 120 cm 土壤深处作长椭圆形蛹室，9 月上旬羽化，成虫羽化后当年不出地面，在蛹室中越冬，成虫有假死性而无趋光性。

2）金龟子类的防治措施

（1）消灭成虫

①对危害的花金龟，在果树吐蕾和开花前，喷 50% 1605 乳油 1 200 倍液，或 40% 乐果乳油 1 000 倍液，或 75% 辛硫磷乳油、50% 马拉硫磷乳油 1 500 倍液。

②金龟危害的初盛期，在日落后或日出前，施放烟雾剂，每亩用量 1 kg。

③利用金龟子的趋光性，可设黑光灯诱杀。

④利用金龟子的假死性，可振落捕杀。

（2）除治蛴螬

①苗木生长期发现蛴螬危害，可用 50% 1605 乳油，75% 辛硫磷乳油，25% 乙酰甲胺磷乳油，25% 异丙磷乳油，90% 敌百虫原药等，兑水 1 000 倍稀释液灌注根际。

②在 11 月前后冬灌和 5 月上中旬生长期适时浇灌大水，可减轻危害。

③加强苗圃管理，中耕锄草，破坏蛴螬生存环境和借机械将其杀死。

5.4.4 金针虫类

1)金针虫类主要害虫

(1)细胸金针虫(*Agriotes subvittatus* Motschulsky)(=*Agriotes fuscicollis* Miwa)　它又称细胸锥尾叩甲。分布于东北、华北、华东、内蒙古、宁夏、甘肃、陕西等地区的沿河冲积地、低地及水浇地等多水地带,主要危害禾谷类作物、豆类、棉花等作物的幼芽和种子,也可咬断刚出土的幼苗或钻入较大的苗根里取食。

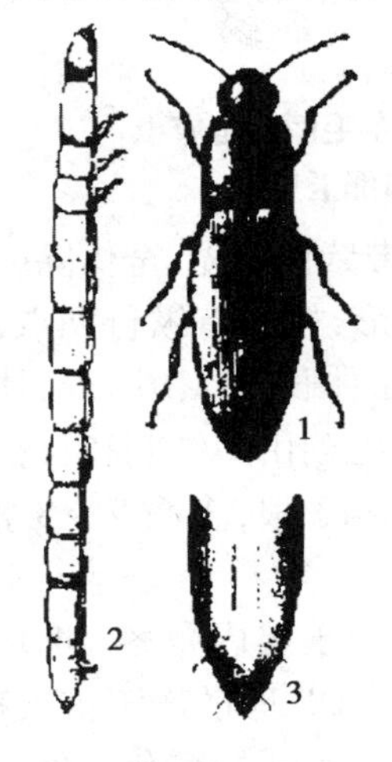

图5.97　细胸金针虫
1. 成虫　2. 幼虫　3. 幼虫尾部

细胸金针虫的成虫体细扁,被灰色短毛,长4~9 mm,有光泽,头胸黑褐色,鞘翅、触角 足红褐色。前胸背板长略大于宽,后缘角向后突出如刺。鞘翅约为头胸部长度的2倍,上面有9条纵列刻点;老龄幼虫体长23 mm,细长圆筒形,淡黄色有光泽,体背无纵沟,尾节圆锥形,近基部两侧各1褐色圆斑,背面有4条褐色纵纹(图5.97)。

细胸金针虫在西北、华北、东北等地1年1代,以成虫越冬。在3月中下旬成虫出蛰,4月盛发,5月终见,卵始见于4月下旬,8月下旬后羽化的少数成虫,多在避风向阳的隐蔽处越冬。成虫活动能力较强,幼虫耐低温能力强,在河北4月平均气温0 ℃时即上升到表土层危害,当10 cm深处土温达7~13 ℃时危害严重。

(2)沟金针虫[*Pleonomus canaliculatus*(Faldemann)]　它又称沟线角叩甲。分布于河北、山西、山东、河南、陕西、甘肃、青海、内蒙古、辽宁、苏北、皖北、鄂北等地平原旱作区,危害各种农作物、果树及蔬菜作物等。

沟金针虫的成虫体长14~18 mm,体形较扁长,深黑色,密被金黄色细毛,头顶有三角形凹陷,鞘翅长约为前胸的4~5倍,腹部可见腹板6节,足浅褐色;老熟幼虫体长20~30 mm,扁长,金黄色,被黄色细毛(图5.98)。

沟金针虫2或3年1代,以成虫或幼虫在土中越冬。华北地区越冬成虫翌年于3月上旬开始活动,4月上旬为活动盛期。成虫有假死习性,白天静伏土中,晚上活动交尾、产卵,雄虫善飞有趋光性,雌虫无飞翔力,产卵于苗根附近的土中,幼虫期长达105 d,第三年8月下旬—9月中旬在土中化蛹,9月中下旬成虫羽化后越冬。沟金针虫随季节在土内上下迁移,6月底表层土温超过24 ℃时迁入深层越夏,9月中旬—10月上旬10 cm土温达18 ℃时又迁到表层危害,11月下旬土温下降后又至深层越冬,翌年2月底—3月上旬土温达7 ℃时又上升活动危害。

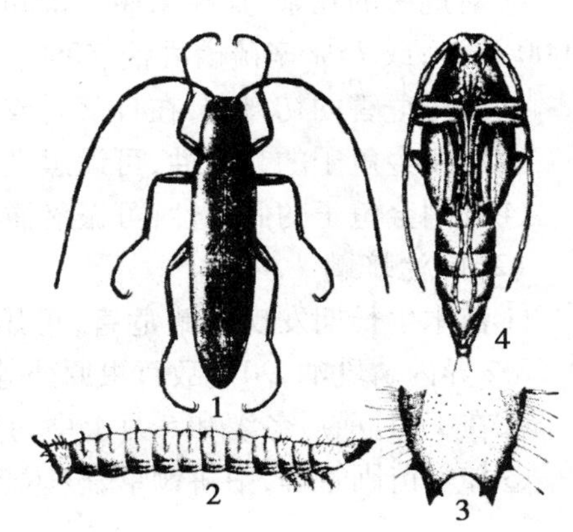

图5.98　沟金针虫
1. 成虫　2. 幼虫　3. 幼虫尾部　4. 蛹

2)**金针虫类的防治措施**

①农业防治。苗圃地精耕细作,通过机械损伤或将虫体翻出土面让鸟类捕食,以降低金针虫口密度。加强苗圃管理,避免施用未腐熟的草粪。

②土壤处理。做床育苗时采用3%呋喃丹颗粒剂10 g/m² 施入床面表土层内,或用50%辛硫磷颗粒剂按30~37.5 kg/ha 施入表土层防治。苗木出土或栽植后如发现金针虫危害,可逐行在地面撒施上述毒土后随即用锄掩入苗株附近的表土内。

③药剂拌种。用50% 1605乳剂100 g对水5~10 kg,拌种50~100 kg。拌种方法,将种子平放在地上,用喷雾器边喷药边翻拌种子,翻动均匀,使种子充分湿润,用麻袋盖上闷种3 h,摊开晾干播种。

④诱杀成虫。用3%亚砷酸钠浸过的禾本科杂草诱杀成虫。

5.4.5 蟋蟀类

1)**蟋蟀类主要害虫**

(1)大蟋蟀(*Brchytrupes portentosus* Lichtenstein)　它分布于西南、华南、东南沿海。杂食性,常咬断植物嫩茎,造成严重缺苗、断苗、断梢等现象。

大蟋蟀的成虫体长30~40 mm,体暗色或棕褐色,头部较前胸宽,两复眼间具T字形浅沟,触角比虫体稍长。前胸背板中央1纵线,后足腿节强大,胫节粗具两排刺,每排有刺4~5枚,尾须长,雌虫产卵器较其他蟋蟀短;若虫与成虫相似,体型较小,黄色或灰褐色(图5.99)。

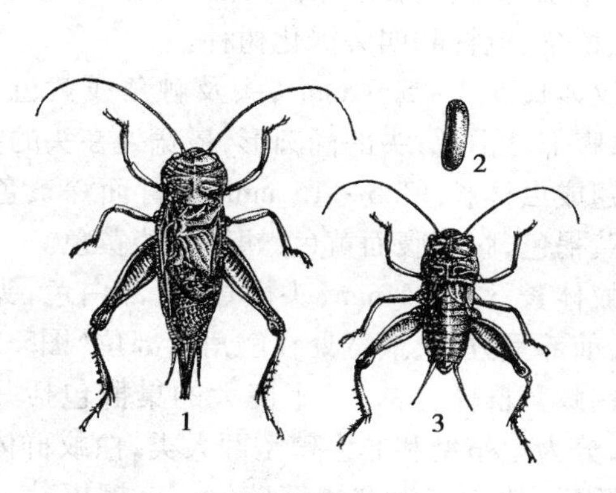

图5.99　大蟋蟀

1.成虫　2.卵　3.若虫

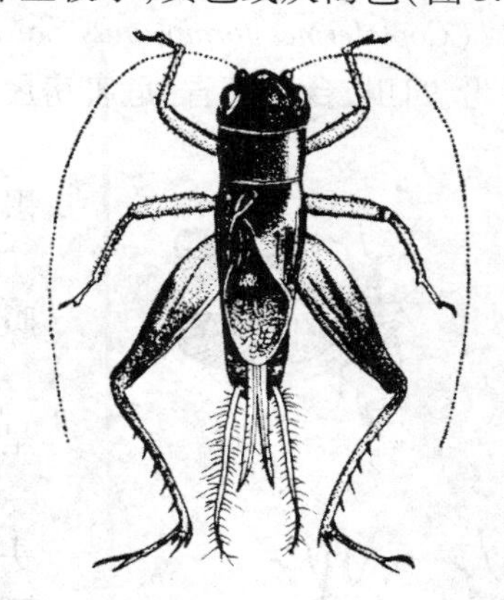

图5.100　油葫芦成虫

大蟋蟀1年发生1代,以若虫在土穴中越冬。翌年3月初若虫出土危害各种苗木和农作物幼苗,5—7月羽化成虫,6—7月正是成虫交尾产卵前的大量取食期,常对作物和苗木造成严重的危害,6月间成虫盛发,7—8月间为交尾盛期,7—10月产卵,8—10月孵化。10—11月若虫仍常出土危害,11月若虫在土穴中越冬。

(2)油葫芦(*Gryllus testaceus* Walker)　它又名结缕黄。普遍分布我国各省,主要分布安徽、江苏、浙江、江西、福建、河北、山东、山西、广东、广西、贵州、云南、西藏、海南,对刺槐、泡桐、杨树、沙枣、茶树、大豆、花生、山芋、马铃薯、栗、棉、麦等农作物有一定的危害性。

油葫芦的成虫体长 27 mm，黄褐色或黄褐带绿色。头黑色具光泽，口器和两颊赤褐色。前胸背板黑色，有 1 对半月形斑纹。中胸腹板后缘有 V 形缺刻。雄性前翅黑褐色，斜脉 4 条，雌虫前翅有黑褐和淡褐两型，背面可见许多斜脉；雌雄两性前翅均达腹端，后翅超过腹端，似两条尾巴（图 5.100）。

油葫芦 1 年发生 1 代，以卵在土中越冬。翌年 5 月上中旬为孵化盛期，8 月上旬为若虫发生盛期，8 月下旬为成虫羽化盛期，成虫白天隐藏在石块下或草丛中，夜间出来觅食和交配，雄虫筑穴与雌虫同居，雌虫 9 月下旬—10 月中旬产卵越冬。

2）蟋蟀类的防治措施

①毒饵诱杀。可选用炒香的谷皮、米糠、油渣、麦麸等 50 kg，再将 90% 敌百虫 0.5 kg 溶于 15 kg 水中，或用 40% 的氧乐果 800 倍液拌成毒饵，于傍晚前诱杀。也可在苗圃内每隔 4 ~ 5 步堆放禾本科植物鲜叶，堆内放少量毒饵诱杀。

②坑诱捕杀。每亩挖 0.3 m × 0.5 m 的坑 3 ~ 4 个。坑内放入加上毒饵的新鲜畜粪，再用鲜草覆盖，可以诱集大量蟋蟀成、若虫前来取食，次晨进行捕杀。

③人工捕杀。根据洞口有松土的标志，挖掘洞穴，捕杀成、若虫。

5.4.6 白蚁类

1）白蚁类主要害虫

（1）家白蚁（*Coptotermes formosanus* Shiraki） 它分布于广东、广西、安徽、江苏、浙江、福建、台湾、湖南、湖北、四川、台湾等省，危害房屋建筑、桥梁、电杆和四旁绿化树种。

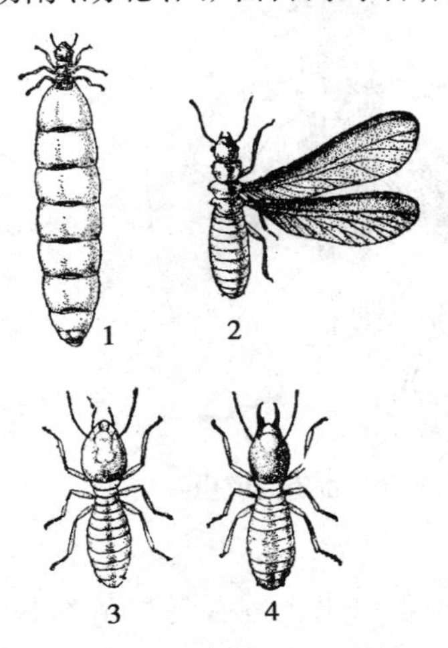

图 5.101 家白蚁

1. 蚁后 2. 有翅繁殖蚁 3. 工蚁 4. 兵蚁

兵蚁体长 5.3 ~ 5.9 mm，头及触角浅黄色，上颚黑褐色，腹部乳白色，头部椭圆形，最宽处在头的中段。

有翅成虫体长 13.5 ~ 15 mm，头背面深黄色，胸、腹背面黄褐色，腹部腹面黄色，翅微具淡黄色。

工蚁体长 5 ~ 5.4 mm，头微黄，腹部白色，头后部呈圆形，前部呈方形，最宽处在触角窝部位（图5.101）。

家白蚁营群体生活，一个庞大的巢群包括几十万头白蚁，分为生殖型和非生殖型两大类，白蚁群体发展到一定阶段，就会产生有翅繁殖蚁。有翅繁殖蚁当年羽化当年群飞，纬度愈低，群飞愈早，一般在 4—6 月群飞。有翅成虫有强烈的趋光性，白蚁对环境的要求比较严格，过分干燥常引起繁殖蚁死亡，最适气温为 25 ~ 30 ℃。晚秋到初春季节气温低于 7 ℃时，白蚁都集中于主巢附近活动，取食不多。白蚁在生活中需不断得到水分，蚁巢在接近有水源的地方。

（2）黑胸散白蚁（*Reticulitermes chinensis* Snyder） 它分布于北京、河北、山东、山西、河南、陕

西、甘肃、江苏、安徽、上海、浙江、福建、江西、湖南、湖北、广东、云南、四川等地。危害松、柏、刺槐、悬铃木、枫杨、泡桐、柳、栎类及房屋建筑、木构件、电杆、桥梁等。

有翅成虫体长 5 ~6 mm,头胸黑色,腹部稍淡,触角、翅黑褐色,体被淡黄色短绒毛,头卵圆形,基节至腿节黑褐色,其余各节淡黄色,上具密生长绒毛。腹部黑褐色,密生淡黄色细长绒毛。

兵蚁体长 5.5 ~7 mm,触角淡黄色,腹部淡黄白色,头长扁圆筒形,前胸背面中央具明显的缺刻,第 9 腹节腹面有 1 对腹刺(图5.102)。

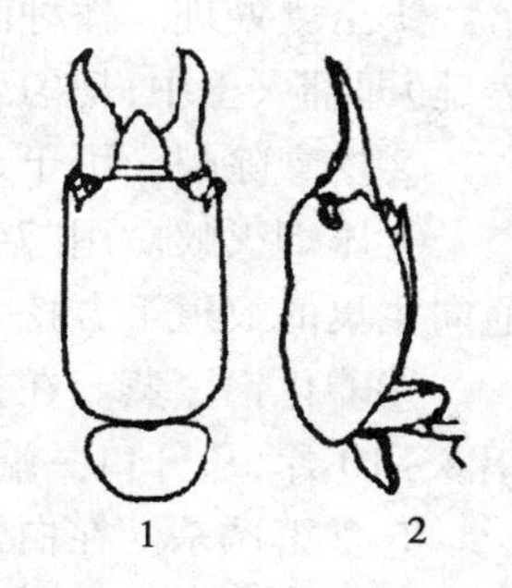

图 5.102 散白蚁

1. 头部正面 2. 头部侧面

黑胸散白蚁营群体生活,主要生活在木材内或树干、树根内,危害树木地下根部及邻近地面的树干、堆放在地面的木材或房屋内的地板、门框、墙角木柱等。群体生活比较分散,同一群体可分成若干小群。在每一被害处只能看到为数不多的个体,巢不大,群体不集中,故有散白蚁之称。

(3)黑翅土白蚁(*Odontotermes formosanus* Shiraki) 它分布于华南、华中和华东地区。危害杉木、樟、桉,泡桐、木荷、栎类等 90 余种园林植物,还危害地下电缆、水库堤坝等,是农、林、水利主要害虫。

兵蚁体长 5 ~6 mm,头深黄色,被稀毛。胸腹部淡黄至发白,有较密集的毛。头部背面为卵形,上额镰刀形,前胸背板前狭后宽,前部斜翘起。

有翅成虫体长 27 ~29 mm,头、胸、腹部背面黑褐色,腹面为棕黄色,全身密被细毛,头圆形,前胸背板略狭于头,前宽后狭,前缘中央无明显的缺刻,后缘中部向前凹入。

工蚁体长 4.6 ~4.9 mm,头黄色,胸腹部灰白色。

蚁后和蚁王是有翅成虫群飞配对而成的,其中配偶的雌性为蚁后,雄性为蚁王。蚁后的腹部特别膨大,蚁王形态和有翅成虫相似,但色较深,体壁较硬,体略有收缩(图 5.103)。

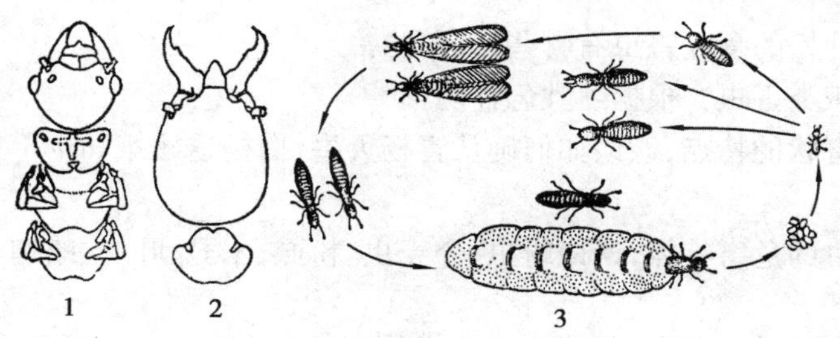

图 5.103 黑翅土白蚁(仿杨可四)

1. 有翅成虫头、胸部 2. 兵蚁头部 3. 生活史示意图

黑翅土白蚁的蚁王与蚁后在巢群中只有 1 对,但也可见到一王二后、一王三后或五后和二王四后。有翅成虫称为繁殖蚁,是巢群中除蚁王与蚁后外能进行交配生殖的个体,但在原巢内是不能交配产卵的,一定要在分群移殖,脱翅求偶,兴建新巢后开始交配繁殖后代。兵蚁数量次于工蚁,虽有雌雄性之别,但无交配生殖能力,为巢中的保卫者,保护蚁群不为其他昆虫入侵,每遇外敌以强大的上颚进攻,并能分泌一种黄褐色的液体以御外敌。工蚁数量是全巢最多的,巢内一切主要工作,如筑巢、修路、抚育幼蚁、寻找食物等,皆由工蚁承担。有强烈的季节性,在福建、江西、湖南等省 11 月下旬开始转入地下活动,12 月除少数工蚁或兵蚁仍在地下活动外,其余全部集中到主巢。翌年 3 月初气候转暖,开始出土危害。

2)**白蚁类的防治措施**

①土壤处理。播种前每公顷用90%敌百虫原药1.5~2.25 kg拌入细土375 kg中撒于土表,随即翻入土中,耙匀后播种,可以防治白蚁、蝼蛄及蛴螬。

②挖窝除蚁。可于3—4月结合蚁路、地形寻挖蚁巢,5—6月找分群孔挖除蚁巢。

③压烟灭蚁。用“741”敌敌畏插管烟剂,置于发烟筒内。在找到白蚁主道后,断定方向,在通向主巢的蚁道下方挖一个烟炮洞,点燃烟剂,当发出浓白烟后,密闭烟道,将烟压入主巢。

④磷化铝熏蒸。在找到白蚁隧道后,将孔口稍加扩大,然后取一端有节的竹筒,其中装磷化铝6~10片,从开口一端压向孔道内,并迅速用泥封住,以防磷化氢气体逸出。

⑤食饵诱杀。在白蚁发生时,在被害处附近挖1 m^2 见方,0.5~0.75 m深的土坑,坑内放置甘蔗渣、松木、松枝、枯竹片、稻草等白蚁所喜食物作诱饵。上洒以稀薄的红糖水或米汤,上面再盖一层草。过一段时间检查,如发现有白蚁诱来,喷洒灭蚁灵;或将白蚁喜食物品经1∶5的亚砷酸水浸渍后,放在被害处白蚁食后回巢死亡。

复习思考题

1. 根据蓑蛾、螟蛾、枯叶蛾、潜蛾、叶甲、叶蜂和蝗虫对园林植物的危害,谈谈这些食叶害虫共同的特点。

2. 根据天蛾、尺蛾、刺蛾、舟蛾和毒蛾的幼虫的形态特点,谈谈如何区别这些幼虫,怎样确定防治的关键时期。

3. 苹褐卷叶蛾、桉小卷蛾和三角新小卷蛾都是食叶害虫,说出它们危害叶片时的共同特点,怎样防治。

4. 说出危害落叶松的食叶害虫有哪些,如何防治。

5. 如何识别夜蛾类害虫? 根据习性怎样防治?

6. 根据杨树被害状的特点,谈谈如何确认青杨天牛、白杨透翅蛾和杨干象在杨树上的危害,怎样防治。

7. 根据吸汁害虫的危害特点,谈谈蚜虫、介壳虫、粉虱、木虱、叶蝉、蜡蝉、蝽和叶螨有哪些共同特点,如何防治。

8. 根据天牛、木蠹蛾、小蠹、透翅蛾和象甲的危害特点,谈谈如何对蛀干害虫进行防治。

9. 举出常见的5种根部害虫,说出它们的危害特点及防治方法。

10. 任意举出两个不同的树种,在它们不同的生长发育阶段的常见虫害,如何识别? 怎样对它们进行防治?

园林植物病害及其防治

[本章导读]　主要介绍园林植物九大类31种叶、花、果病害，七大类20种枝干病害和五大类8种根部病害的分布与危害、症状与病原及园林植物病害的防治措施。要求了解园林植物叶部病害、枝干病害和根部病害的分布与危害；掌握园林植物各部分病害的症状与病原及发病规律；重点掌握园林植物病害的防治措施。

6.1　叶、花、果病害

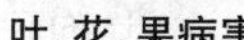

叶、花、果病害

降香檀黑痣病

四季桂藻斑病

虽然园林植物叶、花、果病害种类很多，但是很少能引起园林植物的死亡，只是叶部病害常导致园林植物提早落叶，减少光合作用产物的积累，削弱花木的生长势，严重影响了园林植物的观赏效果。常见叶部病害的症状类型有：叶斑、白粉、锈粉、煤污、灰霉、毛毡、叶畸形、变色等。

叶、花、果病害侵染循环的主要特点：

①初侵染源主要是感病落叶上越冬的菌丝体、子实体或休眠体。

②再侵染来源单纯，来自于初侵染所形成的病部，叶部病害有多次再侵染。

③潜育期一般较短，在7～15 d。

④病原物主要通过被动传播方式到达新的侵染点。传播的动力和媒介包括风、雨、昆虫、气流和人类活动。

⑤侵入途径主要有直接侵入、自然孔口侵入和伤口侵入。

亮叶朱蕉叶斑病

蜘蛛兰褐斑病

6.1.1 叶斑病类

1)叶斑病类的主要病害

(1)丁香叶斑病　该病分布于南京、杭州、青岛、济南、南昌、丹东、大连、武汉、长春、北京等地,在丁香叶片上发病。丁香叶斑病常见的类型有丁香黑斑病、丁香褐斑病、丁香斑枯病。

①症状

a.丁香黑斑病　发病初期,叶片上有褪绿斑,逐渐扩大成圆形或近圆形病斑,褐色或暗褐色,有不明显轮纹,最后变成灰褐色。病斑上密生黑色霉点,即病菌的分生孢子梗和分生孢子(图6.1)。

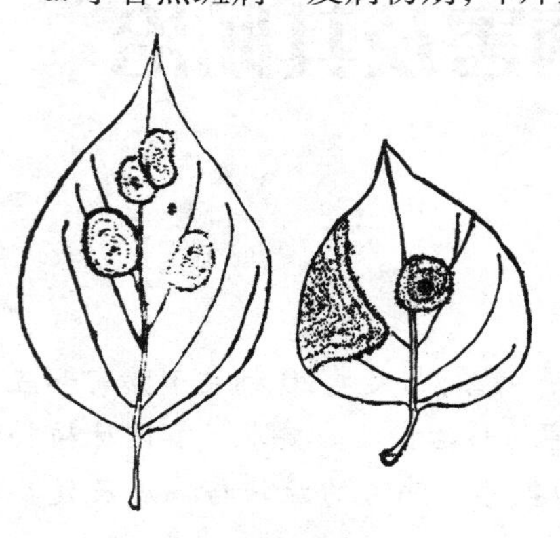
图6.1　丁香黑斑病

b.丁香褐斑病　叶片上病斑常为不规则多角形,褐色,后期病斑中央变成灰褐色,边缘深褐色,病斑背面着生暗灰色霉层,即病菌的分生孢子梗和分生孢子,发病严重时病斑上也有少量霉层。

c.丁香斑枯病　发病初期,叶片两面散生近圆形、多角形或不规则形的病斑,病斑边缘颜色较深,中央颜色浅,后期病斑中央产生少量的黑色小点,即病菌的分生孢子器。

②病原

a.丁香黑斑病　病原为链格孢菌(*Aoteraria* sp.),属于半知菌亚门、丝孢纲、丝孢目、暗色孢科、链格孢属。分生孢子梗散生或数根集生,褐色,分生孢子褐色。

b.丁香褐斑病　病原为丁香尾孢菌[*Cercospora lilacis*(Desmaz.)Sacc.],属于半知菌亚门、丝孢纲、丝梗孢目、尾孢菌属。子座球形,暗褐色,分生孢子梗数根束生,直立不分枝,分生孢子线形或细棍棒形,无色或近无色,有多个分隔,基部细胞钝圆或近平截。

c.丁香斑枯病　病原为丁香针孢菌(*Septoria syringae* Sacc. et Speg.),属于半知菌亚门、腔孢纲、球壳孢目、球针孢属。分生孢子器近球形或扁球形,分生孢子细长,针状或蠕虫状,无色,有1~4个横隔。

③发病规律　病菌以菌丝体、分生孢子或分生孢子器在感病落叶上越冬,由风雨传播。在苗木上发病重;雨水多、露水重、种植密度大、通风不良条件下有利于发病。

(2)圆柏叶枯病　该病分布于北京、西安等地。该病是圆柏、侧柏、中山柏的一种常见病害,病菌侵染当年生针叶、新梢,危害苗木、幼树,古树也发病。

①症状　发病初期针叶由深绿色变为黄绿色,无光泽,最后针叶枯黄、早落。嫩梢发病初期褪绿、黄化,最后枯黄,枯梢当年不脱落(图6.2)。

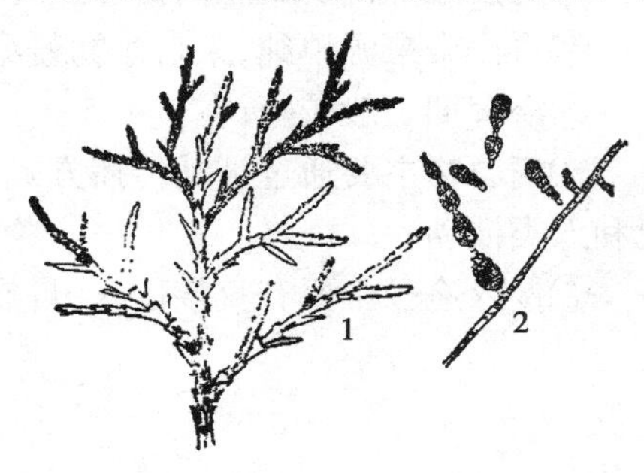

图6.2　圆柏叶枯病
1.症状　2.分生孢子梗及分生孢子

②病原　为细交链孢菌(*Alternaria tenuis* Nees),属于半知菌亚门、丝孢菌纲、丛梗孢目、交链孢霉属。分生

孢子梗直立,分枝或不分枝,淡橄榄色至绿褐色,顶端稍粗有孢子痕,分生孢子形成孢子链,分生孢子有喙,形状为椭圆形、卵圆形、肾形、倒棍棒形和圆筒形,淡褐色至深褐色,有 1 ~ 9 个横膈膜,0 ~ 6 个纵隔膜,在 PDA 培养基上菌落中央为毡状,灰绿色,边缘灰白色,菌落背面为深灰绿色,菌落圆形。

③发病规律　病菌以菌丝体在病枝条上越冬。翌年春天产生分生孢子,由气流传播,自伤口侵入,潜育期 6 ~ 7 d。在北京地区,5—6 月病害开始发生,发病盛期为 7—9 月。小雨有利于分生孢子的形成、释放、萌发,幼树和生长势弱的古树易于发病。

(3)樱花褐斑病　该病分布于上海、南京、西安、太原、苏州、天津、成都、济南、长沙、连云港、武汉、台湾等地,其中武汉市发病严重,主要危害樱花、樱桃、梅花、桃等核果类观赏树木。

①症状　发病初期叶片正面出现针尖大小的紫褐色小斑点,逐渐扩大成直径为 3 ~ 5 mm 的圆形斑,病斑褐色至灰白色,病斑边缘紫褐色,上面有小霉点,即病原菌的分生孢子及分生孢子梗,病原菌的侵入刺激寄主组织产生离层使病斑脱落呈穿孔状,穿孔边缘整齐(图 6.3)。

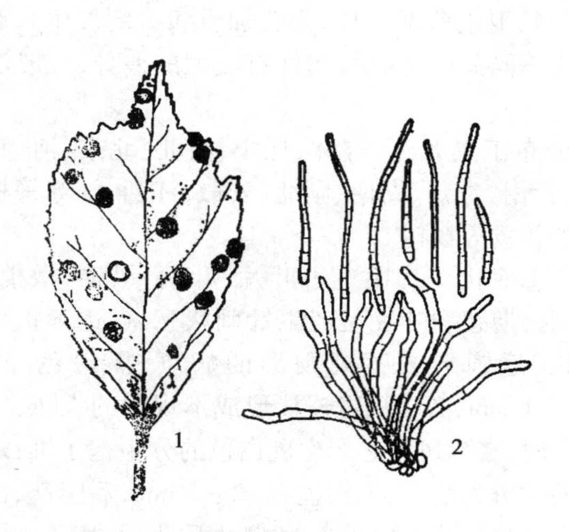

图 6.3　樱花褐斑病(仿龚浩)

1. 症状　2. 分生孢子梗及分生孢子

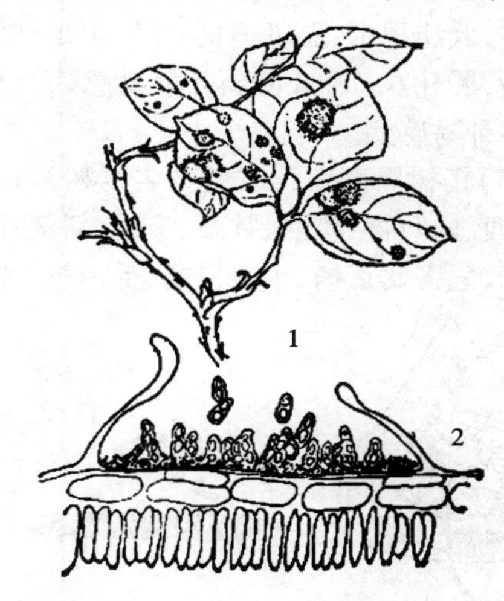

图 6.4　月季黑斑病(仿蔡耀焯)

1. 症状　2. 分生孢子盘

②病原　病原为核果尾孢菌(*Cercospora circumscissa* Sacc.),属于半知菌亚门、丝孢菌纲、丛梗孢目、尾孢属。多根孢子梗丛生,有时密集成束,橄榄色,有 1 ~ 3 个分隔,膝状屈曲,分生孢子橄榄色,倒棍棒形,直或稍弯,有 1 ~ 7 个横隔,有性阶段为樱桃球壳菌(*Mycosphaerella cerasella* Aderh.),但我国有性阶段罕见。

③发病规律　病原菌以菌丝体在枝梢病部,或以子囊壳在病落叶上越冬。孢子由风雨传播,从气孔侵入。该病通常先在老叶上发生,或树冠下部先发病,逐渐向树冠上部扩展。每年 6 月开始发病,8—9 月危害严重,10 月上旬病斑上有子囊壳形成。大风、多雨的年份发病严重;夏季干旱,树势衰弱发病重;日本樱花和日本晚樱等树种抗病性弱,发病重。

(4)月季黑斑病　我国月季栽培地区均有发生,是月季的一种重要病害。该病也危害玫瑰、黄刺梅、金樱子等蔷薇属植物。

①症状　病菌主要危害叶片,也能危害叶柄、嫩梢等部位。在叶片上,发病初期正面出现褐色小斑点,逐渐扩大成圆形、近圆形、不规则形的黑紫色病斑。病斑边缘呈放射状,这是该病的特征性症状。病斑中央白色,上面着生许多黑色小颗粒,即病菌的分生孢子盘。病斑周围组织

变黄,在有些月季品种上黄色组织与病原之间有绿色组织,这种现象称为“绿岛”。嫩梢、叶柄上的病斑初为紫褐色的长椭圆形斑,后变为黑色,病斑稍隆起。花蕾上的病斑多为紫褐色的椭圆形斑(图6.4)。

②病原　病原为蔷薇放线孢菌[*Actinonema rosae* (Lib.) Fr.],属于半知菌亚门、腔孢纲、黑盘孢目、放线孢属。分生孢子盘生于角质层下,盘下有呈放射状分枝的菌丝,分生孢子长卵圆形或椭圆形,无色,双胞,分隔处略缢缩,两个细胞大小不等,直或略弯曲,分生孢子梗很短,无色。有性阶段为蔷薇双壳菌(*Diplocarpon rosae* Wolf),一般很少发生。子囊壳黑褐色,子囊孢子8个长椭圆形,双细胞,两个细胞大小不等,无色。

③发病规律　在野外病菌以菌丝体在芽鳞、叶痕及枯枝落叶上越冬,翌年春天产生分生孢子进行初次侵染;在温室内,病菌以菌丝体和分生孢子在病部越冬,分生孢子借雨水、灌溉水的喷溅传播,直接从表皮侵入。在一个生长季节中有多次再侵染。该病在长江流域一年中有5—6月和8—9月两个发病高峰,在北方地区只有8—9月一个发病高峰。雨水是该病害流行的主要条件,低洼积水、通风不良、光照不足、肥水不当、卫生状况不佳,都会加重病害的发生。老叶较抗病,展开6~14 d的新叶最易感病。月季的不同品种之间抗病性有较大的差异,一般浅黄色的品种易感病。

(5)杨树黑斑病　该病又名杨树褐斑病,分布于黑龙江、吉林、辽宁、河北、北京、河南、山东、山西、内蒙古、陕西、甘肃、宁夏、新疆、四川、云南、贵州、湖南、湖北、安徽、江西、江苏等杨树栽植区,危害北京杨、小美旱杨、毛白杨、加杨、沙兰杨等杨树。

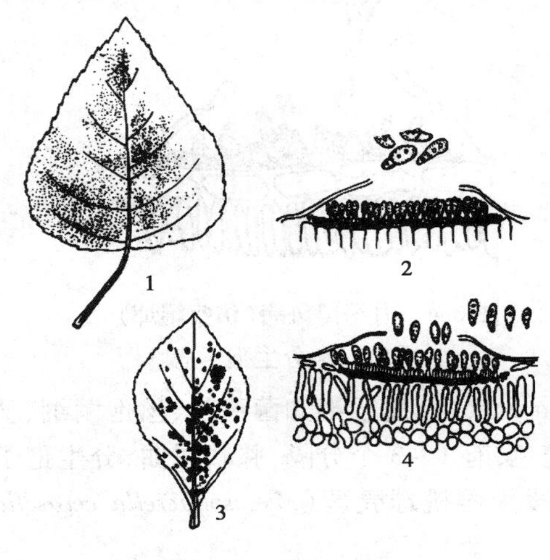

图6.5　杨树黑斑病
1.加杨病叶　2.分生孢子盘
3.小叶杨病叶　4.分生孢子盘

①症状　病菌危害叶片、叶柄、果穗、嫩梢等。发病初期感病叶片上产生针刺状亮点,逐渐扩大成角状、近圆形或不规则形的病斑,黑褐色,直径0.2~1 mm,数个病斑连接形成不规则的大斑,空气潮湿时,在病斑中心产生乳白色的分生孢子堆;嫩梢上的病斑为棱形,黑褐色,长2~5 mm,后隆起,出现略带红色的分生孢子盘,嫩梢木质化后,病斑中间开裂成溃疡斑(图6.5)。

②病原　属于半知菌亚门、腔孢纲、黑盘孢目、盘二孢(*M. arssonina*)。主要有杨生盘二孢菌[*Marssonina brunnea* (Ell. et Ev.) Magn],其分生孢子盘生于病叶麦皮下,分生孢子梗棍棒形,分生孢子无色,长椭圆形,中间有一分隔,分隔处不溢缩,形成两个不等大的细胞,上端钝圆形,下端略尖,其中有数个油球。另外,还有杨盘二孢菌[*M. populi* (Lib.) Magn]及白杨盘二孢菌[*M. castagnei* (Desto. et Mont.) Magn]。

③发病规律　以菌丝体、分生孢子盘和分生孢子在落叶中或一年生嫩梢的病斑上越冬。越冬的分生孢子和第二年新产生的分生孢子为初侵染来源。病原菌的分生孢子堆具有胶黏性,通过雨水和凝结水稀释后随水滴飞溅或飘扬传播。分生孢子通过气孔侵入或从表皮直接侵入,3~4 d后出现病状,5~6 d形成分生孢子盘,分生孢子可进行再侵染。不同杨树上的黑斑病发病时间不同,毛白杨的黑斑病发病早,展叶不久就开始发病,6—7月发病严重,然后停止发展。

9月长新叶后,病情又加重,直至落叶。青杨派、黑杨派及两派杂交的杨树,6—7月开始发病,以后逐渐加重。高温、多雨、湿度大、植株过密、通风不良则发病严重;杨树种类不同,抗病性差异显著,如Ⅰ-69杨、Ⅰ-72杨抗病性强,加杨、沙兰杨、北京杨等高度感病。

(6)松针褐斑病　该病分布于福建、广东、浙江等地,主要危害长叶松、湿地松、火炬松,也危害加勒比松、黑松等多种松树。

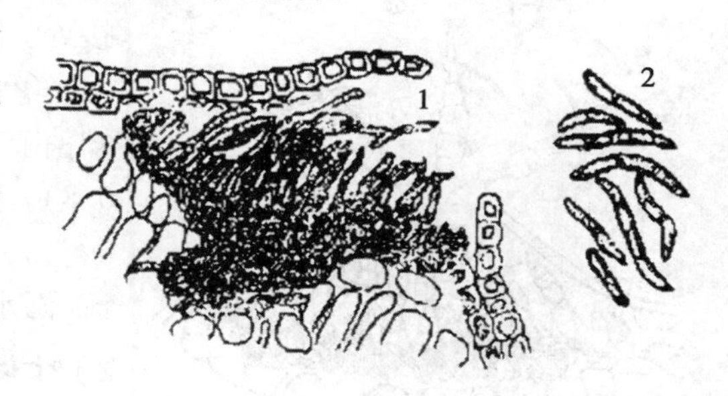

图6.6　松针褐斑病

1.子座和分生孢子盘　2.分生孢子

①症状　在松树的针叶上,发病初期,感病针叶产生褪色小段斑,随后段斑中央开始变褐,迅速扩大成褐色圆形斑点。同一针叶上常多处产生病斑,形成绿、黄、褐相同的斑纹,最后针叶顶端枯死。褐色病斑上产生黑色小点状子实体,初埋于寄主表皮下,成熟时突破表皮外露,形成一黑色小颗粒(图6.6)。

②病原　无性阶段为褐柱孢菌[*Lecanosticta acicola*(Thum.)Syd.]引起的,属于半知菌亚门、腔孢纲、黑盘孢目、褐柱孢属。分生孢子盘位于子座内,褐色,分生孢子梗栅状排列,不分枝,分生孢子圆柱形,黑褐色,多为新月形或不规则弯曲,1~3分隔。有性阶段为子囊菌亚门、腔菌纲、座囊菌目、瘤状座囊菌属。子囊座大小不等,每个子囊座内着生1~18个子囊腔,子囊腔排成1~2或3排,子囊成束排在子囊腔内,无侧丝,子囊双层,外膜顶端厚,子囊孢子双细胞,上大下小,淡褐色,每个细胞内含2个油球。

③发病规律　病菌以菌丝和子座在病叶上越冬。枯死的针叶可在树上保留1年或多年不脱落,分生孢子借雨水的飞溅传播,连续降雨能造成大量的孢子分散。子囊孢子借气流传播,为初侵染源,但侵染率低,分生孢子萌发后从气孔侵入,能多次再侵染。多雨的地区发病重,干旱的地区免于危害。

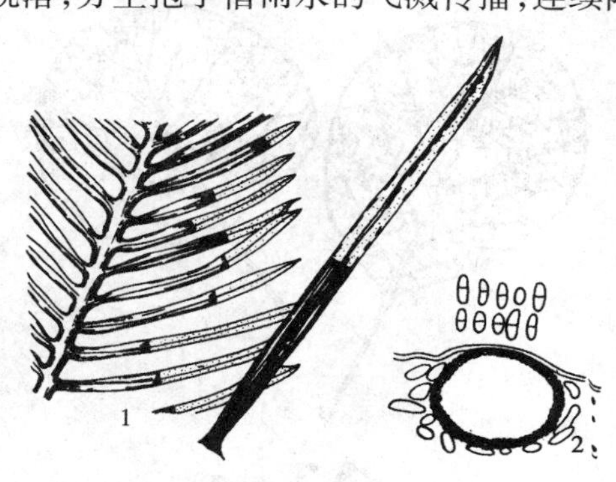

图6.7　苏铁白斑病

1.症状　2.分生孢子器及分生孢子

(7)苏铁白斑病　该病分布于吉林、上海、天津、广东、贵州、江苏、湖南、宁夏、新疆等地,主要危害苏铁。

①症状　病菌主要危害叶片,叶上病斑近圆形或不规则形,直径1~5 mm,病斑中央暗褐色至灰白,边缘红褐色,后期病斑上着生黑色小点,病斑多发生在小叶中下部,病斑相互融合形成一段枯斑,使病部叶组织枯死(图6.7)。

②病原　病原为球壳孢菌(*Ascochyta cycadina* Scalia)属于半知菌亚门、腔孢纲、球壳孢目、球壳孢属。病部小黑点即病菌的分生孢子器,分生孢子器球形或扁球形,暗褐色,分生孢子圆柱形或卵形,无色,中央有1个隔膜。

③发病规律　以分生孢子器或菌丝体在病叶上越冬,翌年产生分生孢子随风雨传播。在高温高湿、通风透光条件差、土壤贫瘠、黏重等情况下发病严重;盆栽苏铁放置场地为水泥地时,热辐射强烈,发病重。

(8)鱼尾葵叶斑病　该病又称叶枯病及黑斑病,是鱼尾葵的一种主要病害,发生于鱼尾葵

种植区。

①症状　多发生于叶面及叶缘，病斑呈圆形或不规则形，褐色，中央略呈灰白色，有比较明显的病健交接处。

②病原　病原为叶点霉病菌(*Phyllosticta*)，属于半知菌亚门、腔菌纲、球壳孢目、球壳孢科、叶点霉属(图6.8)。

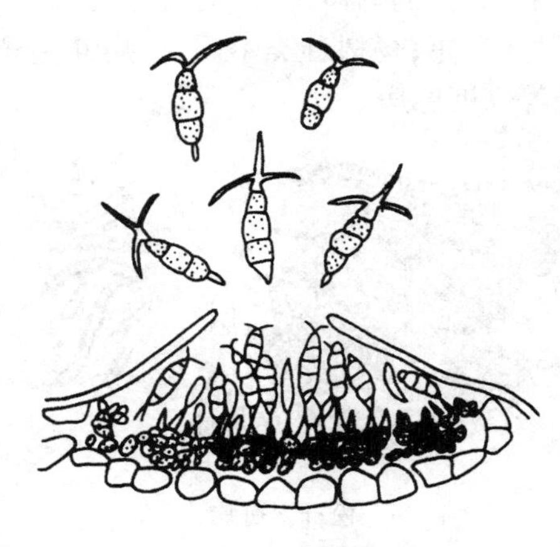

图6.8　鱼尾葵叶斑病

③发病规律　在病组织及病株残体上越冬，借气流、雨水及浇灌水传播。

2)叶斑病类的防治措施

①加强栽培管理，控制病害的发生。控制密度，及时修剪，采用滴灌，减少病菌传播；实行轮作，更新盆土；增施有机肥、磷肥、钾肥，适当控制氮肥，提高植株抗病能力。

②选用抗病品种。在配置上，选用抗性品种，减轻病害的发生，如香石竹的组培苗比扦插苗抗病。

③清除侵染来源。清除病株残体，集中烧毁。每年一次盆土消毒。在发病重的地块喷洒3 °Be的石硫合剂，或在早春展叶前，喷洒50%多菌灵可湿性粉剂600倍液。

④喷药防治。发病初期喷施杀菌剂。如50%托布津可湿性粉剂1 000倍液，或50%退菌特可湿性粉剂1 000倍液，或65%代森锌可湿性粉剂800倍液。

⑤加强检疫。松针褐斑病是检疫性病害，严禁从疫区购进松类苗木，向保护区出售。

6.1.2　白粉病类

鼠尾草白粉病

1)白粉病类的主要病害

(1)黄栌白粉病　该病分布在北京、大连、河北、河南、山东、陕西、四川等省市，是黄栌上的一种重要病害。

①症状　病菌主要危害叶片。发病初期，叶片上出现针尖大小的白色粉点，逐渐扩大成污白色近土黄色的圆斑，最后出现典型的白粉斑，发病严重时数个病斑相连整个叶片覆被厚厚的白粉层，后期在白粉层上出现黑褐色的小颗粒即病菌的闭囊壳。叶片褪色变黄甚至干枯(图6.9)。

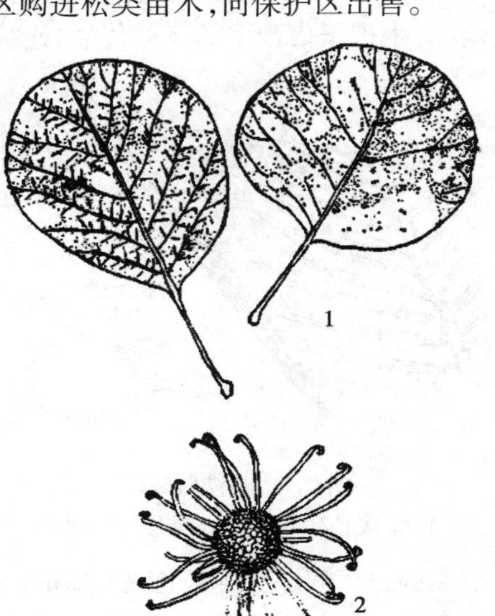

图6.9　黄栌白粉病
1.症状　2.闭囊壳

②病原　病原为漆树钩丝壳菌(*Uncinula vernieiferae* P. Henn.)，属于子囊菌亚门、核菌纲、白粉菌目、钩丝白粉菌属。闭囊壳球形、近圆形，黑色至黑褐色，附属丝顶端卷曲，闭囊壳内有多个子囊，子囊袋状、无色，子囊孢子5～8个，单胞，卵圆形，无色。

③发病规律　病菌以闭囊壳在落叶上或附着在枝干上越冬,或以菌丝在病枝上越冬。翌年5—6月,子囊孢子借风雨传播。菌丝在叶表面生长,以吸器侵入寄主表皮细胞吸取营养,菌丝上产生分生孢子进行多次再侵染。一年中以8月上中旬—9月上中旬病害蔓延最快。植株密度大,通风不良发病重,山顶比窝风的山谷发病轻;混交林比纯林发病轻;黄栌生长不良、分蘖多发病重。

(2)月季白粉病　我国各地均有发生,其中重庆、西宁、太原、郑州、呼和浩特、苏州、兰州、沈阳等市发病严重,该病也侵染玫瑰、蔷薇等植物。

①症状　病菌主要侵染叶片、嫩梢和花。初春在病芽展开的叶片上布满了白粉层,叶片皱缩、反卷、变厚,呈紫绿色,逐渐干枯死亡,成为初侵染来源。生长季节感病的叶片先出现白色的小粉斑,逐渐扩大为圆形或不规则形的白粉斑,严重时病斑相互连接成片;感病的叶柄白粉层很厚;花蕾染病时表面被满白粉,花朵畸形;嫩梢发病时病斑略肿大,节间缩短,病梢有干枯现象(图6.10)。

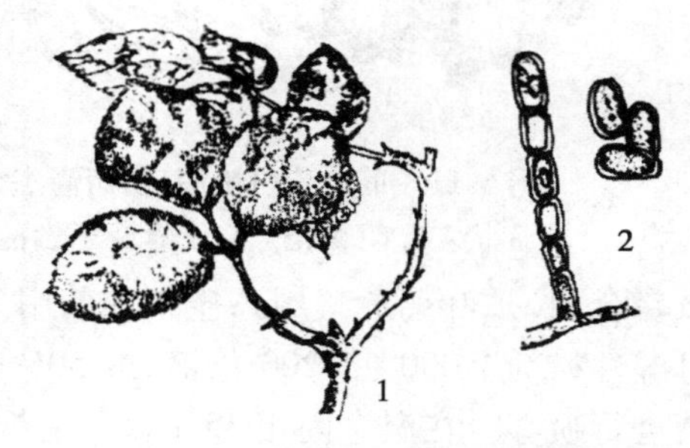

图6.10　月季白粉病(仿蔡耀焯)

1.症状　2.粉孢子

②病原　病原为蔷薇单囊壳菌[*Sphaerotheca pannosa*(Wallr.) Lev.],属于子囊菌亚门、核菌纲、白粉菌目、单囊白粉菌属。闭囊壳球形或梨形,附属丝短,子囊孢子8个;无性阶段为粉孢霉属的真菌(*Oidoum* sp.),粉孢子5~10个串生,单胞,卵圆形或桶形无色。

③发病规律　大多数以菌丝体在芽中越冬。翌年病菌侵染幼嫩部位,产生粉孢子。粉孢子2~4 h萌发,3 d左右形成新的孢子。粉孢子生长的最适温度为21 ℃,萌发的最适湿度为97%~99%。露地栽培月季以春季5—6月和秋季9—10月发病较多,温室栽培全年发病;温室内光照不足、通风不良、空气湿度高、种植密度大时发病严重;氮肥施用过多,土壤中缺钙或轻沙土过多时易于发病。温差变化大、花盆土壤过干,会减弱植物的抗病力,有利于白粉病的发生;月季红色花品种极易感病。

(3)瓜叶菊白粉病　白粉病是瓜叶菊温室栽培中的主要病害,此病还危害菊花、金盏菊、波斯菊、百日菊等多种菊科花卉。

①症状　病菌主要危害叶片,在叶柄、嫩茎以及花蕾上也有发生。发病初期,叶面上的病斑不明显,后来成近圆形或不规则形黄色斑块,上面覆一层白色粉状物,严重时病斑相连白粉层覆盖全叶。在严重感病的植株上,叶片和嫩梢扭曲,新梢生长停滞,花朵变小,有的不能开花,最后叶片变黄枯死。发病后期,叶面的白粉层变为灰白色或灰褐色,其上可见黑色小粒点病菌的闭囊壳(图6.11)。

②病原　病原为二孢白粉菌(*Erysiphe eichoracearum* DC.),属于子囊菌亚门、核菌纲、白粉菌目、白粉菌属。闭囊壳上附属丝多,子囊卵形或短椭圆形,子囊孢子椭圆形2个。该菌的无性阶段为豚草粉孢霉(*Oidium ambrosiae* Thum.),分生孢子椭圆形或圆筒形。

③发病规律　病原菌以闭囊壳在病枝残体上越冬。翌年病菌借气流和水流传播,孢子萌发后以菌丝自表皮直接侵入寄主表皮细胞,温度在15~20 ℃有利于病害的发生。病害的发生一年有两个高峰,苗期发病盛期为11—12月,成株发病盛期为3—4月。

图6.11 瓜叶菊白粉病(仿唐尚杰)

1.症状 2.闭囊壳 3.子囊及子囊孢子

2)白粉病类的防治措施

①清除侵染来源。秋冬季结合清园扫除枯枝落叶,或结合修剪除去病株集中烧毁,以减少侵染来源。

②加强栽培管理。加强栽培管理,提高园林植物的抗病性;合理使用氮肥,适当增施磷、钾肥,种植不要过密,适当疏伐,以利于通风透光;营造针叶树混交林;加强温室的温湿度管理,有规律地通风换气,营造不利于白粉病发生的环境条件。

③喷药防治。发芽前喷施3~4 °Be的石硫合剂(瓜叶菊上禁用);生长季节用25%粉锈宁可湿性粉剂2 000倍液,或70%甲基托布津可湿性粉剂1 000~1 200倍液,或50%退菌特800倍液,或15%绿帝可湿性粉剂500~700倍液进行喷雾。在温室内用45%百菌清烟剂熏烟,每667 m^2 用药量为250 g,或在夜间用电炉加热硫磺粉(温度控制在15~30 ℃)进行熏蒸,对白粉病有较好的防治效果。

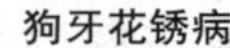
狗牙花锈病

鸡蛋花锈病

6.1.3 锈病类

1)锈病类的主要病害

(1)玫瑰锈病 该病分布于北京、山东、河南、陕西、安徽、江苏、广东、云南、上海、浙江、吉林等地,危害玫瑰、月季、野玫瑰等园林植物,是世界性病害。

①症状 病菌主要危害叶片和芽。玫瑰芽受害后,展开的叶片布满鲜黄色粉状物,叶背出现黄色的稍隆起的小斑点(锈孢子器),小斑点最初生于表皮下,成熟后突破表皮,散出橘红色粉末,病斑外围有褪色环圈,叶正面的性孢子器不明显。随着病情的发展,叶片背面(少数地区叶正面也会出现)出现近圆形的橘黄色粉堆(夏孢子堆)。发病后期,叶背出现大量黑色小粉堆(冬孢子堆);病菌也可侵害嫩梢、叶柄、果实等部位,受害后病斑明显地隆起;嫩梢、叶柄上的夏孢子堆呈长椭圆形,果实上的病斑为圆形,果实畸形(图6.12)。

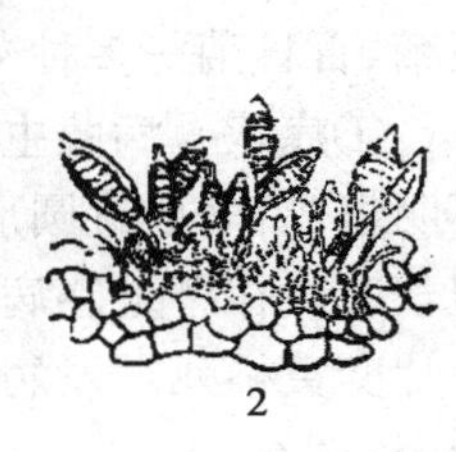

图6.12 玫瑰锈病

1.症状 2.冬孢子堆

②病原 引起玫瑰锈病的病原种类很多,国内已知有3种,属于担子菌亚门、冬孢菌纲、锈菌目、多胞菌属(*Phraymidium*),分别为短尖多胞锈菌[*Ph. mucronatum* (Pers.) Schlecht]、蔷薇多胞锈菌(*Ph. rosae-multiflorae* Diet)、玫瑰多胞锈菌(*Ph. rosaerugosae* Kasai)。其中,短尖多胞锈菌[*Ph. mucronatum* (Pers.) Schlecht]危害大、分布广。该病菌性孢子器生于上表皮,不明显。锈孢子器橙黄色,周围有很多侧丝,锈孢

子半球形或广椭圆形,淡黄色,有瘤状刺。夏孢子堆橙黄色,夏孢子球形或椭圆形,孢壁密生细刺。冬孢子堆红褐色或黑色,冬孢子圆筒形,暗褐色,3~7个不缢缩横隔,顶端有乳头状突起,无色,孢壁密生无色瘤状突起,孢子柄永存,上部有色,下部无色,显著膨大。

③发病规律　单主寄生,病原菌以菌丝体在病芽、病组织内或以冬孢子在染病落叶上越冬。翌年芽萌发时冬孢子萌发产生担孢子,侵入植株幼嫩组织。在南京地区3月下旬出现明显的病芽,在嫩芽、嫩叶上产生橙黄色粉状的锈孢子。4月中旬在叶背产生橙黄色的夏孢子,经风雨传播后,由气孔侵入进行第一次侵染,以后条件适宜时,叶背不断产生大量夏孢子进行多次再侵染,病害迅速蔓延。发病的最适温度为18~21 ℃。一年中以6—7月发病较重,秋季有一次发病小高峰。温暖、多雨、多露、多雾的天气有利于病害的发生,偏施氮肥会加重危害。

(2)毛白杨锈病(又名白杨叶锈病)　该病分布于全国各毛白杨栽植区,以河南、河北、北京、山东、山西、陕西、新疆、广西等地危害严重,主要危害毛白杨、新疆杨、苏联塔形杨、河北杨、山杨和银白杨等白杨派杨树。

①症状　毛白杨春天发芽时,病芽早于健康芽2~3 d发芽,上面布满锈黄色粉状物,形成锈黄色球状畸形病叶,远看似花朵,严重时经过3周左右就干枯变黑。正常叶片受害后在叶背面出现散生的橘黄色粉状堆,是病菌进行传播和侵染的夏孢子。受害叶片正面有大型枯死斑。嫩梢受害后,上面产生溃疡斑。早春在前一年染病落叶上可见到褐色、近圆形或多角形的疱状物,为病菌的冬孢子堆(图6.13)。

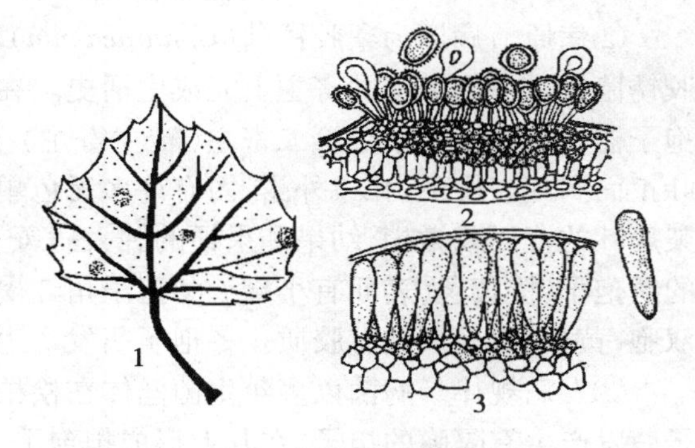

图6.13　毛白杨锈病
1. 症状　2. 夏孢子堆及夏孢子
3. 冬孢子堆及冬孢子

②病原　我国报道的有3种:马格栅锈菌(*Melampsora magnusiana* Wagner)和杨栅锈菌(*M. rostrupii* Wagner),属担子菌亚门、冬孢菌纲、锈菌目、栅锈属;圆痂夏孢锈菌(*Uredo tholopsora* Cumin),属担子菌亚门、冬孢菌纲、锈菌目、夏孢锈属。

我国毛白杨以马格栅锈菌引起的锈病最为普遍。夏孢子新鲜时近圆形,内含物鲜黄色,失水后变形为钝卵圆形,外壁无色,密生刺状突起,侧丝头状或球拍状,冬孢子堆褐色,冬孢子柱状。

③发病规律　病菌主要在受侵染的冬芽内越冬。翌年发芽时,散发出大量夏孢子,成为初侵染的重要来源。夏孢子直接穿透角质层自叶的正、背两面侵入,潜育期约5~18 d。马格栅锈菌的转主寄主为紫堇属和白屈菜属植物,杨栅锈菌的转主寄主为山靛属植物。春天毛白杨发芽时发病,5—6月为第一次发病高峰,8月以后长新叶又出现第二次发病高峰。毛白杨锈病主要危害1~5年生幼苗和幼树,老叶很少发病。毛白杨比新疆毛白杨感病重;河北的毛白杨较抗病,河南的毛白杨和箭杆毛白杨易感病。苗木过密,通风透光不良,病害发生早且重;灌水过多或地势低洼、雨水偏多,病害严重。

(3)梨锈病(又名赤星病,土名"红隆""羊胡子"等)　全国各地普遍发生,危害梨树、木瓜、山楂、棠梨等。转主寄主以桧柏、欧洲刺柏和龙柏最易感病。

①症状　病菌主要危害叶片和新梢,也危害幼果。叶片受害,在叶正面出现橙黄色、有光泽

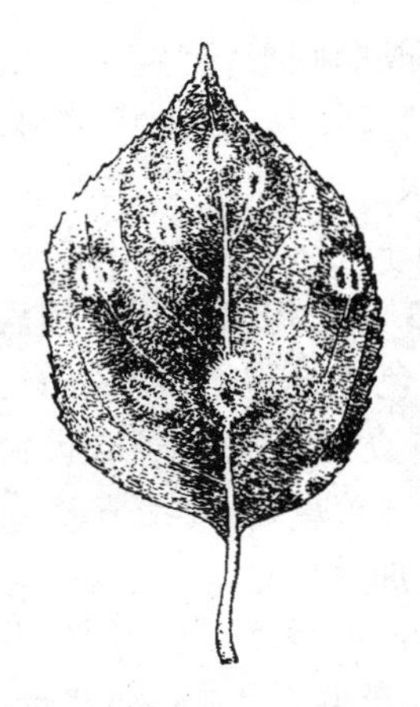
图6.14 梨锈病

的小斑点，1～2个到数十个，病斑逐渐扩大，在叶的正面产生橙红色近圆形的斑点，表面密生橙黄色小点为病菌斑。病斑中部橙黄色，边缘淡黄色，最外层有一围黄绿色的晕圈。病斑表面密生橙黄色针头大的小粒点，即病菌的性孢子器。天气潮湿时，溢出淡黄色黏液，即无数的性孢子。黏液干燥后，小粒点变为黑色，叶片背面隆起，正面稍凹陷，在隆起部位长出灰黄色的毛状物，为病菌的锈孢子器。锈孢子器成熟后，先端破裂，散出黄褐色粉末，即病菌的锈孢子，病斑逐渐变黑，叶片上病斑较多时，叶片早期脱落；幼果受害，初期病斑与叶片上的相似。病部稍凹陷，病斑上密生橙黄色后变黑色的小粒点，后期病斑表面产生灰黄色毛状的锈孢子器，病果生长停滞，畸形早落；新梢、果梗与叶柄被害时，症状与果实的大体相同，病部稍肿起，初期病斑上密生性孢子器，以后长出锈孢子器，最后发生龟裂（图6.14）。

②病原　病原为梨胶锈菌（*G. haraeanum*），属于担子菌亚门、冬孢菌纲、锈菌目、柄锈菌科、胶锈菌属。在两类不同寄主上完成生活史。在梨、山楂、木瓜等第一寄主上产生性孢子器及锈孢子器，在桧柏、龙柏等第二寄主（转主寄主）上产生冬孢子角。性孢子器呈葫芦形，埋生于梨叶正面病部表皮下，孔口外露，内有许多无色单胞纺锤形或椭圆形的性孢子。锈孢子器丛生于梨病叶的背面或嫩梢、幼果和果梗的肿大病斑上，细圆筒形，锈孢子器内有很多呈球形或近球形的锈孢子，橙黄色，表面有小疣。冬孢子角红褐色或咖啡色，圆锥形，冬孢子纺锤形或长椭圆形，双胞，黄褐色，外表被有胶质。冬孢子萌发产生担孢子，卵形，淡黄褐色，单胞。

③发病规律　病菌以多年生菌丝体在桧柏病部越冬。翌年春季3月间显露冬孢子角，冬孢子萌发产生有隔膜的担子，在其上形成担孢子，担孢子随风飞散，散落在梨树的嫩叶、新梢、幼果上，叶正面呈现橙黄色病斑，其上长出性孢子器产生性孢子。在叶背面形成锈孢子器产生锈孢子。锈孢子不能直接危害梨树，而危害转主寄主桧柏等的嫩叶或新梢，在其上越夏和越冬。到翌春再度形成冬孢子角，冬孢子角上的冬孢子萌发产生担孢子，不直接危害桧柏等，而危害梨树。梨锈病菌无夏孢子阶段，不发生重复侵染，一年中只有一个短时期内产生担孢子侵害梨树。阴雨连绵或时晴时阴，发病严重；中国梨最易感病，日本梨次之，西洋梨最抗病。

（4）美人蕉锈病　该病分布于海南、深圳、厦门、广州等地，是南方美人蕉常见病害。

①症状　发病初期，多在叶背出现黄色小疱状物，疱状物破裂散出黄粉为夏孢子堆，黄粉堆边缘有黄绿色晕圈。发病重时，叶正面也出现病斑。海南地区夏孢子周年产生，天凉后，病斑上产生褐色粉堆，即冬孢子堆。发病严重时，病斑连成片，形成不规则的坏死大斑，叶片干枯（图6.15）。

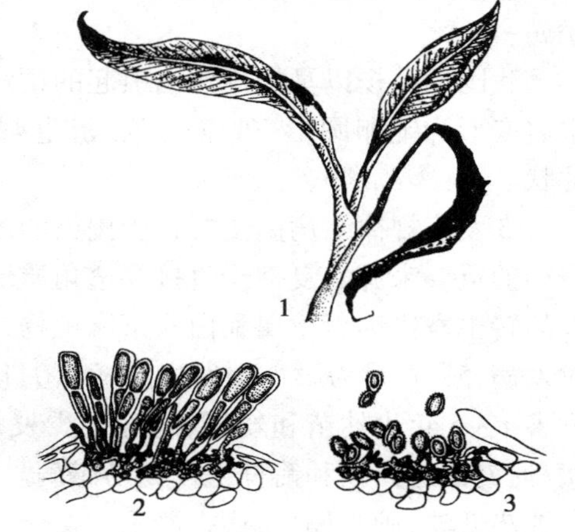

图6.15　美人蕉锈病（仿岑炳沾、苏星）
1.症状　2.冬孢子堆及冬孢子
3.夏孢子堆及夏孢子

②病原　该病由柄锈菌（*Puccinia thaliae* Diet.）引起。属于担子菌亚门、冬孢菌纲、锈菌目、柄锈菌科、柄锈菌属。夏孢子浅黄色，长卵形至椭圆形，壁厚有刺，柄短。冬孢子长椭圆形至棍棒形，顶端圆或略扁

平，分隔处略缢缩，冬孢子梗为黑褐色。该菌常被一种真菌寄生。

③发病规律　以夏孢子堆或冬孢子堆在发病植物上越冬，或以冬孢子堆在病残体上越冬。夏孢子及冬孢子由风雨传播，直接侵入。该病在广州地区，10—12 月的阴凉天气发病较重，海南地区 11 月—翌年 1 月的潮湿条件下发病严重，周年发病，天气干燥炎热发病较轻。

(5)海棠锈病(又名苹桧锈病)　该病分布于东北、华北、西北、华中、华东和西南等地。主要危害海棠、桧柏及仁果类观赏植物。

①症状　病菌主要危害海棠的叶片，也危害叶柄、嫩枝、果实。感病初期，叶片正面出现橙黄色、有光泽的小圆斑，病斑边缘有黄绿色的晕圈，其后病斑上产生针头状的黄褐色小颗粒，即病菌的性孢子器。大约 3 周后病斑的背面长出黄白色的毛状物，即病菌的锈孢子器。叶柄、果实上的病斑明显隆起，多呈纺锤形，果实畸形并开裂。嫩梢发病时病斑凹陷，病部易折断(图 6.16)。

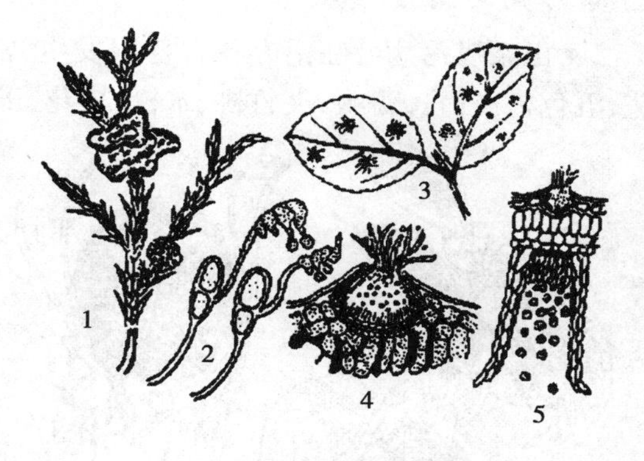

图 6.16　海棠锈病

1. 桧柏上的菌瘿　2. 冬孢子萌发
3. 海棠叶上的症状　4. 性孢子器
5. 锈孢子器

秋冬季病菌危害转主寄主桧柏的针叶和小枝，最初出现淡黄色斑点，随后稍隆起，最后产生黄褐色圆锥形角状物或楔形角状物，即病菌的冬孢子角。翌年春天，冬孢子角吸水膨胀为橙黄色的胶状物，犹如针叶树“开花”。

②病原　病原菌主要有两种：山田胶锈菌(*Gymnosporangium yamadai* Miyabe)和梨胶锈菌(*G. haraeanum* Syd.)，均属于担子菌亚门、冬孢菌纲、锈菌目、胶锈属。性孢子器球形，生于叶片的上表皮下，丛生，由蜡黄色渐变为黑色，性孢子椭圆形或长圆形。锈孢子器毛发状，多生于叶背的红褐色病斑上，丛生，锈孢子球形至椭圆形，淡黄色。冬孢子长椭圆形或纺锤形，双细胞，分隔处稍缢缩或不缢缩，黄褐色，有长柄。担孢子半球形、卵形，无色、单胞。梨胶锈菌与山田胶锈菌相似，性孢子器扁球形，较小，而性孢子纺锤形，较大。

③发病规律　病菌以菌丝体在桧柏上越冬，可存活多年。翌年 3—4 月冬孢子成熟，冬孢子角吸水膨大成花朵状。当日平均气温达 10 ℃以上，旬平均温度达 8 ℃以上时，萌发产生担孢子。担孢子借风雨传播到海棠的嫩叶、叶柄、嫩枝、果实上，从表皮直接侵入，经 6 ~ 10 d 的潜育期，在叶正面产生性孢子器，约 3 周后在叶背面产生锈孢子器。锈孢子借风雨传播到桧柏上侵入新梢越冬。病菌无夏孢子，生长季节没有再侵染。春季温暖多雨则发病重；海棠与桧柏类针叶树混栽时发病也重。

2)锈病类的防治措施

①合理配置园林植物。避免海棠和桧柏类针叶树混栽。

②清除侵染来源。结合庭园清理和修剪，及时除去病枝、病叶、病芽并集中烧毁。

③化学防治。在休眠期喷洒 3 °Be 石硫合剂杀死在芽内及病部越冬的菌丝体。生长季节喷洒 25% 粉锈宁可湿性粉剂 1 500 ~ 2 000 倍液，或 12.5% 烯唑醇可湿性粉剂 3 000 ~ 6 000 倍液，或 65% 的代森锌可湿性粉剂 500 倍液，可起到较好的防治效果。

6.1.4 煤污病类

九里香煤污病

1)煤污病类的主要病害

• 山茶煤污病　在南方各省普遍发生，常见的寄主有山茶、米兰、扶桑、木本夜来香、白兰花、五色梅、牡丹、蔷薇、夹竹桃、木槿、桂花、玉兰、含笑、紫薇、苏铁、金橘、橡皮树等。

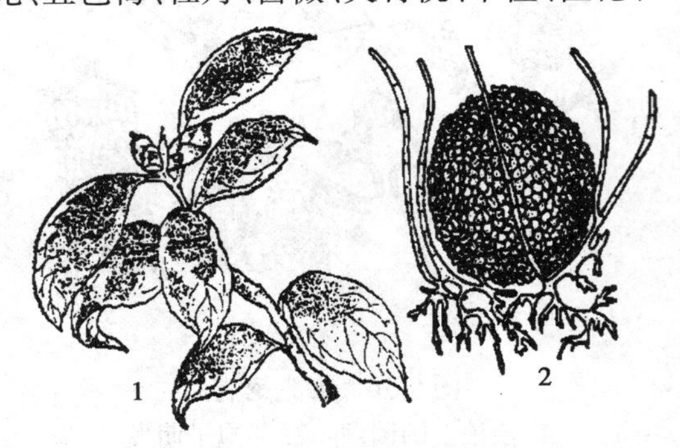

图 6.17　山茶煤污病(仿蔡耀焯)
1.症状　2.闭囊壳

①症状　病菌主要危害植物的叶片，也能危害嫩枝和花器。病菌的种类不同引起的花木煤污病的病状也略有差异，但黑色“煤烟层”是各种花木煤污病的典型特征(图 6.17)。

②病原　有性阶段的病原为子囊菌亚门、核菌纲、小煤炱菌目、小煤炱菌属的小煤炱菌(*Meliola* sp.)和子囊菌亚门、腔菌纲、座囊菌目、煤炱属的煤炱菌(*Capnodium* sp.)，无性阶段为半知菌亚门、丝孢菌纲、丛梗孢目、烟霉属的散播霉菌(*Fumago vagans* Pers)。煤污病菌常见的是无性阶段，菌丝匍匐于叶面，分生孢子梗暗色，分生孢子顶生或侧生，有纵横隔膜作砖状分隔，暗褐色，常形成孢子链。

③发病规律　病菌以菌丝、分生孢子或子囊孢子越冬。翌年温湿度适宜，叶片及枝条表面有植物的渗出物、蚜虫的蜜露、介壳虫的分泌物时，分生孢子和子囊孢子就可萌发，菌丝和分生孢子由气流、蚜虫、介壳虫等传播，进行再次侵染。病菌以昆虫的分泌物、植物的渗出物为营养，或以吸器直接从植物表皮细胞中吸取营养。温度适宜，湿度大，发病重；花木栽植过密，环境阴湿，发病重；蚜虫、介壳虫危害重时，发病重。

在露天栽培的情况下，一年中煤污病的发生有两次高峰，分别为3—6月和9—12月。温室栽培的花木，煤污病整年发生。

2)煤污病类的防治措施

①对蚜虫、介壳虫的防治。这是一项重要的防治措施。应加强管理，适时修剪，改善通风透光条件，营造不利于煤污病发生的环境条件。

②药剂防治。喷施杀虫剂防治蚜虫、介壳虫的危害。在植物休眠季节喷施3～5 °Be石硫合剂以杀死越冬病菌，或在发病季节喷施0.3 °Be石硫合剂，有杀虫治病的效果。

6.1.5 灰霉病类

1)灰霉病类的主要病害

• 仙客来灰霉病　我国仙客来栽培地区均有发生，尤其是温室花卉发病普遍，仙客来灰霉病是世界性病害,危害月季、倒挂金钟、百合、扶桑、樱花、白兰花、瓜叶菊、芍药等多种园林植物。

①症状　病菌危害叶片、叶柄、花梗和花瓣。叶片发病初期,叶缘出现暗绿色水渍状病斑,病斑迅速扩展,蔓延至整个叶片,病叶变为褐色、干枯或腐烂;叶柄、花梗和花瓣受害时,发生水渍状腐烂。在潮湿条件下,病部产生灰色霉层,即病原菌的分生孢子和分生孢子梗(图6.18)。

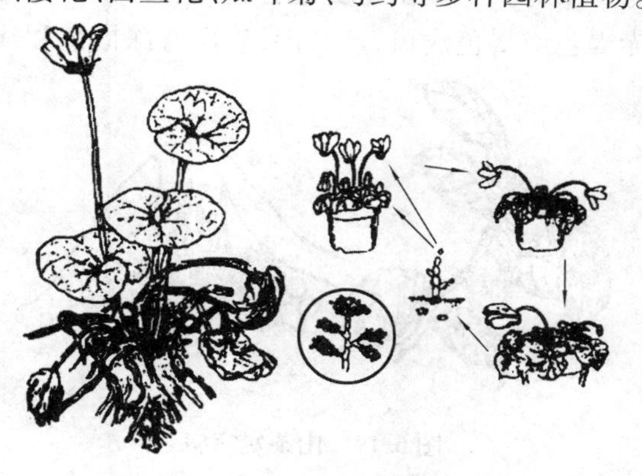

图6.18　仙客来灰霉病症状及侵染循环图

②病原　病原为灰葡萄孢霉(*Botrytis cinerea* Pers et Fr.),属于半知菌亚门、丝孢纲、丛梗孢目、葡萄孢属。分生孢子梗丛生,有横隔,灰色到褐色,顶端树枝状分叉。分生孢子椭圆形或卵圆形,葡萄状聚生于分生孢子梗上。有性阶段为子囊菌亚门的富氏葡萄盘菌[*Botryotinia fuckeliana* (de Bary) Whetzel.]。

③发病规律　以病菌的分生孢子、菌丝体、菌核在病组织上,或随病株残体在土中越冬。翌年借气流、灌溉水及园艺措施等途径传播,病部产生的分生孢子是再侵染的主要来源。一年中有两次发病高峰,即2—4月和7—8月。温度在20 ℃左右,相对湿度90%以上有利于发病;温室大棚温度适宜、湿度大、管理不善,整年可以发病且重;室内花盆摆放过密、施用氮肥过多、浇水不当及光照不足等发病重;土壤黏重、排水不良、连作的地块发病重。

2)灰霉病类的防治措施

①控制温室湿度。降低棚室内的湿度,使用换气扇或暖风机经常通风。

②清除侵染来源。及时清除病花、病叶,拔除重病株并集中烧毁。

③加强肥水管理,注意园艺操作。定植时要施足底肥,适当增施磷钾肥,控制氮肥用量。避免阴天和夜间浇水,最好在晴天的上午浇。避免在植株上造成伤口,以防病菌侵入。

④药剂防治。生长季节喷药,用50%速克灵可湿性粉剂2 000倍液,或70%甲基托布津可湿性粉剂800~1 000倍液,或50%多菌灵可湿性粉剂1 000倍液,或50%农利灵可湿性粉剂1 500倍液,进行叶面喷雾,每两周喷1次,连续喷3~4次;还可用10%绿帝乳油300~500倍液或15%绿帝可湿性粉剂500~700倍液,用50%速克灵烟剂熏烟,每667 m^2 的用药量为200~250 g;或用45%百菌清烟剂,每667 m^2 的用药量为250 g,于傍晚点燃,封闭大棚或温室,过夜即可。用5%百菌清粉尘剂,或10%夹克粉尘剂,或10%腐霉利粉剂喷粉,每667 m^2 用药粉量为1 000 g,烟剂和粉尘剂每7~10 d用1次,连续用2~3次。

6.1.6　炭疽病类

1)炭疽病类的主要病害

(1)山茶炭疽病　我国的四川、江苏、浙江、江西、湖南、湖北、云南、贵州、河南、陕西、广东、广西、天津、北京、上海均有发生,是庭园及盆栽山茶普遍发生的一种病害。

①症状　病菌主要危害叶片和嫩枝。在叶片上，发病初期出现浅褐色小斑点，逐渐扩大成赤褐色或褐色病斑，近圆形，病斑有深褐色和浅褐色相间的轮纹。叶缘和叶尖的病斑为半圆形或不规则形，病斑后期呈灰白色，边缘褐色。病斑上轮生或散生许多红褐色至黑褐色的小点，即病菌的分生孢子盘，在潮湿情况下，溢出粉红色黏液分生孢子团；在梢上，病斑多发生在新梢基部，椭圆形或梭形，边缘淡红色，后期呈黑褐色，中部灰白色，病斑上有黑色小点和纵向裂纹，病斑环梢1周，梢即枯死；在枝干，病斑呈梭形溃疡或不规则下陷，同心轮纹，削去皮层后木质部呈黑色（图6.19）。

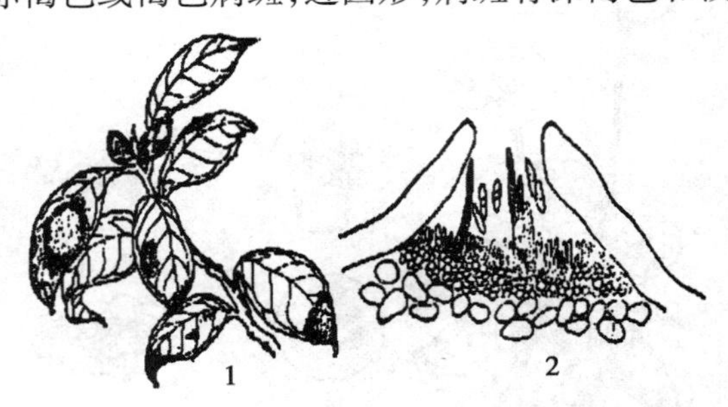

图6.19　山茶炭疽病

1.症状　2.分生孢子盘

②病原　病原为山茶炭疽菌（*Colle-totrichum camelliae* Mass.），属于半知菌亚门、腔孢菌纲、黑盘孢目、炭疽菌属。分生孢子盘着生于表皮细胞下，分生孢子梗无色，棍棒形，分生孢子长圆形，单胞，含有两个油球。

③发病规律　病菌以菌丝、分生孢子或子囊孢子在病蕾、病芽、病果、病枝、病叶上越冬。翌年春天温湿度适宜时产生分生孢子，成为初侵染来源。分生孢子借风雨传播，从伤口和自然孔口侵入。在一个生长季节里有多次再侵染。一年中5—11月可以发病，温度在25～30 ℃、相对湿度在88%时出现发病高峰。

（2）兰花炭疽病　普遍发生在兰花上的一种严重病害，还危害虎头兰、宽叶兰、广东万年青等园林植物。

①症状　病菌主要侵害叶片，也侵害果实。发病初期，叶片上出现黄褐色稍凹陷的小斑点，后扩大为暗褐色圆形或椭圆形病斑，发生在叶尖、叶缘的病斑呈半圆形或不规则形。发生在叶尖的病斑向下扩展，枯死部分可占叶片的1/5～3/5，发生在叶基部的病斑导致全叶或全株枯死。病斑中央灰褐色，有不规则的轮纹，着生许多近轮状排列的黑色小点，即病菌的分生孢子盘，潮湿情况下，产生粉红色黏液。果实上的病斑为不规则形，稍长（图6.20）。

图6.20　兰花炭疽病（仿龚浩）

1. 症状　2. 分生孢子盘

②病原　危害春兰、建兰、婆兰等品种的病原菌为兰炭疽菌（*Colletotrichum orchidaerum* Allesoh.），属于半知菌亚门、腔孢纲、黑盘孢目、炭疽菌属。分生孢子盘垫状，小型，刚毛黑色，有数个隔，分生孢子梗短细，不分枝，分生孢子圆筒形；危害寒兰、蕙兰、披叶刺兰、建兰、墨兰等品种的病原菌为兰叶炭疽菌（*C. orchidaerum f. eymbidii* Allesoh）。分生孢子盘周围有刚毛，褐色，一个分隔，分生孢子梗短、束生，分生孢子圆筒形、单孢，无色，中央有一个油球。

③发病规律　病菌以菌丝体和分生孢子盘在病株残体、假鳞茎上越冬。翌年气温回升，兰花展开新叶时，分生孢子进行初次侵染，病菌借风、雨、昆虫传播。从伤口侵入或直接侵入，潜育期2～3周，多次再侵染。分生孢子萌发的适温为22～28 ℃。每年3—11月发病，4—6月梅雨季节发病重。株丛过密，叶片相互摩擦易造成伤口，蚧虫危害严重有利于病害发生。

(3)梅花炭疽病　该病发生在梅花栽培地区,是我国梅花的一种重要病害。

①症状　病菌主要危害叶片,也侵染嫩梢。叶片上的病斑圆形或椭圆形,黑褐色,后期病斑变为灰色或灰白色,边缘红褐色,上面着生有轮状排列的黑色小点,即病菌的分生孢子盘,在潮湿情况下子实体上溢出胶质物。病斑可形成穿孔,病叶易脱落。嫩梢上的病斑为椭圆形的溃疡斑,边缘稍隆起(图 6.21)。

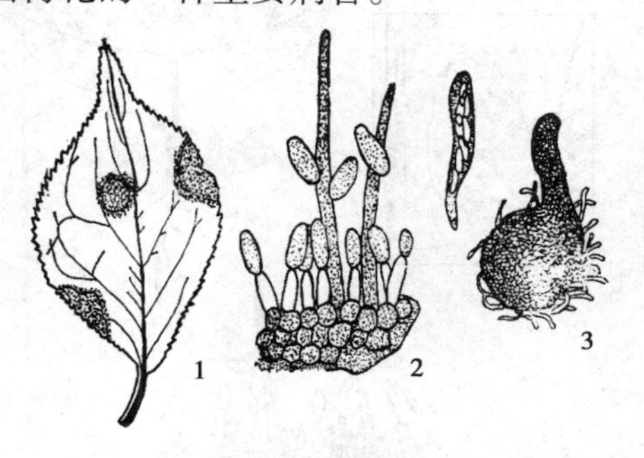

图 6.21　梅花炭疽病

1. 症状　2. 分生孢子　3. 子囊壳及子囊孢子

②病原　病原为梅炭疽菌[*Colletotrichum mume* (Hori) Hemmi],属于半知菌亚门、腔孢纲、黑盘孢目、炭疽菌属。分生孢子盘中有深褐色的刚毛,分生孢子圆筒形,无色,单孢。

③发病规律　病菌以菌丝块(发育未完成的分生孢子盘)和分生孢子在嫩梢溃疡斑及病落叶上越冬。分生孢子借风雨传播,侵染新叶和嫩梢,菌丝发育的最适温度为 25 ~ 28 ℃。一年中,4—5 月开始发病,7—8 月为发病盛期,10 月停止发病。早春寒潮发病延迟,高温多雨,有利于病害发生;栽植过密、通风不良、光照不足病害发生重;盆栽梅花比地栽梅花发病重。

(4)樟树炭疽病　该病发生在广东、广西、四川、安徽、福建、江苏、浙江、江西、湖南、台湾等地区,是樟树苗木与幼树的常见病害,该病还危害桃花心木等。

①症状　病菌危害叶片、果实和枝干。叶片和果实上的病斑为圆形,多个病斑连成不规则形,暗褐色至黑色。嫩叶上布满病斑,皱缩变形,后期病斑上着生有许多黑色小点,即病菌的分生孢子盘。嫩枝、主干上的病斑圆形或椭圆形,初为紫褐色,逐渐变为黑色,病斑下陷,病斑相互连接导致枝干枯死。在潮湿情况下,病部产生桃红色的黏质分生孢子团(图 6.22)。

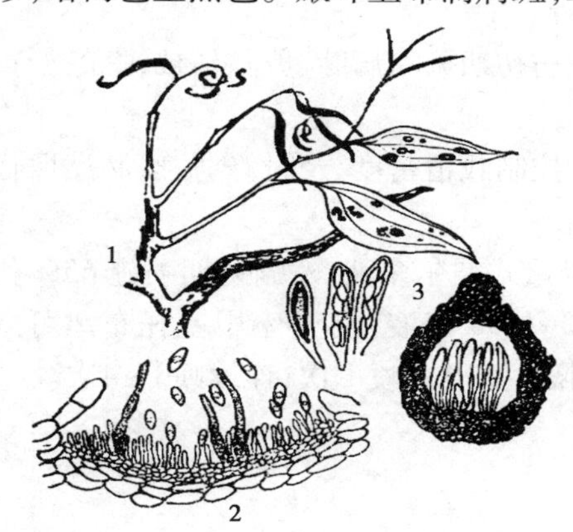

图 6.22　樟树炭疽病(仿蔡耀焯)

1. 症状　2. 分生孢子盘　3. 子囊壳及子囊孢子

②病原　病原为围小丛壳菌[*Glomerella cingulata* (Stonem) Spauld. et Schrenk.],属于子囊菌亚门、核菌纲、球壳菌目、小丛壳属。子囊壳球形或扁球形,顶端有孔口,子囊棍棒形,无柄,子囊孢子长椭圆形或梭形,无色,稍弯曲。病原菌的无性阶段是一种炭疽菌(*Colletotrichum* sp.),属于半知菌亚门、腔孢纲、黑盘孢目、黑盘孢科、炭疽菌属。分生孢子盘埋在寄主表皮下,成熟后突破表皮外露,刚毛暗褐色,有分隔,分生孢子梗无色,少分枝,分生孢子椭圆形至长椭圆形或卵圆形,单胞,无色。

③发病规律　病原以分生孢子盘或子囊壳在病株残体上越冬。病菌发育的最适温度为 22 ~ 25 ℃,分生孢子在 12 ℃以下或 33 ℃以上不能萌发,高温高湿有利于病害的发生;土壤干旱贫瘠加重病害的发生;过度使用氮肥加重发病;幼树比老树易感病;种植密度适宜,郁闭早发病轻。

(5)泡桐炭疽病　该病在泡桐栽植地区普遍发生。

①症状　病菌主要危害叶、叶柄和嫩梢。叶片上病斑初为点状失绿,后扩大呈褐色近圆形病斑,周围黄绿色,直径约 1 mm。病斑多时连成不规则的较大病斑,病斑后期中间常破裂,病叶

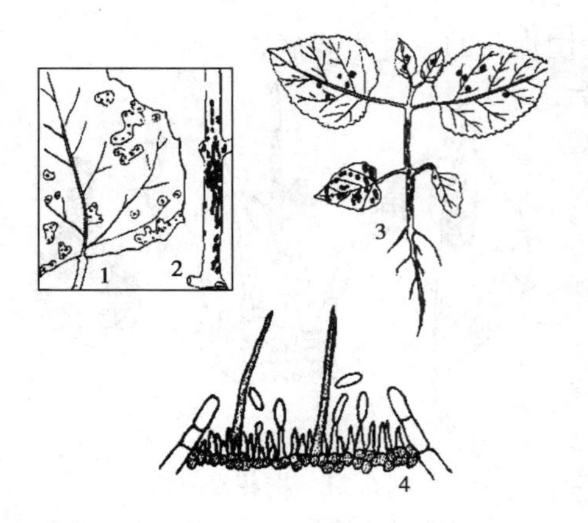

图6.23 泡桐炭疽病

1.叶上症状 2.嫩枝上症状 3.被害状 4.分生孢子盘和分生孢子

早落，嫩叶叶脉受病，叶片常皱缩畸形，高湿条件下，叶柄和嫩梢的病斑上产生黑色小点和粉红色孢子堆。实生幼苗木质化前（有2～4个叶片）被害，初期被害苗叶片变暗绿色，后倒伏死亡。若木质化后（有6片以上叶片）被害，茎叶上病斑发生多时，常呈黑褐色立枯型的枯死（图6.23）。

②病原 该病由胶孢炭疽菌（*Colletotrichum gloeisporioides* Penz）引起，属于半知菌亚门、腔菌纲、黑盘孢目、黑盘孢科、炭疽孢属。分生孢子盘初生于寄主表皮下，后突破表皮外露，黄褐色，分生孢子梗无色，分生孢子成堆时呈粉红色，分生孢子萌发最适温是25 ℃，最适湿度为90%以上。

③发病规律 病菌以菌丝在寄主组织内越冬。苗圃内留床病苗及周围幼林病枝易发生炭疽病，且为初次侵染源。次年4—5月间产生分生孢子，借风雨传播直接侵染幼嫩组织，潜育期3～4 d，可进行多次侵染。在陕西关中地区幼苗在5月下旬—6月初（2年生苗在4月下旬）发病，7月中旬达第1次发病高峰，8月下旬—9月下旬多雨天气，出现第2次发病高峰。苗木密度过大，通风透光不良，苗圃排水差，有利于病害发生。

2）炭疽病类防治措施

①清除侵染来源。冬季清除病株残体并集中烧毁；发病初期摘除病叶、剪除枯枝，挖除严重感病植株。

②加强栽培管理，营造不利于病害发生的环境条件。控制栽植密度，及时修剪，以滴灌取代喷灌，多施磷、钾肥，适当控制氮肥，提高寄主的抗病能力。

③药剂防治。当新叶展开、新梢抽出后，喷洒1%的等量式波尔多液；发病初期喷施65%代森锌可湿性粉剂500倍液，或75%百菌清可湿性粉剂500～600倍液，或70%甲基托布津可湿性粉剂800倍液，或50%多菌灵可湿性粉剂800倍液，每隔7～10 d喷1次，连续喷3～4次。

6.1.7 叶畸形类

1）叶畸形类的主要病害

（1）桃缩叶病 我国各地均有发生，危害桃树、樱花、李、杏、梅等园林植物。

①症状 病菌主要危害叶片，也危害嫩梢、花、果实。病叶波浪状皱缩卷曲，呈黄色至紫红色。春末夏初，叶片正面出现一层灰白色粉层，即病菌的子实层，叶片背面偶见灰白色粉层；病梢为灰绿色或黄色，节间短缩肿胀，上面着生成丛、卷曲的叶片，严重时病梢枯死；幼果发病初期果皮上出现黄色或红色的斑点，稍隆起，病斑随果实长大逐渐变为褐色且龟裂，病果早落（图6.24）。

②病原 病原为畸形外囊菌[*Taphrina deformance*（Berk）Tul.]，属于子囊菌亚门、半子囊菌纲、外囊菌目、外囊菌属。子囊直接从菌丝体上生出，裸生于寄主表皮外，子囊圆筒形，无色，

顶端平截，子囊内有8个子囊孢子，偶为4个，子囊孢子球形至卵形，无色。

③发病规律　病菌以厚壁芽孢子在树皮、芽鳞上越夏和越冬。翌年春天，成熟的子囊孢子或芽孢子随气流等传播到新芽上，自气孔或表皮侵入，刺激寄主细胞大量分裂，胞壁加厚，病叶肥厚皱缩、卷曲并变红。病菌发育最适温度为20 ℃，侵染的最适温度为13～17 ℃。早春温度低、湿度大有利于病害的发生。一年中4—5月发病盛期，6—7月发病停滞，无再次侵染。

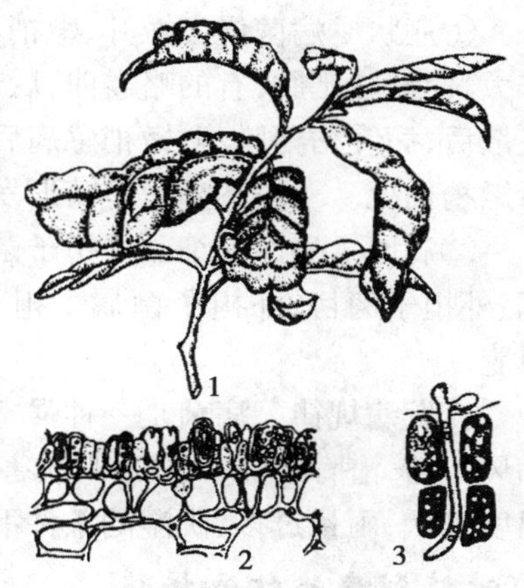

图6.24　桃缩叶病

1.症状　2.子囊层　3.子囊

(2)杜鹃饼病(又称杜鹃叶肿病、瘿瘤病)　该病分布于广东、云南、四川、湖南、江苏、浙江、江西、山东、辽宁等地。危害杜鹃、茶、石楠科植物。

①症状　病菌主要危害叶片、嫩梢，也危害花。发病初期叶正面出现淡黄色、半透明的近圆形病斑，后变为淡红色，病斑扩大变为黄褐色并下陷。叶背的病斑相应位置则隆起成半球形的菌瘿，上面着生灰白色黏性粉层，即病菌的子实层，后期灰白色粉层脱落，菌瘿变成褐色至黑褐色，受害叶片大部分或整片加厚，如饼干状，故称饼病。叶脉受害，局部肿大，叶片畸形；新梢受害，顶端出现肥厚的叶丛或形成瘤状物；花受害后变厚，形成瘿瘤状畸形花，表面生有灰白色粉状物(图6.25)。

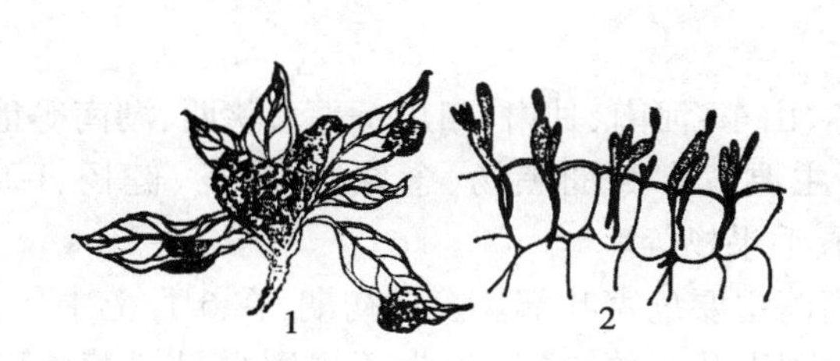

图6.25　杜鹃饼病

1.症状　2.担子和担孢子

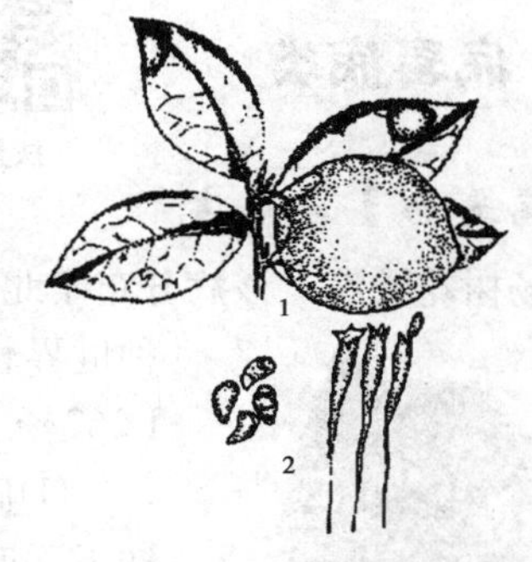

图6.26　茶饼病

1.症状　2.担子及担孢子

②病原　病原为担子菌亚门、层菌纲、外担子菌目、外担子菌属(*Exobasidium*)的真菌，常见的有两种：半球外担子菌(*E. hemisphaericium* Shirai)，子实层白色，担子棍棒形或圆筒形，担孢子纺锤形，稍弯曲，无色，单胞。半球外担子菌危害叶脉、叶柄等部位，产生半球形或扁球形的菌瘿；日本外担子菌(*E. japonicum* Shirai)，担子棍棒形或圆柱形，担子无色，单胞，圆筒形。日本外担子菌寄生在嫩叶上，产生较小的菌瘿。

③发病规律　病菌以菌丝体在病组织中越冬。条件适宜时产生担孢子，借风雨传播蔓延，带菌苗木为远距离传播的重要来源。该病是一种低温高湿病害，发生的适宜温度为15～20 ℃，适宜相对湿度为80%以上。在一年中有两个发病高峰，即春末夏初和夏末秋初，高山杜鹃容易感病。

(3)茶饼病　我国的湖南、广西、广东、湖北、河南、浙江、江西、贵州、四川等地均有发生，造成花、叶畸形、枯梢和病叶早落，影响观赏效果。

①症状　病菌侵害嫩叶、嫩梢、花及子房。病叶正面初生淡黄色、半透明、近圆形病斑，病斑扩大，使病叶肥肿，有的略卷曲，后期病部产生一层白色粉状物，即病菌的子实层。白色粉状物飞散后，病叶枯萎脱落；嫩梢感病后肥肿而粗短，由淡红色变为灰白色，逐渐出现白色粉状物，最后嫩梢枯死。子房感病后呈畸形发展，肿大如桃，初为白色，最后变黑腐烂（图6.26）。

②病原　病原为细丽外担子菌[*Exobasidium gracile* (Shirai) Syd.]，属于担子菌亚门、层菌纲、外担子菌目、外担子菌属。担子裸生，棍棒状，无色，担孢子长椭圆形或倒卵圆形，无色，单胞。

③发病规律　病菌是一种强寄生菌。以菌丝体在寄主组织内越冬。翌年春天产生担孢子，随风传播，潜育期为7～17 d，病害1年发生1次，3月中旬开始发病，4—5月为发病盛期。在温度较低、雨量过多、阴湿的条件下发病重。

2）叶畸形类的防治措施

①清除侵染来源。摘除病叶、病梢和病花并烧毁，防止病害进一步传播蔓延。

②加强栽培管理，提高植株抗病力。

③药剂防治。在重病区，休眠期喷洒3～5 °Be的石硫合剂；新叶刚展开后，喷洒0.5 °Be的石硫合剂，或65%代森锌可湿性粉剂400～600倍液，或0.5 °Be的波尔多液，或0.2%～0.5%的硫酸铜液进行防治。

6.1.8　病毒病类

扶桑病毒病

1）病毒病类的主要病害

（1）杨树花叶病　该病分布于北京、江苏、山东、河南、甘肃、四川、青海、陕西、湖南等地，是一种世界性病害，主要危害美洲黑杨、念珠杨、黑杨、健杨、I-214杨、I-262杨、沙兰杨、毛果杨等。

图6.27　杨树花叶病
1.症状　2.病原（网上下载）

①症状　病菌主要危害叶部。发病初期，在6月上中旬有病植株下部叶片上出现点状褪绿，常聚集为不规则少量橘黄色斑点；至9月从下部到中上部叶片呈明显症状，边缘褪色发焦，叶脉透明，叶片上小支脉出现橘黄色线纹，或叶面有橘黄色斑点，主脉和侧脉出现紫红色坏死斑（也称枯斑），叶片皱缩、变厚、变硬、变小，甚至畸形，提早落叶，高温时叶部隐症（图6.27）。

②病原　病原为香石竹潜隐病毒组（*Carnation latent* virus）。

③发病规律　该病毒有耐高温的特性，致死温度在75～80 ℃，稀释终点10^{-4}，体外存活时间不超过7 d，在杨树体内为系统感染，杨树的所有组织，如形成层、韧皮部和木质部等均受侵染，发病后难以防治。

（2）美人蕉花叶病　该病分布于上海、北京、杭州、成都、武汉、哈尔滨、沈阳、福州、珠海、厦门等地区，是美人蕉的主要病害。

①症状　病菌主要危害叶片及花器。发病初期，叶片上出现褪绿色小斑点，呈花叶状，有黄

绿色和深绿色相间的条纹,条纹逐渐变褐色坏死,叶片沿着坏死部位撕裂,叶片破碎不堪,某些品种出现花瓣杂色斑点或条纹,呈碎锦。发病严重时心叶畸形、内卷呈喇叭筒状,抽不出花穗,植株显著矮化(图 6.28)。

②病原　病原为黄瓜花叶病毒(*Cucumber mosaic* virus)。钝化温度为 70 ℃,稀释终点为 10^{-4},体外存活期为 3 ~ 6 d。另外,我国已从花叶病病株内分离出美人蕉矮化类病毒(*Canna dwarf* viriod),初步鉴定为黄化类型症状的病原物。

③发病规律　病毒在有病的块茎内越冬。由汁液传播,也可以由棉蚜、桃蚜、玉米蚜、马铃薯长管蚜、百合新瘤额蚜等做非持久性传播,由病块茎做远距离传播。黄瓜花叶病毒寄主范围很广,能侵染 40 ~ 50 种花卉,大花美人蕉、粉叶美人蕉、美人蕉均为感病品种,红花美人蕉抗病品种,其中"大总统"品种对花叶病是免疫;蚜虫数量多,寄主植物种植密度过大发病重。美人蕉与百合等毒源植物为邻,杂草、野生寄主多发病重;挖掘块茎的工具不消毒,易造成有病块茎对健康块茎的感染。

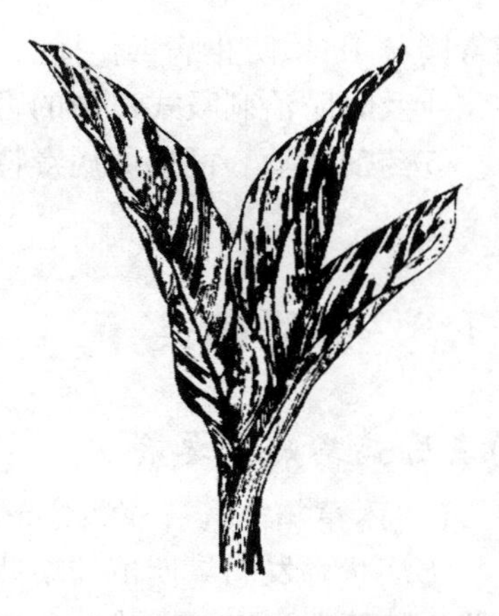

图 6.28　美人蕉花叶病(仿林焕章)

(3)香石竹病毒病　该病普遍分布于香石竹栽培区,是一类世界性病害,常见的有坏死斑病、叶脉斑驳病、蚀环斑病和潜隐病。

①香石竹坏死斑病　感病植株中下部叶片变为灰白色,出现淡黄坏死斑,或不规则形状的条斑或条纹。下部叶片常表现为紫红色,随着植株的生长,症状向上蔓延。发病严重时,叶片枯黄坏死。病原为香石竹坏死斑病毒(*Carnation necrotic flack* virus),主要通过蚜虫传播。

②香石竹叶脉斑驳病　该病在香石竹、中国石竹和美国石竹上产生系统花叶。幼苗期,症状不明显,随着植株的生长,病毒症状加重,冬季老叶往往隐症。病原为香石竹叶脉斑驳病毒(*Carnation vein mottle* virus,),主要通过汁液传播,桃蚜也是重要传播媒介。

③香石竹蚀环斑病　大型香石竹品种受害,感病植株叶上产生轮纹状、环状或宽条状坏死斑,幼苗期最明显。发病严重时,很多灰白色轮纹斑可以连接成大病斑,使叶子卷曲、畸形,在高温季节呈隐症。病原为香石竹蚀环病毒(*Carnation etched ring* virus),主要通过汁液和蚜虫传播(图 6.29)。

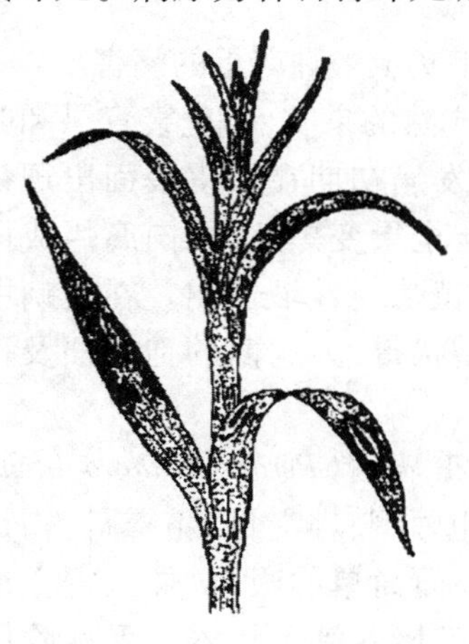

图 6.29　香石竹蚀环病

④香石竹潜隐病　该病也称香石竹无症状病。一般不表现出症状,或者产生轻微花叶症状,与香石竹叶脉斑驳病毒复合感染时,产生花叶病状。病原为香石竹潜隐病毒(*Carnation latent* virus),主要通过汁液和桃蚜传播。

2)病毒病类的防治措施

①加强检疫。严禁带毒繁殖材料进入无病地区,防止病害扩散和蔓延。

②培育无毒苗。选用健康无病的枝条、种苗作为繁殖材料,建立无毒母树园,提供无毒健康系列材料,采用茎尖脱毒法繁殖脱毒幼苗。

③加强栽培管理。在园林作业前,必须用 3% ~ 5% 的磷酸三钠溶液、酒精或热肥皂水洗涤

消毒园林工具，防止病毒传播。

④及时防治刺吸式口器的害虫。

⑤药剂防治。可选用病毒特、病毒灵、83 增抗剂、抗病毒 1 号等药剂进行防治。

6.1.9 霜霉病类

1）霜霉病类的主要病害

（1）禾草霜霉病　该病分布于华东、华北、西北、西南、台湾等地，严重危害禾本科牧草。

①症状　发病早期植株略矮，病叶稍增厚或变宽，叶片不变色，病重植株不能抽穗，从茎尖或单生腋芽上生出丛生状黄色嫩茎，剑叶特别长、宽、厚，穗茎弯曲，穗形畸形，小花不实，颖片变叶，根黄且短小，很容易拔起。在凉爽潮湿的条件下，叶上出现白色霜霉物，即病菌的子实体。

②病原　该病由大孢子疫霉病菌（*Sclerophthora macrospora*）引起，属鞭毛菌亚门、卵菌纲、霜霉目、疫霉属。孢囊梗自寄主的气孔伸出，其上着生蛋黄色的孢子囊，孢子囊柠檬形，顶端乳状突起，孢子囊成熟脱落后，在基部残留着极短的孢囊梗，卵孢子近圆形，光滑，厚壁。

③发病规律　病菌以卵孢子在土壤或病残组织内越冬或越夏，也以菌丝体在病株的叶、冠和茎上存活。随着凉爽气候的到来，染病植株上的卵孢子萌发产生菌丝，菌丝产生孢子囊，孢子囊释放出游动孢子，随水流侵染植物，游动孢子休止后再产生侵染菌丝，侵入植株体内。病菌的卵孢子在 10～20 ℃萌发，病害发生的适温为 15～20 ℃，高湿多雨、低洼积水、大水漫灌利于病害流行。在暖和的气候条件下对嫩草产生严重损害。

（2）荔枝霜霉病　该病分布于广东、福建和广西等地，是荔枝果实上一种严重的病害。

图 6.30　荔枝霜霉病

①症状　病菌危害接近成熟的果实，亦危害青果和叶片。果实受害，从果蒂开始，发病初期在果皮表面出现褐色不规则的病斑，病斑扩大至全果变黑色，果肉腐烂成肉浆，有强烈的酒味和酸味，有黄褐色汁液流出。在发病中后期，病部表面出现明显的霜状霉，为病菌的孢子梗及孢子囊（图 6.30）。

②病原　该病由荔枝霜霉病菌（*Peronophythora litchii* Chen）引起，属鞭毛菌亚门、卵菌纲、霜霉目、霜霉科、霜霉属。菌丝发达多分枝，具有小而简单的吸器，伸入寄主细胞内吸取养分。病菌易在人工培养基上培养。无性阶段形成孢囊梗及孢子囊，无色或微带褐色，柠檬形，顶端有明显的乳头状突起，孢子囊在温度 10～14 ℃时易形成，借水滴散布。

③发病规律　病菌以菌丝体在病叶和病果上越冬。翌年春产生孢子囊，借雨水传播至果实和叶片上，直接侵入寄主，果实近成熟时如遇久雨不晴，严重发病；枝叶繁茂结果多的树发病重；同一株树，树冠下部果实在荫蔽处发病早而重；接近成熟的果实比未成熟的青果发病重。

2）霜霉病类的防治措施

①农业防治。清除病残组织并烧毁；从无病株采种、精选种子；换土、轮作或进行土壤消毒；

控制好温湿度,做好通风、透光及排湿工作。

②药剂防治。在发病初期用1:2:200的波尔多液,或25%瑞毒霉可湿性粉剂600~800倍液,或40%乙磷铝可湿性粉剂200~300倍液,或40%达科宁悬浮剂稀释500~1 200倍液的药剂。

枝干病害

6.2 枝干病害

园林植物枝干病害种类多,危害性大,轻者引起枝枯,重者导致整株枯死。病状类型主要有腐烂、溃疡、丛枝、枝枯、黄化、肿瘤、萎蔫、腐朽、流脂流胶等。

6.2.1 腐烂病类

1)腐烂病类的主要病害

(1)杨树腐烂病(又称杨树烂皮病) 我国杨树栽培地区均有发生,主要危害杨属树种,也危害柳、榆、槭、樱、接骨木、桦楸、木槿等园林树种,是公园、绿地、行道树和苗木的常见病和多发病,常引起杨树的死亡。

①症状 病菌主要危害主干和枝条,表现为干腐和枯梢两种类型。

a. 干腐型 该类型主要发生在主干、大枝和树干分叉处。发病初期出现暗褐色水肿状病斑,病部皮层腐烂变软,以手压之,有水渗出,随后失水下陷,有时龟裂,病斑有明显的黑褐色边缘。后期病斑上产生许多针尖状小突起,即病菌的分生孢子器。潮湿条件下,分生孢子器孔口挤出橙黄色或橘红色卷丝状物,即分生孢子角。病部皮层腐烂成麻状,易与木质部剥离。发病严重时,病斑绕树干1周,病斑以上部分枯死。当环境条件不利于病害发展时,病斑周围的皮层组织可迅速愈合,病斑停止扩展。有些地区秋季在死亡的病组织上长出一些黑色小点,即病菌的闭囊壳。

b. 枯梢型 该类型发生在小枝条上,小枝感病后迅速枯死,无明显的溃疡症状,直至树皮裂缝中产生分生孢子角时才被发现(图6.31)。

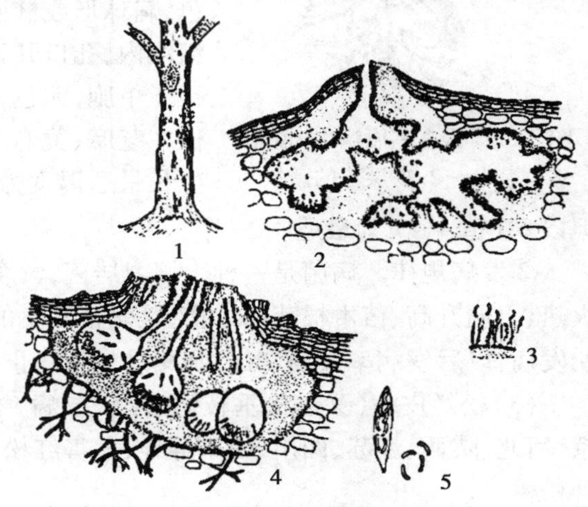

图6.31 杨树烂皮病
1. 症状 2. 分生孢子器 3. 分生孢子梗及分生孢子 4. 子囊壳 5. 子囊及子囊孢子

②病原 病原为污黑腐皮壳菌(*Valsa sordida* Nit.),属于子囊菌亚门、核菌纲、球壳菌目、黑腐皮壳属。子囊壳多个埋生于子座内,烧瓶状,有一长颈,子囊棍棒状,中部略膨大,无色,子囊孢子单胞,无色,香蕉形。无性阶段为金黄壳囊孢菌(*Cytospora chrysosperma*),属于半知菌亚门、腔孢纲、球壳孢目、壳囊孢属。分生孢子器黑色,不规则形,多室,埋生于子座内,有一共同孔口伸出子座外,突出寄主表皮外露,分生孢子形

状与子囊孢子相似，无色，单胞，较小。

③发病规律　病菌以菌丝、分生孢子和子囊壳在病菌组织内越冬。翌年春天，孢子借风、雨、昆虫等媒介传播，自伤口或死亡组织侵入，潜育期一般 6～10 d，病菌生长的最适温度为 25 ℃，孢子萌发的适温为 25～30 ℃。一年中一般 3—4 月开始发病，5—6 月为发病盛期，9 月病害基本停止。子囊孢子于当年侵入杨树，次年表现症状。病原菌是半活养生物，树势衰弱的树木，立地条件不良或栽培管理不善，有利于病害的发生；土壤瘠薄，低洼积水，春季干旱，夏季日灼，冬季冻害等容易发病；行道树、防护林、林缘木、新种植的幼树、移植多次或假植过久的苗木、强度修剪的树木容易发病；6～8 年生的幼树发病重。

（2）银杏茎腐病　该病分布于山东、安徽、江苏、浙江、江西、福建、湖南、湖北、广东、广西和新疆等地，主要危害银杏、扁柏、香榧、杜仲、鸡爪槭等多种阔叶树苗木。

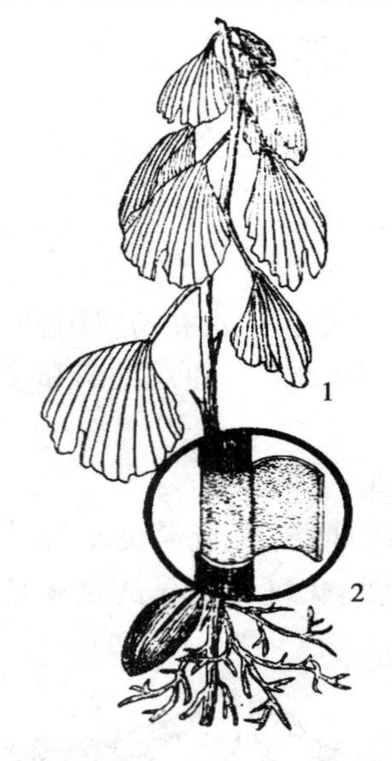

图 6.32　银杏茎腐病（仿董元）

1. 症状　2. 皮层下的菌核

①症状　一年生苗木发病初期，茎基部近地面处变成深褐色，叶片失绿稍向下垂，发病后期，病斑包围茎基并迅速向上扩展，引起整株枯死，叶片下垂不落。苗木枯死 3～5 d 后，茎上部皮层稍皱缩，内皮层组织腐烂呈海绵状或粉末状，浅灰色，其中有许多细小的黑色小菌核。病菌侵入木质部和髓部后，髓部变褐色，中空，也生有小菌核，最后病害蔓延至根部，使整个根系皮层腐烂。此时拔苗则根部皮层脱落，留在土壤中，仅拔出木质部。二年生苗易感病，有的地上部分枯死，当年自根颈部能发新芽（图 6.32）。

②病原　病原为菜豆壳球孢菌（*Macrophominia phaseolina* Goid），属于半知菌亚门、腔孢纲、球壳孢目、壳球孢属。菌核黑褐色，扁球形或椭圆形，粉末状。分生孢子器有孔口，埋生于寄主组织内，孔口开于表皮外，分生孢子梗细长，不分枝，无色。分生孢子单胞，无色，长椭圆形。病菌在银杏上不产生分生孢子器，但在芝麻、黄麻上产生，有时在桉树上也产生。病菌较喜高温，生长最适温度为 30～32 ℃，对酸碱度的适应范围在 pH 值 4～9，但以 pH 值 4～7 为最适。

③发病规律　病菌是一种土壤习居菌，营腐生生活，在适宜条件下，自伤口侵入寄主。夏季火热、土温升高、苗木根茎部灼伤，是病害发生的诱因。在南京，苗木在梅雨结束后 10～15 d开始发病，以后发病率逐渐增加，到 9 月中旬停止发病。

（3）松烂皮病（又名松垂枝病、松软枝病、松干枯病）　该病分布于黑龙江、吉林、辽宁、北京、河北、陕西、江苏、四川、山东等地，危害红松、赤松、黑松、油松、华山松、樟子松、云南松等多种松树。

①症状　病菌危害松树的枝、干、梢。在小枝、侧枝、干上发病时，与健康植株相比无明显的变化，但病部以上有松针时，松针变黄色至灰绿色，逐渐变褐或红褐色，受害枝干失水干缩起皱；在侧枝基部的皮层发病时，侧枝向下弯曲；小枝基部发病时，小枝干枯；主干皮层发病时，初期有树脂流出，后期受害皮层干缩下陷，流脂加剧，病斑绕干一周则病部以上部分枯死，最后病部皮层产生细裂纹，从裂纹处产生黄褐色的单个或数个成簇的盘状物，即病菌的子囊盘。子囊盘逐渐变大，颜色加深，雨后张开渐大，干缩变黑（图 6.33）。

②病原　病原为铁锈薄盘菌(*Cenangium ferruginosum* Fr. ex Fr),属于子囊菌亚门、盘菌纲、柔膜菌目、薄盘菌属。子囊盘在当年生病枝上形成,初埋在寄主表皮下,后突破寄主表皮外露,子囊盘初为黄褐色至绿褐色,后变为黑褐色,无柄,雨后张开变大,边缘向外卷曲,干缩皱曲,子实层淡黄至黄褐色,子囊棍棒状,子囊孢子无色至淡色,单胞,椭圆形。

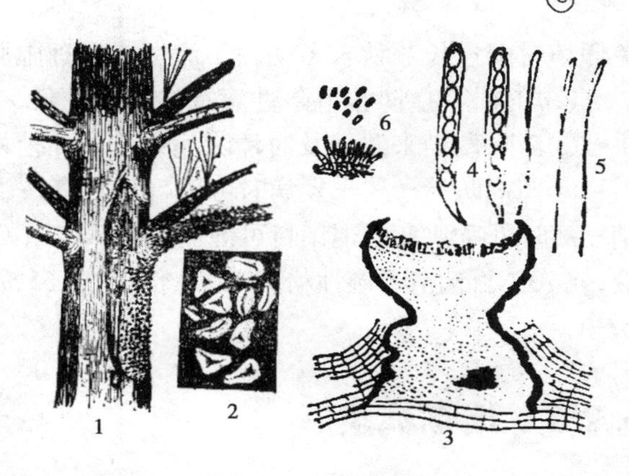

图6.33　红松烂皮病
1. 症状　2,3. 子囊盘　4. 子囊
5. 侧丝　6. 性孢子梗及性孢子

③发病规律　病菌以菌丝在树皮内越冬。翌年1—3月针叶开始出现枯萎症状,4月上中旬病枝皮下产生子囊盘,5月下旬—6月下旬子囊盘开始成熟,7月中旬—8月中旬子囊孢子发散,子囊孢子借风力传播到松树枝干上,在潮湿情况下开始萌发,自伤口侵入皮层组织中,越冬后翌年春天再显现症状。病菌为弱寄生菌,在林中枯枝上或下部树冠弱枝上生活,有利于林中的自然整枝,松树因遇干旱、水涝、冻害、虫害、土壤贫瘠、环境污染或栽植过密、管理粗放等发病重。

(4)仙人掌茎腐病　该病分布于福建、广东、山东、天津、新疆等地,是仙人掌类普遍而严重的病害。

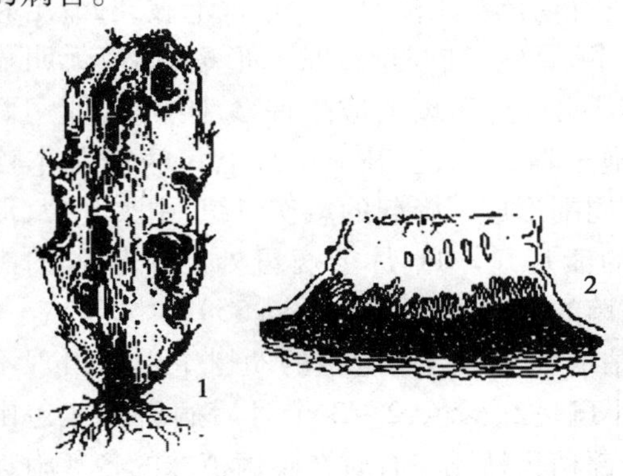

图6.34　仙人掌茎腐病
1. 症状　2. 分生孢子盘和分生孢子

①症状　病菌主要危害幼嫩植株茎部或嫁接切口组织,大多从茎基部开始侵染。发病初期为黄褐色或灰褐色水渍状斑块,逐渐软腐,病斑迅速发展,绕茎一周使整个茎基部腐烂,病斑失水,剩下一层干缩的外皮,或茎肉组织腐烂仅留髓部,最后全株枯死,病部产生灰白色或紫红色霉点或黑色小点,即病菌的子实体(图6.34)。

②病原　病原有3种:尖镰孢菌(*Fusarium oxysporum* Schlecht.)、茎点霉菌(*Phoma* Sp)和大茎点霉菌(*Macrophoma* Sp)。主要是尖镰孢菌,属于半知菌亚门、丝孢纲、瘤座孢目、镰孢属。子座灰褐色至紫色,分生孢子梗集生,粗而短,有分枝。大型分生孢子在分生孢子座内形成,纺锤形或镰刀形,基部有足细胞;小型分生孢子卵形至肾形,单细胞或双细胞。厚垣孢子球形,顶生或间生。

③发病规律　病菌以菌丝体和厚垣孢子在病株残体上或土壤中越冬,茎点霉及大茎点霉则以菌丝体和分生孢子在病株残体上越冬。尖镰孢可在土壤中存活多年。通过风雨、土壤、混有病残体的粪肥和操作工具传播,带病茎是远程传播源。高温高湿有利于发病;盆土用未经消毒的垃圾土或菜园土发病重;施用未经腐熟的堆肥,嫁接、低温、受冻及虫害造成的伤口多易于发病。

2)腐烂病类的防治措施

①加强栽培管理,适地适树。合理修剪、剪口涂药。避免干部皮层损伤,随起苗随移植,避

免假植时间过长。秋末冬初树干涂白。合理施肥是防治仙人掌茎腐病的关键。

②加强检疫,防止危险性病害的扩展蔓延,一旦发现,立即烧毁。

③清除侵染来源。及时清除病死枝条和植株,减轻病害的发生。

④药剂防治。树干发病时可用50%代森铵、50%多菌灵可湿性粉剂200倍液的药剂。茎、枝梢发病时可喷洒50%退菌特可湿性粉剂800~1 000倍液,或50%多菌灵可湿性粉剂800~1 000倍液,或70%百菌清可湿性粉剂1 000倍液,或65%代森锌可湿性粉剂1 000倍液。

6.2.2 溃疡病类

1)溃疡病类的主要病害

(1)杨树溃疡病　该病分布于北京、天津、河北、辽宁、吉林、黑龙江、山东、河南、江苏、陕西、甘肃、上海、山西等地,危害杨树、核桃、苹果等多种阔叶树。

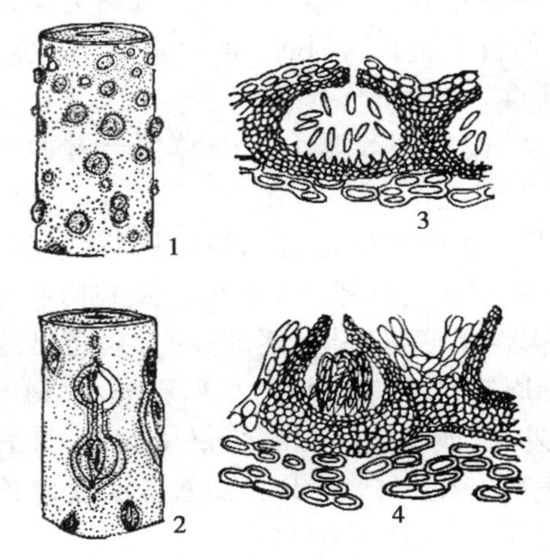

图6.35　杨树溃疡病(仿董元)

1.症状　2.溃疡斑　3.分生孢子器及分生孢子　4.子囊腔、子囊及子囊孢子

①症状　病菌主要危害树干和主枝,表现为溃疡型和枝枯型2种症状。

a.溃疡型　3月中下旬感病植株的干部出现褐色病斑,圆形或椭圆形,大小在1 cm左右,松软,用手挤压有褐色臭水流出。后期水泡破裂,流出黏液,病斑下陷呈长椭圆形或长条形斑,病斑无明显边缘。5月下旬,病斑上散生许多小黑点,即病菌的分生孢子器,突破表皮。6月上旬病斑基本停止,病斑周围形成一隆起的愈伤组织,中央开裂,形成典型的溃疡斑。11月老病斑处产生较大的黑点,即病菌的子座和子囊壳(图6.35)。

b.枯梢型　在当年定植的幼树主干上出现不明显的小斑呈红褐色,2~3个月后病斑迅速包围主干,上部梢头枯死。有时在感病植株的冬芽附近出现成段发黑的斑块,剥开树皮里面已经腐烂,在枯死梢头的部位出现小黑点,这是该病的常见症状。

②病原　病原为茶镳子葡萄座腔菌[*Botwosphaeria ribis*(Tode) Gross. et Dugg.],属于子囊菌亚门、腔菌纲、格孢腔菌目、葡萄座腔菌属。子座黑色,近圆形。子囊腔单生或集生在子座内,洋梨状,有乳头状孔口,黑褐色,子囊棍棒形,双层壁,子囊孢子8个,无色,单胞,椭圆形,子囊间有拟侧丝。无性阶段为群生小穴壳菌(*Dothiorella gregaria* Sacc.),属于半知菌亚门、腔孢纲、球壳孢目、小穴壳属。分生孢子器生于寄主表皮下,单生或集生于子座内,暗色,球形,后期突破表皮,孔口外露,分生孢子梗短,不分枝,分生孢子无色、单胞、梭形。

③发病规律　病菌以菌丝在寄主体内越冬,翌年春天气温回升到10 ℃时,菌丝开始活动,杨树表皮出现明显的病斑。分生孢子和子囊孢子也可在病组织内越冬。孢子借风雨传播,从伤口、皮孔或表皮直接侵入,潜育期为1个月左右,具潜伏侵染的特点。病害在月平均气温10 ℃以上,相对湿度60%以上,或小阵雨后,干部开始发病;月平均温度18~25 ℃,相对湿度80%以

上时，病害迅速扩展。沙丘地比平沙地发病重；土壤反碱，苗木生长不良，病害发生重；苗木假植时间过长，根系受伤发病重。

(2)槐树溃疡病(又名槐树烂皮病或腐烂病)　该病在我国华北地区普遍发生，主要危害槐树。

①症状　症状表现有2种：

a. 镰孢属(*Fusarium*)真菌引起的溃疡病　枝干上最初出现黄褐色水渍状、近圆形病斑，逐渐呈梭形，较大的病斑中央略下陷，有酒糟味，呈典型的湿腐状，后期病斑中央呈橘红色，即分生孢子堆。病斑环切主茎，使病斑以上部分枯死。若病斑不环切主茎，病斑通常当年愈合。

b. 小穴壳属(*Dothiorella*)真菌引起的溃疡病　初期与镰孢菌引起的溃疡病相似，但病斑颜色较深，边缘为紫黑色，病斑扩展迅速，后期病斑上产生许多黑色小点状的分生孢子器，病斑逐渐干枯下陷、开裂，周围很少产生愈伤组织(图6.36)。

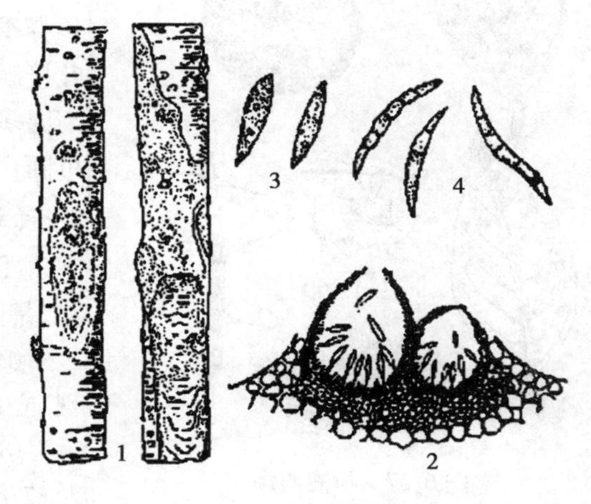

图6.36　槐树溃疡病
1. 病斑　2. 分生孢子器　3,4. 分生孢子

②病原　病原有2种：

a. 三隔镰孢菌[*F. tricinctum* (Corde) Sacc.]　该病菌属于半知菌亚门、丝孢纲、瘤座孢目、镰孢属。菌落圆形，在PDA培养基上产生大量气生菌丝，培养基内有桃红色到紫红色色素。分生孢子有2种类型：大孢子镰刀形，2～5个隔膜，无色，老熟孢子的中部形成厚垣孢子；小孢子无色，单生，长卵圆形。

b. 小穴壳菌(*D. ribis Gross et* Du)　该病菌属于半知菌亚门、腔孢纲、球壳孢目、小穴壳属。子座暗褐色，近圆形，埋生在寄主皮层组织内。分生孢子器球形或椭圆形，单生或数个聚生于子座中，暗色，分生孢子无色，纺锤形，在培养基上菌落呈圆形，为深墨绿色。

③发病规律　病菌有潜伏侵染的特性，终年存在健康的绿色树皮内，以分生孢子越冬。早春自皮孔、伤口、叶痕、死芽等处侵入，潜育期约1个月，无再次侵染。病害多发生在2～4年生幼树的绿色主干及大树的1～2年生绿色枝条上。镰孢菌型腐烂病菌在3月开始发病，4月达到发病盛期，6—7月停止。小穴壳菌型腐烂病发生较晚，病菌为弱寄生菌，土壤瘠薄、干旱，发生严重；管理粗放，移栽时根系损伤，发病重。

(3)柑橘溃疡病　该病在我国普遍发生，以热带和亚热带地区发病重，是园林植物的危险性病害。

①症状　病菌危害叶片、枝条、果实、萼片，形成木栓化突起的溃疡病斑。发病初期，叶片上产生针头大小的黄色或暗绿色油浸斑点，逐渐扩大成圆形，病斑正反两面突起，表面粗糙木栓化。病斑中央凹陷，具微细轮纹呈灰褐色，病斑周围有黄色或黄绿色的晕圈，老叶上黄色晕圈不明显，病斑直径4～5 mm，有时几个病斑相互愈合，形成不规则形的大病斑；果实上的病斑和叶片上的相似，木栓化突起显著，坚硬、粗糙，病斑较大，最大的可达12 mm，中央火山口状的开裂更显著(图6.37)。

②病原　病原为柑橘极毛杆菌[*Xanthomonas citri* (Hasse) Dowson.]，菌体短杆状，两端圆

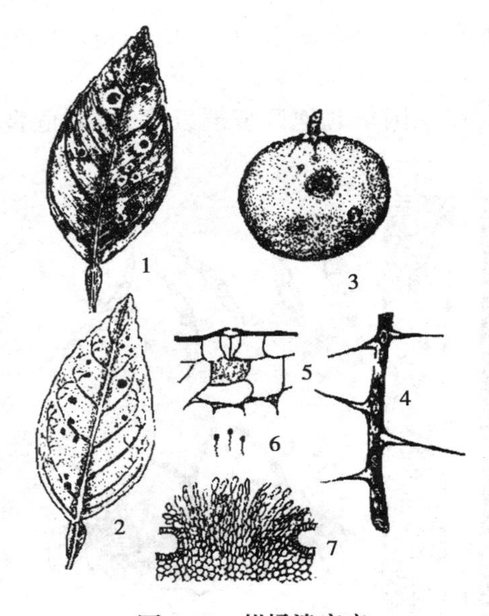
图 6.37 柑橘溃疡病
1,2. 叶片症状 3. 果实症状 4. 枝条症状
5,6. 细菌 7. 寄主细胞过度增殖的状态

钝,极生鞭毛,能运动,有荚膜,无芽孢。革兰氏染色阴性,好气,在马铃薯琼脂培养基(PDA)上,菌落初鲜黄色,后为蜡黄色,圆形,表面光滑,周围有狭窄白色带。

③发病规律 病菌在病叶、病梢、病果内越冬。翌年春季在适宜条件下,病部溢出菌脓,借风雨、昆虫和枝叶接触及人工操作等传播,由自然孔口和伤口侵入。在高温多雨季节,病斑上的菌脓可进行多次再侵染。病菌可随苗木、接穗、果实的调运而远距离传播。

2) 溃疡病类的防治措施

①加强栽培管理。促进园林植物健康生长,增强树势,是防治溃疡病的重要途径。

②加强检疫。防止危险性病害传播和蔓延,一旦发现,立即烧毁。

③清除侵染来源。结合修剪去除生长衰弱的植株及枝条,刮除老病斑,减少侵染来源。

④药剂防治。树干发病时可用 50% 代森铵、50% 多菌灵可湿性粉剂 200 倍液喷雾。

6.2.3 丛枝病类

龙眼鬼帚病

1) 丛枝病类的主要病害

(1) 竹丛枝病 该病分布于江苏、浙江、安徽、上海、湖南、山东等竹子产区,危害刚竹属、短穗竹属、麻竹属中的部分竹种,以刚竹属发生普遍。

①症状 发病初期,个别细弱枝条节间缩短,叶退化呈小鳞片形,后期病枝在春秋季不断长出侧枝,形似扫帚,严重时侧枝密集成丛,形如雀巢,下垂。4—5 月病枝梢端、叶鞘内长出白色米粒状物,即菌丝和寄主组织形成的假子座。雨后或潮湿的天气,子座上出现乳状的液汁或白色卷须状的分生孢子角。6 月假子座的一侧又长出 1 层淡紫色或紫褐色的垫状子座,9—10 月新长的丛枝梢端叶鞘内,产生白色米粒状物,但不见子座产生(图 6.38)。

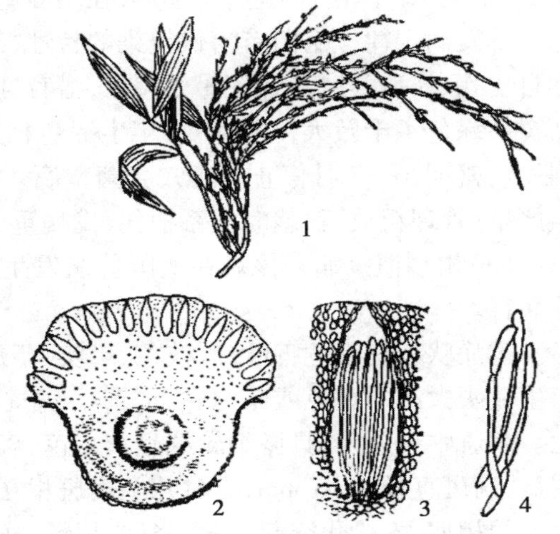
图 6.38 竹丛枝病
1. 病枝 2. 假子座 3. 子囊壳和子囊 4. 分生孢子

②病原 病原为竹瘤座菌[*Balansia take* (Miyake) Hara],属于子囊菌亚门、核菌纲、球壳菌目、瘤座菌属。病菌的白色假子座内有多个不规

则相互连通的腔室,腔室内产生许多分生孢子,分生孢子无色,子囊壳埋生于垫状子座中,瓶状且露出乳头状孔口,子囊孢子无色,8 个束生,有隔膜。

③发病规律　病菌以菌丝体在竹病枝内越冬,翌年春天在病枝新梢上产生分生孢子成为初侵染源,分生孢子借雨水传播,从新梢的心叶侵入,刺激新梢停止生长后仍继续生长而表现症状,2 ~3 年后形成鸟巢状或扫帚状的典型症状。郁闭度大,通风透光不好的竹林,低洼处,溪沟边及抚育管理不善的竹林发病重,病害大多发生在 4 年生以上的竹林内。

(2)泡桐丛枝病　该病分布于河北、河南、陕西、安徽、湖南、湖北、山东、江苏、浙江、江西等泡桐栽培区,以华北平原危害最严重。

①症状　病菌危害树枝、干、根、花、果。幼树和大树发病时,个别枝条的腋芽和不定芽萌发不正常的细弱小枝,小枝上的叶片小而黄,叶序紊乱,病小枝又抽出不正常的细弱小枝,表现为局部枝叶密集成丛,随着病害逐年发展,丛枝现象越来越多,最后全株都呈丛枝状而枯死(图 6.39)。

②病原　病原为植原体(MLO),圆形或椭圆形,直径 200 ~820 mm,无细胞壁,但具 3 层单位膜,内部具核糖核蛋白颗粒和脱氧核糖核酸的核质样纤维。

③发病规律　植原体大量存在于韧皮部输导组织的筛管内,随汁液流动通过筛板孔而侵染到全株。病害由刺吸式口器昆虫(如蝽、叶蝉等)在泡桐植株之间传播,带病的种根和苗木的调运是病害远程传播的重要途径。种子繁殖的实生苗发病率低,行道树发病率高;白花泡桐、川桐、台湾泡桐较抗病。

图 6.39　泡桐丛枝病(仿董元)

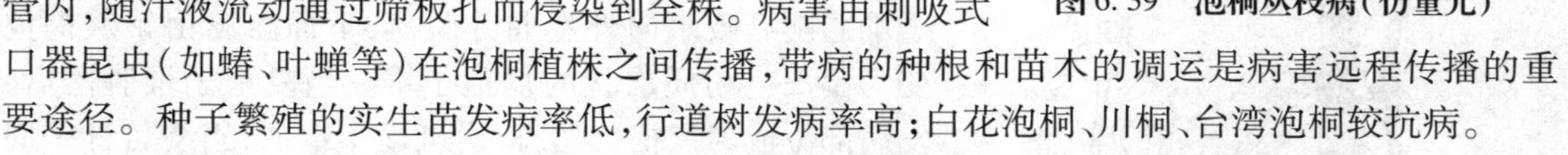

(3)龙眼丛枝病(又称鬼扫病、扫帚病、麻风病)　该病分布于广东、广西、福建、台湾、海南等龙眼产区。

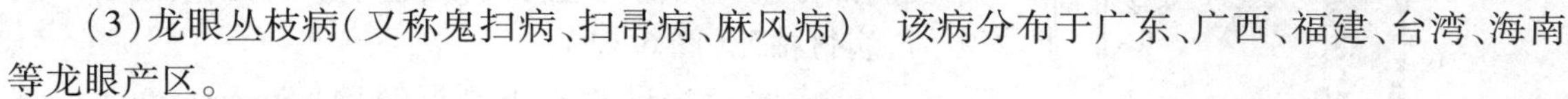

①症状　病菌危害植株嫩梢、叶片及花穗,并产生不同病状。嫩梢感病,新梢丛生,节间缩短,嫩梢顶部有各种畸形叶片,当病叶全部脱落后,整个植株呈扫帚状,故有丛枝病、鬼帚病、扫帚病之称;叶片感病嫩叶狭小,淡绿色,叶缘卷曲,不能展开,呈筒状,严重时全叶呈线状扭曲,烟褐色,成长叶片凹凸不平,卷曲皱缩,叶脉与叶肉呈黄绿相间斑纹,病叶易脱落而成秃枝;花穗发病,花穗呈丛生短簇状,花畸形不结果或果少而小,病穗褐色干枯后不易脱落,常悬挂于枝梢上(图 6.40)。

图 6.40　龙眼丛枝病

②病原　病原为龙眼鬼帚病毒(*Longan witches broom virus*),病毒粒体线状,只在寄主筛管内存活,也存在于荔枝蝽成虫的唾液腺细胞内,所以该病毒除侵染龙眼外还可侵染荔枝。

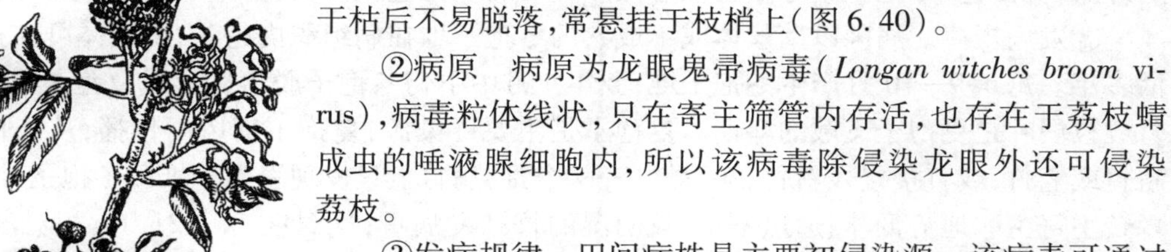

③发病规律　田间病株是主要初侵染源。该病毒可通过嫁接、压条、种子、花粉和介体昆虫进行传播,远距离传播靠带毒的种子,接穗和苗木。果园自然传毒媒介主要是荔枝蝽若虫、龙眼角颊木虱和白蛾蜡蝉。

2)丛枝病类的防治措施

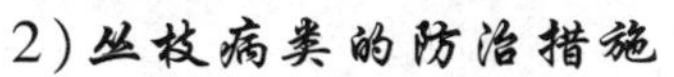

①加强检疫,防治危险性病害的传播和蔓延。

②栽植抗病品种或选用培育无毒苗、实生苗。

③及时剪除病枝,挖除病株,减轻病害的发生。

④防治刺吸式口器昆虫(如蚜、叶蝉等)。可喷洒50%马拉硫磷乳油1 000倍液或10%安绿宝乳油1 500倍液,或40%速扑杀乳油1 500倍液的药剂。

⑤喷药防治。植原体引起的丛枝病可用四环素、土霉素、金霉素、氯霉素4 000倍液喷雾。真菌引起的丛枝病可在发病初期直接喷50%多菌灵或25%三唑酮的500倍液进行防治。

6.2.4 锈病类

1)锈病类的主要病害

(1)竹秆锈病(又称竹褥病) 该病分布于江苏、浙江、安徽、山东、湖南、湖北、河南、陕西、贵州、四川、广西等地,主要危害淡竹、刚竹、旱竹、哺鸡竹、箭竹、毛竹等。

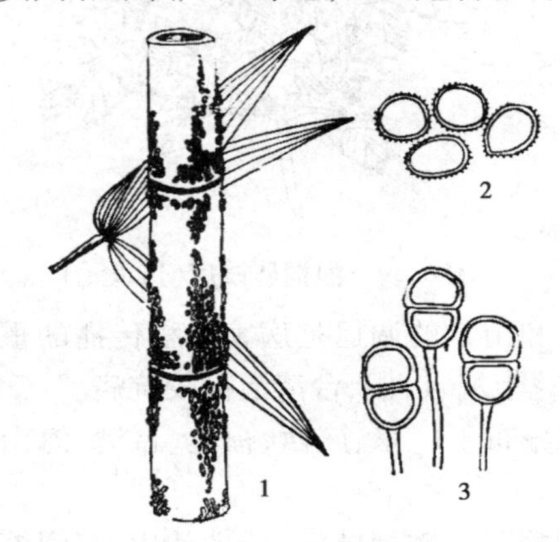

图6.41 竹秆锈病(1 仿董元;2,3 仿李传道)
1.症状 2.夏孢子 3.冬孢子

①症状 病菌多侵染竹秆下部或近地面的秆基部,严重时也侵染竹秆上部甚至小枝。感病部位于春天2—3月(有的在上一年11—12月),在病部产生明显的椭圆形、长条形或不规则形、紧密不易分离的橙黄色垫状物,即病菌的冬孢子堆,多生于竹节处。4月下旬—5月冬孢子堆遇雨后吸水向外卷曲并脱落,下面露出由紫灰褐色变为黄褐色粉质层状的夏孢子堆。当夏孢子堆脱落后,发病部位成为黑褐色枯斑,病斑逐年扩展,当绕竹秆一周时,病竹枯死(图6.41)。

②病原 病原为皮下硬层锈菌[*Stereostratum corticioides*(Berk. et Br.)Magn],属于担子菌亚门、冬孢纲、锈菌目、硬层锈菌属。夏孢子堆生于寄主茎秆的角质层下,后突破角质层外露,呈粉状,夏孢子近球形或卵形,单细胞,表面有刺。冬孢子堆圆形或椭圆形,生于角质层下,多群生紧密连成片,呈毡状,后突破角质层外露,黄褐色,冬孢子半球形至广椭圆形,双细胞,无色或淡黄色,壁平滑,具细长的柄。

③发病规律 病菌以菌丝体或不成熟的冬孢子堆在病组织内越冬,菌丝体可在寄主体内存活多年。每年9—10月产生冬孢子堆;翌年4月中下旬冬孢子脱落后形成夏孢子堆;5—6月新竹放枝展叶是夏孢子飞散的盛期。夏孢子是主要侵染源,夏孢子借风雨传播,从伤口侵入当年新竹或老竹,或直接侵入新竹,潜育期7—9个月,病竹上只发现夏孢子堆和冬孢子堆,至今未发现转主寄主。地势低洼、通风不良、较阴湿的竹林发病重;气温在14~21 ℃,相对湿度78%~85%时,病害发展迅速。

(2)松疱锈病 该病分布于河北、黑龙江、吉林、辽宁、四川、陕西、新疆、甘肃、云南、山西、湖北、内蒙古、安徽、山东、贵州、河南等地,是多种五针松的危险性病害,主要危害红松、新疆五针松、华山松、乔松、堰松、樟子松、油松、马尾松、云南松、赤松和转主寄主为东北茶藨子、黑果茶藨子、马先蒿等。

①症状 病菌主要危害松树的枝条和主干皮层,先在侧枝基部发病,后转到主干。发病初

期,病枝皮层略肿胀,呈纺锤形,后期病部皮层变色,粗糙开裂,严重时木质部外露并流脂。5月初在表皮下形成黄白色的疱,即病菌的锈孢子器;6月上中旬锈孢子器成熟突出表皮外露,呈橘黄色,锈孢子器破裂散发黄粉状锈孢子;8月末—9月初老病皮的上、下端出现混有病菌精子的蜜滴,初乳白色,后变枯黄色,带有甜味。剥去带蜜滴的树皮,可见皮层中的精子器,呈血迹状。在转主寄主上,夏季至秋季的症状为:叶背出现油脂光泽的黄色丘形夏孢子堆,在夏孢子堆或新叶组织处长出刺毛状红褐色冬孢子(图6.42)。

图6.42 松疱锈病

1.红松上的蜜滴 2.锈孢子器 3.老病皮 4.锈孢子 5.叶上的冬孢子柱 6.夏孢子 7.冬孢子萌发担子及担孢子 8.东北茶藨子上的冬孢子柱

②病原 病原为茶藨生柱锈菌(*Conartium riblcola* J. C. Fischer ex Rabenhorst),属于担子菌亚门、冬孢菌纲、锈菌目、柱锈属。性孢子器扁平,生于皮层中,性孢子梨形,无色。锈孢子器初黄白色后橘黄色,具无色包被,锈孢子球形或卵形,鲜黄色表面具粗疣。夏孢子球形或短椭圆形,鲜黄色表面具细刺。冬孢子柱丛生于寄主叶背面,赤褐色,冬孢子梭形,褐色。担孢子球形,带一嘴状突起,透明无色,具油球。

③发病规律 秋季冬孢子成熟后不经休眠萌发产生担子和担孢子,担孢子借风传播到松针上萌发产生芽管,由气孔或表皮侵入。侵入后15 d左右,在松针上出现很小的褪色斑点,在叶肉中产生初生菌丝并越冬。翌年初生菌丝生长蔓延,从针叶逐步扩展到细枝、侧枝直至树干皮部或树干基部,此过程需要3~7年,甚至更长。在侵染后的2~3年,枝干皮层上开始出现病斑,产生裂缝,秋季渗出蜜滴为性孢子和蜜露的混合物。次年春季在病部产生锈孢子器,内有大量的锈孢子,每年都产生锈孢子器,锈孢子借风力传播到转主寄主叶上,由气孔侵入,经育期15 d,产生夏孢子堆,夏孢子可重复侵染。秋季产生冬孢子柱,冬孢子柱萌发担子和担孢子,担孢子借风力传播到松针上再进行侵染。该病多发生在松树树干薄皮处、刚定植的幼苗、20年生以内的幼树及杂草丛生的幼林内,或林缘、荒坡、沟渠旁的幼龄松树易感病。以东北地区的红松疱锈病为例:锈孢子在温度10~19 ℃,相对湿度100%,萌发产生芽管,侵染转主寄主;在16 ℃以下产生冬孢子;在20 ℃下产生担子及担孢子;在10~18 ℃条件下向松树侵染。

(3)松瘤锈病 该病又称松栎锈病,分布于黑龙江、吉林、辽宁、河南、河北、山西、江苏、浙江、江西、贵州、安徽、广西、云南、四川、内蒙古等地,危害樟子松、油松、赤松、兴凯湖松、黑松、马尾松、黄山松、云南松、华山松等,转主寄主有麻栎、栓皮栎、蒙古栎、槲栎、白栎、木包树、板栗等。

①症状 病菌主要侵害松树的主干、侧枝和栎类的叶片。松树枝干受侵染后,木质部增生形成近圆形的瘿瘤。每年春夏之际,瘿瘤的皮层不规则破裂,自裂缝溢出蜜黄色液滴为性孢子器。第二年在瘤的表皮下产生黄色疱状锈孢子器,后突破表皮外露,锈孢子器成熟后破裂,散放出黄粉状的锈孢子。破裂处当年形成新表皮,次年再形成锈孢子器、再破裂。连年发病后瘿瘤上部的枝干枯死,易风折。锈孢子侵染栎树叶片,在栎叶的背面初生鲜黄色小点,即夏孢子堆,叶正面的相对位置色泽较健康部分淡,一个月后,在夏孢子堆上生出许多近褐色的毛状物,即冬孢子柱(图6.43)。

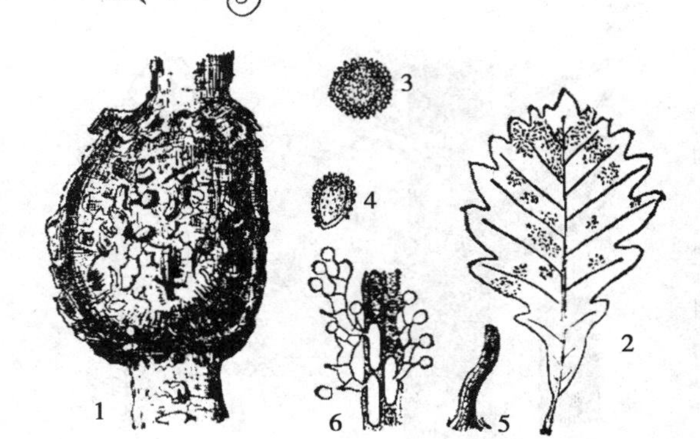

图 6.43　松瘤锈病

1. 樟子松上的病瘤　2. 蒙古栎叶背面的冬孢子柱
3. 锈孢子　4. 夏孢子　5. 冬孢子柱
6. 冬孢子萌发产生担子及担孢子

②病原　病原为栎柱锈菌[*Cronartium quercum*(Berk.) Myiabe],属于担子菌亚门、冬孢菌纲、锈菌目、柱锈菌属。性孢子无色,混杂在黄色蜜液内,自皮层裂缝中外溢。锈孢子器扁平、疱状,橙黄色,锈孢子球形或椭圆形,黄色或近无色,表面有粗疣。夏孢子堆黄色,半球形,夏孢子卵形至椭圆形,内含物橙黄色,壁无色,表面有细刺。冬孢子柱褐色,毛状,冬孢子长椭圆形,黄褐色,冬孢子连接成柱状,冬孢子萌发产生担子及担孢子。

③发病规律　病菌的冬孢子成熟后不经休眠即萌发产生担子和担孢子。担孢子随风传播到松针上萌发产生芽管,自气孔侵入,由针叶进入小枝再进入侧枝、主干,在皮层中定殖,有的担孢子直接自伤口侵入枝干,以菌丝体越冬。病菌侵入皮层第 2 ~ 3 年的春天,在瘤上挤出混有性孢子的蜜滴,第 3 ~ 4 年产生锈孢子器,锈孢子随风传播到栎叶上,由气孔侵入,5—6 月产生夏孢子堆,7—8 月产生冬孢子柱,8—9 月冬孢子萌发产生担子和担孢子,当年侵染松树。

(4)细叶结缕草锈病　该病分布于黑龙江、山东、广东、江苏、四川、云南、上海、北京、浙江、台湾等地,主要危害结缕草。

①症状　细叶结缕草锈病主要发生在结缕草的叶片上,发病严重时也侵染草茎。早春叶片一展开即可受侵染,发病初期叶片上下表皮出现疱状小点,逐渐扩展形成圆形或长条状的黄褐色病斑即夏孢子堆,成熟后突破表皮,粉堆状,橙黄色,冬孢子堆生于叶背,黑褐色、线条状,病斑周围叶肉组织失绿变为浅黄色,发病严重时整个叶片橘黄色、卷曲干枯,草坪变稀疏(图 6.44)。

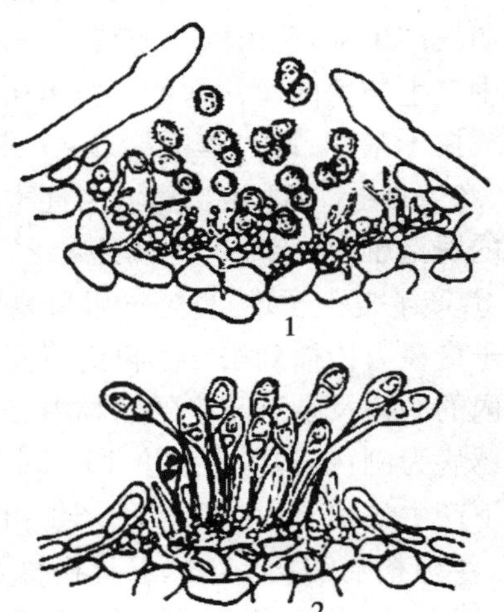

图 6.44　细叶结缕草锈病(仿徐明慧)

1. 夏孢子堆　2. 冬孢子堆

②病原　病原为结缕草柄锈菌(*Puccinia zoysiae* Diet.),属于担子菌亚门、冬孢菌纲、锈菌目、柄锈菌属。夏孢子堆椭圆形,夏孢子椭圆形至卵形单胞,淡黄色,表面有刺,冬孢子棍棒状,双细胞,黄褐色,锈菌的性孢子器及锈孢子器生于转主寄主鸡矢藤等寄主植物上。

③发病规律　病原以菌丝体或夏孢子在病株上越冬,北京地区的细叶结缕草 5—6 月叶片上出现褪绿色病斑,9—10 月发病严重,9 月底—10 月初产生冬孢子堆。广州地区发病较早,3 月发病,4—6 月及秋末发病较重。病原菌生长发育适温为 17 ~ 22 ℃,空气相对湿度在 80% 以上易于发病;光照不足,土壤板结,排水不良,通风透光较差,偏施氮肥的草坪发病重;病残体多的草坪发病重。

2)锈病类的防治措施

①加强栽培管理,改良土壤,合理施肥,提高草的抗病性。

②清除转主寄主。不与转主寄主植物混栽,是防治竹秆锈病的有效途径。

③加强检疫。禁止将疫区的苗木、幼树运往无病区,防止松疱锈病的扩散蔓延。

④清除病株,减少侵染来源。

⑤药剂防治。在发病初期喷洒15%粉锈宁可湿性粉剂1 000倍液,或25%粉锈宁1 500倍液,或用70%甲基托布津可湿性粉剂1 000倍液,或用25%三唑酮可湿性粉剂1 000~2 500倍液喷雾。

6.2.5 枯萎病类

1)枯萎病类的主要病害

(1)香石竹枯萎病　该病分布于天津、广东、浙江、上海等地,危害香石竹、石竹、美国石竹等多种石竹属植物。

①症状　病菌主要危害叶片,发病初期,植株下部叶片萎蔫,迅速向上蔓延,叶片由正常的深绿色变为淡绿色,最终呈苍白的稻草色。纵切病茎可看到维管束中有暗褐色条纹,横切病茎可见到明显的暗褐色环纹(图6.45)。

图6.45　香石竹枯萎病(仿蔡耀焯)

②病原　病原为石竹尖镰孢菌(*Fusarinm oxysporum* Snyder & Hansen),属于半知菌亚门、丝孢纲、瘤座孢目、镰孢属。引起石竹维管束病害,病菌产生分生孢子座。分生孢子有2种,即大型分生孢子和小型分生孢子。大型分生孢子较粗短,由几个细胞组成,稍弯曲,呈镰刀形;小型分生孢子较小,卵形至椭圆形。当环境不利时,垂死的植株组织和土壤内的病株残体产生大量的小的圆形的厚垣孢子。

③发病规律　病菌在病株残体或土壤中越冬。在潮湿情况下产生子实体,孢子借风雨传播,通过根和茎基或插条的伤口侵入,病菌进入维管束系统向上蔓延。繁殖材料是病害传播的重要来源,被污染的土壤也是传播来源之一。高温高湿有利于病害的发生。酸性土壤及偏施氮肥有利于病菌的侵染和生长。

(2)松材线虫病　该病又称松枯萎病,分布于南京、安徽、广东、山东、浙江、台湾和香港等地,是松树的一种毁灭性病害,主要危害黑松、赤松、马尾松、海岸松、火炬松、黄松、湿地松、白皮松等植物。

①症状　松树受害后症状发展过程分为4个阶段:第一阶段,外观正常,树脂分泌减少或停止,蒸腾作用下降;第二阶段,针叶开始变色,树脂分泌停止,通常能够观察到天牛或其他甲虫侵害和产卵的痕迹;第三阶段,大部分针叶变为黄褐色,萎蔫,通常见到甲虫的蛀屑;第四阶段,针叶全部变为黄褐色,病树干枯死亡,但针叶不脱落,此时树体上有次期性害虫栖居(图6.46)。

②病原　松材线虫病由松材线虫[*Bursaphelenchuh xylophilus* (Steiner & Buhrer) Nickle]为害造成。

③发病规律　松材线虫病每年7—9月发生。高温干旱气候适合病害发生,低温则抑制病

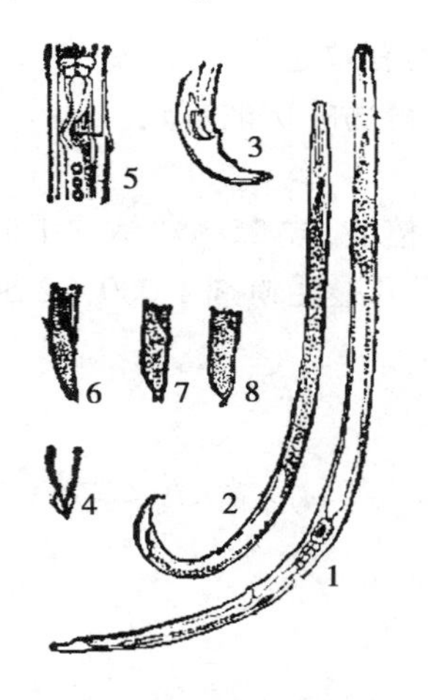

图6.46 松材线虫(仿唐尚杰)
1.雌成虫 2.雄成虫 3.雄虫尾部
4.交合伞 5.雌虫阴门
6~8.雌虫尾部

害的发展;土壤含水量低,病害发生严重。在我国,传播松材线虫的主要媒介是松墨天牛。松墨天牛5月羽化,从罹病树中羽化出来的天牛几乎都携带松材线虫。天牛体内的松材线虫为耐久型幼虫,这阶段幼虫抵抗不良环境能力很强,它们主要分布在天牛的气管中,每只天牛可携带成千上万条线虫。当天牛在树上咬食补充营养时,线虫幼虫从天牛取食造成的伤口进入树脂道,然后蜕皮为成虫。被松材线虫侵染的松树又是松墨天牛的产卵对象。翌年,在罹病松树内寄生的松墨天牛羽化时又会携带大量线虫并"接种"到健康的树上,导致病害的扩散蔓延。病原线虫近距离由天牛携带传播,远距离随调运带有松材线虫的苗木、木材及松木制品等传播。松材线虫生长繁殖的最适温度为20 ℃,低于10 ℃时不能发育,在28 ℃以上繁殖受到抑制,在33 ℃以上不能繁殖。

2)枯萎病类的防治措施

①加强检疫,防止危险性病害的扩展与蔓延。

②对传病昆虫的防治是防止松材线虫扩散蔓延的有效手段。防治松材线虫的主要媒介为松墨天牛,在天牛羽化前,可用0.5%杀螟松乳剂或乳油,杀死松材内的松墨天牛的幼虫。

③清除侵染来源。挖除病株且烧毁,进行土壤消毒,有效控制病害的扩展。

④药剂防治。在发病初期用50%多菌灵可湿性粉剂800~1 000倍液,或50%苯来特500~1 000倍液灌注根部土壤。防治松材线虫病可在树木被侵染前用丰索磷、克线磷、氧化乐果、涕灭威等树干注射或根部土壤处理。

6.2.6 枝枯病类

1)枝枯病类的主要病害

(1)月季枝枯病 该病又名月季普通茎溃疡病,分布于上海、江苏、湖南、河南、陕西、山东、天津、安徽、广东等地,危害月季、玫瑰、蔷薇等蔷薇属多种植物。

①症状 病菌主要侵染枝干。发病初期,枝干上出现灰白、黄或红色小点,逐渐扩大为椭圆形至不规则形病斑。病斑中央灰白色或浅褐色,边缘紫色,后期病斑下陷,表皮纵向开裂。溃疡斑上着生许多黑色小颗粒,即病菌的分生孢子器。老病斑周围隆起,病斑环绕枝条一周,引起病部以上部分枯死(图6.47)。

②病原 病原为伏克盾壳霉(*Coniothyrium fuckelii* Sacc),属于半知菌亚门、腔胞纲、球壳孢目、盾壳霉属。分生孢子器生于寄生植物表皮下,黑色,扁球形,具乳突状孔口,分生孢子梗较短,不分枝,单胞,无色,分生孢子小,浅黄色,单胞,近球形或卵圆形。

③发病规律 病菌以菌丝和分生孢子器在枝条病组织中越冬。翌年春天,在潮湿情况下分生孢子器内的分生孢子大量涌出,借风雨传播,成为初侵染源。病菌通过休眠芽和伤口侵入寄主。管理不善、过度修剪、生长衰弱的植株发病重。

(2)落叶松枯梢病　该病主要分布于辽宁、吉林、黑龙江、内蒙古、山东、陕西、山西、河北等地，是落叶松的一种危险性病害。

①症状　病菌侵染当年新梢。发病初期，新梢褪绿，渐发展成烟草棕色，枯萎变细，顶部下垂呈钩状。自弯曲部起向下逐渐落叶，仅留顶部叶簇。干枯的基部呈浅黄棕色，弯曲的茎轴呈暗栗色。发病较晚时，因新梢木质化程度较高，病梢直立枯死不弯曲，针叶全部脱落。病梢常有松脂溢出，松脂固着不落、呈块状。若连年发病则病树顶部呈丛枝状。新梢病后十余日，在顶梢残留叶上或弯曲的茎轴上散生近圆形小黑点，即病菌的分生孢子器，有时在枝上有黑色小点，即病菌的性孢子器。8月末至下一年6月，在病梢上看到梭形小黑点，即病菌的子囊果(图6.48)。

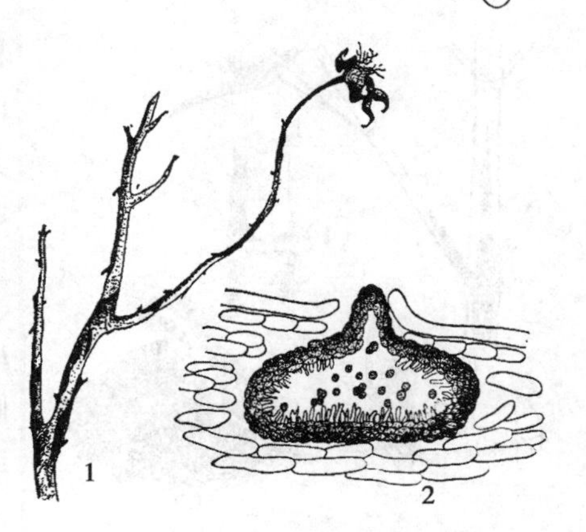

图6.47　月季枝枯病(仿蔡耀焯)

1.症状　2.分生孢子器

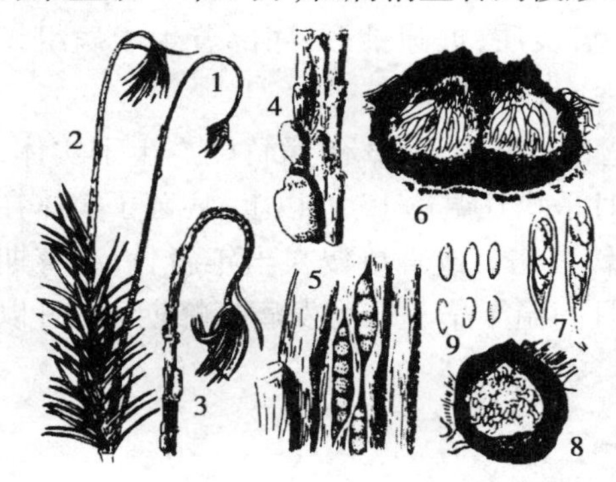

图6.48　落叶松枯梢病

1,2,3.病梢

4.病梢放大，可见松脂块及病原菌的子实体

5.子实体的生长状态　6.子囊腔

7.子囊及子囊孢子　8.分生孢子器

9. 分生孢子

②病原　病原为落叶松球座菌(*Guignardia laricima* Yamamoto et K. Ito)，属于子囊菌亚门、腔菌纲、座囊菌目、球座菌属。座囊腔为瓶状或梨形，黑褐色，单生、群生或丛生于病梢表皮下，成熟后顶部外露。子囊棍棒状，双壁，基部有短柄，平行排列于座囊腔基部，子囊孢子8个，双行排列于子囊中，无色，单胞，椭圆形。分生孢子器群生于顶梢残留叶簇和病梢上部表皮下，球形或扁球形，黑色。分生孢子梗短，不分枝。分生孢子椭圆形，单胞，无色，常见1~2个油球。性孢子器球形至扁球形，单生或丛生于病枝表皮下，性孢子梗长，无色，具2~3个横隔，性孢子短杆状或椭圆形，无色。

③发病规律　病菌以菌丝及未成熟的座囊腔或残存的分生孢子器在病梢及顶梢残叶上越冬。翌年6月以后，座囊腔成熟产生子囊和子囊孢子，子囊孢子借风力传播，侵染带伤新梢，成为当年的主要侵染来源。残存的分生孢子靠雨水和风力传播，成为初侵染源。侵染10~15 d后出现病状，约7月中下旬产生分生孢子器，以分生孢子进行再侵染，8月末开始在病梢上产生座囊腔。6月下旬—7月中下旬的孢子飞散期如遇连续降雨则病害发生严重；风口、林缘的落叶松发病重；冻害、霜害为病菌侵入创造条件则发病重；兴安落叶松、长白落叶松、华北落叶松和朝鲜落叶松易感病，日本落叶松发病轻；6~15年生幼树发病重。

(3)毛竹枯梢病　该病分布于安徽、江苏、上海、浙江、福建、广东、江西等地，是毛竹的一种危险性病害。

①症状　病菌危害当年新竹枝条、梢头。发病初期主梢或枝条的分叉处出现舌状或梭形病斑，由淡褐色逐渐变为深褐色。随着病斑的扩展，病部以上叶片变黄、纵卷直至枯死脱落。严重发病的竹林，前期竹冠赤色，远看似火烧，后期竹冠灰白色，远看竹林似戴白帽。竹林内病竹最终出现枝枯、梢枯、株枯3种类型。剖开病竹，腔内病斑处组织变褐，长有棉絮状菌丝体。病竹

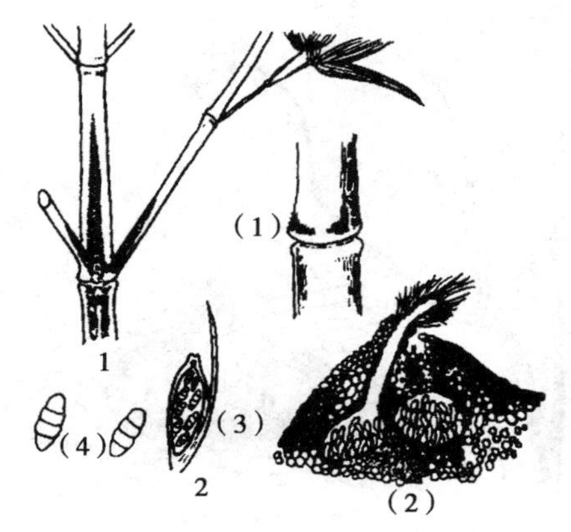

图 6.49 毛竹枯梢病

1. 症状 2. 病原

(1)疣状子实体 (2)子囊壳

(3)子囊及子囊孢子 (4)子囊孢子

枝梢部叶片和小枝脱落后,不再萌生新叶。翌年春天,林内病竹染病部位出现不规则状或长条状突起物,后纵裂或不规则开裂,从裂口处长出1至数根黑色刺状物,即病菌的子囊壳。有时病部也散生圆形突起的小黑点,即病菌的分生孢子器(图6.49)。

②病原　病原为竹喙球菌(*Ceratophaeria phyllostachydis* Zhang),属于子囊菌亚门、核菌纲、球壳菌目、喙球菌属。子囊壳黑色,炭质,卵圆形或扁圆形,表面无毛,顶部具长喙黑色、外露,喙顶外部具有灰色毛状物,内部有缘丝。子囊棍棒状,束生,有短柄,双层壁,透明,顶部明显加厚,具1孔口。子囊间有假侧丝,略长于子囊,子囊孢子8个,双行排列于子囊内,梭形,初为无色,后为浅黄色,多数具3个隔膜,少数4个隔膜,分隔处稍缢缩,分生孢子器暗褐色,炭质,近圆锥形,底部着生于病组织内,大部分外露,分生孢子单胞,无色,腊肠形,具2~4个油球。

③发病规律　病菌以菌丝体在林内老竹病组织内越冬。林内1~3年病竹能产生子实体,比前2年的病竹产生的子实体多。每年4月雨量充足,月平均气温达15 ℃以上,病菌子实体在林间开始产生;于5月上旬—6月中旬成熟,随风雨传播,自伤口或直接侵入当年新竹,潜育期1~3个月,有的长达1~2年;7月开始产生病斑;7—8月高温干旱季节为发病高峰期;10月以后病害停止。山岗、林缘、阳坡、纯林内的新竹发病重。

2)枝枯病类的防治措施

①加强栽培管理,提高园林植物抗病能力。

②加强检疫,防止危险性病害的扩展和蔓延。

③清除侵染来源。及时清除病死枝条和植株,除去其他枯枝或生长衰弱的植株及枝条,刮除老病斑,减少侵染来源,减轻病害的发生。

④药剂防治。树干发病时可用50%代森铵或65%代森锌可湿性粉剂1 000倍液喷雾。

6.2.7 黄化病类

1)黄化病类的主要病害

翠菊黄化病分布于北京、上海等地,危害翠菊、瓜叶菊、矢车菊、天人菊、美人蕉、天竺葵、福禄考、金盏菊、金鱼草、长春花、菊花、非洲菊、百日草、万寿菊、矮雪轮、大岩桐、荷花、香石竹、蔷薇、茉莉、牡丹等40个科的100多种植物。

(1)症状　翠菊感病后,生长初期幼叶沿叶脉出现轻微黄化,而后叶片变为淡黄色,病叶向上直立,叶片和叶柄细长狭窄,嫩枝上腋芽增多,形成扫帚状丛枝,植株矮小、萎缩,花序颜色减退,花瓣通常变成淡黄绿色,花小或无花(图6.50)。

(2)病原　病原为植原体(MLD),球形或椭圆形,有时形态变异为蘑菇形或马蹄形。

(3)发病规律　病原物主要是在雏菊、春白菊、大车前、飞蓬、天人菊、苦苣菜等各种多年生植物上存活和越冬,通过叶蝉从这些植物传播到翠菊或其他寄主上侵染危害。此外,菟丝子也能传毒,但种子不带毒,汁液和土壤不传毒。温度在25 ℃时潜育期为8～9 d,气温在20 ℃时潜育期为18 d,10 ℃以下不显症状,7—8月发病严重。

图6.50　翠菊黄化病

2)**黄化病类的防治措施**

①加强检疫,防治危险性病害的传播。

②栽植抗病品种。

③及时剪除病枝,挖除病株,减轻病害的发生。

④防治刺吸式口器昆虫(如蚜、叶蝉等)可喷洒50%马拉硫磷乳油1 000倍液或10%安绿宝乳油1 500倍液、40%速扑杀乳油1 500倍液,可减少病害传染。

根部病害

6.3　根部病害

根部病害是园林植物病害中种类最少、危害性最大的一类病害。根部病害主要破坏植物的根系,影响水分、矿物质、养分的输送,引起植株的死亡。主要症状类型:根部及根茎部皮层腐烂,产生特征性的白色菌丝、菌核、菌索,根部和根茎部肿瘤,植株枯萎,根部或干基腐朽,产生大型子实体等。引起园林植物根部病害的病原有非侵染性病原(如土壤积水、酸碱度不适、土壤板结、施肥不当等)和侵染性病原(如真菌、细菌、线虫等)。

6.3.1　猝倒病类

1)**猝倒病类的主要病害**

幼苗猝倒病(又名幼苗立枯病)分布于全国各地,是园林植物的常见病害之一。主要危害杉属、松属、落叶松属等针叶树苗木,也危害杨树、臭椿、榆树、枫杨、银杏、桑树等多种阔叶树幼苗和瓜叶菊、蒲包花、彩叶草、大岩桐、一串红、秋海棠、唐菖蒲、鸢尾、香石竹等多种花卉,是育苗中的一大病害。

(1)症状　自播种至苗木木质化后都可能被侵害,但各阶段受害状况及表现特点不同,种子和幼苗在播种后至出土前被害时表现为种芽腐烂型,苗床上出现缺行断垄现象;幼苗出土期,若湿度大或播种量多,苗木密集,揭除覆盖物过迟,被病菌侵染,幼苗茎叶黏结,表现为茎叶腐烂;苗木出土后至嫩茎木质化之前被害,苗木根茎处变褐色并出现水渍状腐烂,表现为幼苗猝倒型,这是本病的典型特征;苗木茎部木质化后,根部皮层腐烂,苗木直立枯死,但不倒伏,称为立枯型,由此称为苗木立枯病(图6.51)。

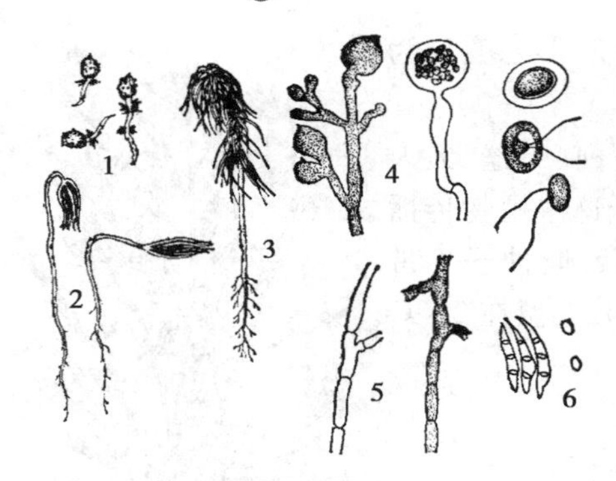

图6.51 杉苗猝倒病症状及病原
1. 种芽腐烂 2. 幼苗猝倒病 3. 苗木立枯病
4. 孢子囊、游动孢子和卵孢子 5. 菌丝
6. 分生孢子

(2)病原 病原有非侵染性病原和侵染性病原两大类。非侵染性病原包括圃地积水,排水不良,造成根系窒息;土壤干旱、黏重,表土板结;覆土过厚,平畦播种揭开草帘子时间过晚;地表温度过高,根茎灼伤;农药污染等。侵染性病原主要是真菌中的腐霉菌(*Pythium* spp.)、丝核菌(*Rhizoctronia* spp.)和镰刀菌(*Fusarium* spp.)。

腐霉菌属于鞭毛菌亚门、卵菌纲、霜霉目、腐霉属。菌丝无隔,无性阶段产生游动孢子囊,囊内产生游动孢子,在水中游动到达侵染部位。有性阶段产生厚壁而色泽较深的卵孢子。常见的有危害松、杉幼苗的德巴利腐霉(*Pythium debaryanum* Hesse)和瓜果腐霉[*Pythium aphanidermatum* (Eds.) Fitz.]。

丝核菌属于半知菌亚门、丝孢纲、无孢目、丝核菌属。菌丝分隔,分枝近直角,分枝处明显缢缩。初期无色,老熟时浅褐色至黄褐色。成熟菌丝常呈一连串的桶形细胞,菌核即由桶形细胞菌丝交织而成,菌核黑褐色,质地疏松。常见的是危害松、杉幼苗的立枯丝核菌。

镰刀菌属于半知菌亚门、丝孢纲、瘤座菌目、镰孢属。菌丝多隔无色,无性阶段产生两种分生孢子:一种是大型多隔镰刀状的分生孢子,另一种为小型单胞的分生孢子。分生孢子着生于分生孢子梗上,分生孢子梗集生于垫状的分生孢子座上。有性阶段很少发生。常见的是危害松、杉幼苗的腐皮镰孢[*Fusarium solani* (Mart.) App. et Wollenw.]和尖镰孢(*Fusarium oxysporum* Schl.)。

(3)发病规律 病菌为弱寄生,有较强的腐生能力,平时能在土壤的植物残体上腐生且能存活多年,以卵孢子、厚垣孢子和菌核度过不良环境。病菌借雨水、灌溉水传播,一旦遇到合适的寄主便侵染危害。病菌主要危害一年生幼苗,尤其是苗木出土后至木质化前最容易感病;长期连作感病植物,种子质量差,幼苗出土后连遇阴雨,光照不足,幼苗木质化程度差,播种迟,覆土深,雨天操作,揭草不及时,则发病重。

2)猝倒病类防治措施

①选好圃地。用新垦山地育苗,苗木不连作,土中病菌少,苗木发病轻。

②选用良种。选成熟度高、品质优良的种子,适时播种,增强苗木抗病性。

③土壤和种子消毒。用五氯硝基苯为主的混合剂处理土壤和种子。混合比例为75%五氯硝基苯,其他药剂25%(如代森锌或敌克松),用量为4~6 g/m^2。配制方法:先将药量称好,然后与细土混匀即成药土。播种前将药土在播种行内垫1 cm厚,然后播种,并用药土覆盖。

④药剂防治。幼苗发病后,用1%硫酸亚铁或70%敌克松500倍稀释液喷雾,或用1:1:120~170的波尔多液,每隔10 d喷1次,共喷3~5次。

6.3.2 根腐病类

1)根腐病类的主要病害

(1)杜鹃疫霉根腐病 该病分布于杜鹃栽植区,主要危害杜鹃属、紫杉属等园林植物。

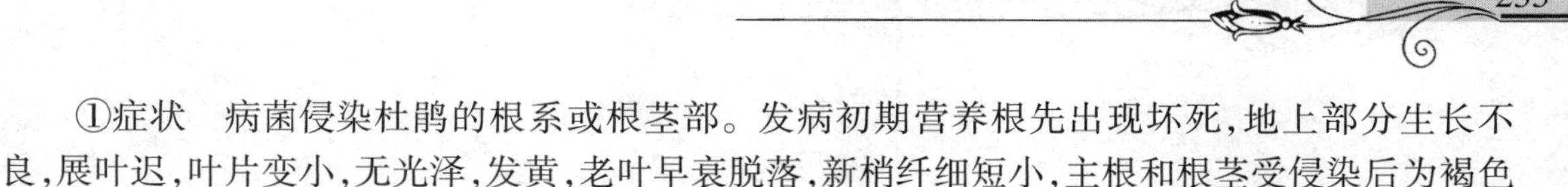

①症状　病菌侵染杜鹃的根系或根茎部。发病初期营养根先出现坏死，地上部分生长不良，展叶迟，叶片变小，无光泽，发黄，老叶早衰脱落，新梢纤细短小，主根和根茎受侵染后为褐色腐烂，表皮剥离脱落，叶片凋萎下垂，全株枯死。

②病原　病原为樟疫霉（*Phytophthora cinnamomii* Rands），属鞭毛菌亚门、卵菌纲、霜霉目、疫霉属。孢子囊卵圆形至椭圆形，有乳状突起。

③发病规律　病菌以厚垣孢子、卵孢子在病株残体上或在土壤中越冬，无寄主时休眠体长期存活，能在土中存活 84 ~ 365 d。

(2) 花木根朽病　该病分布于东北、华北、云南、四川、甘肃等地，是一种著名的根部病害，主要危害樱花、牡丹、芍药、杜鹃、香石竹等200多种针、阔叶树种。

①症状　病菌侵染根部或根颈部，引起皮层腐烂和木质部腐朽。针叶树被害后，在根颈部产生大量流脂，皮层和木质部间有白色扇形的菌膜，在病根皮层内、病根表面及病根附近的土壤内产生深褐色或黑色扁圆形的根状菌。秋季在濒死或已死亡的病株干茎和周围地面上，出现成丛的蜜环菌的子实体。被害的初期症状，表现为皮层的湿腐，具有浓重的蘑菇味，黑色菌索包裹着根部，紧靠的松散树皮下有白色菌扇，也形成蘑菇。根系及根茎腐烂，最后整株枯死（图6.52）。

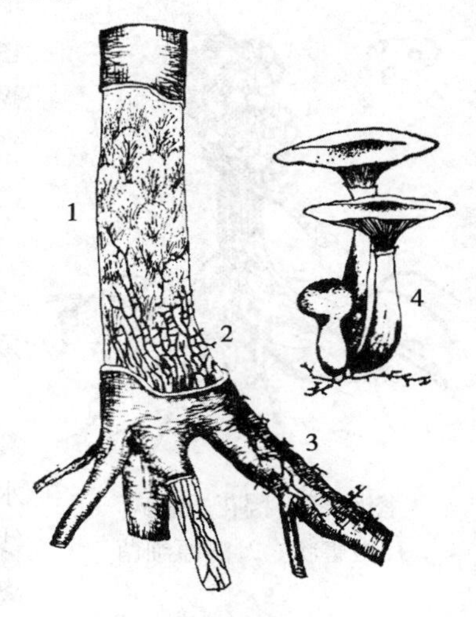

图6.52　花木根朽病

1. 菌扇　2. 皮下的菌索
3. 根皮表面的菌索　4. 子实体

②病原　病原为小蜜环菌[*Armillariella mellea*（Vahl ex Fr.）Karst]，属于担子菌亚门、层菌纲、伞菌目、小蜜环菌属。子实体伞状，多丛生，菌体高 5 ~ 10 cm，菌盖淡蜜黄色，上表面具有淡褐色毛状小鳞片，菌柄位于菌盖中央，实心，黄褐色，上部有菌环，担孢子卵圆形，无色。

③发病规律　小蜜环菌腐生能力强，存在于土壤或树木残桩上。担孢子随气流传播侵染带伤的衰弱木，菌索在表土内扩展延伸，当接触到健根时直接侵入或通过根部表面的伤口侵入。植株生长衰弱，有伤口存在，土壤黏重，排水不良，有利于病害的发生。

2）根腐病类的防治措施

①选好圃地。不积水，透水性良好，不连作，前作不应是茄科等最易感病植物。

②选用抗病品种，提高植株抗病力。

③精细选种。适时播种，播种前用0.2% ~0.5%的敌克松等拌种。

④播种后控制灌水。尽量少灌水，减少发病。出现苗木感病时，在苗木根颈部用75%敌克松 4 ~ 6 g/m^2 灌根。苗木出圃时严格检查，发现带病苗木立即烧毁。栽植前，将苗木根部浸入70%甲基托布津500倍溶液中 10 ~ 30 min，进行根系消毒处理。

⑤病树治疗。用70%甲基托布津，或50%多菌灵可湿性粉剂500 ~ 1 000倍的药液灌病根。病株周围土壤用二硫化碳浇灌处理，抑制蜜环菌的发生。病树处理及施药时期要避开夏季高温多雨季节，处理后加施腐熟人粪尿或尿素，尽快恢复树势。

⑥挖除重病林。及早挖除病情严重及枯死的植株。

⑦加强检疫，防止病害的扩展和蔓延。

⑧生物防治。施用木霉菌制剂，促进植株健康生长。

6.3.3 根瘤病类

1)根瘤病类的主要病害

(1)樱花根癌病　该病分布很广,主要危害樱花、菊、石竹、天竺葵、月季、蔷薇、柳、桧柏、梅、南洋杉、银杏、罗汉松等59个科142属300多种植物。

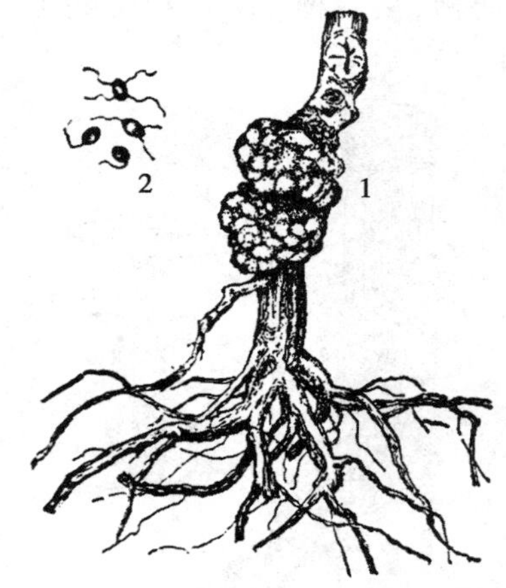

图6.53　樱花根癌病
1.被害状　2.病原细菌

①症状　病害主要发生在根颈部,也发生在主根、侧根及地上部的主干和侧枝上。病部膨大呈球形的瘤状物,幼瘤为白色,质地柔软,表面光滑,瘤状物逐渐增大,质地变硬,褐色或黑褐色,表面粗糙、龟裂。由于根系受到破坏,轻者造成植株生长缓慢、叶色不正,重者引起全株死亡(图6.53)。

②病原　病原为根癌土壤杆菌[*Agrobacterium tumefaciens* (Smith et Towns.)Conn],菌体短杆状,具1~3根极生鞭毛。革兰氏染色阴性,在液体培养基上形成较厚的、白色或浅黄色的菌膜。在固体培养基上菌落圆而小,稍突起半透明。

③发病规律　病菌在癌瘤组织的皮层内越冬,或在癌瘤破裂脱皮时,进入土壤中越冬,病菌在土壤中存活1年以上。雨水和灌溉水是传病的主要媒介。此外,地下害虫如蛴螬、蝼蛄、线虫等在病害传播上也起一定的作用。其中苗木带菌是远距离传播的重要途径。病菌从伤口侵入寄主,引起寄主细胞异常分裂,形成癌瘤。从病菌侵入到出现病瘤需几周或1年以上。适宜的温湿度是根癌病菌进行侵染的主要条件。病菌侵染与发病随土壤湿度的增高而增加;癌瘤的形成以22 ℃时为适合,在18~26 ℃时形成的根瘤细小,在28~30 ℃时不易形成,在30 ℃以上几乎不能形成。土壤为碱性时有利于发病;在pH值为6~8范围时病菌的致病力强;土壤黏重、排水不良发病重;管理粗放或地下害虫多发病重。

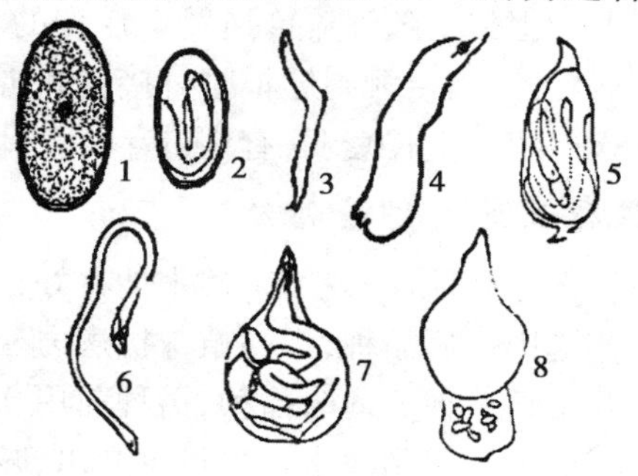

图6.54　根结线虫生活史
1.卵　2.卵内幼虫　3.性分化前的幼虫
4.未成熟的雌虫　5.在幼虫包皮内成熟的雄虫
6.雄虫　7.含有卵的雌虫　8.产卵的雌虫

(2)仙客来根结线虫病　该病在我国发生普遍,寄主范围广,主要危害仙客来、桂花、海棠、仙人掌、菊、石竹、大戟、倒挂金钟、栀子、唐菖蒲、木槿、绣球花、鸢尾、天竺葵、矮牵牛、蔷薇等植物。

①症状　线虫危害仙客来球茎及侧根和支根。球茎上形成大的瘤状物,直径可达1~2 cm。侧根和支根上的瘤较小,单生。根瘤初淡黄色,表皮光滑,后变褐色,表皮粗糙,切开根瘤,在剖面上可见发亮的白色颗粒,即为梨形的雌虫体。

②病原　病原为南方根结线虫(*Meloidogyne incognita* Chitwood)。雄虫蠕虫形,细长,长1.2~2.0 mm,尾短而圆钝,有两根弯刺状的交合器;雌虫鸭梨形,阴门周围有特殊的会阴花纹,这是鉴定种的重要依据;幼虫蠕虫形,卵长椭圆形,无色透明(图6.54)。

③发病规律　线虫以二龄幼虫或卵在土壤中或土中的根结内过冬。当土壤温度达到20～30 ℃,湿度在40%以上时,线虫侵入根部为害,刺激寄主形成巨型细胞形成根结,从入侵到形成根结大约1个月。幼虫蜕皮发育为成虫,雌雄交配产卵或孤雌生殖产卵。完成1代需30～50 d,1年发生多代。通过流水、肥料、种苗传播。土壤内幼虫如3周遇不到寄主,死亡率可达90%。温度高、湿度大时发病重;沙壤土中发病重。

2)根瘤病类的防治措施

①改进育苗方法。加强栽培管理,选择无病土壤作苗圃,实施轮作,间隔2～3年。苗圃地应进行土壤消毒,用硫磺粉50～100 g/m^2,或5%福尔马林60 g/m^2,或漂白粉100～150 g/m^2对土壤进行处理;用日光暴晒和高温干燥方法,或用克线磷、二氯异丙醚、丙线磷(益收宝)、苯线磷(力满库)、棉隆(必速灭)等颗粒剂进行土壤处理;碱性土壤应施用酸性肥料或增施有机肥料,如绿肥等,以改变土壤pH值,使之不利于病菌生长;雨季及时排水,改善土壤的通透性;中耕时尽量少伤根。苗木检查消毒:用1%硫酸铜溶液浸泡5 min,或用3%次氯酸钠液浸泡3 min,再放入2%石灰水中浸泡3 min。

②病株处理。在定植后的果树上发现病瘤时,用快刀切除病瘤,用100倍硫酸铜溶液或50倍抗菌剂402溶液消毒切口,再外涂波尔多液保护;也可用400单位链霉素涂切口,外涂凡士林保护,切下的病瘤立即烧毁。病株周围的土壤可用抗菌剂402的2 000倍液灌注消毒;在生长期对病株可用10%力满库(克线磷)施于根际附近,用量为45～75 kg/hm^2,可沟施、穴施或撒施,也可把药剂直接施入浇水中,此药是当前较理想的触杀及内吸性杀线虫剂。

③防治地下害虫。地下害虫危害造成根部受伤,增加发病机会,因此应及时防治地下害虫,减轻发病。

④生物防治。在发病前,使用K84生物保护剂。

6.3.4　纹羽病类

1)纹羽病类的主要病害

(1)花木紫纹羽病(又称紫色根腐病)　该病分布于东北、河北、河南、安徽、江苏、浙江、广东、四川、云南等地,危害松、杉、柏、刺槐、杨、柳、栎、漆树、橡胶、芒果等树木。

①症状　从小根开始发病,蔓延至侧根及主根,甚至到树干基部。皮层腐烂,易与木质部剥离,病根及干基部表面有紫色网状菌丝层或菌丝束,有的形成一层质地较厚的毛绒状紫褐色菌膜,如膏药状贴在干基处,夏天在上面形成一层很薄的白粉状孢子层,在病根表面菌丝层中有时还有紫色球状的菌核。病株地上部分表现为:顶梢不发芽,叶形变小、发黄、皱缩卷曲,枝条干枯,最后全株死亡(图6.55)。

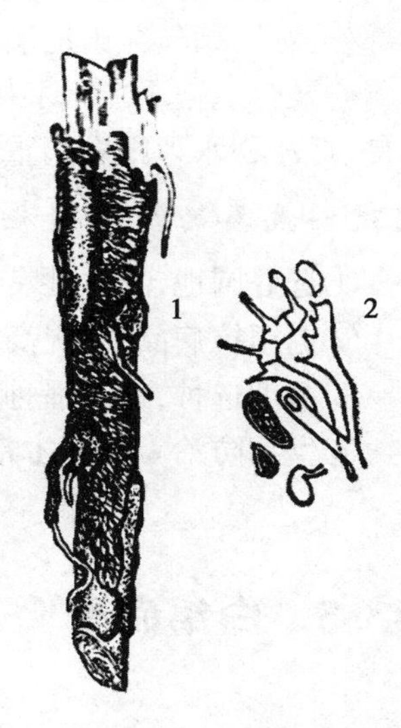

图6.55　紫纹羽病
1.症状　2.担子及担孢子

②病原　病原为紫卷担子菌[*Helicobasidium purpureum* (Tul.) Pat.],属于担子菌亚门、层菌纲、银耳目、卷担菌属。子实体膜质,紫色或紫红色,子实层表面光滑。担子卷曲,担孢子单胞、肾形、无色。

病菌在病根表面形成明显的紫色菌丝体和菌核。

③发病规律　病菌以病根上的菌丝体和菌核在土壤内越冬。菌核有抵抗不良环境条件的能力,长期存活在土壤中,环境条件适宜时,萌发菌丝体,菌丝体成束在土内或土表延伸,接触到健康林木根后直接侵入,通过病、健根接触传染蔓延,担孢子在病害传播中不起重要作用。4 月开始发病,6—8 月为发病盛期,有明显的发病中心。地势低洼,排水不良的地方容易发病。

(2)花木白纹羽病　该病分布于辽宁、河北、山东、江苏、浙江、安徽、贵州、陕西、湖北、江西、四川、云南、海南等地,危害栎、栗、榆、槭、云杉、冷杉、落叶松、银杏、苹果、梨、泡桐、垂柳、腊梅、雪松、五针松、大叶黄杨、芍药、风信子、马铃薯、蚕豆、大豆、芋等植物。

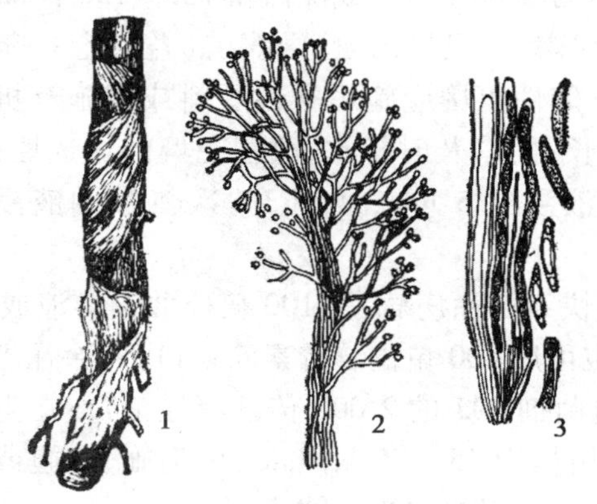

图 6.56　花木白纹羽病

1. 菌丝片　2. 分生孢子梗束　3. 子囊及子囊孢子

①症状　病菌侵害根部,最初须根腐烂,后扩展到侧根和主根。被害部位的表层缠绕有白色或灰白色的丝网状物,即根状菌索。土表根际分布白色蛛网状的菌丝膜,有时形成小黑点,即病菌的子囊壳,烂根有蘑菇味(图 6.56)。

②病原　病原为褐座坚壳菌[*Rosellinia necatrix* (Hart.) Berl.],属于子囊菌亚门、核菌纲、球壳菌目、座坚壳属。无性阶段形成孢梗束,具横膈膜,上部分枝,顶生或侧生 1 ~3 个分生孢子,分生孢子无色,单胞、卵圆形,易脱落。老熟菌丝在分节的一端膨大,形成圆形的厚垣孢子。菌核黑色,近圆形,直径 1 mm,大的达 5 mm。有性世代形成子囊壳,不常见,繁殖器官在全株腐朽后才产生。

③发病规律　病菌以菌核和菌索在土壤中或病株残体上越冬。通过病、健根的接触和根状菌索的蔓延,病菌的孢子在病害传播上作用不大。当菌丝体接触到寄主植物时,从根部表面皮孔侵入,先侵害小侧根,后在皮层下蔓延至大侧根,破坏皮层下的木质细胞,深层组织不受侵害。根部死亡后,菌丝穿出皮层,在表面缠结成白色或灰褐色菌索,以后形成黑色菌核,有时亦形成子囊壳及分生孢子。3 月中下旬开始发病,6—8 月发病盛期,10 月停止发病。土质黏重、排水不良、低洼积水地则发病重。高温有利于病害的发生。

2)纹羽病类的防治措施

①选好圃地,透水性良好,不连作,前作不应是茄科等最易感病植物。

②选用抗病品种,提高植株抗病力。

③精细选种,适时播种,播种前用 0.2% ~0.5% 的敌克松等拌种。

④生物防治。施用木霉菌制剂或 5406 抗生菌肥料覆盖根系,促进植株健康生长。

6.3.5　白绢病类

1)白绢病类的主要病害

花木白绢病分布于长江以南各省,危害芍药、牡丹、凤仙花、吊兰、美人蕉、水仙、郁金香、香石竹、菊、福禄考、油茶、油桐、楠、茶、泡桐、青桐、橄、梓、乌桕、柑橘、苹果、葡萄、松树等60余个科200多种植物。

(1)症状　病菌主要危害根茎基部。在近地面的根茎处开始发病,逐渐向上部和地下部蔓延,病部呈褐色,皮层腐烂。受害植物叶片失水凋萎,枯死脱落,植株生长停滞,花蕾发育不良,枯萎变红。主要特征是病部呈水渍状,黄褐色至红褐色湿腐,上面有白色绢丝状菌丝层,呈放射状蔓延到病部附近土面上,病部皮层易剥离,基部叶片易脱落。君子兰和兰花等发生在根茎部及地下肉质茎处。有球茎、鳞茎的花卉植物,发生于球茎和鳞茎上。发病中后期,在白色菌丝层中出现黄白色油菜籽大小的菌核,后变为黄褐色或棕色(图6.57)。

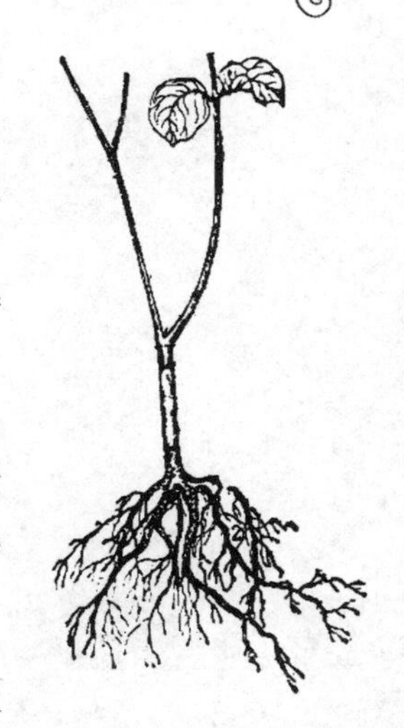

图6.57　花木白绢病

(2)病原　病原的有性阶段少见,无性阶段为齐整小核菌(*Sclerotium rolfsii* Sacc.),属于半知菌亚门、丝孢纲、无孢目、小核菌属。菌丝体白色,疏松,或集结成菌丝束贴于基物上,菌核表生,状如油菜籽,初为白色,后为褐色。

(3)发病规律　病菌以菌丝与菌核在病株残体、杂草或土壤中越冬,菌核在土壤中存活5~6年,在环境条件适宜时,由菌核产生菌丝进行侵染。病菌由病苗、病土和水流传播,直接侵入或从伤口侵入,潜育期1周左右。病菌发育的适宜温度为32~33 ℃,最高温度38 ℃,最低温度13 ℃。江、浙一带5—6月梅雨季节为发病高峰,北方地区8—9月为发病高峰。高温、高湿是发病的主要条件,土壤湿润、株丛过密有利于发病;介壳虫危害加重病害的发生;连作地发病重;酸性沙质土发病重。

2)白绢病类的防治措施

①选择排水良好,不连作的地块为圃地。

②选用抗病品种,提高植株抗病力。

③精细选种,适时播种。

复习思考题

1. 谈谈杨树在不同的生长发育过程中常见的病害、发病时表现的特征及如何防治。

2. 当松瘤锈病和樱花根癌病发病时都在发病部位上出现瘤状物,谈谈如何区别这两种病害。

3. 分别举出5种园林植物常见的叶部病害、枝干病害和根部病害,说明发病原因、病状特点及如何防治。

4. 在园林植物病害中,苗木猝倒病是一种常见的病害,谈谈苗木猝倒病的发病原因、症状特点及防治措施。

5. 谈谈月季上常见的病害、症状特点及如何防治。

7 实训指导

实训1　园林植物病虫危害性的考察

1. 实训目标

通过对当地主要园林植物病虫害的发生及危害的现场考察，认识各种病虫害对园林植物为害的严重程度，提高学生对园林植物病虫害防治重要性的认识，增强学生的责任感和使命感，提高学习该门课程的自觉性。同时，掌握病虫危害性考察及撰写考察报告的一般方法。

2. 实训材料

病虫危害现场、图片及影视材料，数码相机，剪刀，植物标本夹，手持放大镜，记录本，铅笔等。

3. 实训内容

(1)种苗培育过程中的病虫害问题及控制措施；
(2)温室或露地栽培过程中的病虫害问题及控制措施；
(3)园林植物销售过程中的病虫害问题及控制措施；
(4)主要园林植物病虫害的种类、害状观察描述、危害程度调查。

4. 操作步骤与方法

序号	技能训练点	训练方法	训练参考时间/min
1	园林植物病虫危害性的了解	1)选择病虫害发生普遍、为害严重的园林小区或花卉基地,由当地植保技术员介绍在种苗培育、花卉栽培、花卉销售过程中的病虫害问题,特别是为害损失情况。学生边听、边问、边记 2)园林植物病虫危害的教学影视材料和图片供学生观看	30
2	园林植物病虫种类和为害特点的观察	按园林小区逐块进行现场考察,或按花卉基地从育苗、栽培等生产过程进行现场考察,观察病虫种类、为害特点,初步了解所观察的各种植物病虫害发生的种类;植物的受害部位;害虫的口器类型及为害状;病害的病原及症状特点等。老师指导,学生观察。边观察,边记录,边拍照	120
3	园林植物受害程度的调查	选择病虫为害严重的地块1~2块,组织学生在田块内随机选择5~8点共200~500株调查被害株数,计算被害株率,了解该种病虫发生的普遍程度	60

5. 实训要求

(1)有当地植保技术员全过程配合指导;

(2)学生在听取介绍和现场观察时要多思考、多提问、多记录,包括病虫危害情况和控制措施;

(3)学生通过《植物学》《花卉学》《园林树木》的学习,对当地园林植物能准确认识;

(4)教师课前进行现场考察,了解病虫的种类和为害特点,并在实训过程中向学生仔细介绍,便于学生观察。

(5)本实训要求安排4学时。

6. 实训考核

1)考核内容

(1)是否了解了当地园林植物和花卉生产过程中的主要病虫害的种类、危害情况及控制措施;

(2)是否了解了当地园林植物和花卉生产过程中的主要病虫害的危害特点及发生程度;

(3)是否掌握了园林植物病虫害现场考察的一般方法；

(4)是否掌握了调查报告撰写的一般方法。

2)问题思考

(1)当地园林植物病虫为害最严重的有哪几种？为害损失情况怎样？

(2)在病虫害现场考察过程中应注意哪些问题？

3)考核标准

(1)过程考核(占50分)

序号	考核重点内容	考核标准	标准分值
1	记录	全过程记录,有较强的速记能力,记录完整	10
2	提问和答疑	开动脑筋,积极思考,整个实训过程中至少有2次提问,同时也能正确回答问题	10
3	拍照或害状标本	至少有5种病虫的害状拍照或标本,并能正确描述记录	10
4	调查	积极参与病虫危害程度的调查,并能正确计算	10
5	纪律	听从指挥,服从安排,不怕脏,不怕苦,有较强的团队协作精神	10

(2)结果考核(占50分)

序号	考核重点内容	考核标准	标准分值
1	调查报告格式	调查报告格式规范,文字精练	10
2	生产概况陈述	对考察地的生产情况概述清楚	5
3	病虫种类及害状描述	对当地园林植物主要病虫害的种类及害状描述清楚	10
4	为害情况陈述	对当地园林植物病虫为害情况概述清楚	10
5	收获体会陈述	收获多,体会深	10
6	拍照或害状标本	附有病虫害状照片或标本5种	5

7. 实训报告

(1)就所考察的园林小区或花卉生产基地的园林植物病虫害的发生及为害情况写一份调查报告,具体要求如下：

①题目:××园林小区或花卉生产基地园林植物病虫害的发生与危害性的调查；

②第1段阐述园林小区或花卉生产基地面积、花卉种类数目等,及调查目的、时间地点、调查方法、调查主要内容等;

③正文部分可分若干段以文字或表格的形式阐明调查结果;

④结尾段阐明结论、收获体会,以及为什么要学习该门课程和如何学习该门课程的打算。

⑤字数要求800~1 000字。

(2)将采集的病虫为害状,用标本夹压干,注明病虫害名称、采集时间与地点、主要特征。

实训报告单见光盘,学生可自行下载填写。

实训2 昆虫外部形态的观察

1. 实训目标

通过观察,掌握昆虫体躯的基本构造和附属器官的基本结构及其变异类型,为学习昆虫的分类和正确识别害虫奠定基础。同时掌握体视显微镜的使用方法。

2. 实训材料

(1)材料　蝗虫(雌雄)、步甲、蝉、白蚁、叩甲、绿豆象(雄)、蓑蛾(雄)、蝶类、瓢虫、金龟子、蜜蜂、蚊(雄)、蝇类、蓟马、螳螂、蝼蛄、龙虱(雄)、蝽类、家蚕幼虫。

(2)器材　手持放大镜、体视显微镜、泡沫塑料板、镊子、解剖针、蜡盘。

3. 实训内容

(1)昆虫体躯的基本构造;

(2)昆虫触角的基本构造和类型;

(3)昆虫口器的基本构造和类型;

(4)昆虫足的基本构造和类型;

(5)昆虫翅的基本构造和类型;

(6)昆虫外生殖器的基本构造。

4. 操作步骤与方法

序号	技能训练点	训练方法	训练参考时间/min
1	昆虫体躯基本构造的观察	取浸泡的蝗虫一头放入蜡盘中，首先观察蝗虫的体躯是否左右对称，是否被外骨骼包围；然后观察体躯是否分为头、胸、腹3个体段，以及胸、腹各由多少体节组成，头胸是如何连接的；用左手拿住蝗虫，右手用镊子轻轻拉动一下腹末，观察节与节之间的节间腹；最后观察触角、复眼、单眼、口器、胸足、翅以及听器、尾须、雌雄外生殖器等的着生位置、形态和数目。以家蚕为例观察侧单眼，必要时可借助手持放大镜或体视显微镜进行观察	30
2	昆虫头式的观察	以蝗虫、步甲、蝉为例，观察它们口器的着生方向，判别它们属何种头式	10
3	咀嚼式口器的观察	以蝗虫为材料，用镊子分别取下蝗虫的上唇、上颚、下颚、下唇和舌在体视显微镜下进行观察，掌握口器各个部分的基本构造	20
4	刺吸式口器的观察	以蝉为材料，仔细观察在头的下方具有一根三节的管状下唇；将头取下，左手执蝉的头部，使其正面向上，下唇向右，右手轻轻下按下唇，透过光线可见紧贴在下唇基部的一块三角形小骨片即为上唇；将下唇自基部轻轻拉掉，在体视显微镜下观察可见由上、下颚组成的3根口针，两侧的为一对上颚口针，中间的一根为由两下颚嵌合而成的下颚口针，用解剖针轻轻挑动口针基部，可将其分开	20
5	虹吸式口器的观察	以蝶类为材料，观察头部下方有一条细长卷曲似发条状的虹吸管	20
6	锉吸式口器的观察	在体视显微镜下观察蓟马示范玻片标本，可见其倒锥状的头部内有3根口针，右上颚口针退化，左上颚口针突出在口器外，以此锉破植物	
7	舐吸式口器的观察	在体视显微镜下观察蝇类口器示范玻片标本，可见其由基喙、中喙、唇瓣三部分组成	
8	昆虫触角的观察	用手持放大镜或体视显微镜观察蜜蜂触角的基本构造，区别出柄节、梗节和鞭节，应特别注意鞭节又是由许多亚节组成。以蝗虫、蝉、白蚁、叩甲、绿豆象(雄)、蓑蛾(雄)、蝶类、瓢虫、金龟子、蜜蜂、蚊(雄)、蝇类为材料，观察它们的触角各属何种类型	20
9	昆虫胸足的观察	以蝗虫的中足为例，观察足的基节、转节、腿节、胫节、跗节和前跗节的构造。对比观察其后足，以及蝼蛄、螳螂、龙虱(雄)的前足；蜜蜂、龙虱的后足；步行虫的足，辨别它们的变化特点及类型。在体视显微镜下观察家蚕的腹足及趾钩	20
10	昆虫翅的观察	取蝗虫一头，将后翅展开，观察翅脉，以及三缘、三角、三褶和四区。对比观察蝗虫、金龟子、蝽类的前翅，以及蝉、蝴蝶、蜜蜂、蓟马的前后翅；蝇类的后翅。比较不同昆虫翅的类型在质地、形状上的变异特征	20

续表

序号	技能训练点	训练方法	训练参考时间/min
11	昆虫外生殖器基本构造的观察	以雌性蝗虫为材料观察雌外生殖器即产卵器的背瓣、内瓣和腹瓣，以及导卵器、产卵孔等；以雄性蝗虫为材料观察雄外生殖器即交配器的阳茎、阳茎基，以雄蛾为材料观察抱握器等	20

5. 实训要求

(1)实训前仔细阅读昆虫体躯及附器的基本构造和变异类型等相关内容；

(2)观察前掌握体视显微镜的使用方法；

(3)观察前对实训材料能初步认识；

(4)观察中要做好记录，必要时进行绘图；

(5)本实训要求安排3学时。

6. 实训考核

1)考核内容

(1)是否掌握了昆虫体躯的基本构造以及头胸腹的准确划分和附属器官的着生位置；

(2)是否掌握了触角、口器、足、翅以及外生殖器的基本结构及其变异类型。

2)问题思考

(1)如何根据昆虫的外部形态来理解昆虫的种类为什么如此之多，数量如此之大，分布如此之广？

(2)如何根据昆虫的头式来大致判断它们是益虫还是害虫？

(3)如何根据昆虫口器的不同类型来推断它们为害植物后的害状，以及如何选择用药？

(4)如何根据昆虫足的不同类型来推断它们的生活环境和行为习性？

3)考核标准

(1)过程考核(占50分)

序号	考核重点内容	考核标准	标准分值
1	体躯的基本构造观察	正确划分体段，并能说明特点；准确指明各种附器	10
2	口器的观察	指明蝗虫口器的各个部分；说明各种实训材料的口器类型，正确区别各种头式	10

续表

序号	考核重点内容	考核标准	标准分值
3	触角的观察	指明蜜蜂触角的各个部分;说明各种实训材料的触角类型	6
4	胸足的观察	指明蝗虫胸足的各个部分;说明各种实训材料的胸足的类型	6
5	翅的观察	指明蝗虫后翅的三缘、三角、三褶、四区;说明各种实训材料前后翅的类型	6
6	外生殖器的观察	指明蝗虫雌雄外生殖器的各个部分,以及蛾类的抱握器	6
7	问题思考与答疑	在整个实训过程中开动脑筋,积极思考,正确回答问题	6

(2)结果考核(占50分)

序号	考核重点内容	考核标准	标准分值
1	昆虫体躯的基本构造	填图标明蝗虫各部分的名称	20
2	昆虫各部分的变异	列表说明各种昆虫各种附器的变异类型	30

7. 实训报告

(1)填图标明蝗虫体段及各种附器的名称。

(2)列表说明实训材料中各种昆虫触角、口器、胸足、翅的类型。

实训报告单见光盘。

附　体视显微镜的使用方法和保养

体视显微镜有许多类型,目前使用最多的是连续变倍体视显微镜(图7.1),如日本产Olympus、SZH、Nikon SMZ、中国产XTB-01、XTL-Ⅱ等;其次是转换物镜的实体显微镜(图7.2),如中国产MS1型和XTS66型等。

1)使用方法

根据观察物颜色,选择载物台黑、白面,将所需观察的物体放在载物台面中心;选择适当的放大倍率,换上所需目镜(10×或20×)。卸下2×大物镜,其有效工作距离为85~88 mm,如加上2×大物镜,放大倍率可达160倍,有效工作距离为25~35 mm。为了得到适当的放大倍率,可拨动转盘,改变变倍物镜的放大倍率或换插不同倍数物镜。变倍物镜的放大倍率可在读数圈上读出。

2)注意事项

调焦距时,首先应了解所使用的实体显微镜的明视工作距离,即物镜面与观察物的距离有多大。先粗调后细调,先低倍后高倍地寻找观察物。调焦螺旋内的齿轮有一定的活动范围,扭不动时不可强扭,谨防损坏齿轮。

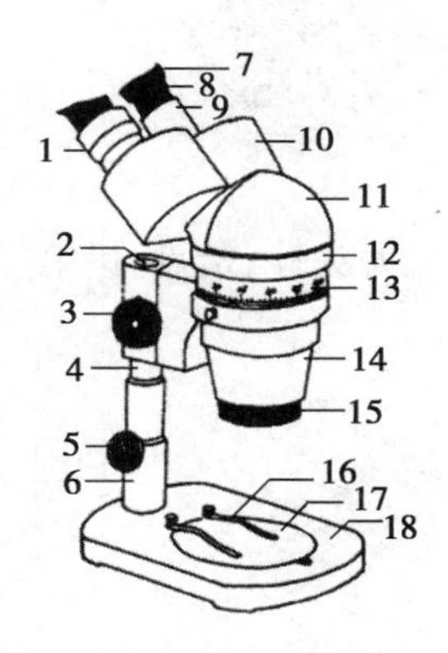

图7.1 XTL-II型连续变倍实体显微镜

1. 目镜调节环 2. 支柱 3. 调焦手轮 4. 活动支柱 5. 锁紧手轮 6. 支柱 7. 眼罩 8. 目镜 9. 镜筒 10. 直角棱镜组 11. 棱镜 12. 转盘 13. 读数圈 14. 大物镜 15. 加倍大物镜 16. 压片簧 17. 载物台 18. 底座

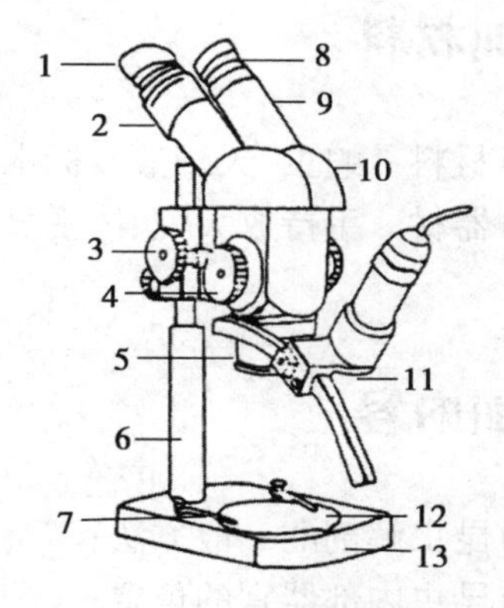

图7.2 MS1型实体显微镜

1. 眼罩 2. 目镜调节环 3. 调焦手轮 4. 物镜变倍手轮 5. 大物镜 6. 支柱 7. 压片簧 8. 目镜 9. 镜筒 10. 棱镜 11. 投光灯导弧 12. 载物台 13. 底座

放大倍数一般是按物镜倍数与目镜倍数的乘积计算的。但在选择高倍率放大时,应以选择高倍率物镜为主;当最高倍物镜仍不能解决问题时,再选择高倍率目镜。这是因为目镜放大的是虚像,对提高分辨率不起作用。

物像越放大,光线越暗,这是因为亮度是放大倍数的平方的函数。观察物的表面投光角度与成像清晰程度密切相关,背景的衬托也与物像的清晰度有关,因此观察时必须调好光源并选择好背景。

3)保养

(1)实体显微镜为精密光学仪器,不用时必须置于干燥、无灰尘、无酸碱蒸气的地方,特别应做好防潮、防尘、防霉、防腐蚀的保养工作。

(2)取动时,必须一手紧握支柱,一手托住底座,保持镜身垂直,轻拿轻放。使用前需要掌握其性能,使用中按规程操作,使用后应及时降低镜体,取下载物台上的观察物,清洁镜体,按要求放入镜箱内。

(3)透镜表面有灰尘时,切勿用手擦拭,可用吸耳球吹去灰尘,或用干净的毛笔、擦镜纸轻轻擦去。透镜表面有污垢时,可用脱脂棉沾少许乙醚与酒精的混合液或二甲苯轻轻擦净。

实训3 昆虫内部器官的解剖和观察

1. 实训目标

通过解剖观察,了解昆虫内部器官的位置,掌握昆虫主要内部器官的结构,为深入理解昆虫内部器官的功能及其与防治的关系奠定基础。同时,掌握昆虫内部器官解剖的一般方法。

2. 实训材料

(1)材料　蝗虫、天蛾液浸标本,家蚕活体标本。
(2)器材　手持放大镜、体视显微镜、解剖剪、镊子、解剖针、大头针、蜡盘、铅笔等。

3. 实训内容

(1)昆虫解剖的一般方法;
(2)昆虫内部器官的位置;
(3)昆虫消化系统、呼吸系统、生殖系统、神经系统等主要内部器官的结构。

4. 操作步骤与方法

<table>
<tr><th>序号</th><th>技能训练点</th><th>训练方法</th><th>训练参考时间/min</th></tr>
<tr><td>1</td><td>昆虫的解剖</td><td>取蝗虫 1 头,先剪去足和翅;然后自腹末沿背中线左侧向前剪开体壁至头部上颚。注意剪动时剪刀尽量上翘,以免损坏内脏。然后将虫体放入蜡盘内,用镊子分开虫体,用大头针斜插固定,加水浸没虫体,顺次观察各内部器官的位置和结构</td><td>20</td></tr>
<tr><td>2</td><td>循环系统背血管的观察</td><td>先用镊子夹去右侧背壁内面的背隔翼肌,可观察到背血管;同时,可取活体家蚕,透过背中线的体壁,可观察到正在搏动的背血管,前部为动脉,后部为心脏</td><td rowspan="3">30</td></tr>
<tr><td>3</td><td>呼吸系统的观察</td><td>观察身体两侧自气门开始向内伸达内脏表面及身体各部的白色纤细的气管;同时,可以同样的方法解剖家蚕,可见体内有更为发达的黑色气管纵干和伸向内脏的气管丛</td></tr>
<tr><td>4</td><td>肌肉系统的观察</td><td>观察体壁之下、内脏表面,均有肌肉着生,以胸部最为发达</td></tr>
<tr><td>5</td><td>消化系统(消化道)及排泄系统马氏管的观察</td><td>先观察消化道的位置,可见其纵贯于体腔之中;然后用剪刀剪断咽喉和肛门,抽出消化道观察前、中、后肠各部分。可见前肠有咽喉、食道、嗉囊、前胃;中肠为简单直管,前端突出形成胃盲囊盖在嗉囊和前胃之上;后肠又可分为回肠、结肠和直肠。中、后肠之间的游离的盲管即为马氏管</td><td>20</td></tr>
</table>

续表

序号	技能训练点	训练方法	训练参考时间/min
6	生殖系统的观察	昆虫的生殖系统雌性主要有卵巢、侧输卵管、中输卵管;雄性主要有精巢、输精管和射精管。解剖观察时注意生殖腺即雌性的卵巢和雄性的精巢是骑跨在腹部消化道的背面,雌性的侧输卵管在消化道的两侧下伸到腹面愈合为中输卵管并从腹末的产卵孔通到体外,同样雄性的输精管在消化道的两侧下伸到腹面愈合为射精管通到体外。同时,以同样的方法解剖天蛾液浸标本,雌性还可观察到受精囊和附腺,雄性还可观察到贮精囊和附腺等	30
7	神经系统的观察	将消化道和生殖系统去除后,用镊子和解剖针移去腹面的肌肉和脂肪体,可清晰地见到纵贯于腹面中央的白色呈链状结构的腹神经索,胸部有3个神经节,腹部有5个神经节。然后剪除头壳顶部,用镊子小心去除肌肉,可见蝗虫的脑由前脑、中脑和后脑组成,前脑两侧着生有视叶	20

5. 实训要求

(1)实训前仔细阅读昆虫内部器官的基本结构等相关内容;

(2)实训时要一边观察一边思考内部器官的结构与功能的关系;

(3)解剖操作时要求每个学生独立完成,观察时可2~4人为一小组进行讨论;

(4)本实训要求安排2学时。

6. 实训考核

1)考核内容

(1)是否掌握了内部器官的位置;

(2)是否掌握了主要内部器官的结构。

2)问题思考

(1)为什么要进行昆虫内部器官的解剖和观察?

(2)如何根据内部器官的结构来了解它们的功能?

(3)昆虫的内部器官与害虫防治有何关系?

3)考核标准

(1)过程考核(占50分)

序号	考核重点内容	考核标准	标准分值
1	昆虫解剖	操作规范,方法正确	6
2	背血管的观察	能指明背血管的位置,区分出动脉和心脏	5
3	呼吸系统的观察	能指明气门和气管	5
4	消化道的观察	能指明消化道,区分出前、中、后肠及各部分	8
5	马氏管的观察	能指明马氏管,并能说明其着生位置	5
6	生殖系统的观察	能指明雌性卵巢及雄性精巢等结构,并说明它们的着生位置	8
7	神经系统的观察	能指明脑和腹神经索,区分出前、中、后脑,以及神经节,并能说明胸、腹部神经节的数目	8
8	问题回答	实训中能开动脑筋,积极思考,正确回答问题	5

(2)结果考核(占50分)

序号	考核重点内容	考核标准	标准分值
1	内部器官的构造和位置	填图标明蝗虫内部器官各部分的名称	30
2	绘图	绘图清晰,结构正确	20

7. 实训报告

(1)通过观察,填写蝗虫内部器官各个部分的名称。

(2)绘制蝗虫消化系统和蛾类雌性生殖系统结构图。

实训报告单见光盘。

实训4 昆虫一生的饲养观察

1. 实训目标

通过饲养观察,掌握不完全变态和完全变态昆虫一生的生长发育变化过程,了解昆虫的主要生殖方式,各虫态历期,以及行为习性等,学会昆虫饲养、观察记载和生活史标本制作的一般方法,为害虫调查和防治奠定基础。

2. 实训材料

(1)材料　家蚕、榕蚕、黄粉虫、蚜虫、蜻象、蝗虫或自然界生活的其他昆虫;标本浸渍液。

(2)器材　饲养器皿或饲养套网、手持放大镜、记录本、铅笔、尺子、指形管、酒精喷灯、泡沫展翅板,昆虫针、大头针、透明纸条、生活史标本盒、镊子、剪刀等。

3. 实训内容

(1)不完全变态和完全变态昆虫个体发育变化过程;

(2)昆虫饲养的一般方法;

(3)昆虫各个虫态的观察记载方法;

(4)昆虫生活史标本制作的方法。

4. 操作步骤与方法

序号	技能训练点	训练方法	训练参考时间
1	饲养对象的确定	通过田间和花鸟市场考察,或与蚕种场联系,确定当地不完全变态昆虫和完全变态昆虫各一种作为饲养对象	课外
2	资料查阅	根据饲养对象,上网或图书馆查阅饲养对象的生物学特性,特别是它们对食料、寄主植物、环境条件的要求,以及饲养方法等	课外
3	饲养器具的准备	室外饲养准备好套网,室内饲养准备好饲养器皿或饲养盒、笼等,并栽种好寄主植物或准备好相关饲料	课外
4	饲养和观察记载	每天或间天观察记载各个虫态的生长发育变化情况,如卵的孵化时间,幼虫或若虫的体长、头壳宽度、蜕皮时间,以及化蛹时间、羽化时间,各个虫态的生活习性和生存死亡情况等,至少观察一个世代。室内饲养要注意环境清洁和饲料供给等	课外
5	生活史标本的制作	将幼虫蜕下的头壳按低龄到高龄贴在一张白纸上,并贴上标有龄期打印标签,做成头壳标本;卵、幼虫、蛹分别放入一指形管中,倒入标本浸渍液,酒精喷灯封口做成浸渍标本;将羽化后的雌雄成虫做成针插标本;将卵、幼虫(各龄)、蛹和成虫(雌雄)标本,以及头壳标本放入标本盒中,各虫态标本下方附上虫态名称,标本盒上贴上打印标签,包括中名、学名、制作人、制作时间等,制作成生活史标本(图7.3)	课外

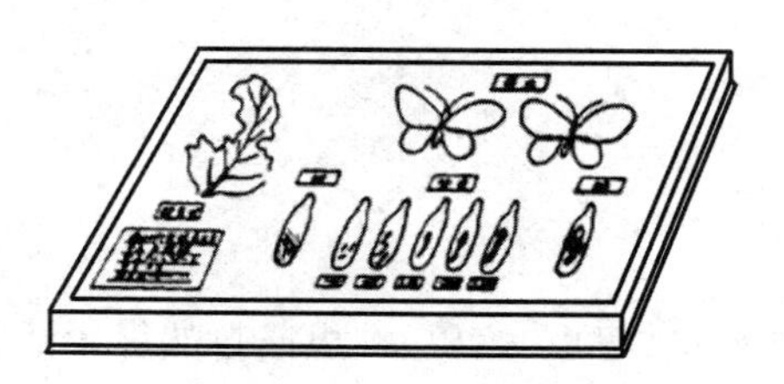

图7.3 生活史标本

5. 实训要求

(1)学生应按照操作步骤和方法做好饲养对象的考察、资料查阅以及饲养器具和饲料的准备工作;

(2)学生应每天或间天进行观察和记载;

(3)室内饲养要注意更换食物,清理粪便,保持饲养器皿和饲养室的清洁卫生,保持饲养室内通风;室外饲养要注意扎紧饲养套网,防止饲养对象逃逸;

(4)标本制作使用酒精喷灯时要注意防火和灼伤;

(5)实训室要对学生适时开放,并准备好相应的生活史标本制作工具,协助准备好饲养器具;

(6)教师要不定期全过程跟踪指导,适时解决学生所提出的问题;

(7)本实训要求安排在学生的课外实践活动中进行。

6. 实训考核

1)考核内容

(1)是否掌握了昆虫一般的饲养方法;

(2)是否掌握了不完全变态和完全变态昆虫的个体发育变化过程;

(3)是否掌握了昆虫生物学特性观察记载要点和方向;

(4)是否掌握了昆虫生活史标本的制作方法。

2)问题思考

(1)比较不完全变态昆虫和完全变态昆虫个体发育有何不同,包括幼(若)虫与成虫的形态、取食对象、生活环境等。

(2)你所饲养的昆虫各个虫态表现出了哪些行为和习性?

(3)在饲养过程中,昆虫死亡主要有哪些原因?

(4)昆虫的饲养需要注意哪些问题?

3)考核标准

(1)过程考核(50 分)

序号	考核重点内容	考核标准	标准分值
1	饲养对象的确定	饲养对象容易获得和饲养,并包括有不完全变态和完全变态两种	5
2	读书笔记	认真查阅资料,并全面记录了饲养对象的生物学特性和对环境的要求,以及饲养方法	5
3	饲养器具的准备	饲养器具准备齐全,并适合饲养对象	5
4	昆虫饲养	室内饲养环境整洁通风,粪便清理和饲料供给及时,室外饲养套袋口紧扎,生活状态良好	10
5	原始记录	昆虫的个体发育变化过程记录详细,包括形态、历期、行为习性以及饲养过程中所出现的问题等	10
6	标本制作	标本制作能按照实训要求进行操作	10
7	问题思考	开动脑筋,积极思考,并能对实训中的问题进行分析和解决	5

(2)结果考核(占 50 分)

序号	考核重点内容	考核标准	标准分值
1	饲养成功	两种变态昆虫都能成功地饲养一个世代	10
2	结果整理	能正确整理和分析原始记录得出正确结论	10
3	实训报告	能按时、认真完成实训报告	15
4	生活史标本	能够完整提交不完全变态和完全变态两套生活史标本	15

7. 实训报告

(1)以完全变态昆虫为例,用“生命表”的方式,说明你所饲养的昆虫的生存和死亡情况及其原因。

(2)以一个世代为例,写一份昆虫饲养观察的总结报告,包括材料和方法、昆虫的个体发育过程,如形态、大小、颜色变化及历期,以及行为习性等,并阐明昆虫饲养中要注意的问题和收获体会等。

(3)制作和提交不完全变态和完全变态昆虫的生活史标本各一套。

实训报告单见光盘。

实训 5 昆虫标本的采集、制作和鉴定

1. 实训目标

掌握昆虫标本采集、制作和保藏的技术与方法;学会昆虫鉴定的一般方法;了解当地昆虫的

主要目科和优势种类，以及生活环境和主要习性，为园林植物害虫的准确鉴定和综合治理奠定科学基础。

2. 实训材料

1)昆虫标本的采集工具

采集工具主要有捕虫网、吸虫管、毒瓶、指形管、三角纸袋、采集盒、采集袋、镊子、枝剪等。

(1)捕虫网　捕虫网按用途可分气网、扫网和水网3种，均由网框、网袋和网柄三部分组成。气网用于采集空中飞翔的昆虫，网框用粗铁丝弯成，直径约33 cm；网袋用白色或淡绿色尼龙纱、珠罗纱或纱布做成，底略圆，深为网框直径的1倍；网柄长约1 m，用木棍或竹竿制成。扫网用来扫捕杂草或树丛中的昆虫，因而网袋要用白布或亚麻布制作，通常网袋底端开一小孔，使用时扎紧或套一个塑料管，便于取虫。水网用来捞取水生昆虫，网袋常用透水良好的铜纱或尼龙筛网等制作(图7.4)。

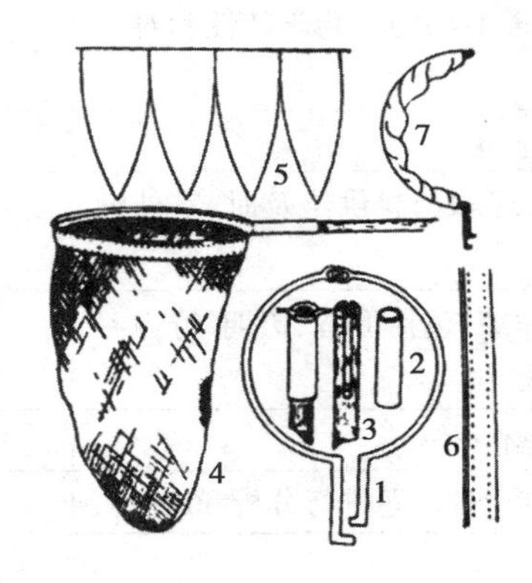

图7.4　气网的构造

1. 网框　2. 铁皮网箍　3. 网柄
4. 网袋　5. 网袋剪裁形状
6. 网袋布边　7. 卷折的网袋

(2)吸虫管　吸虫管用来采集身体脆弱不易拿取的微小昆虫。常用的吸虫管是直径40 mm，长130 mm的有底玻璃管，在软木塞的盖上穿两根细玻璃管，其中一根玻璃管的外端，接上胶皮管并安上洗耳球，瓶内的一端捆上纱布；另一根玻璃管弯成直角，使用时对准要采集的小虫，按动洗耳球便将小虫吸入瓶中(图7.5)。

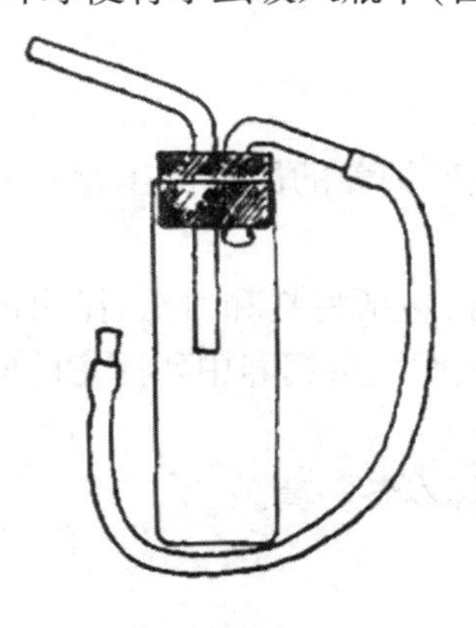

图7.5　吸虫管

图7.6　毒瓶

1. 石膏　2. 锯末　3. 氰化钾

(3)毒瓶　毒瓶用来迅速毒杀采集的昆虫。可用严密封盖的广口瓶做成，最下层放氰化钾或氰化钠毒剂，上铺一层锯末，压平后再在上面加一层石膏粉，稍加震动使石膏摊平，再滴上清水，待10 h后石膏硬化，上铺一层吸水纸。为避免虫体互相碰撞，可在毒瓶中放一些细长的纸条(图7.6)。氰化物为剧毒物质，在制作或使用时应特别注意安全，破损的毒瓶要深埋处理；也可用棉球蘸上乙酸乙酯、氨水、乙醚或敌敌畏置于瓶内,上用带孔的硬纸板或泡沫塑料隔开,制成临时用毒瓶。

(4)三角纸袋　三角纸袋用来包装野外采集和暂时保存的蝴蝶标本。用优质光滑半透明的薄纸,裁成3∶2的长方形纸片,将中部按45°斜折,再将两端回折,制成三角形纸包,可多备大小不同的几种(图7.7)。

(5)指形管　指形管用来盛放各种活的或已毒死的小虫。指形管和小瓶要配以合适的软木塞或橡皮塞,大小可根据需要选用。废弃的抗生素类小瓶也可代用。

(6)活虫盒　活虫盒用来盛放需带回饲养的活虫,以及需制作成浸渍标本的卵、幼虫、蛹等。可用铁皮、铝等制成,盖上装一块透气的铜纱和一带活盖的孔(图7.8)。

(7)采集盒　采集盒盛装包有蝴蝶等怕压的三角纸袋等,可用硬性的纸盒和铝制的饭盒代替(图7.9)。

(8)采集袋　采集袋指形管、小瓶、镊子等小型用具可放在采集袋内,采集袋内有许多大小不一的袋格,具体形式可按要求自行设计。

(9)其他用具　镊子、砍刀、枝剪、手锯、手持放大镜、毛笔、铅笔、记录本等都是必不可少的用品。

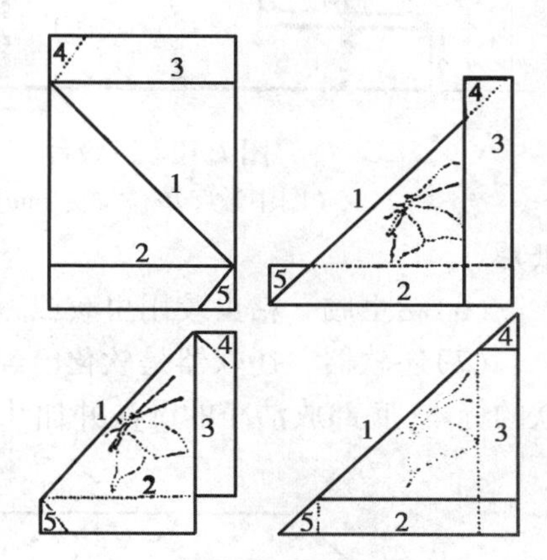

图7.7　三角纸的用法
(数字代表折叠的顺序)

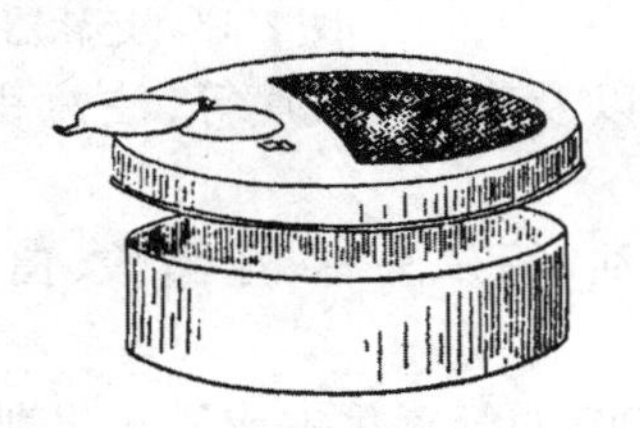

图7.8　活虫采集盒

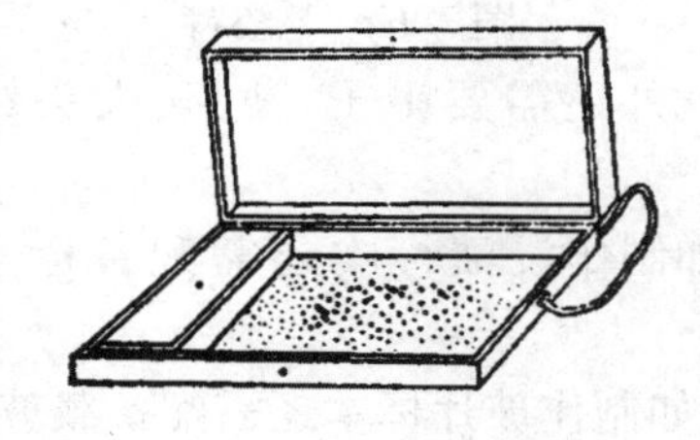

图7.9　采集箱

2)昆虫标本的制作工具

昆虫标本的制作工具主要有昆虫针、三级台、展翅板、整姿台、台纸、粘虫胶、回软器,以及镊子、剪刀、大头针、透明纸条等。

(1)昆虫针　昆虫针为不锈钢针,其型号分00,0,1,2,3,4,5七种,用于针插大小不同的虫体。

(2)三级台　三级台可用木料或塑料做成,长75 mm,宽30 mm,高24 mm,分为3级,每级高8 mm,中间有一小孔(图7.10)。

(3)展翅板　展翅板用软木做成,长约330 mm,宽约80 mm,底部为一整块木板,上面装上两个宽约30 mm的木板,略微向内倾斜,其中一块木板可活动,以便调节木板间缝隙的宽度。板缝底部装有软木条或泡沫塑料条。目前多用泡沫板来代替,注意厚度要在20 mm左右,中央刻一沟槽即成(图7.11)。

(4)整姿台　整姿台用松软木材或泡沫板做成,长280 mm,宽150 mm,厚20 mm,两头各钉上一块高30 mm,宽20 mm的木条做支柱,板上有孔。现多用厚约20 mm的泡沫板代替(图7.12)。

(5)台纸　用硬的白纸,剪成小三角形(底3 mm,高12 mm)或长方形(12 mm ×4 mm)

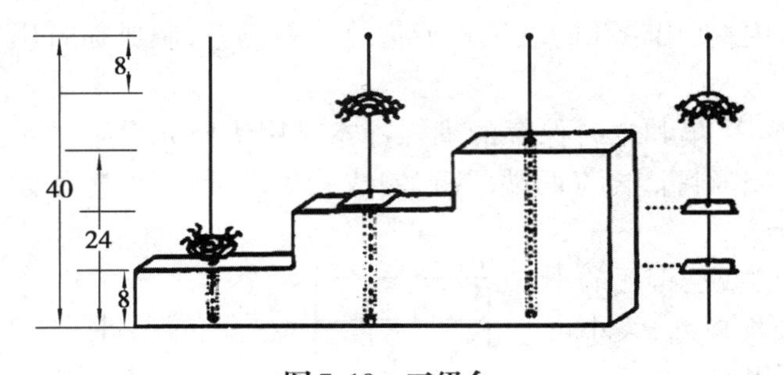

图7.10 三级台
（图中数字单位均为mm）

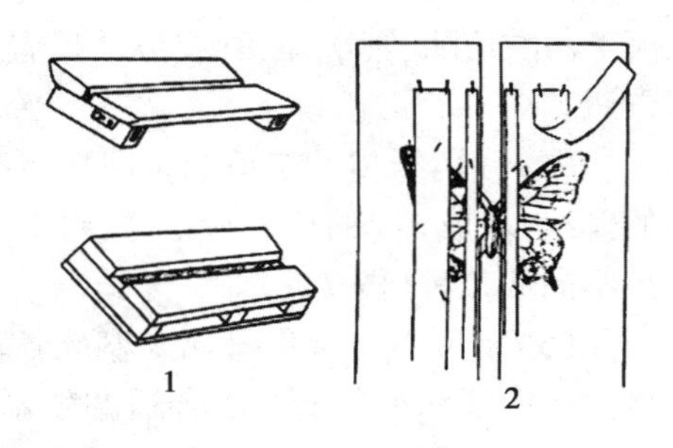

图7.11 展翅板
1.未展翅 2.已展翅

纸片。

(6)粘虫胶 粘虫胶用虫胶或万能胶。

(7)还软器 还软器是软化已经干燥的昆虫标本的一种玻璃器皿，中间有托板，放置待还软的标本，底部放洁净的湿沙并加几滴冰醋酸，防止生霉，加盖密封(图7.13)。

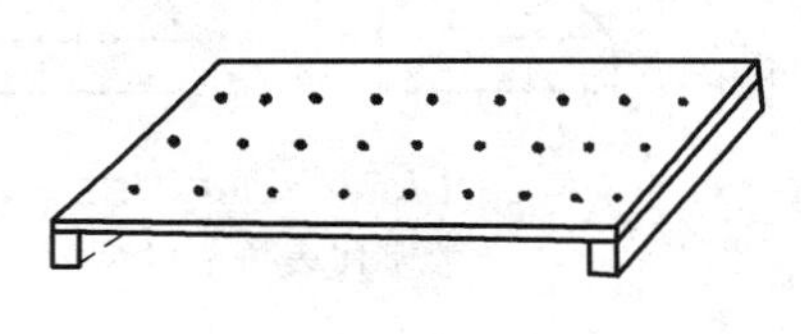

图7.12 整姿台

图7.13 还软器

(8)此外还需要镊子、剪刀、大头针、透明光滑纸条，以及直尺、刀片等，注意镊子要为扁口镊。

(9)如制作浸渍标本还需配备标本瓶、75%酒精、甘油、福尔马林、冰醋酸、白糖液、蒸馏水等。

(10)如制作玻片标本还需配备载玻片、盖玻片、5%～10%的氢氧化钠或氢氧化钾溶液、酒精灯、三角铁架、石棉网、酸性品红溶液、无水酒精二甲苯混合液、丁香油或冬青油、加拿大树胶、吸水纸等。

3)昆虫标本的保存工具

标本柜、针插标本盒、玻片标本盒、四氯化碳或樟脑精、吸湿剂、熏杀剂以及抽湿机等。

4)昆虫标本的鉴定工具

手持放大镜、体视显微镜以及相关的参考书等。

3. 实训内容

(1)昆虫标本的采集；

(2)昆虫标本的制作；

(3)昆虫标本的鉴定和主要目科的识别。

4. 操作步骤与方法

1)昆虫标本的采集

(1)网捕　网捕主要用来捕捉能飞善跳的昆虫。对于能飞的昆虫,可用气网迎头捕捉或从旁掠取,并立即摆动网柄,将网袋下部连虫一并甩到网框上。如果捕到大型蝶蛾,可由网外用手捏压胸部,使之失去活动能力,然后包于三角纸袋中;如果捕获的是一些中小型昆虫,可抖动网袋,使虫集中于网底部,放入广口毒瓶中,待虫毒死后再取出分拣,装入指形管中。栖息于草丛或灌木丛中的昆虫,要用扫网边走边扫捕。

(2)振落　摇动或敲打植物、树枝,昆虫假死坠地或吐丝下垂,再加以捕捉;或受惊起飞,暴露了目标,便于网捕。

(3)搜索　仔细搜索昆虫活动的痕迹,如植物被害状、昆虫分泌物、粪便等,特别要注意在朽木中、树皮下、树洞中、枯枝落叶下、植物花果中、砖石下、泥土和动物粪便中仔细搜索。

(4)诱集　诱集即利用昆虫的趋性和栖息场所等习性来诱集昆虫,如灯光诱集(黑光灯诱虫)、食物诱集(糖醋液诱虫)、色板诱集(黄板诱蚜)、潜所诱集(草把、树枝把诱集夜蛾成虫)和性诱剂诱集等。

昆虫标本采到后,要做好采集记录,内容包括编号、采集日期、地点、采集人、采集环境、寄主及为害情况等。

2)昆虫标本的制作

(1)针插标本的制作

①昆虫标本的插针　插针依标本的大小,选用适当型号的昆虫针,按要求部位插入(图7.14)。微小昆虫,如跳甲、米象、飞虱等,先用微针一端插入标本腹部,另一端插在软木板上,与台纸大小的软木片上;或用粘虫胶直接粘在台纸上,再用2号针插在软木片或台纸的另一端,虫体在左侧,头部向前(图7.15)。

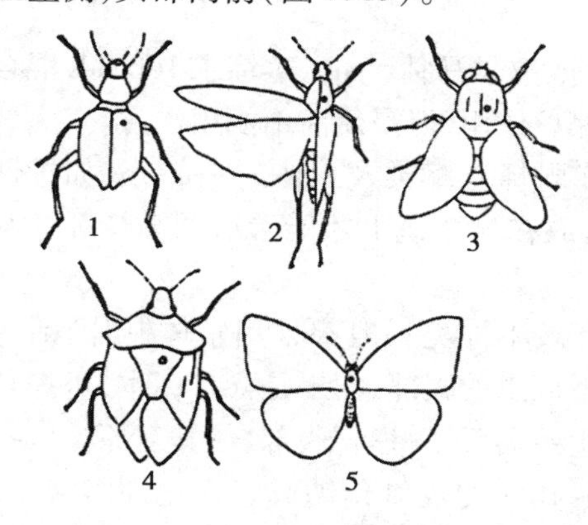

图7.14　各种昆虫的插针位置

1. 甲虫类　2. 直翅类　3. 蚊蝇类
4. 蝽类　5. 蛾蝶类

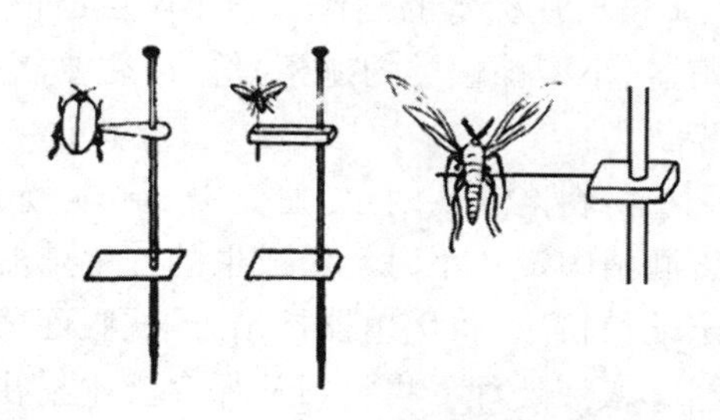

图7.15　微针及台纸的用法

②昆虫标本的定高　插针后用三级台定高,中小型昆虫可直接从三级台的最高级小孔中插至底部,大型昆虫可将针倒过来,放入三级板的第一级小孔中,使虫体背部紧贴台面,其上部的留针长度是 8 mm。插在软木板和粘在台纸上的微小昆虫,参照中小型昆虫针插标本定高。

③整姿和展翅　甲虫、蝗虫、蝼蛄、蝽象等昆虫,经插针后移到整姿台上,将附肢的姿势加以整理。通常是前足向前,中、后足向后;触角短的伸向前方,长的伸向背侧面,使之对称、整齐、自然、美观。整好后,用大头针固定,以待干燥。蝶蛾、蜻蜓、蜂、蝇等昆虫,插针后需要展翅,即把已插针定高后的标本移到展翅板的槽内软木上,使虫体背面与两侧木板相平,然后用昆虫针轻拔较粗的翅脉,或用扁口镊摄夹住将前翅前拉。蝶蛾、蜻蜓等以两个前翅后缘与虫体纵轴保持直角,草蛉等脉翅目昆虫则以后翅的前缘与虫体纵轴成一直角;蜂、蝇等昆虫以前翅的顶角与头相齐为准。后翅左右对称、压于前翅后缘下,再用透明光滑纸条压住翅膀以大头针固定。把昆虫的头摆正;触角平伸前侧方;腹部易下垂的种类,可用硬纸片或虫针交叉支持在腹部下面,或展翅前将腹部侧膜区剪一小口,取出内脏,塞入脱脂棉再针插整姿保存。整姿和展翅完毕后,每个标本旁必须附上采集标签。采集标签可以手写,也可打印,其上要写明采集地点、采集时间、采集人。采集时间的月份一般用罗马字表示,如 2005 年 6 月 28 日,可写成 VI-28,2005。

④插上采集标签和装盒　在自然状况干燥 1 周或在 50 ℃左右的温箱中干燥 12 h 即可除去整姿和展翅固定用的大头针和透明纸条等。将标本取出,插上采集标签,再用三级台给采集标签定高,其高度为三级台第二级的高度,然后再将标本插入针插标本盒中。每一个标本都必须附有采集标签,没有采集标签的标本为不规范的标本。

(2)浸渍标本的制作　昆虫的卵、幼虫、蛹以及体软的成虫和螨类都可制成浸渍标本。活的昆虫,特别是幼虫在浸渍前,要饥饿一至数天,然后放在开水中煮一下,使虫体伸直稍硬,再投入浸渍液内保存。常用的浸渍液有:

①酒精液　酒精液常用浓度为 75%,或加入 0.5% ~1% 的甘油。小型或软体的昆虫,可先用低浓度酒精浸渍 24 h 后,再移入 75% 酒精液中保存。酒精液在浸渍大量标本后的半个月,应更换 1 次,以保持浓度。

②福尔马林液　该浸渍液用福尔马林(含甲醛 40%)1 份和水 17 ~19 份配制而成,用于保存昆虫的卵。

③醋酸-白糖液　该浸渍液用冰醋酸 5 mL、白糖 5 g、福尔马林 5 mL、蒸馏水 100 mL 混合配制而成,对于绿色、黄色、红色的昆虫在一定时间内有保护作用,但浸渍前不能用水煮。

(3)玻片标本的制作　微小昆虫(如蚜虫、蓟马、赤眼蜂)、螨类及虫体的一部分(如雄性外生殖器、小型蝶蛾类的翅相)等,往往要制成玻片标本,放在显微镜下才能看清细微特征。其制作步骤为:

①材料准备　蚜虫、蚧壳虫、蓟马、赤眼蜂、螨类等微小种类一般都采用整体制片,活虫用 70% 酒精固定几小时。对成虫的外生殖器制片,可取下成虫的腹部;如果是稀有标本,可捏住腹部末端稍挤压,将生殖器挤出,或从腹面剪开,取出外生殖器后,再捏合腹部,使其复原。

②碱液处理　将材料从保存液中捞出,放入 5% ~10% 的氢氧化钠或氢氧化钾溶液中,直接加热或隔水加热;或置于 80 ℃温箱中,经 5 min ~1 h 不等,以材料基本透明为度。不宜加热太久,避免材料损坏。

③清洗　将碱液处理过的材料,移入蒸馏水中,反复清洗多次,除去碱液和脏物,再移入酒精液中保存备用。

④染色　清洗后的材料，染色与否视昆虫种类而定，如鳞翅目雄性外生殖器色深，特征明显，不需染色；而其他材料一般需要染色。可用酸性品红溶液（酸性品红 0.2 g，加 10% 盐酸 5 mL、蒸馏水 40 mL，24 h 后过滤即可使用）染色 20 min ~ 24 h 不等。

⑤脱水与透明　将清洗（不染色）或染色后的材料移至载玻片上，在解剖镜下初步整姿后，取无水酒精和二甲苯的等量混合液，滴在虫体上脱水至透明。在此过程中，因混合液吸收水分而出现白雾，应继续滴加混合液驱除白雾。然后用吸水纸吸去混合液，再将丁香油或冬青油滴在材料上以取代混合液。

⑥封片　用吸水纸吸除多余的丁香油或冬青油，然后蘸取少量加拿大树胶，将材料粘在载玻片上，在解剖镜下充分整姿后，移入大培养皿或其他容器中，任其干燥又不沾染灰尘，待树胶干后，再滴加适量的加拿大树胶，将盖玻片盖上，贴上标签后置于干燥遮光又不易染尘处，自然干后即成永久性玻片标本。

3）昆虫标本的保藏

昆虫标本在保藏过程中，易受虫蛀与霉变，其次是光泽褪色、灰尘污染及鼠害等。通常针插标本应放进密闭的标本盒里，盒内放上四氯化碳或樟脑等防虫药品；玻片标本放入玻片标本盒内。标本盒应放入标本橱里，橱门应严密，以防危害标本的小型昆虫进入，橱下应有抽屉，放置吸湿剂和熏杀剂。小抽屉的后部与全橱上下贯通，以便内部气体流通。

标本室要定期用敌敌畏等药物在橱内和室内喷洒。如果发现橱内个别标本受虫蛀，应立即用药剂熏蒸；如标本发霉，应更换或添加吸湿剂，对个别生霉的标本，可用软性毛笔蘸上酒精刷去霉物或滴加二甲苯处理。

4）昆虫标本的鉴定

借助手持放大镜和体视显微镜，根据相关教科书的检索表，以及各主要目科的描述鉴定目科，常见种类根据教科书及相关专著鉴定属种，并附上鉴定标签。鉴定标签要求写上中文名、学名、鉴定人、鉴定时间。最后将鉴定标签插于采集标签下，并用三级台的第一级定高。疑难标本可寄送有关专家鉴定和审定。

5. 实训要求

（1）标本采集前要做好充分准备，包括采集工具、干粮、饮用水、雨伞等，并要穿长衣、长裤和球鞋；

（2）标本采集过程中要注意全面采集和完整采集，包括昆虫生活的各种环境和各种虫态，并要注意标本的完整性，更要注意自身安全；

（3）当天采集的标本要求当天制作，制作不完的标本可放在 4 ℃的冰箱中保存；

（4）每一个标本都要求有采集标签，至少要有目科的鉴定标签；

（5）装入标本盒的标本要按照类群归类；

（6）本实训要求安排 8 学时，其他可安排在课外进行。

6. 实训考核

1)考核内容

(1)是否掌握了采集工具的使用和昆虫采集方法;

(2)是否掌握了昆虫标本的制作方法;

(3)是否能识别昆虫常见目科,并掌握了其主要特征。

2)问题思考

(1)昆虫采集过程中应注意哪些问题?

(2)昆虫标本的制作应注意哪些问题?

3)考核标准

(1)过程考核(占50分)

序号	考核重点内容	考核标准	标准分值
1	标本采集制作工具的准备	要求学生自己准备的采集制作工具齐全	10
2	标本的采集	标本采集按照规范进行操作,并注意全面采集和完整采集	10
3	标本的制作	标本制作按照规范进行操作,并注意当天的标本当天制作	10
4	标本的鉴定	能够正确使用检索表和相关的教科书进行主要目科的鉴定	10
5	纪律和投入程度	参与标本采集制作的全过程,听从指挥,并能投入课外时间进行标本的采集制作和鉴定	10

(2)结果考核(占50分)

序号	考核重点内容	考核标准	标准分值
1	标本采集的数量	标本采集达到60个,并涵盖了主要的目科	15
2	标本制作的质量	标本制作精美、规范,每一个标本都有采集标签,并按类群排列在标本盒中	15
3	标本鉴定的准确度	主要目科能够鉴定准确,每一个标本都有鉴定标签	20

7. 实训报告

(1)列出你所采集到的标本的目科和种类清单,并上交你所采集到的标本。

(2)写一份有关昆虫标本采集、制作及鉴定的体会报告。

实训报告单见光盘。

实训6 植物病害症状的田间观察及标本的采集制作

1. 实训目标

通过植物病害的田间观察,结合新鲜及干制、浸渍标本,掌握植物病害症状与虫害害状的主要区别,认识植物病害各种症状类型,掌握各种症状类型的特点,正确区别病害的病状和病征;在学习病害标本采集、制作方法的过程中,掌握园林植物病害标本的采集、制作及保存技术,为病害的诊断和防治奠定基础。

2. 实训材料

(1)材料 病害危害严重的园林绿地现场,不同病害症状类型的新鲜、干制或浸渍标本,如月季黑斑病、菊花褐斑病、瓜叶菊白粉病、碧桃缩叶病、樱花根癌病、草坪草黑粉病、草坪草锈病、兰花炭疽病、大叶黄杨叶斑病、仙客来灰霉病、君子兰细菌性软腐病、唐菖蒲干腐病、美人蕉花叶病、香石竹病毒病、幼苗猝倒病、杨树烂皮病、香石竹枯萎病、菊花枯萎病、花木白纹羽病、紫纹羽病等。

(2)器材 光学显微镜、放大镜、镊子、挑针、病害标本夹、采集箱、塑料袋、枝剪、记载本、标签、铅笔、病害彩图等。

3. 实训内容

(1)植物害虫害状的观察;

(2)植物病害症状(包括病状和病征)的观察;

(3)植物病害标本采集;

(4)植物病害标本制作。

4. 操作步骤与方法

序号	技能训练点	训练方法	训练参考时间/min
1	病害症状与虫害害状的区别	选取病虫危害严重的园林绿地或花卉基地,仔细观察病害症状和虫害害状,注意两者之间的区别,特别注意观察刺吸式口器害虫的危害与植物病害的区别	10
2	植物病害病状类型观察	田间观察园林植物的发病情况,识别病害的各种病状,也可结合室内各种新鲜、干制或浸渍标本,区别各种病状类型。 变色:观察美人蕉花叶病、香石竹病毒病等标本,是花叶还是黄化?叶片局部变色还是全部变色?变色深还是浅,是否有深浅不均的斑驳型? 坏死:观察月季黑斑病、菊花褐斑病、香石竹叶斑病、兰花炭疽病、幼苗猝倒病等,注意叶片或茎基病部的病斑形状、颜色、大小、有无轮纹,茎基病部是否缢缩? 腐烂:观察君子兰细菌性软腐病、唐菖蒲干腐病、杨树烂皮病等的病状特征?是干腐还是湿腐? 萎蔫:观察香石竹枯萎病、菊花枯萎病等标本,植株是否保持绿色?剥开病茎维管束有无变化?颜色与健株比较有何不同? 畸形:观察樱花根癌病、碧桃缩叶病等标本,是矮化、瘤肿还是叶片畸形?	30
3	植物病害病征类型观察	田间肉眼观察或借助放大镜仔细观察各种病害的病征,也可结合室内各种病害标本识别和区分各种病征类型。 霉状物:观察花木煤污病、灰霉病等标本,病部表面各产生何种颜色霉状物? 粉状物:观察瓜叶菊白粉病、草坪草黑粉病、草坪草锈病等标本,病部是否有粉状物?什么颜色? 点状物:观察兰花炭疽病、大叶黄杨叶斑病等标本,注意点状物发生在什么部位,点状物的大小、颜色,散生或排列成轮纹? 索状物:观察白纹羽病、紫纹羽病等标本的菌索呈何形态?什么颜色? 脓状物:观察君子兰细菌性软腐病等标本,有无脓状黏液或黄褐色胶粒?	30
4	植物病害标本的采集	利用枝剪等各种采集用具,采集各种病害标本,包括有病的根、茎、叶、果实或全株,并做好记录。记录的内容有寄主名称、病害名称或症状类型,采集日期与地点、采集者姓名、生态条件和土壤条件等	20

续表

序号	技能训练点	训练方法	训练参考时间/min
5	植物病害标本制作与保存	对采集到的植物病害标本及时进行处理,制成干制或浸制标本,并将记录的内容做成标签附上。 (1)干制标本(蜡叶标本)制作　对植物茎、叶等含水较少的病害标本,采集后及时压在吸水的标本纸中,用标本夹夹紧,在阳光下晒干;或夹在吸水纸中用熨斗烫,使其快速干燥而保持原来的色泽。压制标本干燥前易发霉变色,标本纸要勤更换,通常前3~4 d每天换纸1~2次,以后每2~3 d换1次,直至完全干燥为止。第一次换纸时,标本柔软,可对标本进行整形,此时的标本容易铺展。对幼嫩多汁的标本,如花及幼苗等,可夹于两层脱脂棉中压制;含水量高的可通过30~45 ℃加温烘干。需要保绿的干制标本,可先将标本在2%~4%硫酸铜溶液中浸24 h,再压制。 制作好的标本可保存在棉花铺垫的玻面标本盒内,也可保存于其他纸袋中,并贴上相应的鉴定记录;干燥后的标本也可直接用胶水或针固着在厚的蜡叶标本纸(大小为280 mm×430 mm)上;也可过塑保存。 (2)浸渍标本制作　对采集到的果实、块根等多汁的病害标本,必须用浸渍法制作保存。根据标本的颜色选择保存液的种类,如绿色标本用醋酸铜浸渍液,红色标本用瓦查(Vacha)浸渍液,黄色标本用亚硫酸浸渍液保存	30+课外

5. 实训要求

(1)实训前应仔细阅读植物病害症状及病害标本采集与制作等相关内容;

(2)观察前应了解植物病害症状与植物虫害的区别,以及植物病害病状和病征的常见类型;

(3)病害标本采集前要先认真观察病害的发生部位、植物受害的轻重;采集中注意病害标本的代表性和完整性,做好记录,随采随压制;

(4)标本制作过程中操作要规范,不能随意损坏标本。

(5)本实训要求安排2学时,若标本制作时间不够,可在课外活动时间进行。

6. 实训考核

1)考核内容

(1)是否能正确掌握园林植物病害与虫害的区别;

(2)是否能正确区分园林植物病害的病状和病征；
(3)是否掌握了园林植物病害标本的采集方法；
(4)是否掌握了园林植物病害标本的制作和保存方法。

2)问题思考

(1)园林植物病害在症状上与园林植物虫害的害状有什么区别?
(2)园林植物病害的病状有哪几种类型？各有何主要特征?
(3)园林植物病害的病征有哪几种类型？各有何主要特征?
(4)病害标本采集中应注意哪些问题？植物病害对园林植物有什么危害?
(5)病害标本的制作有哪些主要方法？制作过程中应注意哪些问题?
(6)病害症状在植物病害诊断上有什么作用?

3)考核标准

(1)过程考核(占50分)

序号	考核重点内容	考核标准	标准分值
1	植物病害与虫害的区别	能正确区分病害的症状与虫害害状的区别,并能说明理由	5
2	植物病害的症状观察	能正确区分病害的病状和病征类型,并能说明其特征	15
3	植物病害标本的采集	采集用具使用正确,所采集的标本完整、典型、数量多、质量好,记载准确	15
4	植物病害标本制作	标本制作过程中步骤正确、细心,不随意损坏标本	5
5	问题思考	开动脑筋,积极思考,能综合应用所掌握的基本知识分析问题	5
6	纪律	实训过程中听从指挥,服从安排,不怕脏,不怕苦,有较强的团队协作精神	5

(2)结果考核(占50分)

序号	考核重点内容	考核标准	标准分值
1	病害与虫害的区别	能够正确阐述植物病害与虫害的区别	10
2	植物病害症状观察	列表说明植物病害症状的观察结果,且结果准确	20
3	标本	每人制作植物病害标本5种,且制作的标本符合要求,有保存利用价值	20

7. 实训报告

(1)通过观察,阐明植物病害和植物虫害在为害状上的根本区别。
(2)列表记录植物病害症状的观察结果。
(3)上交所制作的植物病害标本。
实训报告单见光盘。

实训7 植物病原菌物的观察与识别

1. 实训目标

通过实际观察,识别卵菌、接合菌、子囊菌、担子菌和半知菌所致植物病害的症状特点、主要病原物的形态。明确它们之间的主要区别,学会植物病原物制片的基本方法,为诊断病害打好基础。

2. 实训材料

(1)材料　园林植物真菌病害新鲜标本,各种植物病原菌物的分离培养物及装片标本,园林植物真菌病害蜡叶标本、浸渍标本,园林植物真菌病害症状和病原菌挂图等。

(2)用具　显微镜、扩大镜、载玻片、盖玻片、镊子、挑针、小剪刀、刀片、蒸馏水小滴瓶、纱布块、吸水纸、脱脂棉等。

3. 实训内容

(1)植物病原菌玻片标本制作方法;
(2)卵菌门主要病原菌形态及所致病害症状观察;
(3)接合菌门主要病原菌形态及所致病害症状观察;
(4)子囊菌门主要病原菌形态及所致病害症状观察;
(5)担子菌门主要病原菌形态及所致病害症状观察;
(6)半知菌类主要病原菌形态及所致病害症状观察。

4. 操作步骤与方法

序号	技能训练点	训练方法	训练参考时间/min
1	玻片标本制作及病原菌观察	取清洁载玻片1片,在其中央滴蒸馏水1滴,选择病原物生长茂密的新鲜病害标本,在教师指导下,从病害标本上“挑”“刮”“拨”或“切”下病原菌,轻轻放到载玻片的水滴中;再取擦净的盖玻片,从水滴一侧慢慢盖在载玻片上,注意防止产生气泡或将病原菌冲溅到盖玻片外。盖玻片边缘多余的水分用吸水纸吸去,放到显微镜下先用低倍镜找到观察对象,然后调至高倍镜下观察。边观察边绘制所观察到的病原菌的形态图	20
2	卵菌门主要病原菌形态及所致病害症状观察	示范镜下观察卵菌门主要属病原菌装片,注意观察菌丝的分枝情况,有无分隔,菌丝体与孢囊梗、孢囊梗与孢子囊在形态上有何不同?再挑取谷子白发病组织内少许黄褐色粉末制片或卵孢子装片,显微镜下观察卵孢子形态。注意卵孢子的形状、颜色和其他特征。 观察典型的新鲜病害标本或浸渍、干制标本,注意区别它们的症状特点。如瓜果腐霉病、各种植物幼苗猝倒病、疫霉病、霜霉病、白锈病等	20
3	接合菌门主要病原菌形态及所致病害症状观察	示范镜下观察接合菌的装片,注意观察菌丝体的形态,有无分隔;匍匐丝及假根的形态;孢囊梗和孢子囊的形态;可轻压盖玻片使孢子囊破裂,观察散出的孢囊孢子形态、大小及色泽;镜下观察接合孢子的形态特征。 观察典型的新鲜病害标本或浸渍、干制标本,注意区别它们的症状特点。如桃软腐病、花卉球茎软腐病、多种花卉花腐病等	20
4	子囊菌门主要病原菌形态及所致病害症状观察	示范镜下观察子囊菌的营养体、无性孢子、有性孢子及各种子囊果(闭囊壳、子囊壳、子囊盘)。注意菌丝的分枝、分隔情况;无性孢子的形态;子囊和子囊孢子的形态;各种子囊果形态及其区别。 观察典型的新鲜病害标本或浸渍、干制标本,注意区别它们的症状特点。如各类园林植物的白粉病、煤污病、菌核病、缩叶病、烂皮病、梨黑星病等标本	20
5	担子菌门主要病原菌形态及所致病害症状观察	示范镜下观察不同锈菌夏孢子和冬孢子的形态,注意夏孢子的不同类型和冬孢子不同类型的形状、大小和颜色。 示范镜下观察黑粉菌的形态,注意冬孢子的形状、大小和颜色。注意表面是否光滑或有瘤刺、网纹?是单个还是多个集结成团?外围有无浅色不孕细胞? 观察典型的新鲜病害标本或浸渍、干制标本,注意区别它们的症状特点。如草坪草黑粉病、各种花木锈病和果树锈病、果树紫纹羽病、根朽病等标本,注意它们不同的特殊症状	20

续表

序号	技能训练点	训练方法	训练参考时间/min
6	半知菌类主要病原菌形态观察及所致病害症状观察	示范镜下观察半知菌的菌丝、分生孢子梗及分生孢子、分生孢子器与分生孢子盘的形态，注意观察菌丝体在分隔、分枝以及色泽等方面的特征；分生孢子的形态、大小、颜色及有无纵横分隔；分生孢子器与分生孢子盘的区别。放大镜下观察各种菌核的色泽、形状、大小。 观察典型的新鲜病害标本或浸渍、干制标本，注意区别它们的症状特点。如仙客来灰霉病、牡丹叶霉病、兰花炭疽病、栀子或白兰斑点病、菊花斑枯病、水仙叶大褐斑病、月季枝枯病、幼苗立枯病、银杏茎腐病、花木白绢病、紫纹羽病等标本，分析半知菌引起这些病害症状与子囊菌所致病害症状有何异同？	20

5. 实训要求

(1)实训前应认真复习植物病原菌物的营养体、繁殖体的形态，菌物的分类特征、主要病原及所致病害等相关内容；

(2)观察中应仔细比较分析各病菌的特点，并初步掌握各主要致病菌的形态及引起植物病害的症状特征；边观察边绘制各主要病原菌的形态图；

(3)操作中要耐心、细致，掌握病原菌制片技术、显微镜使用技巧；

(4)实训中要爱护标本及用具，不得随意损坏；

(5)本实训要求安排2学时。

6. 实训考核

1)考核内容

(1)是否掌握了病原菌玻片的制作方法；

(2)是否掌握了植物病原菌物各门的主要分类特征及所致病害症状的特点；

(3)是否掌握了植物病原菌物主要属病原菌的形态特征。

2)问题思考

(1)植物病原菌物的无性繁殖和有性繁殖各产生哪些类型的孢子？这些孢子形态有何不同？

(2)如何根据菌物的营养体、无性繁殖和有性繁殖来区分园林相关主要菌物？

(3)分析、归纳菌物各门所引起的植物病害症状的特点和区别。

(4)真菌的子囊果有哪些类型？

3)考核标准

(1)过程考核(占 50 分)

序号	考核重点内容	考核标准	标准分值
1	植物病原玻片标本的制作及显微镜的使用	能按要求认真制作玻片标本,制作的标本质量高;能正确使用显微镜,在显微镜下能快速找到所观察的对象	10
2	植物病原菌物形态的观察识别	能认真观察、识别显微镜下所见到的菌物,并进行分类比较和绘制病原菌草图	15
3	观察对比病原菌物与所致病害	能就所观察病原菌与所致病害的症状相对应、联系	15
4	问题思考与答疑	在整个实训过程中开动脑筋,积极思考,正确回答问题	10

(2)结果考核(占 50 分)

序号	考核重点内容	考核标准	标准分值
1	绘制病原菌形态图	所绘制病原菌形态逼真,特征明显,标注正确	20
2	菌物分类特点	能正确说明园林相关菌物各门的主要特征及所致病害	30

7. 实训报告

(1)绘制菌物各门代表性病原菌形态图各 1 种,并标明各病菌所属分类地位及所致病害的名称。

(2)列表比较卵菌、接合菌、子囊菌、担子菌、半知菌的主要特征及所致病害的症状特点。

实训报告单见光盘。

实训 8　植物病害病原物的分离培养和鉴定

1. 实训目标

通过对植物病原物分离培养方法的学习和实际操作,掌握病原物分离培养的基本原理和基本方法,为植物病原物的鉴定及病害的正确诊断提供依据;了解各种病原物的形态和生物学特性,为植物病害的有效防治打下基础。

2. 实训材料

(1)材料　新采集的植物菌物、细菌、线虫病害的典型症状植株、PDA培养基、牛汁胨平板培养基等。

(2)仪器用具　超净工作台、显微镜、解剖镜、恒温箱、三角瓶、灭菌培养皿、解剖剪、小镊子、移植环、酒精灯、70%酒精、95%酒精、0.1%升汞水或7%漂白粉消毒液、5%来苏尔、灭菌水、滤纸、蜡笔、标签、胶水、火柴、玻璃漏斗(直径10～15 cm)、铁架台、橡皮管、弹簧夹、尖嘴玻璃管、网筛、挑针、竹针或毛针、凹穴玻片等。

3. 实训内容

(1)植物病原菌物的分离培养;
(2)植物病原细菌的分离培养;
(3)植物病原线虫的分离培养。

4. 操作步骤与方法

1)植物病原菌物的分离培养

对植物病原菌物通常采用的是组织分离法。此方法的基本原理是:创造一个适合菌物生长的无菌营养环境,促使染病植物组织中的病原菌物在人工培养基上大量生长、繁殖,使其成为纯菌种,以便为病原鉴定和病害诊断提供实物依据。

(1)分离材料的选择及处理　选择新鲜的典型症状植株、器官或组织,洗净,晾干,取新鲜病斑病健交界部分,切成3～5 mm见方小块用作分离材料。将分离材料置于灭菌的小容器中,先用70%酒精漂洗2～3 s,迅速倒去,以避免材料表面产生气泡;然后用0.1%升汞溶液消毒1～2 min(消毒时间因材料厚度不同而异;消毒剂也可根据不同情况选用漂白粉、次氯酸钠等),再经无菌水漂洗3～4次,最后用灭菌的滤纸吸干材料上的水。

(2)工具的消毒、灭菌　先打开超净工作台通风20 min以上,用70%酒精擦拭手、台面和工作台出风口进行消毒;分离用的容器和镊子用95%酒精擦洗后经火焰灼烧灭菌。

分离也可在没有尘土而空气相对静止的室内进行,方法是擦净工作台,在台面上铺一块湿毛巾,地面洒水,然后在室内喷洒5%来苏尔熏蒸灭菌2～3 h即可。

(3)平板PDA的制作　将三角瓶中的PDA培养基置于水浴锅或微波炉中融化,取出摇匀,自然降温至45 ℃左右后,在超净工作台上经无菌操作将培养基倒入已灭菌的培养皿中(厚度为2～3 mm),并轻轻摇动,静置台面冷却即成。

(4)分离培养　在无菌操作下用镊子将消毒后的材料移入平板PDA培养基上,按一定距离排列整齐。一般病组织平板培养至少需要3个以上的重复,以增加获得致病菌的机会。在培养

皿盖上标明分离材料、日期等。将培养皿底部向上放入塑料袋中，扎紧袋口，置恒温培养箱中在室温下培养，或置室内阴暗处培养 2 ~5 d 即可检查结果。

2）植物病原细菌的分离培养

（1）材料处理　在病原细菌的分离培养中，材料的选择及表面消毒与病原真菌的分离培养基本相同，但消毒液通常是用 1∶14 的漂白粉溶液处理 3 ~5 min，然后用无菌水冲洗 2 ~3 次。培养基除了 PDA 外，通常采用肉汁胨培养基（NA）。

（2）制备细菌悬浮液　在灭菌培养皿中盛入少量无菌水，将经表面消毒和无菌水冲洗过 3 次后的病组织块置于培养皿的无菌水中，用灭菌剪刀将病组织剪碎，静置 10 ~15 min，使组织中的细菌流入水中成为悬浮液。

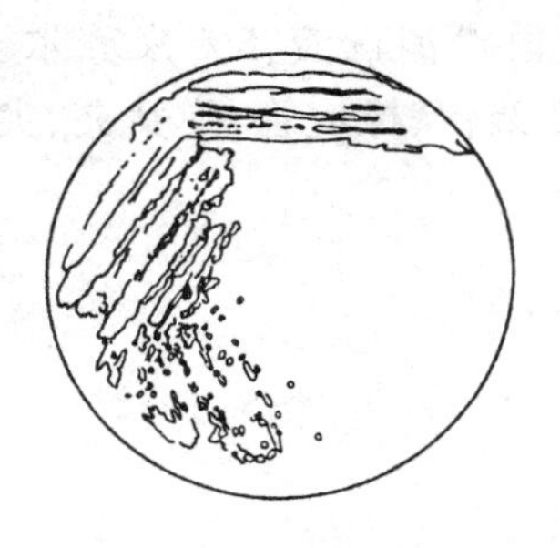

图 7.16　细菌的平板划线分离

（3）划线分离　用经过火焰灭菌的移植环蘸取少量细菌悬浮液，在牛汁胨平板培养基上进行划线培养，以使细菌分开形成分散的菌落。具体方法是，先在平板的一侧顺序划 3 ~5 条线，再将培养皿转 90°，将移植环经火焰灼烧灭菌后，从第二条线末端开始，用相同方法再划 3 ~5 条线（图 7.16），然后在培养皿盖上标明分离材料和日期等。

（4）培养及结果鉴定　将分离后的培养皿翻转放入塑料袋中，扎紧袋口，置恒温培养箱中适温培养 24 ~48 h，可观察结果。

3）植物病原线虫的分离和鉴定

线虫是低等动物，它们的分离方法与植物的其他病原生物不同。在植物线虫病害研究中，不仅要采集病变组织作标本，还必须考虑采集病根、根际土壤和大田土样进行分离鉴定。

（1）直接观察分离法　对胞囊线虫、根结线虫等植物根部寄生的线虫，可在解剖镜下用挑针直接挑取虫体观察；对一些个体比较大的如茎线虫等，可在解剖镜下用尖细的竹针或毛针将线虫从病组织中挑出来，放在凹穴玻片上的水滴中做进一步观察和鉴定。

（2）漏斗分离法　漏斗分离（Baerman，1917）操作简便，不需复杂设备，适合分离能运动的线虫，是目前从植物材料中分离线虫比较好的方法。其缺点是漏斗内特别是橡皮管道内缺氧，不利于线虫活动和存活，所获线虫悬浮液不干净，分离时间较长。

分离装置是将玻璃漏斗（直径 10 ~15 cm），架在铁架台上，下面接一段（约 10 cm）橡皮管，橡皮管上夹一个弹簧夹，其下端橡皮管上再接一段尖嘴玻璃管（图 7.17）。

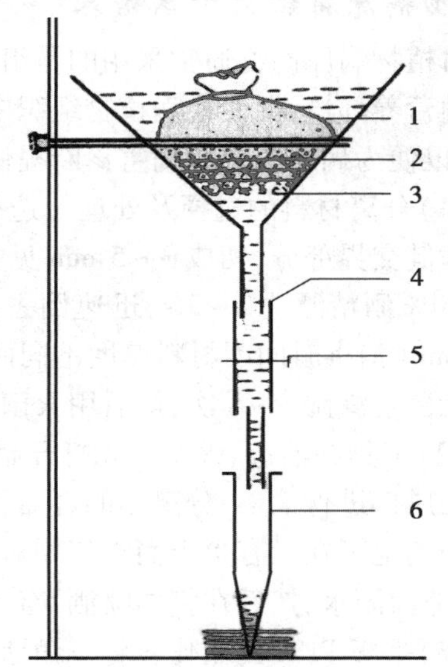

图 7.17　漏斗分离装置

1. 盛土样的纱布袋　2. 铜纱网　3. 水
4. 橡皮管　5. 弹簧夹　6. 小玻管或离心管

具体分离步骤如下：

①在漏斗中加满清水，将带有线虫的植物材料

剪碎，用单层纱布包裹，置于盛满清水的漏斗中。

②经过 4 ~ 24 h，由于趋水性和本身的重量，线虫离开植物组织，并在水中游动，最后都沉降到漏斗底部的橡皮管中。打开弹簧夹，放取底部约 5 mL 的水样到小培养皿中，其中就含有寄生在样本中大部分活动的线虫。

③将培养皿置解剖镜下观察，可挑取线虫制作玻片或做其他处理，如果发现线虫数量少，可以经离心（1 500 r/min，2 ~ 3 min）沉降后再检查；也可以在漏斗内衬放一个用细铜纱制成的漏斗状网筛，将植物材料直接放在网筛中。

漏斗分离法也适用于分离土壤中的线虫，方法是在漏斗内的网筛上放上一层细纱布或多孔疏松的纸，上面加一薄层土壤样本，小心加水漫过后静置过夜。

将分离到的线虫挑到凹穴玻片上的水滴中即可做进一步观察和鉴定。

5. 实训要求

（1）实训前应认真预习实训指导，熟悉本实训的基本操作步骤；

（2）实训中应严格按照操作规程，进行无菌操作；

（3）通过实训，能掌握病原菌的分离培养技术，并能对病原物进行初步鉴定；

（4）实训中要爱护仪器设备及用具，不得随意损坏；

（5）本实训可安排 2 学时，培养基的制作、消毒和其他准备工作以及分离后的培养观察可在课外进行。

6. 实训考核

1）考核内容

（1）是否掌握了植物病原菌物的分离培养和鉴定方法；

（2）是否掌握了植物病原细菌的分离培养和鉴定方法；

（3）是否掌握了植物病原线虫的分离和鉴定方法。

2）问题思考

（1）病原菌的分离培养过程中应注意哪些问题？

（2）病原菌的分离培养在病原菌的鉴定中有什么意义？

3）考核标准

（1）过程考核（占 50 分）

序号	考核重点内容	考核标准	标准分值
1	植物病原菌物的分离培养和鉴定	能严格按照操作规程进行无菌操作，完成菌物分离培养过程。并认真填写操作过程记录表，分离培养出的病原菌物菌落感染杂菌少，可用于鉴定	15

续表

序号	考核重点内容	考核标准	标准分值
2	植物病原细菌的分离培养和鉴定	能严格按照操作规程进行无菌操作,完成细菌分离培养过程。并认真填写操作过程记录表,分离培养出的病原细菌菌落感染杂菌少,可用于鉴定	15
3	植物病原线虫的分离和鉴定	能按要求对植物线虫进行分离,并认真填写操作过程记录表,能采用漏斗分离技术,分离出植物病原线虫	10
4	问题思考	操作过程中,积极思考,能综合应用所掌握的基本知识,分析问题和解决问题	5
5	纪律	实训过程中听从指挥,服从安排,操作认真	5

(2)结果考核(占50分)

序号	考核重点内容	考核标准	标准分值
1	病原物的分离培养	植物病原菌物、细菌、线虫的分离培养获得成功	30
2	病原物的鉴定	对分离出的植物病原菌物、细菌和线虫能鉴定出所属类群	20

7. 实训报告

(1)在老师指导下,选择1~3种园林植物病害材料,按实训操作要求进行分离培养和鉴定,并按下表做好记录:

编　号	材　料	病　原	培养基	分离方法	消毒剂	消毒时间	鉴定结果

(2)阐述你在病原物的分离培养过程中出现过哪些问题?是何原因?应如何克服?

实训报告单见光盘。

附　培养基的制作

1)平板PDA的制作

马铃薯、葡萄糖、琼脂培养基,简称PDA,主要用于真菌的培养,也可用于细菌的培养。其配方为:马铃薯(或甘薯)200 g,葡萄糖(或蔗糖)20 g,琼脂17 g,水1 000 mL;将马铃薯洗净去皮切成小块,加水1 000 mL煮沸30 min,用4层纱布过滤;在滤液中加入葡萄糖及琼脂,再继续加热至琼脂完全熔化为止,并补足失水量,保持1 000 mL。趁热将其分装入洁净的三角瓶或试管内。一般作斜面培养基的试管可装5 mL,作平面培养基的每管约装10 mL,而三角瓶内装入培养基的高度不超过瓶身高度的1/4。将管口或瓶口加上普通棉塞塞紧;病菌分离培养中需要大量无菌水,可将普通自来水用三角瓶或其他耐高温玻璃瓶装好,与做好的培养基一起放入高压灭菌锅内,在15磅压力下经30 min左右即可达到灭菌目的。灭菌后的培养基可存放待用。

2)肉汁胨培养基的制作

肉汁胨培养基,简称NA,主要用于细菌的培养。其配方是:牛肉浸膏3 g,蛋白胨5~10 g,琼脂17 g,水1 000 mL。一般先将牛肉浸膏和蛋白胨溶于水中,酸碱度调至pH为6.5~7,放入琼脂后加热熔化即可装瓶消毒灭菌后备用。

实训9 植物病害的田间诊断

1. 实训目标

结合生产实际,通过对当地园林植物发病情况的观察和诊断,逐步掌握各类植物病害的发生特点及诊断要点,熟悉病害诊断的一般程序,为植物病害的调查研究与防治提供依据。

2. 实训用具

手持放大镜、记录本、标本夹、小手铲、小手锯、枝剪、图书、挂图、记录本等。

3. 实训内容

(1)非侵染性病害的田间诊断;
(2)菌物性病害的田间诊断;
(3)细菌性病害的田间诊断;
(4)病毒性病害的田间诊断;
(5)线虫病害的田间诊断。

4. 操作步骤与方法

序号	技能训练点	训练方法	训练参考时间/min
1	非侵染性病害的诊断	在教师的指导下,对当地已发病的园林植物进行观察,注意病害的分布、植株的发病部位、病害是成片发生还是有发病中心、发病植物所处的小环境等,如果所观察到的植物病害症状是叶片变色、枯死、落花、落果、生长不良等现象,病部又找不到病原物,且病害在田间的分布比较均匀而成片,可判断为是非侵染性病害;诊断时还应结合地形、土质、施肥、耕作、灌溉和其他特殊环境条件,进行认真分析。如果是营养缺乏,除了症状识别外,还应该进行施肥试验	20
2	菌物性病害的诊断	对已发病的园林植物进行观察时,若发现其病状有:①坏死型:有猝倒、立枯、疮痂、溃疡、穿孔和叶斑病等。②腐烂型:有苗腐、根腐、茎腐、杆腐、花腐和果腐病等。③畸形型:有癌肿、根肿、缩叶病等。④萎蔫型:有枯萎和黄萎病等。除此之外,病害在发病部位多数具有以下病征:霜霉、白锈、白粉、煤污、白绢、菌核、紫纹羽、黑粉和锈粉等,则可诊断为菌物病害。对病部不容易产生病征的菌物性病害,可以采用保湿培养,以缩短诊断过程。即取下植物的受病部位,如叶片、茎秆、果实等,用清水洗净,置于保湿器皿内,在20~23 ℃培养1~2 d,往往可以促使真菌孢子的产生,然后再做出鉴定。对还不能确诊的病害,可进行室内镜检,对照病原物确定病害的种类	30
3	细菌性病害的诊断	田间诊断时若发现其症状是坏死、萎蔫、腐烂和畸形等不同病状,但其共同特点是在植物受病部位能产生大量的细菌,以致当气候潮湿时从病部气孔、水孔、伤口等处有大量黏稠状物——菌脓溢出,可以判断为细菌性病害,这是诊断细菌病害的主要依据。若菌脓不明显,可窃取小块病健交界部分组织,放在载玻片的水滴中,盖上盖玻片,用手指压盖玻片,将病组织中的菌脓压出组织外。然后将载玻片对光检查,看病组织的切口处有无大量的细菌呈云雾状溢出,这是区别细菌性病害与其他病害的简单方法。如果云雾状不是太清楚,也可以带回室内镜检	30
4	病毒性病害的诊断	植物病毒性病害没有病征,常具有花叶、黄化、条纹、坏死斑纹和环斑、畸形等特异性病状,田间比较容易识别。但有时常与一些非侵染性病害相混淆,因此,诊断时应注意病害在田间的分布,发病与地势、土壤、施肥等的关系;发病与传毒昆虫的关系;症状特征及其变化、是否有由点到面的传染现象等。 当不能确诊时,要进行传染性试验。如对一种病毒病的自然传染方式不清楚时,可采用汁液摩擦方法进行接种试验。如果不成功,可再用嫁接的方法来证明其传染性,注意嫁接必须以病株为接穗而以健株为砧木,嫁接后观察症状是否扩展到健康砧木的其他部位	20

续表

序号	技能训练点	训练方法	训练参考时间/min
5	线虫病的诊断	线虫病主要诱发植物生长迟缓、植株矮小、色泽失常等现象,并常伴有茎叶扭曲、枯死斑点,以及虫瘿、叶瘿和根结瘿瘤等的形成。一般讲,通过对有病组织的观察、解剖镜检或用漏斗分离等方法均能查到线虫,从而进行正确的诊断	20

5. 实训要求

(1)实训前应认真预习实训指导,观看各种病害挂图、干制或浸制标本,熟悉菌物、细菌、病毒和线虫病害的症状特点;

(2)实训中应仔细观察园林植物生长地的地形、土质、施肥、耕作、灌溉和其他特殊环境条件,对比菌物、细菌、病毒及线虫病害的症状区别,并注意病害的"同源异症"和"异源同症"现象;

(3)通过实训,能够掌握不同病原引起的病害症状特点,为今后识别病害、对症下药提供依据;

(4)本实训大约需要 2 学时,应在教师的指导下进行。

6. 实训考核

1)考核内容

(1)是否能准确区分园林植物非侵染性病害和侵染性病害;

(2)是否掌握了园林植物菌物病害田间诊断方法;

(3)是否掌握了园林植物细菌病害的田间诊断方法;

(4)是否掌握了园林植物病毒病害的田间诊断方法;

(5)是否掌握了园林植物线虫病害的田间诊断方法。

2)问题思考

(1)植物病害诊断有哪些程序?诊断中应注意哪些问题?

(2)当地园林植物病害中,最常见的是菌物病害、细菌病害还是病毒病害?怎样才能准确地诊断出病害的病原?

3)考核标准

(1)过程考核(占 50 分)

序号	考核重点内容	考核标准	标准分值
1	非侵染性病害与侵染性病害的区分	能根据环境条件及植物病害症状正确区分出非侵染性病害和侵染性病害	10

续表

序号	考核重点内容	考核标准	标准分值
2	侵染性病害种类的区分	能根据病征和病状及其他辅助条件正确诊断出菌物、细菌、病毒或线虫病害	20
3	问题思考	开动脑筋,积极思考,能综合应用所掌握的基本知识分析问题	10
4	纪律	实训过程中听从指挥,不怕苦,不怕累,观察认真、仔细	10

(2)结果考核(占50分)

序号	考核重点内容	考核标准	标准分值
1	诊断结果	结果正确,论据充分	40
2	实训报告	文字精练,体会深刻	10

7. 实训报告

(1)阐述园林植物病害田间诊断结果,包括病害类别(非侵染、菌物、细菌、病毒、线虫等)、症状表现、诊断依据等。

(2)在田间病害诊断过程中应注意哪些问题?

实训报告单见光盘。

实训10　园林植物病虫害的田间调查

1. 实训目标

掌握植物病虫害取样和调查的方法,在调查中了解园林植物病虫害种类、为害情况、分布区域及发生规律,学会整理计算调查资料数据,为制订病虫害的防治方案提供科学依据。

2. 实训用具

自制调查记载表、手持放大镜、笔记本、铅笔、相关图片资料等。

3. 实训内容

(1)根据植物病虫害种类和寄主特点,按一定的取样方法、取样单位划出取样点;

(2)在取样点内,调查某一具体园林植物病虫害,并按设计的表格进行记载;

(3)将调查资料进行整理与计算,对当地主要病虫害所造成的为害进行分析,并写出调查报告。

4. 操作步骤与方法

1)调查准备

调查之前,除准备好调查用具外,要拟订好调查方案,确定调查内容,制订好调查表格,了解病虫害的田间分布类型,为正确选择调查方法做好前期准备。

对病虫害的调查内容来说,通常分为基本情况调查和重点调查两类。前者也称为一般调查或普查,主要是了解某一地区园林植物病虫害的种类、分布及危害等情况,记载的项目不必很细;后者又称专题调查或系统调查,是在一般调查的基础上,选择重要的病虫害,深入系统地调查它的分布、发病轻重、消长规律、防治效果等,要求调查次数多,记载准确详细,以便进行深入分析。

植物病虫害田间调查,很难进行全面逐株调查,只能从中抽取一部分样本来估算总体情况。不同类别的病虫害在田间的分布情况不同。了解植物病虫害的田间分布类型是确定正确取样方法的主要依据。一般植物病虫害的田间分布主要有随机分布型、核心分布型和嵌纹分布型。随机分布型是指病虫害在田间分布呈比较均匀的状态,如草坪锈病、花卉霜霉病等。核心分布型是指病虫在田间的分布呈多个集团或核心,并向四周扩散和蔓延,如植物疫病、斜纹夜蛾等。嵌纹分布型是指病害在田间分布疏密互间、密集程度极不均匀,呈嵌纹状,如大叶黄杨白粉病、二点叶螨等(图7.18)。

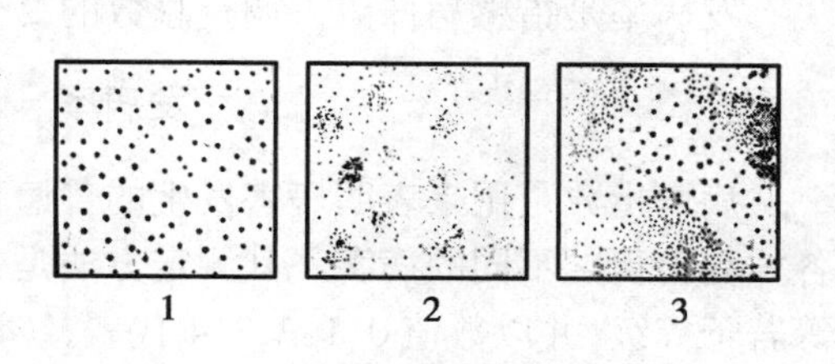

图7.18 植物病虫的田间分布型

1. 随机型 2. 核心型 3. 嵌纹型

2)调查记载

(1)病虫种类识别 选取具有代表性的园林绿地或花卉基地,在教师的指导下,借助手持放大镜,对照图片和图谱,对主要病虫害进行田间识别和鉴定。

(2)调查取样 根据被调查园地的大小以及病虫在田间的分布情况,确定取样的大小和方法。一般1 m^2 作为一个样点,样点面积一般应占调查总面积的0.1% ~0.5%,苗圃应适当增加。

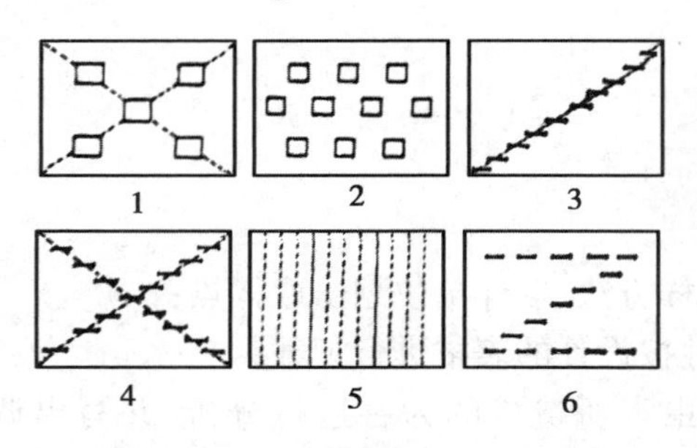

图 7.19 病虫害调查各种取样方法示意图

1. 五点式(面积) 2. 棋盘式 3. 单对角线式 4. 双对角线式 5. 分行式 6. "Z"字形

根据病虫在田间的分布情况以及不同类型的园林绿地,一般可采取五点式取样、单对角线式取样、双对角线式取样、棋盘式取样、分行式取样和"Z"字形取样等(图 7.19)。前 3 种取样适用于随机分布型的病虫害调查;棋盘式取样和分行式取样适用于核心分布型的病虫害调查;"Z"字形取样适用于嵌纹分布型病虫害的调查。在苗圃、花圃中通常可采用五点式、对角线式、棋盘式或"Z"字形等取样;在绿篱、行道树和多种花木配置的花坛等进行调查时,可采用线形五点式或带状五点式取样、也可随机抽取样株,样本小时可逐株调查。

(3)调查内容

①虫害调查　虫害调查主要是调查虫口密度和有虫株率。虫口密度是指单位面积或单个植株上害虫的平均数量,它表示害虫发生的严重程度;有虫株率是指有虫株树占调查总株数的百分数,它表明害虫在园内分布的均匀程度。

$$虫口密度=\frac{调查总活虫数}{调查总面积}$$

$$单株虫口密度=\frac{调查总活虫数}{调查总株数}$$

$$有虫株率=\frac{有虫株数}{调查总株数}\times 100\%$$

②病害调查　一般全株性的病害(如病毒病、枯萎病、根腐病或细菌性青枯病等)或被害后损失很大的病害,主要调查其发病(株)率。其他病害除调查发病率以外,还要进行病害分级,调查病情指数。

发病率是指感病株数占调查总数的百分数,主要用来表明病害发生的普遍程度。

$$发病率=\frac{感病株数}{调查总株数}\times 100\%$$

病情指数是用来表明病害发生的普遍程度和严重程度的综合指标,常用于植株局部受害且各株受害程度不同的病害。其测定方法是:先将样地内的植株按病情分为健康、轻、中、重、枯死等若干等级,并以数值 0,1,2,3,4 代表,统计出各级株数后,按下列公式计算:

$$病情指数=\frac{\sum(病害级别代表值\times 该级样本数)}{最高级代表值\times 调查总样本数}\times 100$$

目前,各种病害分级标准尚未统一。调查时,可从现场采集标本,按病情轻重排列,划分等级。也可参照已有的分级标准,酌情划分使用(表 7.1、表 7.2)。

表 7.1 枝、叶部病害分级标准

级　别	代 表 值	分级标准
1	0	健康
2	1	1/4 以下枝、叶感病
3	2	1/4 ~ 1/2 枝、叶感病
4	3	1/2 ~ 3/4 枝、叶感病
5	4	3/4 以上枝、叶感病

表 7.2 枝干病害分级标准

级　别	代 表 值	分级标准
1	0	健康
2	1	病斑的横向长度占树干周长的 1/5 以下
3	2	病斑的横向长度占树干周长的 1/5 ~ 3/5
4	3	病斑的横向长度占树干周长的 3/5 以上
5	4	全部感病或死亡

(4)调查记载　田间调查数据的记载是结果分析的依据。记载内容要依据调查的目的和对象来确定。通常要求有调查日期、地点、调查对象名称、调查项目等,如表7.3、表7.4所示。

表7.3　虫害田间调查记载表

调查时间:　　　　调查地点:　　　　植物名称:　　　　害虫名称:

样点	株号及害虫数量								备注
	1	2	3	4	5	…	19	20	
Ⅰ Ⅱ Ⅲ Ⅳ Ⅴ									

表7.4　病害田间调查记载表

调查时间:　　　　调查地点:　　　　植物名称:　　　　害虫名称:

样点	株号及病害分级								备注
	1	2	3	4	5	…	19	20	
Ⅰ Ⅱ Ⅲ Ⅳ Ⅴ									

3)调查结果整理与计算

田间调查所获取的数据资料,根据前述公式进行整理与计算,虫害要算出虫口密度和有虫株率,病害要算出发病率和病情指数,并填写结果整理的相关表格(表7.5、表7.6)。通过对病虫害发生的普遍程度和严重程度的比较,并结合相关的气候资料,分析病虫害的发展趋势。

表7.5　虫害调查结果整理表

调查日期	调查地点	植物名称	害虫名称	调查总株数	调查总面积	活虫总数量	有虫总株数	有虫株率	单株虫口密度	单位面积虫口密度

表 7.6 病害调查结果整理表

调查日期	调查地点	植物名称	病害名称	调查总株数	调查总面积	感病总株数	发病率	严重度分级及各级株数					病情指数
								0	1	2	3	4	

5. 实训要求

(1)实训前应认真预习实训指导,并根据调查目的要求制作好田间调查记载表;
(2)实训中要仔细调查、认真记载,多观察、多思考、多提问;
(3)实训后能掌握园林植物病虫害的调查、记载、计算分析方法;
(4)初步掌握当地园林植物主要病虫害的种类及为害;
(5)能根据调查计算结果,进行分析,写出实训报告;
(6)本实训要求安排 2 学时。

6. 实训考核

1)考核内容

(1)是否掌握了园林植物病虫害调查取样方法;
(2)是否掌握了病虫害虫口密度和病情指数的计算方法;
(3)是否能根据调查、计算、统计结果,分析病虫的为害程度及发展趋势;
(4)是否识别了当地园林植物主要病虫害;
(5)是否掌握了调查报告撰写的一般方法。

2)问题思考

(1)植物病虫害的田间分布有哪几种类型?
(2)植物病虫害调查的取样方法有哪些?如何根据病虫害的分布型确定取样方法?
(3)在植物病虫害调查过程中应注意哪些问题?

3)考核标准

(1)过程考核(占 50 分)

序号	考核重点内容	考核标准	标准分值
1	调查表格的制作	设计制作的调查表格实用性强	10
2	调查过程	调查目的明确,取样正确,调查记载认真	10

续表

序号	考核重点内容	考核标准	标准分值
3	提问和答疑	开动脑筋,积极思考,能提出问题和回答问题	10
4	纪律	实训中听从指挥,服从安排,不怕苦,不怕累,有较强的团队协作精神	10
5	计算、分析	能根据调查数据进行计算分析,结论正确	10

(2)结果考核(占50分)

序号	考核重点内容	考核标准	标准分值
1	调查报告格式	调查报告格式规范,文字精练	10
2	调查报告内容	文字精练,分析论据充分,结论正确,体会深刻	40

7. 实训报告

对当地经常发生的某种或某类病虫害进行实地调查后,进行资料整理与计算,写一份调查报告(要求有调查地区的概况、调查目的、任务、调查结果及分析,提出综合控制策略,并附实训体会)。

实训报告单见光盘。

实训11 常用农药性状的观察

1. 实训目标

通过观察,认识生产中常用的杀虫、杀螨、杀菌、杀线虫、除草、杀鼠等农药,并了解其性能及注意事项。

2. 实训材料

各类常用杀虫、杀螨、杀菌、杀线虫、除草、杀鼠等农药20余种,口罩、手套、记录本、铅笔等。

3. 实训内容

(1)按防治对象,进行农药归类;
(2)了解各种农药的剂型及有效含量;
(3)记载主要防治对象及使用浓度;

(4)了解药剂的性能及应注意事项。

4. 操作步骤与方法

序号	技能训练点	训练方法	训练参考时间/min
1	农药名称的理解	随机选取5种农药,观察商品农药名称的组成,并正确理解其含义,特别注意有效成分的含量	10
2	农药的归类	按照防治对象,对实训材料所提供的农药进行正确归类为杀虫杀螨剂、杀菌剂、杀线虫剂、除草剂、杀鼠剂等	10
3	农药剂型的观察	仔细观察,正确识别粉剂、可湿性粉剂、乳油、颗粒剂、水剂、烟雾剂、悬浮剂等剂型在物理外观上的差异	20
4	防治对象的了解	仔细阅读说明书,了解每一种农药具体的防治对象	10
5	使用浓度和用量	仔细阅读说明书,了解每一种农药的使用浓度和用量,并能计算每亩需用多少农药和稀释剂,如水等	30
6	使用方法	仔细阅读说明书,了解每一种农药的使用方法	20
7	农药的性能及注意事项	仔细阅读说明书,了解农药的性能及在配制、使用和保管中的注意事项	20

说明:观察时也可以一种一种农药逐项进行观察。

5. 实训要求

(1)实训前应仔细阅读农药章节的相关内容;
(2)观察中要做好记录;
(3)要做好安全防护,如实训中要戴口罩、手套、穿工作服,实训后要洗手等;
(4)本实训要求安排2学时。

6. 实训考核

1)考核内容

(1)是否能正确理解商品农药的名称;
(2)是否能辨识粉剂、可湿性粉剂、乳油、颗粒剂、水剂、烟雾剂、悬浮剂等剂型在物理外观上的差异;
(3)是否掌握了每一种农药的防治对象、使用浓度、使用方法;
(4)是否掌握了每一种农药的注意事项。

2)问题思考

(1)在常用农药性状观察过程中存在哪能问题?

(2)在农药说明书的阅读过程中发现有哪些不科学的地方?

3)考核标准

(1)过程考核(50分)

序号	考核重点内容	考核标准	标准分值
1	农药名称的理解	能正确说明每一种农药有效成分的含量、有效成分的名称和剂型	10
2	农药的归类	对每一种农药能正确归类	5
3	防治对象	能正确说明每一种农药的防治对象	10
4	使用浓度和使用方法	能正确说明每一种农药的使用浓度和使用方法,并能正确计算每亩用量	10
5	注意事项	能够正确说明每一种农药在配制、使用和保管中的注意事项	5
6	记录	观察中能全过程记录,记录完整	5
7	提问和答疑	开动脑筋,积极思考,整个实训过程中至少有两次提问,并能正确回答问题	5

(2)结果考核(50分)

序号	考核重点内容	考核标准	标准分值
1	实训记录	记录完整,结果正确	30
2	实训总结	对实训结果能进行归纳总结,依据充分	20

7. 实训报告

列表归类记录各种农药的防治对象、使用浓度、使用方法和注意事项。

实训报告单见光盘。

实训12 农药的配制、使用及防治效果调查

1. 实训目标

以波尔多液和其他某种常用农药的配制和使用为例,掌握农药的选择、稀释计算、配制和使用技术,以及防治效果调查方法,熟悉化学防治的一般过程和常用施药器械的规范操作,了解农药的配制和使用过程中应注意的事项。

2. 实训材料

(1)材料　硫酸铜、生石灰、水、常用农药等;
(2)器材　烧杯、量筒、试管、天平、研钵、喷雾器等。

3. 实训内容

(1)波尔多液的配制与使用;
(2)常用农药的配制与使用;
(3)防治效果的调查。

4. 操作步骤与方法

(1)波尔多液的配制与使用

序号	技能训练点	训练方法	训练参考时间/min
1	杀菌原理和类型	阅读相关资料或老师讲授,了解波尔多液成分、杀菌原理,以及什么是等量式、半量式、倍量式波尔多液	20
2	用量计算	配制1%等量式波尔多液1 000 mL,计算需用多少硫酸铜、生石灰和水	20
3	称量	用天平分别称取所需用量的硫酸铜和生石灰,量取所需用水	
4	配制	把水分成二等份分别盛于两个烧杯中,将称量好的硫酸铜到入其中一份水中待其慢慢溶解,如硫酸铜含有大块结晶,事先必须研碎,以加快溶解速度;另一份水用来调配石灰乳液,先用少许水把石灰搅成浆状,然后加入剩余的水搅匀即成石灰乳液,如果石灰乳液含有粗沙石,必须用纱布过滤。最后,把硫酸铜溶液倒入已调好的石灰乳液中,边倒边轻轻搅拌,即配成天蓝色的波尔多液。切忌将石灰乳液倒入硫酸铜溶液中	20
5	质量检查	(1)物态观察　观察波尔多液颜色和物态,如呈天蓝色胶态乳状液为好。 (2)pH检测　用pH试纸检测,如黄色试纸慢慢变为蓝色表明波尔多液呈碱性为好。 (3)铁丝反应　用磨亮的铁丝插入波尔多液片刻,观察铁丝上有无镀铜现象,以不产生镀铜现象为好。 (4)滤液吹气　将波尔多液过滤后,取其滤液少许置于载玻片上,对液面轻吹约1 min,液面产生薄膜为好	20
6	施用	将配制好的波尔多液倒入喷雾器中,选择一块园林绿地,进行喷雾操作。喷雾要求达到叶片正反两面均匀受药,没有药液下滴	40

(2)常用农药的配制与使用

序号	技能训练点	训练方法	训练参考时间/min
1	病虫害调查	在教师指导下,选择一块园林绿地,进行田间病虫害调查,确定主要的病害或(和)虫害的种类作为防治对象。此外,害虫还要调查虫口密度,病害还要调查发病率和病情指数	40
2	农药的选择	根据防治对象,仔细阅读说明书,正确选择农药	
3	用量计算	根据园林绿地的面积大小和说明书的介绍,计算需用多少农药	20
4	农药称量	根据计算对农药进行称量,液体农药也可用量筒量取	
5	农药配制	除了粉剂、颗粒剂和超低容量油剂可直接使用外,其他常需用水稀释后方可使用。根据说明书上的使用浓度或稀释倍数,计算需加水多少,并进行稀释配制。具有胃毒作用的农药防治蝼蛄等地下害虫也可根据相关资料制成毒饵	30
6	农药使用	根据说明书所介绍的使用方法,对稀释好的农药可以进行喷雾、浸种、拌种等,粉剂可直接喷粉,颗粒剂以及配制好的毒饵可以直接进行撒施	40
7	防治效果调查与计算	杀虫剂要在施药后的1 d,3 d,7 d调查虫口密度,以未施药的区域作为对照计算防治效果,其计算方法为:(对照区虫口密度 - 施药区虫口密度)/对照区虫口密度;杀菌剂在施药后的7 d,10 d,15 d调查发病率和病情指数,计算防治效果,其计算方法为:(对照区发病率或病情指数 - 施药区发病率或病情指数)/对照区发病率或病情指数	课外

说明:该项实训可以根据田间病虫害的发生情况,并结合预测预报,考虑在需要施药的当天进行。一般害虫和病害要在发生初期施药,保护性杀菌剂要在发病前施药,施药时要避免大风、暴雨天气。

5. 实训要求

(1)在农药的配制和使用过程中要戴口罩和一次性手套,穿工作服,防止农药经口腔和皮肤进入体内而引起中毒;

(2)操作过程中不可喝水和吃食物,操作结束后和就餐前要用肥皂洗手脸或洗澡,同时,工作服也要洗涤干净;

(3)操作过程中要严格遵守操作规程和实验室的规章制度,不得用手直接接触药品,不得嬉戏打闹;

(4)发生中毒事故后,在采取紧急措施的同时要立即送往医院救治;

(5)实训结束后要清洗所有的用具,洗涤废水、一次性手套和农药废瓶废袋等要集中处理;

(6)本实验要求安排4个学时,并按4~6人一个小组进行,防治效果的调查可安排在课外进行。

6. 实训考核

1)考核内容

(1)是否掌握了波尔多液正确的配制和使用方法;

(2)是否掌握了波尔多液质量检验方法;

(3)是否掌握了农药选择、稀释和使用的一般方法;

(4)操作过程中有没有发生事故。

2)问题思考

(1)波尔多液的配制和使用过程中应注意哪些问题?

(2)选择农药时应注意哪些问题?

(3)农药使用中应注意哪些问题?

(4)如何稀释农药?

3)考核标准

(1)过程考核(占50分)

序号	考核重点内容	考核标准	标准分值
1	波尔多液的配制与使用	称量准确,配制操作规范,喷雾使用达到标准	10
2	波尔多液的质量检定	质量检测全面,方法正确	10
3	农药的选择	农药选择正确无误	5
4	用量计算	农药用量计算方法正确	5
5	稀释配制	农药稀释配制方法正确	5
6	使用技术	施药技术规范	5
7	防治效果调查和计算	防治效果调查和计算方法正确	10

(2)结果考核(占50分)

序号	考核重点内容	考核标准	标准分值
1	波尔多液质量	配制的波尔多液质量达到优良	5
2	防治效果	病虫害的防治效果达到优良	5
3	植物药害	对植物没有产生药害	5
4	其他失误	没有发生事故或其他损失	5
5	实训报告	全面反映实训内容,分析问题透彻,方法结论正确	30

7. 实训报告

(1)阐述波尔多液配制和使用的方法和步骤,以及在配制和使用过程中应注意的事项。

(2)以本次实训为例,从防治对象确定、农药选择、施药时间确定、农药用量计算、农药稀释配制、使用方法确定、防治效果调查和计算、结果分析来阐述化学防治全过程,要求说明理由,并有数据调查和分析计算的表格。

实训报告单见光盘。

实训 13 园林植物害虫的田间识别与防治

1. 实训目标

通过实训,识别当地主要园林植物害虫的形态特征和为害状,了解当地园林植物主要害虫的种类,发生和为害情况,掌握当地园林植物主要害虫的发生规律,学会制订科学的防治方案,并能组织实施。

2. 实训材料

(1)场地与材料 园林植物害虫危害现场、园林植物主要害虫生活史标本。

(2)器材 数码相机、剪刀、植物标本夹、体视显微镜、手持放大镜、镊子、挑针、记录本、铅笔以及相关图书资料等。

3. 实训内容

(1)当地主要食叶害虫、枝干害虫、吸液害虫、地下害虫形态特征及为害状识别;

(2)当地主要害虫种类、发生及为害情况调查;

(3)当地主要害虫发生规律资料查询和了解;

(4)当地主要害虫综合防治方案制订和防治。

4. 操作步骤与方法

序号	技能训练点	训练方法	训练参考时间
1	园林植物害虫田间识别和害状观察	分次选取害虫为害严重的园林绿地,仔细观察害虫害状,并采集害虫标本,在教师的指导下,查对资料图片,利用手持放大镜,初步鉴定各类害虫的种类和虫态	16 学时
2	主要害虫发生、为害情况调查	根据田间害虫的为害情况,调查害虫的虫口密度和为害情况,确定当地园林植物害虫的优势种类	
3	室内鉴定	将田间采集和初步鉴定的各类害虫不同虫态的标本带至实训室,利用体视显微镜,参照相关资料和生活史标本,进一步鉴定,达到准确鉴定的目的	
4	发生规律的了解	针对当地为害严重的优势种类害虫,查阅相关资料,了解它们在当地的发生规律	课外
5	防治方案的制订和实施	根据优势种类害虫在当地的发生规律,按照食叶害虫、枝干害虫、吸汁害虫、地下害虫制订综合防治方案,并提出当前的应急防治措施,组织实施,做好防治效果调查	

5. 实训要求

(1)实训前从图书馆借取具有彩图的相关图书,并查阅相关资料和查看相关图片,了解当地园林植物病虫害的主要种类、形态特征和为害状等;

(2)实训前要准备好害虫标本采集工具,拍照和田间观察和记录的相关器具,如数码相机、手持放大镜、记录本等;

(3)观察和调查中要仔细认真,并做好拍照和记录,标本采集要做到全面采集;

(4)本实训要求安排 16 学时,按 4 ~6 人一组分 4 次进行。

6. 实训考核

1)考核内容

(1)是否掌握了当地园林植物主要害虫的不同虫态的形态特征和害状;

(2)是否掌握了当地园林植物主要害虫的发生规律;

(3)是否掌握了不同类别园林植物害虫的综合防治方法。

2)问题思考

(1)食叶害虫、枝干害虫、吸汁害虫、地下害虫在害状上有什么区别?

(2)食叶害虫、枝干害虫、吸汁害虫、地下害虫在防治方法上有什么区别?

3)考核标准

(1)过程考核(占50分)

序号	考核重点内容	考核标准	标准分值
1	实训准备	图书资料、害虫标本采集、田间观察记录拍照的工具等是否准备齐全	5
2	害虫田间识别、害状观察及标本采集拍照记录	对田间发生的各种害虫不同虫态能进行初步鉴定,并仔细观察害状特点,采集标本全面,注意了不同虫态标本和未知种类标本的采集,并进行了害状拍照和要点记录	10
3	发生情况调查	按照田间害虫调查方法,进行了害虫发生和为害情况调查,原始记录详细真实,能够正确确定当地园林植物害虫优势种类	5
4	室内鉴定	对田间初步鉴定的害虫种类和未知种类,能通过显微镜进行准确鉴定	10
5	发生规律	查阅资料,能够掌握当地园林植物主要害虫的发生规律	10
6	防治方案制订	能够根据当地主要害虫的发生规律制订综合防治方案	10

(2)结果考核(占50分)

序号	考核重点内容	考核标准	标准分值
1	害虫种类	害虫种类鉴定准确,优势种类确定依据充分	10
2	发生规律	主要害虫发生规律掌握清楚	10
3	防治方案	防治方案制订科学,应急措施可行性强,防治效果好	10
4	实训报告	实训报告完成认真,内容真实可靠,参考价值大	20

7. 实训报告

总结各次实训的原始记录,完成实训报告,要求按食叶害虫、枝干害虫、吸汁害虫、地下害虫归类阐述当地园林植物害虫种类,主要害虫的发生为害严重程度,主要害虫的发生规律,以及综合防治方法和应急措施、防治效果等。

实训报告单见光盘。

实训14 园林植物病害的田间识别与防治

1. 实训目标

通过实训,识别当地主要园林植物病害症状,了解当地园林植物主要病害的种类,发生和为害情况,掌握当地园林植物主要病害的发生规律,学会制订科学的防治方案,并能组织实施。

2. 实训材料

(1)场地与材料　园林植物病害为害现场、园林植物主要病害干制标本和浸渍标本。

(2)器材　数码相机、生物显微镜、手持放大镜、枝剪、镊子、滴瓶、吸水纸、挑针、刀片、盖玻片、载玻片、胡萝卜、记录本、铅笔以及相关图书资料等。

3. 实训内容

(1)当地园林植物叶、花、果病害、枝干病害、根部病害的症状识别和病原观察;

(2)当地园林植物主要病害种类、发生及为害情况调查;

(3)当地园林植物主要病害发生规律资料查询和了解;

(4)当地园林植物主要病害综合防治方案制订和防治。

4. 操作步骤与方法

<table>
<tr><th>序号</th><th>技能训练点</th><th>训练方法</th><th>训练参考时间</th></tr>
<tr><td>1</td><td>园林植物病害的症状观察和田间识别</td><td>分次选取病害危害严重的园林绿地,仔细观察各类病害的症状,并采集病害标本,在教师的指导下,查对资料图片,利用手持放大镜,初步鉴定各类病害的种类</td><td rowspan="3">12 学时</td></tr>
<tr><td>2</td><td>主要病害的发生、为害情况调查</td><td>根据田间病害的为害情况,调查病害的发病率和病情指数,确定当地园林植物主要病害种类</td></tr>
<tr><td>3</td><td>室内病原镜检</td><td>将田间采集和初步鉴定的各类病害标本带至实训室,对照病害标本进一步核实,并采取“挑”“刮”“拨”“切”等方式,制作病原水装玻片标本,利用生物显微镜,参照相关资料和图片,鉴定病原物的种类,达到病害种类准确鉴定的目的。必要时进行病原物的培养鉴定</td></tr>
<tr><td>4</td><td>发生规律的了解</td><td>针对当地为害严重的主要病害,查阅相关资料,了解它们在当地的发生规律</td><td rowspan="2">课外</td></tr>
<tr><td>5</td><td>防治方案的制订和实施</td><td>根据主要病害在当地的发生规律,特别是侵染过程、侵染循环和传播途径等,制订综合防治方案,并能够提出当前的应急防治措施和组织实施,做好防治效果调查</td></tr>
</table>

5. 实训要求

(1)实训前从图书馆借取具有彩图的相关图书,并查阅相关资料和查看相关图片,了解当地园林植物病害的主要种类、症状等;

(2)实训前要准备好植物病害标本采集工具,拍照和田间观察和记录的相关器具,如枝剪、数码相机、手持放大镜、记录本等;

(3)观察和调查中要仔细认真,并做好拍照和记录;

(4)本实训要求安排12学时,按4~6人一组分3次进行。

6. 实训考核

1)考核内容

(1)是否掌握了当地园林植物主要病害症状;

(2)是否掌握了当地园林植物主要病害的发生规律;

(3)是否掌握了园林植物病害的综合防治方法。

2)问题思考

(1)在田间观察时如何区别侵染性病害和非侵染性病害?

(2)菌物、细菌、病毒病害在症状上有什么不同?

(3)为什么要进行病原物的镜检?如果镜检时看不到病原物应如何解决?

(4)在制订病害的综合防治方案时,应注意哪些问题?

3)考核标准

(1)过程考核(占50分)

序号	考核重点内容	考核标准	标准分值
1	实训准备	图书资料、病害标本采集、田间观察记录拍照的工具等是否准备齐全	5
2	病害症状观察、田间识别及标本采集拍照记录	对田间发生的各种病害能仔细观察症状特点,并能进行初步鉴定,标本采集症状典型,特别注意病征的采集,进行症状拍照和症状要点的记录	10
3	发生情况调查	按照田间病害的调查方法,进行了病害发生和为害情况调查,原始记录详细真实,能够正确确定当地园林植物病害的主要种类	5
4	室内镜检	对田间采集的病害标本,能够熟练地制作病原水装片,在显微镜下能够查看到病原物,并能准确鉴定	10
5	发生规律	查阅资料,能够掌握当地园林植物主要病害的发生规律	10
6	防治方案制订和实施	能够根据当地主要病害的发生规律制订综合防治方案,并组织实施	10

(2)结果考核(占50分)

序号	考核重点内容	考核标准	标准分值
1	病害种类	病害种类鉴定准确,主要病害确定依据充分	10
2	发生规律	主要病害发生规律掌握清楚	10
3	防治方案	防治方案制订科学,应急措施可行性强,防治效果好	10
4	实训报告	实训报告完成认真,内容真实可靠,参考价值大	20

7. 实训报告

总结各次实训的原始记录,完成实训报告,要求阐述当地园林植物病害的种类、主要病害的发生为害严重程度、主要病害的发生规律,以及综合防治方法和应急措施、防治效果等。

实训报告单见光盘。

实训15 园林植物病虫害防治综合实训

1. 实训目标

通过对当地园林植物病虫害的种类和发生情况的调查,综合应用所掌握的植物保护基础知识和基本技能,正确分析主要病虫害严重发生的原因,制订切实可行的综合防治方案,并组织实施各项防治措施,使学生达到对当地园林植物病虫害会诊断识别、会分析原因、会制订方案、会组织实施的植保“四会”人才培养目标的要求。

2. 实训材料

病虫为害现场、图书资料、标本采集制作工具、鉴定器具(手持放大镜、体视显微镜、生物显微镜等)、农药及施药器械等。

3. 实训内容

(1)病虫种类和发生情况调查;
(2)主要病虫发生原因分析;
(3)综合防治方案制订;
(4)防治措施的组织和实施。

4. 操作步骤与方法

序号	技能训练点	训练方法	训练参考时间
1	病虫为害现场考察和标本采集	选择一块病虫发生普遍、为害严重的园林绿地，广泛采集病虫标本，并对害状进行观察、描述和拍照；访问当地绿化工人和技术人员，了解过去的栽培管理措施和病虫害发生情况	半天
2	病虫种类鉴定和标本制作	根据图书资料，害虫借助体视显微镜鉴定种类，病害借助生物显微镜制片鉴定病原，必要时进行分离培养，明确病虫种类，并按要求进行标本的制作和保存	1天
3	发生和为害情况的调查	根据植被、病虫种类和为害情况，采取相应的抽样方法，调查有虫株率、虫口密度、发病率和发病指数，确定受害情况，明确主要病虫种类	半天
4	原因分析	查阅资料，了解主要病虫发生规律，并结合当地的气候资料和农事操作，分析主要病虫在当地严重发生的原因	半天
5	综合防治方案的制订	根据主要病虫发生规律，以时间的顺序制订全年的综合防治方案，以及当前的应急防治措施	半天
6	防治措施的组织和实施	组织实施防治措施，特别要注意化学防治中农药的品种、使用浓度、用量、施药时间、施药方法等的选用和安全操作，并对防治效果进行调查	1天

5. 实训要求

(1)本实训可按4人一组安排在周末等课外实践活动中进行；
(2)学生应自己联系实训现场，并全过程做好实训记录；
(3)实训室和图书馆要面向学生适时开放，并备齐学生所需要的施药器械、图书资料等；
(4)学生可自行选购农药；
(5)教师要全过程适时跟踪指导；
(6)本实训大约需要安排4天。

6. 实训考核

1)考核内容

(1)是否对当地园林植物主要病虫害能准确鉴定和诊断；
(2)是否掌握了园林植物病虫害田间调查方法；

(3)是否掌握了当地主要园林植物病虫害的发生规律,能否据此分析严重发生的原因;

(4)是否掌握了病虫害综合防治方案制订的方法,综合防治方案制订是否合理;

(5)是否具备了组织实施具体防治措施的能力,特别是化学防治措施的组织实施是否符合规范和要求。

2)问题思考

(1)当地园林植物病虫为害最严重的有哪几种?为什么这些种类在当地发生严重?

(2)在病虫害的种类调查和防治措施的实施过程中应注意哪些问题?

3)考核标准

(1)过程考核(占50分)

序号	考核重点内容	考核标准	标准分值
1	态度	积极主动联系现场,舍得投入课余时间,全过程参与	5
2	记录	全过程记录,并且记录完整	5
3	操作	严格按照实训各个环节认真操作和训练,并能综合应用所掌握的基本技能,创造性地开展工作	25
4	问题思考	开动脑筋,积极思考,能综合应用所掌握的基本知识,深入分析问题和创造性地解决问题	10
5	纪律	听从指挥,服从安排,不怕脏,不怕苦,有较强的团队协作精神	5

(2)结果考核(占50分)

序号	考核重点内容	考核标准	标准分值
1	总结报告	总结报告格式规范,文字精练,方法正确,体会深刻,对当地园林植物病虫害防治具有指导意义	40
2	标本	所制作的病虫害生活史标本和害状标本符合要求	10

7. 实训报告

(1)就所完成的园林植物病虫害综合实训写一份总结报告,具体要求如下:

①题目:园林植物病虫害综合实训总结报告;

②第1段阐述园林绿地面积、植被种类、园林绿化生产和管理情况,以及过去病虫害发生和防治情况等,并说明综合实训的目的、时间地点、主要内容、调查方法等;

③正文部分可分若干段以文字或表格的形式阐明过程和结果,主要内容包括病虫害的种类、主要病虫发生规律和严重发生的原因、综合防治方案、应急防治措施以及防治效果等;

④结尾段阐明收获体会,以及存在的问题和要注意的事项;

⑤字数要求1 500~2 000字。

(2)将采集的病虫标本和害状,按要求制作成干制标本或液浸标本,主要害虫要求制作成生活史标本,并按要求注明病虫害名称、采集时间与地点、鉴定制作人等。

8 练习题

8.1 理论部分

8.1.1 填空题

(1)昆虫属于________界,________门,________纲。

(2)昆虫的头部着生有________1副,________1对,________1对,________0~3个,因此可以说昆虫的头部是________和________的中心。

(3)昆虫的胸部着生有________3对,________2对,因此可以说昆虫的胸部是________的中心。

(4)昆虫的腹部包藏有大量的________,端部着生有________,因此可以说昆虫的腹部是________和________的中心。

(5)昆虫的四大主要特点是________、________、________、________。

(6)苍蝇、蚊子是________害虫,牛虻、厩蝇是________害虫,白粉虱、斑潜蝇是________害虫,龙虱是________害虫。

(7)家蚕是________昆虫,蜜蜂、蝴蝶是________昆虫。

(8)我们学习昆虫基础知识的目的是①__________;②__________;③__________。

(9)昆虫的头部分为5区,它们是________、________、________、________、________。

(10)昆虫蜕皮时,首先是从________处裂开的。

(11)象鼻虫的头延长成管状,可推测它是取食植物的________。

(12)复眼存在于________头部,背单眼存在于________和________的头部,侧单眼仅存在于________的头部。

(13)复眼是由________组成的,它的功能是________。

(14)触角是由______、______、________3 部分组成,它的变化主要是发生在________。

(15)具球杆状触角的昆虫是________,具芒状触角的昆虫是________。

(16)虹吸式口器是________类昆虫口器,我们可用________方法来防治它们。

(17)吮吸式口器是________昆虫的口器,嚼吸式口器是________昆虫的口器。

(18)昆虫的足一般分为 6 节,它们是________、________、________、________、________、________。

(19)蝗虫的跗节下面有________垫,两爪之间有________垫,家蝇两爪下面有________垫,这些都是农药到达昆虫体内的通道。

(20)螳螂喜欢捕食其他昆虫,它应该有 1 对适于捕捉的________足。

(21)属于开掘足的昆虫一般生活在________,具游泳足的昆虫一般生活在________。

(22)翅脉是昆虫的________延伸到翅面中,而形成了翅的骨架。

(23)根据不同类型的翅可以识别昆虫,例如鞘翅类昆虫是________,鳞翅类昆虫是________,半翅类昆虫是________,缨翅类昆虫是________。

(24)昆虫腹部最大的特点是________发达,这样的好处是________。

(25)昆虫的雄外生殖器叫________,它是由________、________2 部分组成;雌外生殖器叫________,它是由________、________、________3 部分组成。

(26)昆虫的体壁的三性是________、________、________。

(27)昆虫的体壁是由________、________、________3 层组成。

(28)学习昆虫体壁的结构和特性的目的是________和________。

(29)昆虫的内部器官包括八大系统,它们是________、________、________、________、________、________、________、________。

(30)昆虫的内部器官位于________之中,其中充满________,因此,称之为________。

(31)昆虫的消化道分为________、________、________,它们的功能分别是________、________、________。

(32)胃盲囊位于________,它的作用主要是________。

(33)昆虫的排泄器官是________,它位于________,其中一端固定,另一端飘浮在________之中,其主要作用是________。

(34)昆虫的神经系统是由脑和腹神经索组成,其中脑位于________,腹神经索位于________,腹神经索是由许多________组成。

(35)刺激所引起的兴奋,在神经纤维上的传导是________,它依靠的是________,在两神经末梢所形成的突触间的传导是________,它依靠的是________。

(36)有机磷、氨基甲酸酯类等农药是通过________,使昆虫中毒死亡。

(37)昆虫的血液与高等动物不同,没有运送氧气的功能。它的主要功能是________。

(38)昆虫背血管的作用主要是____。

(39)昆虫没有肺,它主要是靠气管逐渐变细所形成的________,伸达到细胞组织中直接供氧。

(40)气管的开口称之为________,气管的膨大变粗形成________。

(41)昆虫的呼吸主要是依靠________作用和________作用。

(42)雌性生殖系统主要由________1 对,________1 对,________1 根组成,雄性生殖系统主要由________1 对,________1 对,________1 根组成,另外它们还有附腺等。

(43)昆虫的繁殖方式有________、________、________、________。

(44)多胚生殖多是________昆虫的一种生殖方式。

(45)完全变态昆虫较不完全变态昆虫更有利于生存,其理由是①________;②________。

(46)昆虫与环境的关系称为________。

(47)某地区 1 年的有效积温为 2 600 ℃,某昆虫完成一代的有效积温为 300 ℃,该种昆虫在该地 1 年可发生________代。

(48)昆虫分类的主要阶元一般有________、________、________、________、________、________、________。

(49)昆虫一般分为________个目,与农业关系最密切的有________个目,最大的目是________目,其次是________目、________目、________目。

(50)________是引起昆虫滞育的重要因素。

(51)气流往往影响昆虫的________和________。

(52)土壤的________、________、________、________对昆虫的活动均有影响。

(53)根据东亚飞蝗的分类地位,它是属________、________、________、________、________、________。

(54)属及以上阶元的拉丁学名是由________个,种是由________个,亚种是由________个拉丁化单词组成。

(55)部分目的拉丁学名词尾是________,总科的拉丁学名词尾是________,科的拉丁学名词尾是________。

(56)Coleoptera 是________阶元的学名,Elateridae 是________阶元的学名,Elateroidea 是________阶元的学名。

(57)检索表是________的工具。

(58)全田植株下部叶片黄化,是由于________所引起的;如果心叶黄化,是________引起的。

(59)植物萎蔫的原因可能有________、________、________。

(60)植物病害的病原物主要有________、________、________、________、________。

(61)植物病害的病状主要有________、________、________、________、________。

(62)植物病害的病征主要有________、________、________、________。

(63)植物病害中,菌物性病害最多,占全部植物病害的________。

(64)菌物的营养体是________,菌物的繁殖体是________。

(65)菌物的菌丝体分为 2 种类型,它们是________和________。

(66)菌物的菌丝体的变态有________、________、________、________、________。

(67)菌物的孢子分为 2 种类型,它们是________和________。

(68)菌物的无性孢子有________、________、________、________、________。

(69)菌物的性器官叫________,性细胞叫________。

(70)菌物有性孢子有________、________、________、________。

(71)菌物的子囊果有________、________、________、________。

(72)菌物的主要分类单元是________、________、________、________、________、________、________。

(73)与园林植物关系密切的菌物有________、________、________、________、________。

(74)卵菌门的营养体为________,无性繁殖产生________,其中包藏有大量的________,繁殖体为________,其中包藏有一些________。一般都具有鞭毛。

(75)卵菌门的菌物引起植物的主要病害有________、________、________、________、________。

(76)结合菌门的营养体为________,无性繁殖产生________,其中包藏有大量的________,有性繁殖产生________。

(77)子囊菌门的营养体为________,无性繁殖产生________,有性生殖产生________。

(78)担子菌门的营养体为________,有性生殖产生________。

(79)半知菌类菌物的营养体为________,无性繁殖产生________。

(80)细菌属于________界、________门。

(81)革兰氏染色可将细菌分为________和________2 大类,大多植物病原细菌是属于________性。

(82)细菌是以________方式进行繁殖,在 26 ~ 36 ℃的适宜条件下,大约________ min 分裂 1 次即增殖 1 倍。

(83)植物病原细菌的鉴定主要是看________、________、________3 个方面的性状。

(84)植物病原细菌主要有 5 个属,它们是________、________、________、________、________。

(85)植物病原细菌都是属于________寄生菌,造成的病斑呈________状,周围具________。

(86)确定细菌性病害最简易的方法就是观察发病部位是否有________、________、________、________、________。

(87)植物病原细菌常引起植物的________病和________病。

(88)植物病毒的传播主要是通过________、________、________3 种方式。

(89)植物寄生线虫是属于________、________门。

(90)线虫的一生一般包括________、________、________3 个阶段,它的幼虫具有________个龄期。

(91)植物病原物的侵染过程一般分为 4 个阶段,它们是________、________、________、________。

(92)病毒只能从________侵入;细菌可以从________和________侵入;真菌可以从________、________和________侵入;线虫和寄生性种子植物可以________侵入。

(93)大多真菌是以________或者________侵入的。

(94)植物病害潜育期的长短主要取决于________和________。

(95)植物病害的侵染循环主要分为 3 个方面,它们是________、________、________。

(96)病原物越冬越夏的场所主要有________、________、________、________、________。

(97)病原物的传播主要通过以下4种途径，它们是________、________、________、________。

(98)植物病害流行的条件是①________；②________；③________。

(99)植物病害的诊断一般分下面5个步骤：①________；②________；③________；④________；⑤________。

(100)非侵染性病害的特点是①________；②________；③________。

(101)侵染性病害的特点是①________；②________；③________。

(102)菌物病害的主要症状是①________；②________；③________；④________。

(103)细菌病害的主要症状是①________；②________；③________；④________。

(104)病毒病害的主要症状是①________；②________；③________；④________。

(105)线虫病害的症状是①________；②________。

(106)植物保护的方针是________、________。

(107)植物病虫害的防治主要有5种方法，它们是________、________、________、________、________。

(108)我国主要的植物检疫对象有________、________、________。

(109)植物检疫应该把好货物出入关口，主要有________、________、________、________、________、________。

(110)确定为植物检疫对象，应具备3个条件，它们是________、________、________。

(111)施氮肥过多，容易造成________、________、________等害虫的发生。

(112)农业防治措施主要有________、________、________。

(113)诱杀害虫主要是利用昆虫的________，其方法主要有________、________、________。

(114)诱集法不仅可以诱杀害虫，而且还可用于害虫的________。

(115)树干涂白，既可以防止________，又可以防止________。

(116)捕食性天敌昆虫主要有________、________、________、________。

(117)寄生性天敌昆虫主要有________、________、________、________。

(118)引起昆虫生病的病原微生物主要有________、________、________、________。

(119)在害虫防治中，需要保护的有益脊椎动物主要有________、________。

(120)根据防治对象，农药一般可分为5种类型，它们是________、________、________、________、________。

(121)按作用和效果划分，杀虫剂一般可分为5种类型：________、________、________、________、________。

(122)主要的胃毒剂农药有________、________。

(123)主要的熏蒸剂农药有________、________。

(124)杀菌剂按作用方式可分________和________两种类型。前者是在________时候施用，后者是在________时候施用。

(125)杀菌剂中，主要的保护剂有________、________、________、________，主要的治疗剂有________、________、________等。

(126)为了防止植物病菌产生抗性，一般采取的办法是________________。

(127)主要的杀线虫剂有________、________、________。

(128)除草剂按用途可分为________和________两大类,前者一般用于________地,后者用于________地。

(129)主要杀鼠剂有________、________、________。

(130)商品农药的名称一般是由________、________、________3 部分组成。

(131)原药中添加助剂,制成不同的剂型,主要是为了提高农药的________。

(132)最常用的助剂主要有________、________、________、________、________。

(133)农药的剂型一般有________、________、________、________、________、________。

(134)一般可作为喷雾使用的农药剂型有________、________、________、________、________。

(135)喷雾要求________为宜。

(136)超低溶量喷雾的好处是________。

(137)喷粉法主要使用的农药剂型是________,优点是________,缺点是________。

(138)撒施法一般使用的农药剂型是________、________、________,也可用________、________制成毒土后使用。

(139)浸种法一般使用的农药剂型是________、________。

(140)田间药效试验一般要经过 3 步,它们是________、________、________。

(141)农药的使用方法主要有________、________、________、________、________、________、________。

(142)合理使用农药在生产中应注意以下几个问题①________;②________;③________;④________;⑤________。

(143)拟除虫菊酯类杀虫剂是模拟天然除虫菊素合成的产物。具有________、________、________、________,对人畜低毒,几乎无残留等特点。

8.1.2 是非题

(1)昆虫是动物界中种类数量最多的一个类群。 ( )

(2)昆虫对人类都是有害的小型动物。 ( )

(3)昆虫头部的形状,与它们的取食行为往往有很大关系。 ( )

(4)从昆虫的头式一般可以看出它是益虫还是害虫。 ( )

(5)通过触角的形状,不仅能区别昆虫的种类,有时还能区别出昆虫的性别。 ( )

(6)常常叮人吸血的蚊子的触角是环毛状的。 ( )

(7)昆虫的胸部可分为前、中、后胸,中、后胸因着生有翅,因此又称为具翅胸节。 ( )

(8)根据足的形状,可以推测昆虫的生活环境和习性。 ( )

(9)步行虫的足属于步行足,它适于疾走和快跑,可推测它是一类捕食性昆虫。 ( )

(10)昆虫的翅和鸟类的翅一样,也是由附肢演化而来。 ( )

(11)所有的昆虫都具有两对翅。 ( )

(12)虱子、跳蚤,它们没有翅,所以说它们不是昆虫。 ( )
(13)根据昆虫产卵器的形状可以推测昆虫的产卵习性和部位。 ( )
(14)身体坚硬的甲虫外表皮很厚,而身体柔软的幼虫外表皮很薄。 ( )
(15)昆虫的距基部有关节是可以活动的,而且没有关节不能活动。 ( )
(16)昆虫的循环系统和高等动物一样,血液都是在血管中流动。 ( )
(17)昆虫是属于变温动物。 ( )
(18)昆虫的呼吸系统主要是由气管组成,又称之为气管系统。 ( )
(19)绝大多数的昆虫都是以两性生殖的方式繁殖的。 ( )
(20)昆虫中,未受精的卵都不能孵化。 ( )
(21)幼体生殖的昆虫永远都见不到成虫。 ( )
(22)完全变态昆虫的幼虫与成虫十分相似,不完全变态昆虫的幼虫(若虫)与成虫则完全不同。 ( )
(23)每一个昆虫的生长发育都是从卵开始的。 ( )
(24)卵孔是昆虫精子进入卵内的入口,它一般位于卵的顶端。 ( )
(25)昆虫胚胎发育所需要的营养都是由卵黄提供的。 ( )
(26)昆虫的胎生与哺乳动物一样,其胚胎发育所需要的营养完全是由母体提供的。 ( )
(27)每一种昆虫卵的形状、结构,甚至产卵方式都是不同的,从而为我们提供了识别昆虫的依据。 ( )
(28)每一种昆虫的产卵量都是一样的。 ( )
(29)昆虫的产卵量大,所以昆虫的繁殖率高。 ( )
(30)昆虫蜕皮主要是因为表皮限制了它的生长。 ( )
(31)昆虫每蜕皮一次,表皮就要增厚一点,用药触杀就会困难一点,故防治害虫要“治早治小”。 ( )
(32)昆虫一般都是一年一代。 ( )
(33)昆虫迁飞是为了躲避敌害。 ( )
(34)昆虫拟态是为了避开恶劣的气候。 ( )
(35)昆虫和人一样,体温是恒定不变的。 ( )
(36)温度越高,昆虫的发育速度越快。 ( )
(37)所有昆虫的生长发育,都有一个最适宜的温度范围。 ( )
(38)不同的昆虫或昆虫的不同阶段,对温度的要求都不同。 ( )
(39)越冬期的昆虫对低温的抵抗能力较越冬前和越冬后的昆虫弱。 ( )
(40)忽冷忽热,或持续高温或低温,昆虫都容易死亡。 ( )
(41)昆虫一般都是通过直接饮水获得水分。 ( )
(42)昆虫越冬期的含水量较非越冬期高,这样有利用抵抗严寒。 ( )
(43)降雨主要影响昆虫的发生量。 ( )
(44)每一种昆虫都有最嗜食的食物。 ( )
(45)改变食物链中的某个环节,整个食物网都会发生变化。 ( )

(46)生物防治就是利用天敌和病原微生物来防治害虫。 ( )
(47)昆虫所依存的各项环境因素,都是相互影响,共同作用于昆虫的。 ( )
(48)昆虫是属于动物界中的一个纲。 ( )
(49)种下的亚种之间不能相互交配。 ( )
(50)每一个种都有它的分类地位。 ( )
(51)蚧壳虫、粉虱、木虱,以及部分蚜虫均能分泌蜡质。 ( )
(52)大多同翅目昆虫能排泄蜜露,常常能引发植物的煤污病。 ( )
(53)常常发现有蚜虫的地方就有蚂蚁,是因为蚂蚁喜欢捕食蚜虫。 ( )
(54)网蝽常常在叶部背面为害,而且若虫奇丑。 ( )
(55)能够叩头的甲虫常称为叩头虫。 ( )
(56)草蛉属于脉翅目昆虫,而且全部都是捕食性天敌。 ( )
(57)白蚁是社会性昆虫,而且有明显的分工。 ( )
(58)白蚁仅仅只危害树木和建筑物。 ( )
(59)白蚁消化木材不是依靠自身的消化能力。 ( )
(60)白蚁的蚁后,专施产卵职能,每天能生产上千的后代。 ( )
(61)膜翅目昆虫中大多都是天敌。 ( )
(62)植物生病就会死亡。 ( )
(63)只要有病原物,植物就会生病。 ( )
(64)没有病原物,但有适合植物发病的环境条件,植物也会生病。 ( )
(65)植物病害只在田间发生。 ( )
(66)大风、冰雹对植物的危害,具有成片发生的特点。因此,可以说它是非侵染性病害。 ( )
(67)非侵染性病害也叫生理性病害。 ( )
(68)全田植株下部叶片黄化,是由于土壤缺铁所引起的。 ( )
(69)植物缺锌引起的是小叶病。 ( )
(70)植物病原物几乎都是微生物,所以植物病害的诊断最终都必须经过显微镜观察才能确诊。 ( )
(71)由病原物侵染所引起的植物病害,可以在田间传播、扩散、蔓延。 ( )
(72)植物发病的轻重,往往与环境条件有很大关系。 ( )
(73)病状与病征的主要区别是,前者是感病植物本身所表现出来的状态;后者是病原微生物所表现出来的状态。 ( )
(74)病原物在寄主植物发病部位产生坏死、腐烂等特征称为病征。 ( )
(75)植物发病一开始就能见到病征。 ( )
(76)气候潮湿有利于病征的形成。因此,我们可以通过保湿来对植物发病部位进行培养,然后镜检。 ( )
(77)发病部位有霉状物、粉状物或粒状物,肯定是真菌性病害,脓状物则是细菌性病害。 ( )
(78)植物病毒病没有病征。 ( )

(79)多数植物病害的症状具有相对稳定性,为我们识别植物病害提供了保证。( )
(80)植物病害的症状是固定不变的。( )
(81)植物病害的病状在不同时期和植物的不同部位往往有不同表现。( )
(82)病原物的鉴定是诊断植物病害的可靠依据。( )
(83)每一种植物都会受到几种真菌的侵害。( )
(84)真菌不含叶绿素,但具有根、茎、叶的分化。( )
(85)花腐病和软腐病多是由接合菌门的菌物所引起的。( )
(86)大多植物的绵腐病、猝倒病、疫病、霜霉病主要是由卵菌门的菌物所引起的。( )
(87)大多菌物属于多细胞生物。( )
(88)大多菌物属于单细胞生物。( )
(89)酵母菌是单细胞生物,所以说它属于细菌。( )
(90)锈病、黑粉病多是由担子菌门的菌物所引起的。( )
(91)缩叶病、白粉病、炭疽病、黑斑病、黑腥病多是由子囊菌门的菌物所引起的。( )
(92)半知菌只知道其无性阶段,而不知道其有性阶段,因此称之为半知菌。( )
(93)枯萎病、青霉病、疮痂病、轮纹病、褐斑病、灰霉病、斑枯病、白绢病多是由半知菌类的菌物所引起的。( )
(94)细菌属于原核生物,只有细胞壁,没有细胞核。( )
(95)细菌都是单细胞生物。( )
(96)植物病原细菌都是杆状的,多数具有鞭毛,能够游动。( )
(97)植物病原细菌,多数具有鞭毛,能够游动,因此,它的传播需要水。( )
(98)革兰氏染色是鉴定细菌的重要手段。( )
(99)细菌的鞭毛和荚膜只有通过染色才能看清。( )
(100)植物病毒病在生产上较植物细菌病对植物的危害更为严重。( )
(101)植物病毒病没有病征,只有病状,有时病状也不明显,植株仅表现出衰弱。( )
(102)病毒仅仅是一些颗粒,没有细胞结构,因此可以说病毒是一类非细胞状态的分子生物。( )
(103)病毒仅仅是一些颗粒,没有细胞结构,因此可以说病毒不是生物。( )
(104)病毒极小,必须依靠光学显微镜才能看清。( )
(105)病毒汁液通过细菌过滤器后,就失去了传染性。( )
(106)一般杀菌剂如升汞、酒精、甲醛、硫酸铜以及5%的石碳酸都可以杀死病毒。( )
(107)肥皂、去污粉等除垢剂很容易杀死病毒。( )
(108)植物病毒必须寄生在活体上才能生存,因此,它们一般不将植物杀死。( )
(109)类菌质体又称类菌原体。( )
(110)类菌质体和细菌一样均属原核生物,但它没有细胞壁,可以说它是介于细菌和病毒之间的一类生物,亲缘关系与细菌更近。( )
(111)类菌质体极小,所引起的植物病害无病征,其症状与病毒相似,多为黄化和畸形。很难防治,只有销毁。( )
(112)泡桐丛枝病是由类菌质体所引起的,很难防治,只有销毁。( )

(113)植物寄生线虫属于动物。 (　　)

(114)植物寄生线虫之所以列入植物病害,是因为它所致的症状与一般病害十分相似。 (　　)

(115)植物寄生线虫通常雌雄异体,但大多雌雄很难区别,因为它们大多雌雄同型。 (　　)

(116)植物寄生线虫对植物的危害并不仅仅是因为它们吸取植物的营养,更主要的是因为它们能分泌多种酶和毒素,造成各种病变。 (　　)

(117)寄生性种子植物都是双子叶植物。 (　　)

(118)所有寄生性种子植物叶片都退化,不含叶绿素,不能制造营养,所以必须依靠其他植物来提供营养。 (　　)

(119)所有寄生性种子植物都没有根,不能吸收水分和无机盐,所以必须依靠其他植物来提供水分和无机盐。 (　　)

(120)专性寄生物只能从活的寄主细胞中获得养分。 (　　)

(121)寄生物只能从活的寄主细胞中获得养分。 (　　)

(122)弱寄生物主要是从死亡的寄主细胞中获得养分。 (　　)

(123)弱寄生物较强寄生物对寄主的杀伤力更大。 (　　)

(124)每一种植物只受到一种病原物的侵染。 (　　)

(125)每一种病原物只侵染一种植物。 (　　)

(126)一般寄生性弱的病原物,较寄生性强的病原物的致病力更强。 (　　)

(127)植物病毒较病原细菌的寄生性强。 (　　)

(128)植物病毒较病原细菌的致病力强。 (　　)

(129)病害的防治措施往往是根据植物病害的侵染过程和侵染循环制订的。 (　　)

(130)植物病害的侵染过程和侵染循环是制订植物病害防治措施的主要依据。 (　　)

(131)植物病害的侵染循环是病害研究的中心问题,是制订防治措施的主要依据。 (　　)

(132)初次侵染的病原物主要来源于越冬越夏场所。 (　　)

(133)再次侵染的病原物主要来源于当年寄主上产生的病原物。 (　　)

(134)一般一种病害一年只有一次侵染。 (　　)

(135)锈菌都有转主寄生现象。 (　　)

(136)植物病原细菌一般属于非专性寄生物。 (　　)

(137)菟丝子属于全寄生种子植物。 (　　)

(138)制作玻片标本的植物病害材料越新鲜越好。 (　　)

(139)植物侵染性病害都有病理程序和侵染程序。 (　　)

(140)植物发生病害后必须进行防治。 (　　)

(141)植物、病原和环境条件是构成植物病害并影响其发生发展的基本因素。 (　　)

(142)植物病害都有病状和病征。 (　　)

(143)采用生物防治完全可以控制植物病虫害的危害。 (　　)

(144)植物检疫就是要控制检疫对象传入和传出。 (　　)

(145)植物检疫对象在我国都没有分布。 (　　)

(146)一旦发现货物中有检疫对象,就必须立即销毁。 ( )

(147)不同植物品种都有不同抗虫抗病特性。因此,我们可以根据这一特性进行植物抗虫抗病育种。 ( )

(148)寄生性天敌昆虫直接杀死害虫,而捕食性天敌昆虫不直接杀死害虫。 ( )

(149)寄生蜂仅寄生害虫的幼虫。 ( )

(150)Bt 是从害虫的表皮进入才使害虫感病的,因此必须喷洒在害虫体上才有效。( )

(151)白僵菌是从昆虫的消化道进入害虫体内的,因此必须喷洒在害虫取食部位才有效。 ( )

(152)植物的病毒病有些也可以像人一样接种弱病毒达到免疫。 ( )

(153)植物发病时,喷施杀菌剂,其防治效果最好。 ( )

(154)植物的抗病表现在耐病、抗病和避病。 ( )

(155)园林植物病虫害综合治理是不使用化学农药,而是要求病虫、植物、天敌、环境之间的自然协调来控制病虫害的发生。 ( )

(156)石硫合剂只能杀菌,不能杀虫。 ( )

(157)胃毒剂一般用来防治刺吸式口器的害虫。 ( )

(158)熏蒸剂可以通过提高温度和二氧化碳的浓度来提高防治效果。 ( )

(159)杀线虫剂是一类土壤消毒剂,它们既可以杀死土壤中的线虫,又可以消灭土壤中的病原真菌和杀死地下害虫。 ( )

(160)农药原药大多都溶于水,所以可以兑水直接使用。 ( )

(161)粉剂一般是兑水施用。 ( )

(162)可湿性粉剂可兑水施用,残效期长,且附着性好,因此,可以说它较粉剂好。( )

(163)乳油呈乳白色,兑水后则呈透明状。 ( )

(164)乳油触杀作用强,且残效期长,是一种最好的剂型,所以生产最多。 ( )

(165)敌百虫是一种可溶性粉剂,可以直接兑水施用。 ( )

(166)胶悬剂一般较乳油的效果好,但不如可湿性粉剂。 ( )

(167)附着农药的颗粒剂都是一些粉碎后的岩石和煅烧后的土粒。 ( )

(168)喷雾法是农药最常用的一种使用方法。 ( )

(169)超低容量喷雾可以不用兑水,而是用农药直接喷雾。 ( )

(170)采用撒施法可以防治地下病虫害和苗期病虫害。 ( )

(171)拌种法、浸种法可用来防治地下害虫或种子传播的病害。 ( )

(172)农药浸种后的种子一般需要晾干后才能播种。 ( )

(173)毒饵法主要是防治地下害虫,使用的农药是胃毒剂。 ( )

(174)涂抹法主要使用的是具有内吸作用的杀虫剂或杀菌剂,主要是防治刺吸式口器害虫和茎干上的病害。 ( )

(175)危害花卉的软体动物有蛞蝓,可用 800 倍代森锌喷雾防治。 ( )

(176)波尔多液与石硫合剂混合使用,防治病害有更好的效果。 ( )

(177)春雷霉素是一类抗生素类杀菌剂。 ( )

(178)甲基托布津具有保护和治疗双重作用,故可在植物发病前后施用。 ( )

(179)黄叶病是杜鹃栽培中常见的一种生理性病害,用防病虫的农药防治是没有效果的。 ( )

(180)白粉病是一类植物菌物性病害,可用50%的氧乐果乳剂喷杀。 ( )

(181)用过锰酸钾0.5%的溶液浸种30 min,可杀死镰刀菌。 ( )

(182)除草剂多采用喷雾的方法使用。 ( )

(183)可湿性粉剂既可以用来喷粉也可以用来喷雾。 ( )

(184)一般药剂防治害虫时,应在高龄幼虫期,若防治越早,则防治效果越差。 ( )

(185)优良的波尔多液应为天蓝色胶态乳状液。 ( )

8.1.3 单选题

(1)下列属于昆虫的动物是________。
A. 虾 B. 蜘蛛 C. 蜈蚣 D. 蚂蚱

(2)下列属于昆虫的动物是________。
A. 蝴蝶 B. 鼠妇 C. 蝎子 D. 马陆

(3)下列属于蛛形纲的动物是________。
A. 蟹 B. 螨类 C. 蚰蜒 D. 蜻蜓

(4)防治咀嚼式口器的害虫,主要用________。
A. 胃毒剂 B. 触杀剂 C. 熏蒸剂 D. 内吸杀虫剂

(5)取食植物汁液的头式一般是________。
A. 前口式 B. 后口式 C. 下口式

(6)捕食性天敌的头式一般是________。
A. 下口式 B. 前口式 C. 后口式

(7)取食植物叶片的头式一般是________。
A. 后口式 B. 下口式 C. 前口式

(8)背单眼一般有________个。
A. 0~3 B. 3~4 C. 4~5 D. 5~6

(9)大多幼虫能从黑暗处爬出来,主要是依靠________的感觉。
A. 触角 B. 足 C. 复眼 D. 单眼

(10)触角是鳃片状的昆虫肯定是________。
A. 蝗虫 B. 蜜蜂 C. 金龟子 D. 蜻蜓

(11)叶蜂幼虫的腹足在________对以上。
A. 3 B. 4 C. 5 D. 6

(12)蛾蝶类幼虫的腹足一般在________对之间。
A. 1~3 B. 2~4 C. 2~5 D. 4~6

(13)昆虫幼虫的蜕皮是________。
A. 内表皮 B. 外表皮 C. 上表皮 D. 外表皮和上表皮

(14)有些昆虫遇到刺激,就会立即收缩胸足,卷缩虫体而掉落下来,这是昆虫的______。

A. 食性　　B. 群集性　　C. 休眠性　　D. 假死性

(15)昆虫阻止体内水分过度蒸发和有毒物质和病原微生物的侵入,主要是依靠______。

A. 护蜡层和蜡层　B. 蜡层和多元酚层　C. 多元酚层和表皮质层

(16)昆虫消化食物,吸收营养主要是在________中进行的,并且需要稳定的 pH 值。

A. 前肠　　B. 中肠　　C. 后肠

(17)组成昆虫神经系统的基本单位是________。

A. 神经节　　B. 神经元　　C. 神经纤维　　D. 突触

(18)昆虫幼虫蜕皮 2 次后,其幼虫的虫龄是________。

A. 1 龄　　B. 2 龄　　C. 3 龄　　D. 4 龄

(19)属于过渐变态的昆虫有________。

A. 脉翅目　　B. 等翅目　　C. 缨翅目　　D. 鞘翅目

(20)属于咀嚼式口器的昆虫是________。

A. 直翅目　　B. 双翅目　　C. 半翅目　　D. 同翅目

(21)属于锉吸式口器的昆虫有________。

A. 鳞翅目　　B. 缨翅目　　C. 等翅目　　D. 半翅目

(22)既有刺吸式口器,又有吮吸式口器的昆虫有________。

A. 双翅目　　B. 缨翅目　　C. 直翅目　　D. 同翅目

(23)具有跳跃足的昆虫有________。

A. 直翅目　　B. 半翅目　　C. 同翅目　　D. 鳞翅目

(24)具有开掘足的昆虫有________。

A. 蝼蛄科　　B. 蟋蟀科　　C. 蝗科　　D. 螽斯科

(25)属于过渐变态的昆虫有________。

A. 草蛉　　B. 白蚁　　C. 蓟马　　D. 甲虫

(26)属于咀嚼式口器的昆虫是________。

A. 蟋蟀　　B. 蚊子　　C. 蝽　　D. 叶蝉

(27)属于嚼吸式口器的昆虫有________。

A. 天牛　　B. 潜叶蝇　　C. 蜜蜂　　D. 尺蛾

(28)属于锉吸式口器的昆虫有________。

A. 螟蛾　　B. 蓟马　　C. 白蚁　　D. 荔枝蝽

(29)具有跳跃足的昆虫有________。

A. 蝗虫　　B. 网蝽　　C. 蚧壳虫　　D. 凤蝶

(30)具有开掘足的昆虫有________。

A. 蝼蛄　　B. 蟋蟀　　C. 蝗虫　　D. 螽斯

(31)“长辫子”甲虫是________。

A. 步甲　　B. 金龟子　　C. 天牛　　D. 叶甲

(32)耳朵在腹部的昆虫是________。

A. 蝗虫　　B. 蟋蟀　　C. 螽斯　　D. 蝼蛄

(33)依靠足翅磨擦发音的昆虫是________。
A. 蟋蟀 B. 螽斯 C. 蝉 D. 蝗虫

(34)下列属于捕食性天敌的昆虫是________。
A. 荔蝽 B. 网蝽 C. 猎蝽 D. 缘蝽

(35)甲虫中的吉祥物是________。
A. 吉丁 B. 天牛 C. 金龟子 D. 瓢虫

(36)前足是开掘足,触角是鳃片状的甲虫是________。
A. 步甲 B. 金龟子 C. 天牛 D. 叶甲

(37)白蝴蝶、黄蝴蝶一般是________。
A. 凤蝶 B. 粉蝶 C. 眼蝶 D. 蛱蝶

(38)后翅具尾突的蝴蝶是________。
A. 凤蝶 B. 粉蝶 C. 眼蝶 D. 蛱蝶

(39)四足蝶一般是指________。
A. 凤蝶 B. 粉蝶 C. 眼蝶 D. 蛱蝶

(40)一般具有眼斑的蝴蝶是________。
A. 凤蝶 B. 粉蝶 C. 眼蝶 D. 蛱蝶

(41)双翅目昆虫中,触角为具芒状的昆虫是________。
A. 蚊 B. 虻 C. 蝇

(42)双翅目昆虫中,触角为线状的昆虫是________。
A. 蚊 B. 虻 C. 蝇

(43)下列膜翅目昆虫中,属于捕食性天敌的昆虫是________。
A. 马蜂 B. 姬蜂 C. 茧蜂 D. 赤眼蜂

(44)榕树上的"饺子叶",常常是由________造成的。
A. 蚜虫 B. 蓟马 C. 网蝽 D. 蚧壳虫

(45)非侵染性病害的表现是________。
A. 点片发生 B. 成片发生 C. 具传染性 D. 具发病中心

(46)老叶黄化主要是________。
A. 缺铁 B. 缺镁 C. 缺氮 D. 缺锌

(47)嫩叶黄化主要是________。
A. 缺铁 B. 缺钾 C. 缺氮 D. 缺锌

(48)黄化病主要是________。
A. 菌物病 B. 细菌病 C. 病毒病 D. 缺素症

(49)锈病和白粉病是________。
A. 菌物病 B. 细菌病 C. 病毒病 D. 缺素症

(50)花叶病主要是________。
A. 菌物病 B. 细菌病 C. 病毒病 D. 缺素症

(51)植物畸形主要是________。
A. 菌物病 B. 细菌病 C. 病毒病 D. 缺素症

(52)植物流脓是________。

A. 菌物病　B. 细菌病　C. 线虫病　D. 缺素症

(53)煤污病是________。

A. 菌物病　B. 细菌病　C. 病毒病　D. 缺素症

(54)判断受害植物是否是发生了病害,主要根据是是否具有________。

A. 病理程序　B. 病状　C. 病原物　D. 病征

(55)________是植物病害的病征之一。

A. 变色　B. 坏死　C. 干腐　D. 溢浓

(56)菌物繁殖的基本单位是________。

A. 种子　B. 孢子　C. 无性孢子　D. 菌丝

(57)菌核是菌物的一种________。

A. 子实体　B. 孢子　C. 菌丝变态　D. 都不是

(58)________对四环素族抗生素敏感,而对青霉素抵抗力强。

A. 病毒　B. 细菌　C. 类立克次氏体　D. 类菌原体

(59)植物病原细菌革兰氏染色反应大多数为________。

A. 阴性　B. 阳性

C. 既非阳性,也非阴性　D. 都不是

(60)植物病害田间诊断(观察)的主要内容是________。

A. 辨别是否病害,并确定是侵染性病害还是非侵染性病害

B. 观察并记载田间分布规律

C. 观察并记载新鲜症状

D. A,B,C 都有

(61)一般不能在人工培养基上培养,只能从活的寄主细胞和组织中吸取营养物质,当细胞和组织死亡后,就停止生长和发育的病原微生物属于________。

A. 专性腐生物　B. 兼性腐生物　C. 兼性寄生物　D. 专性寄生物

(62)植物发生病害,是因为________。

A. 环境条件的剧烈变化

B. 其他生物的侵染

C. 环境条件的剧烈变化或其他生物的侵染

D. 环境条件的剧烈变化或其他生物的侵染,超出了该植物在进化过程中所形成的适应限度

(63)寄主植物遭病原物侵染后,虽然症状较重,但是由于寄主自身补偿作用,对生长发育,尤其对产量和品质的影响较小,这种现象称________。

A. 免疫　B. 抗病　C. 耐病　D. 感病

(64)垂直抗性指寄主品种对病原物一个或几个生理小种________,多由________基因控制。

A. 免疫,单　B. 免疫或高抗,单或寡

C. 免疫,寡　D. 高抗,单或寡

(65)潜育期指病原物从________开始,到________为止的时期。

A. 侵染源产生,与寄主侵染点接触　B. 侵入寄主,与寄主建立寄生关系
C. 侵入而建立寄生关系,表现症状　D. 植物受害表面化,症状出现

(66)以下植物受害,________不属于植物病害。

A. 干旱造成萎蔫　B. 茎干折断　C. 油菜白锈病　D. 黄瓜枯萎病

(67)霜霉菌通常无性繁殖产生________,有性繁殖产生________。

A. 游动孢子,卵孢子　B. 孢囊孢子,接合孢子
C. 分生孢子,子囊孢子　D. 孢子囊,接合孢子

(68)黑粉菌的黑粉是其________。

A. 夏孢子　B. 冬孢子　C. 厚垣孢子　D. 担孢子

(69)植物病原物中唯一的动物类病原物是________。

A. 植物线虫　B. 植食性螨类　C. 类立克次氏体　D. 寄生虫

(70)植物病毒一般从________侵入寄主。

A. 气孔　B. 伤口　C. 生长点　D. 微小伤口

(71)植物病害室内鉴定主要是________。

A. 镜检采集到的病原物　B. 镜检分离培养的病原物
C. 观察症状　D. 进行病原物的分离培养

(72)有些病原菌物在植物感病部位的组织内产生子实体,进行到______一步即可做出诊断。

A. 症状观察　B. 室内鉴定(含保湿培养镜检)
C. 徒手切片　D. 分离培养接种

(73)寄生性是指病原物________。

A. 对寄主植物的破坏性和毒害能力　B. 从寄主活的细胞组织获得营养的能力
C. 能寄生的植物种类范围　D. 对寄主植物的侵染能力

(74)________不是病原物侵染过程的几个阶段之一。

A. 接触期　B. 侵入期　C. 潜育期　D. 传播期

(75)任何植物病害的侵染循环,至少有________。

A. 一个侵染过程,即初侵染
B. 两个侵染过程,即初侵染和再侵染
C. 多个侵染过程,即一次初侵染和多次再侵染
D. 两次初侵染

(76)一般病原物的________场所就是病害每年的初侵染源。

A. 越冬　B. 越夏　C. 越冬越夏　D. 除越冬越夏之外的其他

(77)对鳞翅目昆虫最为有效的 Bt 制剂是________制剂。

A. 真菌　B. 细菌　C. 病毒　D. 线虫

(78)寄生鳞翅目害虫和蛴螬的白僵菌是________。

A. 真菌　B. 细菌　C. 病毒　D. 微孢子虫

(79)________是属于园林植物病虫害的农业防治措施之一。

A. 合理耕作　　B. 以虫治虫　　C. 灯光诱杀　　D. 喷施农药

(80)用国家法令形式杜绝危险性病虫杂草的传入的方法一般称为________。

A. 农业防治　　B. 综合防治　　C. 植物检疫　　D. 生物防治

(81)哪些地块不适合作育苗圃地________。

A. 土壤疏松排水良好的地块　　B. 通风透光的地块

C. 无病虫危害的地块　　D. 低洼易涝地块

(82)下列昆虫中属于益虫且可以人工繁殖释放的是________。

A. 菜粉蝶　　B. 蜻蜓　　C. 赤眼蜂　　D. 蝗虫

(83)防治介壳虫等刺吸式口器的害虫一般选用________。

A. 胃毒剂　　B. 触杀剂　　C. 内吸性杀虫剂　　D. 熏蒸剂

(84)使用触杀剂防治害虫的最佳时期是害虫________期。

A. 1 龄　　B. 2 龄　　C. 3 龄　　D. 4 龄

(85)根施、涂环防治植物地上部分的害虫,一般使用的是________。

A. 胃毒剂　　B. 触杀剂　　C. 内吸性杀虫剂　　D. 熏蒸剂

(86)防治咀嚼式口器的害虫一般可选用________。

A. 胃毒剂　　B. 触杀剂　　C. 内吸性杀虫剂　　D. 熏蒸剂

(87)播种期可采用________农药进行拌种,来防治种子传播的病害。

A. 氧乐果　　B. 多菌灵　　C. 敌百虫　　D. 敌克松

(88)拌种时,农药一般是________加入种子中。

A. 一次性　　B. 分 2 次　　C. 分 2 ~ 3 次　　D. 分 3 ~ 4 次

(89)最适合配制毒饵防治地下害虫的农药是________。

A. 氧乐果　　B. 多菌灵　　C. 敌百虫　　D. Bt　　E. 敌敌畏

(90)在病原菌未侵入之前用来处理植物或植物所处的环境(如土壤)的杀菌剂有________。

A. 波尔多液　　B. 敌敌畏　　C. 敌杀死　　D. 氧乐果

(91)可用来喷雾的药剂有________。

A. 粉剂　　B. 颗粒剂　　C. 乳油　　D. 烟雾剂

(92)下列农药属于生物源杀虫剂的是________。

A. 敌杀死　　B. 敌百虫　　C. 白僵菌　　D. 杀虫双

(93)下列农药属于抗生素类杀虫剂的是________。

A. 苏云金杆菌　　B. 吡虫啉　　C. 阿维菌素　　D. 克百威

(94)5 kg 农药原粉加填充剂混合物________ kg 即可配成 20% 的商品农药。

A. 20　　B. 25　　C. 15　　D. 30

8.1.4 多选题

(1)昆虫纲的主要特征是________。

A. 身体分为头、胸、腹3个体段　　B. 附肢分节
C. 具有六足四翅　　D. 具有外骨骼

(2)节肢动物的主要特征是________。
A. 身体分为头、胸、腹3个体段　　B. 身体和附肢分节
C. 具有六足四翅　　D. 具有外骨骼

(3)与昆虫亲缘关系较近的动物有________。
A. 鲎　　B. 马陆　　C. 蚯蚓　　D. 蜘蛛

(4)昆虫纲繁盛的原因有________。
A. 有翅能飞　　B. 产卵繁殖　　C. 口器多样　　D. 具有变态

(5)一般昆虫的头部着生有________。
A.1对触角　　B.0~3个单眼　　C.1副口器　　D.1对复眼

(6)下列昆虫中,________是农业害虫,________是天敌昆虫。
A. 瓢虫　　B. 金龟子　　C. 天牛　　D. 蚜狮

(7)下列昆虫中,________是捕食性天敌,________是寄生性天敌。
A. 瓢虫　　B. 螳螂　　C. 赤眼蜂　　D. 蜻蜓

(8)属于前口式的昆虫有________。
A. 蝗虫　　B. 金龟子　　C. 步甲　　D. 天牛幼虫

(9)属于下口式的昆虫有________。
A. 蝗虫　　B. 鳞翅目幼虫　　C. 步甲　　D. 天牛幼虫

(10)属于后口式的昆虫有________。
A. 蝗虫　　B. 蝉　　C. 蝽　　D. 蚜虫

(11)属于咀嚼式口器的昆虫有________。
A. 蝼蛄　　B. 鳞翅目幼虫　　C. 荔枝蝽　　D. 天牛幼虫

(12)属于刺吸式口器的昆虫有________。
A. 叶蝉　　B. 鳞翅目幼虫　　C. 荔枝蝽　　D. 蛴螬

(13)属于虹吸式口器的昆虫有________。
A. 蜜蜂　　B. 蛾类　　C. 蓟马　　D. 蝶类

(14)一般咀嚼式口器害虫为害植物所造成的害状有________。
A. 缺刻　　B. 孔洞　　C. 隧道　　D. 叶片皱缩

(15)一般刺吸式口器害虫为害植物所造成的害状有________。
A. 叶片皱缩　　B. 叶片卷曲　　C. 虫瘿　　D. 叶片失绿

(16)触角属于鳃片状的昆虫有________。
A. 蝇类　　B. 金龟子　　C. 蜣螂　　D. 郭公甲

(17)触角属于膝状的昆虫有________。
A. 蜜蜂　　B. 蚂蚁　　C. 白蚁　　D. 瓢虫

(18)触角属于线状的昆虫有________。
A. 螳螂　　B. 蟋蟀　　C. 蝶类　　D. 螽斯

(19)具有1对翅的昆虫有________。

A. 蚊类　　B. 蚁类　　C. 雄介壳虫　　D. 捻翅虫

(20)前翅属于半鞘翅的昆虫有________。

A. 花蝽　　B. 盲蝽　　C. 龙眼鸡　　D. 蓟马

(21)前翅属于覆翅的昆虫有________。

A. 蝗虫　　B. 螳螂　　C. 蜻蜓　　D. 蝉

(22)前足属于开掘足的昆虫有________。

A. 虎甲　　B. 蝼蛄　　C. 金龟子　　D. 蝉

(23)听器位于前足的昆虫有________。

A. 蝗虫　　B. 蝼蛄　　C. 蟋蟀　　D. 螽斯

(24)依靠翅膀磨擦发音的昆虫有________。

A. 蟋蟀　　B. 螽斯　　C. 蝉　　D. 蝗虫

(25)昆虫的腹部是________的中心。

A. 代谢　　B. 感觉　　C. 生殖　　D. 运动

(26)昆虫的生殖方式有________。

A. 两性生殖　　B. 孤雌生殖　　C. 多胚生殖　　D. 幼体生殖

(27)不完全变态的昆虫一生要经过________3 个虫态,完全变态的昆虫一生要经过________4 个虫态。

A. 卵　　B. 若虫　　C. 幼虫　　D. 蛹　　E. 成虫

(28)昆虫体壁最薄的一层是________,最厚的一层是________,蜕皮时可以被重新消化吸收的是________。结构最复杂的一层是________。

A. 内表皮　　B. 外表皮　　C. 上表皮　　D. 内表皮和外表皮

(29)昆虫体壁的延长性、坚硬性、不透性分别是由________决定的。

A. 内表皮　　B. 外表皮　　C. 上表皮　　D. 内表皮和外表皮

(30)昆虫体壁单细胞外展物有________,多细胞外展物有________。

A. 毛　　B. 刺　　C. 鳞片　　D. 距

(31)蜜蜂的雄蜂是由________发育而来,工蜂是由________发育而来。

A. 受精卵　　B. 未受精卵

(32)属于嚼吸式口器的昆虫有________。

A. 鞘翅目　　B. 双翅目　　C. 膜翅目　　D. 鳞翅目

(33)属于完全变态的昆虫有________。

A. 膜翅目　　B. 双翅目　　C. 半翅目　　D. 直翅目

(34)属于不完全变态的昆虫有________。

A. 直翅目　　B. 鳞翅目　　C. 鞘翅目　　D. 半翅目

(35)属于过渐变态的昆虫有________。

A. 蓟马　　B. 粉虱　　C. 雄蚧　　D. 叶蝉

(36)蝇类的幼虫是______,蛾蝶类幼虫是______,金龟子的幼虫(蛴螬)是______。

A. 多足型　　B. 寡足型　　C. 无足型

(37)甲虫和蜂类的蛹是________,蛾蝶类的蛹是________,蝇类的蛹是________。

A. 被蛹　B. 裸蛹　C. 围蛹

(38)具有多型性的昆虫有________。

A. 飞蝗　B. 蚁类　C. 白蚁　D. 蜜蜂

(39)昆虫的趋性主要有________。

A. 趋光性　B. 趋化性　C. 趋温性　D. 趋湿性

(40)常见的拟态的昆虫有________。

A. 竹节虫　B. 褐飞虱　C. 枯叶蝶　D. 尺蠖

(41)能够分泌蜡质蚧壳的昆虫是________。

A. 蚧壳虫　B. 粉虱　C. 木虱　D. 蚜虫

(42)下列膜翅目昆虫中,属于寄生性天敌的是________。

A. 马蜂　B. 姬蜂　C. 茧蜂　D. 赤眼蜂

(43)下列属于捕食性的昆虫有________。

A. 食蚜蝇　B. 蜻蜓　C. 草蛉　D. 赤眼蜂

(44)害虫大发生的原因有________。

A. 气候因子适宜　B. 生态平衡破坏　C. 抗药性的产生　D. 食物来源丰富

(45)解除昆虫滞育的主要因素有________。

A. 食物因素　B. 物理因素　C. 化学因素　D. 生物因素

(46)植物的抗虫性主要表现在________。

A. 拒食性　B. 不选择性　C. 抗生性　D. 耐害性

(47)利用有效积温法则可预测害虫的________。

A. 发生世代数　B. 发生期　C. 发生量　D. 为害程度

(48)引起昆虫滞育的生态因素有________。

A. 光周期　B. 温度　C. 湿度　D. 食物

(49)害虫预测预报的主要内容有________。

A. 发生世代数的预测　B. 发生期的预测

C. 发生量的预测　D. 灾害程度的预测

(50)害虫防治的基本方法有________。

A. 农业防治　B. 物理防治　C. 化学防治　D. 生物防治

(51)金龟子成虫主要为害园林植物的________。

A. 根　B. 茎　C. 叶　D. 都有

(52)下列植物受害属于植物病害的有________。

A. 风害　B. 病原菌侵入　C. 旱害　D. 土壤缺素

(53)植物非侵染性病害的原因主要有________。

A. 水分供应不均　B. 温度过高过低

C. 营养过多过少　D. 恶劣灾变天气如大风冰暴等

(54)________属于非生物性病原。

A. 日烧病　B. 缺素症　C. 番茄蕨叶　D. 药害

(55)非侵染性病害的特点有________。

A. 不传染　B. 传染　C. 大片发生　D. 局部发生

(56)侵染性病害的特点有________。

A. 不传染　B. 传染　C. 有发病中心　D. 无发病中心

(57)植物病害的病状主要有________。

A. 变色　B. 坏死　C. 萎蔫　D. 白粉

(58)植物病害的病征主要有________。

A. 粉状物　B. 腐烂　C. 脓状物　D. 霉状物

(59)________属于病状的坏死类型。

A. 黑粉　B. 丛根　C. 斑点　D. 穿孔

(60)________都属于病征中的粉状物。

A. 锈粉　B. 白粉　C. 白锈　D. 霜霉

(61)造成植物萎蔫的原因可能有________。

A. 干旱　B. 肥害　C. 维管束病害　D. 根部病害

(62)________属于菌物无性孢子。

A. 游动孢子、孢囊孢子　B. 接合子和接合孢子

C. 分生孢子、芽孢子　D. 卵孢子

(63)卵菌无性繁殖一般产生________,有性繁殖一般产生________。

A. 卵孢子　B. 担孢子

C. 游动孢子　D. 孢囊孢子

(64)白粉菌________。

A. 属卵菌门　B. 外寄生于寄主表面

C. 有性繁殖产生闭囊壳　D. 闭囊壳的附属丝是分属的重要依据

(65)植物病原物的侵染过程包括________。

A. 接触期　B. 侵入期　C. 潜育期　D. 发病期

(66)植物病原真菌一般是________侵入。

A. 直接　B. 气孔　C. 水孔　D. 伤口

(67)植物病原细菌一般是________侵入。

A. 直接　B. 气孔　C. 水孔　D. 伤口

(68)病害侵染循环的主要环节是________。

A. 侵染过程　B. 病原物的越冬越夏

C. 初侵染和再侵染　D. 病原物的传播

(69)植物病原物的传播途径有________。

A. 人为　B. 昆虫　C. 水流　D. 气流

(70)刺吸式口器的昆虫一般可以传染________等病原物。

A. 菌物　B. 病毒及类病毒

C. 类立克次氏体和类菌原体　D. 植物病原线虫

(71)植物病害流行要求________。

A. 大量的致病病原物　B. 感病品种的大面积栽培

C. 适合发病的环境条件　　D. 人为因素

(72)诊断植物病害,应注意________等问题。

A. 病害症状的复杂性　　B. 病原菌与腐生菌的混淆
C. "同病异症"　　D. "异病同症"

(73)植物品种丧失抗病性的原因主要是________。

A. 获得性变异　　B. 植物本身抗病性的变异
C. 病原物的变异　　D. 环境条件对抗病性的影响

(74)寄生性种子植物根据寄生特点,可分为________。

A. 外寄生和内寄生　　B. 根寄生和茎寄生
C. 全寄生和半寄生　　D. 桑寄生和槲寄生

(75)为了防止病毒病与非侵染性病害混淆,诊断时应________。

A. 搞好田间分布观察　　B. 进行必要的传染性试验
C. 进行病毒鉴定　　D. 接虫试验

(76)在我国广泛用于农药生测的害虫有________。

A. 小菜蛾　B. 棉铃虫　C. 斜纹夜蛾　D. 小地老虎

(77)相对较为环保的农药剂型主要有________。

A. 乳油　B. 微乳剂　C. 水剂　D. 粉剂

(78)微乳剂的主要原料有________。

A. 原药　B. 水　C. 乳化剂　D. 填充剂

(79)可用喷雾的农药剂型有________。

A. 粉剂　B. 可湿性粉剂　C. 乳油　D. 颗粒剂

(80)可直接用于撒施的农药剂型有________。

A. 粉剂　B. 可湿性粉剂　C. 乳油　D. 颗粒剂

(81)合理使用农药要注意________。

A. 经济　B. 安全　C. 有效　D. 简便

(82)属于保护性杀菌剂的农药种类有________。

A. 多菌灵　B. 百菌清　C. 波尔多液　D. 代森锰锌

(83)属于治疗性杀菌剂的农药种类有________。

A. 多菌灵　B. 甲基托布津　C. 波尔多液　D. 代森锰锌

(84)防止和克服害虫抗药性的主要方法有________。

A. 混合使用农药　　B. 交替使用农药
C. 应用增效剂　　D. 提高农药使用浓度

(85)植物检疫对象确定的原则是________。

A. 危险性的　B. 局部发生的　C. 人为传播的　D. 全国分布的

(86)下列属于我国植物检疫对象的害虫有________。

A. 红火蚁　B. 美国白蛾　C. 棉铃虫　D. 美洲斑潜蝇

(87)下列属于我国植物检疫对象的病害有________。

A. 松材线虫病　B. 荔枝霜霉病　C. 柑桔黄龙病　D. 棉花黄枯萎病

8.1.5 计算题

(1)经试验,测得古榕象甲的发育起点温度是 10 ℃,积温常数是 50 日度,目前深圳的日平均气温是 25 ℃,问几天后打药防治效果最好?

(2)20% 叶蝉散乳油稀释 800 倍后,其百分浓度和百万分浓度分别为多少?

(3)配制 250×10^{-6}多菌灵 100 kg,需要 50% 多菌灵可湿性粉剂多少千克?

(4)有 80% 敌敌畏乳油 0.5 kg,要配成 0.04% 需加水多少千克?

(5)用 90% 晶体敌百虫防治棉花害虫,每亩用药 75 g,加水 90 kg 喷雾,求稀释倍数?

(6)用含 5 万单位的井冈霉素水剂,加水稀释成 50 单位的浓度使用,求稀释倍数?

(7)用松脂合剂 5 kg,加水稀释 20 倍使用,问共需加水多少?

(8)配制 1% 的倍量式波尔多液 500 mL,问需 $CuSO_4$、生石灰和水各多少?

(9)配制 1 000 倍的氧乐果药液及 50 倍的敌敌畏药液,问各需加水多少份?

(10)配制 800 倍的多菌灵溶液 500 mL,问需用多菌灵可湿性粉剂多少克?

(11)配制 5% 的多菌灵溶液 200 mL,问需用 50% 多菌灵可湿性粉剂多少克?

(12)配制乐果 1 000 倍药液 200 mL 需要多少农药?

(13)配制乐果 1 500 倍和甲基托布津 800 倍混合液 5 000 mL,防治蚜虫和白粉病,问乐果和托布津各用量是多少?

(14)用 40% 的福美砷可湿性粉剂 10 kg,配成 2% 的稀释液,需加水多少?

(15)用 100 mL 80% 的敌敌畏乳油稀释成 0.05% 浓度,需加水多少?

8.1.6 简答题

(1)从小至今,你见到过哪些动物?其中哪些是昆虫?为什么?并阐述你的理由。

(2)昆虫主要有哪两大类口器?它们是如何危害植物的?受害后植物是如何表现的?如何区别这两类口器的害虫?如何防治?并举这两类口器的害虫各 5 种。

(3)根据体壁的结构和特点,如何加强对害虫的防治?

(4)昆虫有哪些行为习性?如何根据昆虫的行为习性来加强对害虫的防治?

(5)通过饲养观察,描述你所饲养昆虫的个体发育史,并根据昆虫的个体发育史,阐述在害虫防治中应注意哪些问题。

(6)根据昆虫与环境的关系,阐述如何加强对害虫的防治。

(7)请写出一种昆虫的学名,并阐述其特点和印刷书写时的注意事项。

(8)园林昆虫九大目通常称为什么昆虫?最常见的科有哪些?

(9)阐述植物病害发生的原因及其特点,以及在病害诊断和病害防治中的意义。

(10)如何根据症状来正确诊断植物病害?并根据病因如何采取防治措施?

(11)试举例简述植物病原菌物的生活史,并根据菌物的生活史策划一套防治方案。

(12)如何根据病原物的侵染过程、侵染循环以及病害流行的条件来加强对植物病害的防治?

(13)侵染性病害和非侵染性病害有何特点?如何诊断?

(14)植物菌物、细菌、病毒病害有何特点?如何诊断和区别?

(15)如何诊断植物病害?

(16)植物病原细菌的传播途径有哪些?

(17)哪些非生物性原因可以使植物发生病害?

(18)苗期立枯病、猝倒病的症状区别有哪些?

(19)室内毒力测定的原则有哪些?

(20)室内毒力测定的方法有哪些?

(21)如何确定植物检疫对象?

(22)阐述化学防治的优缺点。

(23)简述园林植物病虫害的农业防治方法和措施。

(24)阐述生物防治的优点与局限性?

(25)克服农药对有益生物不良影响的途径有哪些?

(26)什么是农药的助剂?有哪些种类?

(27)引起人畜中毒的原因有哪些?

(28)要避免农药中毒,可采取哪些预防措施?

(29)如何安全保管农药?

8.2 实际操作部分

项目1 昆虫外部形态的观察

(1)以蝗虫为例,指出头、胸、腹,并说明如何划分;

(2)以蝗虫为例,指出头、胸、腹上着生的附属器官,并说明其着生位置;

(3)以蝗虫(雌雄)、步甲、蝉、白蚁、叩甲、绿豆象(雄)、蓑蛾(雄)、蝶类、瓢虫、金龟子、蜜蜂、蚊(雄)、蝇类、蓟马、螳螂、蝼蛄、龙虱(雄)、蝽类为材料,指出它们的触角、口器、胸足、翅等属何种类型,并说明理由;

(4)按照双目实体显微镜的操作规范进行操作观察到目标物清楚,并说明其操作步骤和注意事项。

项目2 昆虫内部器官的解剖观察

(1)以蝗虫为材料,按照规范进行昆虫内部器官的解剖,并说明解剖的步骤和注意事项;

(2)指出蝗虫内部器官各个部分的名称,并说明其结构和位置。

项目3 昆虫的变态及各虫态的特征观察

(1)观察蝗虫和菜粉蝶的生活史标本,指出它们属何种变态,并说明理由;

(2)观察昆虫卵的液浸标本,指出它们属何种类型,并说明它们是哪类昆虫的卵;

(3)观察昆虫幼虫的液浸标本,指出它们属何种类型,并说明它们是哪类昆虫的幼虫;

(4)观察昆虫蛹的液浸标本,指出它们属何种类型,并说明它们是哪类昆虫的蛹。

项目4 昆虫标本的采集制作鉴定与常见类群的识别

(1)按照要求进行毒瓶制作,并说明其注意事项;

(2)野外采集标本5只(要求5目,必须有鳞翅目),按照要求进行标本制作;

(3)对制作的标本按照检索表进行目科的鉴定;

(4)以园林昆虫9个主要目的20个针插标本为材料,指出它们属于何目何科,并阐述其触角、口器、足、翅及变态类型,以及其他主要特征。

(5)以蜘蛛和螨类为材料,指出它们的主要区别。

项目5 植物病害症状的田间观察及标本的采集、制作

(1)田间采集病害标本10种,指出它们的症状类型;

(2)按照要求对采集的病害标本进行制作,并说明其注意事项。

项目6 植物病原菌物的分离培养和鉴定

(1)以提供的菌物新鲜病征标本为材料,制作一水装片,并说明制作应注意的事项;

(2)以制作的水装片为材料,在生物显微镜下观察至目的物清晰,并说明镜检时的注意事项;

(3)以新鲜的菌物病害标本为材料,进行病原真菌病原的分离培养,包括工具消毒灭菌、平板PDA制备、分离材料的选择和表面消毒、接种培养等,并说明分离培养的注意事项;

(4)对提供的病原菌物玻片标本10种,镜检鉴定其所属类群。

项目7 植物病原细菌的分离培养和鉴定

(1)以新鲜的细菌病害标本为材料,进行病原真菌病原的分离培养,包括工具消毒灭菌、培养基和细菌悬浮液的制备、稀释分离和培养等,并说明分离培养的注意事项;

(2)对事先分离培养的细菌菌落进行观察和镜检,必要时进行革兰氏染色,确定所属类群。

项目8 植物病害的田间诊断

(1)选取一块园林绿地,通过田间观察,确定两种发生比较严重的病害,确定其是属于侵染性病害还是非侵染性病害,并说明理由;

(2)如是非侵染性病害,分析原因,并说明治理的思路;

(3)如是侵染性病害,根据症状,确定是属于真菌病害、细菌病害,还是病毒病害,并说明理由和治理的思路。

项目9 植物病虫害的田间调查

(1)选取一病虫害发生严重的园林绿地,正确区别病虫的为害,并说明其主要区别;

(2)以两种发生普遍的害虫为例,采取正确的取样方法,调查其有虫株率和虫口密度;

(3)以两种发生普遍的病害为例,采取正确的取样方法,调查发病率和病情指数;

(4)根据调查结果,结合当地的气候等因素,分析病虫害的发生趋势。

项目10 农药的分类

(1)选取常用农药10种,按照防治对象,说明它们属于哪一类别。

(2)说明每一种农药的主要防治对象。

(3)说明每一种农药使用时的注意事项。

项目11 农药的配制与使用

(1)配制1%的等量式波尔多液1 000 mL,说明配制过程中的注意事项;

(2)对配制的波尔多液进行使用,并说明使用过程中的注意事项;

(3)正确选取农药,对种子进行浸种或拌种,并说明应注意的事项;

(4)说明农药使用的一般原则,以及在使用过程中的注意事项。

项目12 园林植物害虫的识别与防治

(1)以园林害虫生活史标本为材料,正确识别害虫20种;

(2)选择害虫危害严重的园林绿地,采集害虫标本5种,根据资料鉴定种名;

(3)对危害严重的两种害虫,根据发生情况,并结合资料,制订防治方案。

项目13 园林植物病害的诊断与防治

(1)以园林病害的腊叶标本或新鲜标本为材料,正确识别病害20种;

(2)选择病害危害严重的园林绿地,采集病害标本5种,根据被害状结合室内镜检鉴定种类;

(3)对危害严重的两种病害,根据发生情况,并结合资料,制订防治方案。

项目14 园林病虫害的综合防治

(1)选取一块病虫为害严重的园林绿地,调查病虫发生的种类;

(2)对病虫发生情况和为害程度进行调查,确定主要病虫种类;

(3)查阅资料,制订病虫害综合防治年历;

(4)对当前为害严重的病虫害提出应急防治措施。

附　录

附录1　《园林植物病虫害防治》课程教学设计

学 分:5.0 ~ 6.5
学 时:96 ~ 136
适用专业:高等职业教育园林类专业

1. 课程的性质与任务

(1)课程的性质　《园林植物病虫害防治》是高等职业教育园林类专业基础理论课。

(2)课程的任务　学习园林植物栽培管理中病虫害防治的基础知识和基本技能;掌握当地园林植物的食叶、汲汁、蛀干、地下害虫和叶、花、果、枝干、根部病害发生发展规律及其科学的防治技术。

(3)前导课程　基础化学、植物与植物生理、基础微生物、园林花卉、园林树木。

(4)后续课程　园林植物栽培技术。

2. 教学基本要求

1)理论要求

(1)掌握昆虫基础知识,并能灵活应用于害虫识别和防治之中;

(2)掌握植物病害基础知识,并能灵活应用于病害的诊断和防治之中;

(3)掌握植物病虫害防治的基本原理和方法,并能灵活应用于综合防治方案制订之中;

(4)掌握农药基础知识,并能正确应用于病虫害的防治之中,达到经济、安全、有效的目标。

2)技能要求

(1)对当地园林植物主要病虫害能正确识别和诊断;

(2)能正确应用植物病虫害防治的基础知识,分析当地病虫害的发生发展规律,制订科学、合理的综合防治方案,并能有效地组织实施。

总之,全程教学以综合防治技术能力培养为主线条,最终达到对园林植物病虫害会诊断识别、会分析原由、会制订方案、会组织实施的植保“四会”人才培养目标。

3. 教学条件

(1)园林植物病虫害标本以及病虫发生危害现场;

(2)植物保护实训室,要求有生物显微镜、体视显微镜,以及标本采集、制作、保存、病菌分离培养、昆虫饲养所需的仪器设备和器具;

(3)植物病虫害防治的施药工具。

4. 教学内容及学时安排

序号	单 元	主要内容		学 时	教学要求
1	绪论	理论教学	①园林植物病虫害防治的内容和任务 ②园林植物病虫害防治的重要性 ③园林植物病虫害的特点 ④园林植物病虫害防治的研究概况及发展趋势	2	了解园林植物病虫害防治的内容、任务及重要性,掌握园林植物病虫危害的特点
		实践项目	园林植物病虫危害性的考察	2	增加园林植物病虫害的感性认识,了解其危害性

续表

序号	单　元		主要内容	学　时	教学要求
2	园林昆虫基础	理论教学	①昆虫概述 ②昆虫的外部形态 ③昆虫的内部构造 ④昆虫的生物学特性 ⑤园林昆虫的分类与识别 ⑥昆虫与环境的关系	16～18	重点掌握昆虫的外部形态、生物学特性、分类和识别，并能灵活应用于害虫的鉴定和防治中
		实践项目	①昆虫外部形态的观察 ②昆虫内部器官的解剖和观察 ③昆虫一生的饲养观察 ④昆虫标本的采集、制作和鉴定	8＋课外	增加昆虫形态、生长发育的感性认识，掌握昆虫标本采集制作和鉴定方法，对常见科目能正确鉴定
3	园林植物病害基础	理论教学	①植物病害的概念与类型 ②非侵染性病害的病原 ③侵染性病害的病原 ④植物病害的发生与流行 ⑤植物病害诊断	12～16	重点掌握植物病害的症状、病原和流行，以及诊断原理，并能灵活应用于病害的诊断和防治中
		实践项目	①植物病害症状的田间观察及标本的采集制作 ②植物病原真菌的观察与识别 ③植物病害病原物的分离培养和鉴定 ④植物病害的田间诊断	8＋课外	增加病害症状、病原真菌形态的感性认识，掌握病原分离培养鉴定和田间诊断的基本方法
4	园林植物病虫害防治原理和方法	理论教学	①园林植物病虫害防治原理 ②园林植物病虫害防治方法	4	了解植物病虫害综合防治原理，重点掌握植物病虫害防治方法和技术，以及综合防治方案的制订
		实践项目	园林植物病虫害的田间调查	4	重点掌握园林植物病虫害田间调查和数据处理的方法
5	农药及其应用	理论教学	①农药的类型 ②农药的剂型与助剂 ③农药的科学使用方法 ④农药的浓度与稀释计算 ⑤常用农药与应用	8～12	重点掌握农药的剂型及其性能、使用方法和浓度计算，了解常用农药的特性和应用
		实践项目	①常用农药性状的观察 ②农药的配制、使用与防治效果调查	4＋课外	增加农药的感性认识，掌握农药的配制与使用技术

续表

<table>
<tr><th>序号</th><th>单 元</th><th colspan="2">主要内容</th><th>学 时</th><th>教学要求</th></tr>
<tr><td rowspan="2">6</td><td rowspan="2">园林植物虫害及防治</td><td>理论教学</td><td>①食叶害虫
②枝干害虫
③吸汁害虫及螨类
④根部害虫</td><td>8～16</td><td>重点掌握各类害虫的形态特征和发生规律，以及综合防治方法</td></tr>
<tr><td>实践项目</td><td>园林植物害虫的田间识别与防治</td><td>8～16</td><td>能正确鉴定各类害虫，并能根据发生规律制订综合防治方案</td></tr>
<tr><td rowspan="2">7</td><td rowspan="2">园林植物病害及防治</td><td>理论教学</td><td>①叶、花、果病害
②枝杆病害
③根部病害</td><td>6～12</td><td>重点掌握各类病害的症状和发生规律，以及综合防治方法</td></tr>
<tr><td>实践项目</td><td>园林植物病害的田间识别与防治</td><td>6～12</td><td>能正确诊断各类病害，并能根据发生规律制订综合防治方案</td></tr>
<tr><td>8</td><td colspan="3">综合实训：
选择某一园林绿地，调查病虫害的种类、危害，并能根据发生规律制订综合防治方案和组织防治实施</td><td>课外</td><td>综合训练学生对植物病虫害的诊断识别、分析原由、制订方案、组织实施的植保“四会”能力</td></tr>
<tr><td colspan="2" rowspan="2">学 时 合 计</td><td colspan="2">理论教学</td><td>56～82</td><td></td></tr>
<tr><td colspan="2">实践教学</td><td>40～54</td><td>注：部分实训可安排在课外进行</td></tr>
</table>

5. 教法说明

本课程理论课在教室进行，以讲授为主，并辅助以多媒体及相关的录像资料，部分单元开展专题讨论和学生演讲；实验课主要在实验室进行，对主要病虫进行观察和鉴定，并辅助于课内外的标本采集制作和鉴定，以及病虫的饲养和观察，以增加学生对植物病虫的识别诊断、生物学特性和发生规律等方面的感性认识。实训课主要在田间进行，对主要病虫进行田间识别诊断和防治。最后进行一次课外综合实训，对学生的会诊断识别、会分析原由、会制订方案、会组织实施的植保“四会”能力进行综合训练。

6. 考核方式及评分办法

采取理论与实践相结合、平时与集中相结合、笔试与实操相结合的全面素质综合考核办法。

(1)平时成绩占50%，包括课堂纪律，发言，课堂笔记，专题演讲，平时测验，实训报告，标本采集的数量、质量和鉴定准确度等。

(2)期末成绩占50%,包括实操考试和闭卷笔试。实操考试主要以植物病虫的诊断识别为主。

7. 教材与参考书

教材:

江世宏. 园林植物病虫害防治[M].4版.重庆:重庆大学出版社,2017.

参考书:

彩万志,庞雄飞,花保祯,等. 普通昆虫学[M]. 北京:中国农业大学出版社,2001.

许志刚. 普通植物病理学[M]. 北京:中国农业大学出版社,2003.

赵善欢. 植物化学保护[M]. 北京:中国科学技术出版社,2000.

徐明慧. 园林植物病虫害防治[M]. 北京:中国科学技术出版社,1993.

附录2 园林植物病虫害识别(扫描封底二维码)

《园林植物病虫害识别》数字资源可扫描封底二维码查看,并在电脑上进入重庆大学出版社官网下载。

参考文献

[1] 万隆. 药用植物病虫害防治彩色图谱[M]. 北京:中国农业出版社,2002.

[2] 中国林业科学研究院. 中国森林昆虫[M]. 北京:中国林业出版社,1983.

[3] 中国科学院动物研究所,浙江农业大学. 天敌昆虫图册[M]. 北京:科学出版社,1998.

[4] 中国森木种子公司. 林木种实病虫害防治手册[M]. 北京:中国林业出版社,1988.

[5] 方中达. 植病研究方法[M]. 北京:中国农业出版社,1996.

[6] 王金生. 分子植物病理学[M]. 北京:中国农业出版社,1999.

[7] 王勇,张江文,李波. 鼠害防治实用技术手册[M]. 北京:金盾出版社,2003.

[8] 王绪捷. 河北森林昆虫图册[M]. 石家庄:河北科学技术出版社,1985.

[9] 王琳瑶,张广学. 昆虫标本技术[M]. 北京:科学出版社, 1983.

[10] 邓国荣,杨皇红,陈德扬. 龙眼荔枝病虫害综合防治图册[M]. 南宁:广西科学技术出版社,1998.

[11] 北京农业大学. 昆虫学通论:上,下册[M]. 北京:中国农业出版社,1980.

[12] 仵均祥. 农业昆虫学[M]. 西安:世界图书出版社,1999.

[13] 全国农业技术推广服务中心. 农作物有害生物可持续治理研究进展[M]. 北京:中国农业出版社,1999.

[14] 刘永齐. 经济林病虫害防治[M]. 北京:中国农业出版社,2001.

[15] 江世宏,王书永. 中国经济叩甲图志[M]. 北京:中国农业出版社,1999.

[16] 江世宏. 昆虫标本名录[M]. 北京:北京农业大学出版社,1993.

[17] 牟吉元,柳晶莹. 普通昆虫学[M]. 北京:中国农业出版社,1996.

[18] 西北农业大学. 农业昆虫学[M]. 北京:中国农业出版社,2000.

[19] 西北农学院. 农业昆虫试验研究方法[M]. 上海:上海科学技术出版社, 1981.

[20] 许志刚. 普通植物病理学[M]. 北京:中国农业出版社,1978.

[21] 许志刚. 普通植物病理学[M]. 北京:中国农业出版社,1997.
[22] 吴福桢,等. 中国农业百科全书昆虫卷[M]. 北京:中国农业出版社,1990.
[23] 岑炳沾,苏星. 景观植物病虫害防治[M]. 广州:广东科技出版社,2003.
[24] 张文吉. 新农药应用指南[M]. 北京:中国林业出版社,1995.
[25] 张执中. 森林昆虫学[M]. 北京:中国林业出版社,1991.
[26] 张维球. 农业昆虫学[M]. 北京:中国农业出版社,1983.
[27] 张随榜. 园林植物保护[M]. 北京:中国农业出版社,2001.
[28] 忻介六,杨庆爽,胡成业. 昆虫形态分类学[M]. 上海:复旦大学出版社,1985.
[29] 李成德. 森林昆虫学[M]. 北京:中国林业出版社,2004.
[30] 李剑书,张宝棣,甘廉生. 南方果树病虫害原色图谱[M]. 北京:金盾出版社,1996.
[31] 李清西,钱学聪. 植物保护[M]. 北京:中国农业出版社,2002.
[32] 汪廉敏,等. 黄杨绢野螟的为害及防治[J]. 植物保护,1988.
[33] 沈国辉,何云芳,杨烈. 草坪杂草防除技术[M]. 上海:上海科学技术文献出版社,2002.
[34] 迟德赛,严善春. 城市绿地植物虫害及其防治[M]. 北京:中国林业出版社,2001.
[35] 陈合明. 昆虫学通论实验指导[M]. 北京:北京农业大学出版社,1991.
[36] 陈杰林. 害虫综合治理[M]. 北京:中国农业出版社,1993.
[37] 周尧. 周尧昆虫图集[M]. 郑州:河南科学技术出版社,2001.
[38] 林晃,虞轶俊. 南方果树主要病虫害防治指南[M]. 北京:中国农业出版社,1998.
[39] 林焕章,张能唐. 花卉病虫害防治手册[M]. 北京:中国农业出版社,1999.
[40] 郑乐怡,归鸿. 昆虫分类学(上,下)[M]. 南京:南京师范大学出版社,1999.
[41] 郑进,孙丹萍. 园林植物病虫害防治[M]. 北京:中国科学技术出版社,2003.
[42] 胡金林. 中国农林蜘蛛[M]. 天津:天津科学技术出版社,1984.
[43] 贺振主. 花卉病虫害防治[M]. 北京:中国林业出版社,2000.
[44] 倪汉文,姚锁平. 除草剂使用的基本原理[M]. 北京:化学工业出版社,2004.
[45] 唐祖庭. 昆虫分类学[M]. 北京:中国林业出版社,1989.
[46] 夏希纳,丁梦然. 园林观赏树木病虫害无公害防治[M]. 北京:中国农业出版社,2004.
[47] 徐公天. 园林植物病虫害防治[M]. 北京:中国农业出版社,2003.
[48] 徐明慧. 园林植物病虫害防治[M]. 北京:中国林业出版社,1993.
[49] 袁庆华,张卫国,贺春贵. 牧草病虫鼠害防治技术[M]. 北京:化学工业出版社,2004.
[50] 袁锋. 昆虫分类学[M]. 北京:中国农业出版社,1996.
[51] 钱学聪. 农业昆虫学[M]. 北京:中国农业出版社,1993.
[52] 彩万志,庞雄飞,花保祯,等. 普通昆虫学[M]. 北京:中国农业大学出版社,2001.
[53] 萧刚柔. 中国森林昆虫[M]. 北京:中国林业出版社,1992.
[54] 黄少彬. 园林植物病虫害防治[M]. 北京:中国林业出版社,2000.
[55] 韩召军. 植物保护通论[M]. 北京:高等教育出版社,2001.
[56] 韩熹莱. 农药概论[M]. 北京:北京农业大学出版社,1995.

[57] 蒲蛰龙．害虫生物防治原理[M]．北京:科学出版社,1984.

[58] 管致和．植物保护概论[M]．北京:中国农业大学出版社，1995.

[59] 蔡邦华．昆虫分类学:中册[M]．北京:科学出版社,1973.

[60] 蔡祝南,张中义,丁梦然,等.花卉病虫害防治大全[M]．北京:中国农业出版社,2003.

[61] Johson C G., Butt F H. Embryology of insect and myriapods [M]. New York: McGraw-Hill,1941.

[62] Matheson R. Entomology for introductory courses, 2nd ed. Ithaca[M] New York: Comstock Publishing Associates, 1951.

[63] Richards O W. ,Davies R G. Imms' general textbook of entomology. Vol. 1, 10th ed. London: Chapman and Hall, 1977.

[64] Ross H H. Ross C A. , Ross J R P. A textbook of entomology[M]. 4th ed. New York: John Wiley & Sons, 1982.

[65] Snodgrass R. E. Priciples of insect morphology[M]. New York: McGraw-Hill,1935.